Werner Siemens

Ein kurzgefaßtes Lebensbild nebst einer Auswahl seiner Briefe.

Aus Anlaß der 100. Wiederkehr seines Geburtstages herausgegeben von

Conrad Matschoß

Band 1

Verlag Julius Springer
Berlin 1916

Mit 3 Bildnissen und der Nachbildung eines Briefes.

ISBN-13: 978-3-642-98410-5 e-ISBN-13: 978-3-642-99223-0
DOI: 10.1007/978-3-642-99223-0
Manuldruck 1925

Softcover reprint of the hardcover 1st edition 1916

Vorwort.

Werner Siemens selbst hat uns in seinen so packend geschriebenen „Lebenserinnerungen" sein Leben anschaulich geschildert. Mit der abgeklärten Ruhe des Alters, reich an Ehren und Erfolgen, hat er in den Ruhetagen, die er sich in den letzten Jahren zu diesem Zweck in seinem Haus in Harzburg gönnte, den Rückblick auf seinen Lebensweg niedergeschrieben. Mit Recht gehört dieses Buch zu den verbreitetsten von den wenigen Büchern, die uns von den großen Männern der Technik und der Geschichte der technischen Erfindungen einiges erzählen. Wer tiefer eindringen will in die technisch-wissenschaftlichen Leistungen Werner Siemens, findet Stoff in den wissenschaftlichen und technischen Arbeiten, die er im Laufe der Jahrzehnte, mitten zwischen der unablässigen Arbeit, noch Zeit gefunden hat, zu verfassen. Zusammengefaßt in den beiden Bänden der „Wissenschaftlichen und Technischen Arbeiten", sind sie heute bequem zugänglich und bieten eine Fülle von Stoff zur Beurteilung seiner großen Arbeiten. Besonders anschaulich aber vermitteln uns die Briefe die Kenntnis von Arbeit und Mühe, Sorgen und Hoffnungen, aus denen sich auch dieses reiche Leben von Anfang bis zu Ende zusammensetzt.

Als an mich die ehrenvolle Aufgabe herantrat, aus Anlaß der Wiederkehr des hundertsten Geburtstages zunächst für die Kreise der Ingenieure ein Bild der großen Lebensarbeit darzustellen, erschien es mir unbedingt erforderlich, auf die Briefe zurückzugreifen, von denen einige nach Arbeitsgebieten geordnete Auszüge in der Veröffentlichung Ehrenbergs bekannt geworden waren, und von denen auch Pole, der Biograph Wilhelm Siemens, einige benutzt hatte. Ich danke es den Söhnen Werner Siemens, daß sie mir das eingehende Studium der Briefe und alles anderen im Archiv in Siemensstadt jetzt zusammengefaßten geschichtlichen Materials in entgegenkommender Weise gestatteten.

In meiner auf zwei Jahrzehnte sich erstreckenden technisch-geschichtlichen Tätigkeit, ist mir auch noch nicht entfernt so reicher Stoff vorgekommen. Bisher hielt ich unter den Großen der Technik James Watt für den, dessen Wirken durch Briefe, die zum großen Teil noch nicht gesammelt und veröffentlicht sind, am reichhaltigsten geschichtlich belegt werden konnte. Bei Werner Siemens aber haben wir den für die Geschichte der Technik so günstigen Fall, daß seine Brüder auch seine größten Mitarbeiter waren, die sich selten am gleichen Ort befanden, und daß es die Gemeinsamkeit ihrer Arbeit notwendig machte, durch sehr ausführliche Privatbriefe engste Fühlung zu halten. So besitzt das Familienarchiv nicht weniger als rund 7000 Privatbriefe der Brüder Siemens. Dazu kommen die Briefe an Fremde, und die Briefe aus den Zeiten der Firma, wo Briefe Werner Siemens mit Firmenbriefen noch gleichbedeutend waren. Jahrelangen Studiums würde es bedürfen, um diesen Riesenstoff nach jeder Richtung hin erschöpfend zu bearbeiten.

Für die vorliegende Arbeit aber stand in der jetzigen Zeit, wo jede Tätigkeit mit notwendiger Kriegsarbeit in Verbindung steht, nur eine kurze Frist zur Verfügung. Diese reichte aus, um zunächst die Briefe Werner Siemens eingehend kennenzulernen, wobei auf Briefe der Brüder nur in den Fällen zurückgegriffen wurde, wo sie zur Erklärung und zum Verständnis unmittelbar notwendig waren. Von den Briefen an Fremde wurde nur eine geringe Zahl herangezogen.

Sehr erleichtert wurde dies Studium durch Vorarbeiten des Archivs in Siemensstadt; auch für die Mitarbeit bei Einleitung und Durchführung der Drucklegung bin ich dem Archiv zu besonderem Dank verpflichtet. In diesem Zusammenhang möchte ich nicht verfehlen, auf die Organisation des Archivs besonders hinzuweisen, die erkennen läßt, in welch mustergültiger Form große industrielle Firmen auch auf diesem Gebiet zu arbeiten verstehen. Es wäre im Interesse der Industrie und der wissenschaftlichen Bearbeitung ihrer Aufgaben in gleicher Weise zu wünschen wie in technisch-geschichtlicher Hinsicht, daß dies neben Krupp wohl einzige Beispiel eines großen industriellen Betriebsarchivs weitere Nachahmung fände.

Die Vertiefung in dieses reiche Material ließ den Wunsch immer stärker werden, wenigstens eine Auswahl der Briefe, in zeitlicher Aufeinanderfolge, der Öffentlichkeit zugänglich zu machen. Die Unmittelbarkeit des Erlebens vermögen nur Briefe, die nicht für die Öffentlichkeit geschrieben sind, einigermaßen zu vermitteln. Ist doch an einer Stelle Goethescher Schriften mit Recht zu lesen: „Briefe gehören unter die wichtigsten Denkmäler, die der einzelne Mensch hinterlassen kann."

Derartige Privatbriefe, zwischen Menschen gewechselt, die sich so nahestanden wie die Brüder Siemens, lassen uns die Sorgen und die Hoffnungen des Tages miterleben. In buntem Wechsel, in überraschender Fülle drängen sich hier die Berichte über Pläne und Taten, über Gedanken und Ausführungen, über Hoffnungen und Enttäuschungen zusammen. Das wirkliche Leben, noch ohne die in jedem zusammenfassenden Bericht enthaltenen Abstraktionen, tritt uns hier entgegen.

Will man solche Briefe, wie sie hier vorliegen, geschichtlich verwerten, so muß man sich darüber klar werden, daß Briefe nicht nur nachweisbare Tatsachen berichten, sondern auch vorübergehende Stimmungen wiedergeben, die den Inhalt nachhaltig beeinflussen können. Nicht jedes Wort wird auf die Goldwage gelegt. Manches Urteil muß später berichtigt werden. Aus der Gesamtheit aller Briefe aber ergibt sich ein gerade durch die Unmittelbarkeit packendes Bild von der Größe, Art und Bedeutung der Lebensarbeit Werner Siemens. Wieviel muß doch geplant werden, damit einiges Weniges in Erfüllung geht! Auch hier scheint, mit menschlich technischen Begriffen gesprochen, der Wirkungsgrad, an der Zahl der Pläne gemessen, gering.

Die Lebensarbeit Werner Siemens hat sich nicht auf die Tätigkeit der von ihm begründeten Firma beschränkt. Mit seinem lebhaften Temperament ist er sehr vielen der großen, die technische Welt seiner Zeit bewegenden Gedanken nahegetreten; auch hierüber enthalten die Briefe wertvolle Mitteilungen.

Die Briefe im ganzen Umfange zu veröffentlichen, war der Zeit nach undurchführbar; es scheint aber auch heute noch nicht erforderlich, weil in den Briefen natürlich viel enthalten ist, was zwar für den Geschichtschreiber bestimmter technischer Gebiete oder industrieller Unternehmungen von Wert ist, was aber der, der sich aus den Briefen ein allgemeines Bild von der Tätigkeit Werner Siemens machen will, noch entbehren kann. Entbehrlich erscheinen hier auch alle die eingehenden, durch Skizzen belegten technischen Betrachtungen, deren Ergebnisse, soweit sie zu erfolgreicher Konstruktion geführt haben, in den vorher erwähnten „Wissenschaftlichen und Technischen Arbeiten“ in abschließender Fassung enthalten sind. Auch der Teil, der sich auf Unternehmungen und Persönlichkeiten bezieht, über die heute aus naheliegenden Gründen noch nicht alles hier vorhandene Material veröffentlicht werden kann, mußte weggelassen werden.

Bei der Auswahl der Briefe ist in erster Linie das berücksichtigt worden, was für die Lebensarbeit Werner Siemens, für seine Arbeitsweise, für seine Anschauungen und seine Ansichten kennzeichnend ist. Abgesehen von den oben erwähnten Auslassungen mußten auch unleserlich gewordene Stellen wegbleiben. Auslassungen sind durch Punkte gekennzeichnet, ganz kurze Einfügungen, die zur Erklärung hier und da notwendig erschienen, durch eckige Klammern. Die heutige Schreibweise ist einheitlich durchgeführt worden.

Naturgemäß bieten die Briefe auch sehr bemerkenswerten Stoff für die Geschichte der mit dem Namen Siemens unzertrennlich verbundenen großen Firmen des heutigen Siemenskonzerns. Aber man darf sich nicht verhehlen, daß sie doch nur Beiträge liefern, und daß es unmöglich ist, aus den Briefen allein die Geschichte dieser Firmen und die Entwicklung ihrer Arbeitsgebiete zu entnehmen. Das gilt besonders für die neuere Zeit. Je weniger es Werner Siemens bei dem Anwachsen des Geschäfts möglich war, alle Arbeiten in seiner Person zu vereinen, um so lückenhafter muß natürlich auch der Stoff werden, der in den Briefen hierüber enthalten ist. Schon die Briefe der 70er und 80er Jahre reichen bei weitem nicht mehr aus für die Gesamtbeurteilung des Entwicklungsganges, denn wichtige Arbeiten waren hier schon auf seine Mitarbeiter übergegangen. Manche später bedeutsame Arbeiten der Firma interessierten ihn weniger und kommen deshalb nicht ausführlich zu Wort.

Es ist auch ferner zu berücksichtigen, daß Lücken in dem Bericht über wichtige technische Entwicklungen immer da eintreten, wo eine persönliche Zusammenkunft der Brüder eingehende schriftliche Darlegungen überflüssig machte.

Der große Wert dieses einzigartigen, umfassenden, technisch-geschichtlichen Briefwechsels wird auch aus der Auswahl, die hier vorgelegt werden kann, sich ergeben. Wer selbst mitschaffend Geschichte der Technik erlebt, wird hier, in den Briefen eines der Größten, eigene Sorgen, Hoffnungen und Mühen wiederfinden. Er weiß, daß nicht alle Hoffnungen zu verwirklichen sind, und daß mit den großzügigen Gedanken und Ideen noch recht wenig getan ist. Unablässige treue Arbeit, Sorgfalt im Großen und Kleinen stehen vor jedem wirklichen Erfolge.

Die Briefe geben ein packendes Bild aus dem großen, schaffenden, industriellen Leben. Sie schildern uns die Gedanken eines bedeutenden Naturforschers und Ingenieurs, sie führen uns ein in den Kampf des Menschen um die Herrschaft über die Erde, sie lassen uns hineinblicken in die geistige Werkstatt eines Menschen, dem es vergönnt war, erfolgreich das Machtbereich des Menschen auszudehnen. Wie unermeßlich viel Romantik liegt in diesem Ringen des Menschen mit der Natur und ihren Geheimnissen! Es spielt sich ab in der stillen Gelehrtenstube, in den großen Räumen der Fabrik, im Laboratorium und auf dem Bauplatz, und diese technischen Taten, die der kühnsten Phantasie unendlichen Stoff zu neuen Märchen geben könnten, werden dadurch nicht geringer, daß die Augen der meisten noch blind sind für die geistige Größe dieser Arbeit. Vielleicht, daß die Zeit doch einmal kommt, wo man auch der Größe derer gerecht wird, die nicht nur Märchen ersannen, sondern sie auch zur Wirklichkeit werden ließen.

Was das Lebensbild anbelangt, das den Briefen vorhergeht, so möchte es betrachtet werden als eine Einführung in die Auswahl der Briefe.

Eine umfassende Biographie Werner Siemens würde weit über den Rahmen und die Zeit, die hier zur Verfügung standen, hinausgehen. Die Lebensgeschichte Werner Siemens, unter Benutzung des ganzen Stoffes geschrieben, würde wichtige Beiträge auch zur Geschichte der Technik der letzten Jahrzehnte bieten. Sie wird dann geschrieben werden können, wenn es möglich sein wird, auch alle die bis in unsere Tage hineinreichenden Wirkungen im einzelnen klarzulegen. Es wäre zu hoffen, daß die Stoffsammlung, im Archiv zu Siemensstadt hierzu planmäßig fortgesetzt, auch zur weiteren geschichtlichen Festlegung der großen Entwicklungen in den einzelnen Abteilungen der Siemensfirmen führen möchte. Hierbei müßten rechtzeitig und planmäßig als eine der wichtigsten Quellen die persönlichen Erinnerungen derer herangezogen werden, die an dieser Entwicklung mitarbeiten konnten. Eine quellenmäßige Geschichte der großen Werke, die, aus der Lebensarbeit Werner Siemens hervorgegangen, eine so hervorragende Stellung in Deutschlands industriellem Wirtschaftsleben einnehmen, würde zu einem der wertvollsten Beiträge für Technik und Industriegeschichte werden. Diese Entwicklungsgeschichte aber würde erkennen lassen, wie lebendig der Geist Werner Siemens, seine Liebe zur wissenschaftlichen Arbeit, sein unablässiges Streben nach technischem Fortschritt auch in seinen Nachfolgern wirksam ist.

Berlin, 12. November 1916.

Conrad Matschoß.

Inhaltsverzeichnis.

I. Jugendzeit.

1816 bis 1834

Im Herzen Deutschlands ist die Familie Siemens seit Jahrhunderten zu Hause. Eine für bürgerliche Verhältnisse sehr weit zurückreichende Familienchronik führt uns nach der alten Kaiserlichen und Freien Reichsstadt Goslar. Eng verwoben mit den wechselnden Geschicken der Stadt ist hier die Familie seit dem Ende des 14. Jahrhunderts nachweisbar. In lückenloser, urkundlich feststehender Form kann Werner Siemens seine Vorfahren auf Ananias Siemens, 1538 bis 1591, der auch das Stammhaus der Familie in der Schreiberstraße in Goslar erwarb, zurückverfolgen. Die Siemens gehörten zu den damals besonders angesehenen organisierten gewerblichen Ständen der Stadt, den Gilden. Sie trieben Ackerbau und nahmen in steigendem Maße auch teil an gewerblichen Unternehmungen außerhalb der Zünfte. Wir finden sie als Besitzer von Öl- und Mahlmühlen, sie beteiligten sich am Bergbau, und als Ratsherren halfen sie mit, das auf seine Reichsunmittelbarkeit besonders stolze kleine Gemeinwesen zu regieren. In den Urkunden werden die Siemens gerade, ehrliche, tüchtige Männer genannt, die gewissenhaft und selbstlos ihres Amtes walteten.

Im 17. Jahrhundert beginnt ein Teil der Familienmitglieder sich gelehrten Berufen, ein anderer sich der Landwirtschaft als Hauptberuf zu widmen. Im 18. Jahrhundert finden wir eine ganze Anzahl der Siemens als Pächter auf den großen Gütern am Nordrande des Harzes. Auch sie bleiben noch Hausbesitzer in der Stadt, Mitglieder der Gilde, sie bekleiden noch städtische Ämter, aber nach und nach lockert sich immer mehr die unmittelbare Beziehung zu Goslar.

Der Großvater von Werner Siemens, Johann Georg Heinrich Siemens, der von 1735 bis 1805 lebte, pachtete die dem Reichsfreiherrn von Grothe gehörigen Güter Schauen und Wasserleben. Als Jüngstes von 15 Kindern wurde ihm hier als Amtsrat in Wasserleben der Vater Werner Siemens, Christian Ferdinand, am 31. Juli 1787 geboren.

Seine ersten starken Jugenderinnerungen, von denen er später seinen Söhnen oft erzählte, knüpften sich an das niederdrückende Gefühl von der Ohnmacht und kleinstaatlichen Zerrissenheit unseres deutschen Vaterlandes. Verstärkt wurden diese Eindrücke durch die großen Gedanken und Hoffnungen, die, in begeisternde Worte gekleidet, damals, als die französische Revolution die ganze Welt umzugestalten schien, auch durch die deutschen Lande fluteten. Gern vertiefte er sich in die große deutsche Vergangenheit, in jene Zeiten, als die deutschen Kaiser noch einer Welt geboten. Auch er wählte den landwirtschaftlichen Beruf. Nach dem Besuch der Gelehrtenschule in Ilfeld im Harz. ging er auf die Universität Göttingen und begeisterte sich hier mit Deutschlands Altersgenossen für Deutschlands Einigkeit und Freiheit. Praktisch erlernte er die Landwirtschaft beim Amtsrat Deichmann in Poggenhagen bei Hannover, dessen älteste Tochter, Eleonore Deichmann, er — kaum 25 Jahre alt — heiratete, nachdem er das Gut Lenthe am Benther Berg bei Hannover gepachtet hatte. Hier wurde am 13. Dezember 1816 als viertes von 14 Kindern Ernst Werner Siemens geboren.

Im geräumigen schönen niedersächsischen Fachwerkhaus, in voller ungebundener Freiheit in Wald und Feld, verlebte Werner Siemens hier die ersten glücklichen Jugendjahre. Seine ein Jahr ältere Schwester Mathilde, die spätere Frau Professor Himly in Göttingen, und sein zwei Jahre jüngerer Bruder Hans, der später als Besitzer und Leiter landwirtschaftlicher technischer Betriebe und zuletzt als Glasfabrikant der Technik nahetrat, waren neben der Dorfjugend seine ersten Spielkameraden. Auch Ferdinand Siemens, der als Landwirt und Gutsbesitzer in Ostpreußen den väterlichen Beruf in der Familie fortsetzte, sowie der mit Werner kongenialste der Brüder, Wilhelm, mit dem ihn ein ganzes Leben intensivster Arbeitsgemeinschaft verbinden sollte, wurden hier in Lenthe geboren.

Dem Vater, mit seinem an Deutschlands großer Vergangenheit sich immer wieder stärkenden nationalen Selbstgefühl, wollte es aber je länger je weniger in der „Königlich Großbritannischen Provinz Hannover", wie man damals das Land der Niedersachsen gern nannte, gefallen. Die englischen Prinzen, die in Hannover Hof hielten, sahen in dem Land nur ihr Jagdgebiet. Drakonische Jagdgesetze, wonach es fast strafbarer erschien, einen Hirsch als einen Menschen zu töten, ließen für die Landwirte die Wildschäden ins Ungemessene steigen. In seinen Lebenserinnerungen erzählt Werner Siemens hiervon, weil es für eigene pessimistische Anschauungen gut sei, wenn die Jugend zuweilen die hoffnungslosen Sorgen der Väter mit den ihren vergliche.

Zu diesen den Vater geistig niederdrückenden staatsbürgerlichen Verhältnissen kam noch der Zwang, entsprechend der größer werdenden Familie die Einnahmen zu vermehren. So entschlossen sich die Eltern, Hannover und Lenthe mit dem zu Mecklenburg-Strelitz gehörigen Fürstentum Ratzeburg und der Domäne Menzendorf zu vertauschen. Hier verlebte Werner in ländlicher Ungebundenheit, in frohem Verkehr mit den Geschwistern und den Altersgenossen der näheren Umgebung seine eindrucksvollsten Jugendjahre, in denen sich die Charaktereigenschaften entwickelten, die, gepaart mit einer genialen geistigen Begabung, ihn zu den großen Erfolgen seines Lebens führen sollten.

Der Vater, der in der damals für die Landwirtschaft besonders schweren Zeit immer härter mit materiellen Sorgen zu kämpfen hatte, und die Mutter, deren Arbeitskraft mit dem großen Haushalt und der Pflege der rasch sich mehrenden Kinderschar mehr als ausgefüllt war, konnten sich kaum besonders eingehend mit der Erziehung der älteren Kinder befassen. Aber durch ihr Beispiel und durch das, was sie als selbstverständlich von ihren Kindern verlangten, wirkten sie doch nachhaltig auf die Bildung des Charakters ein. Furcht vor dem zuweilen leidenschaftlich heftigen Vater und große Liebe zu der Mutter, der man keinen Kummer bereiten wollte, hielten den allzu großen jugendlichen Übermut der gesunden Kinder in zulässigen Grenzen. Vor allem suchten die Eltern das Zusammengehörigkeitsgefühl in der großen Familie zu stärken. Früh mußte jedes der

Kinder lernen, was es heißt, Verantwortung zu tragen. Die Selbsterziehung der Kinder unter sich gehörte zum Erziehungsprogramm des Vaters. Der Ältere war für den Jüngeren verantwortlich. Das ging, wie wir aus den Lebenserinnerungen wissen, so weit, daß der Ältere für die Sünden des Jüngeren mit büßen mußte. So lernte Werner als Knabe bereits Erziehungssorgen kennen, und es wurde ihm zu einer früh geübten Selbstverständlichkeit, für die Zukunft seiner jüngeren Brüder wie für die eigener Kinder sorgen zu müssen.

Den ersten Unterricht im Lesen und Schreiben übernahm die Großmutter. Von Weltgeschichte und Völkerkunde lehrte einiges in geistreich origineller Form der Vater. Dann ging es mit elf Jahren zur Bürgerschule des benachbarten Städtchens Schönberg, bis der Vater es doch für geboten fand, einen Hauslehrer anzustellen. In dem Kandidaten der Theologie Sponholz glückte es ihm, einen gottbegnadeten Jugendbildner zu finden, der in seiner kaum ein Jahr dauernden Erziehungsarbeit tief auf die Charakterbildung Werners einwirkte. Als Werner am Ende seines Lebens von der Höhe seiner Erfolge in das Land seiner Kindheit zurückblickte und sich Rechenschaft gab über die treibenden Kräfte seines Lebens, da nannte er das mit diesem Mann verlebte Jugendjahr das glücklichste seines Lebens: „Meine Liebe und Dankbarkeit habe ich ihm bis auf den heutigen Tag bewahrt."

In packenden Zügen schildert uns Werner in diesen Erinnerungen ein Schulbeispiel pädagogischer Kunst, das Geheimnis des Erfolges dieses jungen Theologen, dem es gelang, „in wenigen Wochen aus verwilderten, arbeitsscheuen Jungen die eifrigsten und fleißigsten Schüler zu machen, die er nicht zur Arbeit anzutreiben brauchte, sondern vom Übermaß derselben zurückhalten mußte." Sponholz war nicht nur der Lehrer, der berufsmäßig Kenntnisse vermittelte, er war der Freund und Kamerad der Knaben, dem Freuden und Leiden der Kinder zum eigenen Erlebnis wurden. Die jugendlichen Spiele machte er seiner Erziehungskunst dienstbar, hier offenbarten sich am deutlichsten gute und schlechte Seiten, die es zu fördern oder zu unterdrücken galt. An erreichbaren Aufgaben stärkte er planmäßig

Tatkraft und Ehrgeiz, und abends nach getaner Arbeit entführte er die Phantasie der Kinder auf den Schwingen tief empfundener Geschichten in die Zukunft eigenen Lebens. Ohne die trockene gesuchte Moral mancher Schulbuchgeschichten erzählte er von den großen deutschen Männern, die aus eigener Kraft allen Widerständen zum Trotz zu großer Macht und Ansehen gelangten. Er erzählte von dem Geschlecht der Fugger, von den großen Industrie- und Handelsherren, die in ihrer Macht den Fürsten gleich kamen. Warum sollte das, was ein Fugger erreichte, einem Siemens nicht möglich sein? Ein unbeugsamer Wille, Tatkraft und Entschlossenheit, zähes Arbeiten gehörten freilich dazu. Ist aber das Ziel nicht größter Mühe wert? So könnte es möglich werden, den Lebensabend der schwer sorgenden Eltern glücklich zu gestalten, wie gut wäre dann für die jungen Geschwister zu sorgen! Dies jugendliche Bild von seines eigenen Lebens Zukunft sollte Werner Siemens, wie wir aus seinen Briefen und Lebenserinnerungen wissen, nicht mehr verlassen. In manchen kritischen Stunden auf der Lebensbahn hat dies innere Erlebnis richtunggebend gewirkt.

Sponholz hat in tiefer Melancholie seinem Leben selbst ein Ende gesetzt. Sein Nachfolger war das pädagogische Gegenstück zu ihm, ein alter ruhebedürftiger, in formalistischem Kleinkram aufgehender Schulmeister, von dem man nur wußte, daß er schon viele Jahre in adligen Häusern Hauslehrer gewesen war. Er starb nach zweijähriger Tätigkeit, und nun entschloß sich der Vater, Werner und seinen Bruder Hans nach Lübeck auf das angesehene Gymnasium, die Katharinenschule, zu bringen. Das Hauptlehrgebiet der Schule waren die alten Sprachen. So sehr Werner die Gedankenwelt der Klassiker interessierte, so wenig gelang es ihm, dem Auswendiglernen grammatischer Regeln, „bei denen es nichts zu denken und zu erkennen gab", Geschmack abzugewinnen.

Diese Schulerfahrung wirkte bestimmend auf die Wahl des Berufes. Einen gelehrten Beruf zu ergreifen auf der Grundlage des so wenig von ihm geschätzten Sprachstudiums kam für ihn nicht in Frage. Er suchte nach einem praktischen Beruf, der den Naturwissenschaften und der Mathematik näher stand, und so kam er zur Technik. Wenn man aber damals von der Technik sprach, dachte man an das Bauwesen. Ein bescheidenes Ansehen im Verhältnis zu den gelehrten Berufen genossen höchstens die Ingenieure, die für den Staat Straßen und Brücken, Kanäle und Häfen zu bauen wußten, oder in staatlichen Bergwerken an führenden Stellen standen. Den Weg zu diesen Berufen vermittelte damals in Norddeutschland die Berliner Bauakademie. Nachdem Werner es versucht hatte, sich über seinen späteren Beruf klar zu werden, ersetzte er das Studium des Griechischen durch Privatstunden in Mathematik und Feldmessen. Bald aber stellte sich heraus, daß das Studium des Baufaches, wie er es sich vorgestellt hatte, den Eltern in ihrer damaligen Lage unerschwingliche Opfer auferlegt hätte. Sein Lehrer im Feldmessen, ein früherer preußischer Artillerieoffizier, riet ihm, beim preußischen Ingenieurkorps einzutreten. Er würde dort etwa das gleiche lernen wie auf der Bauakademie. Der Vater war mit seinem Plan einverstanden. So wenig ihm bei seiner politischen Überzeugung die zu jener Zeit herrschende reaktionäre Richtung in Preußen gefallen mochte, so sehr war er doch überzeugt, daß seine deutschen Zukunftshoffnungen sich nur durch den Staat Friedrichs des Großen würden verwirklichen lassen, dessen innere Gesundheit die politische Zerrissenheit Deutschlands schließlich überwinden würde.

So konnte Ostern 1834, mit 17 Jahren, Werner Siemens zu Fuß die Reise nach der preußischen Königsstadt antreten, die ihm zur Heimat werden sollte, in der seine Jugendträume in so ungeahnter Weise Wirklichkeit werden sollten.

II. Lehrjahre.

1834 bis 1846

Die ersten Berufsjahre, militärisch-technische Ausbildung, die ersten technisch-wissenschaftlichen Arbeiten. Der Weg zur Telegraphie.

Da wandert nun der zukünftige Begründer eines industriellen Welthauses, wie es nur wenige von gleicher Bedeutung gibt, durch die sandige Mark seiner großen Zukunft jugendfroh entgegen. In Berlin bringt ihm der Besuch beim Chef des Ingenieurkorps die erste Enttäuschung. Alles sei überfüllt; es wird ihm empfohlen, zur Artillerie zu gehen, deren Offiziere technisch in der gleichen Weise ausgebildet würden wie die Ingenieuroffiziere. Bei der Garde ist kein Unterkommen. Zu Fuß geht es weiter — denn eine Eisenbahn gibt es in Deutschland noch nicht — nach Magdeburg. Er stellt sich dem Oberst von Scharnhorst, dem Kommandeur der III. Artilleriebrigade, vor, der ihm aber wenig Hoffnung auf Annahme macht. Nur vier von den fünfzehn Aspiranten könne er annehmen, und er werde sich die mit dem besten Examen aussuchen. Aber er nimmt doch die Meldung zum Examen entgegen, und nach dreimonatlicher Vorbildung gelingt es Werner Siemens, unter den vier Besten in die preußische Armee aufgenommen zu werden, nachdem der König ihm durch eine besondere Kabinettsorder als Ausländer das Recht dazu gegeben, und sein Vater ihn vom Mecklenburgischen Militärdienst frei gekauft hatte. Beim Exerzieren auf dem Magdeburger Domplatz, bei dem Leben in der Kaserne während des ersten Jahres lernt er zur Genüge die strenge Disziplin kennen, die mit der preußisch-militärischen Ausbildung unerläßlich verbunden ist. Er lernt die militärische Erziehung würdigen, und im Rückblick auf seinen Lebensgang weiß er das kameradschaftliche Gefühl, das alle verbindet, auch selbst die „rücksichtslose Grobheit auf kameradschaftlicher Grundlage" ihrem Werte nach einzuschätzen.

Am meisten packt ihn die technische Seite des Berufes. Bei den Schießübungen wird er sich seiner technischen Begabung bewußt. Was vielen seiner Kameraden schwer zu begreifen ist, erscheint ihm selbstverständlich. Im Herbst 1835 verwirklicht sich auch seine große Hoffnung, er wird zur Vereinigten Ingenieur- und Artillerieschule nach Berlin kommandiert. Dabei eröffnet sich ihm die Gelegenheit, die er so sehnlichst herbeigewünscht hatte, wissenschaftliche und technische Kenntnisse planmäßig zu erwerben. Diese ersten drei Jahre in Berlin rechnete Werner Siemens mit zu den grundlegendsten seines Lebens. Der fröhliche, kameradschaftliche Verkehr mit Altersgenossen, die Anregung, die von hervorragenden Lehrern — er nennt vor allem den Mathematiker Ohm, den Physiker Magnus und den Chemiker Erdmann — ausging, fördern maßgebend seine Entwicklung. Hier gewinnt er auch in seinem Regimentskameraden Wilhelm Meyer einen treuen Freund und erfolgreichen späteren Mitarbeiter an seiner Lebensarbeit.

Mit begeisterter Hingabe widmet sich Werner Siemens den Studien. Den für die Prüfung notwendigen Gedächtnisstoff lernt er pflichtgemäß in dem Bewußtsein, ihn bald wieder vergessen zu können. Jede freie Stunde aber widmet er der Mathematik, Physik und Chemie, die er seine Lieblingswissenschaften nennt. Nach bestandener Prüfung kann er als Königlich Preußischer Artillerieoffizier die Eltern besuchen. Hier greift er zum erstenmal insofern in die Erziehung seiner Brüder ein, als er die Eltern bittet, seinen Bruder Wilhelm, der Kaufmann werden sollte, was ihm nicht zusagte, ihm mit nach Magdeburg zu geben, um dort die Gewerbe- und Handelsschule zu besuchen. Wilhelm, dessen klaren Verstand er erkennt, und dessen geniale Fähigkeiten er ahnt, will er zum Ingenieur machen. Mit großer Gewissenhaftigkeit und Sorgfalt bekümmert sich in Magdeburg der 22jährige Leutnant um seinen 16jährigen Bruder. Er verschafft ihm Freitische, um finanziell den Aufenthalt zu erleichtern. Jeden Morgen von 5 bis 7 Uhr gibt er ihm Privatstunden in Mathematik. In diese Magdeburger Zeit fällt der Tod der so sehr geliebten Mutter. Kaum ein halbes Jahr später stirbt auch der Vater.

Der junge, lebensfrohe Offizier empfindet es als selbstverständlich, daß er nun an der Eltern Statt für die Geschwister zu sorgen habe. Das Gericht bestellte Vormünder für die jüngeren Geschwister. Die beiden Brüder Hans und Ferdinand übernahmen es zunächst, die Domäne Menzendorf weiter zu bewirtschaften. Die jüngste Schwester ging zu einem Onkel nach Lübeck, die 1833 und 1836 geborenen jüngsten Brüder Walter und Otto, die später in den kaukasischen Unternehmungen der Gebrüder Siemens einen Wirkungskreis bis zu ihrem im frühen Mannesalter erfolgten Tod finden sollten, blieben unter der Pflege der Großmutter zunächst in Menzendorf. Mit noch größerem Eifer und Ernst widmete sich Werner seinen technisch-wissenschaftlichen Arbeiten, die mit ihren Erfolgen ihm nun zugleich die Geldmittel schaffen sollen, die Brüder zu erziehen; denn die traurige Lage der Landwirtschaft hatte die Eltern ohne jedes Vermögen sterben lassen.

Zunächst versuchte er in unmittelbarem Anschluß an seine militärische Waffe Fortschritte zu erzielen. Sein Vetter, ein hannoverscher Artillerieoffizier, hatte versucht, statt der damals noch allgemein verwendeten brennenden Lunte, mit Friktionsschlagröhren die Pulverladung der Kanonen zu entzünden. Siemens bemühte sich sicherer wirkende Zündmittel zu finden. Die Versuche mit hochexplosiven Gemischen führten zu einer unerwarteten Explosion, die ihm ein Trommelfell kostete.

Im Herbst 1840 wurde er nach Wittenberg versetzt, und diese Zeit brachte ihm die erste erfolgreiche Erfindung. Der Professor Jacobi — damals in Dorpat — hatte bei der Elektrolyse von Kupfersulphat die grundlegende Beobachtung gemacht, die ihn zu einem Verfahren, dem er den Namen Galvanoplastik gab, führte. Dies Verfahren hatte er 1840 in Petersburg durch seine Schrift „Die Galvanoplastik" veröffentlicht, die ihren Weg auch zu Werner Siemens nach Wittenberg, wohin er inzwischen kommandiert war, fand. Aufs höchste durch diese Schrift gepackt, glaubte er hier den

Weg zu einer ganzen Reihe anderer Verfahren offen zu sehen. Die Versuche mit anderen Metallen wollten zunächst bei den beschränkten Mitteln, die ihm zur Verfügung standen, noch nicht zum Ziel führen.

Die Wittenberger Arbeit wurde auch durch eine Verurteilung zur Festungshaft in der Zitadelle Magdeburg, die ihm Sekundantendienste in einem recht gefahrlos verlaufenen Duell zugezogen hatten, unterbrochen. Er war aber so in seine elektrolytischen Versuche vertieft, daß er auch die Festungshaft von dem Gesichtspunkt ansah, ob sie ihm nicht gerade die notwendige ungestörte Muße zur Vornahme weiterer Versuche verschaffen könnte. Es gelang ihm, mit Hilfe eines willfährigen Drogisten, sich in seiner geräumigen Zelle ein kleines Laboratorium einzurichten, in dem er es unternahm, Versuche, die er vor einiger Zeit mit seinem Schwager Himly, dem Professor der Physik in Göttingen, angestellt hatte, seinen neuen Zielen nutzbar zu machen. Er wollte nicht nur Gegenstände verkupfern, sondern auch vergolden und versilbern. „Zu meiner unsäglichen Freude“, schreibt er in seinen Lebenserinnerungen, „gelangen die Versuche in überraschender Weise. Ich glaube, es war eine der größten Freuden meines Lebens, als ein neusilberner Teelöffel, den ich mit dem Zinkpol eines Daniellschen Elementes verbunden in einen mit unterschwefligsaurer Goldlösung gefüllten Becher tauchte, während der Kupferpol mit einem Louisdor als Anode verbunden war, sich schon in wenigen Minuten in einen Löffel vom schönsten, reinsten Goldglanz verwandelte.“ Hier hatte er zum erstenmal die so tief ergreifende Genugtuung des Entdeckers und Erfinders erlebt. An einen Magdeburger Juwelier, der auf das Gerücht von dem wundervollen Ergebnis nach der Zitadelle geeilt war, verkaufte er das Recht des Verfahrens für 40 Louisdor, die es ihm nun ermöglichten, in den Versuchen weiter fortzufahren.

Eine über Erwarten schnelle Begnadigung vertrieb ihn aus der zum Laboratorium gewordenen Zelle, aber die Erfindung hatte doch seine Vorgesetzten auf seine besondere technische Begabung so stark hingewiesen, daß sie ihn nunmehr nach Spandau zur Lustfeuerwerkerei kommandierten. Mit freudigem Eifer ging Siemens in der Spandauer Zitadelle daran, die neuesten Fortschritte der Chemie zur Herstellung schöner farbiger Flammen im Feuerwerk anzuwenden. Vor den Fürstlichkeiten auf den Havelseen bei Potsdam konnte er durch die Pracht seines Feuerwerks besondere Ehre und Anerkennung erwerben. Am dankbarsten aber empfand er das darauf folgende Kommando nach Berlin zur Artilleriewerkstatt, wodurch ihm die beste Gelegenheit geboten wurde, seine mathematisch-naturwissenschaftlichen und technischen Studien planmäßig fortzusetzen. Zugleich erforderte die Sorge für die Geschwister dringender als je eigenen Erwerb.

Merkwürdig anregend war das Leben in Berlin in den Jahren, während Werner Siemens hier heimisch wurde. Freilich, politisch suchte man das Volk möglichst vollständig die durch die großen Leistungen der Freiheitskriege erweckten Hoffnungen vergessen zu lassen. Von den Gedanken des großen Reformators Stein, dessen Mitarbeiter auf den Entwurf zur Städteordnung das Wort geschrieben hatte: „Zutrauen veredelt den Menschen, ewige Vormundschaft hemmt sein Reifen", wollte man nichts mehr wissen. Wieder schien Ruhe die erste und einzige Bürgerpflicht. Aber mit passivem Gehorsam allein lassen sich nicht Gewerbe fördern und Industrien begründen. Es war deshalb ein Glück, daß diese politische Grundanschauung auf technischen und gewerblichen Gebieten keine Geltung fand. Hier regten sich bereits tätig die Kräfte, die für die Entwicklung des deutschen staatlichen und wirtschaftlichen Lebens aus den alten Zuständen zu neuen Lebensformen unentbehrlich waren.

Versuchen wir kurz, uns an den Entwicklungsgang zu erinnern, in den Werner Siemens später so erfolgreich mit seiner eigenen Arbeit eingreifen sollte.

An der Spitze aller staatlichen Bestrebungen, Industrie und Gewerbe zu fördern, stand damals Peter Christoph Wilhelm Beuth, der am 28. Dezember 1781 zu Cleve geboren, in rascher Laufbahn zu den obersten Beamtenstellen Preußens emporgerückt war. 1818 hatte er die Abteilung für Handel und Gewerbe übernommen und damit den auch für Preußen wichtigsten Abschnitt seines Lebens eingeleitet. Nicht mit Unrecht nennt ihn Werner

Siemens den tatsächlichen Begründer der norddeutschen Industrie. Damals war England das gelobte Land der Technik, das allen anderen Staaten unerreichbar schien. Hier war das Maschinenzeitalter angebrochen. Wunderdinge erzählte man sich von diesen Maschinen, die in alle Gewerbe eindrangen, sie umgestalteten, neue Industrien begründeten und so, für alle bemerkbar, jene großen, gewaltigen Umwälzungen in der Arbeitswelt der Menschen einleiteten, deren Näherkommen auch in Deutschland von manchen hoffend und von vielen fürchtend beobachtet wurde. Beuth gehörte zu den wenigen, die klar erkannten, daß das schnelle Anpassen an die Erfordernisse der neuen Zeit unbedingt nötig war.

Schon bevor Beuth seine gewerbefördernde Tätigkeit aufnahm, war ein junger Mechaniker aus Niederdeutschland über Kopenhagen, wo er seine Lehre durchgemacht hatte, nach Berlin gekommen. Es war Freund, der mit seinem Bruder 1816 die erste Dampfmaschinenfabrik begründete, aus der die Charlottenburger Maschinenfabrik und Eisengießerei hervorging. Nach ihm kam 1822 der Westfale Egells, der aus seiner Heimat auswanderte, „weil die Gegend zu arm an Fabriken sei und er darum nicht bestehen könne". Beuth nahm sich seiner an. Der preußische Minister schickte ihn auf jahrelange Studienreisen nach Frankreich und England. Er kaufte ihm ein Fabrikgrundstück und die nötigen Maschinen und gab ihm die erste Arbeit. So entstand draußen im Norden von Berlin in der Chausseestraße, im Berliner Maschinenbauviertel, die Egellssche Maschinenfabrik, die sich bald eines besonders guten Rufes als eine der ersten, leistungsfähigsten Maschinenbauanstalten Deutschlands erfreuen sollte.

Beuth suchte vor allem auch eine Einrichtung, die sich auf Steins Reformgedanken zurückführen läßt, seinen Zwecken der Industrieförderung planmäßig nutzbar zu machen; dies war die Königlich Preußische Technische Deputation für Gewerbe, die, wie es in den Akten hieß, aus „Staatsbeamten, Gelehrten, Künstlern, Manufakteuren und Kaufleuten mit wissenschaftlicher oder praktischer Bildung bestehen sollte", und deren Zweck es war, „das Wissenschaftliche der ganzen Gewerbekunde in ihren Fortschritten zu verfolgen". Lange hatte man sich über Organisation und Tätigkeitsgebiete unterhalten, es fehlte aber der Mann, der die Gedanken in Wirklichkeit übersetzte. Das war Beuth, der aus der Technischen Deputation eine rein technische Behörde entwickelte, von deren Mitgliedern er auch die genaueste Kenntnis vom Gewerbebetrieb im In- und Ausland verlangte. Er gab ihr bestimmte Aufgaben, sie sollte an der Lösung der Aufgaben mitwirken, die für die Gewerbe von besonderem Werte waren, ihre Mitglieder sollten durch ausgedehnte Reisen sich von der Entwicklung der Gewerbe unterrichten, sie sollten Zeichnungen, Modelle, Literatur anschaffen und sie den Gewerbetreibenden zugänglich machen. Auch Maschinen wurden beschafft, in Betrieb gesetzt und den Gewerbetreibenden zur Benutzung überwiesen. Junger leistungsfähiger Nachwuchs für Industrie und Gewerbe sollte für die Deputation herangezogen werden. Laboratorien wurden der Organisation zur Verfügung gestellt. Man suchte berühmte Männer des In- und Auslandes zur Mitarbeit heranzuziehen.

Aber bald sah Beuth, daß alle die Aufgaben nicht von einer Stelle zu leisten waren. So gründete er am 15. Januar 1821 in engem Zusammenschluß mit der Deputation den Verein zur Beförderung des Gewerbfleißes in Preußen als Mittelpunkt aller Gemeinschaftsarbeit auf dem Gebiet der Gewerbeförderung. Vor allem aber erkannte Beuth, daß ohne gute technische Schulen ein wesentlicher Fortschritt auf die Dauer nicht zu erzielen sei. So eröffnete er im gleichen Jahr die Technische Schule in der Klosterstraße, aus der er später das Gewerbeinstitut entwickelte, das mit der schon 1799 eröffneten Bauakademie vereint, die Grundlage der heutigen Technischen Hochschule bildete.

Ein ungemein tätiges, anregendes Leben herrschte damals in dem Kreis, der sich um Beuth bildete. Auch hier sah man unverwandt nach England und suchte planmäßig, sich durch die Ergebnisse englischen Erfindungsgeistes und industrieller Unternehmung Nutzen zu verschaffen.

Die Mitte des dritten Jahrzehnts brachte dann zwei Ereignisse, die bestimmend für die weitere industrielle Entwicklung Deutschlands werden sollten. Am 1. Januar 1834 fielen die Zollgrenzen zwischen 18 deutschen Staaten mit 23 Millionen Einwohner. Der deutsche Zollverein, der sechs Jahre später bereits 23 Staaten umfaßte, war Tatsache geworden, so sehr man sich in den nur politisch orientierten Kreisen des zerrissenen deutschen Vaterlandes darüber auch verwundern mochte. Damit aber war der freien Entwicklung von Handel und Verkehr die Bahn geöffnet.

Nicht minder bedeutsam war das zweite Ereignis. Am 7. Dezember 1835 wurde die erste deutsche Eisenbahn mit der nur 6 km langen Strecke Nürnberg Fürth eröffnet. Damit traten auch für unser Volk die großen Bewegungsmächte in die Erscheinung, deren Folgen unübersehbar und unberechenbar sein mußten. Heinrich Heine hat acht Jahre später unter dem Eindruck der Eröffnung zweier wichtiger französischer Eisenbahnen geschrieben: „Die Eisenbahnen sind wieder ein solch bestimmendes Ereignis, das der Menschheit einen neuen Umschwung gibt, das die Farbe und Gestalt des Lebens verändert. Es beginnt ein neuer Abschnitt in der Weltgeschichte, und unsere Generation darf sich rühmen, daß sie dabei gewesen. . . . Sogar die Elementarbegriffe von Zeit und Raum sind schwankend geworden. Durch die Eisenbahn wird der Raum getötet, es bleibt uns nur noch die Zeit übrig."

Jetzt ging es auch in Berlin mit der industriellen Entwicklung immer schneller vorwärts. Bei Egells hatte Johann Friedrich August Borsig, der Begründer der heutigen Weltfirma, der 1823 als Zimmermann von Breslau nach Berlin gekommen war, den Maschinenbau praktisch erlernt, nachdem er vorher im Gewerbeinstitut sich einige theoretische Kenntnisse erworben hatte. Hervorragend technisch begabt, ausgerüstet mit einer ungewöhnlich großen Tatkraft, wurde er für Egells der wertvollste Mitarbeiter. Der Drang aber, sein eigener Herr zu werden, sich selbständig zu machen, ließ ihn nach elfjähriger Tätigkeit bei Egells eine eigene Fabrik errichten. Unmittelbar neben der Egellsschen Fabrik am Oranienburger Tor entstand die erste Borsigsche Maschinenfabrik, und so genau erfaßte er den Geist der Neuzeit, daß er als einer der ersten den Lokomotivbau aufnahm und Deutschland von der Notwendigkeit, alle Lokomotiven aus England und Amerika zu beziehen, befreite. Mit besonderem Stolz konnte Beuth auf Borsig hinweisen, der auf der ersten Allgemeinen Ausstellung Deutscher Gewerbeerzeugnisse, die 1844 in Berlin abgehalten wurde, zur Anerkennung für das, was Preußens Industrie Beuth zu verdanken hatte, eine für damalige Verhältnisse ausgezeichnet gearbeitete Lokomotive, der er den Namen Beuth gab, ausstellte.

Bei Egells war auch ein anderer großer Berliner Dampfmaschinenbauer in die Schule gegangen, Wöhlert, der 1818 als Tischler von Kiel nach Berlin gekommen war. Ein Kamerad von Borsig, war er als Ingenieur auch in die neue Fabrik von Borsig eingetreten, war dann aber das Beamter-sein bald müde geworden und hatte sich 1842, ebenfalls in der Chausseestraße eine eigene Maschinenfabrik und Gießerei erbaut, die es zu sehr ansehnlicher Größe und großem Ansehen brachte, dann aber in den 70er Jahren finanziell so schwer litt, daß sie in den 80er Jahren aufgelöst wurde. Wöhlert hatte den Ehrgeiz, auch die schwierigsten technischen Aufgaben auszuführen. Sein „Mach ik", mit dem er auch die schwierigsten Aufträge ohne Besinnen übernahm, ist kennzeichnend für ihn und seine unternehmungslustigen Kollegen in dem damaligen Berlin.

Praktisches technisches Verständnis, kühner Unternehmungsgeist, wenig oder gar nicht belastet durch mathematisch-naturwissenschaftlich tiefergehende Kenntnisse, waren die treibenden Kräfte des damaligen technischen Fortschrittes. Die Erfahrung war alles. Sich möglichst getreu an ein Vorbild haltend, anerkannte Regeln benutzend, so suchte man vorwärts zu kommen. Die Fabrikation stellte in jenen Zeiten, wo es gelernte Maschinenbauer noch kaum gab, wo man mit den denkbar einfachsten Hilfsmitteln sich begnügen mußte, große Anforderungen. Es muß anerkannt werden, daß diese Männer des praktischen Lebens, unter Berücksichtigung dieser großen Herstellungsschwierigkeiten, Bewundernswertes geleistet haben. Folgenschwer war der gerade für Deutschland besonders kennzeichnende Gegensatz zwischen Theorie und Praxis, es war eine Zeit, in der man von einem Menschen entweder wissenschaftliche Kenntnis o d e r praktische Erfahrung, aber nicht beides zugleich zu verlangen wagte.

Der zweite Strom des für die zukünftige Entwicklung bedeutsamen geistig tätigen Lebens ging von einer Gruppe geistvoller junger Naturforscher aus. Als einen besonderen Vorzug hat es

Werner Siemens stets empfunden, daß er gerade zu diesen Männern so früh den Anschluß fand. Du Bois-Reymond, Brücke, Helmholtz, Clausius, Wiedemann, Ludwig, Beetz und Knoblauch, die ein enger Freundschaftsbund bereits umschloß, gründeten 1845 die Physikalische Gesellschaft, in der es ihm vergönnt war, von Anbeginn an tatkräftig mitzuarbeiten. Diese Gesellschaft war es, in der am 23. Juli 1847 Helmholtz seine berühmte Arbeit über die Erhaltung der Kraft vortrug, die von diesen Physikern in ihrer weittragenden Bedeutung zu einer Zeit erkannt wurde, als noch die übrige wissenschaftliche Welt wenig davon wissen wollte. Die überragende Bedeutung von Helmholtz, dessen Einleitung zur Erhaltung der Kraft du Bois-Reymond begeistert „ein historisches Dokument großer wissenschaftlicher Konzeption für alle Zeiten" genannt hatte, wurde freudig anerkannt. Die Qualität des geistigen Umganges, auf die Werner Siemens stets so entscheidenden Wert gelegt hatte, fand er in diesen Kreisen. „Wer einmal", hat Helmholtz am Ende seines Lebens, vielleicht auch mit dem Gedanken an diese Jugendzeit gesagt, „mit einem oder einigen Männern ersten Ranges in Berührung gekommen ist, dessen geistiger Maßstab ist für das Leben verändert, zugleich ist solche Berührung das Interessanteste, was das Leben bieten kann."

Schienen damals die mathematisch-physikalischen Forschungen noch durch eine unüberwindliche Mauer getrennt von technisch-gewerblichen Bestrebungen, so ging es den Vertretern der Naturwissenschaft nicht viel besser mit den philosophisch-historischen Kreisen, die von dem fast dogmatischen Glauben an die alleinseligmachende Wirkung dessen, was sie Bildung nannten, überzeugt, sich kaum die Mühe nahmen, die großen geistigen Kräfte, die in dem Ringen mit der Natur um ihre Geheimnisse zu finden sind, recht zu erkennen. Klagte doch Helmholtz noch kurz vor seinem Tode über die große Kluft, die zwischen dem Gesichtskreis der philosophisch-historischen und naturwissenschaftlich-mathematischen Kreise Europas herrschte. Er sah in diesem Sichnichtverstehen ein großes Hindernis für ein gedeihliches Zusammenwirken und für eine harmonische Fortentwicklung der Menschheit.

Wir wissen, wie aus dem Zusammenfließen der mathematisch-naturwissenschaftlichen Forschung und dem technischen Können die Grundlagen zu jener gewaltigen, schnellen Entwicklung der Technik und Industrie entstanden, die wir in den letzten Jahrzehnten dauernd beobachten konnten. Werner Siemens aber verstand es, in seiner Person und in dem von ihm gesuchten Verkehr schon damals beide Richtungen zu vereinen.

Suchte er in der Physikalischen Gesellschaft wissenschaftliche Anregung und Förderung, so besuchte er den Verein zur Beförderung des Gewerbfleißes und die 1839 gegründete Polytechnische Gesellschaft, um die technisch-gewerblichen Aufgaben der Industrie kennenzulernen. Anregungen empfangend und austeilend, hat er die Tätigkeit in diesen Vereinen für seine Entwicklung hoch eingeschätzt. Nachhaltigen Eindruck machte es bald auf ihn, daß seine mathematisch-naturwissenschaftliche Bildung, die über das Wissen der damaligen Gewerbetreibenden weit hinaus ging, es war, die ihn befähigte, Aufgaben zu lösen, für die bewährte Formeln und gläubig angewandte Rezepte bei weitem nicht ausreichten. Er wurde sich bewußt, daß er mit seiner wissenschaftlichen Schulung sich auch für die industrielle Tätigkeit ein Werkzeug von weittragendster Bedeutung geschaffen hatte.

Dem jungen Offizier, der sich durch Vereine den Weg zu wissenschaftlichen und industriellen Kreisen Berlins planmäßig bahnte, stand aber auch die große, sich um den Königlichen Hof gruppierende Gesellschaft offen. Er wurde zu den Hofgesellschaften befohlen, er lernte es, frei und offen in den damals gesellschaftlich weit über ihm stehenden Kreisen zu verkehren. Frühzeitig trat er auch zu den Mitgliedern des Königlichen Hauses in Beziehung. Überall schätzte man den erfindungsreichen jungen Leutnant, dem Lebensmut, Tatkraft und Geist aus den blitzenden Augen sprachen. Werner Siemens hat stets gern anerkannt, in wie hohem Maße ihm sein Lebensweg durch die Laufbahn des Offiziers in dem damaligen Militär- und Beamtenstaat Preußen erleichtert worden ist. Wenn er 1841 seinem Bruder Wilhelm in Göttingen beglückwünscht zu den großen Fortschritten, die er in seiner Haltung und seinem äußerem Wesen gemacht hat und dann hinzufügt: „Du glaubst nicht, lieber Bruder, was ein freies, männliches, ungeniertes

Betragen für ein mächtiger Empfehlungsbrief bei allen Menschen ist," so sieht man, wie sehr er sich damals schon dieser Grundlage schnellen Emporkommens bewußt war.

Das planmäßige, ruhige, wissenschaftliche Arbeiten, von dem Werner Siemens so viel erhoffte, wurde allerdings zunächst durch die Notwendigkeit zurückgedrängt, sich durch Verwertung von Erfindungen Geldmittel für die Erziehung der Geschwister zu verschaffen. Den Bruder Wilhelm sucht er, in richtiger Erkenntnis von der großen Zukunft, die im Eisenbahnzeitalter der Maschinenbau haben mußte, als seinen Mitarbeiter auf diesem Gebiet im Ingenieurwesen auszubilden. Eingehender konnte sich nicht ein Vater um die Ausbildung seines Sohnes bekümmern. Nach dem Besuch der Magdeburger Schule und den Privatstunden, die er ihm erteilt hatte, schickte er Wilhelm nach Göttingen an die Universität zu seinem Schwager Himly. Er empfahl ihm dringend, das Zeichnen zu üben, das Hauptstudium aber solle angewandte Mathematik sein, Physik, auch praktische Maschinenkunde solle er, wenn Gelegenheit dazu geboten ist, in Göttingen studieren. Nach dem Studium solle Wilhelm praktisch arbeiten. Die Berliner Fabrikanten verlangten ein unerschwinglich hohes Lehrgeld — bis zu 500 Talern. Das konnte Werner nicht zahlen. Er knüpfte deshalb mit Schöttler, dem Leiter der Stolbergschen Maschinenfabrik in Magdeburg, Verbindungen an, der zwar kein gelehrter, aber praktisch ein sehr tüchtiger Maschinenbauer sei. Hier sollte Wilhelm in zwei Jahren die Grundlagen des Maschinenbaues praktisch studieren und dem jungen Schöttler in Privatstunden die wissenschaftlichen Grundlagen des Faches geben. Die Aussicht, bei Schöttler vollständig freie Station zu haben, ermöglichte die finanzielle Durchführung dieser Ausbildungszeit.

Inzwischen hatte Werner auch seine elektrotechnischen Arbeiten weiter gefördert. Die Technische Deputation hatte ihm 1842 ein Patent auf ein Verfahren, Gold zur Vergoldung auf nassem Wege vermittels des galvanischen Stromes aufzulösen, auf fünf Jahre erteilt. Das Patent bezog sich nur auf Anwendung der unterschwefligsauren Gold- und Silbersalze, da ein englisches Patent die Benutzung der Zyanverbindungen bereits bekanntgegeben hatte. In Berlin suchte Werner dieses Patent zum Geldverdienen zu benutzen. Diese geschäftlichen Maßnahmen wurden ihm durch seine Stellung als Offizier zwar erschwert, führten aber doch zu einem Erfolg. Mit der Neusilberfabrik von J. Henninger schloß er einen Vertrag ab, durch den es dieser Firma möglich wurde, die erste Anstalt für galvanische Vergoldung und Versilberung in Deutschland einzurichten.

Die innige briefliche Verbindung Werners mit Wilhelm während seiner Magdeburger praktischen Lehrzeit führte dazu, daß die Aufgaben, die dem angehenden Maschinenbauer gestellt wurden, auch Werner geistig stark beschäftigten. Eine dieser Aufgaben bezog sich auf die Regulierung von Dampfmaschinen. Das war ein Gebiet, das noch sehr im argen lag. Damals wurden viele Dampfmaschinen zur Unterstützung der vorhandenen Wasserräder aufgestellt. Man wünschte eine Regulierung in der Weise, daß die Kraft des Wasserrades stets voll ausgenutzt und die Dampfmaschine nur den Mehrbedarf an Kraft hergeben sollte. Die Aufgabe führte ihn zur Erfindung der von ihm als Differenzregulator bezeichneten Konstruktion, die aus einem freischwingenden Kreispendel bestand, von dem aus eine Schraube gedreht wurde, während die Dampfmaschine eine auf dieser Schraube sitzende verschiebbare Mutter in gleichem Sinne drehte. Es handelte sich hier also um ein Regulierprinzip, das man später bei den in den 70er Jahren bei den schnellaufenden Dampfmaschinen vielfach durchgeführten Beharrungsreglern mit großem Erfolg benutzt hat. Wilhelm, der den Regulator in England als „chronometrical governor" bezeichnete, hat den Regulator praktisch ausgebildet und wesentlich vervollkommnet, ohne daß es ihm gelang, ihn im Maschinenbau allgemein einzuführen. Zunächst brachte diese Erfindung nur Sorge und Mühe und kostete Geld.

Wilhelm hatte sich bei der Verwertung dieser Patente schon in Deutschland sehr nützlich gemacht und eine ungewöhnliche Gabe für derartige Verhandlungen an den Tag gelegt. Werner kam deshalb auf den Gedanken, ihn nach England zu senden, um dort, im Lande der Technik, die Erfindungen in größerem Umfange als es in Deutschland möglich war, zu verwerten. Mit sehr bescheidenen

Geldmitteln, die Werner ihm verschaffen konnte, und großem Wagemut ausgerüstet, trat Wilhelm Siemens 1843 seine erste Reise nach England an. Ein unerwartet großer geschäftlicher Erfolg sollte ihm dort mit der Verwertung des galvanoplastischen Verfahrens beschieden sein. Mutvoll hatte er sich unmittelbar an Elkington, dem Besitzer des englischen Patentes gewandt und ihn davon zu überzeugen verstanden, daß er das Patent seines Bruders erwerben müsse. Nicht weniger wie 3000 £ St. verlangte Wilhelm. Die Hälfte bewilligte schließlich Elkington, noch eine riesige Summe für die mit Schulden kämpfenden Brüder. Wenn Werner 1841 an Wilhelm schrieb: „Das verdammte Geld ist doch der Knüppel, den man stets am Halse trägt!" so konnte er jetzt eine Zeitlang aufatmen und die dringendsten Ausgaben für Wohnung und Kleidung seiner Geschwister begleichen. Dieser Glücksfall mit dem Verkauf des Patentes zauberte goldene Berge vor die Augen der Brüder. Kein Wunder, daß es Wilhelm, in die kleinen, engen Verhältnisse Magdeburgs zurückgekehrt, hier nicht mehr gefallen wollte. Warum sollte man nicht auch andere gute Gedanken sich von den Engländern teuer bezahlen lassen? So fuhr denn Wilhelm zum zweitenmal hinüber nach England, das ihm von jetzt ab die zweite Heimat und zugleich ein überaus wichtiges Glied im Siemensschen Weltgeschäft werden sollte.

Außer dem Regulator sollte er auch einige neue Erfindungen, die Werner inzwischen gemacht hatte, in Geld umsetzen. Hierher gehörte zunächst das Vernickelungsverfahren. Bei seinen elektrolytischen Versuchen war es Werner gelungen, auch gute Nickelniederschläge aus einer Lösung des Doppelsalzes von schwefligsaurem Nickel und schwefligsaurem Ammonium zu erzeugen. Werner glaubte damals, dieses Vernickelungsverfahren mit besonderem Vorteil für gravierte Kupferplatten verwenden zu können, die, in der Weise vernickelt, viel mehr Abdrucke aushalten würden. Es ist bekannt, welch große, weittragende Bedeutung die Vernickelung in der neueren Zeit auf vielen industriellen Gebieten erfahren hat.

Ferner handelte es sich um eine Erfindung, den damals bekannt gewordenen Zinkdruck auf einer rotierenden Schnellpresse zu verwenden. Werner hatte durch den Uhrmacher Leonhardt in Berlin eine Presse anfertigen lassen, mit der er lithographische Abdrucke von einer zylindrisch gebogenen Zinkplatte nehmen konnte. Es war auch gelungen, Jahrhunderte alte Druckschriften durch einen chemischen Prozeß umdruckbar zu machen. Das Verfahren nannten die Brüder anastatisches Druckverfahren, und sie verstanden es, in Deutschland und vor allem in England die Aufmerksamkeit weitester Kreise auf diese Erfindung zu lenken. Viel intensive geistige Arbeit verwendete Werner auf ihre Vervollkommnung, und Wilhelm in England war treu behilflich und versuchte immer wieder von neuem, die erhofften Reichtümer durch diese Erfindungsgedanken sich zu verschaffen, ohne jedoch den gewünschten Erfolg zu erzielen. Immer deutlicher sahen die Brüder, daß bloße Erfindungsspekulation nicht der sicherste Weg zum Vorwärtskommen sei. Auch Werner, der, um seinen Bruder zu unterstützen, sechs Wochen Urlaub genommen hatte und 1844 zum erstenmal nach England kam, konnte den Erfolg nicht erzwingen. Aber mit reichen Anregungen und der noch fester gewordenen Überzeugung von der großen Zukunft technischer Arbeit, kehrte er über Paris, wo er die erste größere Industrieausstellung besuchen konnte, nach Berlin zurück.

Immer neue Pläne und Ideen in sich überstürzender Fülle dringen auf ihn ein. Die Gefahr der Zersplitterung, des Sich-verlierens wird riesengroß. Bewundernswert aber ist die geistige Frische und Elastizität, mit der er die tausend Anregungen aufnimmt, in sich verwertet und weitergibt. Nur einiges sei hier, um ein Bild von dieser Fülle der Ideen zu geben, kurz angeführt.

1844 hatte sich Siemens mit einer Verbesserung des sogenannten Neefschen Hammers beschäftigt und dieser Konstruktion den Namen Volta-Induktor gegeben. Ja, er hatte sogar die Zahnschmerzen seines Bruders Friedrich benutzt, um mit dem in der zweiten Umwendung eines solchen Apparates induzierten Wechselstrom medizinische Versuche zu machen. Die Wirkung war glänzend, aber sie hielt nicht vor.

Im folgenden Jahr beschäftigten ihn von wissenschaftlich-technischen Fragen in erster Linie die Heißluftmaschine, die damals in technischen Kreisen in England und Deutschland das größte Aufsehen machte. Glaubte man doch wieder einmal, daß die letzte Stunde der alten Dampfmaschine geschlagen habe. Im Verhältnis zu dem Kohlenverbrauch der damaligen langsam laufenden Dampfmaschine sollte die neue Wärmekraftmaschine so sparsam im Brennstoffverbrauch sein, daß sie hierdurch schon allein berufen schien, sofort alle Dampfmaschinen zu ersetzen. „Die neue geistreiche Luftmaschine hat jetzt alle Maschinenbauer bedeutend verblüfft", schreibt Werner an Wilhelm, und er erzählt noch, wie er in drei gewaltigen Wortschlachten alle Zweifler, wenn nicht besiegt, doch gänzlich aufs Maul geschlagen habe. Bei kühler wissenschaftlicher Überlegung aber verflüchtigte sich doch der allzu starke Optimismus. Seine Studien veröffentlichte er 1845 unter dem Titel „Über die Anwendung der erhitzten Luft als Triebkraft", und es ist bezeichnend für seine klare wissenschaftliche Auffassung, daß seine theoretische Betrachtung schon vollständig getragen wird von der Erkenntnis des Prinzips von der Erhaltung der Kraft, obwohl Robert Mayers Arbeiten noch wenig bekannt, und Helmholtz berühmte Schrift über die Erhaltung der Kraft erst zwei Jahre später erschien. Er schließt seine Darlegungen mit dem Wunsch, daß es bald gelingen möchte, diese Erfindung, die er für eine der bedeutendsten seiner Zeit erklärt, ins Leben einzuführen. Wir wissen, wie viel hervorragende Arbeit später noch seine Brüder Wilhelm und Friedrich darauf verwandt haben, in den denkbar verschiedensten Formen diese Ideen der praktischen Wirklichkeit anzupassen. Auch hier blieb der so sehr erhoffte große Erfolg vollständig aus. Die Beschäftigung mit diesen Gedanken aber führten dann Friedrich zu der für die gesamte Technik so folgenreichen Erfindung der Regenerativöfen, auf deren Weiterentwicklung Wilhelm und Werner starken tätigen Einfluß nahmen.

Eine andere Idee führte Werner wieder auf das elektrische Gebiet. Er wußte, daß der Uhrmacher Leonhardt für die Artillerieprüfungskommission eine Uhr baute, mit deren Hilfe man hoffte, auf mechanischem Wege Geschoßgeschwindigkeiten genau messen zu können. Werner griff diese Anregung auf und kam auf den Gedanken, den elektrischen Funken unmittelbar für die Geschwindigkeitsmessungen zu verwenden. Er legte die Gedanken in einem 1845 veröffentlichten

Aufsatz nieder, in dem er sogar auch auf den sehr viel später erst durchgeführten Plan, die Geschwindigkeit der Elektrizität in ihren Leitern zu messen, einging.

Immer stärker kreuzen sich die wechselseitigen, anregenden Ideen zwischen den beiden Brüdern. Der in Moabit gelegenen, von der preußischen Seehandlung gegründeten Maschinenfabrik, die Borsig später erwarb, fehlte es an einem jugendfrischen Leiter. Man dachte daran, die beiden Brüder Siemens an die Spitze des Unternehmens zu stellen, nur die Jugend Wilhelms gab noch einige Bedenken. Werner wies darauf hin, daß dieser Fehler täglich abnehme. Er war sich klar darüber, daß nur ausgezeichnete Leistungen der Fabrik helfen könnten. Was aber ließe sich mit den großen Geldmitteln der Seehandlung alles erreichen! „Wie Pilze müßten neue Fabriken aller Art aus der Erde hervorschießen. Da wären wir recht an unserem Platz, nicht wahr?" schreibt er an Wilhelm.

Wilhelm seinerseits will die Erfindung der Strohpapieranfertigung und eine zweite, die sich auf die Herstellung künstlicher Steine bezieht, weiter entwickeln und bittet Werner um seine Mitarbeit. In Berlin hat sich der erste große Erfolg Wilhelms in England auf dem Gebiet der Patentverwertung herumgesprochen. Alle möglichen Erfinder kommen zu Werner und bitten ihn, auch ihre Ideen in England zu verwerten. Vorübergehend denkt Werner daran, durch planmäßige Erfindungsverwertung in England, mit Hilfe von Wilhelm, Geld verdienen zu können.

Wilhelms Ideen werden immer kühner. Er will mit Hilfe einer Gesellschaft in Deutschland Eisenbahnen bauen. Werner findet aber diese Eisenbahnspekulation noch allzu kühn: „Es gehört dazu viel Erfahrung, wenn man sicher sein will, sich nicht zu blamieren. Doch am Ende geht auch alles, wenn man muß und die Sache viel einbringt." Der Minister von Peru bietet Wilhelm an, die Leitung der ganzen Peruanischen Industrie zu übernehmen und vor allem das Berg- und Hüttenwesen im großen zu organisieren. Goldene Berge werden ihm versprochen. Gerade ein Preuße ohne die Vorurteile zugunsten Englands scheint ihm hier der rechte Mann. Werner rät für alle Fälle zu weitgehender geldlicher Sicherstellung und hat seine Bedenken. Die Pläne zerschlagen sich.

Werner ersinnt, angeregt durch einen Preis des Vereins zur Beförderung des Gewerbfleißes, einen Funkenfänger für Lokomotiven und wünscht zu wissen, ob in England Aussichten für die Verwertung sind. Wilhelm wieder erfindet neuartige Luftpumpen. Werner rät ihm, sich in erster Linie nach Paris zu wenden, wo die vielen Zuckersiedereien seine Pumpen verwerten könnten. Schließlich denkt Werner sogar daran, „einiges Geld durch Schreiben zu verdienen". Eine Zeitung hätte ihn gebeten, über Maschinenfabrikation und Patentgesetzgebung zu berichten. Er bittet Wilhelm, ihm hierbei behilflich zu sein.

Besonders interessant ist noch eine Erfindung, die unmittelbar durch eine ihm drohende Zurückversetzung nach Magdeburg hervorgerufen wurde. Werner glaubte, die Rückkehr nach Magdeburg, die ihn mit einem Schlag aus allen seinen wissenschaftlichen Verbindungen und geschäftlichen Unternehmungen gerissen hätte, nur dadurch verhindern zu können, daß er eine militärisch wichtige Erfindung machte. Er dachte an die Schießbaumwolle, die Schönbein in Basel zwar erfunden hatte, die aber für militärische Zwecke noch nicht brauchbar war. Sein früherer Lehrer der Chemie, Professor Erdmann, erlaubte ihm, in seinem Laboratorium Versuche anzustellen, und es gelang ihm, durch Mitbenutzung konzentrierter Schwefelsäure, Schießbaumwolle von solchen Eigenschaften zu erhalten, daß er bereits voller Freude die Aufgabe für vollständig gelöst ansah. Unter Überspringung aller Instanzen sandte er die erste auf diesem Wege hergestellte Schießbaumwolle sofort an den Kriegsminister, der in seinem Garten eine Schießprobe anstellte, die ihn und seine Offiziere so befriedigte, daß er noch am selben Tage Werner Siemens beauftragte, in der Pulverfabrik in Spandau die Versuche in größerem Maße durchzuführen. Hierbei stellte sich heraus, daß man doch noch nicht daran denken konnte, wie man anfangs gehofft hatte, das Pulver allgemein durch Schießbaumwolle zu ersetzen. Aber als Sprengmittel bewährte sie sich ausgezeichnet. Der für Werner zunächstliegende Zweck, in Berlin bleiben zu können, war jedenfalls erreicht. Bemerkenswert ist, daß Werner ebenso wie Wilhelm damals daran dachten, Schießbaumwolle zum Maschinenbetrieb zu benutzen. Sie hofften, auf diesem

Wege so leichte Verbrennungskraftmaschinen zu erhalten, daß mit deren Hilfe „das nie vergessene Fliegen“ möglich würde.

Die technischen Arbeiten Werners hatten ihn, wie wir sahen, auch mit den hervorragendsten Mechanikern Berlins in nähere Fühlung gebracht. Bei seinem regen Verkehr in den technischen Vereinen und in den Werkstätten der Maschinenbauer und Mechaniker mußten auch bald die Aufgaben der entstehenden elektrischen Telegraphie in seinen Gesichtskreis treten. Leonhardt, mit dem er mehrfach zusammen arbeitete, war damals mit Versuchen beschäftigt, die der Generalstab anstellen ließ, und die darauf hinausliefen, die optische Telegraphie durch elektrische zu ersetzen. Die Schwierigkeiten, die hier zu überwinden waren, packten Werner Siemens. Er erkannte brauchbare Lösungen und verstand es, mit einfachsten Hilfsmitteln — Zigarrenkiste, Weißblech, einige Eisenstückchen und etwas isolierter Kupferdraht gehörten dazu — das Prinzip seiner Erfindung dem jungen Mechaniker Halske, den er in der Physikalischen Gesellschaft kennen gelernt hatte, so klar zu machen, daß dieser, überzeugt von der großen Bedeutung der Erfindung, bereit war, sein technisches Können in den Dienst der Verwertung dieser Arbeiten zu stellen.

So rückt Werner Siemens der ersten großen Hauptaufgabe seines Lebens immer näher, und wir werden nun im Zusammenhang nachzuerleben versuchen, wie er auf der Grundlage der von ihm in wesentlichen Teilen geschaffenen elektrischen Telegraphie in zwei Jahrzehnten ein großes industrielles Unternehmen aufbaute.

Die unzähligen verschiedenen Wege, die ihm offenstehen, vereinigen sich in der Richtung nach einem mit Zähigkeit festgehaltenen Ziel, dessen Verfolgung Werner Siemens zum erfolgreichen Begründer der Telegraphentechnik machte.

III. Meisterjahre.

1846 bis 1866

Werner Siemens und die Telegraphie.

Wer den großen Leistungen der Männer gerecht werden will, die der Technik neue Bahnen gewiesen haben, muß zunächst manches zu vergessen suchen von dem, was heute selbstverständlich ist. Die Alltäglichkeit verzehrt das Wunder, und was einst die Herzen der größten Entdecker und Erfinder höher schlagen ließ, geht schließlich als selbstverständlicher Besitz in das Lehrpensum unserer Schulen über. Nur aus der Geschichte gewinnen wir deshalb den Maßstab, der uns große Leistungen richtig einschätzen lehrt.

Das 19. Jahrhundert ist gekennzeichnet durch die sprungartige, gewaltige Entwicklung des Verkehrs. In vorher ungeahnter Weise lernte die Menschheit den Raum überwinden. Dampfschiffe, Eisenbahnen und Telegraphie wurden die Zeichen der neuen Zeit. Wenn man von der Einführung des Kompasses, der ersten praktischen Benutzung magnetischer Kraft, in die Schiffahrt absieht, hat sich seit Jahrtausenden die Technik des Verkehrs nicht geändert. Die wunderbaren Leistungen der Römer auf dem Gebiet des Straßenbaus — hatte doch das römische Weltreich auf der Höhe seiner Macht ein Straßennetz von über 76 000 km zu seiner Verfügung — sind nicht wieder erreicht worden. Der Verkehr im Mittelalter verfiel, verglichen mit den Leistungen der antiken Welt. Cäsar fuhr besser und schneller als Friedrich der Große oder Napoleon. Erst der eiserne Schienenweg in Verbindung mit der Lokomotive, die Einführung einer gewaltigen Naturkraft in den Verkehr, leitete eine Entwicklung ein, der frühere Zeiten nichts Vergleichbares an die Seite zu stellen vermögen.

Gleichzeitig mit den Eisenbahnen und, wie wir sehen werden, auch in engster Verbindung mit ihnen, entstand ein neues System der Nachrichtenübertragung, die elektrische Telegraphie. Zur Dampfkraft gesellte sich die Elektrizität, als die zweite gewaltige Naturkraft, die in den Dienst des Verkehrs sich stellte.

Wir müssen uns daran erinnern, daß noch 14 Tage nötig waren, bis die Nachricht vom Tode Friedrichs des Großen von Potsdam bis nach Karlsbad kam, wo damals Goethe zur Kur weilte, und daß die Berliner 1814 erst neun Tage nach der Einnahme von Paris dieses weltgeschichtliche Ereignis erfahren konnten, wenn wir uns eine Vorstellung davon machen wollen, wie von Grund aus verändernd die Einführung der Elektrizität den Nachrichtenverkehr gestaltet hat. Durch die elektrische Nachrichtenübermittlung wird die Welt zur Kleinstadt, in der man sofort erfahren kann, was der Nachbar tut. Der Telegraph macht heute die großen Ereignisse des Weltkrieges zum gleichzeitigen Erlebnis der ganzen Menschheit.

Die Geschichte der elektrischen Telegraphie beginnt, wie die anderer großer technischer Taten, zunächst mit Ideen. Oft sind es rein mystische Gedankengänge, die mit naturwissenschaftlicher Erkenntnis noch wenig oder gar nichts zu tun haben. Gewissenhafte Chronisten wissen bis ins Ende des 16. Jahrhunderts mit den durch die Kenntnis der späteren Entwicklung geschärften Augen diese Anfänge zurückzuverfolgen. Die Phantasietelegraphen, die mit Hilfe magnetischer Sympathie arbeiten sollten, paßten nicht in das Leben der Wirklichkeit. Das 18. Jahrhundert bringt 1745 die Erfindung der Leidener Flasche und damit die ersten Versuche, Elektrizität auf größere Entfernungen fortzuleiten. Auch der Gedanke, die Reibungselektrizität zu telegraphischen Zwecken zu benutzen, taucht auf und führt 1774 zu Lesages Telegraphen, der ebensowenig praktische Bedeutung gewinnen kann, wie alle anderen Anregungen, Reibungselektrizität für diese Zwecke zu benutzen.

Erst an der Wende des 18. und 19. Jahrhunderts gab die galvanische Elektrizität die Grundlage für die erste praktisch brauchbare elektrische Telegraphie. Dem Anatomen Professor Sömmering in München gelang es 1809, einen Apparat zu konstruieren, in dem er die durch die Voltasche Säule bewirkte Wasserzersetzung zum Telegraphieren benutzte. 35 Drähte verbanden noch die beiden Apparate, zwischen denen Zeichen ausgetauscht werden sollten. Mit ihnen war es möglich, die 25 Buchstaben des Alphabets und die zehn Ziffern sichtbar zu machen. Bei dem ersten Versuch überwand man eine Entfernung von 38 Fuß, bald konnte man auf 1000 Fuß telegraphieren, nachdem man gelernt hatte, die Drähte besser mit Gummi zu isolieren. Sömmerings Freund und Mitarbeiter war der Deutsch-Russe Baron Schilling von Cannstadt, der sich ebenfalls eingehend mit der Nutzbarmachung des elektrischen Stromes zur Nachrichtenübermittlung beschäftigte; aber beide kamen über die ersten Versuchsstadien nicht hinaus. Es lag dies zum Teil wohl an der inzwischen erfolgten Einführung des optischen Telegraphen, der, in seinem Wert auch von Napoleon erkannt, zunächst die Bedürfnisse im Nachrichtenverkehr voll zu befriedigen schien.

Sodann bot die Entdeckung des Elektromagnetismus eine neue Entwicklungsmöglichkeit. Nachdem der Däne Oersted 1820 seine Entdeckungen veröffentlicht hatte, glückte es Ampère noch im gleichen Jahr, die Einwirkung des elektrischen Stromes auf eine Magnetnadel für einen Telegraphen nutzbar zu machen. Schilling von Cannstadt war es, der den ersten praktisch brauchbaren elektromagnetischen Nadeltelegraphenapparat konstruierte. Seine Arbeiten wurden aber erst 1835 in weiteren Kreisen bekannt. Vorher, im Jahr 1833, hatten im April bereits die berühmten Versuche der Göttinger Professoren Gauß und Weber begonnen, die zum erstenmal eine dauernde telegraphische Verbindung, und zwar zwischen der Sternwarte und dem physikalischen Kabinett in Göttingen herstellten. Jetzt beginnt das Telegraphenzeitalter.

Die Göttinger Gelehrten hatten zunächst nur rein wissenschaftliche Zwecke im Auge. Sie wollten für ihre astronomischen Arbeiten die Uhren genau vergleichen. Bald aber verabredeten sie bestimmte Zeichen, die es ihnen ermöglichten, beliebige telegraphische Mitteilungen auszutauschen. „Wir haben diese Vorrichtung", schreibt Gauß am 20. November 1833, „bereits zu telegraphischen Versuchen gebraucht, die sehr gut mit ganzen Worten oder kleinen

Phrasen gelungen sind. — Diese Art zu telegraphieren hat das Angenehme, daß sie vom Wetter und von den Tageszeiten ganz unabhängig ist; jeder, der das Zeichen gibt und der dasselbe empfängt, bleibt in seinem Zimmer, wenn er will, bei verschlossenen Fensterläden. Ich bin überzeugt, daß bei Anwendung von hinlänglich starken Drähten auf diese Weise auf einen Schlag von Göttingen nach Hannover oder von Hannover nach Bremen telegraphiert werden könnte."

Klar erkannte Gauß, was sich aus diesen Anfängen entwickeln könne. Freilich, mit den 150 Talern, die ihm jährlich, für Sternwarte und magnetisches Observatorium zusammen, zur Verfügung standen, ließ sich nicht viel anfangen. Er glaubte, daß, wenn man Tausende von Talern darauf verwenden könne, die elektromagnetische Telegraphie zu einer Vollkommenheit und einem Maßstab gebracht werden könnte, vor der die Phantasie fast erschrecke. „Der Kaiser von Rußland könnte seine Befehle ohne Zwischenstation in derselben Minute von Petersburg nach Odessa, ja, vielleicht nach Kiachta geben, wenn nur der Kupferdraht von gehöriger (in voraus scharf zu bestimmender) Stärke gesichert hingeführt und an beiden Endpunkten mächtige Apparate und gut eingeübte Personen wären. Ich halte es nicht für unmöglich, eine Maschine anzugeben, wodurch eine Depesche fast so mechanisch abgespielt würde, wie ein Glockenspiel ein Musikstück abspielt, das einmal auf eine Walze gesetzt ist. Aber bis eine solche Maschine zur Vollkommenheit gebracht würde, müßten natürlich erst viele kostspielige Versuche gemacht werden, die freilich z. B. für das Königreich Hannover keinen Zweck haben."

So klar auch Gauß und Weber die Zukunft der elektrischen Telegraphie vor Augen sahen, so wenig konnten sie sich doch entschließen, nun auf Kosten ihrer eigenen wissenschaftlichen Arbeiten die technische Durchbildung selbst in die Hand zu nehmen. Sie regten vielmehr den Münchner Professor Karl August Steinheil, der 1835 in Göttingen das Telegraphieren kennen lernte, an, die Telegraphie praktisch durchzubilden.

In genialer Weise hat Steinheil diese Aufgabe, soweit es die technischen Mittel, die ihm zur Verfügung standen, ermöglichten, durchgeführt. Zunächst konstruierte er einen akustischen Telegraphen. Magnetstäbe gaben Glockenzeichen, aus deren Höhe und Aufeinanderfolge sich die Zeichen ergaben. Dann baute er aber auch bereits einen Schreibtelegraphen, indem er die Magnetstäbe in der Weise mit Farbstiften verband, daß sie bei ihrer Ablenkung auf vorbeilaufenden Papierstreifen Punkte aufzeichneten, aus deren wechselseitiger Stellung sich das Alphabet zusammensetzte. Die erste Telegraphenleitung ging von der Akademie in München nach der 5 km entfernten Sternwarte in Bogenhausen. 1837 wurde das Telegraphieren auf dieser Linie öffentlich vorgeführt, und König Ludwig I. von Bayern soll Steinheil mit den Worten beglückwünscht haben: „Seien Sie froh, daß Sie nicht vor 200 Jahren gelebt haben, da hätte man Sie als Hexenmeister verbrannt."

Besonders bedeutsam aber wurde Steinheils Arbeit im Juni 1838. Aus Versuchen, die Schienen der ersten deutschen Eisenbahn, Nürnberg nach Fürth, für die Hin- und Rückleitung des elektrischen Stromes zu benutzen, ergab sich die Entdeckung, daß die Erde selbst für die Rückleitung des Stromes dienen kann: ein Ergebnis, das auch viele Physiker damals für unmöglich hielten. Statt der 35 Drähte, die Sömmering noch brauchte, benutzte Steinheil nur noch einen Draht. Damit war ein ungemein wichtiger Fortschritt in der Entwicklungsgeschichte des elektrischen Telegraphen erreicht.

In dem damaligen Deutschland, dessen geistige Schichten der Technik und den Naturwissenschaften verständnislos gegenüberstanden, dessen politische Zersplitterung den Gedanken an große verkehrstechnische Zusammenfassungen schwer aufkommen ließ, war auch für die großen Steinheilschen Erfindungen kein günstiger Platz. Wie so oft, mußten die ersten großen praktischen Erfolge außerhalb Deutschlands erzielt werden, um dann rückwirkend auch in Deutschland Boden zu gewinnen. England und Amerika, die auch mit Dampfschiff und Eisenbahn in großem Maßstab der Welt vorangegangen waren, entwickelten die ersten der Allgemeinheit im großen nutzbaren Telegraphen.

In England sind diese Arbeiten an die Namen der englischen Physiker Wheatstone und Cooke geknüpft. Aus den Arbeiten beider entstand 1837 ein Vier- und ein Fünfnadeltelegraph, die zunächst für Eisenbahnzwecke benutzt wurden. Sie waren aber zu verwickelt, und die fünf Leitungsdrähte stellten sich zu teuer, als daß sie in dieser Ausführungsform sich weiter einführen konnten. 1839 schuf Wheatstone seinen Zeigertelegraphen. In den folgenden Jahren entstanden Zwei- und Einnadeltelegraphen, die, verbunden mit dem Relais genannten Übertrager, es ermöglichten, mit großer Sicherheit auf weite Entfernungen zu telegraphieren.

In Amerika knüpft sich eine der folgenschwersten und erfolgreichsten Erfindungen an den Namen Morse, dessen telegraphische Systeme und Apparate herrschend wurden. Morses erster, noch sehr unvollkommener Schreibtelegraph stammt aus dem Jahre 1835. 1840 erfand er den nach ihm benannten Taster und drei Jahre später das berühmte Morsealphabet. Die erste größere, nach seinem System erbaute Telegraphenlinie zwischen Washington und Baltimore wurde am 24. Mai 1844 in Betrieb genommen und dem öffentlichen Verkehr übergeben. In Europa wurde der Morsetelegraph 1848 auf einer Telegraphenlinie von Hamburg nach Kuxhaven angewandt.

Die Fortschritte des elektrischen Telegraphen erregten zunächst das Interesse der Eisenbahn- und Militärverwaltungen. Hatte doch die Leitung der ersten großen deutschen Eisenbahn Leipzig Dresden sich bereits 1836 nach Göttingen gewandt und die Professoren um Auskunft über die Verwendbarkeit des Telegraphen für die Eisenbahnsicherungszwecke gebeten. Damals hatte Weber in seinem Antwortschreiben bereits die Möglichkeit erwähnt, daß zwei 3/4 Zoll starke Kupferdrähte, durch das Weltmeer gelegt, sogar telegraphische Verbindungen mit Ostindien oder Amerika herstellen könnten.

In Berlin kümmerte sich der preußische Generalstab sehr eifrig um die militärische Verwendbarkeit des Telegraphen. Napoleon hatte den optischen Telegraphen für militärische Zwecke mit großem Erfolg benutzt. Preußen hatte 1832 als erster deutscher Staat mit der Einrichtung optischer Telegraphenlinien begonnen. Diese Linien wurden zunächst nur für amtliche Depeschen benutzt. Sie waren dem Major Etzel vom großen Generalstab als Telegraphendirektor unterstellt. Der ersten Linie Berlin Hamburg folgten bald die längsten Linien der Welt, Berlin Cöln und Berlin Trier. Binnen 15 Minuten konnte man bereits bei gutem Wetter von Berlin bis an den Rhein Nachrichten geben. Mitte der 40er Jahre mußte nun die Frage eingehend untersucht werden, ob diese optischen Telegraphen sich schon jetzt durch elektrische ersetzen ließen. Eine besondere Kommission wurde vom Generalstab der Armee zur Untersuchung dieser Frage eingesetzt, und der Berliner Uhrmacher Leonhardt beauftragt, den Wheatstoneschen Zeigertelegraphen zu verbessern. Die Wirksamkeit der Wheatstoneschen Apparate war in hohem Maße noch von der Geschicklichkeit des Telegraphierenden abhängig. Es gelang kaum, die Kurbel so gleichmäßig mit der Hand zu drehen, daß die Stärke der einzelnen Stromstöße ausreichte, den Zeiger in der gewünschten Weise fortzubewegen. Leonhardt sollte im Auftrag der Generalstabskommission diese Übelstände beseitigen, er versuchte es durch die Einschaltung eines Uhrwerkes. Hier setzten nun die ersten erfolgreichen Arbeiten von Werner Siemens ein.

In den ersten Tagen des Juli 1846 erfährt er bei einem Besuch Leonhardts von den Schwierigkeiten, die auch mit dem Uhrwerk sich nur schwer überwinden lassen. Die Aufgabe reizt ihn, er glaubt, daß sie am sichersten zu lösen sei, wenn er „aus den Zeigertelegraphen selbsttätige Maschinen mache, von denen jede selbsttätig die Stromleitung unterbreche und herstelle." Die hier von Werner Siemens eingeführte selbsttätige Unterbrechung nach vollendetem Hub hat sich als sehr fruchtbares Konstruktionsprinzip für zahlreiche elektrische Anwendungen erwiesen. Packend schildert er in einem Brief an seinen Bruder Wilhelm am 15. Juli 1846, wie der Besuch bei Leonhardt ihn veranlaßt habe, über die Telegraphie weiter nachzudenken, wozu ihm auch die Aufgabe für den ersten Jahresbericht der Physikalischen Gesellschaft, die Geschichte der elektrischen Telegraphie zu bearbeiten, besondere Veranlassung gab. „Mein Telegraph gebraucht nur einen Draht, kann dabei mit Tasten wie ein Klavier gespielt werden und verbindet mit der größten Sicherheit eine solche Schnelligkeit, daß man fast so schnell telegraphieren kann, wie die Tasten nacheinander niedergedrückt werden. Dabei ist er lächerlich einfach und ganz unabhängig von der Stärke des Stromes.“ Siemens denkt auch bereits daran, einen selbsttätigen Druckapparat damit zu verbinden, so daß man die Buchstaben oder Zahlen gleichzeitig drucken kann.

Allerdings waren auch hier noch große praktische Schwierigkeiten zu überwinden, ehe der erste Zeigertelegraph mit Selbstunterbrechung in großem Maßstab Verwendung finden konnte. Mit Feuereifer aber widmete sich Werner Siemens der konstruktiven Durcharbeitung und auch der praktischen Verwertung seiner Erfindung. Er denkt daran, mit Leonhardt, der unter den Berliner Mechanikern die größte Erfahrung in der Telegraphie hatte, zusammenzugehen. Leonhardt erkennt die große Bedeutung der Siemensschen Erfindung und bestätigt ihm, daß ein druckender Telegraph Siemensscher Konstruktion nicht halb so viel kosten würde, „wie seine kriechenden und komplizierten Dinger.“

Je mehr sich Werner Siemens mit dem elektrischen Telegraphen beschäftigt — und er geht gründlich vor, aus London läßt er sich alle Schriften über galvanische Telegraphie und ähnliches schicken. „Ich muß notwendigerweise alles studieren, was dagewesen ist,“ schreibt er an Wilhelm —, um so mehr erkennt er, wie ihm hier eine ungemein zukunftsreiche Lebensaufgabe gestellt ist. Er ist des zu vielen Erfindens müde. Er sehnt sich nach gründlicher Arbeit, nach einem großen Ziel. Er steht vor der Wahl seines Hauptberufes. Anschaulich klar kommt dies in dem Briefwechsel zum Ausdruck. Am 14. Dezember 1846 schreibt er an Wilhelm, daß er entschlossen sei, sich eine feste Laufbahn durch die Telegraphie zu schaffen, inner- oder außerhalb des Militärs. „Man muß doch endlich einmal suchen, irgendwo festen Fuß zu fassen! Die Telegraphie wird eine eigene, wichtige Branche der wissenschaftlichen Technik werden, und ich fühle mich berufen, organisierend in ihr aufzutreten, da sie, meiner Überzeugung nach, noch in ihrer ersten Kindheit liegt.“ Wilhelm unterstützte aufs kräftigste diese Auffassung. Sie seien durchaus einig, ein bestimmtes Ziel und nur eines vor Augen zu nehmen. Er freut sich, daß Werner die elektrische Telegraphie gewählt habe. Die läge in seinem Bereich und sei so wichtig, daß sie auch seinen Ehrgeiz befriedigen könne. Er solle versuchen, einen bestimmten Auftrag auf dem Gebiet der Telegraphie zu erhalten. Wenn er den erfolgreich gelöst habe, werde er leicht in Preußen den Bau einer Linie übertragen erhalten. Dann solle er erst daran denken, fremde Patente zu nehmen, „besonders in England, woselbst der Geist für Elektrotelegraphie noch nicht erwacht ist."

Auf diesen Brief antwortet Werner am 3. Januar in dem vollen Bewußtsein, daß mit seinem Entschluß, sich nunmehr ganz der Telegraphie zu widmen, ein Wendepunkt in seinem Leben eingetreten ist. „Ich habe mich im alten Jahr aller sanguinischen Hoffnungen, aller der vielen, sich teils durchkreuzenden Pläne entledigt und will, mit Deinem Rat übereinstimmend, alle meine Kräfte dem einen Ziel, der galvanischen Telegraphie und was daran hängt und dazu nützt, widmen!" Ausdauer und Gesundheit wünscht er sich dazu. Dann hofft er, auch aus all den großen Geldsorgen herauszukommen, die die Erziehung der Geschwister ihm auferlegt habe.

Mit Feuereifer stürzt er sich in die Arbeit. Er hält dem Chef des Generalstabes und der Polytechnischen Gesellschaft Vorträge über die Telegraphie. Er versucht sich auch in der Konstruktion elektrischer Uhren und wirkt für seinen neuen Telegraphenapparat bei der technischen Kommission des Generalstabes. Gar nicht erwarten kann er es, bis Leonhardt den ersten Telegraphenapparat abliefert. Am 9. Juli 1847 kann er endlich Wilhelm berichten, daß der Telegraph höchst brillant seit drei Tagen zwischen Berlin und Potsdam arbeite. Drei- bis viermal soviel wie der Leonhardts kann er leisten. Die Mitglieder der Telegraphenkommission kommen die Apparate zu besichtigen, sie sind überrascht von der Sicherheit und Einfachheit des Arbeitens. „Mein Prinzip hat sich glänzend bewährt, und ich hoffe jetzt sicher, daß es mit der Zeit alle anderen schlagen wird." Etwa 40 Buchstaben in der Minute kann er übertragen. Von dem Drucken sieht er noch ab, weil die Eisenbahn, für die der Telegraph zunächst benutzt werden soll, darauf keinen Wert legt. Für ihre besonderen Bedürfnisse konstruierte er ein Läutewerk zur Meldung abfahrender Züge. An jeder Eisenbahnstation kann er zwei verschiedene Glockensignale geben. Die ersten Siemensschen Eisenbahnsignalapparate treten in Tätigkeit. „Es fehlt jetzt vor allen Dingen nur Geld, um die Sache kräftig fortzuführen."

Allerdings, auch technische Schwierigkeiten sind noch genügend zu überwinden. „Das erste Instrument dient ja in der Regel nur zum eigenen Studium, das habe ich auch so recht erfahren! Nur keine Übereilung, damit kommt man am langsamsten vorwärts."

Die Telegraphenapparate wollten aber nicht nur erdacht, sondern auch gemacht sein. Auch hier will Werner Siemens selbständig werden. Aber er braucht einen Mitarbeiter, und er hält Umschau unter den geschickten Berliner Mechanikern, die er bei seinen bisherigen Arbeiten, vor allem aus der Physikalischen und der Polytechnischen Gesellschaft kennen gelernt hatte. Seine Wahl fällt auf den zwei Jahre älteren Mechaniker Halske, der, in Hamburg geboren, in Berlin sich mit einem Mechaniker namens Böttcher selbständig gemacht hatte. Zunächst übertrug Werner diesen beiden den Bau seiner Apparate. Bald aber konnte er seinem Bruder Wilhelm — am 25. August 1847 — berichten, daß er mit dem Mechanikus Halske, der sich von seinem Kompagnon getrennt habe, endgültig übereingekommen sei, eine Fabrik zu gründen, „und hoffentlich wird sie in sechs Wochen schon in vollem Gange sein." Halske ist mit Werner Siemens völlig gleichgestellt. Er bekommt die Leitung der Fabrik. Siemens übernimmt den Bau der Linien und den Verkehr nach außen. Vorläufig will er nur Telegraphen, Läutewerke für Eisenbahnen und Drahtisolierungen mittels Guttapercha machen. Das Kapital, das er braucht, ist gering. Er denkt, daß einige tausend Taler genügen werden und hofft, wenn er Glück hat, hundertmal soviel im Jahr umsetzen zu können. „Es fehlt eine solche Anstalt bisher gänzlich, wir sind daher ohne Konkurrenz und außerdem durch mein Patent und meinen schon ziemlich bedeutenden Einfluß geschützt." So gering auch das Kapital war, so steht es ihm selbst noch nicht zur Verfügung. Er wendet sich deshalb an seinen Vetter Georg Siemens, der auch bei der Begründung rund 6800 Taler einzahlt. 1855 trat Georg Siemens aus dem Geschäft aus. Seine inzwischen wesentlich angewachsene Beteiligung wurde bis 1860 vollständig ausbezahlt. Die geldlichen Verhältnisse gestalteten sich weiterhin überaus günstig, selbst die ständig notwendig werdenden Erweiterungen des Betriebes und die sämtlichen Geschäftskosten konnten aus eigenem Verdienst bezahlt werden.

Als man am 1. Januar 1850 den ersten Geschäftsabschluß, der sich somit auf $2^1/_4$ Jahre erstreckte, aufstellte, betrug der Umsatz bereits 45 850 Taler, der Betriebsüberschuß rund 8 200 Taler. Ein Jahr später hatte man im Zeitraum eines Jahres bereits den doppelten Umsatz wie in den ersten zwei Jahren erreicht.

Passende Werkstätten für die neue Firma fand man nach langem Suchen endlich in der Nähe des Anhalter Bahnhofes, für den man eine Telegraphenanlage in Auftrag hatte. Mit der Werkstatt ist auch die Wohnung unmittelbar verbunden. „Ich wohne parterre, die Werkstatt eine Treppe, Halske zwei Treppen hoch, in Summa für 300 R. T. Bald nach dem 1. Oktober wird die Arbeit beginnen", schreibt er am 15. September 1847, und am 11. Oktober berichtet er: „Ich sitze jetzt schon seit acht Tagen in der neuen Wohnung, Schöneberger Straße 19. Über mir feilt und quiekt es schon bedeutend." So klein und bescheiden begann das Fabrikunternehmen, das sich im Laufe der späteren Zeiten zu einem der größten der Welt entwickeln sollte.

Die Schwierigkeiten, die bei der praktischen Verwertung der elektrischen Telegraphie zu überwinden waren, lagen nicht allein in den Apparaten, sondern vor allem auch in den Leitungen. Hier wurde die Anwendung der zuerst von Werner Siemens benutzten Guttapercha für Isolationszwecke von besonders folgenschwerer Bedeutung.

Von den oberirdischen Leitungen hatte man anfangs nicht viel wissen wollen. Man fürchtete die zu leichte Zerstörung durch das Publikum und die Störungen durch die atmosphärische Elektrizität. So kam es, daß man zunächst sich überall den unterirdischen Leitungen zuwandte. Schon Sömmering hatte 1809 versucht, eine Telegraphenleitung unter Wasser anzulegen. Er dachte für die Ausführung im großen an Leitungen, die in tönerne oder gläserne Röhren eingeschlossen waren. Schilling von Cannstadt machte Versuche mit unterirdischen Leitungen. Gauß und Steinheil benutzten oberirdische Leitungen. In England haben Wheatstone und Cooke die mit Baumwolle umsponnenen Leitungen in gußeiserne und bleierne Röhren gelegt, ohne jedoch die gewünschte vollkommene Isolierung zu erreichen. Bekannt sind auch die Versuche Professor Jacobis in Petersburg, der 42 mit Zwirn bezogene Drähte in Glasröhren verlegte. Die Berliner Telegraphenkommission hatte ebenfalls Versuche über die Isolation von unterirdischen Leitungen angestellt, ohne die gewünschten Erfolge erzielen zu können.

Erst die Guttapercha, ein dem Kautschuk verwandter Baumsaft, die damals von Ostindien nach England gekommen war, versprach Erfolg. Wilhelm hatte 1846 seinem Bruder eine Probe nach Berlin gesandt, der in dem Suchen nach einem geeigneten Isolierungsmittel sofort Versuche damit anstellte. Er fand, daß sich der neue Stoff ausgezeichnet eigne, „das geht ganz brillant und kostet außer dem Draht und Gummi beinahe nichts." Zunächst wurde versucht, durch gekehlte Walzen die Masse um den Draht fest anzudrücken. Der so mit Guttapercha versehene Draht wurde dann durch ein erwärmtes Zieheisen oder durch ein zweites Walzenpaar gezogen. Zur weiteren Durchbildung des Verfahrens hatte sich Werner Siemens mit Pruckner von der Berliner Gummiwarenfabrik L. Fonrobert & Pruckner in Verbindung gesetzt und bei der Telegraphenkommission beantragt, umfassendere Versuche mit den neuen Leitungen anzustellen. Diese begannen bereits im Sommer 1846. Zunächst wurden entlang der Anhaltischen Eisenbahn Guttaperchaleitungen verlegt. Hierbei aber stellte sich heraus, daß die umpreßte Isolation in der Naht sich löste. Werner Siemens erfand deshalb ein neues Verfahren, das in der nahtlosen Umpressung des Kupferdrahtes mit der durch Erwärmung plastisch gewordenen Guttapercha mit Hilfe einer Schraubenpresse bestand. Das war für die weitere Entwicklung der Telegraphie eine der bedeutsamsten Erfindungen. Halske führte sofort eine kleine Modellpresse aus, die erkennen ließ, daß der Erfindungsgedanke die gestellte Aufgabe löste. Diese Pressen wurden von Siemens bald noch wesentlich verbessert. In seiner 1850 herausgegebenen Übersicht „Über die telegraphischen Leitungen und Apparate", beschreibt er bereits eine Presse, mit der er neun Leitungen gleichzeitig mit Guttapercha umkleiden kann. In dieser Abhandlung veröffentlicht er auch zugleich die rechnerischen Methoden zur Aufsuchung fehlerhafter Stellen. Er schildert die Untersuchung der Isolation und der fertigen Drähte. Auch die sehr merkwürdigen

Betriebsbeobachtungen unterirdischer Leitungen und die Erklärung durch elektrostatische Ladungs- und Entladungsströme, finden wir hier verzeichnet. Die ersten längeren, mit Guttapercha isolierten unterirdischen Leitungen wurden im Sommer 1847 von Berlin bis Großbeeren verlegt. Damit war ein großer Schritt vorwärts getan, der für die weitere Entwicklung des Telegraphen von bahnbrechender Bedeutung sein sollte. Die Fabrikation dieser Drähte übernahm nun auch Werner Siemens in seine neu begründete Firma.

Inzwischen gingen die Arbeiten der Telegraphenkommission weiter voran. Siemens empfahl, auf Grund der durch seine Arbeit so sehr gestiegenen Leistungsfähigkeit, nunmehr auch der Öffentlichkeit die Benutzung der Telegraphen zu gestatten; aber in militärischen Kreisen wollte man hiervon noch nichts wissen.

Die Kenntnis von den neuen Erfolgen der Telegraphie war bis zur Königlichen Familie gedrungen, und Siemens wurde aufgefordert, vor dem späteren Kaiser Friedrich in Potsdam über elektrische Telegraphen vorzutragen und den Vortrag durch Versuche an der Berlin Potsdamer Linie zu erläutern.

Damals schlug Siemens der Kommission vor, einen öffentlichen Wettbewerb für Telegraphenleitungen und Apparate auszuschreiben, und die von der Kommission zu stellenden Anforderungen genau anzugeben. Von der festen Überzeugung geleitet, daß er den Kampf gewinnen werde, sah er dem März des Jahres 1848, in dem der Wettbewerb stattfinden sollte, erwartungsvoll entgegen. „Da wollen wir", schreibt er am 20. Dezember 1847 an Wilhelm, „einen großen Sieg gewinnen und dann mit dem Geldverdienen anfangen. Unsere Werkstatt ist ganz besetzt und von sonst seltenen Arbeitern überlaufen." Aber er erfährt auch, daß die Durchführung aller der Konstruktionen im einzelnen „ein verdammt mühsames Ding" ist. „Ich muß bis in die Nacht hinein zeichnen und bin mit den Schreibereien ganz zurückgekommen. Dafür gehen aber Telegraphen und Läutewerke über Erwarten schön und sicher" und er hofft, seine Telegraphen „binnen kurzem zu einem historischen Ereignis zu machen." Am 15. März 1848 wurde der Wettbewerb eröffnet, die Sieger sollten Preise erhalten und zugleich die Aussicht auf spätere Lieferungen. Da brach die Revolution über Berlin herein, und der 18. März begrub den Wettbewerb und auch die preußische Telegraphenkommission.

Während Halske aller politischen Unruhen zum Trotz, obwohl keinerlei Bestellungen vorlagen, fortfuhr, Telegraphenapparate auf Vorrat herzustellen, bot sich Werner Siemens im Kriege gegen Dänemark Gelegenheit, seine technischen Kenntnisse und Erfahrungen militärisch in sehr bemerkenswerter Weise zu verwenden. In reizvoller Weise hat er in seinen Lebenserinnerungen geschildert, wie er auf den Gedanken kam, den Hafen von Kiel durch unterseeische Minen mit elektrischer Zündung zu verteidigen. Unter Benutzung der von ihm erfundenen, mit Guttapercha isolierten Leitungen und für diesen Zweck konstruierten Zündvorrichtungen hat er die Hafenverteidigung eingerichtet. Das Vorhandensein der Minen allein hat dazu geführt, daß ein dänisches Schiff sich nicht in den Kieler Hafen getraute, obwohl es bekannt war, wie minderwertig die artilleristische Verteidigung des Hafens war. Auch militärisch konnte sich in ebenso selbständiger wie abenteuerlicher Weise Werner Siemens, unterstützt von seinen Brüdern Wilhelm, Friedrich und Karl, und durch seinen Burschen Hemp, der später beim Telegraphenbau der Firma ein brauchbarer Mitarbeiter geworden ist, auszeichnen. Weiter hat Werner Siemens auch durch Anlage von Batterien den Hafen von Eckernförde in, wie sich herausstellte, sehr brauchbaren Verteidigungszustand versetzt. Damit aber war die selbständige Lösung militärischer Aufgaben, die ihn besonders gereizt hatte, beendet. Friedensverhandlungen wurden eingeleitet, weitere kriegerische Tätigkeit war nicht wahrscheinlich, so sehnte sich denn Werner Siemens wieder zurück nach Berlin, wo die junge Fabrik seiner bedurfte.

Inzwischen hatte man die Telegraphie vom Generalstab auf das neu geschaffene Handelsministerium übertragen. Die Kommission des Handelsministeriums beschloß, in der gleichen Richtung wie die des Generalstabes weiterzuarbeiten. Zunächst beabsichtigte man mit möglichster Beschleunigung eine unterirdische Telegraphenleitung von Berlin bis Frankfurt a. M. zu bauen, denn dort tagte die neue Nationalversammlung, und es erschien politisch erwünscht zu sein, sich so schnell als möglich über den Gang der Verhandlungen unterrichten zu können. Die Kommission fragte bei Werner Siemens an, ob er bereit sei, den Bau der Linie zu übernehmen, und er nahm gern an, um der jetzt drohenden militärischen Langweile zu entgehen. Halske hatte schon vorher begonnen, für die Linie zu arbeiten. Der Bau der ersten großen europäischen Telegraphenlinien, mit dem nun Werner Siemens mutvoll begann, wurde für ihn und seine Unternehmungen durch die wichtigen praktischen Erfahrungen, die er hier erwerben konnte, besonders bedeutungsvoll. „Die Praxis ist doch erst die wahre Erkenntnisquelle!", schrieb er damals an seinen Bruder. Ein anstrengendes Wanderleben auf der Landstraße, vielfach noch dem Bau der Eisenbahnen voraus, begann jetzt, und hielt ihn auch im harten Winter monatelang von Berlin fern. Es war eine Zeit, in der es ihm gesundheitlich nicht zum besten ging.

Immer neue, unerwartete Schwierigkeiten, wie es stets bei neuen technischen Unternehmungen zu geschehen pflegt, stellten sich ihm entgegen und mußten schnell überwunden werden, wenn man mit dem Leitungsbau vorwärts kommen wollte. Große Sorge machte besonders die Isolierung der Leitungen. Man hatte natürlich wieder die Guttapercha benutzt, und der Berliner Firma Fonrobert & Pruckner die Herstellung der Leitungen übertragen. Werner Siemens überwachte diese Herstellung nach Möglichkeit. Ohne äußeren Schutz legte man die so isolierten Leitungen in nur etwa $1^1/_2$ Fuß tiefe Gräben längs der Eisenbahn. Der Vorschlag, die Leitungen zum Schutz mit Eisendrähten zu umgeben oder in Tonröhren zu verlegen, wurde von der Kommission, mit Rücksicht auf die hohen Kosten, abgelehnt. Die Güte der Guttapercha ließ bei dem großen Bedarf, der sich nun einstellte, sehr zu wünschen übrig. Man glaubte, durch die damals in England erfundene Mischung der Guttapercha mit Schwefel, der Vulkanisierung, die Konstruktion zu verbessern. Später zeigte sich aber, daß man das Gegenteil damit erreicht hatte, daß der Schwefel sich mit dem Kupfer verband, und hierdurch die nächstliegenden Schichten der Guttapercha auch leitend wurden.

Während Halske die fertigen Teile der Linie mit Telegraphenapparaten besetzte, baute Siemens an den Leitungen weiter. Ganz unerwartete Schwierigkeiten hatten sich inzwischen bei der bis Erfurt vorgerückten unterirdischen Leitung herausgestellt, die man sich nicht erklären konnte. Werner Siemens erinnerte sich, bereits 1847 bei den Prüfungen der Leitung in der Fabrik, denen er große Sorgfalt zugewandt hatte, beobachtet zu haben, daß ein im Wasser liegendes, am anderen Ende isoliertes Leitungsstück beim Einschalten einer Batterie Strom gab, dem bei Ausschaltung der Stromquelle ein gleich starker, entgegengesetzt gerichteter Strom folgte. Anfangs dachte er an Polarisierungserscheinungen, dann aber gelang es ihm, die auch in naturwissenschaftlichen Kreisen vollständig rätselhaften Erscheinungen, wie sie auf den unterirdischen Leitungen auftraten, durch seine Theorie der elektrostatischen Ladungen vollständig zu erklären. Die Leitung bildete mit dem feuchten Erdboden eine Leidener Flasche. Nachdem man die Ursachen erkannt hatte, ließen sich auch Einrichtungen treffen, um diese Hindernisse zu beseitigen. Man wandte Nebenschlüsse zur Leitung an, in Form metallischer Widerstände ohne Selbstinduktion, und es gelang ferner, Apparate zu konstruieren, sogenannte Zwischenträger, durch die man selbsttätig mehrere Leitungsabschnitte zu einer großen Linie verbinden konnte. Das für die Telegraphie so wichtige Verfahren der Translation wurde geschaffen. Während bis dahin die Depeschen von den Telegraphenbeamten des einen Leitungsabschnittes abgenommen und weitergegeben werden mußten, wurde hier der irrende Mensch ausgeschaltet, und auch diese Arbeit einem Mechanismus übertragen.

Das waren aber nicht die einzigen Schwierigkeiten. Die in so geringer Tiefe verlegten, nicht geschützten Leitungen waren mannigfacher Zerstörung ausgesetzt. Mäuse, Ratten und Maulwürfe zerstörten sie, und durch Unvorsichtigkeiten beim Arbeiten am Bahndamm entstanden immer neue Verletzungen. Dazu kam, daß es noch an irgendwie geschulten Arbeitern für das Verlegen und die Inordnunghaltung der Leitungen fehlte. Die in immer größerem Umfange fühlbar werdenden Schäden, die man oft nur dürftig ausbessern ließ, wurden sehr störend.

Die Linie nach Frankfurt a. M. war noch nicht in vollem Betriebe, da traten neue Anerbietungen für die Ausführung weiterer

Linien an Werner Siemens heran. Große unterirdische Leitungen nach Cöln und von dort an die belgische Grenze zum Anschluß an die belgischen Telegraphenlinien wurden geplant, ebenso die Linie nach Breslau Oderberg zum Anschluß nach Wien, ferner Linien nach Hamburg und Stettin. Billig und schnell war auch die Losung für diese Unternehmungen, was natürlich damals bei den geringen Erfahrungen besonders verhängnisvoll werden mußte. Werner Siemens ging mutvoll auch an diese Aufgaben. Sein Freund Wilhelm Meyer wurde ihm zur Hilfe beigegeben, dessen große organisatorische Begabung der Arbeit sehr zugute kam. Im Frühjahr 1849 ist bereits die Linie zum Rhein und nach Belgien gleich an mehreren Stellen in Arbeit genommen.

Wichtig waren hier die Flußkreuzungen. Die lebhafte Schifffahrt auf der Elbe und dem Rhein ließ eine Beschädigung der Leitungen durch Schiffsanker befürchten. Die Leitungen mit Eisendraht zu umspinnen reichte für den Rhein und seine starke Schifffahrt nicht aus. Siemens wählte deshalb eine aus schmiedeeisernen Röhren hergestellte Gliederkette zur Aufnahme der isolierten Leitungen. Diese Kette wurde durch Schiffsanker, die am Boden des Flusses verankert wurden, festgehalten und bot auch den Ankern talwärts fahrender Schiffe genügenden Widerstand. Es war dies die erste größere, mit äußerem Schutz versehene Unterwasserleitung.

Als der Anschluß mit der belgischen Telegraphenlinie erfolgt war, wurde Werner Siemens von König Leopold nach Brüssel eingeladen, wo er vor ihm und der ganzen Königlichen Familie einen, mit Vorführungen begleiteten, ausführlichen Vortrag über die elektrische Telegraphie zu halten hatte.

Diese ersten großen unterirdischen Telegraphenleitungen erregten in der technisch interessierten Welt großes Aufsehen. Siemens als leitender Ingenieur wurde überall bekannt, was der weiteren Entwicklung seines Unternehmens sehr zugute kam.

Aus Rußland laufen Anfragen über unterirdische Leitungen ein, Aussichten auf Unternehmungen in der ganzen Welt entwickeln sich. Selbst nach Ostindien liegt die Möglichkeit offen, durch die Verbindung Wilhelms mit Robert Stephenson, dem Erbauer der ostindischen Eisenbahn, in geschäftliche Beziehung zu treten. Als ob für die Arbeitskraft Werner Siemens alle die sich drängenden Pläne noch nicht ausreichen, kommt er selbst noch mit neuen Anregungen. Er hat gehört, daß man bereits geplant hat, England mit Frankreich telegraphisch durch eine Unterseeleitung zu verbinden. Auf Grund der Erfahrung mit der Linie unter dem Rhein glaubt er, daß eine Leitung unter dem Kanal nicht mit zu großen Schwierigkeiten verbunden sein könnte. Er bittet seinen Bruder, ihm die früheren Kostenanschläge zu übermitteln und ihm auch die Gründe mitzuteilen, warum man bisher die Leitung nicht ausgeführt hätte, denn er gedächte, diese Anlage auf seine eigene Garantie hin zu unternehmen. Eine solche Arbeit glücklich durchgeführt, würde in sehr großem Umfange die Aufmerksamkeit der ganzen Welt auf ihn und seine Arbeiten lenken. An kühnem Unternehmungsgeist fehlte es ihm nicht.

Inzwischen begannen sich auch die bescheidenen Werkstätten in Berlin zu einem mehr fabrikartigen Unternehmen zu entwickeln. Von überall kamen neue Aufträge, vor immer neue Aufgaben wurden Siemens & Halske gestellt.

Werner Siemens wurde es aber immer klarer, daß die Doppelstellung als preußischer Offizier, Telegrapheningenieur und Fabrikant sich nicht mehr aufrechterhalten ließ. Nach der Durchführung der Hauptlinien entschloß er sich, seinen Abschied zu nehmen, der ihm am 12. Juni 1849 nach 14jährigem Militärdienst gewährt wurde. Auf die ihm zustehende Pension verzichtete er. Damit war die Berufswahl endgültig entschieden. Auch sein Freund Wilhelm Meyer hatte gleichzeitig mit ihm seinen Abschied vom Militär genommen und zunächst eine leitende Stellung in der preußischen Staatstelegraphenverwaltung angetreten. Werner Siemens konnte nunmehr sich mit seiner ganzen Tatkraft ausschließlich der Entwicklung seiner technischen Arbeiten und seines Fabrikunternehmens widmen. Der Staatsdienst, von dem er eingesehen hatte, daß er sich mit der „praktischen oder vielmehr selbst schaffenden Tätigkeit" doch auf die Dauer nicht vertrug, lag hinter ihm.

„Mit Schießübungen und Bagatelldienst" wurde er nun nicht mehr „ehrlich gequält". Hatte er seinen 30. Geburtstag schon als Etappe zum Altwerden empfunden und sich darüber beklagt, daß die jugendliche Spannkraft, die es möglich machte, mehrere Eisen gleichzeitig im Feuer zu haben, merklich nachlasse, so läßt das Leben in den nächsten 20 Jahren, die wir hier zu betrachten haben, hiervon nichts verspüren. Es zeigt uns den lebenssprühenden Werner Siemens in seiner kraftvollsten Größe, und es wäre zu wünschen, daß auch das äußere Bild von dem Siemens dieser Jahre neben dem von Lenbachs Meisterhand geschaffenen, das ihn am Ende seines Lebens zeigt, unserem Volk und vor allem unserer Jugend vertraut würde. Mehr wie Worte zeigt es uns, warum dieser Mann so viel erreichen konnte.

Wir wollen jetzt versuchen, in der hier gebotenen Kürze einiges von dem zusammenfassend darzustellen, was Werner Siemens in diesem Zeitraum bahnbrechend schaffen konnte.

Arbeiten auf elektrischem Gebiet.

Auch wenn wir der Zeit nach alles Geschehen, soweit wir Nachlebenden es heute noch erfassen können, aneinander reihten, wir würden doch nur einen blassen Abglanz von dem fast verwirrenden Mit- und Nebeneinander der verschiedensten Aufgaben, die jetzt an ihn herantreten, erhalten, von dem die Briefe vielleicht uns heute noch den unmittelbarsten Eindruck geben können. Vom rückschauenden, betrachtenden Alter aus gesehen, zeigen uns die Lebenserinnerungen diese Jahre, und die Wissenschaftlichen und Technischen Arbeiten lassen uns in der scharfen Prägung des Ingenieurs und des Gelehrten und Forschers die wichtigsten Arbeitsergebnisse nacherleben.

Welche Unsumme geistiger Fähigkeiten verschiedenster Art gehörte doch dazu, um allen Aufgaben gerecht zu werden, die damals zum Arbeitsgebiet von Werner Siemens zählten! Da war er der Erfinder, der aus dem Bedürfnis der zu immer größerer Bedeutung emporwachsenden Telegraphie heraus, vorhandene Apparate ihrem Zweck besser anzupassen, neue leistungsfähigere Vorrichtungen zu erdenken hatte. Wie weit und schwer der Weg von der bloßen Idee zur endlichen praktischen Durchführung war, hat er hier immer wieder von neuem erfahren, und er wird nicht müde, zum Nutzen aller bloßen Erfinder hierauf hinzuweisen. Die vorhandenen Mittel der Technik müssen sorgfältig bei der Konstruktion der Apparate benutzt, die Ausführungsmöglichkeiten richtig beurteilt werden. Es genügt nicht, Konstruktionen zu ersinnen, die man nicht ausführen kann. Immer tiefer dringt er in die Geheimnisse der Fabrikation, und er wird auch hierbei zum führenden Mitarbeiter von Halske, wie dieser ihm dabei behilflich ist, die Erfahrungen der Praxis in neuen Apparaten zu verwerten.

In Bureau und Werkstatt Apparate zu ersinnen und auszuführen, ist aber nur ein kleiner Teil des Arbeitsgebiets der Telegraphenbaufirma. Wie die ersten Eisenbahnpioniere nicht nur die Lokomotiven und Wagen bauten, sondern die ganze Eisenbahn, mit Brücken, Tunnels und allem was sonst noch dazu gehörte, herstellten, so war auch hier die Errichtung riesiger Telegraphenlinien in aller Herren Länder oft die ungleich umfassendere Aufgabe der Firma. Hier galt es, alles Erdachte und Erschaffene gleich im großen, in der harten Wirklichkeit des praktischen Lebens, die auf menschliches Wünschen so gar keine Rücksicht nimmt, zu erproben. Große organisatorische Fähigkeiten gehörten dazu, in fremden, fernen Ländern, mit ungeübten Menschen in kürzester Zeit diese empfindlichen neuen Verkehrswege für die Nachrichtenübermittlung zu erbauen und zu betreiben.

Siemens erlebte es immer wieder, wie man mit planmäßigem, wissenschaftlichen Denken und Forschen im praktischen Leben Zeit und Geld ersparen kann. Das praktische Leben bringt immer neue Anregungen zu wissenschaftlichen Forschungen. Er findet Zeit und Muße auch hierfür, und in genialer Weise weiß er die wissenschaftlichen Ergebnisse bei neuen technischen Taten zu verwerten, ja selbst zu umfangreichen literarischen Arbeiten, deren klare Darstellung für ihn und seine Forschungsart kennzeichnend ist, findet er Zeit.

Die Fabrik in Berlin wächst und stellt immer neue Forderungen. Die organisatorischen Aufgaben vermehren sich auch hier, die geschäftliche Seite der Tätigkeit wird immer umfangreicher. Kaufen und Verkaufen will auch gekonnt sein. Schnelle Auffassung, Fähigkeit das Wesentliche zu erkennen, sind Grundbedingungen des Erfolges bei den großen, mit ihren Folgen oft weit in die Zukunft reichenden geschäftlichen Abmachungen, die hier getroffen werden müssen.

Überall aber sind es nicht nur tote Dinge, sondern vor allem lebende Menschen, mit denen er als Organisator und Geschäftsmann zu tun hat. Die hervorragende Eigenschaft, sie zu behandeln, ihre willige Mitarbeit zu gewinnen, muß dem eigen sein, der Erfolge auf diesen Gebieten erzielen will.

Weiter und weiter dehnen sich Werner Siemens Wirkungskreise. Dank der genialen Mitarbeit seiner Brüder wird das Arbeitsgebiet räumlich und seinem geistigen Inhalt nach immer größer. Kaum, daß noch ein Mensch alles umfassen kann. Die Besorgnis, sich zu zersplittern, die ihn immer wieder von neuem überfällt, wird verständlich.

Noch deutlicher und eindrucksvoller gestaltet sich das Bild, wenn man aus der Fülle des Stoffes einige Beispiele für die Entwicklung der technisch-wissenschaftlichen und der organisatorisch-geschäftlichen Seite dieses Zeitabschnittes herausgreift, wobei man allerdings auf eine auch nur annähernde Vollständigkeit von vornherein verzichten muß.

Technisch-wissenschaftliche Arbeiten.

Auf dem Gebiet der technischen Apparate hieß es zunächst, die vorhandenen Zeigertelegraphen zu verbessern, und sie dem praktischen Betrieb der staatlichen Telegraphenlinien und dem besonderen Bedürfnis der Eisenbahn anzupassen. Die Apparate der Eisenbahnen konnten einfacher sein. Man verzichtete hier auf das Festlegen der Depesche. Ende 1851 konnte Werner an Wilhelm nach London berichten, daß der neue Telegraph mit lokaler Wirkung der Batterien sich ganz famos mache. „Halske meint, er könnte sich jetzt kaum denken, wie man es habe riskieren können, die früheren zu machen und aufzustellen." Das Bessere ist des Guten Feind.

Die Ergebnisse seiner technisch-wissenschaftlichen Arbeiten faßte er 1850 in einer Denkschrift über die elektrische Telegraphie zusammen, die er bei einem Besuch in Paris am 15. April der dortigen Akademie der Wissenschaften vorlegte. Am Schluß dieser Arbeit weist er mit Recht darauf hin, daß es sich bei seinen Apparaten und Einrichtungen, die mit bemerkenswerter Geschwindigkeit und Genauigkeit arbeiten, nicht um Projekte oder Erstausführungen handele, sondern daß sie von der preußischen Regierung seit drei Jahren erfolgreich benutzt werden. Mehrere Eisenbahndirektionen seien dem Beispiel der Regierung gefolgt; mehr als 150 Telegraphenapparate seiner Konstruktion arbeiteten in Norddeutschland, eine Zahl, die sich im Laufe des Jahres noch verdoppeln werde. Die ausgezeichnete technische Durcharbeitung danke er seinem Mitarbeiter Halske, dessen bewundernswertem mechanischen Talente er einen großen Teil seiner Erfolge auf diesem Gebiet der angewandten Physik verdanke.

Inzwischen traten auch immer neue Apparate mit denen seiner Konstruktion in Wettbewerb. Keiner von allen hat solche dauernde Bedeutung gefunden wie der, der den Namen des amerikanischen Erfinders Morse noch heute trägt. Schon im März 1849 weist Werner darauf hin, daß der Kampf mit dem Morsesystem „gefährlich ist, weil diesem System eigentümliche Vorzüge vor langen Strecken nicht abzusprechen sind." Mit dem ersten Morseschen Schreibtelegraphen war ein gewisser Robinson nach Deutschland gekommen und hatte überall, u. a. in Hamburg diese Apparate vorgeführt. Klaren Blickes erkannte Werner Siemens die Vorteile. Er sah aber auch, wie viel noch in konstruktiver und fabrikatorischer Hinsicht zu leisten sei, um die im Morseschen Apparat verkörperten ausgezeichneten Gedanken voll wirksam zu machen. Der Hauptvorteil war, daß mit diesen Apparaten die Nachrichten schriftlich festgelegt werden konnten, und zwar in viel einfacherer Weise, als sich dies mit den bisherigen Apparaten erreichen ließ. Mit Hilfe der im Morseapparat verwendeten Magneten wird in einen von einem Laufwerk fortgezogenen Papierstreifen ein aus Punkten und Strichen zusammengesetztes Alphabet eingedrückt. In kurzer Zeit sind deshalb auch die Zeiger- und älteren Letterdruckapparate durch das neue System fast ganz verdrängt worden.

Man hat sich daran gewöhnt, die Apparate, die dieses Morsealphabet benutzen, so verschieden sie auch von der ursprünglichen Konstruktion Morses sind, als Morsetelegraphen zu bezeichnen. Insofern wurde der Morsesche Telegraph grundlegend für das Welttelegraphennetz. Der elektrische Strom, der bei dem Morseapparat die dünnen Drähte der Magnetwindungen zu durchlaufen hatte, bedurfte starker Batterien, um die nötige Kraft zum Eindrücken der Zeichen in den Papierstreifen zu erhalten. Hier konnte erst das Relais, der Übertrager, Abhilfe schaffen, der, in Form eines kleinen in die Leitung eingeschalteten Elektromagneten mit seinem Anker, eine am Ort des Empfängers befindliche Batterie einzuschalten gestattete. Die Verbesserung dieser Übertrager mußte deshalb für die sichere Wirkung des Apparates von Bedeutung sein. Später lernte man die Zeichen mit flüssiger Farbe auf dem Papierstreifen zu verzeichnen, wobei man mit wesentlich geringerer magnetischer Kraft beim Empfänger auskam, also auch ohne Relais arbeiten konnte.

Das Bedürfnis, mit den vorhandenen Leitungen eine Höchstzahl von Nachrichten zu befördern, führte Werner Siemens dazu, auf den ersten russischen Staatstelegraphenlinien 1853 ein selbsttätiges Telegraphensystem einzuführen. Dieses Bedürfnis mußte bei langen Linien zuerst hervortreten, weil hier die Kosten der Anlage und Erhaltung der Leitungen so außerordentlich die Kosten der eigentlichen Depeschenbeförderung überstiegen. Hier kam es darauf an, möglichst viele Depeschen in einer bestimmten Zeit durch einen Leitungsdraht zu schicken. Die Depeschen wurden bei diesem 1854 zuerst auf der Linie Warschau Petersburg in Betrieb genommenen Telegraphen durch sogenannte Dreitastenlocher vorbereitet. Mit diesen wurden die Morsezeichen in der Weise in den Papierstreifen eingelocht, daß beim Niederdrücken der ersten Taste in den Streifen ein einfaches rundes Loch, mit der zweiten ein Doppelloch ausgeschnitten wurde. Der Streifen wurde dabei selbsttätig fortgezogen; der zur Trennung zweier Zeichen oder Worte erforderliche Zwischenraum wurde mit der dritten Taste bewirkt. Diese von der Hand in den Papierstreifen eingelochte Depesche wurde mit einem Laufwerk in dem Schnellschriftgeber zwischen einer Walze und einer Kontaktfeder oder Bürste hindurchgezogen. Die einfachen Löcher erzeugten einen Punkt, die Doppellöcher einen Strich auf der Empfangsstation. Die bis dahin verwendeten gewöhnlichen Magnete mit massiven Eisenanker arbeiteten für diese Apparate nicht schnell genug. Siemens & Halske verwandten deshalb aus Draht oder aufgeschnittenen dünnen eisernen Röhren hergestellte Magnete, die in feststehenden Drahtrollen drehbar waren, wodurch die notwendige Geschwindigkeit erreicht wurde. Werner Siemens hoffte, mit diesen Apparaten bis 500 Zeichen in der Minute geben zu können. „Ich denke, der soll für schnelle Korrespondenz alles tot machen." Einige Monate später übersah er die Leistungen besser und rechnete auf 300 Buchstaben.

1858 finden wir ihn dann mit weiteren Verbesserungen des Morseapparates beschäftigt. Es handelt sich jetzt darum, die abzutelegraphierenden Depeschen wie beim Buchdruck zu setzen und den Satz dann durch eine mechanische Vorrichtung abtelegraphieren zu lassen. Er hoffte, daß dieser Schnellschreiber mit Lettern, der also einen ähnlichen Zweck wie die gelochten Papierstreifen zu erfüllen hatte, bald allgemeine Losung sein wird. 1862 veröffentlichte er die genaue Beschreibung mit Zeichnungen. Wieder war ein Fortschritt in der mechanischen Anwendung des Telegraphenapparates erreicht. Morse selbst hatte schon anfangs der 40er Jahre diesen Weg zu beschreiten versucht, ohne doch damals Erfolg zu erzielen. Mit Hilfe dieses magnetelektrischen Typenschnellschreibers wurde damals erreicht, durch einen Leitungsdraht sechs bis siebenmal so viele Wörter zu befördern, wie es bei Handarbeit mit dem Morsetaster möglich war. Da der Satz, bevor die Depesche abgesandt wurde, nochmals durchgesehen werden konnte, war auch ein Irrtum des Telegraphenbeamten beim Geben der Depesche ausgeschlossen, und da die Schrift vollständig genau wurde, waren auch Fehler in der Ablesung selten. Allerdings kostete das Setzen der Depesche Zeit; es ließ sich also auch dieses neue System nur da mit praktischem Vorteil verwenden, wo die vorhandenen Drähte nicht ausreichten, die sich häufenden Depeschen schnell zu befördern.

Wer die Entwicklung aller dieser Apparate mit ihren tausendfältigen Einzelheiten an Hand der in unseren Museen und in der Sammlung der Fabrik noch vorhandenen Apparate verfolgt, weiß, wieviel Kleinarbeit noch zu leisten war, bis alle die in den Apparaten verkörperten Gedanken in dauernde, praktische Arbeit umgesetzt wurden. Werner Siemens hatte schon 1847, wie erwähnt, ein Übertragungssystem ausgearbeitet, bei dem der Zwischenträger, durch Stromimpulse in dem einen Stromkreis betätigt, in einem zweiten Stromkreise selbsttätig die gleichen Impulse hervorbrachte, die einer besonderen Batterie auf der Zwischenstation entnommen wurden. Man konnte also die ganze Linie in mehrere abgesonderte Stromkreise einteilen und doch ohne Mitwirkung des Telegraphenbeamten der Zwischenstation unmittelbar mit den Endstationen sprechen.

In Rußland hatte man nicht nur den Bau, sondern auch die betriebsfähige Unterhaltung für lange Jahre Siemens & Halske übertragen, obwohl Werner Siemens sich anfangs gegen dies ihm allzu groß erscheinende Wagnis gesträubt hatte. Die Firma hatte sogar die Verpflichtung übernehmen müssen, jede Beschädigung der Leitung binnen sechs Stunden zu beseitigen. Durch bloße Überwachung der Leitung von einer Unzahl ungeübter Menschen war ein Erfolg nicht zu erwarten, außerdem würden die Kosten wohl bei weitem das überschritten haben, was die russische Regierung für diese „Remonte" zur Verfügung stellen wollte. Werner Siemens konstruierte deshalb für diesen Zweck das Kontrollgalvanoskop, das in der Firma den Namen Tatarengalvanoskop erhielt. Dieser 1855 entstandene sinnreiche Apparat wurde dann zehn Jahre später noch umgestaltet und fand auch für die russisch-asiatischen Linien Verwendung. Der Telegraphenwärter konnte sich mit diesem Instrument jederzeit überzeugen, ob die Leitungen in Ordnung waren. Falls die Leitungen nicht arbeiteten, konnte man mit Hilfe des Instrumentes auch feststellen, in welcher Richtung die Störung zu suchen war.

Ein anderer Weg, um vorhandene Leitungen besser auszunutzen, wurde von mehreren Seiten durch Schaltanlagen zu erreichen versucht, bei denen es möglich war, auf demselben Draht gleichzeitig zu telegraphieren. Diese von Werner Siemens benutzte Schaltung für das elektromagnetische Gegensprechen wurde unabhängig von ihm auch von C. Frischen in Hannover gefunden. Am 2. November 1854 schreibt er seinem Bruder Wilhelm: „Das jüngste Kind meiner Laune ist ein Telegraph, durch den man zwei Depeschen gleichzeitig in derselben Richtung durch einen Draht schicken kann." Er wolle nicht behaupten, daß die Sache gleich von vornherein vollständig sicher auf längeren Linien gehen werde, die Praxis könne auch da Schwierigkeiten bieten, die vielleicht den

Nutzen untergraben, aber aller Anfang sei schwer und das Kind erst wenige Stunden alt.

In dem Patentgesuch vom 20. Januar 1855 finden wir die vorher schon erwähnten Elektromagnete mit drehbarem Anker ausführlich beschrieben. Hier wird auch dies elektromagnetische Gegensprechen aufgeführt, durch das es möglich ist, ohne die Konstruktion der Apparate zu ändern, gleichzeitig von beiden Enden Depeschen durch einen Draht zu geben. Auch eine selbsttätige Auslösung und Arretierung wird als wesentliche Verbesserung des Morseapparates beschrieben.

Bei den Landlinien war es nachteilig, daß die benutzten kurzen, induzierten Ströme sehr kräftig einsetzten, wenn man die nötige mechanische Energie am Ende der Linie zur Verfügung haben wollte. Große Batterien, wie sie für den Betrieb langer Leitungen unter diesen Umständen erforderlich waren, hatten aber den Nachteil, daß sie schwer instand zu halten waren und viel Geld kosteten. Siemens & Halske versuchten daher, auf mechanischem Wege Batterieströme niederer Spannung in gleichgerichtete Ströme höherer Spannung umzuwandeln. Die ersten Apparate zeigten aber den Übelstand, daß die Ströme von höherer Spannung nicht genügend gleichmäßig waren. Die Lösung brachte erst die geistreich ersonnene Tellermaschine, die aus dem Jahre 1853 stammte, und die 1855 auf der Pariser Weltausstellung bei den Fachleuten Aufsehen erregte. Mit ihr konnte man in der gleichen Weise wie mit einem mit Kurbelmechanismus und Schwungrad versehenen Stromerzeuger gleichgerichtete Ströme von hoher Spannung, wie man sie zum Telegraphieren auf langen Strecken brauchte, erzeugen. Das Original der Tellermaschine befindet sich im Berliner Postmuseum. Den Namen hat sie von einer runden eisernen Scheibe, dem Teller, der mit der stehenden Welle sich so in dieser Maschine dreht, daß die Welle eine Kegelfläche beschreibt, deren Spitze in ihrem Spurzapfen liegt. Die Schaltung war sehr ähnlich der später von Pacinotti angegebenen. Wenige Elemente reichten hier aus, um elektrischen Strom von großer Spannung zu geben. Es gelang mit dieser Maschine unmittelbar von Leipzig über München nach Wien zu telegraphieren.

Beide hier erwähnten Maschinen aber verloren bald ihre Wichtigkeit, nachdem es 1856 durch Erfindung des polarisierten Elektromagnetsystems möglich geworden war, mit Wechselstrom zu telegraphieren.

Eine große allgemeine Bedeutung hat diese Einrichtung von polarisierten Elektromagneten, bei denen der oszillierende Anker zwei Ruhelagen hat, je nachdem man positiven oder negativen Strom über die Windungen schickt, gewonnen, als man diese polarisierten Elektromagnete für Relaiszwecke benutzte. Jetzt wurde es möglich, mit kurzen induzierten Strömen das Morsealphabet zu telegraphieren. Die eine Stromrichtung leitet den Strich auf dem Papier ein, die andere beendet ihn. Die Länge des erzeugten Striches hängt also nicht von der Stromdauer, sondern von der Länge des Zeitabschnittes zwischen zwei aufeinanderfolgenden kurzen Strömen wechselnder Richtung ab. „Auf diesem Prinzip," berichtet Werner in seinen Lebenserinnerungen, „beruhen mehrere unserer Telegraphenkonstruktionen, von denen hier nur der Induktionsschreibtelegraph erwähnt werden mag. Bei ihm wurden die zum Betriebe erforderlichen kurzen Ströme wechselnder Richtung durch einen in sich geschlossenen Elektromagneten erzeugt, der mit einer primären Wickelung aus wenigem, dicken Draht und einer sekundären aus vielem, dünnen Draht versehen war. In den primären Windungen wurden in üblicher Weise die zum Telegraphieren des Morsealphabetes erforderlichen Ströme erzeugt. In den sekundären, mit Linie und Erdleitung verbundenen Windungen entstanden dann bei Beginn und Schluß der in der primären Leitung zirkulierenden Ströme kurze, kräftige Induktionsströme wechselnder Richtung, die im Telegraphenapparat der Endstation die verlangten Morseschriftzeichen hervorbrachten. Zu den Induktionsapparaten wurden magnetisch geschlossene Elektromagnete mit massiven Eisenkernen verwendet, um die Spannung der Schließungs- und Öffnungsströme möglichst gleich groß zu machen."

So gelang es Werner Siemens auch, die so wichtigen Apparate für den Betrieb langer Unterseelinien, wie sie durch die Kabellegungen notwendig wurden, wesentlich zu verbessern. In der Zeitschrift des Deutsch-Österreichischen Telegraphenvereins konnte er 1859 hierüber eingehend berichten. Die Einrichtungen, die hier beschrieben sind, kamen auf der Kabellinie im Roten Meer von Suez nach Aden zur Benutzung.

Werner Siemens hat sich ferner mit besonderem Erfolg der Verbesserung der schon vorhandenen magnetelektrischen Maschinen zugewandt. So entstand 1856 in dem Doppel-T-Anker, der Siemens-Armatur, die Urform aller heute verwendeten zylindrischen Anker. Siemens benutzte diese magnetelektrische Maschine, die gegenüber den bestehenden Maschinen den großen Vorzug hatte, bei geringer Masse größere Leistungen und bei schneller Umdrehung ein geringes Trägheitsmoment zu haben, zur Konstruktion eines magnetelektrischen Zeigertelegraphen, bei dem der Anker mit Zahnradübersetzung durch eine Kurbel schnell gedreht wurde. Durch den abwechselnden positiven und negativen Strom, der von dem Anker aus bei jeder halben Umdrehung abwechselnd ausging, wurde der Zeiger des Empfangsapparates um einen Buchstaben des Zifferblattes fortbewegt. Wenn man die Kurbel nacheinander auf die gewünschten Buchstaben einstellte, so wurden die gleichen Buchstaben in der Empfangsstation in gleicher Reihenfolge bezeichnet. Diese magnetelektrischen Zeigertelegraphen haben sich im Eisenbahndienst ein weites Feld der Anwendung gesichert.

Auch die alten Stromquellen, die galvanischen Batterien, suchten Siemens & Halske stetig zu verbessern. Anfang der 60er Jahre beschäftigte sich Siemens mit thermoelektrischen Batterien. In diese Zeit fällt auch der Bau großer Ruhmkorffscher Induktionsapparate, mit denen man, wie er am 1. März 1861 an seinen Bruder nach Petersburg schreibt, nun wirklich majestätische Experimente machen konnte.

Leitungen.

In einem Aufsatz über elektrische Telegraphie hat Werner Siemens 1866 bei dem Rückblick über die bis dahin erreichten Verbesserungen an den Apparaten darauf hingewiesen, wie es hauptsächlich praktische Schwierigkeiten gewesen seien, die hier überwunden werden mußten. Die Telegraphenapparate mußten es lernen, auch bei großen Schwankungen der Stromstärken, wie sie die mehr oder weniger unvollkommenen Leitungen mit sich brachten, noch ungestört und richtig zu arbeiten. „Der Gelehrte," schrieb er damals, „konnte leicht Methoden und Kombinationen ersinnen, welche telegraphische Mitteilungen möglich machten, und welche sich auch, im Zimmer versucht, trefflich bewährten. In Wirklichkeit trat aber ein neues schlimmes Element hinzu, welches seine Pläne durchkreuzte, die isolierten Leitungen zwischen den telegraphisch zu verbindenden Orten."

Die Geschichte der Telegraphie zeigt, wieviel Nachdenken und Erfahrung dazu gehört hat, die großen Schwierigkeiten, die hier gestellt waren, zu überwinden. Gauß und Weber sowie Steinheil benutzten oberirdische Leitungen, die aber erwiesen sich als so wenig haltbar und verursachten so viel Störung, daß man in Deutschland lange Zeit überzeugt war, nur mit Hilfe unterirdischer Leitungen sei ein dauernd störungsfreier Betrieb zu erreichen. Wir sahen bereits, wie bahnbrechend die hier von Werner Siemens eingeführte Isolation mit Guttapercha wirkte, nachdem er die brauchbare Herstellungsmethode geschaffen hatte. Wir sahen ferner, wie die ersten großen unterirdischen Überlandleitungen in größter Eile im Auftrag des preußischen Staates gelegt wurden, und wieviel Lehrgeld hier bezahlt werden mußte. Die Erfahrungen mit diesen Linien waren in den ersten Betriebsjahren äußerst ungünstig, und man verfehlte nicht, offen und versteckt die Schuld allein dem Erbauer der Leitungen, Werner Siemens, und der von ihm empfohlenen und angewandten Isolierungsmethode zu geben. Gegen diese Vorwürfe setzte sich Werner Siemens 1851 in einer Schrift, „Kurze Darstellung der an den preußischen Telegraphenlinien mit unterirdischen Leitungen gemachten Erfahrungen" energisch zur Wehr. Eingehend schildert er die Zustände. Mit größter Eile seien hier Leitungen mit einer neuen Isolierung, nach einem neuen Verfahren hergestellt, gelegt worden. Irgendwelche Erfahrungen gab es nicht. Nur ungeübte Arbeiter und Beamte standen zur Verfügung. Ratten und Mäuse zernagten die in nur geringer Tiefe verlegten Leitungen. Der Sauerstoff der Luft drang durch den lockeren

Boden bis zu den Drähten und sorgte dafür, daß sie die isolierende Fähigkeit schon nach wenigen Jahren verloren. Die Isolation selbst war oft äußerst mangelhaft hergestellt und wurde auch beim unachtsamen Verlegen schon verletzt. Das alles aber seien nur Kinderkrankheiten, die jeder neuen großen Sache anhaften. Daraus könne man nicht auf Unbrauchbarkeit des Systems schließen. Die Fabrikation habe man inzwischen wesentlich verbessert, sie gewährleiste jetzt gute Isolation. Die Schwierigkeiten, die in dem schnellen Auffinden fehlerhafter Stellen lagen, seien überwunden. Man müsse die Drähte tiefer legen, das sei unter Benutzung der in England entstandenen und mit Erfolg benutzten maschinellen Vorrichtung zum Ausheben der Gräben ohne große Kosten zu erreichen. Als äußeren Schutz schlägt er Verwendung von Bleiröhren vor, die, richtig angewandt, durchaus nicht zu teuer kommen würden. Der Wert der unterirdischen Leitungen gegenüber den oberirdischen bleibe bestehen. Man vergegenwärtige sich, welchen Zufälligkeiten die oberirdischen Leitungen durch das Übelwollen der Menschen und durch Witterungseinflüsse ausgesetzt seien. Die „stetigen Neckereien der atmosphärischen Elektrizität," die Störungen des magnetischen Gleichgewichtes der Erde, wie sie namentlich bei Nordlichten stark auftreten, führten hier zu elektrischen Störungen, die einen dauernd sicheren Betrieb nicht ermöglichten. Aber gerade jetzt, wo die elektrische Telegraphie noch im Kindheitsalter stecke, sei durch Zuverlässigkeit erworbenes Vertrauen unbedingt für die weitere schnelle Ausbreitung dieses wichtigen Verkehrsmittels erforderlich. Das sei nur durch unterirdische Leitungen zu erreichen. Die anfänglich benutzten oberirdischen Leitungen seien ein überwundener Standpunkt. Die Vorurteile gegen die unterirdischen Leitungen müßten beseitigt werden. Über den wahren Wert des Systems aber könne nur eine von wissenschaftlichen und sachkundigen Männern angestellte Untersuchung sicheren Aufschluß geben. Deshalb schlug Werner Siemens vor, man solle, wie man dies bei Einführung des elektrischen Telegraphen auch getan habe, eine wissenschaftliche Kommission gutachtlich über die vorliegenden Ergebnisse und über die zu ergreifenden Maßregeln hören. Die Kommission solle sich auch über die organisatorische Einrichtung der Verwaltung äußern, die zur stetigen Erhaltung der Dienstfähigkeit der Leitungen und des ganzen Betriebes notwendig sei.

Die tatsächliche Wirkung dieser öffentlichen Erklärung hatte Werner Siemens kaum vorausgesehen. Die leitenden Männer der damaligen preußischen Staatstelegraphenverwaltung empfanden die am Schluß gegebene Anregung als eine gegen sie selbst gerichtete Untersuchung und straften den kühnen Verteidiger seines Leitungssystems mit dem Entziehen aller Staatsaufträge. Ja, die Verwaltung ging noch weiter. Sie ließ die Apparate von Siemens & Halske, die sie nicht entbehren wollte, von anderen mechanischen Werkstätten ohne weiteres nachbauen. Jahrelang blieben alle geschäftlichen Beziehungen zwischen Preußen und Siemens & Halske abgebrochen, was zur schwersten Krisis für das junge Unternehmen hätte führen müssen, wenn es nicht der Tatkraft Werner Siemens gelungen wäre, gerade damals für den einen großen Abnehmer in den noch nicht verstaatlichten Eisenbahnen und dann vor allem in großen Auslandsbestellungen Ersatz zu finden.

Die ersten ungünstigen Erfahrungen mit den unterirdischen Leitungen, so richtig sie auch Werner Siemens auf inzwischen vermeidbare Fehler beim Herstellen und Verlegen zurückführte, bewirkten doch, daß man überall, wo es möglich war, auf die oberirdischen Leitungen überging, die man sehr wesentlich zu verbessern gelernt hatte.

Heute wird es uns schwer, bei der uns so selbstverständlich einfach anmutenden oberirdischen Leitung von einer Entwicklung zu sprechen. Und doch mußte auch hier viel Nachdenken und praktische Erfahrung aufgewendet werden, ehe man zu befriedigender Lösung kam. Die anfangs verwendeten dünnen Kupferdrähte ersetzte man durch starke Eisendrähte, die zum Diebstahl weniger anregten und der Zerstörung durch Blitz, Reif und Sturm viel besser widerstanden. Die früher üblichen dünnen Stangen ersetzte man durch starke Pfosten. Besonders wichtig wurde die Glockenform der Isolatoren, wodurch die Isolierung des Drahtes auch bei Regenwetter infolge der stets trocken bleibenden inneren Oberfläche der Isolatoren gesichert wurde. Die telegraphischen Apparate mußten lernen, auch bei großen Schwankungen der Stromstärken sicher zu arbeiten.

Wie wir später sehen werden, sollte auch die Zeit der unterirdischen Überlandleitungen für die unter allen Umständen sicher wirkenden Hauptlinien der Staatstelegraphen wieder kommen. Diese konnten dann von den großen Erfahrungen mit unterseeischen Leitungen Nutzen ziehen.

Die Versuche, elektrische Leitungen in Wasser zu verlegen, führten erst zu bleibendem Erfolg, als die Guttapercha als Isolierungsmittel zur Verfügung stand. Die von Werner Siemens 1848 im Kieler Hafen verlegte Minenzünderleitung, und die danach durchgeführte Verlegung der staatlichen Telegraphenleitung im Rhein bei Cöln auf ihrem Wege nach Belgien, waren die ersten praktisch brauchbaren Unterwasserleitungen. England erkannte bald den ungeheuren Wert der Unterseelinien für seine Weltmachtstellung, und mit Ausdauer gingen seine Ingenieure daran, unter Benutzung der nicht patentamtlich geschützten Methode zur nahtlosen Umpressung der Drähte mit Guttapercha, die ersten submarinen Leitungen zu schaffen. Brett legte bereits 1850 eine ungeschützte Guttaperchaleitung von Dover nach Calais, die kaum die Legung selbst aushielt. Newall und Gordon legten 1851 eine mit Eisendrähten armierte Leitung, die längere Zeit benutzt werden konnte. Der hier erzielte erste Erfolg veranlaßte sofort weitere große Kabellegungen, bei denen man, da man an sie ohne jede wissenschaftlich-technische Überlegung ging und sich nur auf die noch sehr geringen praktischen Erfahrungen stützen wollte, ungemein hohes Lehrgeld zahlen mußte. Welche großen Erfolge Werner Siemens gemeinsam mit seinem Bruder Wilhelm gerade auf diesem Gebiet durch planmäßiges wissenschaftliches Vorgehen auf Grund der Rechnung und des Versuches erzielte, ist ein besonders lehrreiches Schulbeispiel für die Fortschritte, die sich durch Anwendung der Wissenschaft auf technische Aufgaben erzielen lassen.

Eingehend hat Werner Siemens in seinen Erinnerungen gerade diese auch durch persönliche Erlebnisse so interessant sich gestaltenden Kapitel seiner großen Ingenieurtätigkeit geschildert. Die erste Tiefseekabellegung, an der Werner Siemens teilnahm, ging von Sardinien nach Algier. Newall & Co. waren die englischen Unternehmer der Linie, die der Firma Siemens & Halske die elektrische Einrichtung der Anlage übertragen und Werner Siemens aufgefordert hatten, die elektrische Prüfung während der Legung und nachher zu übernehmen. Mit dem mechanischen Teil der Aufgabe hatte er nichts zu tun. Die zum Teil noch einander widersprechenden Ansichten der Fachmänner veranlaßten ihn, sich auch hiermit zu beschäftigen, und seinem Eingreifen war schließlich die glückliche Durchführung der Legung zu verdanken. Das Verfahren, das Werner Siemens hier zuerst anwandte und das später allgemein angenommen wurde, bestand darin, durch kräftige Bremswirkung das Kabel im Schiff mit einer Kraft zurückzuhalten, die dem Gewicht eines senkrecht vom Schiff bis zum Meeresboden hinabreichenden Kabelstückes entspricht. Bei großen Meerestiefen ist diese Kraft so groß, daß jede geringste Störung beim Legen zum Abreißen des Kabels führen kann. Versagen die maschinellen Vorrichtungen, verwickelt sich das Kabel, wird durch Bruch eines Umhüllungsdrahtes das Kabel festgehalten, so ist es im tiefen Wasser oft schon verloren. Wird die Isolation beim Legen beschädigt, so daß Wasser zum Leitungsdraht kommen kann, so wird auch das Kabel elektrisch unbrauchbar. Auch wenn man sich während und nach der Anfertigung des Kabels ständig von der Güte der Isolation überzeugt hat, so treten doch manche Fehler erst bei dem starken Zug, dem das Kabel beim Legen ausgesetzt ist, zutage. Deshalb muß auch während des Legens das Kabel unausgesetzt auf seine elektrischen Eigenschaften untersucht werden. Sobald ein Isolationsfehler bemerkbar wird, muß das Legen unterbrochen, der zuletzt gelegte Teil des Kabels wieder in das Schiff gewunden und mit Rechnen und Messen die Fehlerstelle bestimmt werden.

Es erhellt ohne weiteres, welch große praktische Bedeutung die von Werner Siemens hierfür getroffenen Einrichtungen und Untersuchungsmethoden gewinnen mußten. Die auf dieser ersten Kabellegung von ihm aufgestellte Theorie findet sich bereits in einem 1857 an seinen englischen Mitarbeiter Gordon, dem Schwager seines Bruders Wilhelm, gerichteten Brief, der in den Lebenserinnerungen abgedruckt ist, und der die Betrachtung enthält, die er 1874 der Berliner Akademie der Wissenschaften unter dem

Titel, „Beiträge zur Theorie der Legung und Untersuchung submariner Telegraphenleitungen“ vorlegte.

Um die als notwendig erkannte sorgfältige Überwachung der Kabelfabrikation durchführen zu können, mußten empfindliche Untersuchungsinstrumente erst geschaffen werden. Strommessungen reichten nicht aus, man mußte zu Widerstandsmessungen übergehen, für die brauchbare Meßmethoden ebenso wie feste Widerstandsmasse noch fehlten. Auch ausreichende Kenntnis von den physikalischen Eigenschaften der unterirdischen Leitung, die Werner Siemens in diesem Zusammenhang, wegen ihrer den großen Leidener Flaschen gleichen Wirkungen, als Flaschendrähte bezeichnete, lag noch nicht vor. Werner Siemens hatte diese Vorgänge, wie wir sahen, schon sehr früh bei seinen unterirdischen Landleitungen beobachtet und seit 1850 diese Fragen eifrig studiert. Damals stand die wissenschaftliche Welt unter dem Eindruck der bahnbrechenden Entdeckungen Faradays. Manche seiner Anschauungen, so vor allem die elektrische Verteilung durch Molekularinduktion, widersprachen so den gewohnten Anschauungen, daß man sie zuerst nicht annehmen wollte. Werner Siemens, durch diese wissenschaftlichen Fragen besonders angeregt und überzeugt, daß die Frage der elektrostatischen Induktion für die Telegraphie auch von eminent praktischer Bedeutung sei, begann diese Aufgabe ohne Rücksicht auf die vorhandenen Lehrmeinungen von Grund aus zu studieren. Die Arbeiten führten zur Bestätigung der Faradayschen Auffassung, für die die Siemensschen Untersuchungen neue Stützen schufen.

Diese wichtigen wissenschaftlichen Arbeiten, die neben den großen, täglich zu bewältigenden technisch geschäftlichen Aufgaben zu erledigen waren, wurden im Frühjahr 1857 abgeschlossen und erschienen dann in Poggendorfs Annalen unter dem Titel „Über die elektrostatische Induktion und die Verzögerung des Stromes in Flaschendrähten.“ Diese Arbeiten führten Werner Siemens zur Verwendung kurzer Wechselströme in längeren Kabelleitungen. Die hierfür erforderlichen mechanischen Hilfsmittel, die im wesentlichen in dem schon erwähnten polarisierten Relais bestanden, gab er im Jahre 1856 unter dem Titel „Der Induktionsschreibtelegraph von Siemens & Halske“ bekannt. Die Apparate wurden 1857 auf den Kabellinien von Cagliari nach Malta und Korfu erfolgreich versucht.

Ein Nebenergebnis hatten diese Arbeiten noch in der Erfindung der Ozonröhre, die durch Benutzung der sogenannten stillen Entladung leichte Umwandlung von Sauerstoff in Ozon ermöglicht. Auch diese Erfindung hat zunehmende praktische Bedeutung, besonders für die Sterilisierung von Trinkwasser gewonnen.

War die Linie von Sardinien bis Korfu rund 700 Seemeilen lang, so betrug die Länge der neuen von Newall & Co. geplanten Linie durch das Rote und Indische Meer von Suez bis Kurrachee in Indien etwa 3500 Meilen. Nach den bisherigen Erfahrungen hielt man vier bis fünf Zwischenstationen für erforderlich, deren Einrichtung bei langen Unterseelinien besondere Schwierigkeiten bot. Werner Siemens konstruierte deshalb ein neues System von Sprechapparaten, die später als „Rotes Meersystem" bezeichnet, 1859 von ihm als „Apparate für den Betrieb langer Unterseelinien von Siemens & Halske" beschrieben werden. Von größter Bedeutung für die weitere Entwicklung wurde auch der auf dieser Linie zuerst in der Kabeltelegraphie benutzte Kondensator. Auch die bei dieser Legung planmäßig angewandte wissenschaftliche Methode zur Prüfung der elektrischen Eigenschaften des Kabels und der Fehlerbestimmung führte trotz der anfangs offen gezeigten Geringschätzung der praktischen Engländer gegen solch scientific humbug zu einem großen Erfolg und damit zu voller Wertschätzung der wissenschaftlichen Leistung. Zu welchen weiteren wissenschaftlichen und persönlichen Erlebnissen gerade diese Kabellegungen im Roten Meer noch führten, hat Werner Siemens in seinen Erinnerungen packend geschildert.

Bei allen diesen Arbeiten hatte sich, wie schon bemerkt, der Mangel von allgemein angenommenen Widerstandsmassen nachteilig bemerkbar gemacht. Die eingehende Beschäftigung mit diesen Fragen führte Werner Siemens dazu, den Widerstand einer Quecksilbersäule von 1 qmm Querschnitt und 1 m Länge bei 0° als Widerstandseinheit anzunehmen. Diese von der Firma ausgeführten Widerstandseinheiten sind bereits bei der Kabellegung von Suez nach Aden für die Fehlerbestimmung mit Erfolg benutzt worden. 1860 hat dann Werner Siemens in Poggendorfs Annalen den

Vorschlag zu einem reproduzierbaren Widerstandsmaß veröffentlicht. Dieses Maß wurde 1868 von der Internationalen Telegraphenkonferenz in Wien als gesetzliche Einheit des Telegraphenwesens anerkannt.

Alle diese grundlegenden Arbeiten veranlaßten damals die englische Regierung, Werner und Wilhelm Siemens mit der Untersuchung aller von der Regierung subventionierten Kabel zu beauftragen. Über die hierbei verwendeten Methoden haben die beiden Brüder der British Association in Oxford am 3. Juli 1860 eingehend unter dem Titel „Umriß der Prinzipien und des praktischen Verfahrens bei der Prüfung submariner Telegraphenleitungen auf ihren Leitungszustand" berichtet. Diese Darlegungen bildeten die wissenschaftliche Grundlage für die später bei den großen Kabellegungen so erfolgreich angewandte Methode der Kabelprüfungen und Fehlerbestimmung.

Die Eisenbahnen blieben nach wie vor wichtige Auftraggeber, die auch mit ihren Anforderungen zu neuen technischen Arbeiten immer wieder anregten. Sie waren auch dem ersten Zeigertelegraphen mit Selbstunterbrechung am längsten treu geblieben. Geschäftlich wichtig waren die Eisenbahnläutewerke. Sie waren schon früher von Leonhardt für die Thüringer Bahn angefertigt worden. Da sie aber zum Betrieb sehr große, kostspielige Batterien bedurften, waren sie schwer in brauchbarem Zustand zu halten. Hier brachte der bereits erwähnte, von Siemens konstruierte Magnetinduktor im Jahre 1856 einen großen Fortschritt. Dieser Apparat führte sich in großem Umfange ein und wird heute ausschließlich da benutzt, wo magnetelektrische Maschinen zur Stromerzeugung noch Verwendung finden.

Es galt weiter, den Telegraphen allen möglichen Sonderzwecken anzupassen. Sehr bemerkenswerte Arbeiten, die hier hinein gehören, sind die Feuerwehrtelegraphen, die zuerst im Jahr 1851 in Berlin durch Siemens & Halske eingeführt wurden. Sie umfaßten neben den Distrikt-Polizeibureaus auch einige Ministerien und andere öffentliche Gebäude der Stadt. Dem damals in Paris für die Firma tätigen Bruder Karl berichtet Werner Siemens Ende 1851 ausführlich darüber, damit Karl in der Lage sei, auch für die Stadt Paris eine ähnliche Einrichtung treffen zu können. Er empfiehlt, dort ebenfalls einen öffentlich benutzbaren Stadttelegraphen einzurichten. Als Hauptvorteil nennt er die augenblicklich erfolgende Alarmierung aller Feuerwachen, wodurch, wie man in Berlin schon gesehen habe, alle größeren Brände verhütet werden könnten. Ferner ermögliche der Telegraph alle polizeilichen und militärischen Meldungen. Der Berliner Polizeipräsident habe deshalb schon erklärt, er könne ohne Telegraphen gar nicht mehr leben. Auch die Ministerien könnten sich nunmehr mit dem König, allen staatlichen Telegraphenlinien und allen Polizeistationen unmittelbar in Verbindung setzen. Die erste Anlage koste bei gutem Verdienst hier 34 000 Taler. Paris könne vielleicht zwei bis dreimal soviel kosten, besonders wenn Privatkorrespondenz, die man in Berlin dem Publikum nur in ruhigen Zeiten werde freigeben können, damit verbunden wäre.

Zu den Sonderzwecken, für die Werner Siemens den Telegraphen benutzen wollte, gehörte auch der Abstimmungstelegraph, mit dem er sich schon seit langem beschäftigte, und den er 1860 dem Präsidenten des Abgeordnetenhauses vorgeschlagen hatte. Diesen Vorschlag wiederholte er zehn Jahre später. In einem Brief an Wilhelm vom 18. Januar 1859 beschreibt er ihn bereits. Danach sollte der Präsident, wenn er die Abgeordneten aufgefordert hatte, abzustimmen, die Kurbel eines Stromgebers drehen. Jeder Abgeordnete hat seinen Abstimmungshebel auf seinem Platz. Je nachdem er mit ja oder nein stimmen wollte, hatte er nach rechts oder links zu drehen. Alle Ja-Ströme bewegten den einen Zeiger, alle Neinströme einen anderen. Zur Kontrolle wurden auch die Summen der abstimmenden ja und nein gezählt. Man konnte auch alle Ja und Nein als Punkte in zwei Linien über der Platznummer niederschreiben. Damit waren namentliche Abstimmungen und Protokolle festgelegt. Alle zur Verwendung kommenden Mechanismen hatten sich in der Praxis schon bewährt.

Ferner handelte es sich darum, die Telegraphie für Schiffszwecke nutzbar zu machen, und auch für die militärischen Aufgaben wurden in Form von Kriegstelegraphen besonders zweckmäßige Telegraphen ausgebildet.

Arbeiten auf anderen Gebieten.

Eine das Arbeitsverfahren von Werner Siemens besonders gut kennzeichnende Arbeit hing mittelbar mit der Telegraphentechnik zusammen. Die oberste Telegraphenbehörde hatte die Firma Siemens & Halske 1865 aufgefordert, einen ausführlichen Entwurf zu einer durch Druckluft betriebenen Rohrpostleitung zwischen dem Börsengebäude und der Haupttelegraphenstation in Berlin einzurichten. Die Anfrage war bereits im März 1863 an Werner Siemens herangetreten, zunächst nur in der Form, daß er sich gutachtlich über die Ausführbarkeit der Sache äußern sollte. Er erbot sich, von Wilhelm Siemens ein Gutachten einzuholen, um so Aufschluß zu erhalten über ähnliche Versuche, die man in England und Paris angestellt hatte. Namentlich wollte man genau Bescheid wissen über die Mängel der Anlage.

Die erhaltenen Mitteilungen aber genügten Werner Siemens nicht, es fehlte ihm die wissenschaftliche Grundlage zur Durchführung dieser technischen Aufgabe. Ohne die Gesetze der Bewegung der Luft in den Röhren zu kennen, habe man keinen Anhalt für die Konstruktion und tappe im Finstern. Die vorhandenen Formeln für die Bewegung von Gasen in Röhren stützten sich nur auf Erfahrungen mit geringem Druck in verhältnismäßig weiten Röhren und größeren Druckunterschieden. Es war daher nötig, vorerst das Bewegungsgesetz der Gase in Röhren auf experimentellem Wege zu ermitteln. Die interessanten Untersuchungen, die er unter der Überschrift „Über das Bewegungsgesetz der Gase in Röhren“ 1866 veröffentlichte, ergaben, daß man auch bei langen Röhrenleitungen von mäßiger Weite, mit praktisch ausführbaren Druckdifferenzen, eine ausreichende Geschwindigkeit der Luftbewegung im Rohre erzielen könne. Hatte er auf diesem Wege die wissenschaftliche Grundlage geschaffen, so ging er nunmehr an die Ausführung der Anlage, die sich durchaus bewährte. Er hoffte, daß diese Röhrenpost, mit der man die Depeschen auf der Strecke zwischen dem Telegraphengebäude und der Börse in zwei Minuten befördern konnte, viel Nachahmung finden werde. Da jeder Depeschenwagen 20 Depeschen zusammengerollt aufnehmen konnte, so ließen sich in der Stunde in beiden Richtungen 1600 Depeschen befördern. Gebraucht wurden damals, als die Rohrpost in Betrieb kam, im ganzen Tage nur 500 bis 600, höchstens 800 Depeschen.

Berücksichtigen wir dann ferner, wie Werner Siemens mit Halske zusammen in den 50er Jahren eifrig damit beschäftigt war, die denkbar verschiedensten elektrischen Hilfs- und Meßinstrumente für wissenschaftliche und technische Zwecke zu verbessern, vielfach neu zu entwerfen — auch elektrische Uhren wurden frühzeitig in das Arbeitsgebiet mit aufgenommen —, dann sieht man, wie umfassend die Tätigkeit auf dem elektrotechnischen Gebiet war. Gerade von elektrischen Meßinstrumenten war bis dahin noch sehr wenig vorhanden. Es handelte sich auch hier darum, unbebautes Gebiet zu beackern. Nur wenige dieser neuen Arbeiten sind patentlich geschützt worden. Die Mehrzahl wurde erst später beschrieben, wodurch die allgemeine Einführung erleichtert und viele Bestellungen erreicht wurden. Aber die Urheberschaft war meistens damit nicht festgelegt worden. Besonders auf den Weltausstellungen in London und Paris sind diese Konstruktionen der großen Öffentlichkeit bekannt geworden und haben viele Nachahmung gefunden.

Auch die verschiedensten physikalischen Apparate sind von Siemens & Halske gebaut worden, besonders dann, wenn für die Sonderaufgaben der Elektrotechnik die Werkstätten nicht voll beschäftigt waren.

Von den Apparaten außerhalb der Elektrotechnik, an denen Werner Siemens erfolgreich gearbeitet hat und die von der Firma in großem Umfange fabriziert worden sind, sind in erster Linie die Wassermesser und die Alkoholometer zu nennen. Die Wassermesser entstanden aus dem naheliegenden Bedürfnis der in der ersten Hälfte des 19. Jahrhunderts in den Großstädten entstandenen Wasserwerke, die allzu große Wasserverschwendung dadurch etwas einzuschränken, daß man sich den wirklichen Verbrauch bezahlen ließ. Werner und Wilhelm hatten sich schon zu Anfang ihrer gemeinsamen Erfindertätigkeit mit dieser Aufgabe beschäftigt. Später widmete sich Wilhelm unter dem Einfluß des gerade in England sich immer stärker bemerkbar machenden Bedürfnisses einer Kontrolle dieser Tätigkeit, und es gelang ihm, die Wassermesserfrage praktisch zu lösen. Die Firma Siemens & Halske nahm den Bau dieser Instrumente auf, die, als Siemens-Reaktionswassermesser patentamtlich geschützt, den Markt beherrschten. Auch Werner hat sich an der konstruktiven Durchbildung des Wassermessers und besonders auch an den Maßnahmen zur billigen, fabrikmäßigen Herstellung eifrigst und erfolgreich beteiligt.

Bedeutsam war auch Werners erfolgreiche Arbeit, die durch Karl in Petersburg angeregt war, einen Apparat zu konstruieren, der, für Steuerzwecke verwendbar, nicht nur den Alkoholgehalt, sondern auch dessen Menge, maß. Nach vielen Mühen gelang es, die hier gestellte, interessante Aufgabe zu lösen. Der Apparat gab die auf normale Temperatur reduzierte Alkoholmenge ebenso genau an, wie sie nur durch die exaktesten wissenschaftlichen Kontrollmessungen bestimmt werden konnten. Viele Jahrzehnte lang verwendete die russische Regierung diesen Apparat als Grundlage für die Steuererhebungen. Auch viele andere Staaten Europas haben ihn für diesen Zweck angenommen. So konnte dieser Apparat ein wesentlicher Fabrikationsgegenstand auch von der hierfür in Charlottenburg gegründeten Spezialfabrik werden.

Aber damit war die Tätigkeit Werner Siemens außerhalb des elektrotechnischen Gebietes noch bei weitem nicht abgeschlossen. Die innige Arbeitsgemeinschaft mit seinen Brüdern veranlaßte ihn auch, sich mit deren technischen Sorgen immer von neuem zu befassen. Sobald ihn aber ein Problem innerlich interessierte, war es für ihn schwer, zuweilen wohl geradezu unmöglich, sich nicht auch geistig mit der weiteren Entwicklung zu beschäftigen und Pläne für die praktische Verwendung und Einführung zu entwerfen.

Hatte sich Werner für Elektrizität entschieden, so ließ sich Wilhelm immer wieder durch große Fragen der Wärmetechnik packen. Die Thermodynamik hatte es ihm angetan. Wir sahen, wie eingehend er sich mit der Ausbildung von Heißluftmaschinen beschäftigte, und wie auch Werner sich hoffnungsfroh mit diesen, die gesamte technische Welt damals bewegenden Fragen befaßt hatte. Wilhelm führten seine wärmetechnischen Arbeiten weiter zur Einführung des Wärmeregenerators bei der Dampfmaschine. Seine umfangreichen Arbeiten aber mit seinen Regenerativdampfmaschinen, seinen regenerativen Verdampfern und Kondensatoren, kosteten ihm sehr viel Zeit und große Geldmittel, ohne daß er einen bleibenden Erfolg erzielen konnte. Werner Siemens war unablässig tätig, in Deutschland für die Anerkennung dieser Arbeiten seines Bruders und für ihre Einführung in die Praxis zu wirken. In Berlin versuchte man die Wilhelmschen Maschinen zu bauen, und man hatte große Hoffnungen auf die Einführung der Regenerativmaschine durch die Firma Früchtenicht & Brock in Stettin, deren Umwandlung in die Aktiengesellschaft Stettiner Vulcan damals unter Aufwendung erheblicher Geldmittel der Firma Siemens & Halske vor sich ging.

Interessant ist auch, in den Briefen zu verfolgen, wie immer wieder neue Hoffnungen auf die denkbar verschiedensten Verwendungszwecke lebendig wurden. Zuweilen dachte Werner Siemens daran, die Regenerativgasmaschine seines Bruders zu benutzen, um mit Gas oder Spiritus betriebene Equipagen zu bauen. Hatte er früher schon einmal an ein Elektromobil gedacht, so hoffte er jetzt, Automobile bauen zu können. Seine alte Erfindung, die Vernickelung, nimmt er wieder auf, Kupfer-, Eisen- und Zinklegierungen der verschiedensten Art, die damals in England in Aufnahme kommen, werden versucht.

Ungemein eingehend beschäftigte er sich mit den großen, epochemachenden Arbeiten der Regenerativöfen seines Bruders Friedrich. Friedrich Siemens hatte schon im Jahr 1848 in England an der Ausgestaltung des Regenerativgedankens mitgearbeitet. Er hatte dann auch in Deutschland, bei Früchtenicht & Brock in Stettin, für die Regenerativschiffsmaschine seines Bruders Wilhelm gearbeitet. Die durch das damals aufgekommene Bessemerverfahren benötigten außerordentlich hohen Temperaturen, die bei dem Bessemerverfahren durch Einführung atmosphärischer Luft erzeugt werden, brachten Friedrich Siemens zu der Erfindung des Schmelzofens nach dem Regenerativsystem. Wilhelm hatte an Werner bereits im November 1856 über diesen Plan geschrieben und hinzugefügt, daß Friedrich allem Anschein nach mit seinem Schmelzofen ein brillantes Geschäft machen könne. Werner erkannte die große Bedeutung. Er hielt Friedrichs Ofen auch für den Hüttenbetrieb sehr verwendbar und machte ihm entsprechende Vorschläge. „Die neuen Schmelzöfen von Friedrich" schreibt er im Februar 1857, „machen sich ganz ausgezeichnet. Die Sache kann sehr wichtig werden." Er fordert dann Friedrich auf, nach Deutschland zu kommen, wo er sich in Berlin zunächst mit der Verbesserung der Ofenbaustoffe beschäftigt, um dann gemeinsam mit Werner das Hauptinteresse der Gasfeuerung zuzuwenden. In Preußen konnten sie kein Patent erlangen. Sie wandten sich nach Sachsen und veranlaßten ihren Bruder Hans, sich dort mit dem Ofenbau zu beschäftigen. Dabei dachten sie auch schon an die Verwendung des Ofens für die Glasfabrikation.

Die Sorgen seines Bruders Karl, daß es mit den Regenerativöfen so gehen könne, wie mit der Regenerativdampfmaschine, suchte ihm Werner in einem Brief vom 15. November 1858 zu nehmen. „Deine Ofensorgen laß nur fallen. Ich betreibe die Konstruktion jetzt selbst mit Vorliebe und kenne die Sache gründlich. Unser Stahlofen im Karlswerk ist der einzige, welcher gelungen ist, und Stahlschmelzen ist die schwierigste Sache. ······ Die Durchführung hat freilich ihre Schwierigkeiten, die früher wohl zu gering veranschlagt wurden. Mit den Maschinen kannst Du die Sache nicht vergleichen."

So erwarb sich Werner auch auf diesem wärmetechnischen Gebiet auf Grund eigener Arbeit umfassendes Können. Nehmen wir noch alle die denkbar verschiedensten Pläne wissenschaftlich-technischer Natur hinzu, von denen die Briefe zu erzählen wissen, und die nicht zu irgendwelcher praktischen Bedeutung kamen, so ist man überrascht von der Fülle der Gedanken, die hier im Kopf eines einzelnen Menschen lebten und nach Gestaltung rangen. Und doch bildeten alle diese Arbeiten auf technisch-wissenschaftlichem Gebiet nur einen Teil seiner Tätigkeit. Um ein vollständiges Bild zu erlangen, müssen wir versuchen, in ganz kurzen Zügen uns die geschäftlich-organisatorische Tätigkeit in diesem Zeitabschnitt zu vergegenwärtigen.

Geschäftlich-organisatorische Tätigkeit.

Wir sehen, wie die Firma, die so bescheiden mit wenigen Arbeitern und einigen Drehbänken begonnen hatte, sich nach und nach immer weiter entwickelte. Im Juni 1849 hören wir aus den Briefen, daß Bestellungen reichlich vorliegen, daß man aber mit den Lieferungen sehr schlecht vorankomme, da es an Arbeitern fehle. Die Schlosser der damaligen Maschinenfabriken waren an viel zu grobe Arbeit gewöhnt, um für die Präzisionsarbeit einer auf gute Ausführung mit Recht Wert legenden mechanischen Werkstatt Verwendung finden zu können. Die Qualitätsarbeit, die Siemens & Halske von vornherein leisten wollte, war nur mit Qualitätsarbeitern zu erzielen. Vor allem fehlte es an den Vorarbeitern und Werkmeistern. Halske, der sein Handwerk gründlich verstand, konnte doch beim besten Willen nicht mehr alles, was in der Werkstatt vor sich ging, selbst durchführen, war er doch auch an der Leitung des Geschäftes, an dem Aufstellen der Apparate, an der Einleitung neuer Geschäfte und anderem mehr beteiligt. Bald fehlte es auch an Raum in der Schönebergerstraße. Aufs Doppelte und Dreifache könne man sich vergrößern, an Absatz fehlt es nicht, denn als wichtigste Auftraggeber kommen nunmehr auch die Eisenbahnen in größerem Umfang zu der Firma. Damals, Mitte 1849, hatte die Fabrik 25 Arbeiter, wenige Monate später zählte sie 33. Die Zahl der Arbeiter soll auf 45 gebracht werden, dann könne man — wie bescheiden klingt das doch, verglichen mit den Leistungen einer heutigen Fabrik — gegen vier Telegraphen wöchentlich fertigstellen. Das scheint aber auch kaum für die nächsten Jahre auszureichen. Man will dann die Leistungen bis auf sechs Apparate wöchentlich steigern, und Werner hofft, wie er am 31. Dezember 1849 an Wilhelm schreibt, „daß unsere Prüfungszeit jetzt überwunden ist, und daß das Leben uns allen jetzt seine angenehmen Seiten zukehren wird." In einigen Jahren hofft er bereits 100 000 Taler ersparen zu können. Mitte 1850 wagt man es schon, einen Zeichner anzustellen, der genaue Zeichnungen von allen Apparaten machen soll.

Inzwischen kam aber der erwähnte Bruch mit der preußischen Telegraphenverwaltung. Die großen Aufträge in Rußland waren zwar eingeleitet, aber konnten sich finanziell noch nicht bemerkbar machen. Auf der Weltausstellung in London hatte man wohl Anerkennung und Ehre erworben, aber von einem geschäftlichen Erfolg war auch in England noch keine Rede. Der Mangel an Geld zwang damals Halske, sehr vorsichtig zu sein. Werner selbst war 1852 in Rußland. Er war in Petersburg schwer erkrankt. Inzwischen hatte man in Berlin das Haus in der Markgrafenstraße 94 für 40 000 Reichstaler gekauft, 10 000 Taler sollte noch der Ausbau kosten. Das machte natürlich die Geldnot noch größer. Friedrich schrieb am 1. März an Wilhelm: „Halske ist in großer Geldverlegenheit, so daß er sich Geld allenthalben hunderttalerweise pumpen muß, um nur die Leute zu bezahlen.“ Die die Verhältnisse aus nächster Nähe beobachten konnten, hielten das Geschäft schon fast für bankerott. „Gott gebe,“ schrieb Wilhelm am 22. März an Karl, „daß Werners Krankheit nicht ernstlich ist, und daß er bald nach Berlin zurückkommt! Mit ihm scheint alle Zuverlässigkeit und Energie ausgewandert zu sein.“ So kritisch war die Zeit damals für das Geschäft, das eine so große Zukunft vor sich haben sollte. Doch diese Krisis wurde bald durch die riesigen Aufträge aus Rußland überwunden. Auch dann aber wechselten gute mit schlechten Jahren. Bald fehlte es an Menschen und Maschinen, um alle Aufträge, die immer möglichst schnell erledigt werden sollten, bewältigen zu können, bald dachte Werner Siemens daran, daß es mit der Telegraphie allein nicht mehr getan sei, daß man daran denken müsse, andere Fabrikationszweige aufzunehmen. Einmal versagten die Aufträge auf dem Gebiet der Telegraphie so sehr, daß er sich um die Ausführung von Armaturteilen für Wasser- und Gasleitungen zu bewerben gedachte.

Die Verbindung mit den Arbeitsgebieten der Brüder, vor allem seines Bruders Wilhelm, legte ihm auch anfangs den Gedanken nahe, eine Maschinenfabrik mit der mechanischen Werkstatt zu verbinden, um hier die von Wilhelm konstruierten Maschinen herstellen zu können. Wechselweise empfiehlt er, Wilhelm solle in England, wo er doch einmal eine Maschinenfabrik bauen werde, mit dieser eine mechanische Werkstatt verbinden — Halske wollte ihm einen tüchtigen Werkmeister geben — und er könnte dann, wenn es sich geschäftlich empfehle, dort alle die vielfältigen Telegraphenapparate der Berliner Werkstätte ausführen.

Sehr interessant ist es, wie Werner sich in steigendem Maße um die Fabrikation selbst bekümmert, wie er es lernt, auch bei der Konstruktion schon die zur Verfügung stehenden Ausführungsmittel zu berücksichtigen. Zu dieser Zeit drängt sich ihm, besonders dann, wenn die Preise für die Apparate herunter zu gehen drohen, die Notwendigkeit einer planmäßig durchgeführten Massenfabrikation auf.

Die Fabrik vergrößert sich stetig. Hatte man 1850 25 Arbeiter beschäftigt, so waren es zehn Jahre später etwa 100. Am Ende des Zeitabschnittes, der hier zu betrachten ist — 1866 — arbeiteten 140 Arbeiter mit einer Lohnsumme von 43 000 Taler bei Siemens & Halske.

Nach der Größe der Berliner Fabrik und dem Umsatz der aus ihr hervorgehenden Telegraphenapparate darf man aber die Bedeutung der Firma nicht einschätzen. Von dem Bau der Apparate hat Werner einmal in einem Brief gesagt, daß die Apparate nur Lockvögel wären, die es erleichterten, große Aufträge auch auf den Bau von Telegraphenlinien zu erhalten. Nur ein Zwanzigstel des Geschäftes, so bezifferte er es damals, mache diese Fabrikation aus. Der geschäftliche Schwerpunkt lag in der großen Unternehmertätigkeit auf dem Gebiet des Telegraphenbaues.

Hier aber rückten für die 50er Jahre die russischen Aufträge in den Vordergrund. Schon 1848 hatte die russische Regierung mit Siemens & Halske über Telegraphen verhandelt. 75 Apparate wurden für die Linie Petersburg, Moskau bestellt. Mitten im Winter, im offenen Wagen und Schlitten, fuhr 1852 Werner Siemens zum erstenmal nach Rußland. Anziehend schildert er in seinen Lebenserinnerungen die Reise und seine erste Tätigkeit. Er erhielt zuerst den Auftrag auf eine unterirdische Linie bis Oranienbaum und das Kabel bis Kronstadt. Seinen Bruder Karl, der sich inzwischen auch dem Telegraphenbau gewidmet und seine geschäftliche Lehrzeit in Paris bei der zunächst vergeblichen Begründung einer dortigen Filiale durchgemacht hatte, nahm Werner bereits damals für Rußland in Aussicht. Karl hatte erklärt, daß er überall hingehe, wo er Werner nützlich sein könne. Er habe ihm so viel gekostet und bisher noch nichts genützt, daß er keinen anderen Wunsch habe, als die Sache einmal umkehren zu können. Zunächst schien es, daß Karl noch Aussichten hätte, in Spanien und dann in England sich ein Feld seiner Tätigkeit zu eröffnen. Dann aber kam die große Anlage von Petersburg nach Warschau in Aussicht, und nun brauchte Werner unbedingt zuverlässige Hilfe. Die beiden Brüder trafen sich in Warschau, und Karl übernahm die Bauleitung der Linie bis zur preußischen Grenze. Werner reiste zum drittenmal nach Petersburg und verhandelte hier unmittelbar mit dem Minister, der ihn am liebsten ganz in Rußland behalten hätte. Er aber verwies auf seinen Bruder, der ihn vertreten würde. So wurde dann Karl Siemens, damals 24 Jahre alt, bevollmächtigt, die Firma in Rußland zu vertreten.

Wie sehr sich Karl Siemens hier in Rußland bewähren sollte, bewies die nun folgende außerordentliche Tätigkeit in Rußland. Mit Riesenschritten ging es vorwärts. Der Krimkrieg veranlaßte die russische Regierung zum beschleunigten Bau der das ganze Riesenreich durchquerenden Telegraphenlinien. Am 8. November 1854 berichtete Karl über die Riesengeschäfte, die mit dem Minister abgeschlossen werden mußten, ob möglich oder nicht. „Zuverlässige Leute brauchen wir dazu in Menge. ······ Mir wächst die Sache jetzt buchstäblich über den Kopf," und Werner antwortet darauf am 22. November: „Wir nehmen jetzt wirklich einen fast schwindligen Flug an, hoffentlich nicht à la Ikarus."

Aus dem Brief sehen wir auch noch, welche große Hoffnungen Werner damals auf England und Amerika setzte, daß für Chile das Material zu Telegraphenlinien schon unterwegs sei, und daß die Eisenbahnen und die Mitglieder des Telegraphenvereins, mit Ausnahme von Preußen und Österreich, ihn förmlich um Apparate bombardieren. Auch hier, bei den großen Unternehmungen in Rußland, fehlten immer wieder die tüchtigen Mechaniker, und vor allem auch leitende Ingenieure.

In der zweiten Hälfte der 50er Jahre änderten sich die Beziehungen zu Rußland. Der Kampf mit den Behörden blieb auch hier nicht aus. Die telegraphischen Unternehmungen der Firma in

Rußland wurden immer geringer. Nur die schon erwähnte Übernahme der Instandhaltung, mit Hilfe eines billig arbeitenden und sehr wirksamen mechanischen Kontrollsystems, hielt die geschäftliche Verbindung auf diesem Gebiet aufrecht. Zu größeren Neuanlagen kommt es selten.

Aus dem Briefwechsel von Karl mit Werner sehen wir, wie immer neue Pläne zur Aufnahme neuer Arbeitsgebiete zwischen den Brüdern verhandelt wurden. Auch die Anlage von Stahlfabriken, von Kanonen- und Gewehrfabriken in Rußland wurden erörtert. In den 60er Jahren kam eine für die Zukunft bedeutungsvolle Verbindung mit dem Kaukasus zustande. 1860 ging der zweitjüngste Bruder Walter für den Bau einer Telegraphenlinie in den Kaukasus. Kaum dort angelangt, schrieb er begeistert von den industriellen Zukunftsmöglichkeiten des Landes und schlug vor, ein Kupferbergwerk zu kaufen. Am 10. Juli 1863 wiederholte er diesen Vorschlag und empfahl als ein glänzendes Geschäft, die so sehr wertvolle Kupfermine bei Kedabeg zu erwerben. „Der ganze Berg besteht aus Kupfererz, je tiefer desto reicher." Werner hat im Zusammenhang mit seinem dreimaligen Besuch im Kaukasus in seinen Lebenserinnerungen interessant hierüber geschrieben. Karl trat mit Eifer für Walters Vorschlag ein. Werner Siemens zögerte, Halske wollte nichts davon wissen. Schließlich aber kam es doch zum Kauf auf Rechnung von Werner und Karl, und wir wissen aus den Briefen und den Lebenserinnerungen, wieviel geistige Arbeit und geschäftliche Sorgen Werners mit diesem großen Unternehmen verbunden waren und wie auch diese Arbeiten mit nutzbar gemacht wurden für verschiedene Hauptgebiete der Firma.

Lag in Rußland die Führung, nachdem Werner, wie wir sahen, die geschäftliche Verbindung eingeleitet hatte, bei Karl, so war der Stützpunkt von Anfang an für alle Unternehmungen in England und auch für die, die von dem meerbeherrschenden Inselreich aus betrieben wurden, bei Wilhelm Siemens, der sich dort schon als 19jähriger Jüngling seine ersten geschäftlichen Sporen verdient hatte. Am 16. März 1850 schloß Werner mit Wilhelm den Vertrag ab, wonach die Vertretung von Siemens & Halske für England Wilhelm übertragen wurde. Den Erfolg, den die Firma auf der Londoner Weltausstellung 1851 errungen hatte, suchte Wilhelm auch für die geschäftliche Tätigkeit mit auszunutzen. Hinzu kam das große Ansehen, welches er sich, unter sehr geschickter Benutzung der technisch-wissenschaftlichen Vereine in England, bereits mit seinen Arbeiten erworben hatte. Zu geschäftlichen Erfolgen aber kam es noch nicht. Wir sehen, wie die Wassermesser zu einer Verbindung mit Berlin hinsichtlich der Fabrikation führten, mit deren Leistungen er aber, weil er von Halske glaubte, daß er zu sehr als „Künstler" an diese Aufgaben herangehe, noch nicht sehr zufrieden war. Das ewige Ändern an der Konstruktion störte jede Freude an der Fabrikation.

Erst die Verbindung Wilhelms mit der Kabelfirma Newall & Co. führte dann in England zu erfolgreichen großen Unternehmungen. Damals beschlossen Siemens & Halske in London selbst eine kleine Werkstatt anzulegen und eine besondere Firma zu begründen. „Nur dadurch," schrieb 1857 Werner an Karl, „haben wir Aussicht, die Unterseelinien ganz in die Hände zu bekommen und Absatz an Apparaten zu erhalten." Wir sahen bereits, mit wie großem Erfolg Werners wissenschaftliche Arbeitsmethode sich bei den nun folgenden Kabelunternehmungen bewährte.

Nach der Begründung der Firma Siemens, Halske & Co. in London, dachte man zunächst auch daran, Kabellegungen für eigene Rechnung zu machen. Das geschäftliche Verhältnis zu der Firma Newall & Co. wurde später gelöst, und man suchte in England zu offizieller und öffentlicher Anerkennung zu gelangen. Die Fortschritte in der Kabelunternehmung hatten übrigens damals schon zur Folge, daß die Zeitschrift Engineer 1860 es scharf tadelte, daß die englische Regierung mit einer deutschen Firma Kabelkontrakte abschlösse. „Nationale Eifersüchtelei ist unser Hauptgegner", schrieb Werner Siemens.

Die Weiterentwicklung der großen technischen Unternehmungen führten auch zu Auseinandersetzungen mit Halske, der an der ihm allzu groß erscheinenden Unternehmungslust Wilhelm Siemens nicht viel Gefallen fand. Die großen Verluste der ersten wichtigen Kabellegungen zeigten zu deutlich die Gefahren, die mit solchen

Geschäften damals verbunden waren. Halske fürchtete, daß das geschäftliche Wagnis die zur Verfügung stehenden Mittel einmal übersteigen könnte, und er so wenig wie Werner Siemens hatten irgendwelche Neigung, von vorn anzufangen. Werner gab in vieler Beziehung Halske Recht und mußte sich von seinem Bruder darauf hinweisen lassen, daß Besitz konservativ mache, und daß der Wagemut in umgekehrtem Verhältnis zu den erworbenen Reichtümern zu stehen scheine. Da auch der Freund Werners, Wilhelm Meyer, der seit 1855 der Firma als Geschäftsführer angehörte, auf Halskes Seite stand, so wurde das englische Haus aufgelöst, und Werner, der seinen Bruder in der kritischen Lage nicht im Stich lassen wollte, kam überein, das Londoner Unternehmen, vom Berliner Geschäft getrennt, mit Wilhelm gemeinsam fortzuführen. Seitdem hieß das Londoner Geschäft Siemens Brothers & Co. Auch Karl in Petersburg trat als Teilnehmer hinzu, so daß von 1867 an zwischen den drei selbständigen Firmen in Berlin, Petersburg und London Verträge abgeschlossen werden konnten, wodurch die wechselseitigen Beziehungen geregelt wurden.

Welche Unsumme von wechselnden Plänen tritt uns hier entgegen. Die einen tauchen nur auf, um ebenso schnell wieder zu verschwinden und vergessen zu werden, andere werden eingehend behandelt, treten anderen gegenüber wieder zurück, um später mit großer Energie verfolgt und durchgeführt zu werden. Viele werden als allzu abseits vom Wege wieder fallen gelassen. In England ist Wilhelm Siemens voller submariner Projekte, in Rußland denkt Karl daran, große Güter und Wälder zu kaufen und Sägemühlen einzurichten. Zur gleichen Zeit planen Werner und Karl, die Konzession für die großen in Moskau zu errichtenden Gasanstalten zu erwerben. 1862 tauchte eine englische Linie, die nach China gehen soll, auf, ein Kabel wird im Persischen Golf gelegt, große Projekte schweben mit Südamerika, der Bau der Kaplinie ist im Gang. Sehr viel verspricht man sich von China, das könne ein zweites Rußland werden, wenn nur tüchtige Leute da wären. Überall fehlt es an wirklich brauchbaren Menschen. 1863 hören wir von einem riesigen Aufschwung in England. Die Pläne für neue Kabel überstürzen sich geradezu. Überall wird gebaut. Inzwischen hatte man in England selbst eine Kabelfabrik angelegt, über die Werner am 4. Juli 1861 berichtete, daß sie jetzt sich viel besser mache, seit sie von ihnen selbst betrieben würde. Nur an einer imposanten Verwendung der fabrizierten Kabel fehle es jetzt. Man tritt mit Reuter in Verbindung und plant wichtige Kabelunternehmungen in der Ost- und Nordsee.

1861 tauchte auch ein neues Projekt auf, das viel versprach, aber doch mit Enttäuschungen endigte. Aus alten Archiven hatte ein junger Mineraloge herausgefunden, daß vor dem Dreißigjährigen Krieg in Ohrdruff in Thüringen große Kupferhütten betrieben worden seien. Er hatte diese Werke wieder gefunden, sie erworben und auch in Gotha Konzessionen erhalten. Sein Geld langte nicht zum Betrieb der Sache aus, und so bot er sie Werner Siemens zur Mitarbeit an. Die Unterlagen, die er zunächst erhielt, konnten Werner Siemens nur günstig stimmen, und hoffnungsvoll schrieb er an Karl: „Das kann nochmal was für unsere Jungens werden. Berg- und Hüttenbau unter soliden und unter günstigen Verhältnissen ist doch immer die Aristokratie der Industrie."

Und zu all dieser umfangreichen geschäftlichen Tätigkeit kam noch die Beschäftigung mit öffentlichen Angelegenheiten. Schon im Elternhaus, in der frühesten Jugenderziehung, hatte die Hoffnung auf ein machtvolles, einiges deutsches Reich eine große Rolle gespielt. Aber jede durch eigene Tätigkeit am Wohl des Ganzen erworbene Freude war in dem politisch zerrissenen und deshalb zur Machtlosigkeit verurteilten Deutschland in der Zeit, die Werner Siemens damals im Vaterhaus miterlebte, unmöglich. Nur die Hoffnung auf die künftige Erhebung, auf eine freiheitliche Gestaltung der deutschen Verhältnisse, ließ diese Zustände noch ertragen. Das Jahr 1848 mit seiner nationalen deutschen Bewegung ergriff deshalb auch mächtig das junge Deutschland. Nur durch den Sieg der liberalen Ideen schien es möglich, ein einheitliches Deutschland zu schaffen. Hieraus entwickelten sich die Kämpfe, die zwischen den Besten unseres Volkes in den 60er Jahren durchzukämpfen waren. Bis zum Jahr 1860 hatte die intensive Beschäftigung mit wissenschaftlichen und technischen Aufgaben Werner Siemens von praktischer politischer Betätigung ferngehalten. Damals schloß er sich dem Nationalverein an, der sich unter Bennigsens Führung und unter dem Schutz des Herzogs Ernst von Koburg-Gotha gebildet hatte. Durch diese Tätigkeit wurde er mit den leitenden Politikern der liberalen Partei bekannt. Er besuchte die Versammlungen der sich bildenden neuen Partei, der er, mit seinem Freunde Schultze-Delitzsch, den Namen Deutsche Fortschrittspartei gab. Man wünschte ihn zum Abgeordneten zu wählen. Er sträubte sich dagegen, hielt es aber dann 1864 doch für seine Pflicht, eine ohne sein Zutun erfolgte Aufstellung als Kandidat für den Wahlkreis Solingen-Remscheid anzunehmen. In diesen Jahren hat er auch politisch schwer mit sich selbst ringen müssen, besonders auch in der Militärfrage, bei der er zu erkennen glaubte, daß Bismarck hierbei schon ernste, große Taten, die es unbedingt notwendig erscheinen ließen, die Armee zu vergrößern, im Auge hatte. Aber die Politik kostete ihm zu viel Zeit, und er konnte nicht den Eindruck gewinnen, daß sich durch das bloße Reden viel erreichen lasse.

Zusammenfassend sehen wir hier in diesen anderthalb Jahrzehnten ein Bild umfassendster, reger Tätigkeit. Wir erleben auf der Grundlage vertiefter wissenschaftlich-technischer Forschung, gepaart mit genialem Blick für die praktische Verwertung im industriellen und geschäftlichen Leben, das Entstehen eines Weltgeschäftes. Der erste Abschnitt auf dem Wege zur Verwirklichung des Jugendtraumes, es einst den Fuggern gleich zu tun, war erreicht.

IV. Meisterjahre.

1866 bis 1892

Wegbahnung zu neuen Entwicklungen. Weiterführung der Arbeiten.

Die Entstehung der Dynamomaschine. Licht und Kraft.

Der Krieg 1866 war durch die deutschen Lande gebraust. Kaum begonnen, für Preußen siegreich beendet, hatte Werner Siemens diesen Krieg mit voller Erkenntnis seiner Bedeutung für Deutschlands Zukunft erlebt. In seinen Erinnerungen schildert er, wie die Überzeugung allgemein gewesen sei, durch diesen Krieg werden die der ersehnten Einheit noch entgegenstehenden Hindernisse beseitigt und dem nationalen Gedanken wäre neuer Halt gegeben. Niemand hat daran gezweifelt, daß auch die Maingrenze nunmehr überbrückt werden würde, jedermann wollte mitarbeiten, das Errungene zu befestigen, das Gefühl der Zusammengehörigkeit zu kräftigen und sich für die kommenden Kämpfe vorzubereiten. „Diese gehobene Stimmung", fährt er dann fort, „machte sich durch erhöhte Tätigkeit auf allen Gebieten des Lebens geltend und blieb auch nicht ohne Rückwirkung auf unsere geschäftlichen Arbeiten." Als Kinder dieser bewegten Zeit nennt er eine Anzahl militärischer Arbeiten, die magnet-elektrischen Minenzünder, die elektrischen Distanzmesser, die elektrische Schiffssteuerung, elektrisch gesteuerte Boote mit Sprengladungen, die Militärtelegraphen.

Mit Recht aber rückt er von allen Arbeiten dieser Zeit die Erfindung der Dynamomaschine in den Vordergrund. So strahlten von dem Aufschwung des nationalen Lebens Energien aus, die große, scheinbar so entfernt liegende Tätigkeitsgebiete befruchten sollten. So wie Höhepunkte des nationalen Lebens Denker und Dichter zu großen Schöpfungen begeistert haben, so wurden sie hier mit die Veranlassung zu bahnbrechender, schöpferischer Tätigkeit auf technischem Gebiet.

Es war im Herbst 1866, als Werner Siemens durch die Entdeckung des dynamoelektrischen Prinzips die Pforte öffnete in ein neues Land mit unbegrenzten Entwicklungsmöglichkeiten. In diesem Entwicklungsabschnitt, nicht nur im technischen Leben Werner Siemens, sondern auch in dem der Technik, steht, ungemein bescheiden in ihren Anfängen, riesengroß in ihrer in weite Zukunft reichenden Bedeutung, die Dynamomaschine. Hatte die Elektrizität, wie Werner Siemens in der Einleitung zu einem Vortrag 1880 ausführte, bisher keine Hausknechtsarbeit, sondern nur feine Arbeit verrichtet, hatte sie bisher nur kommandiert, dirigiert, Kräfte aus- und eingelöst, so tritt sie mit der Dynamomaschine in die Reihe der schwer arbeitenden Mächte. Aber wieviel Geistesarbeit gehörte auch hier wieder dazu, bis das Ziel, das die zukunftsfrohen Erfinder bereits deutlich erblickten, auch nur annähernd erreicht war. Hatte es bei der Dampfmaschine noch fast ein Jahrhundert gedauert, bis aus den ungefügen ersten Feuermaschinen, die der Arbeit eines Grobschmieds entsprossen, die für die verschiedensten Aufgaben der Industrie leistungsfähige Dampfmaschine wurde, so dauerte es hier fast noch ein Jahrzehnt, bis die Dynamomaschine, aus einer Mechanikerwerkstatt entstanden, die Gestalt erhalten hatte, die sie befähigte, große dauernde Dienste zu leisten.

Kaum hatte die Dampfmaschine den Krafthunger des Menschen geweckt, kaum hatten diese eisernen Sklaven, die mit Kohlen als Speise zufrieden waren und unermüdlich ihre Arbeit verrichteten, begonnen, sich die Tätigkeitsgebiete des Menschen, eines nach dem andern, zu erobern, da hofften bereits die Erfinder, sie durch andere, neue Kraftquellen von noch größerer Leistungsfähigkeit, größerer Wirtschaftlichkeit ersetzen zu können. Immer wieder sprach man in der ersten Hälfte des vorigen Jahrhunderts davon, daß man diese „mächtigen Potentaten der mechanischen Welt" von ihrem Thron stoßen werde. Fast in jedem Jahrzehnt wurde die Dampfmaschine einmal totgesagt. Es war deshalb kein Wunder, daß man auch in den ersten galvanischen Batterien schon die Nachfolger der Dampfmaschine sehen wollte. Es entstanden die ersten, mit elektrischer Energie gespeisten Kraftmaschinen. Schon hatte Jacobi in Petersburg auf der Newa ein elektrisch betriebenes Boot gefahren, und andere Erfinder träumten von weiteren großen Anwendungsgebieten. Aber Zink als Brennstoff in den galvanischen Elementen verbrannt, war ungleich teurer als die Kohlen unter dem Dampfkessel. Man blieb darauf angewiesen, Bewegungsenergie unmittelbar in elektrische Energie umzusetzen. Das hieß, die vorhandenen Kraftmaschinen nicht überflüssig machen, sondern ihre Bedeutung durch Einführung der elektrischen Kraftübertragung ins Ungemessene steigern. Das Zeitalter des Dampfes wurde nicht durch das der Elektrizität abgelöst, sondern erfüllt. Das, was die Dampfmaschine versprochen hatte, eine für jeden menschlichen Zweck an jeder Stelle benutzbare Kraftquelle zu sein, erfüllte der mit Hilfe der Dampfmaschine erzeugte elektrische Strom.

Die Bedeutung der Dynamomaschine für die Weiterentwicklung der Technik kann man kaum überschätzen. Wie sehr hatte man sich auch bis zur Entstehung der Dampfmaschine schon bemüht, Kräfte zu übertragen, und wie wenig — verglichen mit dem, was uns heute schon selbstverständlich ist — war erreicht. In der alten Technik galt es schon als ein besonderes Meisterstück, wenn man von einem Wasserrad mehrere Maschinen betreiben konnte. Meistens blieb man beim Einzelantrieb, zu jedem Hammer, zu jeder Gebläsemaschine gehörte ein Wasserrad. Große unbeholfene Gestängeübertragungen, die sich zuweilen viele Meter weit erstreckten, kennzeichneten die Mittel, mit denen diese Zeit sich behelfen mußte. Dann kam die Dampfmaschine. Man lernte Transmissionen bauen und beschrieb mit staunender Bewunderung Einrichtungen, wodurch es möglich wurde, von einer Stelle aus die Maschinen einer ganzen Fabrik zu betreiben. Die Seiltransmission, vor allem die Einführung der Drahtseile, vergrößerte beträchtlich die Entfernungen, auf die man größere mechanische Kräfte nunmehr übertragen konnte. Was aber wollten alle diese Fortschritte sagen gegenüber den Möglichkeiten, die sich mit der Erfindung der Dynamomaschine ergaben, als man nunmehr daran denken konnte, nicht nur die geringen Kräfte, die zum Betrieb eines Telegraphenapparates nötig waren, sondern große Arbeitsleistungen auf weiteste Entfernungen zu übertragen. Da jede Dynamomaschine zu ihrem Antrieb eine Kraftmaschine — und das hieß damals fast ausschließlich eine Dampfmaschine — brauchte, so mußte die große Erfindung auf elektrischem Gebiete auch rückwirkend ungewöhnlich nachhaltigen Einfluß auf die Entwicklung der Dampfmaschine ausüben.

In einer Telegraphenbauwerkstatt wurde die Dynamomaschine geboren. Von Feinmechanikern erhielt sie ihre erste Gestaltung, und der damalige Maschinenbauer konnte sich zunächst nur schwer daran gewöhnen, in diesem „physikalischen Apparat" eine wirkliche „Maschine" zu sehen. Aber mit der Zeit wurde der Elektrotechniker zum Maschinenbauer und der Maschinenbauer zum Elektrotechniker, und aus ihrer Gemeinschaftsarbeit entstanden schließlich diese Meisterwerke der heutigen Technik, die in ihren gewaltigen Einzelleistungen nicht minder wie in ihrer Betriebssicherheit uns die Vorstellung erschweren, daß auch sie nur einen Abschnitt in der fortschreitenden Entwicklung bedeuten sollen.

Der von der Dynamomaschine erzeugte Strom dringt befruchtend ein in alle Gebiete der Industrie. Altes umgestaltend, Neues bildend, hat diese Erfindung einen neuen großen Abschnitt in der Technik eingeleitet. Deshalb wird man sich auch gern in die Entstehungszeit dieser Erfindung zurückversetzen.

Werner Siemens hat uns selbst hierüber mehrfach eingehend berichtet. Besonders lebensfrisch aber geben die Briefe jener Zeit ein Bild von der Entstehungsgeschichte dieser Erfindung.

Vor der Dynamomaschine hatte man bereits versucht, mit großen magnetelektrischen Maschinen starken Strom zu erzeugen. Riesige Abmessungen bekamen diese Maschinen schon bei verhältnismäßig geringen Leistungen. Für große Kräfte kamen sie nicht in Frage. Der englische Mechaniker Wilde hatte größere magnetelektrische Maschinen, wobei die Stahlmagnete durch große Elektromagnete ersetzt waren, so mit einer kleinen magnetelektrischen Maschine der Siemensschen Bauart verbunden, daß er die durch einen Kommutator gleichgerichteten Ströme der magnetelektrischen Maschine durch die Windungen des Elektromagnets der großen Maschine sandte. Damit war man einen wesentlichen Schritt weiter gekommen.

Im Herbst 1866 war Werner Siemens damit beschäftigt, elektrische Minenzündvorrichtungen mit Hilfe seiner durch die Verwendung des Siemens Doppel-T-Anker gekennzeichneten magnetelektrischen Maschine zu verbessern. Er kam damals auf den Gedanken, daß eine Elektromagnetmaschine, in umgekehrter Richtung von der, in der sie durch einen sie durchlaufenden Strom bewegt wird, gedreht, eine Verstärkung dieses Stromes bewirken muß. Kaum war dieser Gedanke in ihm entstanden, da eilte er, ihn auszuführen. Einem seiner damaligen Werkführer, Karl Müller, der heute noch eingehend darüber zu berichten vermag, gab damals Werner Siemens an einem der letzten Augusttage des Jahres 1866 den Auftrag, sofort einen kleinen Apparat zu bauen, bei dem, statt der Stahlmagnete, durch Batterieströme gespeiste Elektromagnete verwendet werden sollten. Von der Ungeduld des Erfinders getragen, war dieser Apparat in acht Tagen bereits fertig. Sofort begannen die Versuche. Siemens schaltete den Batteriestrom aus, nachdem er die Schaltung derart verändert hatte, daß der Strom, der im entgegengesetzt gedrehten Anker entstand, durch die Windungen des Elektromagneten strömen konnte. Die erste Dynamomaschine war ins Leben getreten, der Versuch hatte die Theorie bestätigt, es hatte sich gezeigt, „daß in den feststehenden Elektromagneten einer passend eingerichteten Elektromagnetmaschine immer Magnetismus genug zurückbleibt, um durch allmähliche Verstärkung des durch ihn erzeugten Stromes bei umgekehrter Drehung die überraschendsten Wirkungen hervorzubringen." Selbstverständlich aber war mit diesen ersten Versuchen die Theorie der Dynamomaschine noch nicht in ihrer praktischen Ausgestaltung fertig. Nur schrittweise, in jahrelanger Arbeit, unter der bald einsetzenden Hilfe hervorragender Mitarbeiter konnte diese Aufgabe nach und nach gelöst werden.

Dem ersten Versuch folgten sofort weitere, und am 4. Dezember 1866 schreibt Werner an Wilhelm: „Ich habe eine neue Idee gehabt, die aller Wahrscheinlichkeit nach reüssieren und bedeutende

Resultate geben wird." Er erinnert an die vorher erwähnte Konstruktion Wildes, auf die dieser in England ein Patent genommen hatte. In deutschen Fachzeitschriften war bereits über die kolossale Wirkung dieser Maschine berichtet worden. „Nun kann man aber offenbar den Magnetinduktor mit Stahlmagnet ganz entbehren." Mit kurzen Worten beschreibt Siemens sodann die Dynamomaschine und fährt fort: „Man kann mithin allein mit Hilfe von Drahtwindungen und weichem Eisen Kraft in Strom umwandeln, wenn nur der Impuls gegeben wird. ······ Die Effekte müssen bei richtiger Konstruktion kolossal werden. Die Sache ist sehr ausbildungsfähig und kann eine neue Ära des Elektromagnetismus anbahnen!" Und gleich denkt er an die praktische Verwertung im großen. „Magnetelektrizität wird hierdurch billig werden, und es kann nun Licht, Galvanometallurgie usw., selbst kleine elektromagnetische Maschinen, die ihre Kraft von großen erhalten, möglich und nützlich werden."

Von der klaren Erkenntnis der Bedeutung dieser Erfindung durchdrungen, hat er damals bereits die ihm befreundeten hervorragenden Berliner Physiker — er nennt Magnus, Dove, Rieß, du Bois-Reymond — zu einer Besichtigung dieses dynamoelektrischen Apparates nach der Markgrafenstraße eingeladen. Die Wirkung auf die Gelehrten war so überraschend, daß Professor Magnus sich erbot, der Berliner Akademie der Wissenschaften, deren Mitglied Werner Siemens damals noch nicht war, die Beschreibung der Erfindung vorzulegen. So entstand jene für die Geschichte der Technik so bedeutsame Urkunde: die Mitteilung an die Akademie der Wissenschaften in Berlin vom 17. Januar 1867 „Über die Umwandlung von Arbeitskraft in elektrischen Strom ohne Anwendung permanenter Magnete". In kurzen Worten beschreibt hier Werner Siemens das Wesentliche seiner Erfindung. Er zeigt, welchen Fortschritt gegenüber den bestehenden magnetelektrischen Maschinen diese Dynamomaschine bedeutet, und er schließt mit den prophetischen Worten, die durch ihre weitgehende Erfüllung berühmt werden sollten: „Der Technik sind gegenwärtig die Mittel gegeben, elektrische Ströme von unbegrenzter Stärke auf billige und bequeme Weise überall da zu erzeugen, wo Arbeitskraft disponibel ist." Bescheiden fügt er noch hinzu, „diese Tatsache wird auf mehreren Gebieten derselben von wesentlicher Bedeutung werden".

Das erste Gebiet, auf dem die Erfindung Verwendung fand, war das der elektrischen Zündapparate. Noch im Jahr 1867 veröffentlichte er eine kurze Beschreibung des dynamoelektrischen Apparates zum Minenzünden und anderen Zwecken, bei welchen nur ein kurzer starker Strom erforderlich ist.

Mit der Dynamomaschine ging es wie mit anderen, besonders folgenschweren Erfindungen. Auch andere Erfinder traten mit dem Anspruch auf, die ersten gewesen zu sein oder doch gleichzeitig und unabhängig von Werner Siemens das dynamoelektrische Prinzip entdeckt zu haben. Prioritätskämpfe, die auch heute noch ab und zu wieder aufleben, knüpfen sich auch an diese technische Tat. Werner Siemens selbst hat für die Anerkennung seines Rechtes gekämpft. Professor Wheatstone in England hatte einige Wochen nach der Mitteilung an die Akademie der Wissenschaften den gleichen Gedankengang, ohne die Arbeiten Werner Siemens zu kennen, veröffentlicht. In einer Sitzung der Royal Society am 14. Februar 1867 hatte Wilhelm Siemens den dynamoelektrischen Apparat seines Bruders vorgeführt. Nach dieser Mitteilung sprach Wheatstone, der seinen Vortrag 14 Tage später als Siemens der Gesellschaft angemeldet hatte, über eine von ihm hergestellte kleine Dynamomaschine, die sich von der Werner Siemens nur unwesentlich unterschied. Da aber die Veröffentlichung des Gedankens und der theoretischen Begründung des Prinzips vor der Wheatstones erfolgt ist, und im Herbst 1866 die erste kleine Dynamomaschine bereits gearbeitet hatte, so ist, wie Werner Siemens mit großem Nachdruck stets betont hat, „das System der Dynamomaschine eine unbedingt und ausschließlich deutsche Erfindung". Außer Wheatstone sind noch andere Erfinder um dieselbe Zeit mit den gleichen Ideen beschäftigt. Die Geschichte der Technik gibt viele Beispiele für die Erscheinung, daß große bahnbrechende Erfindungen, wenn ihre Zeit gekommen ist, oft gleichzeitig in den verschiedensten Köpfen entstehen und nach Verwirklichung ringen.

Aus dem ersten Lebensjahr der Dynamomaschine erzählen die Briefe manches, was kennzeichnend für die Anfänge jeder großen Erfindung ist und uns auch heute noch lebhaft interessieren kann. Hoffnungen und Enttäuschungen in buntem Wechsel. Bald erscheinen große Erfolge unmittelbar bevorzustehen, bald rücken sie durch unerwartet auftretende Schwierigkeiten wieder in weite Ferne. Die Freuden und Leiden dessen, der Ideen in das praktische Leben einzuführen gedenkt, reden aus diesen Briefen zu uns. Bald macht sich der Apparat über Erwarten günstig, bald heißt es, „der große Induktor ist ein wütender Kerl, der sich noch sehr ungeschlacht benimmt. · · · · · · Er macht mir noch viel zu schaffen". Unerwartete Erscheinungen treten auf. „Die neue Maschine (dynamo-elektrisch) macht mir viel Kopfbrechen." Der große Induktor „ist für seine Wildheit nicht stark genug konstruiert". „Die Stahlachse biegt sich wie eine Reitgerte", und dann wieder, „der große Induktor gibt prachtvolle Resultate".

Zuerst wurde die neue Erfindung, wie schon erwähnt, für Zündapparate angewandt. „Die Sprengfrage ist durch ihn schon praktisch gelöst. Er wird ein wichtiges Ding werden," und schon im Januar 1867 spricht Werner Siemens davon, daß er nunmehr die Leuchtturmfrage in die Hand nehmen könnte, „jetzt sind die Mittel dafür vorhanden!" Im Juli 1868 berichtet er dann an Wilhelm, daß mit der dynamoelektrischen Maschine auf dem Artillerieschießplatz Beleuchtungsversuche angestellt werden. Man habe mit der Maschine auf 2500 Schritt eine Scheibe so hell beleuchtet, daß man mit Gewehren danach schießen konnte und von zehn Schuß neun Treffer hatte. „Heute wird mit Kanonen nach elektrisch beleuchteten Zielen geschossen."

Einige Monate später wurde die erste Dynamomaschine in München bei militärischen, nächtlich ausgeführten Bauten benutzt. Da beim Militär Menschenkraft billig ist, hatte man — so bescheiden waren diese ersten Anfänge elektrischer Kraftübertragung — diese Maschine durch 50 Soldaten drehen lassen. Sie hätten zwar ohne große Anstrengung ihre Arbeit erfolgreich geleistet, „aber die angestellten Pioniere konnten während der wirklichen, in finsterer Nacht angestellten Versuche nicht immer in richtigem Takt bleiben". Man sah ein, daß ein solcher Betrieb für den Gebrauch im Felde doch nicht zweckmäßig wäre, und man entschloß sich, anstatt der Soldaten eine Lokomobile zu benutzen.

In Berlin wurde auf Grund der Münchener Erfahrungen von dem Ingenieurdepartement deshalb auch gleich eine von einer Lokomobile betriebene Dynamomaschine benutzt. Für 800 bis 1500 Taler konnte man damals die ersten Dynamomaschinen erwerben. Welch große Betriebsschwierigkeiten zu überwinden waren, sieht man aus der Bemerkung, „die Wasserkühlung hat die Erhitzungsschwierigkeiten gelöst."

Neue größere Apparate sollen jetzt gebaut werden. Das Militär scheint ein Abnehmer im großen werden zu wollen. „Ich glaube, es muß jedes Festungswerk, jede Seebatterie und jedes Kriegsschiff einen solchen Apparat zur Beleuchtung des Feindes erhalten," schrieb damals Werner Siemens.

Aber die Bestellungen kamen bald auch von anderer Seite. Man wollte Dynamomaschinen „zur Galvanoplastik, Wasserzersetzung, zur Ozonfabrikation und kleinere Leuchtmaschinen." Auf der Ausstellung in Paris 1867 war auch die Dynamomaschine von Werner Siemens zu sehen. Und damals bereits sprach er seinen Freunden gegenüber von den großen Anwendungsgebieten, die dieser Maschine noch offen stünden.

Der erste große Schritt zur Verwirklichung aller dieser Hoffnungen geschah dann durch die Mitwirkung des auch von Werner Siemens so hoch geschätzten und in seiner Bedeutung für die Weiterentwicklung der Elektrotechnik frühzeitig erkannten Mitarbeiters Hefner-Alteneck, der durch die Erfindung des Trommelankers und der konstruktiven weiteren Durchbildung der ganzen Maschine einen bedeutenden Schritt nach vorwärts getan hatte. In einem Brief vom April 1872 schrieb Werner Siemens, daß die neue Dynamomaschine noch zu sehr in der Kindheit sei, um darüber schon vortragen zu können. „Die von Hefner geht recht gut und bildet sicher einen großen Fortschritt. Sie geht mit weit geringerer Arbeitskraft und ist auch eine bessere elektromagnetische (Arbeits-) Maschine, wie ich je gesehen habe. Doch hat sie noch viele Mucken, die erst abgesehen werden wollen. · · · · · · Dynamoelektrische und elektromagnetische Maschinen werden eine große Zukunftsrolle spielen."

Inzwischen hatte auch der Mechaniker Gramme in Paris unter Benutzung der von Pacinotti im Jahre 1864 bereits veröffentlichten

Konstruktion des Ringankers seine Dynamomaschine in konstruktiv gut durchgebildeter Form auf den Markt gebracht. Ihm gelang es, mit dieser Maschine große Erfolge auf dem Gebiet der elektrischen Beleuchtung zu erzielen.

Die ersten Dynamomaschinen mit Trommelanker traten dann auf der Wiener Weltausstellung 1873 vor die große Öffentlichkeit. Jetzt nahm auch Werner Siemens seine Gedanken der Kraftübertragung wieder auf, jetzt schien auch ihm die Zeit gekommen, elektrische Eisenbahnen, von denen er schon 1867 auf der Weltausstellung in Paris gesprochen hatte, ins Leben zu rufen. Auch hier bedurfte es noch unablässiger Arbeit von vielen Jahren, bis alle Hoffnungen sich verwirklichten. Noch 1882 spricht er in den Briefen von den Schwierigkeiten, die die großen Lichtmaschinen noch machen. „Etwas unsicher sind die Dynamomaschinen doch leider noch immer."

Die größte Dynamomaschine, die man bis Januar 1883 gebaut hatte, brauchte etwa 20 bis 25 PS. Doch waren damals schon Maschinen bis zu 100 und 150 PS im Bau. Bald darauf aber heißt es, „die neue große Maschine ist leider einstweilen nicht geglückt", und weiter ein Jahr später, „daß die Konstruktionen noch sehr labil sind, schrieb ich schon". Die vielen Konkurrenten, die aber im Dynamobau sich betätigten, sorgten dafür, daß auf Grund der stetig vermehrten theoretischen Kenntnisse und der praktischen Erfahrung schließlich alle die großen, manchmal unüberwindlich erscheinenden Schwierigkeiten überwunden wurden. Im Dezember 1878 war die Fabrikation von Dynamomaschinen schon auf 25 Stück wöchentlich eingerichtet. „Die Lichtmaschinensache nimmt täglich größere Dimensionen an und wird Charlottenburg bald ganz beschäftigen!"

Licht und Kraft heißt nun die Überschrift über das Kapitel, das die Entwicklung der Anwendung des elektrischen Stromes kurz zu schildern hat.

Elektrische Beleuchtung.

Zuerst wurde der elektrische Strom durch die neue Dynamomaschine im großen in den Dienst des Beleuchtungswesens gestellt.

Seitdem Davy mit Hilfe von 2000 galvanischen Elementen 1808 seinen staunenden Hörern den blendendweißen Lichtbogen, der beim Übergang des elektrischen Stromes zwischen zwei Kohlenenden entsteht, gezeigt hatte, kannte die Welt das wunderbare, mit keiner der anderen künstlichen Lichtquellen vergleichbare Bogenlicht. Elemente als Betriebskraft zu benutzen war viel zu teuer für wirtschaftliche Verwendung. Jahrzehnte vergingen, bis der sensationelle Laboratoriumsversuch eine praktisch verwendbare Form erhielt. Die inzwischen entstandenen magnetelektrischen Maschinen boten eine neue Stromquelle, die die Erfinder hoffen ließ, nunmehr ihre Lampen benutzen zu können. Für Effektbeleuchtung auf der Bühne, für Beleuchtung öffentlicher vornehmer Plätze suchte man schon in den 40er Jahren das Bogenlicht zu verwenden, ohne doch weitgehenden Erfolg zu erzielen. Erst die Erfindung der Dynamomaschine konnte diesem Streben neuen, kräftigen Anstoß geben. Überall entstanden nunmehr neue „Regulatoren", wie man die Bogenlampen damals bezeichnend nannte, bei denen allerdings der sehr verwickelte Regulierungsmechanismus als die Hauptsache erschien.

Auch Werner Siemens hat sich frühzeitig eingehend mit der Verbesserung der Bogenlampen beschäftigt und 1873 bereits den durch die geniale konstruktive Leistung v. Hefner-Altenecks zu so großer Bedeutung gelangten Gedanken der Differenzialregulierung durch Haupt- und Nebenstrom angegeben. Die mit den Dynamomaschinen erzielten blendend starken Einzellichter schienen wie geschaffen für Leuchttürme, die damals noch mit dem rötlich-gelben Licht bescheidener Öllampen zufrieden sein mußten. Werner Siemens wollte deshalb die Londoner Ausstellung 1876 benutzen, um seine Lichtmaschinen den englischen Leuchttürmen zu empfehlen. Mit den Siemensschen Dynamomaschinen im schärfsten Wettbewerb standen die Grammeschen Maschinen. Er empfahl deshalb eine scharfe, amtliche Prüfung beider Maschinen, da er sich seiner Maschine sicher wußte. Diese monatelang gewissenhaft durchgeführten Versuche, bei denen man, was damals ganz unerhört war, verlangte, daß die Maschinen ohne auszusetzen eine ganze Nacht arbeiteten, gewannen große Bedeutung für die Einführung der elektrischen

Beleuchtung, denn sie ließen erkennen, daß man tatsächlich über das bloße Versuchsstadium hinausgekommen war. Der scharfe Wettbewerb zwischen Siemens- und Grammemaschinen sorgte auch für rastloses Streben nach weiterem Fortschritt.

Neben den Leuchttürmen, die nunmehr in rascher Aufeinanderfolge sich mit elektrischem Licht versorgten, waren es militärische Aufgaben, die aus dem starken Licht Nutzen zu ziehen suchten. Die meisten damals in Berlin hergestellten Lichtmaschinen gingen nach England für kriegerische Zwecke. Am 1. März 1878 schrieb Werner an Karl, daß London furchtbar auf die Lieferung gewöhnlicher Lichtmaschinen dränge. Leider sei die Konstruktion noch zu sehr im Fluß, als daß man an Massenfabrikation denken könne. Für England sollen noch in diesem Monat 60 Lichtmaschinen geliefert werden, und gern würde man noch einmal soviel nehmen, wenn man sie in Berlin liefern könnte. Auch an Beleuchtung von Schiffen mit starken Einzellichtern denkt man. Minderung von Unglücksfällen bei nebligem Wetter erhofft man hierdurch. Die Schleppdampfer würden nun ebenfalls nachts arbeiten können. Besonders phantasiereiche Plänemacher sprechen auch von einer Stadtbeleuchtung durch einige wenige turmhoch aufgestellte Riesenlichter.

Die Lampen wurden in der Firma immer weiter entwickelt. Erwähnt sei hier der sogenannte Deviator, eine zur Hauptlampe parallel geschaltete Nebenlampe einfachster Art, die, falls die Hauptlampe erlöschen sollte, den das Durchgehen der Maschine verhindernden Widerstand und zugleich ein Notlicht abgab. 1878 entstand auch die sogenannte Pendellampe, die einfacher in Konstruktion und Bedienung war wie die früheren Lampen. Aber alle diese Konstruktionen änderten nichts an der Tatsache, daß noch jede Lampe ihre eigene Maschine, ihre eigene Zuleitung brauchte. Deshalb warnte auch Werner Siemens 1877 öffentlich vor übertriebenen Erwartungen. Die elektrische Beleuchtung leide bisher noch an dem großen Fehler, daß eine Maschine mit Sicherheit nur eine Lampe betreiben könne. Zwar könne man dann mit 1, 3 oder 6 PS Lichtstärken von 1000, 8000 oder 15 000 Kerzen erzielen. Mit dieser Konzentrierung des Lichtes aber könne nicht die gleichmäßige Beleuchtung größerer Räume erreicht werden. Deshalb sei auch an eine allgemeine Anwendung des elektrischen Lichtes noch nicht zu denken. Hinzu komme auch noch, daß die elektrischen Lampen nicht zu weit von der Lichtmaschine stehen dürften, da man sonst zu dicke und daher zu kostspielige Kupferdrähte verwenden müsse.

Die große Forderung des Tages hieß deshalb damals Teilung des elektrischen Lichtes. Von der Lösung dieser Aufgabe hing es ab, ob die elektrische Beleuchtung in einen vollwertigen Wettbewerb mit der damals allein bekannten zentralen Beleuchtung, der Gasbeleuchtung, treten konnte.

Den ersten großen Erfolg in dieser Richtung erzielte Jablochkoff 1876, als er auf der Ausstellung in London zum erstenmal seine elektrischen Kerzen der großen Öffentlichkeit vorführte. Sie bestanden aus nebeneinander gestellten Kohlenstäben, die durch eine nichtleitende Schicht voneinander getrennt waren. Es bildete sich an den Enden ein Lichtbogen, das isolierende Material verdampfte dabei. Diese Kerzen, die anfangs 200 bis 220 mm lang waren, brannten $1^1/_2$ Stunde. Vielfach brachte man vier Kerzen auf einem Halter an, um mit Hilfe eines Umschalters eine nach der anderen brennen zu können. Bei Verwendung von Gleichstrom brannten die Kohlen ungleichmäßig ab, deshalb zog man Wechselstrom vor. Die Kerzen förderten deshalb den Bau von Wechselstrommaschinen, den man den Gleichstrommaschinen gegenüber zurückgestellt hatte, sehr wesentlich. Diese Kerzen konnte man nunmehr zu mehreren hintereinander schalten. Allerdings, wenn eine erlosch, so gingen alle in demselben Stromkreis eingeschalteten auch aus und mußten von neuem entzündet werden. Gegenüber dem, was man bis dahin kannte, waren diese Kerzen ein gewaltiger Fortschritt, der einen mächtigen Ansporn zu schnellerer Weiterentwicklung brachte. Im Winter 1877/78 wurden bereits in Paris vornehme Stadtteile mit diesen Kerzen beleuchtet. Hefner-Alteneck berichtet 1880 im Elektrotechnischen Verein hierüber, daß die Wirkung großartig sei. Man könne in einer solchen Beleuchtung sich wie am Tage bewegen, man erkenne die Gesichtszüge der auf dem Trottoir der entgegengesetzten Straßenseite sich bewegenden Menschen, das herrliche weiße Licht gebe alle Farben wie bei Tage wieder, und die Gasflammen der Läden und die Lämpchen der vorbei fahrenden Wagen trügen nur dazu bei, durch den grellen Abstand den neuen Emporkömmling noch glänzender erscheinen zu lassen.

Neue große, geldmächtige Gesellschaften entstanden zur Ausbeutung dieser Erfindung, und die Vertreter der Gasbeleuchtung begannen mit größter Sorge diesen gewaltsamen Einbruch in ein ihnen für alle Zeiten scheinbar gesichertes Gebiet zu fürchten. Ein „wahrhaft entsetzliches elektrisches Beleuchtungsgetümmel", wie sich Werner Siemens ausdrückte, begann damals sich überall bemerkbar zu machen. Die Fortschritte und Verbesserungen, schrieb er, seien, durch den Wettbewerb beschwingt, so rapid, daß in einer literarischen Veröffentlichung über die Fortschritte eigentlich nur das Alte, schon überwundene, zur Erscheinung komme.

Auch Werner Siemens mußte Stellung zu der Jablochkoffschen Erfindung nehmen. Zunächst nahm die Firma den Bau von Wechselstrommaschinen wieder auf, die sich weit verbreiteten. 1878/79 wurden etwa 150 dieser Wechselstrommaschinen geliefert. Werner Siemens trat nunmehr auch mit Jablochkoff und seiner Société General d'Electricité in Paris in Verbindung, die gern bereit war, der Firma Siemens & Halske die Generalvertretung für Kerzen in Deutschland zu geben. Die Verhandlungen zogen sich in die Länge und wurden erst beschleunigt, als die Gefahr drohte, daß Jablochkoff in unmittelbarer Nähe der Firma in Berlin nun selbst ein großes Restaurant mit Kerzenbeleuchtung versah. Mit den eigenen Konstruktionen in Wettbewerb mit den neuen Kerzen zu treten, schien Werner Siemens noch nicht vorteilhaft, da die Lampen noch im Entwurfsstadium waren. Werner Siemens reiste deshalb 1878 selbst nach Paris und brachte die Verhandlungen mit Jablochkoff zum Abschluß. Er verpflichtet sich, 100 Mark für jede installierte Kerze zu bezahlen. Für Kerzen, die er aus Paris bezog, hatte er 60 Pfennig zu zahlen. Man traf auch Abmachungen für die Lieferung von Wechselstrommaschinen nach Frankreich. Nunmehr ging die Firma daran, in Berlin Anlagen mit Jablochkoffkerzen auszuführen. Am 2. September 1878 wurden zum erstenmal diese Kerzen in Deutschland bei der Beleuchtung der Berliner Königsstraße der Öffentlichkeit vorgeführt. Man suchte auch, ohne allerdings Erfolg zu erzielen, die Kerze noch weiter zu verbessern. Viel Interesse brachte Werner Siemens diesen Arbeiten nicht entgegen, er hoffte, daß man bald solche Fortschritte in den Bogenlampen werde aufweisen können, daß man mit den Kerzen konkurrieren könnte. Dazu kam noch, daß die Kerzen ungemein teuer waren. Kosteten doch allein die Kerzen für acht Lampen ungefähr vier Mark die Stunde. Deshalb hatte Werner Siemens recht, wenn er die damalige elektrische Beleuchtung als ziemlich kostspielige Luxusbeleuchtung betrachtete. „Erfindung und Experimente, sowie geniale Konstruktion müssen noch längere Zeit arbeiten, um zu einem gewissen Abschluß zu kommen, der dann größere Unternehmungen erst möglich macht." Und dieser große Fortschritt wurde erreicht durch die Differenziallampe. Mit Hilfe einer Differenzialwirkung zwischen Haupt- und Nebenstrom wurde, wie schon erwähnt, in genialer Weise durch die Konstruktion Hefner-Altenecks diese Aufgabe glänzend gelöst. Hefner hatte bereits am 23. November 1878 in einem Schreiben an das Londoner Geschäft über die erfolgreichen Versuche zur Teilung des elektrischen Lichtes berichtet, und in einem in England genommenen Patent vom 4. April 1878 wurde auf das Differenzialprinzip bereits Rücksicht genommen.

„Mit Lampen machen wir jetzt rapide Fortschritte und werden die Kerzen hoffentlich bald ganz über Bord werfen können", schrieb Werner am 2. November 1878 an Wilhelm. In dem gleichen Brief berührte er auch die zweite wichtige Grundbedingung zum Erfolg der Bogenlampen, brauchbare Kohlen. Hier hatte Louis Siemens in Charlottenburg große Erfolge erzielt. Werner hatte ihn veranlaßt, sich mit dieser Aufgabe eingehend zu beschäftigen. Er empfahl ihm, Dochtkohlen herzustellen, und die Kohlen mit gut leitendem, aber schwer schmelzendem, verdampfenden Material auszufüllen, was durch eine Presse geschehen könne. Zunächst wurde ein Eisendraht eingesteckt, dann benutzte man gepulvertes Eisen mit Graphit. Louis Siemens ging dann seine eigenen Wege und hat die Aufgabe so gut gelöst, daß sich bald ein gewaltiger Unterschied zwischen dem Licht mit diesen Kohlen und dem mit natürlichen oder anderen künstlichen Kohlen ergab. „Der Fortschritt ist fast ebenso groß wie bei den Wechselstromlampen, die erst durch diese Kohlen wirklich brauchbar geworden sind. Es sind lauter Kleinigkeiten, die der Louis herausklamüsert hat, um die Kohlen gut und leicht herzustellen, sie sind aber sehr wichtig."

Nunmehr konnte man auch mit vollem Zutrauen der ersten großen öffentlichen Anwendung der neuen Lampen entgegensehen. Es geschah dies in der ungewöhnliches Aufsehen erregenden Beleuchtung der Kaisergalerie in Berlin bei Gelegenheit der Berliner Gewerbeausstellung 1879. Hier wurden zuerst auch Bogenlampen benutzt, bei denen der Reguliermechanismus nicht unter, sondern in der uns heute selbstverständlich erscheinenden Form über der Lampe angebracht war, so daß man ein „schattenloses" Licht erhielt. Man wunderte sich bei dieser Anlage, wie leicht und bequem sich die Lampe auslöschen und wieder anzünden ließ. Für Bogenlicht war hiermit die Aufgabe — Teilung des Lichtes — gelöst. Die Vereinbarung mit Jablochkoff konnte bereits am 1. Juli 1879 gelöst werden. „Konkurrenz gegen unsere Einrichtungen gibt es vorläufig nicht", schrieb Werner Siemens damals. Die Bogenlampen hatten die Kerzen verdrängt.

Kaum war dies erreicht, da kündigte sich von Amerika her ein neuer, gewaltiger Fortschritt an. Die Glühlampe wurde geschaffen und damit eine so weitgehende Teilung des elektrischen Lichtes erreicht, daß nunmehr der elektrischen Beleuchtung kein Verwendungsgebiet mehr verschlossen blieb.

Die Geschichte der Glühlampe reicht weit zurück. Schon 1838 schlug Jobard in Brüssel vor, Kohle im luftleeren Raum elektrisch zu erhitzen und damit zu beleuchten. Sieben Jahre später machte er zusammen mit de Changy Versuche, Glühlampen mit Retortenkohlen und verschiedenen Metallen herzustellen. Andere Erfinder folgten. In Amerika soll einer dieser Erfinder schon 1859 sein Haus vorübergehend mit 42 Platinglühlampen beleuchtet haben. Auch Werner Siemens hatte schon mit Kohlenstift-Glühlampen viele Versuche angestellt. Er erzählt, wie ihm dieser Gedanke, dünne Kohlenstäbe in neutralen Gasen oder in luftleerem Raum elektrisch glühend leuchten zu lassen, außerordentlich gefallen habe. Die Versuche seien aber alle gescheitert. Es sei nicht möglich gewesen, ausreichend dünne und dabei haltbare Kohlenstäbchen herzustellen, und die Kohlen wären bei der notwendig werdenden Erhitzung zerstört und hätten die Glühlampen oder Zylinder nach wenigen Stunden schon mit einer schwarzen Schicht bedeckt. Er glaubte damals, daß diese Übelstände sich nicht überwinden ließen, daß es vielmehr eine der Kohle eigentümliche Eigenschaft sei, bei hoher Hitze zu zerstäuben. Damals sah man Holzkohle auch noch für einen Isolator an.

Hier brachte nun die Lösung Thomas Alva Edison, der 1878 anfing, sich mit dem Problem der Teilung des elektrischen Lichtes weit über das Maß, wie es bei den Bogenlampen möglich war, zu beschäftigen. Die Lösung dieser Aufgabe sah Edison ausschließlich in der Glühlampe. Nach langen eingehenden Versuchen mit allen denkbaren Metallfadenlampen, mit Retortenkohle, Papierkohle und anderen, die alle nicht zum Ziel führten, kam er auch darauf, Bambusfasern zu verkohlen. Am 21. Oktober 1879 konnte Edison die Aufgabe in wesentlichen Punkten als gelöst ansehen. Im Januar 1880 wurden ihm die bedeutungsvollen Patente auf die Glühlampen erteilt, gleichzeitig führte er seine neuen Lampen in einer Festbeleuchtung von Menlo Park, wo er wohnte, vor. Zur selben Zeit plante er auch bereits die Anlage elektrischer Zentralstationen, denn er begnügte sich nicht, die Glühlampe zu verbessern, sondern sein Ziel war, eine der Gasbeleuchtung gleichwertige zentrale Beleuchtung zu schaffen. Zahllose Einzelheiten waren hierzu zu erfinden, Schaltungen, Sicherungen usw.

Die Kunde von den Bestrebungen Edisons, brauchbare Glühlampen zu schaffen, kam bald in stark reklamehafter Form nach Europa. Wir wissen von amerikanischen Biographen Edisons, daß er selbst oft seine Freude daran hatte, den allzu wissensdurstigen Reportern phantastische technische Märchen als volle Wahrheit zu erzählen. So mag er selbst zuweilen nicht ganz unschuldig an den Übertreibungen gewesen sein, die auf solchem Wege auch nach der alten Welt gelangten und hier von den Unkundigen ernsthaft aufgenommen wurden. Werner Siemens, der, wie wir sahen, aus eigenen Arbeiten die ihm damals fast unüberwindlich scheinenden Schwierigkeiten erkannt und so oft in seiner technischen Laufbahn gesehen hatte, in welchem Mißverhältnis wirkliche Erfolge zu den Hoffnungen der Erfinder stehen, lehnte diese amerikanischen Ansprüche, die Aufgabe der Teilung des Lichtes gelöst zu haben, energisch ab. Hinzu kam noch, daß die vorher mit ebenso vielen Hoffnungen aufgenommenen Edisonschen Platinglühlampen tatsächlich sich als Fehlschlag erwiesen hatten. Als dann aber die ersten wirklich brauchbaren Edisonschen Glühlampen nach Europa kamen und sich jeder von ihrer Verwendbarkeit überzeugen konnte, da hat Werner Siemens auch bereitwilligst anerkannt, daß in dieser von Edison geschaffenen ersten brauchbaren Glühlampe eine verdienstvolle Erfindung gesehen werden müsse, und, wie er später in einem Brief schreibt, unter der Herrschaft dieses Gefühls, früher Edison unrecht getan zu haben, erklärte er sich bereit, für jede von Siemens & Halske fabrizierte Edisonlampe eine Lizenz zu zahlen ohne Rücksicht darauf, ob das Edisonpatent, das damals von mehreren Seiten bekämpft wurde, anerkannt würde oder nicht.

Diese Stellungnahme Siemens gegen die ersten ihm unwahrscheinlich klingenden Berichte über Edisons Glühlampe hat natürlich nichts zu tun mit der Stellung Werner Siemens zu der Glühlampenfrage überhaupt. Er, der selbst sich so eingehend mit Glühlampen beschäftigt hatte, und der in der Teilung des Lichtes, wie sie Jablochkoff angebahnt hatte, und wie sie dann die Differenzialbogenlampen seiner Firma in schon recht vollkommener Weise ermöglichten, den großen Fortschritt sah, war sich natürlich klar darüber, was die durch die Glühlampen ermöglichte weitgehendste Teilung des elektrischen Lichtes für die Entwicklung der elektrischen Beleuchtungstechnik bedeutete. Zumal in Form der Glühlampen nun auch die für Innenbeleuchtung verwendbaren kleinen Lichtstärken, verglichen mit dem großen Zentrallicht der Bogenlampen, vorhanden waren. Auf das eifrigste beschäftigte er sich nunmehr auch selbst mit der weiteren Entwicklung der Lampen. „Wahrscheinlich werden die Glühlichter bald alle anderen totschlagen und der Anwendung der Elektrizität einen weit größeren Wirkungskreis eröffnen!" „Das Glühlicht kann mit einem Schlage das Beleuchtungswesen durch Elektrizität fast unbegrenzt ausdehnen und bewirken, daß Elektrizität das Gas wirklich verdrängt", so heißt es schon in den Briefen aus dem Jahr 1881.

Er ging jetzt daran, auch die Fabrikation in größerem Maßstabe einzurichten, denn billige und beste Fabrikation sei die Hauptsache. Schon tauchen auch Pläne auf, Großstädte mit elektrischem Licht zu beleuchten. „Mit Glühlicht ist das jetzt alles möglich.“ So hoffte er denn durch alle diese neuen Konstruktionen, daß es ihm gelingen werde, „die Spitze in elektrischen Konstruktionen einzunehmen, die wir ernstlich gewillt sind, uns zu erhalten“.

Auch Versuche, die Kohlenfäden durch Metallfäden zu ersetzen, beschäftigen ihn 1881, wenn auch zunächst noch erfolglos.

Mit den Edisonlampen traten die Konstruktionen anderer Erfinder in Wettbewerb. Vor allem kamen hier die Swanlampen in Betracht, für die man im Oktober 1881 noch 20 Schilling für das Stück bezahlen mußte, während Werner Siemens hoffte, seine Lampen für 5 Schilling verkaufen zu können. Einige Monate später war der Preis der Swanlampen auf 14 Schilling heruntergegangen. Siemens wollte seine Lampen jetzt für 10 Mark verkaufen, Edison bot seine für 7 Mark an.

Aber noch große Schwierigkeiten waren zu überwinden, denn die Glühlampen verlangten sehr gleichmäßige Spannungen; das bedeutete sehr genaue Regulierung des Ganges der Antriebsmaschine, an die man noch bei weitem nicht gewöhnt war. Da gab es manche Glühlampenanlage, die ihm, wie er sagte, großes Herzeleid verursachte, da die Lampen nur Tage oder Stunden halten wollten, weil die Maschine zu ungleichmäßig lief. Aber alle diese Schwierigkeiten wurden in eifriger Arbeit, an der sich dann vor allem sein Sohn Wilhelm maßgebend beteiligte, überwunden.

Die erste Glühlichtanlage richtete die Firma Anfang 1882 in einem Zimmer des Berliner Rathauses ein, und man plante weitere Beleuchtungen für das Kultusministerium, für das Abgeordnetenhaus, und im Mai dieses Jahres versuchte man auch zum erstenmal, eine Straße mit Glühlampen zu beleuchten. Vom 15. Mai bis 15. September 1882 wurde die Kochstraße in Berlin mit Glühlampen beleuchtet, die man absichtlich nicht stärker wie die damals gebräuchlichen Gasflammen gewählt hatte. Das hatte zur Folge, daß das Publikum diese, im Vergleich zu dem blauweiß strahlenden Licht der großen Bogenlampen unansehnlichen Glühlampen mit gelblichem

Licht gar nicht für wirkliches elektrisches Licht ansehen wollte. „Dies elektrische Licht brennt ja wie Gas", wurde konstatiert. Interessant war hier auch der Wettbewerb der Siemensschen elektrischen Beleuchtung mit der von Friedrich Siemens erfundenen Regenerativgaslampe, die einen wesentlichen Fortschritt gegenüber den Schnittbrennern darstellte. Werner Siemens freute sich humorvoll dieses Familienwettbewerbs und hoffte, daß sie gemeinsam die alte Gasbeleuchtung ins Wanken bringen würden.

Einführung der elektrischen Beleuchtung.

Werner Siemens nahm fortgesetzt tätigen Anteil an den Arbeiten seiner Firma auf dem Gebiet der elektrischen Beleuchtung, und so interessierten ihn auch nicht minder die wichtigen geschäftlichen Fragen, die mit der Einführung der elektrischen Beleuchtung verbunden waren. Ebenso wie es bei dem Telegraphen nicht nur darauf ankam, Apparate fabrikmäßig herzustellen, so mußten ja auch hier Maschinen und Lampen mit allem, was zu einer elektrischen Beleuchtungsanlage gehörte, in den praktischen Betrieb eingeführt werden. Bei diesen ersten elektrischen Beleuchtungsanlagen wurden die Erfahrungen gesammelt, die als Grundlage für die weiteren Fortschritte planmäßig benutzt werden konnten. Die erste Versuchsanlage für Bogenlicht ließ Werner Siemens im Mai 1877 bereits in der Eisengießerei von Gruson in Magdeburg einrichten. In Berlin wurde ein Jahr später die erste Bogenlichtanlage in der Maschinenfabrik Cyklop fertiggestellt.

Siemens glaubte, diese erste Entwicklung nicht überstürzen zu sollen. Er fürchtete, daß, wenn man die noch unzulänglichen Beleuchtungsanlagen im großen einführte, das Mißtrauen auf die Zuverlässigkeit der Beleuchtung der weiteren Entwicklung hinderlich sein würde. Er sah deshalb auch von jeder weiteren Reklame ab und überließ es ausschließlich den Vertretern der Firma, sich mit dem Vertrieb der Maschinen zu befassen. Die Anfänge des planmäßig ausgebauten Vertreterwesens der Firma fallen in diese Zeit, und es ist interessant, auch hier schon darauf hinzuweisen, wie Siemens den Grundsatz aufstellte und verfolgte, daß diese Vertreter der Firma in erster Linie nicht Kaufleute, sondern Techniker sein sollten, da man ohne eingehende technische Kenntnisse nicht für die richtige Anwendung der technischen Einrichtungen sorgen könne.

Neben den Fabriken wurden für die Bogenlichtbeleuchtung besonders die Bahnhöfe bedeutungsvoll. Der große neue Münchener Bahnhof sollte, wie wir aus dem Brief vom Dezember 1878 sehen, von Siemens beleuchtet werden. „Er soll in hellem Licht strahlen, wenn ein Zug kommt oder geht und in der Zwischenzeit nur schwach beleuchtet sein. Das wird billig und praktisch." Wie schon erwähnt, gewann eine besondere Bedeutung für die Einführung der neuen Differentiallampen die Beleuchtung der Kaisergalerie 1879 mit zwölf Bogenlampen. Auch Probebeleuchtungen im Reichstag, im preußischen Abgeordnetenhaus, in London in der Albert-Hall wurden ausgeführt.

Bei der Benutzung der Beleuchtung im eigenen Haus bei Gelegenheit eines großen Balles berichtete Werner Siemens, wie angenehm das Licht gegenüber dem Gaslicht sei, die Temperatur blieb den ganzen Abend durchaus erträglich, während bei Gaslicht trotz Ventilation sonst jede halbe Stunde gelüftet werden mußte. „Die Damen sahen prächtig aus in ihren Toiletten und Brillanten, und Damenaugen glänzten auch wider Erwarten im vollen Glanze!"

Der Generalpostmeister Stephan nahm sich der elektrischen Beleuchtung an. Er ließ durch die Firma die Gepäckannahme schon im November 1878 elektrisch erleuchten und ging dazu über, auch großen Postanstalten die Vorteile elektrischer Bogenlichtbeleuchtung zuzuführen. Für die Straßenbeleuchtung war der große Erfolg, den 1882 die Beleuchtung der Leipziger Straße hatte, entscheidend.

Das Glühlicht brachte dann, wie wir sahen, erst den vollen Erfolg der elektrischen Innenbeleuchtung. Hier waren die großen Theater die ersten großen Auftraggeber. Die großen Theaterbrände im Anfang der 80er Jahre beschleunigten diese Entwicklung beträchtlich. Denn gegenüber den offen brennenden Gasflammen mußten die Glühlampen als vollständig feuersicher erscheinen.

In dem Kampf, der durch die ersten elektrischen Beleuchtungsanlagen mit den Vertretern der Gasbeleuchtung zu führen war, und der zuweilen so erbitterte Formen annahm, daß er uns heute, wo wir die Vorteile des gegenseitigen Wettbewerbs genießen und wissen, daß die Entwicklung der neuen Beleuchtungsart keineswegs den Tod der anderen zu bedeuten hatte, kaum noch verständlich ist, nahm Werner Siemens einen durchaus vermittelnden Standpunkt ein. Hatte er, bevor die Teilung des elektrischen Lichtes erreicht war, den vollständigen Ersatz der Gasbeleuchtung durch elektrisches Licht mit vollem Recht als ausgeschlossen angesehen, so sah er später in dem auftretenden Wettbewerb einen heilsamen Ansporn für beide Beleuchtungsarten. Durch das elektrische Licht würde das Publikum an helles Licht gewöhnt werden und würde mehr Gas verbrennen als bisher. Freilich würde man auch besseres Gas verlangen, als es die Gasanstalten gewöhnlich lieferten. Die Gasanstalten sollten nicht dem elektrischen Licht Widerstand leisten, sondern es selbst neben dem Gas in die Hand nehmen. Würden sie diesen Anschluß versäumen, so würden sich besondere elektrische Beleuchtungsgesellschaften bilden, die ihnen dann allerdings scharfen Wettbewerb machen könnten. Auch einer der angesehensten Vertreter der Gasindustrie, von Oechelhäuser in Dessau, nahm damals diesen Standpunkt ein.

Die geschäftliche Verwertung der elektrischen Beleuchtung für seine Firma dachte sich Werner Siemens in der Weise, daß die Firma Maschinen, Lampen und Zubehör lieferte, daß aber besondere Gesellschaften den Betrieb der Beleuchtungsanlagen übernahmen. Mit dem Verkauf des elektrischen Stromes wollte er nichts zu tun haben. Auch Installationen selbst zu machen hielt er noch 1879 nur für einzelne Fälle durchführbar. „Ich befolge die Politik, allen Spezialgesellschaften für elektrische Beleuchtungssysteme möglichst behilflich zu sein, um sie zu veranlassen, unsere Maschinen zu nehmen." Mäßiger Verdienst bei großem Umsatz war sein Ziel. Ausdrücklich lehnt er es ab, Anlagen auf eigene Kosten gegen regelmäßige Zahlung für Beleuchtung zu übernehmen. „Wir sind keine Beleuchtungsunternehmer, sondern Fabrikanten." Die Übernahme von Installationen nennt er ein sehr unangenehmes Geschäft, da man zuviel mit dem Publikum zu tun habe. Auch an der Gründung neuer Beleuchtungsgesellschaften will er sich nach Möglichkeit nicht beteiligen. Man würde aber diese Gründungen nicht zu hindern suchen, sobald die betreffende Gesellschaft Siemensmaschinen verwenden wollte. Diese Stellung finden wir auch in einem Brief an den damaligen Oberbürgermeister in Frankfurt a. M., Dr. Miquel, im September 1885 festgelegt. „Wir wollen auch selbst keine Lichtlieferungsgeschäfte machen, wir wünschen nur als technisches Geschäft Beleuchtungsanlagen zu projektieren und auszuführen unter strengen von uns zu leistenden Garantien guter Leistung, sei es für die Städte selbst, für Gasgesellschaften oder Spezialgesellschaften, für Lieferung elektrischen Lichtes. Die Zeit des Abwartens ist jetzt abgelaufen, da nichts mehr unklar ist und Verbesserungen wie bei der Gasbeleuchtung nur noch Details betreffen können."

Diese Stellung nahm Werner Siemens auch ein, als der Begründer der Allgemeinen Elektrizitäts-Gesellschaft, Emil Rathenau, es Anfang der 80er Jahre übernommen hatte, die Verwertung der Edison-Glühlampen-Patente durch die Begründung einer eigenen deutschen Edisongesellschaft durchzuführen. In England und Frankreich waren bereits große Edisongesellschaften entstanden. „Die Glühlichtleute," schrieb Werner Siemens im Januar 1882 an seinen Bruder, „die von allen Seiten, gestützt auf geldmächtige Kompanien, heranrücken, machen uns das Leben jetzt recht schwer." Die früheren fast wettbewerbslosen Zeiten waren endgültig vorbei, ein scharfer Wettbewerb bahnte sich an. Es hieß Stellung dazu nehmen. Werner Siemens glaubte damals an die schon kurz gekennzeichnete Arbeitsteilung. Rathenau und die von ihm begründete Allgemeine Elektrizitäts-Gesellschaft würden elektrische Beleuchtungsanlagen ins Leben rufen und die Fabrikation Siemens überlassen. Nur die Fabrikation der Edison-Glühlampen sollte von beiden Firmen durchgeführt werden. So kamen die bald für die Entwicklung beider Unternehmungen drückend empfundenen umfangreichen Verträge zustande, die es den außerhalb dieser beiden Firmen stehenden Firmen — vor allem Schuckert — möglich machten, ungehindert durch irgendwelche Abmachungen in großem Umfang elektrische Zentralen ins Leben zu rufen. Hat doch eine Zeitlang Schuckert mehr elektrische Beleuchtungsanlagen errichtet als Siemens & Halske und die Allgemeine Elektrizitäts-Gesellschaft zusammen. Wir wissen, wie die wirklichen Verhältnisse zur Lockerung, und später nach dem Tode Werner Siemens zur vollständigen Lösung dieser Bindung geführt haben. Rathenau, der Schöpfer der Allgemeinen Elektrizitäts-Gesellschaft, war selbst viel zu sehr Ingenieur, als daß er dauernd auf das konstruktive und fabrikatorische Mitarbeiten an den gewaltigen Aufgaben, die seit Mitte der 80er Jahre an die Elektrotechnik gestellt wurden, verzichten konnte. Der Wettbewerb, den Werner Siemens durch diese Verträge zunächst ausschalten oder auf ein geringes Maß beschränken wollte, machte sich bald in vollem Umfange geltend, nicht zum Schaden der Entwicklung beider Firmen.

Elektrische Kraftübertragung.

Oft überraschend ist seine klare Voraussicht zukünftiger Entwicklungen in seiner Stellung zur Frage der elektrischen Kraftübertragung. Hierin sah er das neuartige und wichtigste Arbeitsgebiet des elektrischen Stromes. In seiner Anwendung auf die denkbar verschiedensten technisch industriellen Gebiete in den Fabriken, zum Antrieb der Arbeitsmaschinen, als Kraftquelle für die verschiedensten Transportmittel würde der elektrische Strom von Grund aus umgestaltend wirken. „Es ist richtig," schreibt er am 7. Dezember 1880 an Wilhelm, „daß ich augenblicklich größeres Gewicht auf Kraftübertragung lege als auf Licht. Ich glaube in der Tat, daß meine Ansicht sich bald als richtig erweisen wird."

Werner Siemens hatte bereits bei der Erfindung der Dynamomaschine an die Kraftübertragung als eines der wichtigsten Anwendungsgebiete des elektrischen Stromes gedacht. Er sah gar keinen Grund, wie er im Mai 1867 an seinen Bruder Wilhelm schrieb, daß eine elektromagnetische Maschine dieser Art nicht beinahe dieselbe Kraft geben sollte, die eine dynamoelektrische ganz gleiche zur Drehung gebraucht. „Bestätigt sich das, so wäre das Grundprinzip der Kraftübertragung glücklich damit gelöst." Zu einer Durchführung dieser Gedanken aber kam es noch nicht. Man mußte zufrieden sein, zunächst auch nur einigermaßen praktisch verwendbare Stromerzeuger herzustellen. Auch als es dann in den 70er Jahren gelang, durch die Dynamomaschine mit Trommelanker sehr wesentliche Fortschritte in der Stromerzeugung zu machen, blieb die Anwendung des Stromes zu Kraftübertragungszwecken noch ungemein beschränkt. Erst im Zeitalter der elektrischen Zentralstationen konnte die elektrische Kraftübertragung sich weiter verbreiten. Solange man erst Stromerzeuger aufstellen mußte, um einen Elektromotor zu betreiben, waren die Kosten, die aufgewendet werden mußten, zu hoch. Mit Rücksicht aber auf die spätere große Bedeutung ist es auch hier interessant, die bescheidenen Anfänge kennenzulernen.

Am 14. Juni 1877 besuchten die Herren des Bergministeriums, wie damals Werner an Karl schrieb, die Fabrik. Man hatte gerade am Tage vorher zur eigenen Überraschung gefunden, wie gut die Dynamomaschine unmittelbar für die Kraftübertragung verwendbar sei. Man ließ nunmehr von der ortsfesten Dynamomaschine eine auf der Lokomobile aufgestellte Dynamomaschine als Motor treiben. Die Dampfmaschine arbeitete hierbei als Kompressor. Der Elektromotor leistete 1,82 PS. Werner Siemens glaubte damals schon sagen zu können, „daß man bei richtiger Einrichtung nicht viel über 10% Kraftverlust haben werde. Damit ist ein neues weites Feld für unsere Tätigkeit eröffnet!" Einige Wochen später empfiehlt Werner seinem Bruder Karl, diese wichtige Sache der elektrischen Kraftübertragung doch auch stärker ins Auge zu fassen. In der Berliner Fabrik denke man schon daran, auch den Nachbarn elektrische Energie zum Antrieb von Maschinen kontraktmäßig abzugeben. Jede vorhandene Lichtmaschine könne man dazu benutzen. „Wir nehmen nicht Anstand, Kraftübertragung auf beliebige Höhe — 6 PS und mehr — zu übernehmen."

Werner Siemens glaubte, daß vor allem für schnellaufende Maschinen wie Ventilatoren, Zentrifugen usw. der elektrische Antrieb sich bald einführen werde. Ende 1877 konnte auch bereits in der Pulverfabrik in Spandau eine kleine elektrische Kraftübertragung in Betrieb gesetzt werden. Diese ersten Versuche aber zeigten, welch große technische Schwierigkeiten hier noch zu überwinden waren.

Es läßt sich deshalb verstehen, daß Werner Siemens auch in den folgenden Jahren den Wünschen auf elektrische Kraftübertragung gegenüber etwas „Zögerungspolitik" empfiehlt. Die Kraftübertragung lasse noch viel zu wünschen übrig, schreibt er Anfang 1880, viel größere Maschinen müßten erst gebaut werden, deshalb solle man Kraftübertragungen nur immer etwas hinaushalten. Am Ende desselben Jahres aber schreibt er bereits hoffnungsvoller, ein wesentlicher Fortschritt sei in der Kraftübertragung gemacht. „Kraftübertragung wird bald viel wichtiger werden als Licht."

1879 ließ sich Werner Siemens die Konstruktion eines elektrischen Hammers schützen. Mit Hilfe des elektrischen Stromes wurde hier eine hin und her gehende Bewegung erzeugt, die man zu den verschiedenartigsten Arbeitsleistungen benutzen sollte. In erster Linie denkt er an Schmiedehämmer und Gesteinsbohrmaschinen. Aber erst 1890 schreibt er an Karl, daß jetzt die elektrische Steinbohrmaschine ernsthaft in Angriff genommen werde. Die Preßluftmaschine sei zu teuer und zu kompliziert. Auf der Berliner Gewerbeausstellung 1879 war als Beispiel der elektrischen Kraftübertragung auch ein elektrisch angetriebener Webstuhl von Siemens ausgestellt.

Frühzeitig hat Werner Siemens auch versucht, elektrische Energie in landwirtschaftlichen Betrieben zu verwenden. Ein elektrischer Pflug wurde 1880 zwar bereits patentiert, ein Jahr später schreibt Werner Siemens, daß das Pflügen mit Elektrizität seiner Meinung nach künftig von Bedeutung werden könne. Dereinst werde gewiß die Elektrizität der Landwirtschaft große Dienste leisten. Bei dem gegenwärtigen Stand der Elektrotechnik aber seien die Schwierigkeiten noch ungemein groß. Deshalb könne er sich auch zur Zeit noch keinen Nutzen davon versprechen, die technische Grundlage fehle noch zu sehr.

1880 wurde auch zum erstenmal ein Aufzug elektrisch betrieben, der dazu diente, die Besucher der Mannheimer Ausstellung auf einen 20 m hohen Aussichtsturm zu befördern. In wenigen Wochen benutzten 8000 Personen diesen ersten elektrischen Fahrstuhl ohne Störung, der heute seinen Platz im Deutschen Museum in München gefunden hat.

Auch der Gedanke, elektrische Kaft auf große Entfernungen zu übertragen, trat frühzeitig an die Firma heran. Aber hierfür lagen noch keinerlei Erfahrungen vor. Werner Siemens machte 1883 darauf aufmerksam, daß man sehr hohe Spannungen anwenden müßte, um nicht zu starke Leitungen zu erhalten, daß diese aber die Maschine und Leitungen beschädigten, zudem seien sie auch lebensgefährlich bei unvorsichtiger Behandlung. Das werde gewiß alles mit der Zeit überwunden werden, „einstweilen ist es aber vernünftiger, an kleinen Aufgaben Erfahrungen zu sammeln und dann allmählich weiterzugehen." Von der damals gewünschten Übertragung von 4000 PS auf 20 km müsse man deshalb absehen.

Mit der Möglichkeit der elektrischen Kraftübertragung mußte auch die Wertschätzung der großen Wasserkräfte ungemein steigen. Schon 1877 schrieb Werner Siemens nach Innsbruck, es sei unzweifelhaft, daß sich die Wasserkräfte der Stadt Innsbruck für Licht- und Kraftbetrieb gut eignen würden. Da aber mit der Entfernung die Stärke der Leitungsdrähte sehr zunehme, so müsse man sich überlegen, ob die Anlage nicht viel zu teuer würde.

In einem Brief vom 11. November 1881, nach Schaffhausen gerichtet, geht Werner Siemens auf die zweifellos große Bedeutung der Wasserkraft für die verschiedensten industriellen Verwendungszwecke näher ein. Das sei aber doch noch Zukunftsmusik, die einen immerhin veranlassen könne, sich billige Naturkräfte zu sichern, da zweifellos in nicht zu ferner Zeit neue Fabrikationsmethoden auf Grundlage der Verwendung stärkerer elektrischer Kräfte sich herausbilden würden. Der sich bald bemerkbar machenden ungemeinen Überschätzung der Wasserkräfte tritt er aber, wie auch ein Schreiben aus seinen letzten Lebensjahren zeigt, entgegen. Er wolle natürlich nicht der großen Wichtigkeit der Kraftübertragung zur Ausnutzung von vorhandenen Wasserkräften entgegentreten. Es sei — das hatte er als Ehrenmitglied der Elektrotechnischen Frankfurter Ausstellung im Jahre vorher bei der Durchführung der ersten großen Kraftübertragung von Lauffen nach Frankfurt ja selbst erleben können — durchaus möglich, unter Benutzung hoher Spannung große Kräfte auf große Entfernungen ohne beträchtliche Verluste zu übertragen. Je kleiner aber die Kraft sei, die übertragen werden solle, um so mehr spielten die Kosten für Wasserkraftanlagen und die elektrische Übertragung eine Rolle. Man solle sich bei der Nutzbarmachung der Wasserkräfte nicht zu großen Illusionen hingeben, da diese immer zu Mißerfolgen führten und dadurch den wirklichen Fortschritt hemmten.

Werner Siemens glaubt, daß durch die Kraftübertragung sich auch wichtige soziale Aufgaben in der Zukunft würden erfüllen lassen. Mit Hilfe des elektrischen Stromes sei eine weitgehende Verteilung der Kraft erst möglich geworden, und damit wären wieder die kleinen Werkstätten der in ihren eigenen Wohnungen arbeitenden Handwerker in die Lage gesetzt, mit Fabriken in Wettbewerb zu treten. Er hofft auf einen vollständigen Umschwung der Arbeitsverhältnisse zugunsten der Kleinindustrie. Ferner weist er darauf hin, welch große Bedeutung auch für die Wirtschaftlichkeit der Zentralen die Einführung der Kraftübertragung haben müsse, die dann nicht mehr bloß für wenige Abendstunden voll ausgenützt werden würde.

Aus dieser hohen Einschätzung der Kraftübertragung heraus stellte er sich in dem damals so leidenschaftlich geführten Kampf zwischen Wechselstrom und Gleichstrom oft entschieden auf die Gleichstromseite, die ihm damals für die Anwendung des elektrischen Stromes für motorische Zwecke, vor allem auch für die Benutzung im Verkehrswesen die sicherste Gewähr zu bieten schien. Allerdings erkannte er, wie wir aus seinem Brief vom Jahre 1892 ersehen, klar die Bedeutung hochgespannter Wechselströme für Kraftübertragungen auf größere Entfernungen, seitdem der Drehstrom, mit dessen Entwicklung man sich in Charlottenburg schon in den 80er Jahren eingehend beschäftigte, auch für Kraftübertragungen vorteilhaft verwendet werden konnte.

Elektrische Bahnen.

Als das vornehmste Beispiel elektrischer Kraftübertragung hat von jeher Werner Siemens die elektrischen Bahnen angesehen. Kaum hatte er in seiner Dynamomaschine das Werkzeug geschaffen, elektrischen Strom von beliebiger Stärke zu erzeugen, da eilte auch seine geniale technische Phantasie bereits der Entwicklung weit voraus, und mit zukunftssicherem Blick schaute er damals bereits die große Entwicklung der Anwendungsmöglichkeit des elektrischen Stromes auf dem Gebiet des Verkehrswesens,

Wir wissen aus einem Briefe Reuleaux aus dem Jahre 1881, wie Werner Siemens schon auf der Pariser Ausstellung 1867 seinen dortigen Freunden gegenüber davon sprach, wie nunmehr Eisenbahnen in den Großstädten elektrisch betrieben werden könnten, wie man gewaltige elektrische Ströme aus einem acht bis neun Meilen von Berlin entfernten Braunkohlengebiet mit Hilfe der neuen Dynamomaschinen in die Städte leiten und hier in verschiedenster Weise „entweder dynamisch oder chemoelektrisch" werde benutzen können. Diese Umsetzungen von Kraft in Strom und von Strom in Kraft würden allerdings Verluste bedeuten, die aber zusammen nicht mehr wie 50% erreichen würden. Den Eisenbahnbetrieb, an den er von Anfang an geglaubt hat, schildert er bereits in Einzelheiten. Aber noch zwölf Jahre mußten vergehen, bis diese kühnen Gedanken in einer bescheidenen, kleinen Ausstellungsbahn zum erstenmal anfingen, verwirklicht zu werden.

Wir sahen bereits, wie die Dynamomaschine mit der Veröffentlichung des dynamoelektrischen Prinzips noch keineswegs fertig war, wie man vielmehr auch hier, wie bei jeder großen technischen Tat, in unablässiger Arbeit Schritt für Schritt vorwärts kam. Immer klarer wurde die theoretische Vorstellung von den inneren Vorgängen in der Maschine, immer praktisch verwendbarer wurden die Konstruktionsformen, immer genauer lernte man die Betriebsverhältnisse beherrschen.

Die ersten Dynamomaschinen mit ihrem stark schwankenden, pulsierenden Strom, die so heiß liefen, daß man sie nur mit Wasserkühlung in Betrieb halten konnte, die noch so empfindlich waren, daß sie nur bei sorgfältigster Wartung Arbeit leisteten und auch dann noch oft aus unerklärlich erscheinenden Gründen ihre Arbeit einstellten, waren für die schweren Anforderungen, die der Verkehr an Kraftmaschinen stellte, noch nicht zu verwenden. Aber der Gedanke, daß der elektrische Strom berufen wäre, riesige Aufgaben zu erfüllen, brach sich immer weiter Bahn.

Wilhelm Siemens hatte, als er zum erstenmal in Amerika die ungeheuren im Niagarafall verkörperten Kräfte sah, an die Zeiten gedacht, in der mit Hilfe der von seinem Bruder erfundenen Dynamomaschine es möglich sein würde, diese Kräfte, die er auf 16,8 Millionen PS schätzte, den verschiedensten menschlichen Zwecken auch in weiter Entfernung von dem Ort der Wasserkräfte dienstbar zu machen. Er hatte diese Gedanken, die damals auch den kühnsten Ingenieuren wie ein phantastisches Märchen klangen, öffentlich in einem Vortrag in England dargelegt, der sensationelles Aufsehen machte. Überall entstanden Pläne für elektrische Kraftübertragung. Eine der Anfragen, die deshalb an Werner Siemens gelangten, veranlaßte ihn, dem Gedanken einer elektrisch betriebenen Grubenbahn näherzutreten.

So entstand die erste elektrische Lokomotive der Welt, und die damals in Ausführung begriffene Große Berliner Gewerbeausstellung 1879 sollte die Gelegenheit abgeben, dies neue zukunftsreiche Verkehrsmittel der großen Öffentlichkeit vorzuführen. Auf einer in sich geschlossenen 300 m langen Schmalspurbahn fuhr dort die kleine elektrische Grubenlokomotive mit etwa 7 km stündlicher Geschwindigkeit und zog drei kleine Personenwagen, auf denen je sechs Personen Platz finden konnten, hinter sich her. Die Spurweite betrug nur 49 cm. Der dreipferdige Motor lief mit 600 bis 700 Umdrehungen in der Minute, die Bahn wurde mit Gleichstrom von 150 Volt betrieben. Zur Rückleitung des Stromes wurden die Schienen benutzt. Zur Stromzuführung diente eine von den Schienen sorgfältig isolierte Mittelschiene. Die Übersetzung geschah durch Zahnräder, ein Wendegetriebe diente zur Steuerung. Diese erste elektrische Lokomotive hat ihrer großen geschichtlichen Bedeutung entsprechend einen Ehrenplatz in dem Museum der Meisterwerke der Naturwissenschaft und Technik in München gefunden.

Welches Meisterwerk diese Lokomotive darstellte, können wir nur ermessen, wenn wir uns vergegenwärtigen, daß hier wieder Pionierarbeit zu leisten war, für die irgendwelche Vorgänger nicht vorhanden waren. Eine Theorie der Dynamomaschinen und Motoren gab es noch nicht. Man war auf das Versuchen angewiesen. Über die Wirkungsweise des elektrischen Motors war man sich noch nicht klar. Die Praxis war der Theorie wieder einmal weit vorausgeeilt, und die Männer des tätigen Lebens mußten mitten in der Arbeitslast des Tages die Forschertätigkeit des Gelehrten übernehmen und sich nach und nach die theoretischen Unterlagen schaffen, die es ihnen ermöglichten, die immer kühner werdenden Pläne mit steigender Sicherheit durchzuführen.

Diese kleine Bahn erregte naturgemäß sehr großes Aufsehen. Auch die kronprinzlichen Kinder, erzählte Werner Siemens, fuhren damit und wurden fast bange. Mehr als 86 000 Personen wurden innerhalb fünf Monaten mit dieser Ausstellungsbahn befördert. Das Organ für Fortschritte des Eisenbahnwesens berichtete, wie die liebe Jugend, aber auch Damen und ältere Herren mit ergrautem Haar sich zu diesen Fahrten gedrängt hätten, und wie die Gäste den elektrischen Zug stets mit einem Hurra begrüßten, wenn er zwischen den Tischen einer größeren Restauration hindurchsauste. Viele sahen damals in der „Siemensschen Karussellbahn" vielleicht nur ein neuartiges Vergnügungsmittel. Die Anfragen von denen, die „den elektrischen Eisenbahnapparat" kaufen oder pachten wollten, mehrten sich. Für alle möglichen Ausstellungen, Volksfeste, Vogelschießen wollte man die neue Erfindung nutzbar machen, weil man in der Möglichkeit, elektrisch fahren zu können, ein besonders starkes Reizmittel zum Besuch dieser Unternehmungen sah. Auf den Ausstellungen der nächsten Jahre durfte die elektrische Ausstellungsbahn nicht fehlen.

Aus den Briefen erfahren wir von der Bahn bereits Näheres im Dezember 1878. „Wir haben hier schon seit längerer Zeit eine elektrische Eisenbahn in Arbeit, die aus horizontalem Bergwerkstunnel die Kohlenwagen befördern soll." Auch für oberirdische Straßenbahnen wäre sie geeignet. Im Februar 1879 schreibt Werner Siemens, daß die Eisenbahn mit elektrischer Lokomotive großes Aufsehen machen werde. „Bewährt sich die Sache, woran ich nicht zweifle, so wird das Ding auch viele Nachfolger finden." Einige Monate später kann er berichten, „unsere elektrische Eisenbahn macht jetzt hier viel Spektakel. Sie geht in der Tat über Erwarten gut. Es läßt sich darauf in der Tat jetzt was bauen." Für Eisenbahntechniker sei besonders interessant das schnelle und kräftige Anfahren des Zuges. Das sei ein großer Vorteil der elektrischen Maschinen vor der Dampfmaschine. Werner Siemens hat auch in Vorträgen noch im gleichen Jahr über diese erste elektrische Eisenbahn eingehend berichtet. Jetzt hielt er auch die Zeit für gekommen, um seine Gedanken über elektrische Schnellbahnen in Großstädten in die Praxis überzuführen.

Wie hatte sich doch seit der Zeit, als er zum erstenmal nach Berlin kam, der Verkehr auf den Straßen der jetzigen Reichshauptstadt entwickelt. Wie sollte das in Zukunft noch werden? Schon jetzt sei der Verkehr an manchen Stellen kaum noch durch die Straßenflächen zu bewältigen, in 10 oder 20 Jahren würde die Straßenbreite zur Aufnahme des Verkehrs bei weitem nicht mehr ausreichen. Hier könnten nur besondere Einrichtungen abhelfen. Man müsse den Schnellverkehr gleichsam eine Treppe höher legen. Nur Hochbahnen könnten in Frage kommen. Als er, schon in den 60er Jahren, zuerst von diesen Plänen sprach, hielten erfahrene Eisenbahntechniker die Ausführung für ganz undenkbar. Inzwischen hatten die Amerikaner angefangen, die Straßen ihrer Riesenstädte zu überbrücken, und große schwere Dampfeisenbahnen fuhren in Newyork hoch über der Straße. Diese amerikanischen Hochbahnen bewiesen die Ausführbarkeit der Siemensschen Gedanken. Was hier mit schweren Lokomotiven möglich war, mußte mit den sauberen leichten kleinen elektrischen Wagen auf einer durch Säulen getragenen schmalen elektrischen Hochbahn viel besser sich durchführen lassen.

So entstanden die von Werner Siemens mit Feuereifer verfolgten ersten elektrischen Hochbahnpläne Berlins, für die er auch in mehreren öffentlichen Vorträgen mit großer Wärme eintrat. Deutschland und die Stadt Berlin sollten als Geburtsstätte der Dynamomaschine sich die Priorität auf eine der wichtigsten ersten Anwendungen nicht entgehen lassen. Schmiedeeiserne 4,5 m hohe Säulen, in 10 m Entfernung an Stelle der Straßenlaternen auf den Bortsteinen des Bürgersteigs errichtet, sollten die Bahn mit 1 m Spurweite tragen. Es sollte nur immer ein Wagen fahren, der 15 Personen faßte, der Elektromotor von 5 PS sollte eine Geschwindigkeit von 30 bis 40 km in der Stunde erreichen. Genaue Zeichnungen und Modelle wurden angefertigt und immer wieder darauf hingewiesen, wie wenig durch eine Säulenhochbahn das Straßenbild in Wirklichkeit geschädigt würde. Kostenberechnungen wurden aufgestellt. Anfangs wurde davon gesprochen, daß man 1 km Hochbahn für 50 000 Mark herstellen könne, bald aber werden aus den Mark Taler, und man rechnet dann mit 150 bis 200 000 Mark für 1 km.

Man wolle die Erlaubnis haben, die elektrische Säulenbahn vom Weddingplatz durch die Friedrichstraße bis zum Halleschen Tor mit Anschluß an die Stadtbahn am Bahnhof Friedrichstraße durchzuführen. „Es wird ein harter Kampf werden, doch ich hoffe, siegreich zu bleiben", schreibt Werner Siemens an Karl im Februar 1880. Aber die Hausbesitzer wollten nichts davon wissen. Sie fürchteten, daß ihre Wohnungen durch diese Hochbahn, bei der man in die Fenster des ersten Stockwerks sehen könne, im Preise sinken würden. Werner Siemens dachte daran, diesen Widerstand dadurch zu überwinden, daß er auch eine elektrische Beleuchtung für die Straße gleichsam zugab. Er machte ihnen klar, daß sie die Bahn benutzen könnten, um Leitungen daran zu befestigen, die auch zur Lichtzuführung zu den Läden dienen könnten. Selbst Telephonleitungen ließen sich daran befestigen. „Jedenfalls ist es gut, daß der Kampf mal prinzipiell durchgekämpft wird."

Die Entscheidung fiel gegen die Pläne von Siemens, denn der Kaiser hatte sich auch auf die Seite der Hausbesitzer gestellt. Auch er wollte nichts von dieser Hochbahn innerhalb Berlins wissen und gestattete auch nicht den Übergang über die Linden.

Bei diesem tatkräftigen Eintreten für die Hochbahn war Werner Siemens von der Überzeugung geleitet, daß man auf den mit Fußgängern, Wagen, Pferdebahnen und Omnibussen schon gefüllten Straßen mit elektrischen Bahnen nicht schnell vorankommen könnte. Dieser Gedanke, daß der vorhandene starke Verkehr eine weitere Vermehrung nicht zulasse, hat ihn immer wieder sich mit den Hochbahn- oder mit den Untergrundplänen beschäftigen lassen.

Damals war die Stadtbahn in Berlin im Entstehen begriffen, und in packender Form hat Werner Siemens entwickelt, wie diese Bahn, die nur in einer Richtung Berlin durchschneide, ihre volle Wirkung erst entfalten könne, wenn Hochbahnen von allen Seiten der sich immer mehr ausdehnenden Stadt als Zubringerbahnen dem Verkehr der Stadtbahn dienten. Untergrundbahnen hielt Werner Siemens mit Rücksicht auf den hohen Grundwasserstand

Berlins für kaum durchführbar. Die Kosten würden viel zu hoch werden, und einwandfreie technische Herstellung sei fast unmöglich. Als er sich dann Anfang der 80er Jahre mit der Gefriermethode beim Schachtabteufen auf seinem Braunkohlenwerk bei Berlin beschäftigte, kam ihm der Gedanke, mit Hilfe dieses Verfahrens Berlin mit Untergrundbahnen zu versehen.

Er schreibt an Schwieger im Oktober 1884, daß sich die Gefriermethode nach seiner Ansicht außerordentlich vereinfachen lasse, so daß es ihm nicht mehr schwierig erscheine, einen Graben, den man im Grundwasser anlegen will, andauernd gefrieren zu lassen. Eingehend beschreibt er den Arbeitsvorgang, wie er ihn sich denkt. „Je mehr ich mir die Sache überlege, desto aussichtsvoller erscheint sie mir." Er denkt an eine Unterpflasterbahn vom Alexanderplatz durch die Kaiser-Wilhelmstraße, die Friedrichstadt, Potsdamer Straße nach dem Zoologischen Garten und durch den Kurfürstendamm nach dem Grunewald ohne zu viele Zwischenstationen. „Auf dem Kurfürstendamm könnte man vielleicht die erste Probestrecke machen!"

Die Meinung, daß es mit der Pferdebahn nicht lange mehr fortgehe, bricht sich immer mehr Bahn, und die Möglichkeit der Fortentwicklung Berlins als Großstadt hängt von der Durchführbarkeit eines unterirdischen Straßenbahnnetzes ab, und das geht „nur mit Frost und Elektrizität"!

Neben der Hochbahn für Personenbeförderung hat damals Werner Siemens auch eine „elektrische Post" geplant. Angeregt durch die mit Luftdruck betriebene Rohrpostanlage, die Stephan 1879 auch nach Charlottenburg weiterführen wollte, dachte Werner Siemens daran kleine elektrische Wagen für die Briefbeförderung auf einer kleinen Hochbahn mit großer Geschwindigkeit zu betreiben. Diese elektrische Post sollte vor allem die von den Haupteisenbahnlinien entfernt liegenden Ortschaften in schnellen Briefverkehr mit den Hauptplätzen bringen. Den Gedanken der „Rohrpost" in Form einer kleinen elektrischen Schnellbahn auf das ganze Land zu übertragen, finden wir hier verkörpert. Aber Stephan hatte damals andere Pläne, und die elektrische Post, von der sich Werner Siemens vorübergehend auch eine große geschäftliche Entwicklung versprochen hatte, blieb unausgeführt.

Währenddessen ging es mit den elektrischen Straßenbahnen weiter vorwärts. Auf den Fabrikhöfen wurden alle möglichen Konstruktionen von Leitungen, Stromzuführung, Maschinen versucht, wobei man planmäßig, vom einfachsten anfangend, zu verwickelteren und teuren Einrichtungen übergehen wollte. Aber die Fabrikhöfe langten nicht für die Versuche, und auch der Platz hinter dem Villengrundstück in Charlottenburg reichte für eine Versuchsbahn, mit der im wirklichen Betriebe sich verwertbare Versuche erzielen ließen, nicht aus.

Werner Siemens ergriff deshalb gern die Gelegenheit, eine Versuchsbahn vom Anhalter Bahnhof in Berlin nach dem Kadettenhaus in Lichterfelde zu erbauen. Wenn er damals auch die Ansicht vertrat: „Wir befassen uns nicht mit der Begründung von elektrischen Bahnen", so mußte er doch hier den Anfang damit machen, wenn anders er die notwendigen Erfahrungen zur Entwicklung seiner Pläne sich erwerben wollte. In dem Konzessionsgesuch, das die Firma einreichte, wurde ausgeführt, daß diese Bahn allerdings als eine Versuchsbahn betrachtet werde, auf der man Erfahrungen für ähnliche größere Unternehmungen sammeln wolle. Es sei jedoch, schon mit Rücksicht auf das aufzuwendende Kapital und auf das Interesse der Anwohner, die Absicht der Firma, daß die Bahn auch dem Personenverkehr gegen einen angemessenen Preis diene. Man wies ferner darauf hin, daß die erste, in kleinstem Maßstabe ausgeführte elektrische Bahn, und die weiter eingereichten großen Pläne für Berlin in der ganzen Welt Aufsehen erregt hätten, und daß man fürchten müsse, die führende Stellung zu verlieren, wenn man nicht ungesäumt elektrische Bahnen ausführe. Die Verhältnisse waren insofern günstig, als der Bahnkörper einer früheren Transportbahn zur Verfügung stand. Mit den einfachsten Mitteln arbeitete man hier. Die Schienen dienten als Hin- und Rückleitung. Die Spannung, mit der die Bahn betrieben wurde, betrug 180 Volt, die Spurweite 1 m, der kleine Personenwagen faßte 20 Personen und wurde bei einer Leistung des elektrischen Stromes von 5 PS mit 15 km stündlicher Geschwindigkeit betrieben. Die Umsteuerung geschah schon hier durch Umschalten des Motors. Zur Steuerung wurde, wie heute noch üblich, die Schaltwalze benutzt. Nur 65 000 Mark Anlagekapital hatte diese Bahn erfordert.

Mancherlei Übelstände aber stellten sich bald heraus. Die Pferde, die mit ihren Hufeisen gleichzeitig beide Schienen betraten, erhielten so starke Schläge, daß sie oft wie vom Blitz getroffen zu Boden fielen. Daran hatte man nicht gedacht. Man mußte diese Gefahr dadurch beseitigen, daß man bei den Wegübergängen die Schienen von der Stromführung ausschaltete. Der Wagen lief über die Wegübergänge ohne Strom durch seine lebendige Kraft. Zuweilen wurde auch durch Kurzschluß die Bahn außer Betrieb gesetzt. Wissensdurstige Jungen pflegten Metalldrähte zwischen die Schienen zu legen und sich dann an dem entstehenden Lichtbogen zu freuen. Auch diese Schwierigkeiten wurden bald überwunden. In der fünften Betriebswoche kamen schon keinerlei Störungen mehr vor, der Betrieb erhielt das Prädikat „ausgezeichnet".

Aus den Briefen erhalten wir ein deutliches Bild von der geschichtlich so bedeutungsvollen ersten elektrischen Verkehrsbahn, mit der die große Entwicklungsgeschichte der elektrischen Bahnen, in der wir noch stehen, beginnt. Am 1. Mai 1881 fuhr zum erstenmal „der elektrische Omnibus auf der Lichterfelder Bahn. Auf ebener Strecke lief der Wagen zu schnell. Dagegen bei Steigungen noch zu langsam. Das wird abgeändert. Sonst war die Sache imponierend und wird gewaltiges Aufsehen machen." Am 13. Mai 1881 schreibt Werner Siemens über die Eröffnung der Bahn an Wilhelm: „Gestern ist unsere elektrische Bahn in Lichterfelde mit großem Glanz eröffnet." Der Eisenbahnminister Maybach mit seinen Räten, ebenso der Reichspostminister Stephan waren zugegen. Alle waren überrascht und erstaunt, einen gewöhnlichen Eisenbahnwagen und nicht die von der Ausstellung her bekannten kleinen Wagen mit einer kleinen Lokomotive zu sehen. Der Eisenbahnminister erklärte unter dem Eindruck dessen, was er hier in Lichterfelde zu sehen bekam, daß er jetzt an den Ernst und die große Zukunft der elektrischen Lokomotive glaube!" Auch 60 bis 70 andere hervorragende Vertreter der verschiedensten Berufe kamen hinaus, um die Bahn kennen zu lernen. Auch sie versprachen dieser technischen Tat Werner Siemens eine große Zukunft. Jetzt ist es deshalb auch Zeit, die Sache „ernsthaft geschäftlich in die Hand zu nehmen".

Man will jetzt auch mit Oberleitung eine Bahn zwischen Charlottenburg und dem Spandauer Bock bauen. In zwei Monaten soll die Strecke schon in Betrieb sein. Bei dieser Strecke ist auch eine Steigung von 1 : 28 zu überwinden. „Geht das, wie ich sicher erwarte, gut, so steht ganz unmittelbar eine große Anwendung bevor, da allen Pferdebahnen ihre Pferde sehr zur Last sind."

Auch die weiteren Berichte in den Briefen über die Lichterfelder Bahn lauten günstig. Wir hören, daß man selbst bei schlechtem Wetter anstandslos mit ihr fahren könne, und daß auch der Winter ihr nicht schade. Aber die endgültige Lösung der Schnellbahnfrage sieht Werner Siemens nicht in dieser Straßenbahn. „Wenn wir nur erst wirkliche Hochbahnen hätten"! schließt ein Brief vom Jahre 1882 an Karl, in dem er noch über Lichterfelde Günstiges berichtet.

An der schon erwähnten Linie von Charlottenburg nach Westen wurden die ersten Erfahrungen mit Straßenbahnen mit Oberleitung gemacht. Zuerst wurde eine uns heute ungemein schwerfällig anmutende Lösung versucht. In unten geschlitzten Rohren von 25 mm Durchmesser wurden kleine vierteilige Kontaktschiffchen von dem Leitungskabel des Wagens entlang gezogen. Auch diese Schwierigkeiten wurden nach und nach in immer vollkommenerer Weise überwunden. Zu den ersten Ausführungen gesellten sich bald andere, die Erfahrungen mehrten sich. Immer umfangreicher wurde das technische Können, auf dem fußend auch die Pläne immer größeren Umfang annehmen konnten.

Sehr eingehend hat sich Werner Siemens um die Einführung elektrischer Bahnen in Wien gekümmert. Hier schien ihm ebenso wie in Berlin eine elektrische Hochbahn die beste Lösung für den Schnellverkehr der Großstadt zu sein. Auf einer Versuchsbahn im Prater wurden die Wiener monatelang mit den Vorzügen des elektrischen Betriebes bekanntgemacht. Zur Einführung des von Schwieger ausgearbeiteten elektrischen Hochbahnprojekts in Wien aber sollte es noch nicht kommen.

Daneben liefen andere große Projekte. Hamburg sollte elektrische Bahnen bekommen, in Cöln dachte man auch daran. 1880 plante man bereits, mit elektrischen Lokomotiven, die ihren Strom von den Wasserkräften erhalten sollten, den Verkehr im Gotthardtunnel zu bewältigen. Für den Drachenfels wollte man eine elektrische Bergbahn bauen. Zahlreiche Anfragen aus Amerika zeigten das große Interesse, das man den Siemensschen Bahnen dort entgegenbrachte. Auch in England fing man an, sich für elektrische Bahnen zu interessieren. 1887 wurde ein elektrisches Projekt für eine Hochbahn, die die Städte Elberfeld und Barmen verbinden sollte, ausgearbeitet.

Auch die Frage der sehr schwierigen unterirdischen Stromzuführung wurde bereits in den 80er Jahren aufgegriffen. Schwieger interessierte sich lebhaft dafür und wollte sie bei der elektrischen Straßenbahn in Budapest durchführen. Siemens fand es etwas waghalsig, mit der allerschwierigsten, noch unerprobten unterirdischen Stromzuführung jetzt schon beginnen zu wollen. Aber Schwieger löste die Aufgabe, und Siemens freut sich, im Dezember 1887 an seinen Bruder Karl berichten zu können, daß in Budapest die Straßenbahn mit unterirdischer Leitung mit großem Erfolg in Tätigkeit gesetzt worden sei. Die große Ringbahn werde nun folgen. „Die Ungarn sind ganz rabiat! Ich denke, Wien und Elberfeld-Barmen werden bald folgen!"

Inzwischen ist man in Amerika mit ungemeiner Kühnheit in der Entwicklung der elektrischen Bahnen vorangegangen. „Sie sehen, daß das Fortschrittsrad über uns fortgeht," schreibt Siemens an Schwieger in Wien im März 1889, „wenn wir hier nichts tun." Er wünscht, daß Schwieger möglichst bald nach Berlin übersiedle. Er soll die elektrische Bahnabteilung übernehmen, denn „die Entwicklung der elektrischen Bahn wird auch in Europa bald das amerikanische Tempo annehmen, und wir können dann unmöglich zurückbleiben".

Wir sehen, mit wie scharfem Blick für die Zukunftsmöglichkeiten Werner Siemens auch diese große, gewaltige Aufgabe anpackt, und wie erfolgreich er persönlich noch an der ersten Verwirklichung seiner umfangreichen Pläne hat arbeiten können.

Elektrochemie.

Das dritte Gebiet, das sich der elektrische Strom schon früh eroberte, war die Elektrochemie. Seitdem es mit den Dynamomaschinen gelungen war, starke elektrische Ströme zu erzeugen, entstand die Elektrochemie. Werner Siemens hatte sich diesem Gebiet, das ihm schon seit seinen ersten galvanischen Versuchen, die er als junger Artillerieoffizier angestellt hatte, besonders nahelag, mit großer Hingabe gewidmet. Aber auch hier waren ungewöhnliche Schwierigkeiten zu überwinden, die die Anwendung im großen noch viele Jahre hinausschoben. In dem Vortrag, den er 1879 auf der Naturforscherversammlung in Baden über die Elektrizität im Dienste des Lebens hielt, stellte er die Tatsache fest, daß die Anwendung starker elektrischer Ströme zu technischen und metallurgischen Zwecken noch weit weniger entwickelt sei als die Benutzung zur Kraftübertragung. Im wesentlichen war man über die galvanische Reinigung des Kupfers und seine Scheidungen von Gold und Silber nicht hinausgekommen. Schon vier Jahre vorher hatte er in einem Brief an den Chemiker Scheder in Freiberg in Sachsen seine Ansicht dahin ausgedrückt, daß die Elektrizität in der Metallurgie eine große Rolle zu spielen berufen sei; das sei auch der Hauptgrund, warum er die magnetelektrische Maschine und später die dynamoelektrische besonders kultiviert habe. Seitdem handle es sich nur um geeignete praktische Methoden, um unbegrenzt starke Ströme chemischen Zwecken dienstbar zu machen, und in einem Brief an seinen Schwager Himly vom 4. April 1876 schreibt er, daß die Herstellung von Kalium, Magnesium usw. auf elektrolytischem Wege früher nur gescheitert sei an der Kostspieligkeit des elektrischen Stromes. „Darin", fährt er fort, „haben wir nun kolossale Fortschritte gemacht. Wir können ohne Anstand Maschinen machen, welche die Metalle zentnerweise ausscheiden, und haben alle Einrichtungen, um in mäßigem Umfange sogleich mit der Sache vorzugehen." Aber erst am 9. August 1878 konnte Werner Siemens an Karl freudig berichten: „Die erste große dynamoelektrische Maschine für Kupferzersetzung ist gestern mit bestem Erfolg in Gang gekommen!"

Eingehendste Versuche, auf den verschiedensten Wegen zu einem brauchbaren Ziel zu kommen, waren dieser Maschine vorangegangen, zu der die unmittelbare Veranlassung der Direktor Bräuning vom Königlichen und Herzoglichen Kommunionhüttenamt zu Oker im Harz gegeben hatte, als er der Firma im Oktober 1877 mitteilte, daß man die Absicht habe, mit den 60 PS, die man etwa an Wasserkraft zur Verfügung habe, eine elektrolytische Scheideanstalt zu betreiben. Man habe zunächst Grammemaschinen in Aussicht genommen und bäte um Angaben, ob von Siemens & Halske Maschinen geliefert werden könnten. Werner Siemens nahm sich der Sache persönlich an und erklärte sich von vornherein bereit, „mit größtem Vergnügen und ohne Rücksicht auf möglichen Gewinn aus der Sache," die angeregte Einrichtung herzustellen. War doch hier die erste Gelegenheit gegeben, um Erfahrungen im großen auf diesem wichtigen Gebiet zu erwerben.

Bei der Konstruktion dieser ersten großen Maschine waren sehr erhebliche Schwierigkeiten zu überwinden, zumal die damals allein gebrauchten Hauptstrommaschinen für diese elektrolytischen Zwecke weniger gut verwendbar waren. Schließlich aber bewährte sich diese Anlage auch in der harten Probezeit, die sie im Hüttenamt durchzumachen hatte, und weitere Maschinen der gleichen Bauart wurden in Auftrag gegeben und ausgeführt. Damit hatte der elektrische Starkstrom sich ein neues zukunftsreiches Anwendungsgebiet erworben.

Sogar die wunderbaren Errungenschaften neuester Zeit greifen in ihren Anfängen bis in jene Zeit zurück; schreibt doch Werner Siemens am 25. September 1875 an seinen Bruder Karl, „daß der Teufelskerl de Grousillier eine lächerlich einfache und geniale Idee habe, Ammoniak aus dem Stickstoff der Luft, Kohle und Wasser zu machen, die, wenn sie einschlage, wirklich welterschütternd wirken könne". Dann wären Stickstoffverbindungen, dieses Universalernährungs- und Düngemittel, spottbillig herzustellen, und der Produktionswert des Bodens würde enorm zu steigern sein. Weit in die Zukunft schauend, hat Werner Siemens am Schluß des schon erwähnten Vortrages über die Elektrizität im Dienste des Lebens darauf hingewiesen, wie der elektrische Strom auf diesen Gebieten voraussichtlich künftig die größten Erfolge aufzuweisen haben werde. Hier werde er der Menschheit die größten Dienste leisten, denn noch sei das vielversprechende Gebiet der Elektrolyse feuerflüssiger Leiter unbebaut, und weder die wissenschaftliche noch die technische Chemie habe die analytische und synthetische Kraft des Stromes bisher gebührend gewürdigt. Es sei durchaus wahrscheinlich, daß die Wissenschaft der Zukunft lehren könne, auch bequem zu handhabende Brennstoffe, wie den Wasserstoff, durch Arbeitsaufwand mit Hilfe des elektrischen Stromes herzustellen. Selbst der weitere Schritt von der Herstellung von Brennstoffen zu Nährstoffen sei durchaus nicht undenkbar.

Diesen Vortrag ergänzend, schrieb Werner Siemens am 15. September 1883 an einen oberschlesischen Rittergutsbesitzer, daß theoretisch die Frage der Oxydation des Stickstoffes durch seinen alten Ozonapparat gelöst sei, und daß sich auch schon viele Gesellschaften — bisher freilich erfolglos — gebildet hätten, um die Sache im großen durchzuführen. „Alle Fortschritte", fährt er fort, „gehen langsam, Schritt vor Schritt, wenn sie solide sein sollen. Die Aufgaben liegen vor Augen, aber die Ausführung hat immer ihre großen Haken! Gelöst wird die Aufgabe, den eigentlichen Reichtum der Welt — die Stickstoffverbindungen — künstlich darzustellen, einmal werden — das Wann und Wie liegt aber noch im Schoße der Zukunft verborgen!"

Auch mit einer Goldgewinnungsmethode hat sich Werner Siemens am Ende der 80er Jahre, wie wir aus den Briefen ersehen, eingehend beschäftigt. Große Entwicklungsmöglichkeiten sah er hier voraus. Er empfahl seinem Bruder Karl, sich um die sibirischen Golderze eingehend zu kümmern; Siebenbürgen und Italien wolle er bearbeiten, auch mit Spanien trat er in Verbindung, wollte sich aber an der Goldgewinnung nicht selbst beteiligen, sondern nur Lizenzen auf sein Verfahren geben, da er sich nicht mehr jung genug für solche Unternehmungen fühle und nicht mehr Zeit und Geld dafür übrig habe. Es sei Zeit für ihn, abzuladen und sich zur Ruhe zu setzen, und im August 1888 erfahren wir bereits, daß es mit der Goldsache schlecht gegangen sei, da bereits ähnliche englische und amerikanische Patente vorhanden gewesen seien. Ein Jahr später schreibt er, daß er von der Goldgewinnungssache sich endgültig zurückziehen wolle. Er werde seine Unkosten in den Rauchfang schreiben und die Goldbude zuschließen. Nur in der Hand eines tüchtigen metallurgischen Fachmannes könne die Sache zur allgemeinen technischen Brauchbarkeit entwickelt werden.

Nehmen wir hinzu, daß Werner Siemens in den 70er Jahren sich auch sehr eingehend um die Soda- und Pottaschefabrikation gekümmert und auch anderen chemischen Aufgaben weitgehendes Interesse entgegengebracht hat, so sehen wir, in wie hervorragendem Maße er bis zuletzt sich auf diesem großen technisch-wissenschaftlichen Gebiete, das er stets für besonders zukunftsreich gehalten hat, betätigen konnten.

Starkstromleitungen.

Die durch die Dynamomaschinen möglich gewordenen ersten elektrischen Zentralen bedingten auch die Herstellung von ganzen Leitungsnetzen. Alle Grundlagen, die wir heute für eine Berechnung der Kabel als unentbehrlich ansehen, fehlten damals noch. Die Berechnung stellte die damaligen Elektrotechniker vor eine ganz neue Aufgabe. Auf Grund von Schätzungen, für die man noch keinerlei sichere Unterlagen hatte, mußten diese ersten Leitungsnetze hergestellt werden. Der Entwurf der ersten Netze für die Berliner Elektrizitätswerke wurde der Firma Siemens & Halske übertragen. Bei den Berechnungen der ersten Leitungsnetze in Amerika hatte man sich Nachbildungen in kleinem Maßstab hergestellt, Drahtspulen mit entsprechendem Widerstand verkörperten hier die Leitungen und die Lampen. Bevor man an die Ausführung im großen ging, versuchte man die vertragsmäßig übernommenen Verpflichtungen an einem solchen Kabelnetzmodell notdürftig nachzuweisen.

Von besonderer Bedeutung waren die Leitungen selbst. In Amerika hatte man es den Gesellschaften überlassen, ein Gewirr von oberirdischen Starkstromleitungen über Straßen und Plätze zu spannen. In Deutschland hat man von Anbeginn an in Großstädten die oberirdische Verlegung der Leitungen ausgeschlossen.

Entscheidend war die Wahl des Leitungssystems für Berlin. Für die deutsche Edisongesellschaft hätte es nahegelegen, sich die Anlagen Edisons zum Muster zu nehmen, der Kupferstäbe, die in Eisenrohre eingezogen waren, benutzte. Diese gegen äußere Verletzungen sehr gesicherte Konstruktion war in der Ausführung sehr umständlich, die Verbindungen mit den Verteilungskästen ließen sich nur schwer dichten. Man hat dann wiederholt versucht, blanke

Leitungen in Kanälen zu verlegen. Die Kanäle aber ließen sich nur schwer dauernd gegen Wasser und Gas gut abdichten.

Es war deshalb ein bahnbrechender Fortschritt, als Werner Siemens, wohl in der Erinnerung an die von ihm für Telegraphenleitungen schon sehr früh benutzten, mit Blei umhüllten Guttaperchaleitungen, daranging, Bleikabel für Starkstromleitungen zu verwenden. Guttapercha ließ sich hierbei nicht benutzen, da sie bei auftretender Erwärmung weich wurde, was zur Berührung des Kupferdrahtes mit dem Bleimantel führen konnte. Man verwendete deshalb bei den Starkstromkabeln eine mit wachs- oder harzartigem Stoff durchtränkte Juteumspinnung und umpreßte diese Kabel mit Blei. Dies geschah zuerst in der Form, daß man ein Bleirohr um die Kabel legte und dieses durch ein Zieheisen oder ein Walzenpaar anpreßte. Werner Siemens veranlaßte 1879 bereits, das gleiche Verfahren, wie er es bei der nahtlosen Umpressung mit Guttapercha angewendet hatte, auf die Herstellung von Bleikabeln zu übertragen. Eine Kabelpresse wurde von ihm entworfen und von Hoppe in Berlin konstruktiv durchgearbeitet und ausgeführt. Schon 1881 konnte sie in Betrieb genommen werden. Auf diese Weise wurden fehlerfreie, ausgezeichnete Bleikabel hergestellt, die man zum weiteren Schutz gegen mechanische und chemische Verletzungen mit asphaltierter Jute und umwickelten Eisenbändern schützte.

Schon 1881 hatte Werner Siemens bei der Lichterfelder Bahn Bleikabel zum Verbinden der Schienen bei den Wegübergängen benutzt, sie auch 1882 bei der Bogenlichtanlage der Leipziger Straße angewendet und in München 1884 die elektrische Maschinenanlage mit dem Residenztheater und dem königlichen Opernhaus durch Bleikabel verbunden. Aber trotzdem verhielt man sich in weiten Kreisen noch sehr mißtrauisch gegen die Bleikabel. Es war deshalb besonders bedeutsam, daß sich 1885 der damalige Direktor Ludwig der Berliner Elektrizitätswerke entschloß, für das Leitungsnetz dieser ersten deutschen elektrischen Zentrale Siemenssche Bleikabel zu benutzen. Fast 52 km Straßenleitungen wurden bereits 1885 gelegt. 1887/88 kamen weitere 86 km hinzu.

Ein englischer Elektrotechniker, Professor Forbes, hatte sich in der englischen Elektrotechnischen Gesellschaft 1889 auf Grund seines Besuchs in Berlin ungünstig über die bisherigen Erfahrungen mit den Bleikabeln ausgesprochen, was Werner Siemens zu einer persönlichen scharfen Entgegnung im Elektrotechnischen Verein in Berlin im März 1889 Veranlassung gab. Die Zeiten seien vorüber, wo die überlegene englische Technik allein die Welt beherrsche. Auch jenseits des England umgürtenden und schützenden Meeres gebe es tüchtige technische Leistungen. Von einem Mißerfolg der eisenarmierten Bleikabel könne keine Rede sein. Die Ergebnisse dieser Kabel, die in den Zentralstationen einer großen Anzahl Städte bereits Verwendung gefunden hätten, ließen deutlich erkennen, daß diese Kabel das beste, sicherste und dauerhafteste aller bisher angewandten Systeme unterirdischer Leitungen sei. Wenn man in England oder Amerika brauchbare Bleikabel noch nicht herstellen könne, so folge daraus nur, daß man die richtigen Grundsätze für die Konstruktion, Fabrikation und Legung noch nicht erkannt und befolgt habe. Auf seine Veranlassung sei infolge dieser englischen Angriffe das Berliner Leitungsnetz an 40 Stellen untersucht worden. Überall habe man das Kabel in vollständiger Ordnung gefunden. Die Konstruktion wäre ausgezeichnet. Wir sollten es von den Engländern lernen, unsere Rechte scharf zu verteidigen, namentlich gegen solche rücksichtslosen und aller Begründung entbehrenden Angriffe. Er weist darauf hin, wie er seit einem Menschenalter ausgedehnte Versuche mit Bleikabeln schon hinter sich habe. Mit dieser temperamentvollen Verteidigung der Bleikabel hat Werner Siemens in vollem Umfange recht behalten. Noch heute sind damals verlegte Bleikabel in dem Leitungsnetz der Elektrizitätswerke in Gebrauch. Die Bleikabel haben sich die Welt erobert und werden heute ausschließlich angewendet. Werner Siemens hat sie auch in Amerika im großen eingeführt, und schließlich fanden sie auch in England Eingang.

Kraftmaschinen.

Das Dynamomaschinen-Zeitalter brachte Werner Siemens auch den Aufgaben des Maschinenbaues, mit dem er sich auf Veranlassung seines Bruders Wilhelm vielfach beschäftigt hatte, wieder näher. Das Bedürfnis nach schnellaufenden Dampfmaschinen mit gleichmäßigem Gang drängte, durch die Dynamomaschine hervorgerufen, nach Befriedigung. Überall entstanden schnellaufende Wärmekraftmaschinen. Die amerikanischen Schnelläufer schienen zum Antrieb der schnellaufenden elektrischen Maschinen wie geschaffen. Es ist bemerkenswert zu sehen, wie auch Werner Siemens sich eingehend mit dieser Kraftmaschinenfrage beschäftigt hat.

Wie die meisten seiner Zeitgenossen glaubte er, daß im ersten Entwicklungsabschnitt jedenfalls die mit der kleinen schnellaufenden Kraftmaschine möglichst unmittelbar verbundene Dynamomaschine die beste Lösung bilden würde. Mit großem Interesse verfolgte er deshalb auch die Erzeugnisse der Deutzer Gasmotorenfabrik und suchte, ebenso wie seine Brüder Wilhelm und Friedrich, nach eigenen Lösungen.

Was die Dampfmaschine anbelangt, so glaubte er in der von dem Fürsten Dolgorucki erfundenen rotierenden Dampfmaschine eine für seine Zwecke besonders brauchbare Form der Dampfmaschine gefunden zu haben. Die hohe Umlaufszahl, der geringe Raumbedarf schienen diese Maschine hierfür geeignet zu machen. Da Werner Siemens mit der Arbeit der damaligen Maschinenfabriken nicht zufrieden war, auch für seine größeren Werkzeugmaschinen neue Arbeit haben wollte, nahm er den Bau dieser rotierenden Dampfmaschine auf. Seine Firma konnte nunmehr betriebsfertige Beleuchtungseinrichtungen liefern. Mit großem Glanz, berichtete er am 2. April 1880 an Wilhelm, sei gestern die Dolgoruckimaschine in Gang gesetzt worden. „Das Ding arbeitet wunderbar schön und exakt, ich glaube, die Maschine hat eine große Zukunft." Er selbst beschäftigte sich nun auch damit, einen gefahrlosen kleinen Dampfkessel zu liefern, den man in Wohnungen aufstellen könne.

Lebhaft interessiert ihn die Verbrennungskraftmaschine. Schon Anfang der 70er Jahre hatte sein Bruder Friedrich kleine Dampfmaschinchen, die sich, wie Werner Siemens meint, in Nähmaschinenfabriken würden herstellen lassen, gebaut, die sich durch eine kleine Gasflamme betreiben ließen und nur wenige Taler kosten sollten. Für Ventilation von Zimmern und Häusern glaubte er ihnen damals eine Zukunft vorhersagen zu können. Zum Antrieb von Dynamomaschinen aber handelte es sich doch um ernstere Leistungen des Maschinenbaues. Werner Siemens wollte eine neue Gasmaschine konstruieren und einführen. Alle Welt verbessere jetzt die Gasmaschinen, die aber nur dann große Bedeutung erlangen könnten, wenn es möglich würde, mit einfachen, betriebssicheren Generatoren Brenngas billig zu erzeugen. Diese Aufgabe — „eine Sache von größter Tragweite" — sollte sein Bruder Friedrich lösen. Neben den Gasmaschinen beschäftigte ihn die Petroleummaschine. Hier trat er mit Dr. Söhnlein in Verbindung, der ihm 1885 eine fertig abgeschlossene Konstruktion anbot. Um dies zu glauben, müsse man aber, schrieb Werner Siemens, erst eine fertige Maschine praktisch geprüft haben. Aber alle diese kleinen Kraftmaschinen mit ihren Leistungen von wenigen Pferdestärken verloren ihre Bedeutung, als es gelang, langsam laufende Dynamomaschinen durch unmittelbaren Antrieb großer Kraftmaschinen zu bauen. Die von Hefner-Alteneck konstruierte große erste Innenpolmaschine ließ sich mit langsam laufenden Dampfmaschinen von damals ungewöhnlich hoch erscheinenden Leistungen von Hunderten von Pferdekräften unmittelbar antreiben. Die Dampfturbinen, von denen Werner Siemens im März 1889 seinem Bruder Karl schrieb, daß man von ihnen keine gute Meinung habe, weil sie gewaltige Dampffresser sein sollen, haben sich dann zu bewundernswerten Meisterwerken des neuzeitlichen Maschinenbaues entwickelt und zum Antrieb der Dynamomaschine die größte Bedeutung erlangt.

Waren die Arbeiten Werner Siemens auf dem Gebiet der Kraftmaschine auch nebensächlicher Art, verglichen mit seinen großen Leistungen auf anderen Gebieten, so zeigen sie doch, in wie universeller Weise er sich mit den denkbar verschiedensten Aufgaben befaßt hat, wie jede Arbeit ihn zu neuen Anregungen führte.

Fernmeldetechnik. Leitungsbau.

Gegenüber dieser weit in die Zukunft reichenden Entwicklung der Starkstromtechnik, die hier kurz beschrieben wurde, traten andere hervorragende Leistungen auf dem bisher ausschließlich bearbeiteten Gebiet der Fernmeldetechnik, wenigstens im Interesse der großen Öffentlichkeit, zurück. Das Neue übte auch hier seinen großen Zauber gegenüber dem Althergebrachten, von dem man zwar weitere Verbesserungen, aber kaum neue Sensationen mehr erwartete.

Diese nicht berechtigte Auffassung hat zeitweise auch hemmend auf die Entwicklung dieser Abteilungen eingewirkt. Als in der Mitte der 90er Jahre der letzte der alten leitenden Beamten der Telegraphenabteilung seinen Abschied nahm, äußerte er, daß es sich kaum noch lohnen dürfte, für seinen Nachfolger zu sorgen, da die Entwicklung abgeschlossen und Neues kaum noch zu schaffen sei. Von heute auf jene Zeit zurückblickend wissen wir, daß gerade unter der Leitung und weitgehenden technischen Mitarbeit Wilhelm v. Siemens diese Abteilung sich ungeahnt machtvoll entwickelt hat. Arbeiten doch heute im Wernerwerk, dem Heim der gesamten Fernmeldetechnik, nicht weniger als 12 000 Menschen, gegenüber 700 vor drei Jahrzehnten, als man das Ende der Entwicklung bereits erreicht zu haben glaubte.

Werner Siemens selbst erkannte klar, daß hier noch große Entwicklungsmöglichkeiten vorlagen. Er fand Zeit, organisatorisch und technisch auf diesem seinem ersten Arbeitsfeld weiterzuarbeiten, allerdings in steigendem Maße unterstützt durch wertvolle Mitarbeiter.

Von den vielen großen Arbeiten, die Werner Siemens hier noch zu leisten vermochte, sei nur auf die Begründung der indo-europäischen Linie und der mit ihr unmittelbar zusammenhängenden Verbesserung der technischen Einrichtungen des Telegraphenwesens hingewiesen. Mit Recht kann man diese großartige Leistung als die Krönung seiner Lebensarbeit auf dem ersten Hauptgebiet seiner Tätigkeit ansehen.

Für England mußte jede Verbesserung des Verkehrs mit Indien von größter Bedeutung werden. Es lag deshalb auch nahe, den Telegraphen so schnell als möglich in den Dienst der englischen Herrschaft über Indien zu stellen. Schon 1862 hatte die englische Regierung Indien durch ein Kabel mit Persien verbunden. Engländer waren es auch, die daran anschließend eine Überlandlinie durch Kleinasien, mit Unterstützung der persischen und türkischen Regierung, bauten. Aber die Aufgabe war damit keineswegs gelöst. Meistens war die Linie unterbrochen. Auch wenn sie arbeitete, dauerte es oft Wochen, bis eine Depesche von England nach Indien kam, und dann konnte man meist mit ihr nichts anfangen, weil der Text vollständig verstümmelt war. Das wiederholte Umtelegraphieren von nicht sprachkundigen Telegraphisten brachte immer neue Fehler in die Depesche.

Auch die preußischen und russischen Regierungslinien vermochten Telegramme in englischer Sprache fast ebenso schlecht zu befördern wie die türkische Spezziallinie. Je mehr sich der Verkehr zwischen England und Indien entwickelte, um so dringender wurde auch das Bedürfnis nach sicherer telegraphischer Verbindung. So faßte denn Werner Siemens den kühnen Gedanken, mit Hilfe seiner Brüder die indo-europäische Linie zu schaffen. Die Firmen in Berlin, London und Petersburg beteiligten sich in der Weise an dem Unternehmen, daß Berlin mit Petersburg den Bau der Landlinie übernahm, Berlin die nötigen Telegraphenapparate zu entwerfen und zu bauen, und London im Schwarzen Meer das Kabel zu legen und die Baustoffe zum Linienbau anzuliefern hatte.

Umfangreiche, überaus schwierige Verhandlungen mit den Regierungen der in Frage kommenden Staaten, große organisatorische Tätigkeit, die notwendig war, um die Gesellschaft ins Leben zu rufen, war jetzt die Aufgabe Werners. Am schwierigsten waren zunächst die Verhandlungen mit Rußland, da Rußland nur schwer sich dazu entschließen konnte, einer fremden Gesellschaft Bau und Betrieb einer eigenen Linie durch das ganze Reich zu gestatten. Ohne des großen Ansehens, dessen Werner und Karl sich in Rußland sowohl als Ingenieure wie als große, zuverlässige Unternehmer erfreuten, wäre dies kaum zu erzielen gewesen. Die russische Regierung gestattete schließlich, eine Doppelleitung von der preußischen Grenze über Kiew, Odessa und Tiflis bis zur persischen Grenze zu legen. Preußen übernahm es selbst, die Doppelleitung von der russischen Grenze über Berlin nach Emden zu erbauen, und diese von der Gesellschaft betreiben zu lassen. In Paris waren die wichtigen Verhandlungen durch Walter Siemens und durch einen Anverwandten, den damaligen Assessor Georg Siemens, dem späteren Leiter der Deutschen Bank in Berlin, zu führen. Mit großem Geschick gelang es, die Erlaubnis zum Bau einer Doppellinie von der russischen Grenze bis Teheran zu erhalten. Von Teheran bis Indien übernahm es die englische Regierung, die Leitungen, soweit sie nicht schon bestanden, herzustellen.

Die in Frage kommenden Regierungen erklärten sich auch damit einverstanden, daß die auf 25 Jahre erteilte Konzession einer zu gründenden Gesellschaft, die ihren Sitz in London haben sollte, übertragen würde, unter der Voraussetzung, daß die Siemensfirmen die Linie bauten und unerhielten und sich verpflichteten, stets mit einem Fünftel des Anlagekapitals an der Gesellschaft sich zu beteiligen. Werner Siemens hob bei der Darstellung dieser Verhältnisse in seinen Lebenserinnerungen mit Recht hervor, daß es ein ehrendes Zeichen des Ansehens, das sich der Name Siemens erworben hatte, sei, daß das erforderliche Kapital von etwa 8 Millionen Mark sogleich zur Verfügung gestellt worden sei. Sofort nach Begründung der Gesellschaft wurde den Brüdern Siemens der Bau für 400 000 £ St. übertragen. Für die Instandhaltung wurden jährlich 34 000 £ St. ausgesetzt. Bis 1869 sollte die Linie in Betrieb sein. Das wurde erreicht, dann aber hat ein Erdbeben das Kabel längs der kaukasischen Küste zerstört; dieser Leitungsteil mußte durch eine Landleitung ersetzt werden, so daß der regelrechte Betrieb erst 1870 aufgenommen werden konnte.

Werner Siemens hatte sich das Ziel gesetzt, von London bis Kalkutta ohne irgendwelche Handarbeit auf den Zwischenstationen, also auf rein mechanischem Wege, zu telegraphieren. Jede Gefahr der Verstümmelung war dadurch vermieden und viel Zeit wurde gewonnen. Der technische Erfolg war außerordentlich. Indien und England waren auf die Zeitentfernung von einer Minute einander nähergerückt. Ein Siebentel des Erdumfangs konnte jede Nachricht in einer einzigen Minute durcheilen. Es war der größte Erfolg des Telegraphen, den man bis dahin erzielt hatte. Großes Aufsehen machte es in England, als London und Kalkutta durch eine Linie von über 10 000 km Länge so schnell und sicher miteinander sprachen, wie zwei benachbarte englische Telegraphenstationen. Schwere Kämpfe aber standen noch bevor, ehe der wirtschaftliche Erfolg dem technischen gleichwertig wurde.

Die Betriebseinnahmen stiegen von 49 000 £ St. im Jahre 1871 auf fast 152 000 £ St. im Jahre 1900. Die indo-europäische Linie erfüllte die großen Hoffnungen, die Werner Siemens auf sie gesetzt hatte. Sie gehörte zu den später auch wirtschaftlich die besten Ergebnisse erzielenden internationalen Telegraphenlinien.

Möglich wurde der große technische Erfolg nur durch die hervorragenden Verbesserungen der automatischen Telegraphie. Über die Arbeiten auf diesem Gebiet berichtete Werner Siemens 1867 in der Zeitschrift des Deutsch-Österreichischen Telegraphen-Vereins unter dem Titel „Das für die indo-europäische Linie bestimmte automatische Telegraphensystem". Ein Jahr später ließ er an der gleichen Stelle die Beschreibung des Wechselstromschlüssels und die Darstellung des Morseschreibers für Wechselstrom mit Selbstauslösung und Übertragungsvorrichtung, beide auch bestimmt für die indo-europäische Telegraphenlinie, folgen. So hatte dieses große Unternehmen weitgehende Anregungen auch zur Verbesserung der Telegraphenapparate gebracht, die, gemeinsam mit den großen Erfahrungen im Bau und Betrieb langer Telegraphenlinien, zu dem vollen Erfolg dieses Unternehmens beigetragen haben. Die Leistungen, die hier erreicht wurden, würde man, schreibt Werner Siemens 1870 an Karl, zunächst nur „schwer überrenommieren können". „Bewirke," fährt er dann fort, „jetzt Einführung unseres Apparatesystems Teheran-Kalkutta und nach den übrigen Hauptorten. Dann werden alle Depeschen nur Minuten dauern!"

Kabel.

Neben den riesigen, ohne Rücksicht auf staatliche Grenzen durchgeführten Überlandlinien entwickelte sich in den 70er Jahren, auf den wissenschaftlichen Grundlagen und praktischen Erfahrungen, die Werner Siemens, wie wir bereits gesehen haben, hatte mitschaffen können, in vorher ungeahnter Weise die den Boden der Weltmeere durchziehenden Kabellinien. Das meerumgürtete England mit seiner damals noch unbestrittenen Weltherrschaftsstellung wurde naturgemäß der Mittelpunkt dieser Bestrebungen. 1869 war Karl Siemens von Rußland nach England übergesiedelt, und seiner starken geschäftlichen Energie, sowie dem großen technischen Können und geschäftlichem Wagemut seines Bruders Wilhelm gelang es, das Londoner Geschäft durch die Übernahme und glückliche Durchführung großer Kabellinien zu ungeahnter Blüte zu bringen.

Wilhelm Siemens hatte den ersten großen Spezialdampfer für Kabellegung, den er „Faraday" getauft hatte, gebaut. Karl Siemens übernahm das Kommando bei der ersten Kabellegung, und Werner Siemens begleitete den Kabeldampfer bis an den Ausgangspunkt des Kabels an der Westküste Irlands und leitete während der Legung die Operationen der Landstation. Welch große Schwierigkeiten hier zu überwinden waren, welche Stufenleiter von schweren Sorgen bis zu großen Hoffnungen auf die Nerven der daran Beteiligten wirkten, hat uns Werner Siemens in seinen Lebenserinnerungen anschaulich geschildert. Auch die Briefe legen Zeugnis davon ab. Der schwerste Schlag war, als in größter Meerestiefe das Kabel gebrochen war. So unglaublich es zuerst auch schien, es gelang Karl Siemens, aus einer Tiefe gleich der Höhe des Montblanc in einer einzigen Operation das Kabel zu finden und ohne weiteren Schaden zutage zu fördern. Schließlich wurden alle Schwierigkeiten überwunden, und die Prüfung der elektrischen Eigenschaften des Kabels bewies, daß es fehlerfrei war und hohe Sprechfähigkeit hatte. Werner Siemens hat darauf gewiesen, wie gerade diese erste Kabellegung der Firma zur vollen Klärung und Beherrschung der Kabellegung im tiefen Wasser hingeführt habe. Noch fünf weitere große transatlantische Kabel konnten mit Hilfe des ausgezeichnet sich bewährenden Dampfers „Faraday" von der Firma gelegt werden.

Werner Siemens verbesserte auch die Methoden des Kabelsprechens, wodurch die Geschwindigkeit der Zeichengebung wesentlich vergrößert, und das Kabel auch besser erhalten wurde. Hierbei wurden die Empfangsapparate in stromlose Verzweigungen eingeschaltet, die durch passende Anordnung von Widerständen gebildet wurden.

Die Arbeiten mit den großen Kabellinien veranlaßten ihn, die hier gefundenen Ergebnisse unter dem Titel „Beiträge zur Theorie der Legung und Untersuchung submariner Telegraphenleitungen" am 17. Dezember 1874 der Berliner Akademie der Wissenschaften vorzulegen. Nach einem kurzen geschichtlichen Überblick über seine früheren Arbeiten gibt die umfangreiche Arbeit eine ausführliche mathematische Unterlage für die Kabeltheorie.

Werner Siemens fragt bei seinem Bruder Wilhelm an, ob es sich nicht empfehlen würde, diese theoretischen Darlegungen auch in England zur Kenntnis zu bringen, da es nicht schaden würde, „wenn wir auch theoretisch mal wieder Stellung zur Kabelfrage nähmen." Einige Wochen später schreibt er in demselben Sinne an Karl und weist darauf hin, daß es notwendig sei, im Kabellegungsfache sich auch wissenschaftlich ebenso wie praktisch etwas als Meister zu zeigen.

Diese Kabelunternehmungen brachten Werner Siemens auch in enge Fühlung mit den damals entstandenen riesigen Monopolgesellschaften. Unter dem Namen Globe hatte sich ein Kabelring gebildet, der alle die großen Kapitalmächte umfaßte. Es war ein Zeichen für die Stärke der Siemensfirmen, daß sie es damals wagen durften, diesen Kabelring offen zu bekämpfen. Interessant ist auch die persönliche Stellung Werner Siemens zu diesen Monopolbestrebungen. „Ich muß gestehen," schreibt er am 28. April 1873, „daß ich diese Monsterinteressenvereinigungen hasse, da der Fortschritt durch sie leidet, und das Publikum erst recht." Dabei verschließt er sich nicht gegen die Vorteile solcher Unternehmungen. Verwaltung und systematische Durchführung des Liniensystems würden besser werden. „Dagegen", meint er in einem anderen Brief, „wird künftig auch nur England die telegraphische Weltherrschaft erhalten, und ich fürchte, die Welttelegraphie wird dem Fortschritt ziemlich verschlossen sein, schon weil nur die Globebeamten Erfahrungen sammeln können und sie sekretieren". Die folgenden Jahre brachten neue große glücklich verlaufene Kabelunternehmungen. Für das Vertrauen, das man den Siemensfirmen entgegenbrachte, zeugte die sehr hohe Anzahlung des amerikanischen Eisenbahnkönigs Gould, sogar bevor der Kontrakt für ein von ihm bestelltes Doppelkabel nach Amerika abgeschlossen war.

1876 dachte bereits Stephan ernstlich daran, wie wir einem Briefe Werners an Karl entnehmen, selbst ein atlantisches Kabel um Schottland herum herzustellen. Aber erst im letzten Lebensjahr Werner Siemens wurde dann die Frage des direkten Kabels Emden Newyork wieder verhandelt. Portugiesen wie Engländer hatten es abgeschlagen, Landungsrechte zu gewähren.

„Man will“, schreibt Werner Siemens am 4. August 1892, „Deutschland vom telegraphischen Weltverkehr abhalten. Da sind mir nun aber ‚olle Kamellen‘ eingefallen, durch die man die Sprechgeschwindigkeit auf Unterseekabel mindestens verdoppeln kann. Damit wird ein Emden Newyork-Kabel möglich und rentabel.“ Am folgenden Tag schreibt er an seinen Sohn Wilhelm: „Wir werden mit der Telegraphie bald wieder in weit innigere Fühlung kommen.“ Er habe durch Dr. Frölich Versuche anstellen lassen, in deren Verfolg man bereits die doppelte Sprechgeschwindigkeit erreicht hat. „Ich hoffe, wir werden auf dreifache kommen, und dann haben wir die ganze weltverbindende Submarin-Telegraphie in der Hand!“

Immer wieder treten neue große Pläne an ihn heran, so 1888 die Linie Peking Kiachta. Es lag im russischen Staatsinteresse, dieses Bestreben zu unterstützen. Er denkt schon an eine riesige Linie ähnlich der indo-europäischen. „Das wäre prächtig!“, schreibt er an Karl. „Es ist auch für unser Geschäft eine Lebensfrage, in China festen Fuß zu fassen.“ Eine Gesellschaft zum Bau und Betrieb der Linie würde man leicht zusammenbringen.

Von großen Unternehmungen in Marokko, zu denen man ihn 1886 anregen wollte, will er aber noch nichts wissen. Die soziale und technische Entwicklung Marokkos erscheine ihm noch zu gering, um mit Aussicht auf geschäftlichen Erfolg große elektrische Einrichtungen dort zu treffen. Höchstens kämen einige Telephonverbindungen in Frage.

Wir sehen, wie bis zum Ende seines Lebens Werner Siemens seinem ersten großen Arbeitsgebiet treu blieb und wie er, von der großen weiteren Entwicklung überzeugt, nicht müde wurde, mit der ihm bis zuletzt eigenen geistigen Spannkraft an der Weiterentwicklung des technischen Fortschritts erfolgreich zu arbeiten.

Weitere Pläne.

Neue Aufgaben treten dann in den 70er Jahren auch auf dem Gebiet der unterirdischen Leitungen an Werner Siemens heran, als Stephan sich entschloß, in großem Maßstabe unterirdische Landleitungen in Deutschland zu legen. Werner Siemens freute sich, daß das von ihm schon vor Jahrzehnten zuerst im großen angewendete System, das er gegen alle Angriffe so energisch verteidigt hatte, wieder zu Ehren kommen sollte. Da verlangt wurde, daß die deutschen Leitungen auch in Deutschland fabriziert werden, entschloß er sich, unter Benutzung der großen Erfahrungen der englischen Kabelfabrik, Ende 1876 in der Markgrafenstraße die Fabrikation von Kabeln aufzunehmen. Im gleichen Jahr wurden auch die ersten großen Aufträge auf unterirdische Leitungen erteilt; die Fabrikation kam nach und nach in Gang, und im Juli 1877 konnte man täglich 3 km Kabel liefern. Die erste der unterirdischen Leitungen wurde von Berlin nach Kiel über Hamburg am 4. September 1877 dem Verkehr übergeben. Es folgten dann weitere Linien von Berlin nach Cöln, nach Thorn, Stettin, Breslau usw.

Dieser Bau der unterirdischen Linien veranlaßte Werner Siemens, sich wieder eingehend mit dem Maschinenbau zu beschäftigen. Die Gräben, die erforderlich waren, wollte er auf maschinellem Wege herstellen. Von einem Fowlerschen Dampfpflug mochte er zunächst nichts wissen. „Mag sein, daß ich mich irre, aber Techniker sind einmal Querköpfe! Außerdem gefällt es mir nicht, unsere Weisheit von den Engländern zu holen." Er wollte seine eigenen Pläne weiterverfolgen. Er greift zurück auf seine konstruktiven Pläne, die er schon in einem Patent von 1850 festgelegt hat. Da die Maschine nur 4000 Taler kosten soll, will er sie ausführen lassen. Mit Guilleaume in Cöln, der am Bau dieser Linien beteiligt war, tritt er deswegen in Verbindung. Im April 1877 sollte die Maschine in der Nähe von Nauen ihre Probearbeit leisten. Stephan wartete mit Ungeduld auf diese Maschine, und er wollte sie auch arbeiten sehen. Werner berichtet sodann, daß die Grabemaschine ganz prächtig gehe, daß nunmehr auch Kabel gelegt werden sollen. Durchschnittlich lege sie in zehn Stunden eine Länge von 1,5 km. Bald aber kommt sie in allzu steiniges Gelände, es geht nicht weiter mit ihr, da die Triebkette allzuhäufig reißt. Siemens wollte es nun mit einer konischen Schraube von Gußeisen mit scharfem Gewinde probieren. Diese Maschine würde man dann auch als landwirtschaftliche Maschine zum Legen von Drainröhren und auch zum Pflügen benutzen können. Doch alle diese Gedanken führten ihn zu weit ab auf das Gebiet des landwirtschaftlichen Maschinenwesens, als daß er sie erfolgreich weiterverfolgen konnte.

Telephon.

Mitten in die riesige Entwicklung der Telegraphie auf weiteste Entfernungen kam aus Amerika die Kunde, es sei gelungen, die menschliche Stimme elektrisch zu übertragen. Wie eine grotesk übertriebene Zeitungsmeldung amerikanischer Art klang zuerst die Nachricht, man könne sich von Haus zu Haus, von Stadtteil zu Stadtteil, ja, von Stadt zu Stadt unterhalten, genau so, als ob man im gleichen Raum nebeneinander wäre. Es sollte gelungen sein, die Reichweite der menschlichen Stimme mit Hilfe des elektrischen Stromes auf weiteste Entfernungen zu vergrößern. Nur wenige erinnerten sich damals beim ungläubigen Hören der merkwürdigen Nachricht des Schullehrers Philipp Reis in Friedrichsdorf bei Homburg vor der Höhe, der seit 1852 sich bemühte, musikalische Töne elektrisch zu übertragen. Den Apparat, den er benutzte und mit dem er am 26. Oktober 1861 seine Versuche dem Physikalischen Verein in Frankfurt a. M. vorgeführt hatte, nannte er Telephon. Wieder einmal war eine deutsche Erfindung, die über den wissenschaftlich wertvollen Versuch nicht hinausgekommen war, im Ausland zur ersten für praktische Zwecke verwendbaren Ausbildung gebracht worden.

Am 14. Februar 1876 hatten gleichzeitig Alexander Graham Bell und Elisha Gray in Washington ein Patent auf den Fernsprecher, das Telephon, angemeldet. Im Mai 1877 waren die ersten Bellschen magnetelektrischen Telephonapparate nach der alten Welt gekommen. Weitere Erfindungen folgten. 1877 hatte sich auch bereits Emil Berliner sein Mikrophon schützen lassen. Edison arbeitete ebenfalls tatkräftig an der Verbesserung des Telephons.

In voller Erkenntnis der großen Bedeutung und Entwicklungsmöglichkeit nahm sich Werner Siemens der neuen Erfindung an. Er fürchtete nicht, das Telephon werde den Telegraphen verdrängen. Beide würden sich ergänzen. Das Telephon würde zunächst für nahe Entfernungen brauchbar werden als die beste Lösung der Nachrichtenübermittlung, weil es von jedem, der sprechen kann, bedient werden könnte.

Die Briefe Werner Siemens aus dieser Zeit geben ein interessantes Bild von den Anfängen des Fernsprechers, der uns in den riesigen Ausmaßen seiner heutigen Benutzung schon so selbstverständlich geworden ist, daß wir uns schwer in jenen Anfangszeiten zurechtfinden können. Schon arbeitet eine Generation, die mit dem Telephon geboren ist.

Deutschlands großer Generalpostmeister Stephan hatte von der Erfindung des Bellschen Fernsprechers zuerst am 6. Oktober 1877 gehört. Die außerordentliche Bedeutung klar erkennend, bestellte er sich sofort in Amerika einen Telephonapparat, aber noch bevor dieser ankam, erhielt er von dem Vorsteher des Londoner Telegraphenamtes zwei Bellsche Apparate geschickt. Sofort begann er mit Versuchen. Werner Siemens schrieb damals am 30. Oktober 1877 an Karl, „Wir sind jetzt hier in großem Telephontrubel! Stephan erhielt gleichzeitig mit den unsrigen ein paar amerikanische durch den Engländer, welches leider besser geht als das von euch gefertigte und auch besser als die unsrigen. Damit wurden neulich bei einem Diner bei Stephan Versuche gemacht." Die ersten Versuche fanden vom Haupttelegraphenamt in der Französischen Straße aus nach dem Zentralbureau Stephans in der Leipziger Straße statt. Sie fielen günstig aus. Darauf hat man mit Potsdam und dann mit Brandenburg „noch recht schön und deutlich gesprochen und gesungen". Nach Magdeburg aber wollte es nicht mehr gehen. Jedenfalls hatte man nun schon auf zehn deutsche Meilen deutlich sprechen können. „Das ist allerdings", fährt er fort, „sehr überraschend. Stephan ist ganz wild und seine Beamten auch. Wir arbeiten gleich tüchtig darauf los, da alle Welt welche haben will." Er ermahnt auch sofort seinen Bruder, an die Weiterentwicklung der unterirdischen Leitungen zu denken. Billige gute Leitungen würden durch die Telehpone einen riesigen Absatz erfahren.

Stephan will jetzt bereits Versuche zwischen Kiel, Berlin und Frankfurt a. M. anstellen, ja, hat sogar schon vor, „jedem Berliner Bürger womöglich ein Telephon zu jedem anderen zur Disposition zu stellen!" Welche unendliche technische Arbeit hat aber noch geleistet werden müssen, bis dieses Ziel des begeisterten deutschen Generalpostmeisters auch nur einigermaßen in Erfüllung gehen konnte.

Am 5. November 1877 wurde bereits vom Amtszimmer Stephans nach dem des Generaltelegraphenamtes die erste ständige Fernsprechleitung in Dienst gestellt, und am 12. November das erste öffentliche Fernsprechamt in Friedrichsberg bei Berlin in Benutzung genommen. 1879 gab es 389 Fernsprechstellen in Berlin. Anfangs wurde der Fernsprecher nur vom Staat benutzt. Um ihn auch in das private Geschäftsleben einzuführen, erließ Stephan im Juni 1880 einen Aufruf, sich an einer städtischen Fernsprechleitung zu beteiligen. Es meldeten sich damals in Berlin 193 Privatpersonen.

Werner Siemens beschäftigte sich sofort eifrigst mit Verbesserungen. Die Apparate waren zwar sehr einfach, aber auch noch sehr unvollkommen. Ihre Mängel bestanden in der großen Schwäche der Sprechlaute. Man mußte die Apparate sehr nahe ans Ohr halten, dann konnte man bei stiller Umgebung und auch nur bei vollständiger Ruhe in der Leitung mühsam verstehen. Diese ersten Telephone waren ungemein empfindlich gegen elektrische Störungen in den Leitungen. Oberirdische Leitungen kamen deshalb einstweilen gar nicht in Frage. Werner Siemens versuchte zunächst die magnetische Anziehung zu stärken. Er benutzte Hufeisenmagnete und bildete die Magnetpole ringförmig aus. Um kräftigere Ströme zu erhalten, benutzte er statt der schwingenden Eisenplatte eine Drahtrolle, die er an eine nichtmagnetische Membran befestigte.

Schon am 21. Januar 1878 berichtete er der Berliner Akademie der Wissenschaften eingehend über die Telephonie und über die Verbesserungen, die anzustreben sind. Er ist überzeugt, daß man mit Telephonen verstärkter Wirkung, wie er sie sich denkt, bald auf 180 km Entfernung sich werde gut verständigen können. Das Telephon werde dann für den Verkehr in Städten und zwischen benachbarten Ortschaften große Dienste leisten, die weit über das hinausgehen würden, was der Telegraph für kurze Entfernungen zu leisten vermag. „Das Telephon ist ein elektrisches Sprachrohr, welches ebenso wie dieses von jedermann gehandhabt werden und die persönliche Besprechung vollständig ersetzen kann."

Inzwischen wollte jeder Mensch gern möglichst bald einen solchen wunderbaren Apparat haben. „Hier herrscht jetzt vollständiges Telephonfieber!“ „Der Telephonschwindel“, schreibt er am 19. November 1877, „ist jetzt in Deutschland in voller Blüte, und ich kann sagen, ich werde die Geister, die wir berufen haben, nicht mehr los!“ Heute allein seien etwa 100 Briefe eingegangen, mit denen Telephone verlangt werden. Die Berliner belagern das Geschäft vollständig. Alle guten Freunde wollen den Apparat sehen, um darüber reden zu können. „Es ist eine wahre Kalamität! Ich habe leider den Preis zu niedrig normiert — 5 Mark das Stück,“ und am 7. Dezember berichtet er, „daß man schon einmal bis zu 700 Telephone an einem Tage geliefert habe. Jetzt scheine der Sturm etwas nachzulassen.“ Mit so großer Begeisterung sind damals die ersten Telephone trotz ihrer noch recht bescheidenen Leistung von den Berlinern aufgenommen worden. Wir wissen, welch große weitere Arbeit, die man damals wohl schwer auch bei kühnster Phantasie hätte voraussehen können, auf diesem Gebiet bis heute geleistet wurde.

Eisenbahn-Sicherungswesen.

Von den großen Arbeiten auf elektrischen Gebieten, die für die Weiterentwicklung bis heute von wesentlicher Bedeutung geworden sind, sei hier noch kurz das Eisenbahn-Sicherungswesen berührt. Zwar gehören hierher bereits die ersten Zeigertelegraphen, die Werner Siemens den Eisenbahnen schon im Anfang seiner Tätigkeit geliefert hatte, es gehören auch hierher die Läutewerke, die durch seine Magnetinduktoren für Eisenbahnzwecke wesentlich verwendbarer geworden waren, aber ein neuer Abschnitt, der zur Ausgestaltung einer besonders großen Abteilung führte, beginnt doch erst mit dem Jahr 1870.

Die einzelnen Bahnstrecken, die von 1835 an entstanden, wuchsen im Lauf der Jahrzehnte zu einem großen Netz zusammen. Die Verkehrsdichte hatte in ungeahnter Weise zugenommen, die Zahl der Unglücksfälle mehrte sich. Immer dringender wurde das Bedürfnis, die Zuverlässigkeit des aufsichtführenden Menschen durch sinnreiche Einrichtungen so zu unterstützen, daß menschliche Irrtümer immer unmöglicher wurden.

Schon 1841 wurden in England die ersten Abhängigkeiten zwischen Signalen und Weichen hergestellt. Es dauerte aber dann noch recht lange, bis man die Zweckmäßigkeit dieser Einrichtung allgemein anerkannte und das Geld zur Einführung im großen zur Verfügung stellte. In Deutschland beginnt die Entwicklung des Eisenbahnsicherungswesens mit der Erfindung des Siemensschen Streckenblocks und Weichenriegels im Jahr 1870, der dann 1873 die fast gleichzeitige Einführung der ersten Siemensschen und der ersten englischen Stellwerke folgte.

Im Dezember 1870 konnte Werner Siemens bereits einer Versammlung der größten norddeutschen Bahnen und der österreichischen Regierung, die ein einheitliches Blocksystem beraten und prüfen wollten, Vorschläge unterbreiten, die sich auf Ausführung einer Streckenblockung bezogen. Die Konstruktion rührte von Frischen her, der als erfahrener Eisenbahnfachmann sich um die Ausgestaltung dieses großen, wichtigen Gebietes sehr erhebliche Verdienste erwarb. Sie bestand aus je einer elektromagnetischen Anzeigevorrichtung, die in einem gemeinsamen Gehäuse zu einem „Blockapparate" vereinigt waren. Statt der in England verwendeten Batterien benutzte Siemens seine vom Blockwärter mit der Hand betätigte magnetelektrische Maschine. Auf der erwähnten Versammlung wurden Leitsätze über ein einheitliches System ausgearbeitet. Diese waren bei den Anfang 1871 vorgelegten neuen Blockapparaten der Firma Siemens & Halske bereits berücksichtigt. Ihr wesentlicher Unterschied bestand darin, daß man jetzt zum Erzeugen der Signalbilder statt des Gleichstroms Wechselstrom von bestimmter Periodenzahl benutzte, um sich hierdurch gegen falsche Signale infolge atmosphärischer Entladungen zu schützen. Es wurde dabei ferner erstmalig der Grundsatz durchgeführt, daß die Blockapparate und die Signale einer Bahnlinie von einander abhängig sein müssen. Anfangs wurde nur eine elektrische Überprüfung der Signalstellung vorgenommen. Sehr bald aber wurde die Anordnung so getroffen, daß der Hebel des Signals, das die Einfahrt in eine Strecke erlaubt, von dem Blockapparat so lange mechanisch verriegelt wurde, als noch ein Zug sich in der Strecke befindet. Die nächsten Jahre brachten weitere Vervollkommnungen der Einrichtungen, durch die diese immer mehr von Fehlern bei der Bedienung befreit und ihre sichere Wirkung erhöht wurde. Insbesondere wurde die Mitwirkung der Züge bei der Block- und Signalordnung eingeführt und hierdurch der Elektrizität ein neues Gebiet erschlossen. Das Blocksystem und das mit ihm zusammenarbeitende System der Weichen- und Signalstellung mit Doppeldrahtzug, das ebenfalls von Siemens & Halske herrührt, fand rasch in Deutschland und über seine Grenzen hinaus in Österreich, Rußland, Belgien, Holland, Dänemark und in der Schweiz ausgedehnte Verbreitung.

Noch zu Lebzeiten Werner Siemens, 1891, begann man auch die Weichenstellung selbst dem Elektromotor zu übertragen. Die elektrische Weichenstellung hat seitdem eine außerordentlich große Entwicklung erfahren.

Die Aufnahme und Ausbildung des Eisenbahnsicherungswesens brachte auch gleich der Fabrik große neue Aufträge. „Mit Blockapparaten", schrieb Werner Siemens am 20. März 1871 an Karl, „werden wir ein großes Geschäft machen. Wir stehen jetzt schon mit fast allen norddeutschen Eisenbahnen in Verbindung, obschon erst ein Exemplar des neuesten Vorschlages fertig und probiert ist," und ein Jahr später: „Soviel Werkstattbestellungen wie im März sind noch niemals eingegangen, und zwar ausschließlich für deutsche Eisenbahnen." Auch 1877 konnte Werner Siemens feststellen, daß die Telegraphenwerkstatt noch niemals so beschäftigt gewesen sei wie jetzt. Die Fabrikation sei allerdings auch schwieriger geworden, es handle sich um Block- und Brückensicherungen. Den großen Lehrter Bahnhof, der bisher seiner verwickelten Verhältnisse wegen „der Schrecken aller Eisenbahnleute" gewesen sei, habe er jetzt mit einem kombinierten System von mechanischen und elektrischen Betriebssicherungsvorrichtungen ausgerüstet.

Die für die Sicherung des Verkehrswesens so wichtigen Arbeiten auf diesem Gebiet kann man erst richtig einschätzen, wenn man sich vergegenwärtigt, wie ungemein gering heute die Unfälle auf der Eisenbahn, verglichen mit denen auf der Straße, geworden sind. Man hat ausgerechnet, daß die Sicherheit eines Reisenden auf der Eisenbahn heute bei gleicher Weglänge etwa 2000mal größer sei, als bei Straßenbenutzung. Auf die gleiche Zeit bezogen, ist die Sicherheit des Reisenden auf der Eisenbahn immer noch 20mal größer.

Andere Arbeiten auf elektrischem Gebiet.

Im Jahr 1870, als die Arbeiten mit dem elektrischen Eisenbahnsicherungswesen eingeleitet wurden, richtete Werner Siemens am 4. August, von dem Wunsche geleitet, auch seinerseits Kriegsarbeit zu leisten, eine Eingabe an den preußischen Kriegsminister mit Vorschlägen, wie man die feindlichen Kriegsschiffe durch lenkbare Torpedos zerstören könne.

An einem Segelboot war in einer Tiefe von sechs bis sieben Fuß unter dem Wasserspiegel ein mit Dynamit gefülltes Torpedo in Röhrenform angebracht, das beim Anstoß an ein feindliches Schiff explodieren sollte. Das Lenken des Bootes geschah mit Luftdruck. Der Gummischlauch von mehreren tausend Fuß Länge wurde in einem zweiten Boot, das sich in respektvoller Entfernung vom ersten zu halten hatte, mitgeführt. Werner Siemens gab an, daß auch elektrisch sich ein solches Segel- oder Dampfboot selbsttätig steuern lasse. Bei den herrschenden Kriegsverhältnissen seien aber nur die einfachsten Anordnungen anwendbar.

Er hat sich dann in den folgenden Jahren mit der elektrischen Steuerung befaßt. Versuche, die im November 1872 von der Marine mit einem kleinen Dampfboot auf dem Tegeler See angestellt wurden, ergaben gute Resultate. Die Konstruktion wurde dann noch verbessert und 1873 und 1874 versucht. Der wesentliche Teil des Apparates war eine in dem zu steuernden Schiff angebrachte elektrische Kupplung. Das zu steuernde Schiff stand durch einen von ihm abrollenden dünnen, mit Guttapercha isolierten Draht mit dem Boot in Verbindung, von dem aus gesteuert werden sollte. Mit Erfolg versuchte man auch, ein Schiff durch eine auf ihm angebrachte Magnetnadel selbsttätig nach einem bestimmten Kurs zu steuern. Die Magnetnadel betätigte bei etwaigen Ablenkungen aus dem vorgeschriebenen Kurs die Kontakte, die den elektrischen Antrieb des Steuers in Tätigkeit setzte.

Nehmen wir hinzu, daß er sich auch fortdauernd eingehend mit den elektrischen Meßinstrumenten, vor allem mit Elektrizitätszählern beschäftigte, daß er sich Mitte der 80er Jahre für elektrisches Schweißen interessierte und auch um dieselbe Zeit sich eingehend mit

Theorie und Konstruktion der Akkumulatoren beschäftigt hat, so staunen wir über die vielseitige erfinderische, konstruktive und geschäftliche Tätigkeit, die sich auf fast alle Gebiete der Elektrotechnik erstreckte. Auch mit der Trennung magnetischer und unmagnetischer Erze hat er sich beschäftigt und hierüber im Verein zur Beförderung des Gewerbfleißes schon im Juni 1880 unter Darlegung seiner Maschine geäußert, und er konnte auch hier bereits berichten, daß die Maschine sich in der Praxis gut bewährt habe. Nicht zu vergessen sind ferner hier seine Ozonapparate, die er selbst in einem Brief vom Jahre 1872 nicht mit Unrecht zu seinen wesentlichen Leistungen gerechnet hat. Seine wissenschaftlichen Untersuchungen über die Zusammenhänge zwischen Wärme- und Lichtwirkung ließen ihn die merkwürdigen Eigenschaften des Selens eingehend untersuchen und führten ihn auch zur Konstruktion eines Selenphotometers.

Andere Arbeitsgebiete.

Und als ob damit die Arbeitsleistung und die geistige Spannkraft eines Menschen noch nicht erreicht wäre, hat sich Werner Siemens in der gleichen Weise wie früher auch in diesem zweiten Hauptabschnitt seines Lebens noch auf verschiedenen anderen Arbeitsgebieten betätigt. Abgesehen von dem großen Interesse und der Mitarbeit an allen technischen Leistungen seiner Brüder haben ihn auch andere, abseits von der Tätigkeit seiner Firma liegende Arbeiten vor neue technische Aufgaben gestellt und ihn dazu angeregt, nach Lösungen zu suchen. Einige hierher gehörige Arbeiten seien kurz erwähnt.

Anfang des Jahres 1883 war Werner Siemens auf ein Braunkohlenlager in der Nähe Berlins bei Königswusterhausen aufmerksam geworden. Er schreibt darüber am 18. Mai 1883 an Wedding, seinem Berater in bergbaulichen und hüttenmännischen Fragen, daß es ein altes Lieblingsprojekt von ihm sei, „dereinst die Kohlen am Gewinnungsort zu verbrennen und entweder als Brenngas in Röhren oder als elektrische Energie in Leitungen dem Bedürftigen zuzuführen." Das Bergwerk lag dazu gerade recht für Berlin. Wenn Wedding nicht sehr abrate, wolle er es kaufen. Geld koste es freilich mehr wie vorgesehen, heißt es dann ein Jahr später. Hier sollte nun eine neue interessante technische Arbeitsweise ihm nähertreten, eine neuartige Benutzung der künstlichen Kälte in der Form des Gefrierverfahrens. Ein Ingenieur Poetsch wollte durch Röhren den sehr wasserhaltigen sandigen Boden zum Gefrieren bringen, dann in dieser gefrorenen Schicht bequem den Schacht niederbringen, ihn ausbauen, worauf dann die Erdschicht durch in die Röhren eingeleiteten Dampf aufgetaut werden könne. Auch für diese Arbeitsweise mußten erst noch kostspielige Erfahrungen gesammelt werden. Immer wieder kam die Schreckenskunde nach Berlin, „daß die Eismaschine nicht mehr gehen will, und daß der Schacht wieder voll Wasser wäre.“ „Es ist doch eine verdammt langwierige Geschichte!“

Der Erfinder wünschte, daß Werner Siemens sich im großen an der Entwicklung seiner Erfindung beteiligen möchte. Er lehnte es ab, war aber bereit, die für die eigene Arbeit notwendigen Kosten aufzubringen, damit die Untersuchungen nicht ganz stecken bleiben. Schließlich kam man im Oktober 1884 mit dieser Arbeitsweise doch glücklich bis an das Kohlenflöz. Die Schwierigkeiten schienen überwunden, und Werner schreibt an Karl: „Die Gefriermethode ist doch ein mächtiges neues Hilfsmittel. Ich plane jetzt, mit ihrer Hilfe Berlin mit unterirdischen elektrischen Bahnen zu versehen.“ Neue Schwierigkeiten aber stellten sich heraus, wenn man den Eismantel auftaute und der Wasserdruck in Wirksamkeit trat. Dies führte Werner dazu, auf einem ganz neuen Wege das Gelände zu entwässern und dann den Schacht fertig zu machen.

Im März 1885 berichtet Werner Siemens im Verein zur Beförderung des Gewerbfleißes, daß die Notwendigkeit, die nach allen Seiten offenen Sandmeere vom überall herandringenden Grundwasser zu befreien, ihn auf den Gedanken geführt habe, „die in Geisern, Sprudelquellen, Petroleumfontainen usw. von der Natur selbst so vielfach benutzte Methode der Flüssigkeitshebung durch Gasentwicklung in der Tiefe nachzubilden und durch Einführung komprimierter Luft in den Sauger eines Abessinierrohres einen künstlichen Geiserbrunnen herzustellen.“ Er erwähnt noch, daß weder Gelehrte noch Praktiker von diesen Plänen etwas hätten wissen wollen und daß deshalb eine beträchtliche Überzeugungsfestigkeit dazu gehört habe, sie dennoch auszuführen. Der Erfolg aber sollte seine Anschauungen vollständig bestätigen. Bei den Versuchen wurden durch ein etwa 80 mm weites Rohr in der Minute 600 bis 700 l Wasser mit einer Geschwindigkeit von 2,5 m in der Sekunde gehoben. „Wollen sehen, wie sich das macht. Es schien so nett, ein großes Braunkohlenlager so dicht bei Berlin, daß man Gas sowohl wie elektrischen Strom von dort nach Berlin führen konnte. Natürlich hochgespannte Ströme in Kabeln."

Arbeit und Geld sollten auf diesem Gebiet noch keine Zinsen tragen. Schenkendorf gehörte zu den Unternehmungen, die von den Nachfolgern Werner Siemens den schweren Entschluß forderten, sie aufzugeben.

Als Wilhelms Erfindungen auf dem Gebiet der Stahlerzeugung Aufsehen machten, als es schien, als ob diese seinen Namen unsterblich machen würden, da dachte Werner daran, auf der Basis dieser brüderlichen technischen Leistung große hüttenmännische Unternehmungen in Deutschland ins Leben zu rufen.

Schon am 2. März 1860 hatte er an Karl geschrieben, daß Stahlfabrikation ein gutes Geschäft sei, da sie sich erst anfange zu entwickeln und noch ganz ungeahnte Dimensionen annehmen werde. Man werde künftig alles aus Stahl anstatt aus Schmiede- und Gußeisen machen, was fest sein solle, auch Telegraphendrähte. 1872 hatte Wilhelm berichtet, daß ihm sein neuer Eisenprozeß vollständig gelungen sei. „Er hofft, Eisen künftig billiger als Gußeisen zu machen. Das wäre eine sehr einfache, aber kolossal wichtige Erfindung, die Wilhelms Namen unsterblich machen würde!"

Zunächst war der Plan, mit Gruson zusammen in Sachsen und dann in Buckau selbst ein großes Stahlwerk zu errichten. Am 14. November 1871 besuchte Gruson Werner Siemens. „Er will Krupp Konkurrenz machen und namentlich Stahlpanzer kultivieren sowie Geschütze gießen." Er wollte in Magdeburg eine große Stahlfabrik anlegen und dazu die Verwertung von Wilhelms Erfindungen übernehmen. Dieser Plan zerschlug sich. Im selben Jahr sollen neue „Eisenunternehmungen" ins Leben gerufen werden. 1877 schreibt Werner an Wilhelm, daß sein Eisenprozeß ein täglich wachsendes

Aufsehen in Deutschland mache, da man mit Recht eine Wendung des Eisenhüttenwesens zugunsten Deutschlands darin erblicke.

Aus einem Brief an Karl erfahren wir im Jahre 1872, daß Werner einem versoffenen Eisenbergwerk in der Nähe von Kreiensen, das ausgezeichnetes Eisen ergeben sollte, auf der Spur sei. Gleichzeitig faßt er ins Auge, das Königliche Eisenhüttenwerk und die Maschinenfabrik Malapane bei Oppeln in Schlesien, die damals meistbietend verkauft werden sollten, zu erwerben. Die Eisenlager sollen gut sein, Kohlen seien billiger dort wie irgendwo in der Welt. „Würde Dir das eventuell gefallen?" fragt er Wilhelm, und am 1. März teilt er Karl mit, daß er heute abend nach Wetzlar fahre in Eisenangelegenheiten.

Er hatte zuvor den Hüttendirektor Förster ausgesandt, um ein passendes Eisenbergwerk auszukundschaften. Der fand im Siegener Land einen ungeheuren Erzreichtum. Die Gruben gehörten dem Fürsten Solms, und Werner dachte daran, dem Fürsten die sämtlichen Gruben auf 99 Jahre abzupachten. Er wollte ihm eine Million bar, außerdem den Pachtzins anbieten, mußte aber erfahren, daß der Wettbewerb, der bald einsetzte, in kurzer Zeit den Preis auf das 15fache anschwellen ließ. Werner Siemens träumte davon, in Wetzlar ein dauernd im Besitz der Familie befindliches, wesentlich eigenes Werk, wo Wilhelm immer Herr sei und beliebig experimentieren könne, zu schaffen. Die Gegend sei himmlisch schön, und er sei nicht abgeneigt, sich auch einen Sommersitz einzurichten. Auch Braunkohlenlager, die für Regenerativöfen sehr wichtig seien, seien in der Nähe. Aber die Verhandlungen gingen sehr langsam voran. „Mit dem Fürsten sind wir noch nicht viel weiter, solche Menschen sind langsam von Entschluß."

Inzwischen dachte er auch an ein Eisenlager bei Kassel, das die Regierung verkaufen wollte. Aber bald fing er an zu fürchten, daß die Pläne zu Wasser werden könnten. „An dieser Anlage", schreibt er am 5. April 1872 an Karl, „würde man neben der Großartigkeit doch noch die Freude haben, daß es ein bleibendes Denkmal der Familie würde." Wie stark kommt doch hier immer wieder das in der Jugendzeit in sich aufgenommene Ziel großer

Familienunternehmungen zum Ausdruck. Es Krupp auch auf diesem Gebiet gleichzutun, reizte ihn.

Am Ende des Jahres 1872, in dem ihn dieser große Wetzlarsche Plan so stark beschäftigte, tritt auch noch der Antrag an ihn heran, einer großen Königlich ungarischen Eisen- und Kohlengesellschaft beizutreten. Als es dann mit Wetzlar nichts wurde, denkt er an Schweden. Schwarzkopff hat, wie wir aus seinem Brief an Wilhelm vom 13. Februar 1874 erfahren, große Grubenfelder in Schweden erworben. Darunter 140 Eisengruben mit kolossaler Wasserkraft im Innern des Landes. Schwarzkopff wünschte die Beteiligung seines Freundes Wilhelm Siemens. Mit ihm zusammen will er dort große Eisen- und Stahlwerke einrichten. Mit 10 Millionen Mark würde die Sache zu machen sein. Der Wilhelmsche Erzprozeß soll die Grundlage bilden. „Schwarzkopff ist ein guter Geschäftsmann und ich glaube, er wird die Sache gut leiten. Die Sache ist also ernsthaft zu nehmen," schreibt Werner Siemens. Inzwischen schickt er auch den Direktor Förster selbst nach Schweden. Er soll sich nicht nur an das halten, was schon angeboten ist, sondern alles prüfen und das beste vorschlagen.

Kennzeichnend für die geistige Spannkraft, die Werner Siemens bis zuletzt eigen war, ist sein Eintreten für die Entwicklung des Mannesmann-Walzverfahrens, das damals eine „wahre Revolution" des Walzwesens einzuleiten schien. Kennzeichnend ist aber auch diese Episode am Ende seines Lebens gerade für seine begeisterte Liebe zur Technik. Nicht der Wunsch, zu großen Reichtümern neue zu erwerben, nicht die Sehnsucht nach weiterer Ausdehnung des Machtbereichs seiner Firma, sondern ausschließlich die Befriedigung, an einem großen Fortschritt der Technik maßgebend mitarbeiten zu können, treibt ihn zu dieser neuen Arbeit. Das Eigenartige, vollkommen Neue reizt ihn. Der Glaube an den Anfang einer großen neuen Entwicklung treibt ihn zur Initiative, selbst auf Kosten der eigenen geschäftlichen Entwicklung. So sehen wir ihn am Ende des Lebens noch einmal abseits vom Wege.

Wir können uns heute kaum noch eine Vorstellung machen von der Begeisterung, mit der das Mannesmannverfahren damals von der gesamten Technik aufgenommen wurde. Wir müssen die

Vorträge, die der Apostel des Mannesmannverfahrens, Reuleaux, in den großen technisch-wissenschaftlichen Vereinen hielt, und die Berichte über diese Vorträge lesen, um uns zu vergegenwärtigen, welche Hoffnungen sich an diese Erfindung knüpften. Unmittelbar gewinnt man diese Eindrücke aus den Briefen, wenn Werner schreibt, daß es jetzt Mode geworden sei, für Stahlröhren zu schwärmen, daß Bestellungen ungemessen kommen, daß Rußland und andere Staaten Spezialgesandte absenden, von denen der russische u. a. möglichst schnell $1^1/_2$ Millionen Gewehrläufe zu haben wünsche. „Hier steht jetzt das Mannesmann-Walzverfahren hoch am Himmel," schreibt Werner an Friedrich am 17. April 1890. „Der zweite Vortrag Reuleaux am Mittwoch war ein großartiger Triumph. Auch der alte Mannesmann ist hergekommen, um dem Triumph seiner Söhne zu assistieren."

Anfang Mai 1887 hatte Reuleaux Proben der ersten von Mannesmann gewalzten Röhren aus Stahl, Messing und Kupfer Werner Siemens vorgelegt und ihm die Walzmethode, „die wirklich sehr genial ist," eingehend beschrieben. Flintenläufe und selbst Schienen, hatte Reuleaux berichtet, könne man schon auf diese Weise walzen. Wenn es Friedrich gelänge, billigen Stahl auf seine neue Methode zu fabrizieren, dann würde jetzt in Verbindung mit dem neuen Walzwesen der Stahl künftig vollständig die Welt beherrschen.

Die großen Siemensschen Stahlwerke in Landore sollen dem Mannesmannverfahren dienstbar gemacht werden. Damit beginnt die weitgehende geschäftliche Verbindung mit den Brüdern Mannesmann, durch die Werner Siemens ungemein schwere Sorgen in den letzten Lebensjahren beschieden sein sollten. Große Geldsummen, ausschließlich von Werner Siemens zur Verfügung gestellt, wurden geopfert, um schließlich doch zu erkennen, daß die ungeheuren Hoffnungen, die man anfangs auf dieses Verfahren gesetzt hatte, sich in diesem Umfang nicht verwirklichen ließen. Auch dieser technischen Tat blieb das langsame Wachsen nicht erspart. Sehr hohes Lehrgeld mußte gezahlt werden, ehe es für einen beschränkteren Zweck, als man anfangs annahm, die technische Bedeutung sich erwerben konnte, die es heute genießt. In die fast phantastischen technischen Hoffnungen und in die günstigen

Berichte der technischen Leistungen mischen sich nur zu bald die Klagen, daß es noch immer nicht zu richtigem kommerziellen Betrieb kommen wolle, man mache zu viele Experimente und arbeite zu wenig systematisch. Immerhin konnte am 7. April 1892 Werner Siemens an Karl berichten, daß man schon Siederöhren nach diesem Verfahren herstelle, und daß auch die Fortschritte bei der Fabrikation von Velozipedröhren befriedigend seien. Siemens suchte auch für seine technischen Anlagen im Kaukasus die Mannesmannröhren für eine große Druckrohrleitung zu verwenden.

1887 schrieb er, „das Fabrikat ist wunderbar, die ganze Schmiedeeisen- und ein großer Teil der Gußeisenfabrikation kann nicht fortbestehen dem neuen Verfahren gegenüber". Neue Gesellschaften wurden gegründet, von Kapitalien bis zu 30 Millionen Mark ist die Rede. An ein Weltgeschäft, das nicht nur Deutschland, Österreich und England, sondern auch Frankreich, Rußland und Amerika umfassen soll, wird gedacht.

Die Wirkung auf das Gesamtgeschäft von Siemens & Halske kann nicht als günstig angesehen werden, denn gerade in der Zeit, in der die Grundlagen für die riesige Entwicklung der Starkstromtechnik gelegt werden, sind auf diese Weise große Geldmittel und viel wertvolle geistige Arbeit auf einem der Firma fremden Gebiet verwendet worden.

Geschäftliche und organisatorische Tätigkeit.

Der Riesenleistung auf technischem Gebiet stand auch in dem Zeitabschnitt, der hier zu betrachten ist, eine nicht minder große Arbeit in geschäftlich-organisatorischer Richtung gegenüber. In den 60er Jahren schied der Mitbegründer der Firma, Halske, aus, weil er, zufrieden mit dem bisher Erreichten, der großen Aufregungen und Sorgen des Geschäftslebens ledig sein wollte. In seinen Lebenserinnerungen hat Werner Siemens von Halske, mit dem ihn eine aus jahrelanger gemeinsamer Arbeit erwachsene Freundschaft verband, gesagt, ihm sei das Geschäft so ans Herz gewachsen gewesen, daß er es schmerzlich empfunden hätte, als mit dem Größerwerden der Firma auch fremde

Menschen an leitender Stelle mitarbeiten sollten. Je größer das Geschäft wurde, um so weniger befriedigte es ihn.

Schwere Zeiten kamen aber hierdurch über Werner Siemens, der zuweilen fürchtete, daß seine mit soviel Arbeit und Sorge geschaffene Firma in ernste Bedrängnis kommen könnte. Er selbst trug sich vorübergehend mit dem Gedanken, zurückzutreten. Im März 1866 schrieb er an Karl, daß das laufende geldbringende Geschäft ihm doch schon langweilig würde. „Durst nach großen Reichtümern habe ich gar nicht. Für die Kinder sind sie sogar ein Unglück." Schließlich aber siegte der Wunsch, das so glücklich Begonnene erfolgreich weiterzuführen. Er blieb seiner Arbeit treu, und in langen Briefen und mündlich geführten Unterhandlungen, die sich auf Jahre erstreckten, schuf er mit den Brüdern den neuen Rahmen für die weitere geschäftliche Entwicklung.

Die ersten Vorschläge für die endgültige Regelung waren im Februar 1866 von Werner Siemens ausgegangen. Damals lagen die Verhältnisse etwa wie folgt. Werner und Karl Siemens betrieben mit Halske gemeinsam das Berliner und Petersburger Geschäft auf Grund der Verträge von 1847 und 1854. Werner und Karl Siemens waren die Träger der großen bergbaulichen und hüttenmännischen Unternehmungen im Kaukasus. Werner und Wilhelm bearbeiteten die Kabelunternehmungen in London, Wilhelm war für sich noch mit ausgedehnten Ingenieurarbeiten — es sei hier nur an die Regenerativdampfmaschine und die Regenerativöfen erinnert — beschäftigt. Werners Geldmittel waren im wesentlichen in kaukasischen Unternehmungen und in England, die Karls in Rußland, auch hier wieder hauptsächlich im Kaukasus, festgelegt. Wilhelm hatte es damals noch zu keinem größeren Vermögen gebracht. Das Berliner Geschäft wurde fast ganz mit Halskes Geld betrieben. Es ergab noch immer nicht sehr erhebliche Erträge, und die gesamte finanzielle Lage der Siemens-Unternehmungen war noch keineswegs besonders gefestigt. Es ist deshalb verständlich, daß Werner Siemens sich Sorgen machte über die Forderungen, die Halske beim Austreten aus dem Geschäft erheben könnte. Weit von sich wies er, gerade mit Rücksicht auf sein freundschaftliches Verhältnis zu Halske, den

Gedanken, er könne von ihm irgendwelche geschäftliche Gefälligkeiten annehmen. Halske war voller Vertrauen zu der zukünftigen Entwicklung unter Werner Siemens Leitung und zu jedem Entgegenkommen durchaus bereit.

Karl Siemens suchte bei diesen Auseinandersetzungen das berechtigte Selbstbewußtsein seines Bruders zu stärken. „Glaube mir, Werner," schrieb er ihm damals, „wir wärmen uns alle, wie wir da sind, an Deinen Strahlen, und Du kannst mit reinem Gewissen sehr viel von uns, also auch von Halske, verlangen." Mit Recht wies er darauf hin, daß auch Halske ohne den Wernerschen Unternehmungsgeist und seine geniale Tatkraft niemals das geworden wäre, was er jetzt sei. Für das russische Geschäft aber habe er höchstens indirekt durch gute Apparate etwas geleistet. Trotz Halske und Meyer sei das riesige russische Geschäft geschaffen worden. Für das brüderliche Einvernehmen zeugen die Worte im Brief Karls an Werner vom 23. März 1866: „Mein innerster Wunsch ist der, stets und überall mein Interesse mit dem Deinigen vereint zu sehen." Auch mit Wilhelm herrschte letzten Endes in allen wesentlichen Fragen volles Einverständnis, wenn es hier auch zuweilen schwerer wurde, sich auseinanderzusetzen, da er, wie Werner damals an Karl schrieb, sich schon persönlich gekränkt fühle, wenn man Gefahr sehe oder Zweifel ausspräche.

1867 wurde der Beschluß gefaßt, die drei Geschäfte, Berlin, Petersburg und London, zu einem Gesamtgeschäft zu vereinen. Die mit der privaten Ingenieurtätigkeit Karl und Wilhelm Siemens auf anderen Gebieten verbundenen Geschäfte wurden in diese Organisation nicht mit aufgenommen. Wilhelm Siemens wurde nunmehr Teilhaber des Hauptgeschäfts, und Karl Teilhaber der Londoner Firma. Das Petersburger Geschäft wurde als Kommanditgesellschaft eine Zweigniederlassung Berlins. Das Londoner führte man unter der Firma Siemens Brothers weiter.

Die ganze Organisation war als Familienunternehmen gedacht. Getragen von brüderlich treuem Zusammenarbeiten, sollte sie den Rahmen für weitere große Entwicklungsmöglichkeiten bieten, die nunmehr, Ende der 60er Jahre, noch mehr in den 70er Jahren, deutlich zutage traten. Die Gesellschaftsverträge wurden geschlossen, und am 1. Januar 1868 begann die neue Organisation.

Wichtige Entscheidungen waren getroffen. Halske war ausgeschieden, und der treue Freund Werner Siemens, Wilhelm Meyer, der von Anfang an erfolgreich mitgearbeitet hatte, war im Verlaufe dieses Jahres gestorben. Es hieß jetzt, mit neuen Menschen auf neuen Wegen weiterzuarbeiten. An die Stelle von Meyer trat Karl Frischen, der in den Diensten des hannoverschen Telegraphenwesens und später der preußischen norddeutschen Telegraphenverwaltung sich bereits weitgehende Erfahrungen und eine angesehene Stellung erworben hatte. Schon 1858 hatte Werner Siemens daran gedacht, ihn für die Firma zu gewinnen; endlich, 1869, trat er, als Karl sich entschlossen hatte, nach London überzusiedeln, als Oberingenieur in die Berliner Firma ein. Seine weitreichenden persönlichen Beziehungen zum Eisenbahnwesen haben dann nebst den von ihm hervorragend entwickelten Konstruktionen zu dem großartigen Aufschwung auch im Eisenbahnsicherungswesen geführt. Besonders Karl Siemens begrüßte den Eintritt Karl Frischens, weil nunmehr jemand da sein würde, der sich auch um die Werkstätte kümmern könne, weil Werner dazu keine Zeit habe. Er sah in Karl Frischen auch eine geschäftlich stark vorwärtstreibende Kraft, die nicht warten würde, bis ihr die gebratenen Tauben ins Maul fliegen.

Zwei Jahre vor Frischen, 1867, war v. Hefner-Alteneck in die Firma eingetreten, der, wie im vorhergehenden gezeigt wurde, durch seine genialen Konstruktionen sehr viel zu den weiteren Erfolgen der Firma beigetragen hat. Niemand hat dies freudiger anerkannt als Werner Siemens, dem die mit diesem genialen Können verbundenen Charaktereigenschaften, die sich oft schwer in die Gemeinschaftsarbeit eines großen Geschäftes einfügen ließen, manche Sorge machten. Er nennt ihn in einem Briefe an Karl vom Jahre 1878 ein Konstruktionstalent ersten Ranges. „Künstler haben immer ihre Schrullen und Schwächen, mit denen man sich aber abfinden muß. Vollständig ist ja ein Techniker nie mit dem zufrieden, was ein anderer gemacht hat, und Fehler hat jedes Ding.“ v. Hefner-Alteneck ist bis 1890 in der Firma tätig gewesen. Er schied dann aus und starb, hochgeehrt von allen, die seine technischen Leistungen zu würdigen vermochten, am 7. Januar 1904.

Nehmen wir hinzu, daß Werner Siemens 1872 in Dr. Frölich auch einen Mitarbeiter von hoher theoretischer Begabung gewann, der ihn bei seinen wissenschaftlichen Versuchen tatkräftig unterstützte, so sehen wir, daß ein Kreis von neuen wertvollen Mitarbeitern anfing, sich in diesen Jahren um ihn zu bilden. Aber die Ausdehnung des Geschäfts und seiner Arbeiten stieg so, daß trotzdem auch jetzt von einer Entlastung nicht die Rede sein kann. Er spricht zwar öfters davon, wie es notwendig sei abzubauen, die Arbeit zu mindern, aber statt dessen treten immer neue Aufgaben an ihn heran.

Die Ausdehnung der Geschäfte drängte auch ständig zur weiteren räumlichen Vergrößerung der Fabrik. Immer wieder fehlte es an Platz. In den 70er Jahren machte sich dieser Platzmangel in der Markgrafenstraße besonders unangenehm fühlbar. 1878 konnte das Nachbargrundstück Nr. 93 käuflich erworben werden, es erfolgte ein allgemeiner Umbau, neue Gebäude wurden errichtet, aber der Platzmangel blieb. 1883 entschloß sich Werner Siemens, die Fabrik teilweise aus der inneren Stadt nach außen zu verlegen. Er kaufte das 8 Morgen große Grundstück der Freundschen Maschinenbauanstalt, der heutigen Charlottenburger Maschinenfabrik und Eisengießerei, mit der fertig eingerichteten Fabrik für 650 000 M. 1883 wurde zuerst die Kabelfabrik nach Charlottenburg verlegt. Es folgten sodann Dynamomaschinen und Bogenlampen. Die Eisengießerei war schon früher aus der Stadt verzogen. Das Charlottenburger Werk wurde nunmehr in erster Linie die Entwicklungsstätte für Starkstromtechnik.

Auch weitere organisatorische Änderungen in den Geschäften treten ein. So wurde 1880 die Firma Siemens Brothers in eine Limited Company, was nicht ganz unseren Aktiengesellschaften entspricht, umgewandelt. Es hatte sich das als wünschenswert und notwendig herausgestellt, um klare rechtliche Ordnung als Unterlage für die weitere geschäftliche Entwicklung zu haben.

Mit den organisatorischen, geschäftlichen Maßnahmen aber, die unmittelbar mit der Entwicklung der Firmen zusammenhingen, war es nicht getan. Die neuen Werke, die mit der Erfindung der Dynamomaschine, mit der Einführung der elektrischen Straßenbahn, mit der Entwicklung des Kabelgeschäfts, mit der Anlage internationaler großer Telegraphenlinien verbunden waren, führten zu einer ungemein weitreichenden geschäftlichen Betätigung, die auch, mit den Augen unserer heutigen Zeit betrachtet, große und kühne Gedanken verrät und mit hohen Zahlen zu rechnen hatte.

Die Begründung der Indo-Europäischen Linie Ende der 60er Jahre und der Eintritt in das transatlantische Kabelgeschäft erforderten bereits sehr großen geschäftlichen Unternehmungsgeist.

Gegenüber den neuen Entwicklungen auf dem Starkstromgebiet wollte Werner Siemens in erster Linie auf konstruktiv-fabrikatorischem Gebiet tätig sein. Hier hatte er den Ehrgeiz, den großen Traditionen seiner Firma getreu, an der Spitze zu bleiben. Die wissenschaftlich-technische Seite der Geschäftsleitung müsse man unter weitem Gesichtswinkel ansehen, sonst sinke man auf den Stand eines Krämergeschäfts zurück. Die Grundsätze seiner Firma, die, wie er selbst ausdrückt, aus der Natur des Leiters sich entwickeln, bezeichnet er in einem Brief vom Jahr 1884 dahin, daß der moralische und technische Kredit des Geschäftes niemals beeinträchtigt werden dürfe, selbst wenn dies mit materiellem Verlust verknüpft sein sollte. Für ihn ist das Geschäft erst in zweiter Linie ein Gelderwerbgeschäft. „Es ist für mich“, schreibt er 1887 an Karl, „ein Reich, welches ich begründet habe und welches ich meinen Nachkommen ungeschmälert überlassen möchte, um in ihm weiter zu schaffen.“

Für dieses Ziel setzt er seine ganze Kraft ein. Diese Anschauungen leiten ihn auch, als „die neuen kapitalmächtigen Beleuchtungsgesellschaften immer näher rückten“. Mit Aktiengesellschaften, denen der Aktienstand Hauptsache ist, sei schwer zu konkurrieren. Die Technik, fürchtet er, komme immer weniger in Betracht, die rein finanziellen Interessen überwiegen. Die große Aufgabe der Firma aber sei es, sich an der Spitze der Elektrotechnik zu halten, und das sei keine Kleinigkeit zu einer Zeit — er schrieb dies 1882 — wo alle Welt Elektrotechnik treibe auf der Grundlage, die er und seine Mitarbeiter geschaffen hätten. 1883 klagt er, daß das Geschäft immer mühsamer und schwieriger würde, er selbst fühle sich abgenutzt. Doch diese pessimistischen Anwandlungen verschwinden schnell wieder in der Arbeit des täglichen Lebens. Von rein kaufmännischen Unternehmungen wollte er im allgemeinen nicht viel wissen. Eine der vielen Anregungen, sich auch hier zu betätigen, lehnte er 1865 in einem Briefe an Karl mit den Worten ab: „Es ist das ein reines Kapitalisten-Spekulationsprojekt, was für uns sach- und erfahrungsgemäß nicht paßt. Wir sind keine Kaufleute, stehen darin jedem gewöhnlichen Geldsack nach." Bei den vielen, ungemein schwierigen Verhandlungen, die in den 80er Jahren die Verwertung und geschäftliche Einführung des elektrischen Stromes für Beleuchtungs- und Verkehrszwecke einleiteten, hat er bewiesen, wie hervorragend er auch auf diesem geschäftlich-organisatorischen Felde zu arbeiten vermochte.

Zu den folgenschwersten und industriegeschichtlich bemerkenswertesten Verhandlungen gehören ohne Zweifel die, die 1883 zur Begründung der Deutschen Edison-Gesellschaft für angewandte Elektrizität, aus der 1887 die Allgemeine Elektrizitäts-Gesellschaft wurde, führten. Es ist hier nicht der Platz, auf die umfangreichen Einzelheiten der Verträge näher einzugehen.

Werner Siemens selbst hatte mehrfach daran gedacht, Gesellschaften ins Leben zu rufen, die elektrische Anlagen finanzieren könnten und die Erzeugung des elektrischen Stromes kaufmännisch zu verwerten vermöchten. Neben den Privatgesellschaften rechnete er darauf, daß die Städte selbst, wie sie es bei den Gasanstalten getan hatten, den Betrieb von Elektrizitätswerken übernehmen würden. Bewußt erstrebte er eine Arbeitsteilung zwischen der technischen Entwicklung in Konstruktion und Herstellung auf der einen Seite, und der kaufmännisch industriellen Verwertung des mit diesen Einrichtungen Erzeugten auf der andern. Insofern kamen zunächst die Absichten Emil Rathenaus, des Begründers der Allgemeinen Elektrizitäts-Gesellschaft, seinen Wünschen durchaus entgegen, wenn ihn auch die große Initiative, die von dieser Seite sich bald bemerkbar machte, in seinen anderen Plänen und Arbeiten zuweilen stark bedrängte. Die Verträge, die er mit Bailey, dem Vertreter Edisons in Europa, und mit Emil Rathenau abschloß, sind von der vorher schon geschilderten Grundanschauung getragen. Bald aber zeigte es sich, daß dem Schöpfer der Allgemeinen Elektrizitäts-Gesellschaft der ihm von Werner Siemens zugedachte rein geschäftliche Vertrieb des erzeugten elektrischen Stromes, zu dem anfangs nur noch die Fabrikation der Edisonglühlampen kam, nicht genügte. Emil Rathenau drängte mit Macht zu der konstruktiven technischen Gestaltung, zur Fabrikation. Auch die gesamte Entwicklung gestaltete sich anders, als man bei Abschluß der Verträge sich vorgestellt hatte. Alles dieses führte dazu, daß beiderseitig die vertraglichen Bindungen als drückend empfunden wurden, und jahrelange schwierige Verhandlungen führten dann 1894 zur vollständigen Lösung.

Vorher haben wir gesehen, daß Werner Siemens auch bei der Einführung der elektrischen Bahnen daran dachte, große selbständige geschäftliche Unternehmungen zu begründen, die als Abnehmer der Erzeugnisse seiner Firma die geschäftliche Verwertung übernehmen sollten.

Nehmen wir hinzu die große geschäftliche und organisatorische Tätigkeit, die mit den ihm und seinem Bruder Karl gehörigen kaukasischen hüttenmännischen Unternehmungen verbunden war, denken wir an die bereits erwähnten Riesenpläne auf eisenhüttenmännischem Gebiet, so erkennen wir, wie unrecht es ist, wenn man bei Werner Siemens über dem Erfinder, Forscher und Gelehrten ganz den großen industriellen Organisator, der er unstreitig war, vergißt. Werner Siemens aber hat sich nicht nur, weit über das Arbeitsgebiet seiner Firma hinausreichend, an große organisatorische Aufgaben herangewagt, auch hier vermochte er es, sich in unentbehrliche Einzelarbeit zu vertiefen.

Bei der großen Bedeutung, die heute mehr als je die Aufgaben der Fabrikation gewonnen haben, ist es von besonderem Interesse zu sehen, daß Werner Siemens, der in der handwerklichen Feinmechanikerwerkstatt seine fabrikatorische Schulung durchgemacht hatte, sich schon sehr früh zu der Erkenntnis durchringt, daß die Zukunft der Entwicklung in weitgehender Verwendung von organisierter Maschinenarbeit gegenüber der bloßen Handarbeit zu suchen sei. Wie eingehend er sich mit Fabrikationsfragen beschäftigt hat, kann man bereits in den 50er Jahren sehen, als es sich darum handelte, Wassermesser in großer Zahl zu einem angemessenen Preis herzustellen.

Mit dem riesigen Aufschwung nach dem Krieg 1870/71 machte sich der stets schon stark empfundene Mangel an tüchtigen geschulten Arbeitern noch mehr fühlbar. Werner Siemens drang jetzt darauf, daß die Telegraphenapparate „für Fabrikation geeignet" konstruiert werden. Sie müßten unter Verzicht auf ständige Abänderungen als Handelsartikel hergestellt werden, für jede Änderung müsse man sehr erheblich höhere Preise fordern, dann werde man die Abnehmer mit der Zeit erziehen. 1872 schreibt er in einem Brief an Karl, daß die Arbeiternot „geradezu unerträglich" geworden wäre. Termine könne man nicht mehr einhalten, man sei deshalb bestrebt, „wie die Amerikaner, alles mit Spezialmaschinen zu machen, um auch mit schlechteren Arbeitern gute Sachen machen zu können". Das habe sich auch schon brillant bewährt. Jetzt seien alle davon überzeugt, daß in der Anwendung amerikanischer Arbeitsmethoden das zukünftige Heil liege, und daß man in diesem Sinne die ganze Geschäftsleitung ändern müsse. „Nur Massenfabrikation kann künftig unsere Aufgabe sein, darin können wir künftig jedes Bedürfnis befriedigen und jede Konkurrenz überwinden!" Es wurden jetzt im großen amerikanische Werkzeugmaschinen bestellt, ein „amerikanischer Saal" wurde eingerichtet, und so der Übergang zur neuzeitigen Massenfabrikation vor fast einem halben Jahrhundert bereits in vollem Bewußtsein der großen weittragenden Bedeutung dieser Arbeitsmethoden gegenüber dem alten handwerklichen Betrieb eingeleitet.

Der Leiter eines ausgedehnten Fabrikunternehmens hat aber nicht nur mit dem toten Material zu arbeiten, sondern vor allem mit den lebenden Menschen, mit den Arbeitern und Beamten, mit Erfindern, Ingenieuren, Konstrukteuren und mit dem großen Kreis der Abnehmer seiner Erzeugnisse. Außerordentliche Schwierigkeiten, wie wir immer wieder aus den Briefen ersehen können, waren auch hier jahraus, jahrein von Werner Siemens zu überwinden.

Seine überragende Persönlichkeit mag vielen die Unterordnung sehr erleichtert haben, aber auch er mußte immer wieder empfinden, wie schwer es ist, die eigenen Gedankengänge bis ins einzelne auf andere zu übertragen. Er lernte sich zu bescheiden mit den zuweilen ganz anders gearteten Ergebnissen, die aus seinen Anregungen hervorgingen.

Für eine seiner Hauptaufgaben hielt er es, das Gefühl der Zusammengehörigkeit aller der vielen Menschen, die das gemeinsame Band der Firma umschloß, zu wecken, zu erhalten und zu stärken. Eine ganze Anzahl organisatorischer Maßnahmen ist hierauf zurückzuführen. „Im Beamtenpersonal liegt unsere Achillesferse", hatte er schon 1857 an Karl geschrieben und ihm dringend empfohlen, einen guten Geist unter den Mitarbeitern zu wahren. Tüchtige Leute wollten rücksichtsvoll behandelt werden, mit dem bloßen Vorgesetztenverhältnis komme man nicht weit. Im persönlichen Verkehr müsse man auch teilnehmend auf Wünsche und Bedürfnisse eingehen und die Hoffnungen auf die Zukunft aufrechterhalten. Nicht vom Standpunkt eines Aristokraten und Geldmannes, sondern geleitet von einer „humanen Weltanschauung" müsse man diese persönlichen Verhältnisse behandeln.

Planmäßig sucht Werner Siemens schon frühzeitig den Gedanken zu verwirklichen, durch Gewinnbeteiligungen und Inventurprämien weiteste Kreise der Beamten und Arbeiter am geschäftlichen Gedeihen der Firma unmittelbar zu beteiligen. „Mir würde das verdiente Geld wie glühendes Eisen in der Hand brennen, wenn ich treuen Gehilfen nicht den erwarteten Anteil gäbe", schrieb er im Juni 1868 an Karl, und einige Wochen später: „Ich habe noch immer gefunden, daß es die größte Verschwendung ist, diejenigen, die an der Leitung von Geschäften beteiligt sind, nicht am Resultat zu beteiligen. Eine einzige Dummheit weniger kann das schon wieder einbringen!" Er ist sich klar darüber, daß man bei großen und namentlich verzweigten Geschäften, die man nicht mehr selbst übersehen und allein leiten kann, einen wesentlichen Teil des Gewinnes seinen Stellvertretern zuwenden muß. „Das ist eine Grundregel für guten Betrieb großer Geschäfte." Jeder müsse wissen, was er zu tun habe und wofür er verantwortlich sei. Planmäßige Ordnung und Gliederung statt eines Blinddrauflosarbeitens, bei dem erst überlegt werde, wenn es zu spät sei, müsse erstrebt werden. Selbständige, verantwortungsfreudige Mitarbeiter verlangt er, die in kritischen Lagen es verstehen, entschieden und kräftig zu handeln. „Keine Hofkriegsratswirtschaft, die die besten Generale vom grünen Tisch her matt macht!" Aus dem Bestreben heraus, sich einen Stamm besonders bewährter Beamten und Arbeiter dauernd zu erhalten, erwuchs auch die von ihm 1872 beim 25 jährigen Geschäftsjubiläum begründete Alters- und Invaliditäts-Pensionskasse.

„Gut organisieren ist besser als doppelter Gewinnanteil. Bitte, habe immer nur in erster Linie die fernere Zukunft im Auge," schreibt er an Karl, „darauf kommt es in erster Linie an. Die Geschäfte lassen sich in unserer jetzigen Lage in jedem beliebigen Maß vergrößern, die Grenze besteht nur in der guten Leitung. Wo die zu verbessern ist, müssen alle anderen Möglichkeiten schweigen." Sein Ziel ist, wie dies auch Alfred Krupp bei seinen Organisationsbestrebungen in den letzten Jahren seiner Tätigkeit wiederholt ausgesprochen hat, alles so einzurichten, daß man im Notfall entbehrt werden kann, „sonst stürzt bei unserm Abgang der ganze Bau zusammen, und wir haben schlecht für unsere Nachkommen gesorgt." Diese schon 1868 ausgesprochenen Grundsätze sind für seine umfangreiche organisatorische Tätigkeit bis zum Ende seines Lebens ihm Richtschnur gewesen.

Aber er weiß auch die Schwierigkeiten richtig einzuschätzen. Straffere Organisation, größere Selbständigkeit der Glieder stellte er sich als Ziel, „aber", fährt er fort, „das sagt sich leicht, ist aber schwer durchzuführen, weil zu sehr mit den vorhandenen Persönlichkeiten gerechnet werden muß".

Mit dem Aufstellen eines Organisationsplanes, der Angabe von Grundsätzen und Richtlinien, nach denen man handeln soll, ist es niemals getan. In mühsamer und zuweilen recht verdrießlicher Einzelarbeit sind die ständigen Reibungen, die auch innerhalb einer Firma unausbleiblich sind, erfolgreich zu überwinden. An solchen inneren Widerständen hat es auch zur Zeit Werner Siemens nicht gefehlt. Am interessantesten sind vielleicht die Widerstände, die sich zwischen Berlin und London entwickelten, weil sie ihren Hauptgrund in leicht erkennbaren großen geschichtlichen Zusammenhängen hatten. London war der Mittelpunkt der englischen Weltherrschaft. Es erschien deshalb selbstverständlich, daß auch das Londoner Geschäft von Anfang an den Anspruch machte, Berlin könne nur durch London mit der Welt verkehren. Höchstens, daß man damit einverstanden war, noch Rußland zu dem unmittelbaren Einflußgebiet Berlins zu rechnen. Trotz des Wunsches nach friedlichem Einvernehmen glaubte Werner Siemens, daß diese Forderungen sich unter den durch die großartige Entwicklung der deutschen Industrie gänzlich geänderten Verhältnissen nicht mehr erfüllen ließen. Die ständige Eifersucht und Befürchtung des Londoner Geschäfts, man könne auch von Berlin aus irgendwelche überseeische Verbindungen anknüpfen, drohte die Entwicklung des Hauptgeschäftes in Berlin ernsthaft zu gefährden. Auch hier gelang es Werner Siemens, den neuen Zeitverhältnissen entsprechend, Änderungen in der Handhabung der vertraglichen Bestimmungen nach und nach durchzusetzen.

Zusammenfassend sehen wir, wie die hier nur kurz angedeuteten großen Arbeiten, die Werner Siemens auch auf dem Riesengebiet seiner geschäftlich-organisatorischen Tätigkeit auszuführen hatte, sich würdig den Leistungen auf rein technischem Gebiet an die Seite stellen können.

V. Außerhalb der Berufsarbeit.

Innere Kräfte und äußere Wirkungen.

Starke Persönlichkeiten verstehen es, ihr ganzes Leben in seinem inneren Zusammenhang und all seinen Wirkungen nach außen hin einheitlich zu gestalten. Sie schaffen sich ihr Arbeitsfeld und passen es ihren Eigenschaften an. Die Berufsarbeit wird zu einem wesentlichen Teil ihres Ichs. Ihr Wesen erfüllt den Beruf, ihre Werke zeigen den Abdruck ihrer Persönlichkeit. Der innere Reichtum strömt über in alle Lebensbeziehungen, die einen Menschen mit seiner Umwelt verknüpfen. Um sich dieser inneren Einheit Werner Siemens bewußt zu werden, ist es erforderlich, noch auf einige der Beziehungen hinzuweisen, die bei der Darstellung der eigentlichen Berufsarbeit noch nicht erwähnt oder nur kurz berührt werden konnten.

Werner Siemens wurzelt mit all seinem Denken und Empfinden in der Familie. Wir sahen bereits, welch starke Eindrücke er aus dem Elternhaus mit in das Leben nahm. Vor allem war hier kennzeichnend für seine weitere Entwicklung das starke Gefühl der Verantwortung, für die ihm im Leben Nahestehenden zu sorgen. Wir sahen, wie der junge, lebensfrohe Offizier es bei dem frühen Tode der Eltern für eine selbstverständliche Pflicht ansah, für die große Schar seiner Geschwister zu sorgen. Die Notwendigkeit, hierfür Geld zu beschaffen, war eine starke, treibende Kraft in den wichtigen ersten Entwicklungsjahren. Er empfand diese Sorgen nicht nur als eine Pflicht, sondern als wertvolles Recht, und so wurde ihm der glänzende Aufstieg der Brüder zugleich eine Quelle großer innerer Befriedigung und Freude. In menschlich zu Herzen gehender Form sehen wir aus den Briefen, wie diese

Anteilnahme am Lebensweg der Brüder sich durch alle geschäftlichen Maßnahmen hindurchzieht. In den Träumen seiner Jugend hatte er nicht sich allein als machtvollen Herrscher in dem Reich, das er sich zu bauen hoffte, vorgestellt, auch hier war es wieder die Familie, die er zu Macht und Ansehen bringen wollte. Das alte germanische Gefühl für die Sippe war in ihm ungemein stark lebendig. Stolz, ein Siemens zu sein, hat er auch mit Folgerichtigkeit alle Bestrebungen gefördert, die auf einen Zusammenhalt der Familie hinarbeiteten. Unter seiner freudigen Anteilnahme wurde eine Familienstiftung begründet und Familientage ins Leben gerufen.

Den inneren geistigen Zusammenhalt der Geschwister zu wahren, ist er stets bemüht; immer wieder bittet er, doch zusammenzukommen, nicht bloß um notwendige geschäftliche Angelegenheiten zu erledigen, sondern um zu verhüten, daß man sich innerlich auseinanderlebe. Wie stark sind deshalb auch die geistigen Fäden, die die Brüder auch über das engere berufliche Interesse aneinanderschlossen! Am deutlichsten tritt dies in dem Briefwechsel mit seinem Bruder Wilhelm hervor, der ihm geistig am nächsten stand, mit dem er auch über all die ihn im Innern bewegenden rein wissenschaftlichen Aufgaben innigste Fühlung behält.

Sobald Werner Siemens der drückendsten Sorgen um seine Brüder in geldlicher Hinsicht ledig war, dachte er daran, einen eigenen Hausstand zu begründen. Nach seiner zweiten russischen Reise hatte er sich am 1. Oktober 1852 in Königsberg mit Mathilde Drumann, der Tochter des Geschichtsprofessors Drumann, vermählt. Ungetrübte Jahre häuslichen Glückes, erhellt durch die ersten großen beruflichen Erfolge auf technischem Gebiet, folgten, bis dann nur zu früh schwerer Kummer über ihn hereinbrach. Ein tückisches Lungenleiden befiel seine Frau, und jahrelanges Siechtum, bei dem bald alle Hoffnung aufgegeben werden mußte, zerstörte das friedliche, freudige Zusammenleben, von dem er immer neue Frische für seine große Arbeit erhofft hatte. Seelisch hat ihn dieses Mitansehenmüssen, wie das Leben, das er am höchsten schätzte, unter großen Schmerzen langsam erlöschen mußte, tief ergriffen. Das rastlose und ununterbrochene Arbeiten wurde ihm zum Opium für diese Sorgen. In den Briefen an die Brüder, mitten hinein in die Hoffnungen und Enttäuschungen der Berufsarbeit, kommt der tiefe Schmerz, leiden sehen zu müssen und nicht helfen zu können, zum Ausdruck. Wenige Monate vor dem Tode seiner Frau, im April 1865, schreibt er an Karl, daß die schrecklich schnell fortschreitende Krankheit ihm jetzt alle Ruhe und auch die Freude an eigener erfolgreicher Tätigkeit, die er bisher noch hatte, nehme, „der Himmel erspare Dir, ein solch langsames und geplagtes Hinwelken eines geliebten Wesens mitansehen zu müssen, ohne helfen zu können und ohne sich an irgendwelcher, wenn auch noch so schwachen Hoffnung aufrichten zu können." Die Tapferkeit seiner Frau rührt ihn tief. „Sie kennt ihr Geschick, ihre Rettungslosigkeit genau, sie kämpft dagegen an", schreibt er weiter, „mit dem schwachen Rest ihrer Kräfte, klagt nie, — wünscht aber oft Erlösung von ihrem Leiden." Und wenige Tage vor dieser Erlösung klagt er Karl gegenüber, wie es einem doch fortwährend das Herz zusammenschnüre, dies Leiden Tag und Nacht mit ansehen und sich ganz beherrschen zu müssen.

Am 1. Juli 1865 starb Mathilde Siemens. Aus einem Brief an Wilhelm aus jenen Tagen wissen wir, wie verwaist sich Werner Siemens durch den lange erwarteten Verlust fühlte. „Trotz langer Krankheit und körperlicher Leiden," schrieb er damals, „war sie der stets feste, immer klare Leuchtturm meines Hauswesens, der Erziehung meiner Kinder, ja meines ganzen Lebens." Er rühmt ihr Gefühl für Recht, Wahrheit und Pflicht. Noch im folgenden Jahr erklärt er, daß ihm das Leben gar nicht wieder freundlich erscheinen wolle. Seit dem Verlust seiner Frau, dem geistig erfrischenden Element seines Hauses und Lebens, scheine ihm das Leben so uninteressant. „Es ist mir oft, als wäre ich geistig mit ihr zur Ruhe gegangen!"

Hier war wieder die Pflicht, für seine Familie zu sorgen, der Ansporn, auch diesen tiefsten Schmerz seines Lebens zu überwinden. Die Freude an der Entwicklung der beiden Söhne und der beiden Töchter, die ihm seine Frau geschenkt hatte, kommt auch in den Briefen an die Brüder immer wieder zum Ausdruck. Auch hier treten noch schwere Sorgen um die gesundheitliche Entwicklung der Söhne an ihn heran, die aber glücklich überwunden werden. In den heranwachsenden Söhnen sieht er die Fortführer seines Werkes, und mit großer innerer Freude verfolgt er ihre erste berufliche Tätigkeit und berichtet über die Ergebnisse stolz seinen Brüdern.

Am 13. Juli 1869 gab Werner Siemens durch Wiederverheiratung mit einer entfernten Verwandten, Antonie Siemens, einer Tochter des um die landwirtschaftliche Technik verdienten Professors Karl Siemens in Hohenheim bei Stuttgart, seiner Familie einen neuen Mittelpunkt. In den Lebenserinnerungen schreibt er dankbaren Herzens von dem warmen Sonnenschein, den die liebenswürdigen Eigenschaften dieser Schwäbin in sein etwas verdüstertes, arbeitsvolles Leben gebracht haben. Der durch einen Sohn und eine Tochter vermehrte Familienkreis war Werner Siemens liebste Erholungsstätte. Nur die Zeit, die ihm hierfür übrig blieb, war ungemein knapp bemessen.

Von der Familie führt der Weg zum Volk und Staat. So stark Werner Siemens die Familienbande empfand, so stark war er sich auch in allen seinen Lebensäußerungen bewußt, ein Glied des deutschen Volkes zu sein, das er von Grund seines Herzens aus liebte, und an dessen großer Zukunft er mitbauen wollte. Aber es gehörte viel Phantasie dazu, um dieses Deutschland der Zukunft in der Jugendzeit Werner Siemens schon durch alle Kleinstaaterei und engherzige Beamtenregierung hindurchschimmern zu sehen. Politisch hatte er noch mit starkem Empfinden die traurige Zeit erleben können, wo das deutsche Volk, in kleine und kleinste, aufeinander eifersüchtige Machtbereiche aufgeteilt, zu dauernder Ohnmacht gegenüber anderen Staaten verurteilt war. Nur eine Abkehr von dem Althergebrachten, nur ein Neugestalten auf freiheitlicher Grundlage konnte Deutschland wieder groß und machtvoll werden lassen. Werner Siemens gehörte zur Jugend, die mit Macht vorwärts wollte, und das bestimmte auch seine politische Stellungnahme, in der er sich mit den Besten seiner Zeit zusammenfand. Seiner ganzen Natur nach war er stets lieber auf der Seite, die Neues erstrebte, als auf der, die Altes zu verteidigen hatte. In den für die weitere Entwicklung so wichtigen geistigen Strömungen jener Zeit hat er seinen Platz neben den Männern gesucht, die für die Einheit Deutschlands und für aktive Anteilnahme aller

Kräfte des Volkes an den Geschicken des gemeinsamen Vaterlandes eintraten.

Trotz großer Arbeitsüberlastung hatte er es anfangs der 60er Jahre doch für seine Pflicht gehalten, sich der ohne sein Zutun an ihn herangetretenen Wahl zum Abgeordneten nicht zu entziehen. In gewissenhafter Arbeit hat er alle die Aufgaben, die ihm als Industriellen und Sachverständigen in wirtschaftlichen Fragen in den Kommissionsberatungen übergeben wurden, sorgfältig durchgearbeitet. Sehr viel Freude aber scheint ihm diese Tätigkeit, die sich nur auf Reden und weniger auf Handeln erstrecken konnte, nicht gewährt zu haben. Immer wieder klagt er über die Last, zu der ihm diese parlamentarischen Pflichten wurden. Schwer wurde es ihm auch, sein von jeder Parteischablone entferntes, selbständiges Urteil in den Rahmen festgelegter Anschauungen einzufügen. In keiner Weise dogmatisch veranlagt, wurde es ihm nicht leicht, sich in grundsätzlichen Parteifragen zurechtzufinden. Der immer schärfer werdende Konflikt der großen Mehrheit des Parlaments zur Regierung wurde auf die Dauer immer unerträglicher. Da brachte auch hier das Jahr 1866 mit seinem erfolgreichen Krieg die Lösung. Der von allen bekämpfte Bismarck erschien ihm nun bereits als der Mann, dem Deutschland einst die Erfüllung sämtlicher großer Hoffnungen seiner Jugendzeit verdanken würde. Jetzt befestigte sich in ihm die Überzeugung, daß Bismarck unter Preußens Führung mit Blut und Eisen Deutschland zusammenschweißen würde. Wir wissen, mit welcher Freude und innerer Anteilnahme er dann die Erfüllung dieses Wunsches, im Krieg gegen Frankreich 1870/71 erlebt hat. Dachte er doch vorübergehend sogar daran, seine militärische Laufbahn in diesem Kriege wieder aufzunehmen.

Während seiner parlamentarischen Zeit, die er mit dem Jahre 1866 abschloß, ist seine Stellung zur industriellen Entwicklung besonders kennzeichnend.

Das Referat über die Abteilung Metalle und Metallwaren des deutsch-französischen Handelsvertrages brachte ihn in Widerspruch mit seinem Wahlbezirk. Werner Siemens war energisch dafür eingetreten, es solle verboten werden, Fabrikerzeugnisse mit Firmen und Fabrikzeichen eines anderen Landes zu bezeichnen. In Solingen aber und in Remscheid war man es seit langem gewöhnt, die besseren Waren mit englischen Fabrikstempeln zu versehen, wie es die englischen Handelskreise, die Bestellungen gaben, verlangten. Die Industriellen behaupteten, daß ihre Wettbewerbsfähigkeit schwer geschädigt würde, wenn man verlange, daß sie ihre Waren mit ihren eigenen Fabrikzeichen versehen sollten; sie würden dann ihre Erzeugnisse weder in England noch in Deutschland, wo man englischen Waren stets den Vorzug gebe, absetzen können. Werner Siemens, davon überzeugt, daß nur durch Entwicklung der Qualitätsindustrie Deutschland wettbewerbsfähig bleiben könne, trat dieser, wie er sich ausdrückte, selbstmörderischen Auffassung scharf entgegen. Gute Ware als fremdes, und die schlechte als eigenes Fabrikat auszugeben, müßte jede Entwicklungsmöglichkeit verhindern. Aber die Fabrikanten behaupteten, das sei das Verschulden der deutschen Käufer, die grundsätzlich Auslandswaren für besser hielten. Diese entgegengesetzten Auffassungen zwischen Werner Siemens und den Fabrikanten seines Wahlbezirks ließen sich nicht überbrücken. Er glaubte, daß, wenn er noch einmal zur Wahl gestellt werden würde, aus diesen Gründen die Remscheid-Solinger Industrie ihn nicht wieder gewählt hätte.

Damals erkannte Werner Siemens deutlich, welch große erzieherische Arbeit im Kreise der deutschen Hersteller und Verbraucher noch zu leisten war, wenn man das alte deutsche Erbübel, alles, was „nicht von weit her" ist, für minderwertig anzusehen, besiegen wollte.

Arbeiten am Patentgesetz.

Auch nach dem Abschluß seiner parlamentarischen Tätigkeit war Werner Siemens für öffentliche Angelegenheiten stets zu haben, wenn er eigene Erfahrungen und Kenntnisse hierbei verwerten konnte. Eine der großen Aufgaben, an der er mit besonderem Erfolg an erster Stelle mitarbeiten konnte, war die Schaffung eines neuen deutschen Patentgesetzes. Hier tritt auch besonders klar die Stellungnahme Werner Siemens zu wichtigen industriellen Fragen, die auch heute noch von großer Bedeutung sind, zutage.

Das geistige Eigentum, soweit es sich auf Erfindungen bezog, war damals in dem Umfange des heutigen deutschen Reiches mehr oder weniger vogelfrei. Zwar erteilten die meisten Staaten des deutschen Zollvereins Patente, aber ihre bei der Kleinheit der Staaten räumlich beschränkte Gültigkeit, ferner die Möglichkeit, die in einzelnen Staaten patentierten Fabrikate in andere, die sie nicht geschützt hatten, einzuführen, und nicht zum wenigsten die ungemeine Langwierigkeit und Kostspieligkeit, in so vielen einzelnen Staaten Patente zu nehmen, machten den Nutzen der Patente äußerst fragwürdig.

Die höchste Bedeutung mußte dieser Schutz noch in dem größten Bundesstaat, in Preußen, haben. Hier aber hatte man sich bei der Patentgesetzgebung noch ganz auf den Standpunkt gestellt, daß das Patent einem in Gnaden verliehenen Privilegium gleichkomme. Die Erfindungen wurden geheim gehalten und nur der Titel, gleichsam als Warnung für alle, die auf demselben Gebiet arbeiten wollten, veröffentlicht. Man konnte nur durch eine besondere Eingabe an das Ministerium nähere Auskunft darüber erhalten, ob eigene Arbeiten gegebenenfalls in das Bereich eines solchen Patentes fielen oder nicht. Gutachtlich hatte sich über diese preußische Patenterteilung die Technische Deputation zu äußern, in deren, jeder Nachprüfung entzogenen subjektiven Ermessen diese Patenterteilung lag. Nur in verhältnismäßig seltenen Fällen sei diese Behörde zur Erteilung eines Patentes disponiert, schrieb Werner Siemens, und das sei auch für die industrielle Entwicklung Preußens insofern ein Glück, weil die Geheimhaltung vieler Patente zu dauernden, unangenehmen Konflikten mit den Patentträgern hätte führen müssen. Eine weitere Folge dieser auf dem Gnadenwege erteilten Patente sei die gewesen, daß in der Öffentlichkeit die Meinung herrschte, daß einer patentierten Erfindung von vornherein große Bedeutung zukomme. Die bitterste Enttäuschung mußte meistens darauf folgen. Die Schutzdauer wurde auf drei, höchstens fünf Jahre beschränkt. Auch diese Zeit war viel zu kurz, um einen größeren Nutzen aus einer mit vielen Kosten eingeführten Erfindung ziehen zu können. Hieraus ergab sich, daß deutsche Erfinder in erster Linie um englische und französische Patente sich bemühten und ihre geistigen Arbeiten den Staaten zuwendeten, mit denen in immer höherem Maße das eigene Land in Wettbewerb treten mußte.

Daß eine solche Patentgesetzgebung nicht zur Förderung der Industrie diente, war klar. Wenn man deshalb die Verhältnisse in Preußen und im Deutschen Zollverein für die Beurteilung der Frage, die damals weiteste Kreise beschäftigte, ob die neue Zeit überhaupt Patente dulden solle, zugrunde legte, dann war die Entscheidung nicht schwer. Der preußische Handelsminister hatte im Sommer 1863 an sämtliche Handelskammern Preußens ein Rundschreiben gerichtet, in dem er darauf hinwies, daß das Patentwesen nutzlos, ja sogar schädlich sei, und woran er die Frage knüpfte, ob es jetzt nicht an der Zeit wäre, diese Einrichtung ganz zu beseitigen. Hierdurch wurde Werner Siemens veranlaßt, an die Berliner Handelskammer eine Denkschrift zu richten, in der er seine Gedanken über den Erfinderschutz ausführlich niederlegte. Diese Arbeit war so überzeugend, daß die Kammer, trotzdem sie zunächst den entgegengesetzten Standpunkt einnahm, seine Ausführungen einstimmig als Gutachten annahm und sie auch den übrigen Handelskammern Preußens mitteilte. Viele schlossen sich an, so daß man von einer Beseitigung der Patente zunächst Abstand nahm.

Diese Arbeit war aber auch deshalb von großem Wert, weil Werner Siemens hier bereits klar die Forderungen aufstellte, die er 1876 in seiner Denkschrift über die Notwendigkeit eines Patentgesetzes für das Deutsche Reich weiter ausgeführt hat. Seine Gedanken haben in dem, im wesentlichen durch seine Mitarbeit geschaffenen Patentgesetz für das neue Deutsche Reich dauernde Gültigkeit erhalten.

Werner Siemens geht zunächst davon aus, daß, wenn die Ergebnisse geistiger Tätigkeit in einem Staat geschützt würden, man nicht einen Unterschied machen dürfe zwischen schriftstellerischem und künstlerischem Denken und technischen Erzeugnissen. Technischen Erfindungen stehe, so führt er aus, noch eine größere Berechtigung auf Schutz zu, da man zumeist erhebliche Geldmittel anwenden müsse für kostspielige Versuche oder für Einführung der Erfindung in das praktische Leben. Der Staat dürfe zwischen gleichwertiger geistiger Arbeit nicht willkürliche Unterschiede treffen. Ausschlaggebend aber wäre letzten Endes nicht das Interesse des einzelnen Erfinders, sondern allein das Wohl der Gesamtheit. Wenn man nachweisen könne, daß das Gemeinwohl durch Beseitigung der Patente gefördert werde, so müßten die Erfinder mit ihren Forderungen zurücktreten. Es sei gar nicht zweifelhaft, daß Patente Industrie und Handel beschränken, ja manchmal weiteste Kreise der Bevölkerung, Verbraucher wie Erzeuger, belästigen. Auf der anderen Seite aber müsse festgestellt werden, daß die schnelle Entwicklung der Industrie in allen Zeiten und Ländern mit der Entwicklung der Patentgesetzgebung zusammenfalle.

Er weist dann ferner darauf hin, wie die Frage nach der Nutzlosigkeit und Schädlichkeit der Patente, wenn man sie nur auf die preußische Patentgesetzgebung beziehe, unbedingt zu bejahen sei. Ganz anders aber liege es, wenn man die Grundgedanken der Patentgesetze der anderen großen Staaten berücksichtige. Schädlich sei vor allem die Geheimhaltung. Es sei klar, daß jeder Erfinder wünsche, seine Erfindung für sich selbst so gewinnbringend als möglich zu verwerten. Gibt ihm der Staat kein Eigentumsrecht, so ist die Bekanntgebung seiner Erfindung zugleich das Ende seines Besitzes. Er wird deshalb ängstlich bemüht sein müssen, sein Geheimnis zu wahren. Zuweilen gelinge dies, wie nachweisbar sei, während der Zeitdauer ganzer Generationen. Außerordentlich wertvolle Anregungen und Benutzungsmöglichkeiten gingen auf diesem Wege verloren. Die Geheimniskrämerei, die durch die Patentgesetzgebung glücklich bekämpft worden sei, würde wieder mächtig emporblühen.

Werner Siemens kommt deshalb zu dem Schluß, „es gibt kein anderes denkbares Mittel, dies zu vermeiden, als den Urheber einer Erfindung durch sein eigenes Interesse zur Veröffentlichung derselben zu nötigen." Hierin sieht er die wichtigste Grundlage eines zweckmäßigen Patentgesetzes. Aber noch andere Vorteile würden sich aus dieser Verleihung des Eigentumsrechtes an den Erfinder für die große Öffentlichkeit ergeben. Eine Erfindung sei in ihrer ursprünglichen Gestalt nur selten unmittelbar verwendbar. Arbeit und Geld in erheblichem Umfang müßten verwendet werden, die Erfindung nutzbar zu machen. Diese Opfer aber werde man nur bringen, wenn Aussicht auf bedeutenden Gewinn vorhanden wäre. Die Geschichte der Technik weise viele Beispiele nach, wo es nur infolge der Patenterteilung gelungen sei, die für die Entwicklung der Erfindung notwendigen Geldmittel zu erhalten. „Nicht in den Ideen, die oft unbeachtet verhallen, sondern in ihrer mühsamen und vollständigen Durcharbeitung liegt das wahre Verdienst und der Nutzen der Erfindung für die Welt."

Neue Erfindungen würden sich immer da am schnellsten einbürgern, das lehre die Erfahrung, wo der durch ein Patent geschützte Erfinder für ihre Einführung wirke und den Schatz seiner gesammelten Erfahrungen allen zugänglich mache. Alle, welche die neue Erfindung ausführten, würden so zu Mitarbeitern an ihrer Vervollkommnung, und dadurch erhalte der betreffende Industriezweig einen Vorsprung vor dem anderer Länder. Man müsse den Urheber einer Erfindung durch sein eigenes Interesse zur Veröffentlichung nötigen, das sei die beste Grundlage eines zweckmäßigen Patentgesetzes. Damit würde eine unentbehrliche Bedingung für Gedeihen und Fortschritt von Industrie, Gewerbe und Handel gegeben sein.

Das Gutachten kommt sodann zusammenfassend zu dem Schluß, daß das bisherige Patentverfahren in Preußen zu beseitigen sei, daß dagegen Erfindungspatente, mit unbedingter Verpflichtung zur Veröffentlichung, unentbehrlich wären. Ein brauchbares Patentgesetz müsse ein Anmeldeverfahren, eine Voruntersuchung und einen richterlichen Schutz des Erfinders und des Publikums haben. Die Patentabgaben sollten mit den Jahren steigen. Ein befriedigender Abschluß dieser für die weitere gedeihliche Entwicklung der Industrie wichtigen Fragen könne nur ein internationales Patentgesetz oder doch ein Gesetz, das wenigstens zunächst das ganze Zollgebiet umfasse, bringen.

Diese grundlegenden Gedanken, die auf Werner Siemens weitgehender Erfahrung mit Patenten in aller Herren Länder fußten, wurden, wie erwähnt, bereits 1863 veröffentlicht. Als dann das Deutsche Reich erstand und sich damit neue Möglichkeiten für ein das ganze Reich umschließendes deutsches Patentgesetz ergaben, wurden diese Gedanken wieder in Werner Siemens lebendig, und er suchte sie mit der ihm eigenen Tatkraft in die Wirklichkeit umzusetzen.

Überall in Deutschland wurden damals, anfangs der 70er Jahre, die Fragen eingehend behandelt, ob überhaupt Patente erteilt werden sollten. Die große, zu jener Zeit mächtige Freihandelsschule war dagegen. Sie sah in den Patenten Privilegien, die längst vergangenen Zeiten angehörten und die nunmehr, wo alle Kräfte sich vollständig frei entfalten sollten, beseitigt werden müßten. Die Vertreter der theoretischen Volkswirtschaftslehre behaupteten, daß die Patente weder die Erfindungen begünstigten, noch den Erfindern Nutzen brächten. Durch die ungehinderte „Arbeit aller" würden Erfindungen am schnellsten und besten sich ausbilden und einführen. Werner Siemens wies diese Gedanken als Trugschlüsse energisch zurück. Die erfindungsreichen Köpfe, die zunächst zu jedem Erfinden gehören, würden sich nur da entwickeln und dort bleiben, wo sie günstigen Boden und Schutz ihrer Arbeit fänden. Die volkswirtschaftlichen Theoretiker, die mit der Industrie nicht praktisch vertraut wären, gingen von der durchaus falschen Ansicht aus, eine Erfindung sei nichts als ein müheloser Einfall. „Sie verwechseln dabei Idee mit Erfindung. Die Idee ist an sich ohne reellen Wert." Die Arbeit aller könne unmöglich das leisten, was von dem Erfinder verlangt werde, bis seine Idee zu wirklicher Ausgestaltung komme. In der Regel vermöge nur die Vaterliebe des Erfinders, verbunden mit der Aussicht auf große Ehren und großen Gewinn, die zur Durch- und Einführung einer bedeutenden Erfindung notwendige aufopfernde Arbeit zu leisten und die großen Geldmittel zu beschaffen.

Werner Siemens erkannte deutlich, daß erst weiteste Kreise von diesen Gedanken überzeugt werden mußten, ehe man auf die Unterstützung in der Öffentlichkeit rechnen konnte, die zur Erzielung eines seinen Wünschen entsprechenden Patentgesetzes gegen die herrschende Schule nötig war. Er findet hierfür überall in Deutschland weitblickende Männer und tatkräftige Mitarbeiter. Unter ihnen ist als einer der hervorragendsten Eugen Langen in Cöln zu nennen, der große rheinische Ingenieur und Industrielle, der, gemeinsam mit Otto, dem Erfinder der Gasmaschine, die Gasmotorenfabrik Deutz begründete und der auch weit über dieses Arbeitsgebiet hinaus bedeutende Ingenieurarbeit geleistet hat. Sein Ideenreichtum hatte ihn schon frühzeitig veranlaßt, sich aus eigenem Interesse mit Patentfragen zu beschäftigen. Er hatte ebenso wie Werner Siemens die großen Nachteile des bisher in Preußen geübten Verfahrens kennen gelernt, und aus eigener Erfahrung kannte er die Vorteile der französischen und englischen Patentgesetzgebung. Mit ihm besprach Werner Siemens im Februar 1874 seine Gedanken, wie man ein deutsches Patentgesetz in planmäßiger Weise vorbereiten könne. Die großen politischen Fragen ließen es ihm damals nicht zweckmäßig erscheinen, die Frage des Patentgesetzes vor die Parteien zu bringen, die sich selbst über das, was zu erstreben war, durchaus nicht einig waren.

Der Hinweis, daß es sich hier keineswegs um eine Monopolisierung handle, sondern um einen Vertrag mit dem Erfinder, seine Erfindung zu veröffentlichen und hierfür den Patentschutz zu genießen, habe viele für die Patentgesetzgebung gewonnen. Jetzt aber sei es unbedingt erforderlich, zu beweisen, „daß nicht nur einige Erfinder um Schutz schreien und andere mit sich fortreißen, sondern daß wirklich achtunggebietende Klassen und Interessen ihn fordern." Es sei nicht zweckmäßig, jetzt von internationaler Seite aus diese Frage weiter bearbeiten zu lassen. Erst wenn man ein deutsches Patentgesetz habe, könne man sich weiter bemühen, die Patentgesetzgebung der einzelnen Großstaaten einander näherzubringen. Ein internationaler Druck auf die Behörden und den Reichstag sei taktlos und würde die entgegengesetzte Wirkung haben. Das einzige, was jetzt zu tun sei, wäre, eine rein deutsche Organisation zu bilden, mit der Aufgabe, eine planmäßige Bearbeitung der öffentlichen Meinung in die Wege zu leiten. Werner Siemens schlug deshalb vor, einen deutschen Patentschutzverein mit dem Sitz in Berlin und Zweigvereinen in ganz Deutschland zu begründen. Die vorhandenen technischen Gesellschaften sollten sich für diese Zwecke als Zweigvereine diesem neuen Verein anschließen. Die nötigen Geldbeträge sollten durch die Industrie aufgebracht werden. Dieser Patentschutzverein sollte dann auch durch entsprechende Eingaben dafür sorgen, daß Staatsbehörden und Reichstag diese Fragen energisch weiter behandelten. Dieser Weg sei zwar beschwerlich und zeitraubend, er werde aber sicher zum Ziel führen.

Am 4. Juni 1874 konnte Werner Siemens seinem Bruder Wilhelm berichten, daß der „Patentschutzverein für das Deutsche Reich“ glücklich gegründet sei, und daß er die Geschicke der neuen Organisation als Präsident zu leiten habe. Das nehme ihn sehr in Anspruch, aber die Sache sei doch als ein großer Erfolg anzusehen, denn die deutsche Großindustrie, die wissenschaftliche Technik und die großen wissenschaftlichen Vereine seien bereits in diesem Patentschutzverein vertreten. Da nicht die Erfinder, sondern die Gewerbetreibenden Deutschlands jetzt für das Patent eintreten, hoffe er auf diesem Wege das Ziel zu erreichen.

Innerhalb dieser Organisation hat Werner Siemens erfolgreich für seine Ideen wirken können. Je klarer er die Schwächen der bisherigen Entwicklung erkennt, um so schärfer wird auch seine Kritik. Durch das Totschweigen von Mißständen heilt man nicht. Es sind bittere Wahrheiten, die er, ein Führer der Industrie, über die damalige industrielle Entwicklung und die Stellung der Behörden zu den Leistungen der Technik sagt. Alle diese Gedanken sind in der auch industriegeschichtlich so wertvollen „Denkschrift, betreffend die Notwendigkeit eines Patentgesetzes für das Deutsche Reich“, die im Jahr 1876 veröffentlicht wurde, niedergelegt.

Werner Siemens weist hier darauf hin, wie vielfach die deutschen Gewerbetreibenden sich genötigt gesehen hätten, ihre Erzeugnisse unter ausländischer Marke einzuführen. Dank des billigen Arbeitslohnes habe man vielfach auch mit schlechterer Ware im Ausland in Wettbewerb treten können. Jetzt sei aber von Amerika her die Arbeitsmaschine so vervollkommnet worden, daß man eine Massenfabrikation auf maschineller Grundlage schaffen könne. Hiermit würde es möglich werden, wesentlich billigere und wesentlich bessere Waren herzustellen, als es bisher mit Handarbeit in Deutschland möglich gewesen sei. Der billige Arbeitslohn, durch den Deutschland bisher noch wettbewerbsfähig war, sei, in der schwindelhaften kurzen Blüte der Gewerbetätigkeit und Spekulation, veranlaßt durch den Klang der Milliarden unmittelbar nach dem Krieg mit Frankreich, verschwunden. Der Geldwert sei gesunken, und dementsprechend der Arbeitslohn wesentlich gestiegen. Was solle hiergegen helfen? Ein Schutzzoll mache niemals eine Industrie exportfähig, und den Arbeitslohn auf die frühere Stufe zurückzuschrauben würde man erst dann können, wenn das Land verarmt sei. Der einzige Ausweg sei, „die heimische Industrie in Leistungen und Ansehen der fremden ebenbürtig zu machen". Um dies Ziel zu erreichen, müsse man die geistig schaffenden und neubildenden Kräfte vermehren und stärken, und gleichzeitig die Solidität und Redlichkeit der Gewerbetreibenden und des Handels heben.

Leider würden aber diese Bestrebungen durch die deutschen Staatseinrichtungen und Verwaltungsgrundsätze durchaus nicht begünstigt, sei doch von dieser Seite aus im wesentlichen die nachteilige Entwicklung der Industrie mitverschuldet worden. Welch ein Unterschied bestehe, um nur einen die allgemeine Auffassung besonders kennzeichnenden Fall zu erwähnen, in der hohen sozialen Stellung, die ein aus der Industrie hervorgegangener unabhängiger Ingenieur infolge hervorragender technischer Leistungen in den älteren Industriestaaten, namentlich aber in England einnehme, gegenüber der Auffassung, die man in Deutschland von der Industrie habe. Dort habe der Ingenieur einen maßgebenden Einfluß auf die Staatsverwaltung in allen technischen Angelegenheiten. Er werde zu den höchsten Ehrenstellen des Staates berufen, während seine Berufsgenossen in Deutschland ohne jedes Ansehen und Einfluß seien. Für den wirklichen Techniker sei im deutschen Staatsorganismus kein Platz. Natürlich zeige sich auch hier das Gesetz von Wirkung und Gegenwirkung. Diese soziale und staatliche Mißachtung der Industrie veranlasse die wenigen, durch hervorragende eigene Leistungen emporgekommenen Techniker, sich mißmutig und gleichgültig von öffentlichen Angelegenheiten zurückzuziehen, die Mittelmäßigkeit allein dränge sich überall vor, „wie sollen aber tüchtige und talentvolle Kräfte der deutschen Industrie erhalten bleiben und in ihr emporkommen, wenn ihre Leistungen ohne Anerkennung und ihre geistige Arbeit ohne Schutz bleiben?"

Bei dem heutigen Zustand würden die Erfinder ins Ausland getrieben, und die Kapitalisten würden durch die Schutzlosigkeit der Erfinder geradezu verhindert, große Spezialfabriken für Massenfabrikation zu errichten, die künftig die Grundlage der Großindustrie und namentlich des Exportes bilden mußten. „Talentvolle deutsche Techniker", fährt er fort, „findet man zwar nicht viel in Deutschland, desto mehr aber in England, Amerika und anderen industrietreibenden Ländern, wo sie wesentlich dazu beitragen, dem eigenen Vaterland die Konkurrenz mit dem Ausland unmöglich zu machen."

Und doch trage die deutsche Industrie die „Grundbedingung zu einer Blüte ohnegleichen" in sich, und diese sieht Werner Siemens in der hohen Entwicklung des Studiums der Naturwissenschaften, auf der aller technischer Fortschritt sich aufbaue. Man brauche nur den geistig schaffenden Kräften der Industrie den nötigen Spielraum für ihre volle Entwicklung zu geben und durch ein gutes Patentgesetz ihre Arbeit zu schützen und lohnend zu machen, um diese Wendung einzuleiten.

Mit großem Ernst und Nachdruck weist Werner Siemens aber ferner darauf hin, daß aus der Schutzlosigkeit des technischen Fortschritts auch sehr bedenkliche rechtliche und moralische Anschauungen sich entwickelt haben. Während es überall für unehrenhaft, zumindest doch für unschicklich gelte, fremde Erfindungen ohne Zustimmung des Erfinders zu benutzen, haben in Preußen selbst technische Staatsbehörden neue Betriebsapparate oder Einrichtungen, die auf ihre Veranlassung die Industrie ausgearbeitet hatte, anderen Gewerbetreibenden als Modelle zur Nachahmung übergeben. Es beständen sogar Dienstanweisungen, die die Behörden hierzu verpflichteten. Hinzu komme noch das Verfahren für Submissionen, bei denen es durchaus üblich sei, kostenlos die Arbeitsergebnisse anderer für eigene Zwecke zu benutzen. Diese Auffassungen hätten Schule gemacht. Es gäbe bereits Gewerbetreibende, die offen darauf hinwiesen, daß sie grundsätzlich nur die besten Konstruktionen anderer Firmen nachahmten und deshalb billiger liefern könnten, weil sie keinerlei Erfindungs- und Versuchskosten zu tragen hätten. Staatsbehörden pflegten oft von solch vorteilhaften Anerbieten Gebrauch zu machen. Die Folgen solcher Auffassungen wären, daß man auf den berechtigten Stolz, das Beste zu liefern, immer mehr verzichte, und daß nur noch die Frage der Billigkeit Beachtung fände.

Durch diese „von der Regierung begünstigte geistige Freibeuterei" müßten nicht nur deutsche Waren, sondern auch der deutsche Gewerbetreibende im Ausland in Mißkredit kommen. Man müsse die deutsche Redlichkeit von der man so viel singe und rede, wieder zu Ehren bringen, sonst würde Deutschland auf die Dauer unermeßlichen Schaden leiden.

Zu den Männern, die damals in Deutschland die gleich tiefgehende Sorge um die Gesundung der industriellen Verhältnisse in sich trugen, gehörte Reuleaux, der, unter dem Eindruck der in Philadelphia der Welt vor Augen geführten Leistungen der damaligen deutschen Industrie, sein Urteil in die beiden Worte „billig und schlecht" zusammengefaßt hatte. Als Reuleaux nach Deutschland zurückkehrte, und die Wogen der Entrüstung über dies von vielen nur als Schädigung der deutschen Industrie angesehene Urteil hochgingen, rief ihm Werner Siemens ein herzliches „Bravo" für seine mutigen und richtigen Worte entgegen. Er teilte ihm mit, daß er auch dem Minister gegenüber, der sich persönlich scharf gegen diese, die deutsche Industrie beleidigenden Worte gewandt habe, die Auffassung vertreten hätte, Regierung, Industrie und Land seien ihm zu großem Dank verpflichtet, weil er Feuer gerufen habe, zu rechter Zeit, an rechter Stelle, bevor es zu spät wäre, und jedermann die Flammen aus dem Dach schlagen sähe.

In einer Eingabe, die Werner Siemens damals an den Fürsten Bismarck gerichtet hatte, entwickelte er die gleichen Sorgen und zeigte die Wege zu einer Gesundung der Verhältnisse und zu einer großen Entwicklung der deutschen Technik und Industrie. Er wies aber auch darauf hin, daß ein Patentgesetz, vom Deutschen Reich geschaffen, ein festes einigendes Band um alle deutschen Staaten legen würde. Die Aufgabe des neuen deutschen Reiches, alle deutschen Stämme eng miteinander zu verbinden, würde auch hierdurch wesentlich gefördert werden.

Schließlich wurde dieses Ziel erreicht. Der Gesetzentwurf des Patentschutzvereins wurde 1876 in einer Versammlung, die sich aus Industriellen, Verwaltungsbeamten und Richtern aus ganz Deutschland zusammensetzte, eingehend beraten und im wesentlichen beibehalten. Der Reichstag nahm den Entwurf mit einigen Änderungen an. Damit war eine wichtige Grundlage für die Weiterentwicklung der deutschen Industrie geschaffen. Werner Siemens hat in dem neu zu bildenden Patentamt für die ersten Jahre auch die Stellung eines Mitgliedes angenommen, um für die Durchführung des im wesentlichen durch seine Vorschläge entstandenen Patentgesetzes mit zu sorgen.

Wenn Werner Siemens kurz vor der Annahme des neuen Patentgesetzes im Reichstag an seinen Bruder hierüber schrieb: „Die Sache hat mir in der letzten Zeit viel Mühe und Arbeit gemacht, aber ich denke, die Arbeit hat gelohnt", dann wird man dieser 1877 ausgesprochenen Auffassung auch heute noch unbedingt zustimmen müssen, wenn auch die stets sich wiederholenden Klagen der Ingenieure und der Industrie um die richtige Bewertung und Einschätzung ihrer Arbeit und um die Achtung ihres geistigen Eigentums auch bei den behördlichen Ausschreibungen noch immer nicht verklungen sind. Auch hier wird man im Sinne der Forderungen, die Werner Siemens bereits vor 40 Jahren so klar und überzeugend aufgestellt hat, weiter arbeiten müssen.

Die eigene Tätigkeit nicht minder wie die eingehende Beschäftigung mit den Patentangelegenheiten hat Werner Siemens auch viel mit Erfindern zusammengeführt und ihm Gelegenheit gegeben, seine Gedanken über Erfinden und Erfinder zum Ausdruck zu bringen. Gleich allen anderen großen Bahnbrechern der Technik hatte er selbst nur zu oft erfahren müssen, wie weit der Weg ist zwischen einer Idee und ihrer praktischen Verwirklichung. Er wendet sich deshalb überall gegen den Glauben an die mühelos glücklichen Erfinder. Das erste erhebende Gefühl eines errungenen geistigen Sieges, der erste Freudentaumel, der beim Auftreten eines die Lösung zeigenden Gedankens eintrete, dauere gewöhnlich nicht lange. Die strenge Selbstkritik lasse oft nicht viel von dem anfangs Erhofften übrig, und dann erst beginne die regelrechte, schwere Arbeit der

Ausbildung und Durchführung der Erfindung, dem sich der Kampf für die Einführung in das wissenschaftliche und technische Leben anschließe. Die Stunden höchsten Genusses wechseln hier mit Stunden herbster Enttäuschung und harter, fruchtloser Arbeit. „Ideen an und für sich", schreibt er am 27. Januar 1865 an Karl, „haben nur einen sehr geringen Wert. Der Wert einer Erfindung liegt in ihrer praktischen Durchführung, in der auf sie verwendeten geistigen Arbeit, den auf sie verwendeten Arbeits- und Geldsummen." Und in einem Brief vom Jahre 1878 spricht er es aus, „es ist ein weiter und schwieriger Weg von einem gelungenen Experiment zu einem brauchbaren, praktisch bewährten Mechanismus, ein Weg, auf welchem 99 bis 100 der Erfindungen den Hals brechen." Erfinderillusionen seien der große Feind des reellen Fortschrittes. Nützliche und brauchbare Erfindungen seien das „nicht gesuchte, sondern sich selbst aufdrängende Resultat reifer Erfahrungen und rastloser Arbeit auf dem sicheren Boden des Befragens der Natur durch das Experiment bei Kenntnis ihrer Gesetze." Große Mühen und schwere Arbeit stehen auch vor den großen technischen Erfolgen.

Ausbreitung und Vertiefung wissenschaftlichen und technischen Könnens.

Wie stark Werner Siemens von der Notwendigkeit durchdrungen war, immer neue geistige Anregungen in alle Kanäle des technischen und industriellen Lebens zu leiten, sehen wir bereits aus seinen Arbeiten zum Patentgesetz. Als eine besonders wertvolle Wirkung des von ihm geforderten Zwanges, die genaue Beschreibung einer Erfindung zu veröffentlichen, sah er die weiteste Ausbreitung technischer Gedanken. Die Patente würden so, führte er aus, zu einer überaus wertvollen Vermehrung der Literatur beitragen, da sie nicht von Erreichtem zu berichten hätten, sondern die Ziele zeigten, denen man zustrebe. Wer auf diesem einen Gebiet die erzieherische Wirkung so hoch einschätzte, mußte auch geneigt sein, alle anderen Wege zur geistigen Förderung der Technik, die sich ihm boten, einzuschlagen.

Die große Bedeutung technischer und wissenschaftlicher Vereine für die Entwicklung der Technik hatte Werner Siemens in seiner Jugendzeit kennen gelernt. Er war diesen Vereinen ein treues Mitglied geblieben, wenn es ihm auch natürlich nicht möglich war, später noch der regelmäßige Gast in allen Sitzungen zu sein. Mit dem ungemein ausgebildeten technischen Vereinswesen in England, das sich besonderen Ansehens erfreute, und in dem sein Bruder Wilhelm eine sehr umfassende Tätigkeit entfaltete, war er ebenfalls eingehend vertraut. Zuweilen dachte er daran, im Hinblick auf den großen Einfluß, den dieses Vereinsleben in England ausübte, auch deutsche Vereine nach englischem Vorbild weiter zu entwickeln. So bat er seinen Bruder Wilhelm, ihm die Satzungen englischer Vereine zu schicken, da er die Hauptgedanken bei der Neugestaltung des Vereins zur Beförderung des Gewerbfleißes, einer unserer ältesten deutschen Vereine, verwerten wolle, und es freute ihn, als seine Anregungen hier auf fruchtbaren Boden fielen.

Je größere Bedeutung im Laufe der Entwicklung die Elektrotechnik gewann, um so schärfer mußte der Mangel sich bemerkbar machen, daß in Deutschland noch kein Verein und noch keine Zeitschrift bestand, die sich die Pflege dieses Sondergebietes angelegen sein ließ. In England bestand eine sehr angesehene Telegraphische Gesellschaft. Auf dem Kontinent war der Deutsch-Österreichische Telegraphenverein tätig, in dessen Zeitschrift Werner Siemens, wenn er nicht die sehr verbreiteten englischen Fachzeitschriften vorzog, die Aufsätze veröffentlichte, die für die Kreise der telegraphischen Fachmänner bestimmt waren. Anfangs der 70er Jahre dachte er wiederholt daran, diesem Bedürfnis durch Gründung eines großen deutschen elektrotechnischen Fachblattes abzuhelfen. Wir sehen aus den Briefen, wie eingehend er sich auch über die Durchführung dieses Planes Schriftstellern, die hierfür in Frage kamen, gegenüber geäußert hat. Die Aufgabe eines solchen Blattes müßte die sein, die Leser vollständig über die Vorgänge in der Telegraphie und dem elektrischen Signalwesen aller Länder auf dem Laufenden zu halten. Mit scharfer und gründlicher Kritik sollten alle Vorgänge verfolgt werden, und die Leser müßten sich daran gewöhnen, zu einem solchen Fachblatt als zu einem unfehlbaren Orakel aufzublicken. Vielleicht könnte man zur Unterstützung einer solchen Zeitschrift eine der englischen Organisation ähnliche große Telegraphengesellschaft begründen.

Je bedeutsamer seit der Erfindung der Dynamomaschine die Elektrotechnik für die große industrielle Entwicklung wurde, um so dringender mußte auch das Bedürfnis empfunden werden, für alle technisch-wissenschaftlichen Arbeiten, die dieses Gebiet berührten, einen geistigen Mittelpunkt in einem Fachverein, der eine Fachzeitschrift herausgab, zu schaffen. Im Verein mit dem um die Förderung der elektrischen Fernmeldetechnik so hochverdienten Generalpostmeister Stephan wurde Werner Siemens zum Begründer des Elektrotechnischen Vereins. Mit besonderer Genugtuung konnte er am 2. Februar 1880 an seine Brüder berichten, daß dieser Verein, wie sie wohl schon aus den Zeitungen erfahren haben würden, mit noch nicht dagewesenem Glanze zur Welt gekommen sei. In diesem Ereignis sah er „die Geburt der Elektrotechnik als gesonderten Zweiges der Technik". Von dem Verein hoffte er, daß er ein wichtiges Werkzeug werde, die machtvoll sich entwickelnde Elektrotechnik wissenschaftlich zu vertiefen, die in den einzelnen Fabriken und Werkstätten erworbenen Kenntnisse auszubreiten, und dadurch die Gesamtentwicklung deutscher Technik und Industrie zu fördern.

Mit dem Elektrotechnischen Verein entstand zugleich im Januar 1880 das erste Heft der Elektrotechnischen Zeitschrift. Aus dem Inhalt der ersten Bände dieser Zeitschrift strömt auf uns eine Flut geistigen Lebens, das der Jugendzeit solcher neuen gewaltigen Arbeitsgebiete ihren unverwüstlichen Reiz gibt. Zeit seines Lebens hat Werner Siemens an dem Elektrotechnischen Verein, der ihm die Verwirklichung lang empfundenen Bedürfnisses bedeutete, mit besonderer Zuneigung festgehalten.

Haben die technischen Vereine in erster Linie die Aufgabe, für die Ausbreitung technischer Kenntnisse und für die Weiterbildung ihrer Mitglieder zu sorgen, so ist es Aufgabe der Schulen, der heranwachsenden Generation die technisch-wissenschaftliche Grundlage für weitere Arbeit zu vermitteln. Folgerichtig hat sich deshalb Werner Siemens auch mit dem Studium der Elektrotechnik in Deutschland beschäftigt. Bei einem Vortrag, den er

Ende 1881 im Elektrotechnischen Verein hielt, forderte er, daß man den elektrotechnischen Kenntnissen eine größere Ausdehnung gebe. „Es sollten auf allen technischen Schulen, mindestens auf den Hochschulen, Lehrstühle der Elektrotechnik gegründet werden, um wenigstens unsere technische Jugend mehr vertraut mit der Elektrizitätslehre und ihrer technischen Anwendung zu machen." Er hofft, daß mit der wachsenden Kenntnis auch die noch herrschende Scheu vor der Anwendung elektrischer Einrichtungen, sowie die allgemein verbreiteten Vorurteile gegen diese verschwinden würden.

Wir wissen, daß diese Anregung sehr bald erfüllt worden ist. Überall wurden an den Hochschulen Lehrstühle errichtet und auch Laboratorien, allerdings zuerst noch mit sehr bescheidener Ausstattung, damit verbunden.

Auch weiterhin hat sich Werner Siemens, angeregt durch vielfache Anfragen, die er trotz seiner großen Arbeitsbelastung mit rührender Gewissenhaftigkeit zu beantworten pflegte, noch vielfach über seine Auffassung des elektrotechnischen Studiums geäußert. Er faßt, wie wir aus den Briefen sehen, die Elektrotechnik nicht von vornherein als eigentliches Fach auf, sondern er sieht in ihr eine Gesamtbezeichnung für die Anwendung der Elektrizität auf verschiedene Fächer. Es werden, so glaubte er damals, sich einige wenige theoretische Elektrotechniker ausbilden, die gründlich die wissenschaftliche Elektrizitätslehre studieren müßten, und andererseits würden sich die Vertreter technischer Fächer, wie des Maschinenbaues, der Chemie, der Berg- und Hüttenkunde usw. gute elektrische Kenntnisse aneignen, um sie auf ihren Gebieten zu verwerten. Jetzt wolle jeder strebsame junge Mann, lesen wir in einem Brief vom September 1883, der für die Technik Neigung habe, Elektrotechniker werden. Vielleicht habe er das durch sein Verlangen nach elektrotechnischen Professuren etwas mit verschuldet. Man solle aber zunächst ein tüchtiger Mechaniker oder Maschinenbauer werden und sich dann elektrotechnische Kenntnisse aneignen. Studenten aller Fächer müßten mit der elektrotechnischen Wissenschaft praktisch sich vertraut machen, damit sie die Elektrotechnik in ihrem Sonderfach verwenden könnten. Der elektrische Strom werde, das war seine

Überzeugung, sich schließlich alle Gebiete der Technik erobern. Die Elektrizität, bereit überall zu helfen, würde umgestaltend auf alles, was bisher technisch geschaffen wäre, einwirken. Deshalb aber müßten die grundlegenden Kenntnisse der Elektrotechnik allen Studierenden zugänglich gemacht werden.

Mit großem Nachdruck weist Werner Siemens auf die Notwendigkeit hin, vor allem eine gute allgemeine, und dann eine gute technische Ausbildung sich zu verschaffen. Eng umgrenzte Sonderkenntnisse vermittele in ausreichendem Maß die spätere Tätigkeit, die gewöhnlich aber keine Zeit mehr lasse, große Lücken in der grundlegenden allgemeinen Bildung auszufüllen.

Daneben ist er sich auch vollständig klar darüber, daß die Technik in ihrer Bedeutung weit über den eigentlichen technischen Beruf hinaus auch in andere Kreise hineinreiche. So spricht er in einem Brief vom Januar 1886 davon, daß es der Artillerie jetzt sehr an wissenschaftlich gebildeten jungen Offizieren fehle, während doch die Technik und namentlich die Elektrotechnik immer tiefer in dieses Gebiet eingreife, und er fährt dann fort, „meiner Ansicht nach muß bald die Zeit kommen, wo naturwissenschaftlich und mathematisch gebildete Offiziere gesucht werden." Es wäre zu wünschen, daß die schweren Erfahrungen in diesem Kriege auch im Sinne dieser schon ein Menschenalter zurückreichenden Anregung Werner Siemens ausgenutzt würden. Eine vertiefte naturwissenschaftlich-technische Ausbildung wird zu einer unerläßlichen Forderung werden müssen, wenn wir darauf Wert legen, weiter erfolgreich mit den anderen großen Staaten in friedlichen Wettbewerb zu treten.

Neben den technischen Vereinen und den technischen Schulen hat man von jeher die großen Ausstellungen als brauchbare Mittel, die Kenntnis von dem jeweiligen Stand der Technik und damit wichtige Anregungen zu weiterer Entwicklung in weiteste Kreise zu tragen, angesehen. Wir wissen, wie erfolgreich Werner Siemens dieses Mittel, seine eigenen Kenntnisse zu bereichern und die Erzeugnisse seines technischen Schaffens der Öffentlichkeit vorzustellen, benutzt hat. Auf allen großen Ausstellungen war Werner Siemens erfolgreich beteiligt. Auf vielen wurde er unter die Männer aufgenommen, die, soweit dies Ausstellungen zulassen, den Wert der ausgestellten Erzeugnisse maßgebend zu beurteilen haben. Er war auch bestrebt, nicht nur das neueste zu zeigen, sondern durch Aneinanderreihen verschiedener Entwicklungsstufen den Maßstab für das Erreichte und den Weg, den die Entwicklung eingeschlagen hat, kenntlich zu machen. So hat er auf der Wiener Ausstellung 1873 mit großem Erfolg eine geschichtliche Ausstellung der Telegraphie durchgeführt. Die letzte große Ausstellung, die er besuchen konnte, war die Elektrotechnische Ausstellung in Frankfurt a. M. 1891, die mit Recht in der Entwicklungsgeschichte der Elektrotechnik einen hervorragenden Platz einnimmt. In voller Würdigung seiner großen bahnbrechenden Leistungen wurde Werner Siemens als Altmeister der deutschen Elektrotechnik zum Ehrenmitglied dieser Ausstellung gewählt.

Als Industriellem allerdings hat ihm die allzu schnelle Ausbreitung des Ausstellungswesens nicht sonderlich behagt. Er empfand das ständige Verlangen, an allen möglichen Ausstellungen sich zu beteiligen, als einen lästigen Zwang; die Kosten stünden in keinem Verhältnis mehr zu den Vorteilen, die eine Firma auf den Ausstellungen erreichen könne. Wenn er deshalb schließlich auch lieber Ausstellungen zu verhüten suchte als sie ins Leben zu rufen, so blieb er sich doch des allgemeinen Wertes großer Ausstellungen, in angemessenen Zeitabständen, durchaus bewußt.

Es ist daher auch zur Beurteilung der ungemein großen geistigen Spannkraft, die ihm bis zuletzt treu blieb, bemerkenswert, daß er noch im letzten Lebensjahr den Plan faßte, die Grundzüge für eine Weltausstellung in Berlin am Ende des Jahrhunderts festzulegen. Er schrieb, um unzureichende oder falsche Maßnahmen auf diesem Wege zu verhindern, eine Denkschrift über diese Weltausstellung.

Deutlich und scharf, schreibt er an seinen Bruder, habe er nach allen Seiten hin gesprochen. Er will keine Konkurrenzausstellung, sondern das Deutsche Reich solle an der Jahrhundertwende eine freundliche Einladung an alle Welt ergehen lassen, die Feier der großen Fortschritte der Kultur am Abschlusse des 19. Jahrhunderts zu begehen. Jeder, der seinem Volk und seinem Jahrhundert Neues und Wichtiges geschenkt habe, solle willkommen sein.

„Wir wollen uns darüber nicht zanken, sondern herzlich miteinander freuen." Anerkennungen sollten das ganze Jahrhundert umfassen. Jedes Volk werde seinen Platz erhalten, und darüber solle, ähnlich wie es bei den alten griechischen Volksfesten üblich gewesen sei, eine Gesamtorganisation angestrebt werde. Das Deutsche Reich solle als Organisator auftreten, und der Kaiser das Protektorat übernehmen. Begeistert von der Idee schilderte er auch den Platz, der für die Ausstellung in Frage komme, die Spreeufer oberhalb oder unterhalb Berlins sollen in die Ausstellung einbezogen werden. „Alle alten Maßstäbe müssen umgestoßen werden!" Es muß dem Ende des Jahrhunderts würdiges Neues und Schönes geliefert werden. Den eigenen kleinen Nutzen der Firma müsse man einstweilen ganz aus den Augen verlieren. Je größer, je überwältigender der ganze Plan ausfalle, desto besser für die Ausstellung. „Die Wettbetriebsausstellungen mit ihren Jahrmärkten sind ein überwundener Standpunkt. Entweder wir schmeißen sie über Bord oder wir gehen mit ihnen." Wenn in alledem auch noch viel Utopie sei, so seien es doch „Gedanken, die reinigend und friedestiftend wirken könnten". Für diese Art der Weltausstellung, wie er sie sah, ist Werner Siemens in einem Artikel in der Nationalzeitung eingetreten. Aber die Franzosen waren schneller wie die Deutschen. Sie nahmen den Plan der Jahrhundertfeier für sich in Anspruch. „Es fehlte uns die Fixigkeit," schrieb Werner Siemens im Juli 1892 an Karl.

In gleichem Maße, wie Werner Siemens in den technischen Vereinen von jeher Anregungen in technisch-industrieller Richtung gab und fand, suchte er auch in wissenschaftlicher Beziehung in den Organisationen sich zu fördern, die diese Aufgaben besonders zu pflegen hatten. Hatte er am Anfang seiner Laufbahn in dem Kreis, der sich in der Physikalischen Gesellschaft zusammenschloß, rege verkehrt, so fand er viele seiner Jugendfreunde wieder in der Akademie der Wissenschaften, in die als Mitglied aufgenommen zu werden er als besonders wertvolle Anerkennung seines wissenschaftlichen Strebens sah. Seine Antrittsrede am 2. Juli 1874 ist bemerkenswert durch die grundsätzliche Stellungnahme zur Wissenschaft und ihrer Bedeutung. Der deutsche Gelehrte frage nicht nach dem unmittelbaren Nutzen seiner Arbeit. Die reine, selbstlose Liebe zur Wissenschaft zeichne ihm seine Aufgabe vor. Die wissenschaftliche Kenntnis aber habe den engen Kreis der Berufsgelehrten überschritten, Tausende von Mitarbeitern seien der Wissenschaft aus anderen Kreisen entstanden, und die Kenntnis neuer Tatsachen fließe aus den Sonderfächern in lebendigem Strom zur Wissenschaft zurück. Es liege deshalb auch im eigenen Interesse der Wissenschaft, in engere Verbindung mit der Anwendung ihrer Forschungsergebnisse im praktischen Leben zu treten, weil dieses Leben ihr reichlich zurückbringe, was es empfange. Aber es sei auch ein Gebot der Pflicht, fährt er fort, denn dadurch erhalte die Wissenschaft erst ihre höhere Weihe, das gebe ihr erst ein Anrecht auf die dankbare Liebe und Verehrung der Völker, daß sie nicht ihrer selbst wegen bestehe, zur Befriedigung des Wissensdranges der beschränkten Zahl ihrer Bekenner, sondern daß ihre Aufgabe die sei, den Schatz des Wissens und Könnens des ganzen Menschengeschlechtes zu erhöhen und es damit einer höheren Kulturstufe zuzuführen. „Sie bildet gleichsam das Nervennetz, welches den Organismus menschlicher Kultur durchzieht, das auch in seinen feinsten, kaum noch bemerkbaren Verzweigungen noch neues frisches Leben in ihm erzeugt und dadurch nicht allein die idealen Güter der Menschheit vermehrt, sondern ihr auch durch Dienstbarmachung der noch unerkannt schlummernden Kräfte der Natur den schweren Kampf um das materielle Dasein erleichtert."

Diesen Endzwecken wissenschaftlichen Strebens seien auch seine Kräfte stets zugewandt. Soweit seine Berufstätigkeit es zuließe, habe er versucht, über die Grenze des technischen Bedürfnisses hinaus mit wissenschaftlicher Konsequenz neue Erscheinungen zu verfolgen.

Er begrüßte es deshalb auch, daß die Akademie durch seine Wahl zu ihrem Mitglied zur Neigung, wissenschaftlich zu arbeiten, die Pflicht gesellt habe, und aus der großen Zahl seiner wissenschaftlichen Arbeiten wissen wir, wie sehr er dieser Aufforderung, an der wissenschaftlichen Arbeit der Akademie teilzunehmen, nachgekommen ist. Sehen wir von den Arbeiten ab, die in unmittelbarem Zusammenhang mit den großen technischen Aufgaben standen, die er zu bearbeiten hatte, so zeugt es für die ungemeine Vielseitigkeit und für das temperamentvolle Anpacken neuer Gebiete, wenn er mutvoll eindringt in ihm zunächst ferner liegende Arbeitsfelder.

Verfolgen wir an Hand seiner wissenschaftlichen Arbeiten, was alles zu seinem wissenschaftlichen Gedankenkreis gehörte und ihn längere oder kürzere Zeit beschäftigte. Noch in den 70er Jahren hatte er der Akademie über die Abhängigkeit der elektrischen Leitungsfähigkeit der Kohle von der Temperatur, über die Theorie der Legung und Untersuchung submariner Telegraphenleitungen, sowie über den Einfluß der Beleuchtung auf die Leitungsfähigkeit des kristallinischen Selens, dem auch weitere Abhandlungen folgten, berichtet. Wir finden ferner in den Monatsberichten der Berliner Akademie Mitteilungen über die Fortpflanzungsgeschwindigkeit der Elektrizität, über die Beiträge zur Theorie des Elektromagnetismus, die er 1881 veröffentlichte, ferner die Beiträge zur Theorie des Magnetismus aus dem Jahr 1884. Der Besuch des Vesuvs, und die Beobachtung seiner Tätigkeit im Mai 1878 regte ihn an, der Akademie der Wissenschaften hierauf sich beziehende physikalisch mechanische Betrachtungen vorzulegen, ebenso wie ihn schon 1860 bei seinem ersten Besuch in Ägypten die starken elektrischen Erscheinungen auf der Cheopspyramide während des Wehens des Chamsins zu sehr interessanten Beobachtungen, die er damals in Poggendorfs Annalen der Physik veröffentlichte, Veranlassung gegeben hatten. So wurde alles, was ihm auf seinem Lebensweg entgegentrat, zur Quelle neuer Gedanken.

Bei seiner Beschäftigung mit der Tätigkeit des Vesuvs suchte er der orthodoxen Geologie etwas am Zeuge zu flicken, und er schrieb an seinen Bruder Wilhelm, daß er den Mond einstweilen noch beiseite gelassen habe, da er sich neben den Geologen nicht auch noch die Astronomen auf den Hals hetzen wolle!

Im engsten Meinungsaustausch über alle diese wissenschaftlichen Fragen blieb er mit seinem Bruder Wilhelm, der, gleiche Gedankengänge verfolgend, oft in große, das Weltsystem umfassende Fragen sich zu vertiefen liebte. Besonderes Aufsehen hatte 1882 der Vortrag von Wilhelm Siemens über die Erhaltung der Sonnenenergie, den er vor der Royal Society in London hielt, erregt.

Werner Siemens beschäftigte sich 1883 mit der von vielen Seiten stark bestrittenen Theorie seines Bruders, indem er der Akademie der Wissenschaften einen Bericht unter dem Titel „Über die Zulässigkeit der Annahme eines elektrischen Sonnenpotentials und dessen Bedeutung zur Erklärung terrestrischer Phänomene" vorlegte. Ohne die Möglichkeit zu haben, hier auf eine kritische Behandlung dieser wissenschaftlichen Arbeiten einzugehen, wird es genügen, darauf hinzuweisen, wie eingehend sich auch Werner Siemens mit weltweiten Problemen befaßt hat.

Diese Gedanken haben ihn immer wieder von neuem in ihren Bann gezogen. Versuchte er in der eben erwähnten Abhandlung, einige noch rätselhafte meteorologische Erscheinungen auf Störungen des mechanischen Gleichgewichts der Atmosphäre zurückzuführen, so zeigten ihm weitere Forschungen, daß die folgerichtige Anwendung des Grundgesetzes von der Erhaltung der Kraft im Luftmeere in noch höherem Maße zur Klärung dieser Fragen führen könne. Die Ergebnisse dieser Untersuchungen legte er im März 1886 der Akademie unter dem Titel vor: „Über die Erhaltung der Kraft im Luftmeere der Erde." Aus einem Brief an den Direktor der Seewarte in Altona vom August 1880 ist zu ersehen, wie frühzeitig er bereits als anzustrebendes Ziel hinstellte, „die gleichzeitigen Witterungszustände bzw. Änderungen auf der ganzen Erdoberfläche unter Kontrolle zu nehmen, da wir nur hierdurch die Grundlage für eine Theorie der Luftströmungen erhalten können." Die Telegraphenlinien umfassen jetzt alle Weltteile, und die Witterungskunde interessiere alle Welt. Es müßte deshalb leicht sein, ein planmäßig geordnetes Nachrichtensystem ins Leben zu rufen. Die Indo-Europäische Linie würde sich auch hierfür zur Verfügung stellen, und so könne man daran gehen, eine Welt-Meteorologie zu begründen, „und wir lernen doch noch, woher die Winde kommen und wohin sie gehen!" 1890 ist er damit beschäftigt, wie wir aus einem Brief an seinen Bruder Karl ersehen, eine Abhandlung „über das allgemeine Windsystem der Erde" zu schreiben. „Obs die Leute alle glauben werden, steht freilich noch dahin!" schließt er humorvoll die Ankündigung dieser wissenschaftlichen Arbeit.

Als Grundlage seiner erfolgreichen Berufstätigkeit hat Werner

Siemens seine eigene wissenschaftliche Schulung in mathematisch-physikalischer und technischer Richtung angesehen. Seine Arbeiten zeigen, in welchem für seine Zeit und seine Berufskreise seltenen Umfang er diese Grundlagen beherrschte. Er war von der Überzeugung durchdrungen, daß die Ausbreitung und Vertiefung dieser Kenntnisse die notwendige Voraussetzung der weiteren erfolgreichen industriellen deutschen Entwicklung sein müßte. Für die Verbreitung der Kenntnisse sorgten die Schulen, aber für die Vertiefung der Wissenschaft, für die reine Forschertätigkeit war seiner Überzeugung nach noch bei weitem nicht in ausreichendem Maße gesorgt. Hier habe der Staat eine sehr große und wichtige Aufgabe zu erfüllen. Es sei bewundernswert, daß der deutsche Gelehrte, überlastet mit Lehraufgaben, in seiner Liebe zur Wissenschaft noch immer Zeit gefunden habe, mit den bescheidensten Mitteln große wissenschaftliche Arbeit zu leisten. Der Chemie sei deshalb, weil sie frühzeitig auf wissenschaftlicher Grundlage gearbeitet habe, Großes gelungen. Für die mechanische Industrie lägen die Verhältnisse allerdings wesentlich schwieriger. Die Chemie sei oft mit wenigen, nur geringe Geldmittel erfordernden Einrichtungen zufrieden. Die wissenschaftlichen Arbeiten zur Förderung der mechanischen Industrie erfordern große, sehr kostspielige Anlagen, seien aber deshalb nicht weniger dringend nötig. Auch unabhängig von den Lehrstühlen der Universitäten und Hochschulen müßte hervorragenden Forschern die Möglichkeit geboten werden, von aller weiteren Berufsarbeit entlastet, sich nur den Aufgaben ihrer Wissenschaft zu widmen. Aus diesem Gedankengang wurde Werner Siemens der Schöpfer der Physikalisch-Technischen Reichsanstalt, um die das Ausland heute noch Deutschland beneidet. Zugleich verkörperte diese Schöpfung sein Streben, die beiden großen Ströme geistigen Lebens, die in der rein wissenschaftlichen Richtung von der Universität und in der technisch-wissenschaftlichen Richtung von der Hochschule ausgingen, an einem Punkt zusammen zu führen.

In seine wissenschaftlichen Arbeiten sind die durch ihre Gedanken auch heute noch besonders wertvollen kurzen Denkschriften über die Gründung sowie über die Bedeutung und die Ziele dieser Stätte wissenschaftlicher Forschung aufgenommen worden.

Schon 1872 hatte man ein preußisches Staatsinstitut zur Förderung der exakten Wissenschaften und der Präzisionstechnik geplant. Eine 1883 eingesetzte Kommission angesehenster Gelehrter und Techniker hatte diese damals geplante Grundlage wesentlich erweitert. In der Denkschrift, die Werner Siemens dieser Kommission am 11. Juni 1883 vorlegte, ging er von der Voraussetzung aus, daß die naturwissenschaftliche Forschung immer den sicheren Boden des technischen Fortschritts bilden werde. Die Industrie, die eine leitende Stellung im Wettbewerb der Nationen einnehmen wolle, müsse dafür sorgen, daß ihr Land auch an der Spitze des naturwissenschaftlichen Fortschritts stehe. So sehr auch anzuerkennen sei, daß der Staat erfolgreich den wissenschaftlichen Unterricht gefördert habe, so sei doch auch heute noch die wissenschaftliche Forschung in Deutschland nirgends als Lebensberuf innerhalb einer staatlichen Organisation durchzuführen. Sie bleibe nur eine geduldete Privattätigkeit der Gelehrten. Wenn man aber hochbegabte Forscher, die so selten einer Nation geschenkt werden, mit Berufsarbeit, die andere oft sogar besser wie sie selbst ausführen könnten, überlaste, so sei dies eine Vergeudung nationaler Kraft. Noch schwerer aber falle es ins Gewicht, daß so viele hervorragende jüngere Gelehrte nicht einmal Gelegenheit fänden, wissenschaftliche Arbeiten durchzuführen. Gelänge es, wissenschaftliche Forschung mit technischer Ausnutzung planmäßig in einem Forschungsinstitut zu vereinigen, so würde man hiermit auch die kleineren industriellen Werkstätten, die nicht die Mittel haben, für sich selbst notwendige Untersuchungen anzustellen, in ihrem Wettbewerb mit den größeren Unternehmungen wesentlich unterstützen. Der Industrie fehle es oft an Zeit und Kraft, um die für die Entwicklung größerer Arbeitsgebiete notwendigen zahlreichen Untersuchungen durchzuführen. Es handle sich deshalb bei der staatlichen Unterstützung des wissenschaftlichen Fortschritts zugleich um wichtige Fragen der Volkswirtschaft, denn es sei gar nicht zu übersehen, welche technischen Folgerungen oft aus wissenschaftlicher Erkenntnis gezogen werden könnten. Hinzu komme noch, daß die Anwendung der Elektrizität im großen nunmehr auch die Notwendigkeit bestimmter elektrischer Maße für den Verkehr und eine ständige Einrichtung für die Kontrolle der Maße nötig gemacht habe. Diese, eine brennende Frage der elektrischen Maßeinheiten, erfordere allein die beschleunigte Herstellung einer Organisation für wissenschaftliche Versuche.

Zunächst waren in der neu erbauten Charlottenburger Hochschule Räume für dieses Staatsinstitut vorgesehen. Bei den erweiterten Aufgaben erwies sich der hier zur Verfügung gestellte Raum als vollständig unzureichend. Werner Siemens erbot sich daher, von seinem Charlottenburger Grundstück 12 000 qm abzutrennen und dem Staat zu übergeben, vorausgesetzt, daß dieser die nötigen Laboratorien und Gebäude erbauen, ausstatten und unterhalten wolle. Bald aber ging Werner Siemens hierüber hinaus und erklärte sich bereit, auch die Baulichkeiten selbst zu errichten.

In der Hoffnung, diese Anstalt in noch größerem Umfang und mit noch reicheren Mitteln als geplant war, durchzuführen und unter Hinweis auf die nationale Bedeutung entschloß sich Werner Siemens, im Einverständnis mit dem preußischen Kultusminister, das Preußen gemachte Anerbieten auf das Reich auszudehnen. Hatte er bereits, wie wir aus seinen Lebenserinnerungen sehen, in seinem Testament eine ansehnliche Geldsumme zur naturwissenschaftlichen Forschung bestimmt, so entschloß er sich jetzt, schon bei Lebzeiten der Reichsregierung eine halbe Million Mark in Grundwert oder Kapital für die Begründung des geplanten Instituts zu übergeben.

In der Begründung zu dieser Schenkung führte Werner Siemens aus, daß der wissenschaftliche Fortschritt von Kapitalinteressen nicht dürfe abhängig gemacht werden. „Die moderne Kultur beruht auf der Herrschaft des Menschen über die Naturkräfte, und jedes neu erkannte Naturgesetz vergrößert diese Herrschaft und damit die höchsten Güter unseres Geschlechts."

Patentgesetze, Unterrichtsanstalten, naturwissenschaftliche und technische Bildung und nunmehr die der Forschung dienende Reichsanstalt sind ihm danach nur verschiedene Wege zu dem gleichen Ziel, deutsche Technik und Industrie zu fördern. „Nicht die wissenschaftliche Bildung," schreibt er weiter, „sondern die wissenschaftliche

Leistung weist einer Nation die Ehrenstellung unter den Kulturvölkern an." Mit der angebotenen Stiftung wolle er seinem Vaterlande einen Dienst leisten und seine Liebe zur Wissenschaft, der er sein Emporkommen im Leben ausschließlich verdanke, bestätigen.

So erwuchs unter der Leitung seines Freundes Helmholtz, eines der größten Naturforscher aller Zeiten, die Physikalisch-Technische Reichsanstalt in Charlottenburg.

Wir wissen, wie bald nach dem Tode Werner Siemens der Maschinenbau, angeregt durch die Vorgänge in den Vereinigten Staaten, sich die ersten großen Maschinenbaulaboratorien in unseren technischen Hochschulen schuf, und wie dann in neuester Zeit Werner Siemens große Schöpfung ihre großzügige Fortsetzung fand durch die Kaiser-Wilhelm-Gesellschaften, die mit reichen Mitteln ausgestattete wissenschaftliche Arbeitsstätten auf den verschiedensten Gebieten ins Leben rufen, von denen für unsere gesamte Technik befruchtende Ströme ausgehen werden.

Je mehr das Leben Werner Siemens sich seinem Ende zuneigte, um so weiter spannt sich der Kreis der Gedanken und Bestrebungen, die von ihm ausstrahlen. Er erlebt die Früchte seiner Arbeit. In vielleicht auch von ihm selbst in jugendlichem Optimismus nicht für möglich gehaltener Größe steht seine Firma da. Seine Söhne geben ihm die Sicherheit, daß sein Schaffen in seinem Sinn weitergeführt werde, und er fühlt, wie auch alles dies nur der Anfang zu weiteren großen Fortschritten sei. Auch im hohen Alter hat er niemals geglaubt, am Ende einer Entwicklung zu stehen, immer war ihm das Erreichte nur der Anfang zu noch Größerem. „Je tiefere Einblicke", spricht er 1886 zu der Versammlung deutscher Naturforscher und Ärzte, „wir aber in das geheimnisvolle Walten der Naturkräfte gewinnen, desto mehr überzeugen wir uns, daß wir erst im ersten Vorhofe der Wissenschaft stehen, daß noch ein ganz unermeßliches Arbeitsfeld vor uns liegt, und daß es wenigstens sehr fraglich erscheint, ob die Menschheit jemals zur vollen Erkenntnis der Natur gelangen wird."

An dieser Stelle setzte er sich auch mit dem immer wieder erhobenen Vorwurf auseinander, als ob „das Studium der Naturwissenschaften und der technischen Anwendung der Naturkräfte der Menschheit eine durchaus materielle Richtung gebe, sie hochmütig auf ihr Wissen und Können, und idealen Bestrebungen abwendig mache." Mit großem Nachdruck weist er darauf hin, zu wie demütiger Bescheidenheit die Kenntnis von der harmonischen, durch ewige unabänderliche Gesetze geregelten und unserem Verständnis dennoch so tief verschleierten Welt der Naturkräfte uns anregen müsse. Je tiefer wir hier eindringen, „desto kleiner erscheine uns der Umfang unserer Kenntnis, desto lebhafter werde unser Streben, mehr aus diesem unerschöpflichen Born des Wissens und Könnens zu schöpfen, und desto höher steigt unsere Bewunderung der unendlich ordnenden Weisheit, welche die ganze Schöpfung durchdringt!" Man solle sich nicht in dem Glauben irre machen lassen, daß durch Forschen und Erfinden die Menschheit höheren Kulturstufen zugeführt werden könne. Das Ziel sei, Lebensnot und Siechtum zu mindern, Lebensgenuß zu erhöhen, die Menschen besser, glücklicher und mit ihrem Geschick zufriedener zu machen.

Diese große Auffassung von dem inneren Wert der Technik deckt sich mit den begeisterten Worten des Dichter-Ingenieurs Max Eyth in seinem Vortrag „Poesie und Technik": „Denn unsere Lebensaufgabe gehört zu den höchsten, die sich die Poesie je gestellt hat: nicht der Materie zu dienen, sondern sie zu beherrschen."

Als im Juni 1889 Werner Siemens daran ging, den Wunsch seiner Freunde zu erfüllen und seine Lebenserinnerungen zu schreiben, da begann er mit dem Bibelwort: Unser Leben währet siebenzig Jahre, und wenn es hoch kommt, so sind es achtzig Jahre, und als er wenige Monate vor seinem Tode dies uns so wertvolle Buch, das uns auch seine Kunst des Erzählens so deutlich vermittelt, beendete, da wies er darauf hin, wie sich der Schluß dieses Wortes: und wenn es köstlich gewesen, so ist es Mühe und Arbeit gewesen, an ihm bewahrheitet habe. Ein kurzes Kranksein, das ihn das schnelle Ende nicht ahnen ließ, setzte in voller Geistesfrische seinem Leben am 6. Dezember 1892 im Kreise seiner Lieben ein Ziel. Tief betrauert von allen, die ihn kannten und seine Lebensarbeit zu schätzen wußten, wurde am 10. Dezember, das, was an ihm sterblich war, der Erde übergeben.

Werner Siemens Zeitgenossen haben unter dem Eindruck seiner

geistigen Bedeutung und seiner großen Erfolge bereits versucht, ihm durch zahlreiche Ehrungen gerecht zu werden. Orden, Titel und Ehrenmitgliedschaften hat er in reicher Fülle geerntet. Kaiser Friedrich, dem er bereits als junger Artillerieoffizier Vorträge über die Telegraphie halten konnte, hat ihm den erblichen Adel verliehen. Die gleiche Würde erhielt sein Bruder Wilhelm in England, sein Bruder Karl in Rußland, ein gewiß einzig dastehender Fall in einer Familie. Vor der Technischen Hochschule, als der Stätte der von ihm so hochgeschätzten wissenschaftlich-technischen Arbeit, hat nach seinem Tode der Verein Deutscher Ingenieure sein Denkmal errichtet. Das größte Denkmal aber hat sich Werner Siemens selbst errichtet. Seine Lebenserinnerungen, seine Wissenschaftlichen und Technischen Arbeiten und seine Briefe wissen hiervon zu erzählen, und wenn wir zur Beurteilung der Ergebnisse seiner Arbeit auch danach fragen wollen, was aus seinen Schöpfungen geworden ist, dann müssen wir hinausfahren an die Grenze von Groß-Berlin, zu der Stadt, die seinen Namen trägt. Die vielen hier aneinander gereihten großen Fabriken mit dem Inhalt ihrer tausendfältig verschiedenen Arbeit, die von Menschenhirnen erdacht, von Menschenhänden gefertigt, vielfältigsten menschlichen Aufgaben zu dienen haben, werden uns erzählen, daß alle diese riesigen Schöpfungen stolz sind, ihren Anfang auf die bescheidenen Räume in der Schöneberger und Markgrafenstraße zurückzuführen. In vollem Bewußtsein ihres Wertes haben hier die geistigen Grundlagen, die Werner Siemens geschaffen hat, auch heute noch ihre Gültigkeit.

Haben wir versucht, in weiten Umrissen einen Blick in den reichen Inhalt dieses großen Lebens zu werfen, so bleibt uns übrig, in kurzer Zusammenfassung mit wenigen Worten noch zum Schluß der großen Persönlichkeit zu gedenken.

Von dem äußeren Eindruck seiner Person erzählen uns zahlreiche Bilder aus verschiedenen Lebensjahren, ergänzt durch Berichte derer, die ihn noch kannten. Die Kraft seiner Persönlichkeit kam in der großen stattlichen Erscheinung zum Ausdruck. Mit seiner straffen Haltung, die ihm aus der Militärzeit geblieben war, verbunden mit seiner Barttracht, erinnerte er im Äußeren an einen alten preußischen General. Im Umgang mit anderen Menschen war er lebhaft und anregend, besonders, wenn eine der vielen neuen Ideen ihn packte. Von Grund aus heiterer Natur, liebte er die Geselligkeit wobei er die Kreise derer, die seinen wissenschaftlichen Neigungen nahestanden, vor allen anderen bevorzugte. Sein starker Wille, der sich und anderen die Wege zum Vorwärtsschreiten vorschrieb, war gepaart mit einer ungemeinen Zartheit des Empfindens, wovon alle die Zeugnis ablegen konnten, die ihm persönlich am nächsten standen. Die mit jeder großen Genialität verbundene Leidenschaft war auch ihm eigen. Jäh konnte die Erregung in ihm emporlodern, aber die Zorneswoge räumte schnell wieder der ruhigen Überlegung das Feld, und mit besonderer Genugtuung konnte er an seinem Lebensabend, in seinen Erinnerungen, sich das Zeugnis geben, daß kein Zornesausbruch ihn zu Schritten verleitet habe, die er später hätte bitter bereuen müssen. Sein emporloderndes Temperament war vereint mit dem festen Willen, nicht unrecht zu tun. Kühn gestaltende Phantasie, die alle Schwierigkeiten überspringt, verband sich mit einer klaren scharfen Kritik, die auf sicherem Boden einen Schritt vor den anderen tun läßt.

Auf der Bühne des Lebens handeln die Optimisten, die Pessimisten schauen zu; nach diesem Wort eines großen Franzosen gehört Werner Siemens zu den Optimisten. Er verstand es, maßstäblich zu denken, das Wesentliche vom Unwesentlichen zu unterscheiden. Der Gelderwerb war ihm eine Begleiterscheinung auf dem Wege zum Ziel, nicht das Ziel selbst. Die Liebe zum großen, freien Schaffen im Dienst seiner Familie und seines Volkes galt ihm mehr als Geld und Gut. Seine Achtung vor anderen Persönlichkeiten richtete sich nach ihrer geistigen Bedeutung und nicht nach ihrem Einkommen und der Zahl ihrer Orden und Titel. Er wußte den Wert seiner Mitarbeiter, ob sie in den Kreisen der Arbeiter in der Werkstatt oder in seiner nächsten Umgebung tätig waren, ihren Leistungen entsprechend einzuschätzen. Eine innere Wahrhaftigkeit war ihm eigen, die ihn vor tönenden großen Worten sich hüten ließ. Jedes bloße Pathos, jede Sentimentalität war ihm fremd.

Selten finden wir in einem Menschen vereint eine gleich starke Liebe zur wissenschaftlichen Forschung und eine gleich große Hingabe, diese Ergebnisse praktisch zu verwerten. Von den Forderungen des Tages geleitet, reichen seine Gedanken weit in die Zukunft.

Er knüpft Beziehungen zu allen Ländern an. Er findet sich zurecht in England und Rußland, in Frankreich und Österreich, aber er ist zu Hause in Deutschland. Er lehrt, wie man eine Weltfirma gründen kann, ohne seine nationale Eigenart zu verlieren.

Er ist stolz darauf, ein Siemens zu sein. Ehre, Ansehen und Wohlergehen seiner Familie in engem und weiten Rahmen liegen ihm am Herzen. Das ist der Kernpunkt, von dem er ausgeht und zu dem er zurückkehrt. Mit dieser seiner Familie in allen ihren Vorfahren wurzelt er fest im deutschen Volk. Diese Liebe zu seinem Land und Volk macht ihn nicht blind für die Vorzüge anderer Völker. Nationales Selbstbewußtsein wird ihm nicht zu nationaler Engherzigkeit. Er hofft auf jene Zeiten, wo die geistigen und technischen Errungenschaften der Völker zunächst in der alten Welt so stark geworden sein werden, daß sie die Völker dauernd zusammenhalten. Und gegenüber dem immer mächtiger werdenden Amerika erscheint ihm das Sichzusammenschließen Europas eine gebieterische Pflicht. Auch hier eilte seine Phantasie weit in die Zukunft.

Alles große schöpferische Gestalten ist Kunst. Die gewaltigen, bahnbrechenden Leistungen auf wissenschaftlichem und technischem Gebiet sind ihrem inneren Wesen nach eng mit dem künstlerischen Wirken verwandt. Zielsicheres Können und freischaffende Phantasie finden sich deshalb auch unzertrennlich verbunden in Werner Siemens. Seine Lebensarbeit wird zum Kunstwerk, das in seiner Größe klar empfunden, uns zum inneren wertvollen Erlebnis wird.

Die Erregungen des Weltkrieges dringen auch in die stille Feierstunde, die wir beim hundertsten Geburtstag dem Gedenken Werner Siemens widmen. Die großen Männer eines Volkes sind seine großen Erzieher. Wir wissen heute, was die Technik für den Krieg bedeutet, und wir ahnen, welch große, neue, gewaltige Aufgaben nach dem Ende dieses Völkerringens, das die alte Welt in ihren Grundfesten erschüttert, uns bevorstehen.

Wünschen wir unserem Volke Männer von der genialen Schaffenskraft, verbunden mit der inneren Wahrhaftigkeit und dem Mut zur Verantwortung, wie wir sie verkörpert sehen in Werner Siemens.

Quellen.

Briefe und Akten aus dem Archiv in Siemensstadt.

Mündliche Mitteilungen über Werner Siemens und seine Arbeit.

Druckschriften der Firma und Aufsätze in technischen Zeitschriften.

Stammbaum der Familie Siemens 1910, Goslar.

Lebenserinnerungen von Werner von Siemens. 10. Auflage, Berlin 1916.

Wissenschaftliche und Technische Arbeiten von Werner Siemens. Berlin, Band I 1889, Band II 1891.

Wilhelm Siemens von William Pole, Berlin 1890.

Die Unternehmungen der Brüder Siemens von Richard Ehrenberg. Erster Band, Jena 1906.

Geschichte der elektrischen Telegraphie von Dr. Zetzsche, Berlin 1877.

Der elektromagnetische Telegraph von Dr. H. Schellen, Braunschweig 1870.

„Von bedeutenden Männern nachgelassene Briefe haben immer einen großen Reiz für die Nachwelt; sie sind gleichsam die einzelnen Belege der großen Lebensrechnung, wovon Taten und Schriften die vollen Hauptsummen vorstellen."

Goethe.

Auswahl von Briefen Werner Siemens

I. Briefe aus der Zeit von 1841 bis 1849

1] An Wilhelm in Göttingen[1]).

Magdeburg[2]), den 26. Juni 1841.

Dein Brief hat mir viel Freude gemacht. Wirklich, ich könnte Dich beneiden um die schöne Gelegenheit, etwas zu lernen, wenn ich nicht überzeugt wäre, daß Du sie so gut anwenden wirst, als Dir nur irgend möglich ist. — Deine Mußestunden werden durch den Umgang mit unserer lieben Schwester[3]), mit Himly[3]) und den Verwandten auf das angenehmste ausgefüllt; was kannst Du Dir für den Augenblick mehr wünschen?

In Deiner Zeiteinteilung gefällt mir nur der Mangel im Zeichnen nicht. Zeichenunterricht mußt Du jedenfalls nehmen. Das ist mit eine Hauptgrundlage Deines Faches, die Du keineswegs versäumen darfst und worin Du noch sehr zurück bist. Solltest Du gar keinen tüchtigen Lehrer erhalten können, so studiere Bungs geometrische Zeichenlehre oder sonst ein gutes Werk der Art, und übe Dich dann selbst im Zeichnen, d. h. vor allen Dingen in der geometrischen Projektionslehre.

Wenn es sich machen ließe, so wäre es doch sehr vorteilhaft, wenn Du etwas praktisch arbeiten könntest. Es würde das die Bedingungen einer Anstellung für Dich sehr erleichtern. — Sollte es nicht anders gehen, so kannst Du Dich auch auf ein Jahr verpflichten, und wir suchen dann zu Ostern eine vorteilhafte Anstellung in einer Maschinenfabrik für Dich. · · · · · ·

Dein Hauptstudium muß jetzt Mathematik, besonders angewandte,

---

[1]) Carl Wilhelm Siemens ging zu naturwissenschaftlichen Universitätsstudien nach Göttingen.

[2]) Werner Siemens stand als Sekondeleutnant bei der 3. Artillerie-Brigade zu Magdeburg.

[3]) Mathilde Siemens, geb. 17. Apr. 1814, verh. 3. Okt. 1838 mit dem Chemiker C. F. A. Himly zu Göttingen, der am 13. März 1846 zum ordentl. Professor der Chemie an der Universität Kiel ernannt wurde.

ferner Physik und Zeichnen sein. Sehr gut wäre es, wenn Du einen Vortrag über praktische Maschinenkunde und Maschinenteile hören könntest, doch zweifle ich, daß Du in Göttingen einen findest. —

Magdeburg ist doch ein fatales Nest. Nichts kann man hier erhalten, meistens alles teuer und schlecht. Meine Experimente[1]) können daher nur sehr langsam vonstatten gehen, da es mir am Besten fehlt. Das verdammte Geld ist doch der Knüppel, den man stets am Halse trägt! ......

2] An Wilhelm in Göttingen.

Wittenberg[2]), den 13. Dezember 1841.

......Dein Brief hat mich sehr gefreut. Es ist hübsch, daß Du im Drechseln so große Fortschritte gemacht hast; ich möchte nur wissen, ob Du auch Eisenarbeit treibst oder nur in Holz arbeitest. Ersteres ist für Dich viel wichtiger. Du könntest mir wohl einmal ein kleines hübsches Stück Arbeit schicken, einmal, damit ich mich darüber freuen kann, und zweitens, damit ich es als Beweis Deiner Leistungen in diesem Fache vorzeigen kann. Doch das Zeichnen vernachlässige nicht. Du hast ja ein gutes Reißzeug und kannst nach Bungs Anleitung ganz allein die Sache lernen. Aufs Tuschen kommt es weniger an als auf eine gute Linearzeichnung, und die kann Dir nicht schwerfallen, wenn Du die Theorie begriffen hast. Mache doch von irgendeiner kleinen Maschine, z. B. von der, die Du für Himly gemacht hast, einen Grund-, einen Aufriß und eine Ansicht unter einem Winkel nach doppeltem Maßstabe gezeichnet, auch, wenn es nötig ist, einen Durchschnitt. Vernachlässige nur nicht auf Kosten der Chemie die übrigen Wissenschaften zu sehr. Physik und Mathematik müssen Dein Hauptstudium sein, besonders der praktische Teil der Mathematik, der auf Maschinenkunde sich bezieht. Wenn Du kein Kollegium über Maschinenteile hören

---

[1]) 1837 erfand Moritz Hermann Jacobi in Petersburg das als „Galvanoplastik" bezeichnete Verfahren, wodurch Werner Siemens im Jahre 1841 angeregt wurde, auch andere Metalle als Kupfer auf galvanoplastischem Wege niederzuschlagen.

[2]) Werner Siemens 1841 Sekondeleutnant in der 7. Festungskompagnie zu Wittenberg.

kannst, wie ich fürchte, so mußt Du Dir ein gutes Buch darüber anschaffen. Dies ist ungemein wichtig für Dich.

Ich werde mich in Magdeburg sowie in Berlin nach einem Unterkommen für Dich umsehen; denn Ostern mußt Du jedenfalls praktisch Deinen neuen Beruf beginnen. So wie ich etwas Sicheres weiß, werde ich Dir's schreiben.

Vielleicht kannst Du von Göttingen aus Empfehlungen an irgendeine Fabrik oder einen einflußreichen Mann erhalten. Das wäre viel wert, bemühe Dich also ja darum.

Mathilde schreibt mir, daß Du jetzt in Deiner Haltung und Deinem äußeren Wesen große Fortschritte gemacht hättest. Das freut mich ungemein, denn Du glaubst nicht, lieber Bruder, was ein freies, männliches, ungeniertes Betragen für ein mächtiger Empfehlungsbrief bei allen Menschen ist. · · · · · ·

3] An Wilhelm in Göttingen.

Wittenberg, den 21. Januar 1842.

Deinen lieben Brief habe ich vor ein paar Tagen erhalten und beeile mich, Dir ein nachträgliches Weihnachtspräsent als Antwort zu übersenden, nämlich eine Anstellung in einer Maschinenfabrik in Magdeburg. In Berlin wollte das Volk mehrere hundert Taler Lehrgeld haben, bis 500, das ging also nicht. Ich reiste deshalb Weihnachten nach Magdeburg. Es traf sich gerade, daß der Inspektor Schoettler, der die neu organisierte Stolbergsche, die ehemalige Astonsche Fabrik leitet, einige Eleven suchte, auch für ein ziemlich bedeutendes Lehrgeld. Die Direktor Heyse[1]) hatte mit ihm schon über Dich gesprochen, und als ich zu ihm ging, erbot er sich, Dich als Landsmann (Du warst natürlich diesmal ein Hannoveraner, da er einer war) ohne Lehrgeld, und zwar auf unbestimmte Zeit, aufzunehmen. Ich sagte noch nicht fest zu, um erst Erkundigungen über ihn und die Fabrik einziehen zu können und auch erst noch einen

---

[1]) Henriette Heyse, Frau des Direktors der höheren Töchterschule zu Magdeburg J. Christian A. Heyse. Bei ihr fand Werner Siemens in Magdeburg ebenso freundliche Aufnahme wie später bei dem Sohn Ludwig Heyse in Petersburg, als er zum erstenmal nach Rußland kam, s. L. S. 106 (Werner von Siemens: Lebenserinnerungen. 10. Auflage. Berlin 1916).

Brief von Berlin abzuwarten. Alle Leute stimmen darin überein, daß Herr Schoettler zwar kein sehr gelehrter, aber praktisch sehr tüchtiger Maschinenbauer sei, daß die Fabrik sehr viele neue Dampfmaschinen (im vorigen Jahr gegen 20) macht und daß es die Absicht des Grafen Stolberg ist, sie noch bedeutend zu vergrößern. Ich glaube also, daß Du Dich in dieser Fabrik in etwa 2 Jahren recht tüchtig ausbilden kannst. Ich will Dir den Brief von Vetter Siemens[1]), den ich bat, die Sache mit Schoettler ins reine zu bringen, mitschicken. Du kannst daraus die für Dich sehr vorteilhafte Bedingung, aber auch den geheimen Grund derselben sehen. Schoettlers Sohn ist schon seit ein paar Jahren in der Fabrik, daher praktisch schon recht gut ausgebildet. Aber es fehlt ihm an der wissenschaftlichen Grundlage. Er läßt ihm zu dem Ende noch Unterricht in Magdeburg geben, aber das hilft natürlich nicht viel. Er wünscht also, daß Du ihm in seiner Ausbildung behilflich bist. Da der junge Schoettler ein ganz artiger und nicht einfältiger junger Mensch sein soll, wie die Direktor Heyse, die ihn kennt, versichert, so halte ich dies für Dich eher für vorteilhaft als für nachteilig, besonders da er Dir in der praktischen Ausbildung weit voran ist. Es gibt Dir auch, wenn Du pfiffig bist, den Alten ganz in die Hand. Eine Repetition des Erlernten wird Dir nie etwas schaden, im Gegenteil kommt da die wahre Erkenntnis erst zum Durchbruch. Also sei fidel, lieber Junge, Jungfer Fortuna hat Dir ein ganz warmes Nest bereitet!

Zu Ostern mußt Du in Deine Stelle einrücken. Vielleicht bin ich zu der Zeit gerade in Magdeburg, denn durch die Reise des Königs wird meine Einkerkerung[2]) wohl bis dahin verschoben werden. · · · · · ·

Wende nur die Dir noch übrigbleibende Zeit gut an zu Deiner theoretischen Ausbildung, denn so gute Gelegenheit wird Dir schwerlich wieder geboten. Feine Musterblätter im Zeichnen brauchst Du nicht anzufertigen, wohl aber mußt Du die Theorie ganz gründlich

---

[1]) Johann Georg Siemens, geb. 11. Sept. 1805 zu Langenstein als Sohn des Johann Georg, Bruders des Vaters von Werner, gest. 25. April 1879 als Justizrat in Berlin. Er war der Geldgeber und Mitbegründer der Firma Siemens & Halske im Jahre 1847.

[2]) Als Sekundant in einem Duell vom Kriegsgericht zur Festung verurteilt, s. L. S. 25.

kapiert haben und mit Leichtigkeit Maschinenteile nach dem Modell und zusammengesetzte Maschinen unter verschiedenen Ansichten entwerfen können. Mit Zusehen brauchst Du Dich also nicht viel zu befassen, wohl aber mit Konstruieren und genauen Linearzeichnungen. Besonders eifrig betreibe noch Mechanik und die Anwendung der höheren Mathematik auf dieselbe. Daß Du in der Physik gründliche Kenntnisse Dir verschafft hast, besonders im mechanischen Teile derselben (z. B. Lehre von den Dämpfen, von den Instrumenten usw.), setze ich voraus.

Ich denke, Schoettler wird Dir mit der Zeit ganz freie Station geben; doch auch bis dahin wird Dir Dein Unterhalt so sehr viel nicht kosten, da Du die Dir gebotenen Freitische ohne Bedenken annehmen kannst. ······

4] An Wilhelm in London[1]).

Berlin, den 15. Januar 1845.

······ Die Aussichten, die Dein letzter Brief eröffnet, sind sehr verlockend, doch wäre es sehr wünschenswert, wenn nur ein Teil davon in Erfüllung gegangen wäre, um unsere Geldnot zu enden. Die jetzige Zeit ist der einlaufenden Buchhändler-, Schneider- und sonstigen Rechnungen wegen besonders verdrießlich. Dazu kommt Miete, Schulgeld und weiß der Henker was sonst noch für Lumpereien. ······

Mit der Vernicklung geht es alle Tage besser[2]). Nur zu großer Dicke können wir den Niederschlag noch nicht bringen; doch auch das, denke ich, wird sich noch machen. Dann ist die Sache von ungeheurer Wichtigkeit. ······

---

[1]) Wilhelm Siemens fuhr im Frühjahr 1843 zum erstenmal auf kurze Zeit nach England, um seines Bruders Erfindung zu verwerten und arbeitete dann wieder in der Stolbergschen Fabrik in Magdeburg. Anfang Februar 1844 kam Wilhelm zum zweiten Mal nach London, zunächst um die Erfindung des chronometrischen Regulators sowie Verbesserungen des anastatischen Druckverfahrens zu verwerten. Von da an blieb er dauernd in England.

[2]) Werner erhielt am 29. März 1842 ein preußisches Patent auf galvanische Vergoldung. Das Vernicklungsverfahren blieb zunächst aus Geldmangel unbenutzt.

5] An Wilhelm in London.

Berlin, Montag, den 9. Juni 1845.

...... Wir haben hier schon Renommee erhalten. Alle naselang wendet sich einer direkt oder indirekt an mich und will uns eine Erfindung zur Betreibung in England anbieten. Man könnte auf diese Weise ein ganz hübsches Geschäft machen! Jetzt ist es ein bekannter Techniker und Baumeister (in Bayern glaube ich), der ein höchst einfaches, billiges und untrügliches Mittel gefunden haben will, zu verhüten, daß die Eisenbahnwagen aus dem Geleise gehen. Ich traue der Sache aber nicht recht und werde wohl garnicht darauf eingehen. Doch ist zu bedenken, daß er als Eisenbahningenieur bekannt ist und in aller Welt Patente darum nachsucht. ......

Am 10.

Unsere Verhältnisse fangen wirklich an, interessant zu werden. Der Wunsch nach freien Institutionen wird wirklich jetzt allgemein und leidenschaftlich. Besonders wirken die kirchlichen Zustände sehr belebend ein. In Königsberg[1]) sind jetzt immer große Volksversammlungen, die letzte von 5000 Menschen besucht, wobei eine rationale Gestaltung des Christentums verhandelt wird. Man rechnet, daß die nächste von 10000 Menschen besucht werden wird. Die Ordnung und der gute Takt der letzten großen Versammlung im Freien soll wirklich erhebend gewesen sein. ......

6] An Wilhelm in London.

Berlin, den 27. Juli 1845.

...... Ich will jetzt suchen, mit der Seehandlung in nähere Verbindung zu treten. Ich habe dort einen Fürsprecher in dem kauf-

[1]) 1845 fand in Deutschland eine große freireligiöse Bewegung statt, die sich gegen den Katholizismus, wie gegen die Pietisten richtete. Johannes Ronge, der Begründer des Deutschkatholizismus, war auch nach Berlin gekommen und hielt öffentliche Vorträge. Bei einer Versammlung „Unter den Zelten" unterschrieb Werner mit anderen Offizieren einen öffentlichen Protest gegen die Pietisten, der in der Vossischen Zeitung erschien und die Rückversetzung der Offiziere zu ihren Brigaden zur Folge hatte. Nur Werner erhielt infolge seiner Versuche mit Schießbaumwolle vom Kriegsminister persönlich ein Kommando an die Pulverfabrik in Spandau.

männischen Dirigenten der Seehandlungs-Maschinenfabrik[1]) gefunden. Sie sind mit ihrem technischen Dirigenten, der die Anstalt in kurzer Zeit in sehr üblen Ruf gebracht hat, sehr unzufrieden. Der Obengenannte gab mir zu verstehen, daß die Sache etwas auf uns beide (!) spekulierte und fragte mich, ob Du Dich auf den Lokomotivbau verständest. Ich habe es natürlich nicht geradezu verneint und seine Aufmerksamkeit noch weiter auf Deine Verdienste hingeleitet. Nur Deine Jugend gewährt Bedenken; doch fand man plausibel, daß dieser Fehler täglich abnähme! Die Seehandlung wäre gerade ein Institut, wie wir es brauchen könnten. Sie muß, um wieder in Gunst zu kommen beim Publikum, ihr ganzes System ändern, muß wirklich das Neue protegieren und heben und Ausgezeichnetes leisten. So kann sie auch wirklich sehr segensreich wirken. Was ließe sich da nicht alles machen mit den großen Geldmitteln des Instituts und seiner ungehinderten Bewegung! Wie Pilze müßten neue Fabriken aller Art aus der Erde hervorschießen und, wenn sie im vollen Flor sind und den glänzenden, anfänglichen Verdienst nicht mehr abwerfen, an Privatleute abgetreten werden! Da wären wir recht an unserem Platze, nicht wahr?

Die neue geistreiche Luftmaschine[2]) hat jetzt alle Maschinenbauer

---

[1]) Seehandlung („Generaldirektion der Seehandlungssozietät") ist das Bankinstitut des Preußischen Staates, begründet 1772. Sie betrieb früher auch viele große gewerbliche Unternehmungen. Die Seehandlungsmaschinenfabrik wurde 1850 von Borsig gekauft.

[2]) Es ist jedenfalls die Luftmaschine mit Regenerator von Stirling gemeint, die allerdings schon früher von Stirling angegeben war, zur Zeit des Briefes aber erst zur Beachtung gelangte. Damals — 1845 — war die mechanische Wärmetheorie erst im Entstehen (Robert Mayer „Erhaltung der Kraft" 1842), William Thomson zweifelte noch 1848 an der Verwandlung von Wärme in Arbeit. Erkenntnisse, die jetzt den sachlichen Inhalt des zweiten Hauptsatzes bilden, fehlten noch ganz, wenn man von den auf unzureichender Annahme beruhenden Vorstellungen Carnots absieht. Die Regeneratoren von Stirling hielt man vielfach für geeignet, einen Motor so im Gange zu erhalten, daß nur die unvermeidlichen Verluste gedeckt werden mußten. So ist wohl die Bemerkung von Werner Siemens über ein Perpetuum mobile zu erklären. — Im Jahre 1845 und 1846 beschäftigten sich Werner und seine Brüder Wilhelm und Friedrich viel mit der Arbeitsmaschine, die nicht durch Dampf, sondern durch erhitzte Luft betrieben wurde. In seinem Aufsatz in Dinglers Polytechnischem Journal

bedeutend verblüfft. Es wollen mehrere (Wöhlert[1]) und einige kleinere) Modelle nach einer von mir gemachten Zeichnung machen, die gedruckt und in alle Winde verteilt ist. Ich habe in drei gewaltigen Wortschlachten an besonders festgesetzten und öffentlich bekanntgemachten Tagen alle Zweifler, wenn nicht besiegt, doch gänzlich aufs Maul geschlagen. Das Ding ist wirklich hübsch und kann mal Epoche machen. Ein Perpetuum mobile[2]) ist auch kein Unsinn mehr, denn der Wärmeverbrauch ist nur noch eine technische, keine Rechnungsgröße, und es fragt sich, ob nicht durch Luftkompression oder Reibung mit der vorhandenen Kraft mehr als nötig zu erzeugen sein wird. Da ich einen Aufsatz darüber in das Dinglersche Journal schicken will, so bitte ich, mir neue Erfahrungen baldmöglichst zukommen zu lassen. Warum ist denn noch nichts darüber bekannt geworden? ......

7] An Wilhelm in London.

Berlin, den 1. September 1845.

Ich übersende Dir anliegend das versprochene Buch über Fabrikation des Strohpapiers[3]). Diese ist danach zwar noch sehr in der Kindheit, doch ist das Buch auch schon 8 Jahre alt. Kommt es an, ehe Du irgend etwas abgeschlossen hast, so kann es Dir vielleicht nutzen. Ich schicke das Paket durch Herrn Ernst Früchtenicht in Hamburg, Breitestr. 16, den Bruder eines jungen, talentvollen Maschinenbauers hierselbst[4]). Adressiere Paket nur an denselben. Du kannst

---

„Über die Anwendung der erhitzten Luft als Triebkraft", s. W. A. I S. 1 (Werner Siemens: Wissenschaftliche und technische Arbeiten. 2. Auflage. Berlin 1889), beschrieb Werner im Jahre 1845 die Theorie solcher Heißluftmaschinen.

[1]) Joh. Friedr. L. Wöhlert, geb. 16. Sept. 1797, gest. 31. März 1877, begründete 1842 in Berlin eine Maschinenfabrik und Eisengießerei, die er bald zu besonderem Ansehen im Dampfmaschinenbau brachte, die aber in den 70er Jahren sehr zurückging und in den 80er Jahren aufgelöst wurde.

[2]) Nicht zu verwechseln mit den vielen erfinderischen Entgleisungen, welche auf die Erfindung eines mechanischen Perpetuum mobile gerichtet waren.

[3]) Wilhelm hatte an Werner einen Vorschlag wegen der Ausführung der neuen Strohpapiererfindung gemacht.

[4]) F. Früchtenicht, Maschinenbauer in Berlin, errichtete im Jahre 1851 in Bredow bei Stettin die Maschinenbauanstalt Früchtenicht & Brock. Bei dieser Firma erbaute Friedrich Siemens, der jüngere Bruder Werners, die von Wilhelm Siemens erfundene Regenerativ-Dampfmaschine im Jahre

dem Bruder dadurch erkenntlich sein, daß Du ihm die englischen Transactions of Civil Engineers dort an der Quelle besorgst und gelegentlich immer mitschickst. · · · · · ·

8] An Wilhelm in London.

Berlin, den 25. September 1845.

. . . . . . Daß Du endlich begründete Hoffnung auf baldige Einnahmen zu haben glaubst, freut mich sehr. Es ist auch die allerhöchste Zeit, denn die Schulden, die ich habe machen müssen, um die Jungens[1]) durchzufüttern und die vielen Patent-[2]) und sonstigen Ausgaben zu bestreiten, fangen an, mir sehr drückend zu werden und lähmen alle weiteren Fortschritte. Dazu bin ich in der frohen Erwartung jeden Augenblick aus Österreich, Sachsen und Bayern

---

1855/1856. Früchtenicht & Brock wurde am 29. Jan. 1857 in die Stettiner Maschinenbau-Aktien-Gesellschaft „Vulcan" umgewandelt. Werner Siemens hatte in der damals herrschenden allgemeinen Geldkrisis Früchtenicht & Brock mehrfach mit großen Mitteln ausgeholfen. So schrieb Früchtenicht an Werner: „Sie haben mit solcher Freundschaft uns unterstützt, wie sie in unserer Zeit unter Leuten, die Geld haben, gewiß selten ist" (am 28. März 1856) und (am 18. März 1856): „Wie ich Ihnen einmal in dem Maße dankbar sein könnte, wie Sie es um uns verdienen, ich wüßte nicht, wie es geschehen könnte, aber so wie ich in Ihnen einen uneigennützigen Freund gefunden habe, so werden Sie wenigstens einen Menschen finden, dem Dankbarkeit keine Last ist und dem keine Zeit und kein Ereignis den Eindruck verwischen soll, den Ihre Hilfe auf mich gemacht hat." Werner Siemens darf daher ein Hauptverdienst an der Begründung der Vulcanwerke zugeschrieben werden. In den Aufsichtsrat des Vulcan trat Werner bei der Begründung ein und gehörte ihm bis 1865 an.

[1]) Werners Brüder: Hans, geb. 3. Dez. 1818, gest. 28. März 1867, Landwirt, nahm sich der Technik später an und wurde Glasfabrikbesitzer in Dresden. — Ferdinand, geb. 24. Juli 1820, gest. 8. Sept. 1893, Landwirt. — Wilhelm, geb. 4. April 1823, gest. 19. Nov. 1883, hervorragender Ingenieur, Begründer des englischen Hauses der Firma. — Friedrich, geb. 8. Dez. 1826, gest. 24. Mai 1904, ging mit 16 Jahren zur See. Mit 19 Jahren begann er, sich technischen Aufgaben zuzuwenden. Er ging zuerst nach England und widmete sich später mit größtem Erfolge wärmetechnischen Aufgaben. — Karl, geb. 3. März 1829, gest. 21. März 1906, Organisator und weitsichtiger Geschäftsmann, Begründer der russischen Siemenswerke. — Walter, geb. 11. Jan. 1833, gest. 11. Juni 1868, Ingenieur. — Otto, geb. 7. Nov. 1836, gest. 10. Okt. 1871, Chemiker.

[2]) Patente auf den Regulator, sowie auf das Verfahren zur Herstellung künstlicher Steine (1845).

neue bedeutende Zahlungsanweisungen zu erhalten, die durchaus nicht aufgeschoben werden können. · · · · · ·

9] An Wilhelm in London.

Berlin, den 9. Oktober 1845.

Deine Eisenbahnspekulation ist aber sehr kühn. Die englischen Kompagnien sind hier nicht allzu beliebt, doch in Hannover am Ende noch am meisten. Ich fürchte nur unendliche Schwierigkeiten und Zeitverbrauch und am Ende ohne Nutzen für uns. Doch eine Reise ließe sich schon riskieren, wenn sie die Kosten tragen. — Schreib' mir nur bald Deinen Entschluß, damit ich mich danach richten kann! — Etwas Baukunst pp. zu treiben, dazu hatte ich mich schon so entschlossen, sowie auch eine Auffrischung der höheren Mathematik, ohne die man doch immer im Dunkeln tappt. Ich wollte bei Jacobi[1]) (aus Königsberg hergerufen) diesen Winter Analysis und Anwendung derselben im Gebiete der höheren Mechanik hören. Ich wollte, wir könnten dies zusammen treiben. Um meinen Abschied werde ich einkommen, sobald ich irgend das Gehalt entbehren kann, was freilich bei den großen, durch die Brüder veranlaßten Ausgaben nicht viel sagen will. · · · · · ·

10] An Wilhelm in London.

Berlin, den 16. Oktober 1845.

· · · · · · Mit dem Selbstbauenwollen einer Eisenbahn ist es so eine Sache. Es gehört dazu viel Erfahrung, wenn man sicher sein will, sich nicht zu blamieren. Doch am Ende geht auch alles, wenn man muß und die Sache viel einbringt. · · · · · ·

11] An Wilhelm in London.

Berlin, den 13. November 1845.

Obgleich ich eigentlich gar nichts der Rede Wertes zu schreiben habe, so will ich doch wenigstens auf Dein gestern erhaltenes Schreiben

---

[1]) Jacobi (Carl Gustav Jacob), Mathematiker, geb. 10. Dez. 1804, gest. 18. Febr. 1851 in Berlin. Jacobi wurde 1827 zum außerordentlichen Professor der Mathematik in Königsberg ernannt. Vom Frühjahr 1844 ab nahm Jacobi seinen Aufenthalt in Berlin.

die tröstliche Nachricht geben, daß Du nicht nötig hast, mir Geld zu schicken, im Gegenteil, für den **Notfall** noch auf etwas von hier aus rechnen kannst. Ich habe nämlich mit Juerst abgeschlossen. Er hat mir 800 Rt. zahlen müssen, jedoch 300 davon, als meine nach und nach so hoch gewordene Schuld, abgerechnet. Von den übrigen 500 habe ich 100 an Louis[1]) zurückzuschicken und 100 an die unangenehmsten Gläubiger gezahlt. Die übrigen 300 werden wohl zur Überwinterung ausreichen und bis dahin neue Quellen auftauchen. Im Notfall kann ich auch noch von Hans die ihm früher geliehenen 200 Rt. einfordern. · · · · · · Der Schlaukopf von Juerst ist froh, daß er mich los ist und hat nun mit einem Male Anstalten gemacht, die Sache zu vergrößern. Ich hätte jedenfalls bedeutend mehr von ihm loseisen können, doch einmal gebrauchte ich sehr nötig Geld, zweitens hat das Laboratorium noch 300 Rt. Schulden (jedoch inkl. Bestand) und endlich, und hauptsächlich, wollte ich der Vernicklung wegen freie Hand haben . . . . . .

Ich studiere jetzt eifrig höhere Mathematik und höre zu dem Ende täglich von 12 bis 1 ein Kollegium bei Jacobi. Das ist ein Hauptkerl! · · · · · ·

12] An Wilhelm in London.

Berlin, den 11. Dezember 1845.

Zu meiner größten Freude habe ich aus Deinem letzten Briefe ersehen, daß Du wirklich den Vorsatz zu kommen gefaßt hast. Tue es ja, wenn es irgend möglich ist! Hoffentlich wirst Du über Berlin kommen. Dann benutze doch ja die Gelegenheit und bringe mindestens bis Hamburg einen Regulator Deiner besten Konstruktion mit, damit wir mit etwas Vollkommenem auftreten können. Es hält zu schwer, die Leute hier von der Notwendigkeit einer genauen Anfertigung zu überzeugen, und sie sind zu sehr geneigt, über alles Neue den Stab zu brechen, besonders wenn es deutschen Ursprungs und zumal nicht von einem anerkannten Meister der Clique aus-

---

[1]) Ludwig Siemens, geb. 12. März 1819, gest. 27. Apr. 1892, Sohn von Gottlieb Siemens, Bruder des Vaters von Werner. Ludwig war Rittergutsbesitzer und von 1872—1886 Mitbesitzer der Firma: Gebr. Siemens & Co. in Charlottenburg.

gegangen ist! Am liebsten wäre mir ein guter Schraubenregulator, da ein solcher in zwei Monaten ausgeführt sein muß[1]). Könntest Du auch Proben der Steinfabrikation und eine Auswahl alter Druckproben[2]) mitbringen, so wäre es um so besser und würde uns hier bedeutend aus der Patsche helfen! ......

13] An Wilhelm in London.

Berlin, den 20. Mai 1846.

...... Ist in England schon ein vernünftiger Funkenfänger für Lokomotiven? Der beste scheint mir noch der mit Erweiterung zu sein. Doch er leidet an dem Fehler, daß die in der Mitte aufsteigenden Funken nicht anschlagen, sondern frei durchgehen. Dem ließe sich abhelfen, wenn man die Luftsäule in eine rotierende Bewegung brächte, entweder durch eine eingesetzte Spirale oder durch Schiefstellung des Blasrohrs oder beide Mittel zugleich. Durch die Zentrifugalkraft werden die Kohlenstückchen dann an die Peripherie des Schornsteins geführt und müssen sämtlich in die Erweite-

---

[1]) Beschreibung des Differenz-Regulators von Werner in Dinglers Polytechnischem Journal, Bd. 98, S. 81, s. auch W. A., II S. 2. Werner hatte dem Regulator in Gemeinschaft mit seinem Bruder Wilhelm die verschiedenartigsten Ausführungsformen gegeben, s. L. S. 37.

[2]) Wilhelm schreibt an Werner am 14. April 1845:

„Bei Deiner Methode, alte Drucksachen umzudrucken, gefällt mir nur nicht, daß die Lösung heiß sein muß, das ist um so mehr umständlich, da man flache und sehr weite Gefäße fürs Papier gebraucht und sich obendrein die Finger verbrennt. Ich habe Drucksachen in kalte C. K.-Lösung gelegt und will sehen, ob ein paar Tage darin nicht dieselben Dienste tun. Versuche doch mal, ob Du nichts finden kannst, wodurch man den mit Alkalien behandelten Altdruck zum leichten Annehmen auf der Platte bringen kann, doch darf kein Schmutz entstehen, und schreibe mir nicht eher das Resultat, bis Du mit verschiedenartigsten Drucksachen entschiedenen Erfolg gehabt hast, denn ich habe nicht viel Zeit zum Experimentieren übrig. Mit den Säuren ist es eine sehr mißliche Sache, einmal gelingts und zehnmal nicht. Es scheint, als ob wir mit den kleinen Pressen jetzt ganz im Reinen wären, doch ist und bleibt eine Reiberpresse besser. Mit der Schnelldruckpresse habe ich in dieser Woche keine Experimente gemacht, weil ich mehrere kleine Veränderungen vornehme und eine sehr wesentliche, nämlich die Einführung eines Reibers auf einer dünnen, endlosen Zinkplatte, da wir mit der Walze keinen gleichmäßigen und scharfen Druck kriegen können. Ich baue jetzt eine Handpresse 22 Zoll breit mit Reiber und Walze, wie ich Dir schrieb. Die Schnelldruckpresse werde ich in 2 Tagen wieder versuchen."

rung hineingehen und anschlagen. Der Gewerbeverein hat einen Preis auf einen Funkenfänger gesetzt, und ich werde meinen Plan dort zur Konkurrenz bringen, doch muß er vorher ausgeführt werden. Was hältst Du davon? —

Wie sieht es mit dem Kadmium aus? — Appels[1]) Gläubiger drängen mich immer wieder von neuem. Kann denn der Schlingel sie nicht einmal befriedigen? Leb' wohl, lieber Bruder, und gib bald gute Nachrichten. Jetzt sind schon zwei Jahre seit meiner Anwesenheit in England verstrichen![2]) Früher hätte ich es nicht für möglich gehalten, daß wir uns so lange mit unseren großen Ausgaben für die Geschwister durchschwindeln könnten! Jetzt kann es aber nicht lange mehr so hingehen, denn die Quellen sind alle bis auf den Grund versiegt. — Doch hoffen wir das Beste, ohne den Mut zu verlieren.

14] An Wilhelm in London.

Berlin, den 28. Mai 1846.

...... Hinsichtlich Deines peruanischen Anerbietens[3]) läßt sich von hier aus wenig sagen. Wenn die Regierung sich als solche zu

---

[1]) Ein Deutscher, vormals Arbeiter bei Baldamus, dem Erfinder eines Verfahrens zum Umdrucken von Drucksachen, die nicht älter als 3 Monate sind. Appel unterstützte Wilhelm in seinen Bemühungen um die Pressen, vor allem die selbsttätig wirkende Dampfpresse. Als Wilhelm seine Versuche, das Drucken zu praktischer Vollkommenheit zu bringen, zu Ende des Jahres 1846 wegen Geldmangels einstellte, betrieb Appel das Verfahren noch einige Zeit auf eigene Rechnung weiter.

[2]) 1844 reiste Werner auf 6 Wochen nach England, um Wilhelm bei der Ausführung des „anastatischen Druckverfahrens" zu helfen, s. L. S. 31.

[3]) Am 22. Mai 1846 hatte Wilhelm an Werner geschrieben:

„Mir ist heute das merkwürdige Anerbieten gemacht (vom peruanischen Konsul Milendis im Auftrage seines Ministers, welcher jetzt hier ist, um die Landesschulden an England mit Guano abzuzahlen), nach Lima zu gehen, um 1. eine kurze Eisenbahn zur Küste zu bauen, 2. die verschütteten Quecksilber- und Silberbergwerke wieder in modernen Gang zu setzen und 3. um Zuckerfabriken dort anzulegen, kurzum, um Factotum General der dortigen Industrie zu werden! Das ist verdammt einladend, besonders nachdem man sich von Mr. Milendis die goldnen Aussichten hat vorspiegeln lassen! Was meinst Du dazu? Wenn das verdammte Nest nur nicht so weit von aller Vernunft und vor allem nicht so heiß wäre!... Als Grund, weshalb sie mir solchen Antrag stellen, mag dienen, daß die Industrie in diesem goldnen einem förmlichen Kontrakte, der Dich für alle möglichen Fälle vollkommen sicherstellt, herbeigibt und Dich von vornherein pekuniär sicherstellt, ohne Dich auf Aussichten zu vertrösten, so läßt sich wenig dagegen einwenden, namentlich wenn Du den Kontrakt als Engländer eingehen könntest, da sie darin mehr Grund finden würde, ihn zu halten. Den Verhältnissen des südamerikanischen Staates fehlt es an Stabilität; eine Revolution jagt die andere, und das neue Regiment bindet sich nicht mehr an die Versprechungen und Verpflichtungen des früheren. Mit dem Aufblühen einer kräftigen Industrie daselbst wird es daher wohl einige Menschenalter Zeit haben. Doch, wie gesagt, Du findest dort hundertmal mehr Data zur richtigen Beurteilung der Sachlage wie hier! ......

15] An Wilhelm in London.

Berlin, den 15. Juli 1846.

...... Ich fand Leonhardt[1]) vor etwa 14 Tagen in großen Schwulitäten, weil sein neu konstruierter Telegraph Fehler machte, die er nicht ergründen konnte. Da mir die Quelle derselben gleich klar war, so gab ich ihm den Weg an, wie er sie vermeiden könnte. Der Ärger über meine Dummheit oder mindestens Unklugheit veranlaßte mich jedoch, über die Telegraphie weiter nachzudenken, wozu mir eine Ausarbeitung der Geschichte der elektrischen Telegraphie für den Jahresbericht der Physikalischen Gesellschaft, die ich machen mußte, noch behilflich war. Und siehe da, ich kam zu wirklich glänzenden Resultaten, die mir eine Umgestaltung des ganzen Systems und eine viel allgemeinere Anwendung in sichere Aussicht stellen. Mein Telegraph[2]) gebraucht nur einen Draht, kann dabei mit Tasten

---

Lande gänzlich darniederliegt · ein geprüfter praktischer Ingenieur würde zu sehr an Englands Vorurteilen hängen, während ihnen ein Klüterpreuße mit einiger Ausdauer und Umsicht lieber ist."

[1]) Der Uhrmacher Leonhardt hatte schon 1844 Werner bei der Herstellung einer rotierenden Schnellpresse geholfen. Im Auftrage des Generalstabs der Armee stellte Leonhardt Versuche über die Frage der Ersetzbarkeit der optischen Telegraphie durch elektrische an.

[2]) Der Zeigertelegraph mit Selbstunterbrecher, unter Anwendung eines Schleppkontaktstückes zum Verlängern des Hubes. Er wurde umfangreich verwendet, besonders im Eisenbahnbetrieb bis zum Ende der 60er Jahre. W. A. II S. 12.

wie ein Klavier gespielt werden und verbindet mit der größten Sicherheit eine solche Schnelligkeit, daß man fast so schnell telegraphieren kann, wie die Tasten nacheinander niedergedrückt werden können. Dabei ist er lächerlich einfach und ganz unabhängig von der Stärke des Stromes, wenn derselbe nur so stark ist, daß er die Anker zu heben vermag, was indes durch eine neue, bereits bewährte Konstruktion der Magnete schon durch schwache Ströme geschehen kann. Durch eine sehr einfache Vorrichtung kann ferner ein selbsttätiger Druckapparat dabei angebracht werden, der, ebenfalls nur durch das Niederdrücken der obigen Tasten, die Buchstaben oder Zahlen an beiden Stationen gleichzeitig druckt. — Es fragt sich nun, was tun? Nach langem Überlegen ging ich wieder zu Leonhardt, der einmal ein denkender und bewährter Arbeiter, Sachkenntnis und hier das Heft einmal in Händen hat. Ich kontrahierte mit ihm mit aller Vorsicht zu gleichem Gewinn und Verlust (auch für die in seiner Werkstatt gefertigten Apparate) und $^1/_3$ Kommissionsgebühr für das Ausland, wobei ich für England usw. natürlich auf Dich rechnete. Er war gleich mit ganzer Seele dabei und ließ den ersten Versuch noch die halbe Nacht hindurch klappern. Seiner Rechnung nach kostet ein druckender Telegraph meiner Konstruktion nicht halb soviel, wie seine kriechenden und komplizierten Dinger. — · · · · · ·

Meine Hauptbitte ist jedoch die, daß Du Dich einmal nach den englischen vorhandenen Patenten erkundigst und vor allen Dingen zusiehst, ob Wheatstone[1]) wirklich ein Patent auf Elektrizität im allgemeinen hat oder nicht. Seine Telegraphen sind übrigens sämtlich schlecht und teils unsicher, teils mit vielen Drähten.

16] An Wilhelm in London.

Berlin, den 30. Juli 1846.

· · · · · · Mein elektrischer Telegraph geht langsam, wie mit Leonhardt nicht anders zu erwarten war, vorwärts. Schuld daran ist

---

[1]) Wheatstone, Sir Charles, engl. Physiker, geb. 1802 in Gloucester, gest. 19. Okt. 1875 in Paris, Professor der Experimentalphysik am King's College in London. Im Jahre 1837 bemühte er sich mit W. F. Cooke zusammen um die elektrische Beförderung von Nachrichten und erlangte zusammen mit Cooke am 12. Dez. 1837 das erste englische Patent auf einen elektrischen Nadeltelegraphen.

mit, daß Leonhardt gerade jetzt seine Linie mit vielem Glanze geöffnet hat und die geschluckte Ehre ihn etwas unempfänglich, vor der Hand wenigstens, macht. Deinen Einwand, hinsichtlich des gleichzeitigen Druckens an beiden oder allen Stationen, verstehe ich eigentlich nicht. Wahrscheinlich glaubst Du, daß, wie bei Dr. Bains Drucktelegraph[1]), mit der Hand gedruckt werden soll, wenn das Zeichen erschienen ist. Dem ist aber nicht so; der Druck erfolgt an allen Stationen sogleich von selbst, wenn der Gang eines Telegraphen durch den Druck einer Taste unterbrochen wird. Dies geschieht dadurch, daß ein kleiner Elektromagnet einen Anker stets anzieht und fallen läßt. Der Fall desselben ist durch eine Vermehrung der zu bewegenden Masse oder Vergrößerung der Trägheit verlangsamt. Bei dem raschen Wechsel des Stromes (der Telegraph macht etwa 12 Vibrationen per Sekunde oder durchläuft so viele Zeichen in derselben), ist der Gesamtfall des Ankers nur gering, da er vor dem völligen Niederfallen schon wieder gehoben wird. Erst wenn der Telegraph stillsteht, fällt er vollständig ab und stellt dadurch den Kontakt eines Stromes her, welcher einen kräftigen Elektromagneten durch die jetzt unbenutzte Batterie in Tätigkeit setzt und dadurch den Druck ausführt. · · · · · ·

17] An Wilhelm in London.

Berlin, den 20. August 1846.

· · · · · · Mein Telegraph hat auch eine Krise zu bestehen gehabt. Ein Dr. Kramer aus Mühlhausen trat hier mit einem Drucktelegraphen auf, der Wunderdinge leisten sollte. Aus dem, was ich hörte, schien er auf meinem Prinzipe zu beruhen, namentlich der Geschwindigkeit wegen, da er 6 Zeichen per Sekunde durchlief. Encke[2]) und Dove[3]) traten als Protektoren auf. Er eröffnete darauf Unter-

---

[1]) Alexander Bain, Uhrmacher und Mechaniker, geb. 1810 zu Thurso in Schottland, gest. 1877 zu Broomhill, erhielt am 21. Dez. 1841 und 1843 ein englisches Patent auf einen Typendrucktelegraphen.

[2]) Encke, Johann Franz, geb. 23. Sept. 1791 in Hamburg, gest. 26. Aug. 1865 in Spandau bei Berlin, war Schüler von Gauß, 1825 Direktor der Berliner Sternwarte und Universitätsprofessor.

[3]) Heinrich Wilhelm Dove, Physiker und Meteorolog, geb. am 6. Okt. 1803 zu Liegnitz, gest. 4. Apr. 1879 zu Berlin, kam 1829 von Königsberg i. Pr.

handlungen mit Leonhardt, denen ich beiwohnte. Die Verschiedenheit im wesentlichen wurde mir dadurch klar, und Kramer verlor etwas die Kontenance, als er von den Leistungen meines Telegraphen erfuhr. Kurz, er verkaufte an Leonhardt für 500 Rt. seine Erfindung und verpflichtete sich zu zweijähriger Geheimhaltung. Das Ding war gerade so, wie ich es Leonhardt vorher sagte, das Wheatstonesche Prinzip im allgemeinen, jedoch mit tellurischen Magneten als Anker. Diese Vorrichtung gestattet nämlich, durch den Leitungsdraht einen Strom in entgegengesetzter Richtung gehen zu lassen, ohne daß die bewegenden Anker angezogen werden, jedoch wird dadurch ein anderer Magnet aktiv, welcher druckt. Mir gefällt diese Vorrichtung gar nicht, weil die tellurischen Magnete nicht sicher sind, und weil man einen besonderen Druck jedesmal ausüben muß, um zu drucken, was bei meinem nicht nötig ist.

Ferner ist der Telegraph sehr kompliziert mit 2 Laufwerken und leidet an allen Mängeln des Wheatstoneschen. Der meinige ist jetzt von Friedrich[1]) ziemlich fertig gezeichnet und verspricht Ausgezeichnetes zu leisten. Erkundige Dich doch einmal, aber bald, nach den dortigen Patentverhältnissen und den Leistungen der bestehenden Telegraphen, um daraus schließen zu können, ob es vorteilhafter für uns ist, Leonhardt die Telegraphie für Preußen ziemlich allein zu lassen und dafür das Ausland gänzlich zu behalten oder nicht. — Leonhardt verspricht, in ziemlich 6 Wochen mit dem Telegraphen fertig zu werden, und dann soll unser Spezialverhältnis festgestellt werden. Die beiden Modelle (natürlicher Größe, doch kleiner Ausführung) könnten dann ohne weiteres nach Verlauf von etwa 3 Monaten nach England geschickt werden. Vielleicht kann ich von Leonhardt, außer der Abtretung des preußischen Patents, noch einiges Geld (1500 bis 2000 Rt.) bekommen, welches uns für den Augenblick flott machen könnte. Ich habe Leonhardt ferner die Alternative gestellt, entweder 1000 Rt. zur

nach Berlin, war Lehrer an der Kriegsakademie, allgemeinen Kriegsschule, später an der Artillerie- und Ingenieurschule, am Gewerbeinstitut (der heutigen Technischen Hochschule), an Gymnasien und Universität.

[1]) Friedrich Siemens hörte im Jahre 1846 auf der Universität zu Berlin Vorlesungen über Mathematik, Physik und Chemie, führte Zeichnungen für Werner aus, im besondern für den Telegraphen.

Betreibung des Regulatorenpatents herzugeben oder auf den Verdienst zu verzichten. Was hältst Du für vorteilhafter? Er wird sich wohl für letzteres entscheiden.······

18] An Wilhelm in London.

Berlin, den 10. September 1846.

······Es ist aber wahrlich Zeit, daß wir wieder bessere Nachrichten auszutauschen beginnen! Mit etwas leichterem Herzen, wie bisher, kann ich gottlob schon diesmal schreiben. Louis ist gestern gekommen und hat mir die letzten 150 Rt. von Ferdinands Vermögen mitgebracht. Das hat mir nebst einem Darlehn von Juerst von 80 Rt. für den Moment aus der Verlegenheit und aus den drückendsten Schulden geholfen.

Ferner habe ich jetzt mit 4 verschiedenen Leuten, worunter die beiden hiesigen Zementfabriken und Juerst (!), Verhandlungen hinsichtlich der künstlichen Steine angeknüpft und als Grundbedingung die Anzahlung von 2000 Rt. aufgestellt. Die Sachen stehen so: Ausgeführt muß die Sache binnen 3 Wochen, dem letzten Gnadentermine des Ministers sein, sonst wird das Patent unwiderruflich zurückgenommen. Ich muß also, da wir es nicht können, notwendig jemand haben, der auf die Sache eingeht und Anstalten zu einer, wenn auch nur unbedeutenden, Ausführung trifft. Ferner muß doch ein Geschäftsmann bei der Geschichte beteiligt sein, da ich allein, namentlich solange ich den bunten Rock trage, doch nichts damit machen kann.······

19] An Wilhelm in London.

Berlin, den 1. Oktober 1846.

Deinen lieben Brief habe ich erhalten und mit Freuden daraus ersehen, daß Du den Mut noch nicht verloren hast. Mir hat es bis jetzt nicht gelingen wollen, zu einem festen Abschlusse hinsichtlich der Steine zu kommen, weil ich auf der Anzahlung von 2000, zuletzt sogar nur 1000 Rt. bestand. In den nächsten Tagen muß sich entscheiden, ob ich auch diese muß fahren lassen oder nicht, wie ich noch hoffe. Die meisten Aussichten gewährt ein Kalkbrenner, namens Müller, sehr reich, jung und tatenlustig. Er besteht bis jetzt auf

Bedenkzeit, um in England direkte Nachrichten über Ransome[1]) einziehen zu können······

Leonhardt ist schon seit 6 Wochen in Thüringen zur Aufstellung seines Eisenbahntelegraphen und will, wie ich heute erfahre, noch 4 Wochen dort bleiben. Ich werde ihm doch am Ende noch den Laufpaß geben. — Wheatstone muß das Ohmsche Gesetz[2]) für sehr wenig bekannt halten, wenn er in solchen Lumpereien (Stromstärken) die Hauptsache sucht. Ich fürchte ihn übrigens nicht, so lange er durch willkürliche Handbewegungen seine Zeichen gibt. Sein Einwurf gegen das Drucken ist albern, denn es läßt sich gar kein vernünftiger Grund finden, warum ich nicht druckend ebenso viele Fehler verbessern kann, wie zeigend! Der Fehler ist nur, daß er noch keine gute Druckvorrichtung kennt, da die bisherigen umständlich sind und nichts taugen. Vergiß nicht das Kopierpapier zu schicken. — Wheatstone wendet doch bei seinem neuen Telegraphen eine galvanische Batterie an? Es schien mir aus Deiner Beschreibung, als wenn er mit Induktionsströmen (von natürlichen Magneten) arbeitete[3]). Doch das glaube ich vor der Hand noch nicht.

---

[1]) Im Jahre 1845 trat Wilhelm mit Frederick Ransome aus Ipswich, in dessen Hause er während der anastatischen Druckarbeiten als Gast verweilte, wegen eines von diesem erfundenen Verfahrens zur Fabrikation von künstlichen Steinen in Geschäftsverbindung.

[2]) Georg Simon Ohm, geb. 16. März 1789 in Erlangen, gest. 6. Juli 1854 zu München, Physiker. 1827 erschien Ohms mathematische Bearbeitung der galvanischen Kette.

[3]) Wilhelm schrieb am 22. Sept. 1846 an Werner:

„Ich ging mit ihm zu Professor Wheatstone, der uns mit größter Bereitwilligkeit alle seine zahlreichen Erfindungen am elektrischen Telegraphen demonstrierte. Er wendet jetzt vorzüglich Elektromagnete an, welche gleichzeitig mit der Drehscheibe in Bewegung gesetzt werden. Der Apparat ist nämlich so: Man ergreift den Griff, welcher zu einem beliebigen Buchstaben gehört, drückt denselben nieder (wird durch eine Spiralfeder wieder gehoben) und dreht, bis man gegen den Amboß A stößt. — Durch einen noch geheimen Apparat macht er den elektromagnetischen Strom immer gleich groß, gleichviel ob er durch einen kleinen oder großen Bogen dreht. Er zieht Zeichen den Drucktelegraphen vor (!), weil man bei letzteren kein Versehen widerrufen kann und sie überhaupt nicht so praktisch sind. — Als die größte Schwierigkeit stellt er dar, die richtige Stromstärke für einen Draht von gegebener Länge zu erhalten. — Er lud mich auch ein, nach Somerset House zu kommen, woselbst er mir seinen Geschwindigkeitsmeßapparat auseinander-

Karl und Walter sind nach Prima versetzt, und namentlich letzterer war sehr erfreut darüber. Er hat auch ein recht gutes Zeugnis gebracht, und ich denke, diese Auszeichnung wird ihn sehr anspornen. Er soll auch deshalb diesen Winter noch in der Pension bleiben, so sauer mir die 250 Rt. jetzt auch fallen! — Was meinst Du denn zu Friedrich? Was soll mit ihm geschehen? was aus ihm werden? Er ist mir zwar jetzt recht nützlich durch sein Zeichnen, doch darf es seine Ausbildung nicht stören. Soll er Maschinenbauer werden oder Architekt? Als letzterer müßte er bei einem Maurer oder Zimmermann in die Lehre, als ersterer entweder hier zu einem Maschinenbauer (······ Wöhlert) oder zu Dir nach England. Lust hat er zu beidem. Es fragt sich nur, was wir ihm raten. Früchtenicht läßt Dich bitten, doch einmal zu seinem Buchhändler zu gehen und ihn zu fragen, warum er die weiteren Lieferungen seiner Journale nicht schicke. Vergiß es nicht, denn ich habe es schon einige Male vergessen und möchte mir den Früchtenicht gern warm halten.······

20] An Wilhelm in London.

Berlin, den 5. November 1846.

Deine beiden Briefe habe ich erhalten. Viel Neues habe ich nicht zu berichten. Die verdammte Baumwolle nimmt meine Zeit jetzt fast ausschließlich in Anspruch. Da ich gerade dabei bin, will ich Dir auch gleich die Resultate meiner derartigen Untersuchungen mitteilen.······

Gewöhnliche Baumwolle besteht aus 24 C + 21 H. Durch den konzentrierten Raum wird derselben 1 Atom Wasser entzogen, und dafür treten 4 Atome Salpetersäure in die Verbindung ein, so daß Schießbaumwolle aus 24 C + 20 H + 4 N besteht oder auch aus 6 C + N + + 4 H. Bei der Verbrennung im geschlossenen Raum oder bei starker Erhitzung entstehen daraus wahrscheinlich 5 C + + N + CH + H. Bei kurzen Gewehren verbrennt dann Kohlenoxyd und Leuchtgas an der Luft. Bei langsamer Verbrennung entbindet sich dagegen anstatt des Stickoxyduls (Leuchtgas)

setzen wollte, doch als er eben anfing, kam Professor Oersted und andere Professoren dazwischen, und er fing sofort an, dieselben über den elektrischen Telegraphen zu belehren."

Stickoxyd, eine größere Quantität Kohlenwasserstoff und ein scharfes, die Augen reizendes Öl (Akrolein, bei der Destillation des Öls auftretend). Diese Resultate beruhen im wesentlichen auf verschiedenen, qualitativen Untersuchungen, doch werden sie dadurch sehr wahrscheinlich, daß die berechnete Gewichtszunahme der Baumwolle genau mit der gewogenen übereinstimmt (100 Lot Baumwolle geben 161 · 8 Schießbaumwolle).

Das Gas der langsamen Verbrennung läßt sich leicht auffangen, indem man ein enges Metallrohr mit Baumwolle fest vollstopft oder schlägt, dann ansteckt und mit der Oeffnung unter ein mit Wasser oder besser Quecksilber gefülltes Gefäß hält. Bei der Oeffnung desselben entstehen rote Dämpfe durch Verbindung des Stickoxyds mit dem Sauerstoff der Luft zu salpetriger Säure. Es folgt hieraus, daß Baumwolle nie im Übermaß angewendet werden darf, da sich dann salpetrige und Salpetersäure im Rohre erzeugen, die dasselbe angreifen. Ferner darf sie nicht zu gepreßt sein. Endlich gibt sie eine sehr bedeutende Gasmenge und keine Säure, wenn der Raum, in dem sie verbrennt, eng geschlossen ist. Sie eignet sich doch auch zum Maschinenbetriebe. Aus Deinem Vorschlage hierüber ersehe ich wiederum, daß wir aus ziemlich ähnlichem Stoff geformt sind. Es war auch mein erster Gedanke, und namentlich fiel mir gleich wieder das nie vergessene Fliegen ein. Eine irdischere Anwendung wäre aber die zu Dampfmaschinen, da man den Kessel sparte. Für andere möchte die Sache zu teuer sein, da man nicht wohl das Pfund unter 1 Rt. anfertigen kann.

······Der elektrische Funke zündet nicht sicher. Man müßte es durch einen glühenden Draht (Galvanismus) oder einfach durch Kompression machen, die im pneumatischen Feuerzeug Baumwolle sicher zündet. Die Erhitzung ist bei Baumwolle nicht groß (weil sich Kohlenoxyd bildet); doch ist dies freilich der kritische Punkt. Jedenfalls müßte der eigentliche Ladungsraum gewechselt werden (Gewehre von hinten), was auch wohl schon der leichten Ladung wegen nötig wäre. — Die Sache ist übrigens schon viel besprochen und, natürlich, verdammt, da ich schon vor 3 Wochen in der Polytechnischen Gesellschaft in einem Vortrage über Schießbaumwolle, der durch viele Zeitungen ging, es für möglich erklärte, auch Maschinen mit Baumwolle zu treiben. Himly[1]) beansprucht übrigens nicht die erste Erfindung der Baumwolle; Schönbein[2]) plädiere nur Otto[3]) gegenüber und das tun viele, ich auch eigentlich, wenigstens im stillen. Ich weiß von Himly nur, daß er in einem Zeitungsartikel gegen die Baumwolle sich aussprach (nach Otto) und sagte, die Baumwolle gäbe nicht Kraft genug und würde das Gewehr bald so heiß machen, daß sie sich entzündete. Es kam zu dem Resümee: Es wird vorläufig beim alten bleiben, weshalb die Vossische ihn den „konservativen Kieler" nannte. — Er hat im Endresultat zwar ziemlich recht, aber seine Gründe sind unhaltbar. — Der Dom[4]) hat jetzt sich schriftlich erklärt, daß er Versuche machen will und dazu Lokal (inkl. Dampfmaschine), Material usw. hergeben will. Infolgedessen werde ich wohl 6 Monate Verlängerung erhalten. Einen kleinen Kessel (10 Kubikfuß Lösungsraum) hat Wöhlert sich erboten, mir gratis zu machen,

---

[1]) Wilhelm hatte am 24. Okt. 1846 an Werner geschrieben:

„Sollte Himly wirklich der erste Erfinder der explodierbaren Baumwolle sein, so könnte er noch immer 100 000 Dollars in Amerika damit verdienen, woselbst er noch immer ein Patent erhalten könnte."

[2]) Christian Friedrich Schönbein, Chemiker, geb. 18. Okt. 1799 zu Metzingen bei Reutlingen, gest. 29. Aug. 1868 zu Baden-Baden, war Professor in Basel, entdeckte 1839 das Ozon. 1845 führten ihn seine Untersuchungen über die chemischen Beziehungen des Phosphors zur Entdeckung der Schießbaumwolle.

[3]) L. S. 43:

„Diesen Bericht hatte ich schon eingesandt, als Professor Otto in Braunschweig meine Methode der Darstellung brauchbarer Schießwolle neu erfand und publizierte. Meine frühere Tätigkeit in der Sache und mein Bericht an das Kriegsministerium blieben natürlich geheim, und Otto gilt daher mit Recht als Erfinder der brauchbaren Schießwolle, da er die Methode ihrer Herstellung zuerst veröffentlicht hat. So ist es mir vielfach gegangen. Es erscheint zunächst zwar hart und ungerecht, daß jemand durch frühere Publikation die Ehre einer Entdeckung oder Erfindung sich aneignen kann, die ein anderer, der schon lange mit Liebe und gutem Erfolge an ihr gearbeitet hat, erst nach vollkommener Durcharbeitung publizieren wollte. Andererseits muß man jedoch zugeben, daß irgendeine bestimmte Regel über die Prioritäten festgesetzt werden muß, da für die Wissenschaft und die Welt nicht die Person, sondern die Sache selbst und deren Bekanntmachung in Betracht kommt."

[4]) Im Jahre 1841 hatte sich in Köln ein Central-Dombauverein (Dom) zur Erhaltung und Vollendung des Kölner Domes gebildet, welcher der Mutterverein von über hundert andern Dombauvereinen wurde.

wahrscheinlich, um Dir Deine Mühe für Kommissionen dadurch zu entgelten. Ich habe das zwar abgelehnt, aber den Kredit angenommen. Schicke nur bald eine spezielle Anfertigungsvorschrift, da wir mit Beginn des Frostes anfangen und dem Dom erst etwas vormachen müssen, dann wird er schon Geld zu mehr hergeben und auch Arbeiter kommen lassen. —

Die Nickelgeschichte[1]) schläft zwar nicht, ruht aber, freilich hauptsächlich aus Geldmangel. Vollkommen sicher habe ich die Geschichte überhaupt noch nicht kriegen können, namentlich keine große Stärke mit Sicherheit, und davon hängt die allgemeine Anwendbarkeit doch wesentlich ab. Doch nächstens mehr davon. —

Daß Ferdinand seit 14 Tagen fort ist, habe ich wohl geschrieben. Zuerst gab mir 500 Rt. her bis zum 1. Dezember. Noch weiß ich nicht, wie es damit werden soll! Meyer[2]) und die Jungens lassen grüßen. Fritze ist mit sich selbst noch nicht recht eins. Er möchte sehr viel lernen und leisten, und sein großer Ehrgeiz wird ihm über viele Schwierigkeiten weghelfen, doch hat er wieder eine große Abneigung vor dem steten Stillsitzen und dem kaufmännischen Spekulieren. Deswegen gefällt ihm die reine Maschinenbauerei wenig. Gern möchte er Architekt, namentlich öffentlicher Bauten, werden, doch glaubt er wieder kein hinreichendes Feld für seinen Ehrgeiz zu haben. Wenn nichts Besonderes vorfällt, dann denke ich, lassen wir ihn den Winter noch studieren, wozu jetzt gerade sein Ohrenleiden (Harthörigkeit), das sich durch eine Erkältung neu eingestellt hat, rät. Glaubst Du aber etwas für ihn ganz Passendes zu wissen, so schreib' es gleich. — Dies ist der erste Brief, der von der Postkonvention zwischen Preußen und England Gebrauch machen kann. Ich mache ihn daher

---

[1]) Am 14. Febr. 1846 hatte Werner an Wilhelm geschrieben: „Mit der Einrichtung der Vernicklungsanstalt bin ich bald fertig.“

[2]) William Meyer, Kamerad Werners auf der Berliner Artillerie- und Ingenieurschule von 1835—1838. Meyer wohnte in Magdeburg mit Werner zusammen in einem „Stadtquartier“, später war er als Sekondeleutnant in Berlin, half im Jahre 1849 Werner beim Bau der Telegraphenlinie Köln—Verviers, übernahm im gleichen Jahre das Amt des Leiters der Technik der preußischen Staatstelegraphie, als Werner seinen Abschied vom Militär nahm, trat aber am 1. Jan. 1855 als Oberingenieur und Prokurist in die Firma Siemens & Halske ein. Er starb am 12. Jan. 1868. Mit Werner Siemens verband ihn eine tiefe lebenslängliche Freundschaft, s. L. S. 19.

frei London. Ich denke, das Postgeld wird viel billiger werden. Profit für uns! Leb' wohl!

21] An Wilhelm in London.

Berlin, den 19. November 1846.

...... Hinsichtlich Friedrichs will ich daher Deine Antwort auf jenen Brief erwarten. Von Ferdinand, Hans und Louis erhielt ich soeben Briefe. Hans schickt die ihm geliehenen 200 Rt. exkl. der Louis schuldigen 25 Rt. Um meine Schuld zum 1. Dezember zahlen zu können, habe ich Ekengreen[1]) um 300 Rt. gebeten, die er als Darlehn betrachten könne für den Fall, daß es uns möglich werde, das Geld wieder zu erübrigen. Erhalte ich dann von Dir die 10 £ St., welche Du missen zu können glaubtest, so komme ich mit Ehren aus der Sache und kann auch Walters noch rückständige Pension von 80 Rt. bezahlen. Wie es im nächsten Jahre sich gestalten soll, weiß ich freilich nicht. Doch kommt Not, kommt ja auch wohl Hilfe. Wenigstens ist das ja bisher unsere Regel gewesen! ...... Schicke mir doch eine Handskizze mit den Hauptabmessungen Deiner Luftpumpe[2]) und genaue Angaben über ihre Leistung. Ich möchte hier einige bauen lassen, um dadurch einen kleinen Gewinn zu erzielen. Ich glaube, daß der beste Markt für die Pumpe Paris wäre, wo sie am meisten gebraucht wird und auch viele Zuckersiedereien mit Luftpumpenbetrieb existieren. Ein bedeutender Mechaniker daselbst baut nur Luftpumpen. Könntest Du mir eine schicken, so würde ich sie mit Vorteil verkaufen können und vielleicht etwas damit machen.

---

[1]) Ekengreen, Landwirt bei Menzendorf, Vormund von Sophie (geb. 31. Dez. 1835, vermählt mit Justizrat Crome), der jüngeren Schwester Werners.

[2]) Wilhelm Siemens hatte sich im Jahre 1845 für das atmosphärische Eisenbahnsystem interessiert, er erfand eine Verbesserung in der Methode der Luftentleerung mit Hilfe mechanischer Kraft. Seine Erfindung, die er in die Beschreibung seines 2. Regulatorpatentes vom 24. Dez. 1845 mit einschloß, bestand aus „einer doppelcylindrischen Luftpumpe zum Komprimieren resp. Verdünnen luftförmiger Flüssigkeiten im allgemeinen, wobei der Widerstand derselben gleichmäßiger auf den Auf- und Niedergang der Kolben verteilt wird". Das Verfahren ist für den Betrieb der Eisenbahn nicht in Anwendung gekommen, später aber mit Erfolg zur Entleerung bei der Zuckersiederei verwandt worden.

Ich rechnete etwas auf einen Preis für den Funkenfänger; doch Borsig[1]) scheint keine Lust zu haben, ihn auszuführen, und Ausführung ist Bedingung der Preiserteilung. · · · · · ·

Leonhardt ist immer noch nicht wieder zurück, und ich komme daher mit meinem Telegraphen nicht vorwärts.

Durch Überschickung der Wheatstone-Broschüre würdest Du mich sehr erfreuen. Daß er die magnetoelektrischen Ströme anwendet, weiß ich von anderen Seiten (Büchern) auch schon; mir schien es aber schwer möglich, so viele Magnete wie Buchstaben auf den engen Raum des Telegraphen zu vereinigen. Diese Telegraphen müssen aber immer daran leiden, daß Geschicklichkeit zum Telegraphieren gehört und leicht Fehler eintreten können. Ferner drucken sie nicht von selbst.

Den 21.

Es war vom Telegraphen die Rede. Ich glaube, mit meinem sicher ein Zeichen pro Sekunde geben zu können in Buchstaben und 2 bis $2^1/_2$ Zahlen. Also über das Doppelte bis Dreifache wie Wheatstone. Ich habe übrigens bedeutende Fortschritte gemacht.

Nächstens will ich Dir auch den selbsttätigen Druckapparat beschreiben, der ebenso einfach und neu ist. Doch würde es mir sehr erwünscht sein, Wheatstones neuen Telegraphen zu kennen, um unter einer Menge scheinbar gleich guter Kombinationen die zu wählen, welche am weitesten von seiner abliegt. — Daß das Drucken jedoch viel vorteilhafter ist, folgt schon daraus, daß bei der Geschwindigkeit des Telegraphen ein Ablesen und Notieren gar nicht mehr mit Sicherheit tunlich ist. — Vielleicht werde ich mich genötigt sehen, dem Leonhardt gegen zirka 500 Rt. bar und Anfertigung eines gut ausgeführten Doppelexemplars die Sache in Preußen ganz zu überlassen, wenn ich nämlich nicht anderweitig mich durchfressen kann und er will. — Friedrich könnte es dann mit nach England nehmen, wenn Du glaubst, wie Du neulich schreibst, daß dort damit schnell Geld zu verdienen wäre, wenn offenbare Vorzüge vor dem Wheatstone'schen vorhanden sind. —

---

[1]) Borsig, Johann Karl Friedrich August, Begründer der Borsigschen Maschinenfabrik, geb. 23. Juni 1804 zu Breslau, gest. 6. Juli 1854 in Berlin.

Auf Deine neue Triebkraft bin ich sehr gespannt. Wolff legte mir neulich einen Plan vor, andere Flüssigkeiten anstatt des Wassers zu benutzen. Doch da konnte ich ihm leider nicht viel Tröstliches über sagen. — Zu dem speziellen Zwecke der Dampfmaschine und resp. zum Fliegen (!) halte ich die Baumwolle noch immer anwendbar. —

Im nächsten Jahre denke ich mir einiges Geld durch Schreiben zu verdienen. Mir ist angeboten, an der neu zu gründenden statistischen Zeitschrift gegen 4 Friedrichsdor pro Bogen mitzuarbeiten, namentlich über das Kapitel: „Deutsche Maschinenfabrikation und Patentgesetzgebung." Du könntest mir dazu vielleicht einiges Material geben oder nachweisen. —

Doch leb' recht wohl, lieber Bruder, und beantworte meine Fragen, über Steine und Pumpe namentlich, doch recht bald, damit mein Nutzen zur glücklichen Überwindung des diesmal so schweren Neujahres noch erhalten wird!

22] An Wilhelm in London.

Berlin, den 14. Dezember 1846.

......Doch die spezielle Beschreibung[1]) wird für einen Brief zu weitläufig. Auch wirst Du schwerlich Zeit finden, die Sache gründlich mitdurchzuarbeiten, daß Du wirksam an der ersten Ausbrütung teilnehmen könntest, ehe wir uns mündlich über vieles geeinigt haben oder Du ein arbeitendes Modell vor Augen gehabt hast. Doch das Prinzip wird Dir klar geworden sein, und es würde zu meiner Beruhigung viel beitragen, wenn Du die Richtigkeit und Wichtigkeit desselben anerkenntest. Ich bin nämlich jetzt ziemlich entschlossen, mir eine feste Laufbahn durch die Telegraphie zu bilden, sei es in oder außer dem Militär. Die Telegraphie wird eine eigene, wichtige Branche der wissenschaftlichen Technik werden, und ich fühle mich berufen, organisierend in ihr aufzutreten, da sie, meiner Überzeugung nach, noch in ihrer ersten Kindheit liegt. Dieser Entschluß ist gekräftigt durch eine Aufforderung, welche von seiten der Akademie der Wissenschaften mir zugegangen ist, des Inhalts, daß sie wünschte, ich möchte meinen Vorschlag zur Messung der Geschwindigkeit der

---

[1]) Bezieht sich auf Wirkungsweise des Telegraphen.

Elektrizität in Ausführung bringen und mich mit einem Antrage an sie wenden, wenn mir die Geldmittel fehlten. Man ist hier nämlich jetzt zu der Überzeugung gekommen, daß Wheatstones Messungen nur erdichtet sind. Dadurch werde ich mit meinem elektrischen Telegraphen auch einen bedeutenden Schritt vorwärts kommen und vielleicht selbst die Ausführung unserer Staatstelegraphen übernehmen können. Es ist mir daher lieb, jetzt von dem Leonhardt frei zu sein. Wahrscheinlich werde ich unseren berühmten Chronometermacher Tiede zu beiden anwenden. Man muß doch endlich einmal suchen, irgendwo festen Fuß zu fassen! Meyer schenkte mir gestern eine Tasse mit der Aufschrift: „Schier dreißig Jahre bist Du alt!" Die Wahrheit dieses Ausspruches macht bedenklich und spornt zur Eile an. Wenn nur das verdammte Geld einen nicht im Drecke festhielt!

Doch nun noch einmal zu Deiner Maschine. Ich schicke jedoch nochmals voraus, daß ich bis jetzt durch die vielen, mich jetzt unmittelbar drückenden Sachen abgehalten und auch unfähig gemacht bin, mich ganz in Deine Ideen hineinzuarbeiten. Ich kann daher immer nur noch Bedenken niederschreiben, die jedoch noch kein Urteil enthalten. Sie werden Dir aber vielleicht dadurch nützen, daß sie Dich veranlassen, die Grundlagen Deiner Idee noch einmal kritisch zu untersuchen, ehe Du Dich in neue, vielleicht nicht zu überwindende Schwierigkeiten und Arbeiten versenkst. . . . . . .[1])

23] An Wilhelm in London.

Berlin, den 3. Januar 1847.

Dein lieber Brief, den ich gerade am Neujahrsabend (Sylvester) erhielt, hat mir und allen große Freude gemacht. Wir saßen ruhig zusammen und hatten die Absicht bald zu Bette zu gehen, da wir keine Veranlassung fühlten, uns am Jahreswechsel dem alten Jahre erkenntlich zu zeigen oder das neue Jahr freudig, oder auch nur mit besonderen Hoffnungen, zu bewillkommnen. Die Freude über Deinen Brief, und meine besondere über die Übereinstimmung des Ganges

---

[1]) Die Regenerativdampfmaschine hat den Brüdern viel Geld gekostet, ohne größere Erfolge zu zeitigen.

unserer An- und Absichten[1]), stimmte uns dahin, zu dem kranken Meyer zu gehen und bei ihm ein Glas Grog zu trinken, um darin so manche verfehlte Hoffnung des verflossenen Jahres zu ertränken! Doch wurde die trübe Stimmung durch die neue Bahn, die ich mir zum 30. Geburtstage geschenkt habe, gemildert. Ich habe mich im alten Jahre aller sanguinischen Hoffnungen, aller der vielen, sich teils durchkreuzenden, Pläne entledigt und will, mit Deinem Rate übereinstimmend, alle meine Kräfte dem einen Ziele, der galvanischen Telegraphie, und was daran hängt und dazu nützt, widmen! Ich will suchen, mich mit aller Anstrengung aus der verzweifelten Lage,

---

[1]) Wilhelm hatte an Werner am 22. Dez. 1846 geschrieben:

„Es freut mich unendlich, daß Du mit mir zu der Überzeugung gelangt bist, daß es durchaus nötig ist, ein bestimmtes Ziel und nur eins vor Augen zu nehmen und alle Hoffnungen und alles Wirken auf die Ausarbeitung desselben zu setzen. Es freute mich, daß Du Dein Augenmerk auf Elektrotelegraphie gerichtet hast, indem ich glaube, daß dies nicht nur ganz in Deinem Bereiche liegt, sondern auch der Wichtigkeit der Sache wegen imstande ist, Deinen Ehrgeiz zu befriedigen. Du mußt mir nicht übel nehmen, die Resultate meiner sattlich bittern Erfahrung gerade auszusprechen: Mit 100 Beispielen könnte ich Dir beweisen, daß es durchaus falsch ist, auf eine bloße Erfindung schon einen positiven Wert zu legen; unter den 6000 Patenten, die heute in England in Gültigkeit sind, sind etwa 2000 sinnreiche, aber kaum 60, die einen guten Gewinn geben, und $^3/_4$ von diesen sind solche, wo der Erfinder seine Erfindung nicht als Spekulation oder Kaufmannsware betrachtete, sondern als eine Stütze, um sich daran emporzurichten, und nur von diesem Gefühle beseelt, kann er den Mut und die Ausdauer haben, dieselbe jahrelang gegen die Vorurteile und Bosheit der Welt zu verteidigen, und sein Verdienst außer Zweifel stellen. · · · · · ·

Ich will damit nur gesagt haben, daß wir uns notwendig jeder auf ein Fach beschränken und für unsere Zukunft nur auf unsere eigne Arbeit rechnen müssen, an diesen Baum werden sich dann schon Gewinne und Auszeichnung reeller Art knüpfen. Das beste, was ich im neuen Jahre tun kann, ist, 6 Monate lang wie ein Grobschmied am Regulator zu arbeiten, und dann mein Hauptstudium, die damit in einem Strange liegende Maschine zu machen, denn ich glaube gewiß, daß Holesworth oder Fairbairn im Laufe einiger Zeit hinreichendes Vertrauen in mich setzen werden, um mich für die Maschinen mit Kapital auszurüsten. Wenn ich Dir raten darf, so suche doch ja einen bestimmten Auftrag in bezug auf Elektrotelegraphie zu erlangen! Bist Du damit sukzeßvoll, so wird es Dir gewiß leicht halten, in Preußen (wo Du am meisten bekannt bist) den Bau einer Linie zu erhalten, und dann erst würde ich daran denken, fremde Patente zu nehmen, besonders in England, woselbst der Geist für Elektrotelegraphie noch nicht erwacht ist.“

in der ich mich jetzt befinde, herauszuarbeiten und wünsche mir selbst Ausdauer und Gesundheit dazu! Es freut mich, daß Du zu gleichen Entschlüssen gekommen bist. Sieh' zu, daß es Dir dort gelingt. Benutze dazu von unseren bisher gemeinschaftlichen Sachen, was Du willst, das andere wirf weg. Ich kündige Dir hierdurch unsere Kompanieschaft und entsage allen Ansprüchen auf die aus einer, durch Dich vielleicht herbeigeführten, glücklichen Wendung unserer bisherigen gemeinsamen Angelegenheiten entspringenden Einnahmen. Wir können darum doch treue Brüder bleiben, können uns gegenseitig raten und helfen. Kannst Du mir helfen, mein begonnenes schweres Werk, die Erziehung unserer Brüder, zu vollenden, so wirst Du es nach Kräften tun, das weiß ich, und gerne werde ich stets Deine Hilfe annehmen, selbst wenn es mir gelungen wäre, mich in eine sorgenfreie Lage hineinzuarbeiten. — Du hast nicht nur die Pflicht, sondern auch das Recht, die Sorge für sie zu teilen. Glaub' aber ja nicht, daß ich in momentaner Aufregung schreibe, und daß es mich je reuen könnte, was ich ausgesprochen habe. Der Entschluß steht schon lange bei mir fest, und es fehlte nur eine passende Gelegenheit, ihn gegen Dich auszusprechen. Mache daher nicht etwa Gegenvorstellungen, die doch nichts nützen würden. · · · · · ·

Den 4.

Mit den Mechanikern Boettcher und Halske[1]), zwei jungen, tätigen und unterrichteten Leuten, bin ich hinsichtlich des Telegraphen[2]) gestern ins reine gekommen. Ich gebe ihnen die Ausführung der Instrumente in Bestellung. Sie haben jederzeit das Recht, mir zu kündigen und Rückzahlung der Kosten des ersten, gleich in Arbeit zu nehmenden, Doppelexemplars zu verlangen. Sie dürfen vor 8 Jahren (wahrscheinliche Dauer eines etwa von mir zu nehmenden Pa-

[1]) Johann Georg Halske, der Mitarbeiter von Werner Siemens, geb. 30. Juli 1814 zu Hamburg, gest. 18. März 1890 zu Berlin, begründete 1844 in Berlin die Firma Böttcher & Halske zur Herstellung chemischer Apparate. 1847 trennte sich Halske von Böttcher und begründete mit Werner Siemens eine Telegraphenbauanstalt, die ihre Werkstätte im Hinterhause, Schöneberger Str. 19, hatte. 1868 trat Halske aus der Firma aus, s. L. S. 256. Halske ist dann in der Berliner Stadtverwaltung tätig gewesen, war bis 1875 Stadtverordneter, seit 1880 Stadtrat von Berlin.

[2]) Zeigertelegraph mit Selbstunterbrecher.

tentes) nicht ohne meine Bestellung Telegraphen bauen. Ich will, ohne durch Schiedsrichter zu entscheidende Gründe, vor Ablauf dieser Zeit bei keinem anderen Instrumente bauen lassen, oder, wenn ich es dennoch will, eine noch nicht festgesetzte Konventionalstrafe (ein für allemal) zahlen. Sie erhalten dadurch nicht die Freiheit, auf alleinige Rechnung ähnliche Telegraphen zu bauen. — Mein Augenmerk war dabei auf ein möglichst freies Verhältnis gerichtet, und sie dabei doch zu interessieren und zur Auslage der ersten Anfertigungskosten zu bewegen. — Ich denke, in 2 Monaten werden die Dinger fertig sein, und dann will ich suchen, die Kommission dafür zu gewinnen, was in der Person des Professors Dove schon geschehen, und eine Probelinie zu erhalten. Den Bau der Telegraphenlinie, wobei das Hauptverdienst ist, habe ich mir ganz vorbehalten, ebenso das Ausland. — Mit Leonhardt werde ich wohl einen Prozeß bekommen, da er direkt unseren Kontrakt gebrochen und namentlich gegen die klare und bestimmte Fassung desselben eine ihm von mir gemachte Mitteilung bei seinem Eisenbahntelegraphen angewendet hat. Der Vetter Georg Siemens rät mir zum Prozesse, und mit seiner Hilfe denke ich ihn zu gewinnen, wenn Leonhardt sich nicht zu einer Entschädigung versteht. · · · · · ·

Sieh Dich doch mal in Buchhandlungen usw. um, was für Schriften oder Broschüren über galvanische Telegraphie existieren, und schicke mir alles derartige her. Ich muß notwendigerweise alles studieren, was dagewesen ist, um Angriffen aller Art gerüstet entgegentreten zu können. Hinsichtlich eines Telegraphen bin ich jedoch vollständig entschieden, wenn nicht Versuche mich zu einer Änderung zwingen. Damit ist aber nicht gesagt, daß für alle Zwecke dieselbe Konstruktion dienen soll. Das geht so wenig, wie eine Dampfmaschinenkonstruktion für alle ausreicht. Einen großen Erfolg habe ich schon. Dove, der wissenschaftlicher Konsulent der Telegraphenkommission ist, war von Haus aus gegen mich und meinen Telegraphen eingenommen. Nach dreistündigem, erbittertem Kampfe erkannte er aber die Richtigkeit meines Prinzips und, was noch mehr sagen will, das Neue desselben an und entschuldigte seinen Widerstand mit Kopfweh. Unser erster Mechaniker ferner, Oertling, sowie auch Böttcher und Halske, haben ihn, wie er da ist, ohne

Schwierigkeit ausführbar erklärt. Das gibt einige Sicherheit. Fritze soll in der Böttcherschen Werkstatt mitarbeiten und zeichnen. Gelingt die Sache, so kann er sich, meiner Ansicht nach, mit den besten Aussichten ganz der Telegraphie widmen und seine Schule hier durchmachen. Gelingt sie weniger glanzvoll, so hat er arbeiten gelernt. — Leb' wohl, lieber Bruder! Von ganzem Herzen wünsche ich und die Brüder, so wie auch Meyer, Dir ein, wenn auch nicht durchweg fröhliches, doch glückliches und erfolgreiches Neujahr! Mögen unsere sich jetzt trennenden Wege uns einzeln zu demselben, von uns erstrebten Ziele führen! Glück auf dazu! Das Schicksal bot mir vor wenigen Tagen einen anderen bequemen und verdienstlosen Weg zur sorgenfreien Existenz. Ich schlug ihn aus und wählte, den beschwerlichen durch eigene Arbeit zu erkämpfen. Die Entscheidungsstunde ist vorüber, und ich fühle keine Reue! Sprich nicht darüber in den Briefen, die die Brüder lesen.······

24] An Wilhelm in London.

Berlin, den 25. Januar 1847.

Um den heutigen Posttag nicht wieder zu versäumen, will ich Dir jetzt kurz das Wichtigste mitteilen und abwarten, ob ich später noch Zeit gewinne. Deinen Brief erhielt ich vor beinahe 8 Tagen. Ich danke Dir namentlich für die Telegraphenbeschreibungen und bitte, damit fortzufahren; besonders möchte ich gerne eine Broschüre von Cooke über galvanische Leitungen[1]) und die Wheatstoneschen Sachen haben. Ich habe gute Fortschritte gemacht. Gestern habe ich Messungen mit dem fertigen Stahl- und Ankermagneten angestellt. Ich hatte den letzteren absichtlich so gemacht, daß er für direkte Anziehung von Eisen am geeignetsten war. Dennoch gab derselbe Strom einen über doppelt so großen Anziehungswert auf meine neue Art mit Stahlmagneten. Ich habe daraus die Überzeugung gewonnen, daß ich mit dem 91. Teil des gewöhnlich nötigen Stromes bei gleicher Geschwindigkeit arbeiten kann. Im März werden die beiden zusammengehörigen Instrumente fertig

[1]) Cooke, Sir William, 1806—1879, hat sich in Verbindung mit Wheatstone große Verdienste um die elektrische Telegraphie und um das englische Telegraphenwesen im besonderen erworben.

werden. Die Telegraphenkommission ist schon größtenteils für mich gestimmt. Der Telegraphendirektor, Oberst Etzel[1]), ist mein entschiedener Protektor geworden. Eine Eingabe an die Kommission ist von ihm befürwortet. Ferner habe ich die Aufforderung erhalten, dem Chef des Generalstabes (unter dem die Telegraphie ebenfalls steht), Krauseneck[2]), und dem Generalstabe einen Vortrag über Telegraphie zu halten, und ich werde am Freitag damit beginnen. Meine Vorträge in der Polytechnischen Gesellschaft[3]) darüber beginnen in der nächsten Woche. Ferner wird in einigen Tagen eine Eingabe an Humboldt[4]) vom Stapel laufen, der Geschwindigkeitsmessung[5]) wegen, und endlich baut unser berühmter Chronometermacher Tiede eine galvanische Uhr nach meiner Angabe. — Du siehst, ich bin nicht faul und habe viel zu tun und zu besorgen. Es ist aber auch hohe Zeit, daß ich vorwärtskomme, wenn ich obenbleiben will. Wenn Louis und Hans, der Vetter Georg und vor einigen Tagen auch Drumann (!)[6]) mir nicht mit Geld hilfreich beigesprungen wären, so müßte ich schon lange Bankerott gemacht haben. · · · · · ·

---

[1]) Etzel, Franz August Oetzel, später O'Etzel und dann v. Etzel, preußischer Generalmajor, geb. am 19. Juli 1783 zu Bremen, gest. am 26. Dez. 1850. Etzel wurde 1832 Mitglied der Immediatkommission für Errichtung einer Telegraphenlinie von Berlin nach Koblenz und in der Folge ganz mit der Ausführung dieses Werkes beauftragt. Er fand eine neue Methode der optischen Korrespondenz, arbeitete die erforderlichen Wörterbücher aus und wurde nach Vollendung der Linie zu deren Direktor ernannt.

[2]) Krauseneck, Wilhelm Johann, preußischer General der Infanterie, geb. am 13. Okt. 1775 zu Bayreuth, gest. zu Berlin am 2. Nov. 1850. Er war von 1829 bis 1848 Chef des Generalstabs der Armee.

[3]) Gegr. 1839 in Berlin, s. L. S. 34, 35, 36.

[4]) Friedrich Wilhelm Heinrich Alexander v. Humboldt, geb. 14. Sept. 1769 in Berlin, gest. 6. Mai 1859 in Berlin.

[5]) Messung der Geschwindigkeit der Elektrizität in Leitern.

[6]) Wilhelm Drumann, geb. am 11. Juni 1786 zu Dannstedt bei Halberstadt, studierte zu Halle und zu Helmstedt Theologie, Geschichte und die klassischen Sprachen, promovierte 1810, habilitierte sich 1812 an der Universität Halle für Alte und Kunstgeschichte und wurde 1821 zum ordentlichen Professor der Geschichte an der Universität zu Königsberg ernannt. Sein wissenschaftliches Hauptwerk ist: „Geschichte Roms in seinem Übergange von der republikanischen zur monarchischen Verfassung, oder Pompejus, Cäsar, Cicero und ihre Zeitgenossen“ (6 Bde., Königsberg 1834—1844.)

Wilhelm Drumann verheiratete sich am 11. Apr. 1820 mit Sophie Mehlis, der Tochter eines Onkels von Werner. Er starb am 29. Juli

Was hältst Du für vorteilhafter: — Fritze Ostern in der Artilleriewerkstatt ein halbes Jahr lang arbeiten zu lassen, was Blume wohl gestatten wird, — oder ihn erst akkurate und feine Arbeit bei dem Mechanikus Böttcher und Halske lernen zu lassen? Mit letzterem würde noch der Vorteil verbunden sein, daß er mit dem physikalischen Teile mehr vertraut würde und, wenn alles gut geht, in Amerika mit dem Telegraphen sein Glück machen könnte. Du sollst entscheiden. · · · · · ·

25] An Wilhelm in Manchester.

Berlin, Albrechtstr. 14, 29. April 1847.

· · · · · · Meine Angelegenheit geht sehr gut vorwärts. Mit 3 Eisenbahnen, unter anderen Berlin—Hamburg, bin ich in Unterhandlung, und denke auch in 3 Wochen, wenn ich ganz fertig bin, abzuschließen. Die Geschwindigkeit ist etwa 40 Zeichen, doch kann ich wohl jede erreichen, die überhaupt mit Sicherheit zu erreichen ist. · · · · · ·

26] An Wilhelm in Manchester.

17. Mai 1847 (nach Briefstempel).

Kein Glück ohne Schatten. — Dein Brief traf mich mit dem kalten Fieber behaftet. Ich werde dadurch sehr gestört, namentlich durch die verdammten Kopfschmerzen, die die freie Zeit ausfüllen. Gestern ist das Fieber aber schon infolge kräftiger Mixturen weggeblieben; ich denke und hoffe daher, bald damit fertig zu werden. Ob es Folge meiner jetzigen Unklarheit oder Deiner zu unvollständigen Beschreibung ist, ich habe Deine Maschine [Regenerativmaschine] noch nicht verstanden. · · · · · ·

1861 zu Königsberg in Preußen. Seine Tochter Mathilde, geb. am 8. Juli 1824, gest. 1. Juli 1865, wurde am 1. Okt. 1852 die Frau Werner Siemens. Aus dieser Ehe stammt: Arnold, geb. 13. Nov. 1853 (Vorsitzender des Aufsichtsrats von Siemens & Halske; Mitglied des Herrenhauses); Wilhelm, geb. am 30. Juli 1855 (Geheimer Regierungsrat; Vorsitzender des Aufsichtsrates von Siemens Schuckert Werken und stellvertretender Vorsitzender des Aufsichtsrates von Siemens & Halske); Anna, geb. 19. Dez. 1858, vermählt mit Fabrikbesitzer Ernst Zanders; Käthe, geb. am 23. Sept. 1861, vermählt mit Oberpfarrer Dr. Karl Pietschker.

Mit meinem Telegraphen habe ich noch eine Veränderung vorgenommen, die außerordentlich gut eingeschlagen ist, eine Veränderung des Triebrades (Sperrades) nämlich, welches jetzt gleichzeitig ein Konusrad ist und dadurch eine Hemmung der bewegten Masse des Rades ohne Arbeit gestattet. Die Geschwindigkeit hat sich dadurch (bei derselben Stromstärke) sogleich verdoppelt. Die Telegraphen gehen vollständig sicher mit 4 und mit 24 Daniellschen Elementen, ohne daß irgend etwas gestellt oder verändert wird. Sie würden auch mit 40 noch gehen, wenn ich nicht den zu heftigen Gang fürchtete. Alle anderen bisher bekannten Telegraphen gestatten höchstens Schwankungen der Stromstärke um $^1/_3$. Mit 24 Elementen könnte man ganz bequem 80 Zeichen per Minute geben, wenn der Druckmechanismus danach eingerichtet. Ich bewerkstellige an diesem jetzt auch noch eine Veränderung und hoffe, daß sie ebenso gut sich bewährt. Diese Experimente halten mich freilich jetzt sehr zurück, doch ist es besser, als mit Halbheiten auftreten. — Meine jetzigen Erfahrungen im Gebiete der Elektromagnete haben mir übrigens die Überzeugung verschafft, daß man Elektromagnete sehr gut und selbst ökonomisch als Triebkraft anwenden kann. Bisher hat man es außerordentlich dumm angefangen. Wenn ich mal Muße und Geld habe, will ich mir eine elektromagnetische Droschke bauen, die mich gewiß nicht im Dreck sitzen läßt![1]) ......

Von den grauen Haaren, die mein Haupt jetzt schon recht zahlreich schmücken, schiebe ich mindestens 50% auf die vermaledeiten Steine — und lossagen können und dürfen wir uns nicht davon, namentlich jetzt, wo die Versuche mißglückt sind; das ist Ehrensache für uns geworden[2]). ......

---

[1]) Im Banne der Zeit befangen, hoffte auch Werner Siemens viel vom elektromagnetischen Motor (mit Batterie betrieben), doch kam er bald von solchen Gedanken ab.

[2]) Im Jahre 1847 erhielten Werner und Wilhelm Siemens auf 5 Jahre das bayrische Patent auf das Verfahren, „Kieselerde zu lösen und die Anwendung dieser Auflösung zur Darstellung harter Steingebilde auf nassem Wege, sowie als Steinmörtel und Bindemittel im allgemeinen".

27] An Wilhelm in Manchester.

Berlin, den 5. Juli 1847.

······ Mein Telegraph ist seit 8 bis 14 Tagen fertig und hat schon eine Masse Besichtigungen erfahren. Er arbeitet sehr schön und sicher und mit sehr wenig Strom. Allen gefällt er sehr, namentlich sind Dove und Nottebohm[1]) sehr von ihm eingenommen. Letzterer ist mir sehr wichtig, da er einmal eine Hauptperson bei der Telegraphenkommission, zweitens Referent der Patentkommission und drittens Direktor der Anhaltischen Eisenbahn, die einen Telegraphen anlegen will, ist. Ich würde schon Bestellungen haben, wenn nicht Kramer die Preise verdorben hätte. Er hat allen Eisenbahnen seinen Telegraphen für ein Spottgeld, ich glaube 50 bis 100 Rt., angeboten, während Leonhardt 800 erhält. Unsere Forderung von 600 Rt. wird daher immer noch für unverschämt hoch gehalten. Wir wollen aber nicht eher heruntergehen, als Kramers Telegraph und die Art seiner Einrichtung sich beurteilen läßt. Es heißt, daß seine erste Aufstellung (in Magdeburg) durchaus keine sicheren Dienste tue, was ich gerne glaube, weil er Stahlmagnete anwendet. — Mein Telegraph druckt übrigens noch nicht. Die nötige Kraft zum Abdruck war zu groß, und es müssen einige Änderungen gemacht werden, um diese Schwierigkeiten zu beseitigen, was zwar mit Sicherheit sich durchführen läßt, aber Zeit kostet, die jetzt nutzlos wäre, da die Eisenbahnen sich nichts aus dem Drucken machen. Die Geschwindigkeit der Übertragung ist etwa 40 Buchstaben per Minute, doch wird sie bei dem neuen, schon in Arbeit befindlichen Instrumente bedeutend größer werden. Den Druckapparat habe ich zum Läutewerke benutzt, so daß man an jeder Station direkt zwei verschiedene Glockensignale geben kann, und

---

[1]) Das preußische Telegraphenwesen war damals dem Handelsministerium unterstellt und zu ihrem Leiter der Regierungsassessor, späterer Regierungs- und Baurat Nottebohm ernannt worden. Als Siemens in einer Druckschrift „Memoire sur la télégraphie électrique" (Berlin 1851) den Fehlschlag des preußischen Systems der unterirdischen Telegraphenleitungen dargestellt und seine wirkliche Ursache darlegte, fühlte sich Nottebohm persönlich angegriffen. Die preußische Telegraphenverwaltung brach auf viele Jahre die Verbindung mit Siemens & Halske ab, die erst mit dem Nachfolger Nottebohms, dem Oberst von Chauvin, wieder angeknüpft wurde.

außerdem bei jedem Stillhalten ein Schlag an eine kleine Glocke erfolgt, die die Aufmerksamkeit auf den Zeitpunkt des Ablesens richtet. Es fehlt jetzt vor allen Dingen nur Geld, um die Sache kräftig fortzuführen. Sie ist bewährt und Bestellungen werden schon zu erhalten sein, sei es auch mit Herabsetzung der Preise. Könntest Du mir nicht die dortigen Preise für Instrumente und Leitungen mitteilen? Leonhardt hat mir jetzt wieder Kompanieschaft angetragen. Ich soll die Telegraphen, er die Läutewerke machen, und der Gewinn geteilt werden. Trotzdem, daß wir dann Bestellungen mit Leonhardtschen Preisen in Masse bekommen würden, will ich doch nicht darauf eingehen, da ich mit ihm nichts mehr zu tun haben will. · · · · · ·

Wie sieht es denn mit Deinen Versuchen aus? Wahrscheinlich werden Dir anfangs Schwierigkeiten in Masse aufstoßen; doch Du wirst Dich nicht dadurch zurückschrecken lassen. Das erste Instrument dient ja in der Regel nur zum eigenen Studium; das habe ich auch so recht erfahren! Nur keine Übereilung, damit kommt man am langsamsten vorwärts. · · · · · ·

Den 9. Juli.

Zwei Posttage sind wieder vergangen. Während der Zeit ist viel geschehen. Meine Telegraphen operieren schon seit 3 Tagen zwischen hier und Potsdam und zwar höchst brillant. Ich habe die 3- bis 4fache Geschwindigkeit des Leonhardtschen mit $^1/_3$ der Stromstärke (10 Daniellsche Elemente für beide). Gestern war große Besichtigung durch die Telegraphenkommission. Dieselbe war ganz entzückt, und Dove schwatzte von Potsdam her ohne Unterbrechung 4 Stunden lang. Mein Prinzip hat sich glänzend bewährt, und ich hoffe jetzt sicher, daß es mit der Zeit alle anderen schlagen wird. — Auf der Bahn treten seine Vorzüge erst recht hervor. Ich werde 10 deutsche Meilen mit zirka 12 Daniellschen Elementen treiben können. Die Sicherheit namentlich ist vollkommen, und namentlich ist die Aufstellung und Verkuppelung vieler Instrumente auf langen Linien außerordentlich leicht. Morgen reise ich nach Hamburg ab, um mit dem russischen Gesandten (Struve) die Übernahme des Petersburg-Moskauer Telegraphen zu verhandeln. Derselbe hatte mit einem gewissen Wendt aus Bremen abgeschlossen; der ward aber über die

Ehre, daß er mit dem Kaiser[1]) persönlich unterhandeln sollte, verrückt und starb. — Hoffentlich wird bei mir nur der Anfang so sein. — Das Patent ist mir zugesichert, und werde ich es bald erhalten[2]). Bestellungen sind von vielen Seiten im Anmarsche, nur Geld fehlt jetzt wieder gänzlich.......

28] An Wilhelm in Manchester.

Berlin, den 13. Juli 1847.

Meinen lange verzögerten Brief wirst Du wohl durch Karls Adresse erhalten haben[3]). Meine Expedition nach Hamburg ist ziemlich fehlgeschlagen. Das meiste waren falsche Zeitungsnachrichten, ein Teil diplomatische Spitzfindigkeit, sodaß mir die Sache vor der Hand nicht gefällt. Ich stehe jetzt mit der Anhaltischen Bahn in direkter und wahrscheinlich glücklicher Unterhandlung. Der Hauptverdienst muß bei den Läutewerken (in den Wärterbuden) sein, die für die ganze Bahn zirka 42 000 Rt. kosten werden. Die Preise der Telegraphen ohne Druck habe ich auf 400 Rt. pro Stück, die Meile Kupferdraht auf 480 Rt. (ohne Stangen), die Meile Eisendraht (ohne Stangen) auf 400 Rt. und die Meile unterirdische Leitung auf 1000 Rt. gesetzt. Wahrscheinlich wird Kupferdraht genommen. Durch Ravené & Söhne[4]) ist mir eine Probe englischen verzinkten Eisendrahtes zu 21 Rt. der englische Zentner (572 Yards lang) zugegangen. Sehr lieb wäre mir, wenn Du mir zur Kontrolle die dortigen Preise verzinkten und unverzinkten Eisendrahtes von

---

[1]) Nikolaus I., Kaiser von Rußland (1825—1855).

[2]) Werner Siemens reichte am 1. Mai 1847 ein preußisches Patent auf einen Telegraphenapparat mit Selbstunterbrechung, Klaviatur und Druckvorrichtung für die Typen ein, am 28. Aug. 1847 gab hierzu die Gewerbedeputation ihr Gutachten ab, demzufolge Werner Siemens am 7. Okt. 1847 ein preußisches Patent auf seinen Typendrucktelegraphen erhielt.

[3]) Karl Siemens beschäftigte sich nach Besuch der Schule in Berlin seit 1846 mit chemischen Versuchen, insbesondere der Zementfabrikation. Werner verschaffte ihm im Aug. 1847 eine Stelle in der Zementfabrik von Haslinger & Schondorf und Karl zog nach Moabit. Er sollte sich hauptsächlich mit chemischen Untersuchungen beschäftigen und einen dem Portlandzement ähnlichen Zement herstellen. „Einer von den Jungens wäre also nun völlig ausgebacken!“ schrieb Werner damals an Wilhelm.

[4]) Berliner Eisengroßhandlung.

dieser angeben könntest, aber bald. Eine andere Sache ist die Isolierung. Ich habe von dem hiesigen Fabrikanten, Herrn Fonrobert, eine Probe Kupferdraht mit Guttapercha isolieren lassen. Das geht ganz brillant und kostet außer dem Draht und Gummi beinahe nichts. Für 200 bis 300 Rt. wird sich bei den jetzigen hohen Preisen der Guttapercha die Isolierung des Drahtes herstellen lassen, für 500 Rt. daher die deutsche Meile mit Kupferdraht gut. Ich ziehe diese Isolierung den Bleiröhren bedeutend vor, aus vielen triftigen Gründen. Die deutsche Meile in Bleiröhren isolierten Drahtes kostet hier 1300 Rt. — ein beträchtlicher Unterschied. — Frage: Ist in England Guttapercha schon zur Isolierung angewendet? Im Verneinungsfalle will Fonrobert das Geld zum Patent dort hergeben, worauf gleich der Telegraph mit geschrieben werden kann. Guttapercha eignet sich wegen seiner Festigkeit, seiner Bildsamkeit und seiner Unzerstörbarkeit durch Kupfer (Oxyd) ganz ausgezeichnet zur Isolierung. Mein Telegraph hat sich vollständig bewährt, und mein früherer Gegner Nottebohm erklärte neulich selbst, es läge ein solcher Fortschritt darin, daß die Aufgabe durch mein Prinzip ganz der Mechanik anheimfalle, daß man die Größe der künftigen Fortbildung gar nicht übersehen könne, und daß man mit Sicherheit annehmen könne, daß es künftig alle anderen besiegen werde. Lange kann die Sache aber nicht geheim bleiben, darum muß in England bald etwas geschehen, sonst ist es zu spät. Suche daher bald etwas Sicheres über die Anwendung der Guttapercha zu erfahren und schreibe es, wie auch Deine Meinung über die ganze Angelegenheit. · · · · · ·

29] An Wilhelm in Manchester.

(Briefstempel vom 10. August 1847.)

· · · · · · Ich komme hauptsächlich aus Geldmangel gar nicht recht vorwärts. Meine Sache gewinnt zwar täglich an Anerkennung, doch zum Kontraktmachen will's noch gar nicht kommen, hauptsächlich weil die Herren Direktoren im Bade sind. — Ich denke jetzt einem sehr einflußreichen Manne Prozente anzubieten, das wird hoffentlich Feuer dahinter bringen. Mit Schießübung und Bagatellendienst bin ich auch ehrlich gequält, und als vorläufige Beantwortung eines sechsmonatlichen Urlaubsgesuches bin ich nach Wittenberg (!) versetzt (zum 1. Oktober). Ich wollte schon mein Abschiedsgesuch abschicken, als mir Etzel, der Telegraphendirektor, anbot, mein Kommando zur Telegraphie zu erwirken. Der Kriegsminister scheint darauf einzugehen. Ich werde aber in eine sonderbare Lage geraten, wenn ich kommandiert werde[1]). ······ Nächstens, vielleicht schon morgen, wird in den Zeitungen eine Polemik über mein System eröffnet werden. Ich habe sie durch einen Vortrag in der Polytechnischen Gesellschaft selbst hervorgerufen, da dies das einzige Mittel ist, den allgemeinen Angreifungen anderer zu entgegnen (sic!). Jedenfalls ist also der kritische Zeitpunkt eingetroffen, wo in England etwas geschehen muß, wenn es nicht ganz aufgegeben werden soll. Das nötige Geld werde ich in 8, höchstens 14 Tagen schon schaffen können, wenn auch nur unter ungünstigen Bedingungen. Suche daher doch die Sache dort zu sichern; 14 Tage gehen ja doch wohl bis zur Zahlung hin.······

Läßt sich das Patent der isolierten Leitung durchbringen, so scheint die Sache sehr gesichert und einträglich. Die Bleiröhren sind zu teuer und die eingeschlossenen Drähte sind zu dünn. Dickere Drähte lassen sich, glaub' ich, gar nicht herstellen, würde auch ganz unverhältnismäßig teuer werden. Außerdem müssen die Drähte durch Verschiedenheit der Ausdehnung von Blei und Kupfer reißen. — Guttapercha, allein oder mit Kautschuk nach Hancocks Methode gemischt, ist ein vollkommener Isolator, läßt sich im erweichten Zustande (durch Wärme oder Lösungsmittel) plastisch um den Draht herumbilden. Der Draht muß dabei erwärmt oder mit einer Lösung von Guttapercha bestrichen sein, damit der Überzug festsitzt. Durch

---

[1]) Werner schreibt darüber in seinen „Lebenserinnerungen" S. 43:

„Ich sandte dem General Etzel, dem Chef der unter dem Generalstabe der Armee stehenden optischen Telegraphen, einen Aufsatz über den damaligen Stand der Telegraphie und ihre zu erwartenden Verbesserungen. Infolgedessen wurde ich zur Dienstleistung bei der Kommission des Generalstabes kommandiert, welche die Einführung der elektrischen Telegraphen anstatt der optischen vorbereiten sollte. Es gelang mir, das Vertrauen des Generals und seines Schwiegersohnes, des Professors Dove, in so hohem Grade zu gewinnen, daß die Kommission meinen Vorschlägen fast immer beitrat und mich mit der Ausführung beauftragte."

kannelierte Walzen wird die Masse dann am Drahte festgedrückt, und der bekleidete Draht darauf durch ein erwärmtes Zieheisen gezogen (oder ein zweites Walzenpaar). Ein Überzug von einer Linie Dicke reicht völlig aus. In der Erde wird der Draht noch von einer Schicht Lohe oder dergleichen umgeben. Guttapercha wird vom Kupfer nicht wie Gummi zersetzt, kann also direkt auf den Draht gebracht werden. Schreib' mir doch die Preise der Guttapercha in gereinigtem und rohem Zustande und schicke, wenn es geht, eine Quantität von beiden. — Beim Telegraphen beanspruche ich hauptsächlich die Selbstregulierung des Zuflusses der Elektrizität. · · · · · ·

30] An Wilhelm in Manchester.

(Briefstempel vom 25. August 1847.)

· · · · · · Ich habe mit dem Mechanikus Halske, der sich schon von seinem Kompagnon getrennt hat, definitiv die Anlage einer Fabrik beschlossen und hoffentlich wird sie in 6 Wochen schon im vollen Gange sein. Georg Siemens will vorläufig bis 5000 und später bis 10 000 Rt. Geld schaffen und soll dafür mit 15 bis 20% (noch nicht ganz entschieden) beteiligt werden. Davon muß meine Schuld an Hans[1]) von 1500 Rt. bestritten werden. Mein Patent gehört der Kompanie, doch für das Ausland erhalte ich ein Drittel vorweg, wenn die Kompanie das Geld zur Patentierung usw. hergibt. In Summa also 60%. Halske, den ich völlig gleich mit mir gestellt habe in der Fabrik, bekommt die Leitung der Fabrik, ich die Anlage der Linien, Kontraktabschlüsse usw. Wir wollen vorläufig nur Telegraphen, Läutewerke für Eisenbahnen und Drahtisolierungen mittels Guttapercha machen; doch denke ich, nennen wir uns einfach: Maschinen-Bauanstalt, um die Hand ganz frei zu behalten. Was meinst Du dazu? — Das nötige Kapital ist eigentlich nur gering. Einige tausend Taler genügen für die Anlage, und wir können, wenn wir Glück haben, hundertmal soviel im Jahre umsetzen.

[1]) Nach dem Tode des Vaters Werners (gest. 16. Jan. 1840) übernahmen Hans und Ferdinand, die Brüder Werners, die Bewirtschaftung der Domäne Menzendorf. Hans hatte sich dann mit chemischen Untersuchungen beschäftigt, vor allem mit der Einrichtung von Brennereien. Im April 1847 war er in Berlin bei Werner, im August beabsichtigte er, wie Werner an Wilhelm schreibt, eine Brennerei in Mecklenburg zu kaufen.

Es fehlt eine solche Anstalt bisher gänzlich, wir sind daher ohne Konkurrenz und außerdem durch mein Patent und meinen schon ziemlich bedeutenden Einfluß geschützt. Als Mitglied der Telegraphenkommission habe ich jetzt den Auftrag zu einer unterirdischen Probeleitung von 1 Meile Länge erhalten, die hoffentlich in 6 Wochen schon in der Erde liegt. Sie wird vorläufig, um schnell gefördert zu werden, von Fonrobert & Pruckner[1]) gefertigt. Ist sie als gut anerkannt, so werde ich durch sie einen großen Vorsprung erhalten und an Bestellungen wird es nicht fehlen. Ich halte sie für sehr gut, viel solider wie die Bleiröhren, die durch ungleiche Ausdehnung den Kupferdraht zerreißen oder mit dem Blei in Berührung bringen müssen, und nicht ein Drittel so teuer. Ich werde mit dieser unterirdischen Leitung mit der überirdischen konkurrieren können im Preise. Die Erfindung geht, genau genommen, von mir allein und nicht von Pruckner aus. Ich forderte ihn auf, Isolierungsversuche zu machen in Gemeinschaft mit mir. Er wollte nicht, da er meinte, sein umwickeltes Gummi (Vulkanit) leistete allen Anforderungen Genüge. Als ich ihm nun mitteilte, daß ich ein Verfahren wisse, mittels dessen er die Masse aus einem Gusse um den Draht formen könne, fiel auch ihm die Guttapercha ein, und er sagte, damit ging's[2]). Anfangs waren wir nun beide einig, ganz gemeinschaftliche Sache zu machen. Er brachte mir seine Proben, die ich der Kommission vorlegte, wollte Geld zu Patenten hergeben usw. Nachher zögerte er, und ich hörte, daß er hier allein um ein Patent eingekommen sei. Natürlich bekommt er es nicht, da ich die Proben ja eingereicht hatte. Ich glaube aber, daß er auch anderswo Versuche gemacht hat. Ich habe ihm bereits mitgeteilt, daß ich ein Patent in England auf meinen Telegraphen auf alleinige Rechnung genommen hätte, und daß ich die Isolierung, wenn sie sich bewährte, hinzufügen wollte. Er war damit auch einverstanden, wenigstens äußerlich, ich werde mich jedoch vollständig mit ihm auseinandersetzen. · · · · · ·

---

[1]) Im Auftrage der Telegraphenkommission schloß Werner am 28. Aug. 1847 mit der Berliner Firma Fonrobert & Pruckner einen Vertrag, wonach die Firma eine Meile mit Guttapercha überzogenen Kupferdraht zu liefern hatte.

[2]) Anfang der Maschine zum nahtlosen Umpressen des Drahtes mit Guttapercha.

Ich lege übrigens auf die Isolierung größeren Wert, wie auf die Telegraphen. Überirdische Linien sind immer unsicher und, wenn solide, teuer. Bleiröhren sind zu teuer, die isolierende Schicht ist zu dünn, und sie können leicht innerlich verderben. Guttapercha ist das erste vollkommen passende Material. Finden läßt sich übrigens die etwa unterbrochene Stelle sehr leicht und schnell, und außerdem wird höchstens eine unterirdische Unterbrechung auf hundert überirdische kommen. — Doch eine Frage von Wichtigkeit: — Ist in England jetzt ein unspezifiziertes Patent über Telegraphen im Gange? Im letzteren Falle würde dort wohl nicht viel zu machen sein; denn lange bleibt nichts mehr geheim. Der Bainsche Telegraph ist eigentlich nur eine Nachahmung des Davyschen und Steinheilschen[1]). Ich halte von ihm sehr wenig, denn erstens braucht die chemische Zersetzung viel mehr Zeit wie die Magnetisierung; zweitens ist das Setzen eine sehr langweilige und unnötige Arbeit, und drittens ist die Stromleitung durchaus nicht gesichert. Es ist jetzt aber ein Engländer hier, der mir schaden kann, ein Agent einer Telegraphenkompanie, der hier Instrumente zur Prüfung herschicken will, die das Unmögliche möglich machen sollen. Bisher bekannte Apparate fürchte ich nicht; sollte seiner aber doch besser sein wie meiner, nun so bauen wir sie! Für den Augenblick schadet aber die Erwartung und hält die Eisenbahnen namentlich zurück. — Bestellungen, die uns ziemlich sicher sind, sind die Verbindung des Potsdamer Palais usw. durch unterirdische Telegraphen, ferner eine Anlage in Berlin, um die Spritzenhäuser und Polizeibureaus durch Glockenwerke miteinander zu verbinden, endlich die Anhaltische Bahn und der Staat. Nach Hannover soll ich Instrumente zur Prüfung schicken.

Nach Deinem Brief zu schließen, muß ja Deine Maschine schon in voller Arbeit sein. Eine schwierige Zeit wird es auch im glücklichsten Falle für Dich sein; denn daß die Maschine gleich gute Dienste tun soll,

[1]) Karl August Steinheil, geb. 12. Okt. 1801 zu Rappoltsweiler, gest. 12. Sept. 1870 zu München, wandelte auf Anregung von Gauß und Weber deren unhandlichen Telegraphenapparat zu einem leicht zu bedienenden Apparat um, der bleibende Zeichen gab. Im Sommer 1837 legte er die erste größere Telegraphenleitung zwischen der Akademie in München und der Sternwarte in Bogenhausen, entdeckte im nächsten Jahre die Erdleitung und benutzte die Telegraphie für den Eisenbahndienst und die Feuerwehr.

ist gar nicht zu verlangen. Verliere nur den Mut nicht, wenn es anfangs schlecht geht. Hast Du Geld eingenommen, so wird sich's schon machen; ohne Geld sind freilich Versuche schlecht zu machen. Vergiß nur nicht, mir hin und wieder Nachricht zu geben, wenn auch mein Kopf jetzt zu besetzt und verkeilt ist, um Dir helfen zu können. Es macht doch die Ungewißheit Deiner Lage noch hundertmal mehr Unruhe. — Meinesteils werde ich Dir nächstens Zeichnungen, Beschreibung und Geld schicken, um Dich zur Patentnahme zu befähigen. Hoffentlich werde ich vorher noch einige Zeilen von Dir erhalten. — Rätst Du mir, Fritz[1]), wenn er zurückkehrt (noch hat er sein Zahnweh!), in unsere Werkstatt eintreten zu lassen, damit er unter Halskes Leitung arbeiten lernt und befähigt wird, entweder, selbst anderswo, (in Österreich z. B.?) eine ähnliche Anlage selbst zu machen, oder nach Ablauf unseres ersten 5jährigen Kontraktes als Teilnehmer in unserer Werkstatt einzutreten. Georg Siemens wird sein Geld dann wohl zurückerhalten können. Ich habe dabei noch die arrière pensée, daß ich vielleicht vom Staate so plaziert werde, daß ich es der Fabrik vorziehe und dann Fritz in meine Stelle eintreten kann. Natürlich ist Fritzes Ausbildung und Zukunft hierbei ganz allein zu berücksichtigen. Er scheint mir aber einmal zu alt (21 Jahre), um als Lehrling irgendwo eintreten zu können, wie gewöhnlich; ferner wird er sich jetzt, da Karl selbständig geworden, höchst unglücklich fühlen, wenn er sein Brot nicht auch selbst verdienen kann! — Schreib' mir ja Deine Ansicht darüber und gründlich; denn sie wird für mich maßgebend sein. — Auf Phantasien dürfen wir uns alle nicht viel mehr einlassen, sondern müssen den Sperling in der Hand festhalten. — Kennst Du den Preis der Guttapercha gereinigt und roh? ......

31] An Wilhelm in Manchester.

Berlin, den 15. September 1847.

...... Nach langem Suchen ist endlich ein passendes Quartier für unsere neue Werkstatt gefunden und gemietet, mit den Fenstern nach dem Anhaltischen Bahnhofe hinaus. Da ich die Akquisition

---

[1]) Friedrich, der Bruder Werners, weilte damals bei Himly in Kiel.

dieser Bahn für sicher halte und jedenfalls in einigen Wochen die Legung meines isolierten Drahtes (1½ Meilen) dort stattfindet, so hat diese Lage manches Bequeme für uns, da wir in der Werkstatt schon die Instrumente auf der Linie prüfen können. Ich wohne parterre, die Werkstatt eine Treppe, Halske zwei Treppen hoch, in Summa für 300 Rt. Bald nach dem 1. Oktober wird die Arbeit beginnen. Meine alten Apparate sind seit einigen Monaten in unausgesetztem Gebrauche zwischen hier und Potsdam. Da die Leitung außerordentlich unvollkommen isoliert ist, so ist es eine scharfe Probe, die sehr glücklich bestanden ist, obschon die Instrumente manche erkannte Mängel haben, die bei den neuen beseitigt werden. Wahrscheinlich werde ich schon binnen kurzem vom Staate zur Anlage einer Drahtleitung nach Magdeburg beauftragt, und ich will dann eine Konkurrenzaufstellung für alle möglichen Instrumente provozieren, da ich die feste Überzeugung gewonnen habe, daß ich den Kampf mit den meinigen glücklich bestehen werde. Ich fürchtete anfangs die unvollkommen isolierten Leitungen, habe aber gerade einsehen gelernt, daß meine Apparate dadurch, vermöge ihrer Konstruktion (doppelter Stromunterbrechung), wenig alteriert werden. — Das Geld bildet allerdings immer den Hapthaken. Mit Vetter Georg haben wir einen Kontrakt abgeschlossen, demzufolge er 10 000 Rt. bis Ostern beschaffen muß und dafür ein Fünftel Gewinnanteil bekommt. 1500 Rt. gehen für mich vorweg für meine bisherigen Auslagen. Da ich ca. 2000 Rt. Schulden habe, so bleibt noch ziemliches Minus. · · · · · ·

Sonst wüßte ich nichts zu berichten. Der Preis der Guttapercha ist sehr hoch. Ich hörte von 1 sh. Für 23 sh werden hier die Treibriemen verkauft. In diesen Tagen wird die Überziehung des Drahtes beginnen. Ich habe außerordentliches Zutrauen zu dieser Isolierung. · · · · · ·

32] An Wilhelm in Manchester.

Berlin, den 11. Oktober 1847.

· · · · · · Ich sitze jetzt schon seit 8 Tagen in der neuen Wohnung (Schönebergerstraße Nr. 19). Über mir feilt und quiekt es schon bedeutend. Zwei Treppen hoch wohnt Halske. Die Werkmaschinen fehlen noch sehr, da erst eine Drehbank eingesprungen ist. Die letzte Zeit ist natürlich sehr bewegt gewesen. · · · · · ·

33] An Wilhelm in Manchester.

Berlin, den 6. November 1847.

· · · · · · Die Guttapercha muß wasserfrei und dunkel sein, sonst isoliert sie nicht. Ich lasse sie noch einmal (beim Legen) durch Marineleim oder eine ähnliche Mischung und dann gleich in die Grube. Anfangs ging es langsam, heute ward aber schon 1/4 Meile gelegt und morgen, denke ich, noch mehr. Das Nomadenleben auf der Eisenbahn bekommt mir recht gut und bringt mich hoffentlich gänzlich wieder auf die Beine. Ist die Meile fertig, so wird die Kommission bis Großbeeren (ca. 3 Meilen) weiter bauen lassen, wenn die erste Meile sich bewährt, woran nun nicht mehr zu zweifeln ist. Wir erhalten dadurch Gelegenheit, einen Normal-Eisenbahntelegraphen aufzustellen, der unser Renommee begründen soll! Vom Staate hatte ich ferner den Auftrag, einen überirdischen Draht nach Magdeburg zu führen, der dann zu einer öffentlich ausgeschriebenen Konkurrenzaufstellung von Apparaten dienen sollte; die Eisenbahn hat aber die Benutzung ihres Territoriums verweigert! Desto besser, dann wird es unter der Chaussee fortgehen! Die Konkurrenzaufstellung[1]) wird nun wohl zwischen hier und Breslau, wo die Eisenbahn jetzt einen Draht ziehen läßt, stattfinden. Sie geschieht eigentlich meinetwegen, da ich jetzt als Partei und Richter erscheinen würde, wenn die Kommission meine Apparate ohne weiteres annimmt. Ich zweifle nicht, daß ich siegen und dadurch die telegraphische Angelegenheit in Preußen ganz in die Hände bekommen werde. In der Werkstatt geht es bisher nur langsam weiter, da es

[1]) Werner schreibt darüber in seinen „Lebenserinnerungen", S. 46: „Für den März des Jahres 1848 schrieb die Kommission auf meinen Antrag eine öffentliche Konkurrenz aus und setzte die dabei von den Telegraphenleitungen und Apparaten zu erfüllenden Bedingungen fest. Den Siegern wurden Preise ausgesetzt, auch sollten sie die Anwartschaft auf die späteren Lieferungen erhalten. Ich hatte ziemlich sichere Aussicht, auf dieser am 15. März 1848 eröffneten Konkurrenz mit meinen Vorschlägen den Sieg davonzutragen, als der 18. März der Konkurrenz sowohl wie der Kommission selbst ein jähes Ende bereitete."

an Drehbänken fehlt. Von den fünf, welche wir am 1. Oktober haben sollten, ist erst eine in unserem Besitz. Zwei sollen endlich morgen kommen. Die Sache geht ganz gut an. Halske ist ein durchaus braver und talentvoller Mensch, mit dem ich sehr gut fertig werde. In unserem Kontrakte[1]) ist ihm die Leitung der inneren Fabrikation, mir die der Arbeiten außer der Werkstatt zugewiesen. In streitigen Fällen entscheidet Georg, der natürlich immer auf meiner Seite sein wird, wenn es je zum Richten kommt. Für Verkäufe meines Telegraphen im Auslande bekomme ich $^1/_3$ vorweg. Der Rest wird, wie gewöhnlich, geteilt, $^2/_5 : {}^2/_5 : {}^1/_5$. Georg muß bis Ostern 10 000 Rt. einzahlen. 5000 hat er schon beschafft. Der Kontrakt lautet auf 8 Jahre, wie mein Patent. 1500 Rt. habe ich als Entschädigung meiner Auslagen usw. erhalten und davon meine Schuld an Hans bezahlt. Ich behalte hier noch etwa 500 Rt. Schulden, die auch wohl bald gedeckt werden können, wenn die Sache gut geht. · · · · · ·

Du siehst, lieber Bruder[2]), daß unsere alten Sachen mir gar nicht mehr so recht im Gesichtskreise liegen. Ich merke auch schon, daß ich die jugendliche Spannkraft, die das gleichzeitige Auffassen und Durchführen vieler Pläne möglich macht, verliere. Du kannst daher auf meinen Rat und Hilfe nicht viel geben. Willst Du noch einen Gang mit Fortuna auf diesem Felde wagen, so prüfe daher wohl die eigene Kraft. Freilich wäre es gut, mindestens die Schulden in England und Deine bisher verwandte Zeit und Mühe durch die Sache selbst wieder zu kompensieren, und darauf würde ich auch mein Augenmerk in Deiner Stelle besonders richten, doch würde ich mich nicht zu weit aus einem einmal betretenen Geleise dadurch herausreißen lassen. · · · · · ·

---

[1]) Gesellschaftsvertrag zwischen

1. dem Mechanikus Herrn Halske
2. dem Artillerieleutnant Werner Siemens
3. dem Justizrat Georg Siemens

abgeschlossen zu Berlin am 1. Okt. 1847.

[2]) Wilhelm hatte seinem Bruder Werner die Absicht geäußert, die anastatische Druckerei wieder aufzunehmen. Werner riet ab, auch wegen Fortführung der Vernicklungsversuche von Kupfer und anderer Metalle.

34] An Wilhelm in Manchester.

Berlin, den 29. November 1847.

······Ich werde zu Weihnachten mit den in Arbeit befindlichen Telegraphen so weit sein, daß ich sie in Hannover produzieren kann. Da hoffe ich, wird's Bestellungen geben, und dann können wir ans Ausland, an England namentlich, denken. Könntest Du mich in Hannover treffen, so hättest Du Gelegenheit, der Prüfung mit beizuwohnen, mir dabei behilflich zu sein und alle Materialien zur Einleitung des englischen Geschäfts zu sammeln. Gefahrlos wird diese Angelegenheit jedenfalls; denn jede Kompanie wird mit Freuden Patentkosten usw. bezahlen, schon um ein neues Prinzip von ungeheurer Bildungsfähigkeit sich zu sichern.······

Du hast recht! Die Elektrizität ist unser spiritus familiaris! Sie wird uns zuerst aus dem Drecke ziehen. — Dann ist es Zeit, durch sie weiter in die Räder unseres Schicksals einzugreifen.······

Friedrich arbeitet jetzt tüchtig und mit Lust und Liebe. Meyer hat sich auch zur Telegraphie gemeldet. Ich denke, wir wollen ihm auch elektrische Strümpfe anziehen. Er studiert jetzt mit großem Eifer Physik. Kannst Du über den Druckmechanismus dortiger Telegraphen Näheres erfahren, so versäume ja nicht, Dir Kenntnis davon zu verschaffen. Du kannst mir dadurch viel Zeit, Mühe und Geld sparen.······

35] An Wilhelm in Manchester.

Berlin, den 20. Dezember 1847.

······Die Durchführung meiner Sache im Detail ist ein verdammt mühsames Ding, besonders wenn alles, wenn auch nicht für die Ewigkeit, doch mindestens für lange Zeit definitiv festgestellt werden soll. Ich muß bis in die Nacht hinein zeichnen und bin mit den Schreibereien ganz zurückgekommen. Dafür gehen aber Telegraphen und Läutewerke über Erwarten schön und sicher. Ich gebrauche ohne Uhrwerk nicht den vierten Teil Kraft, wie bei den Wheatstone bestausgeführten Telegraphen. Ich hoffe, diese binnen kurzem zu einem historischen Ereignis zu machen. Im Februar ist große Konkurrenz, zu welcher Telegraphen von aller Weltenden angemeldet sind. Da wollen wir einen großen Sieg gewinnen und dann mit dem Geldverdienen anfangen. Unsere Werkstatt ist ganz besetzt und wird von sonst seltenen Arbeitern überlaufen. (10 Mann jetzt[1].) Wenn nur Geld disponibel bleibt, wird schon alles gehen. Die Geldnot ist namentlich in meiner Privatkasse groß. Neulich hat sich ein Konkurrent aus Hamburg (Verwandter und Mandatar Wheatstones), ohne sich zu nennen, in unsere Werkstatt mit anderen hineingeschwindelt, und ich Schafskopf habe ihm selbst meinen neuen Telegraphen gezeigt. Zwar glaube ich, dadurch einen Konkurrenten beseitigt zu haben; denn er war sehr kleinlaut geworden, doch fürchte ich jetzt sehr einen contre coup in England. Das führt mich zum Hauptgegenstande dieses Schreibens, nämlich Fritze[2]. Die englischen Kattundruckereiaussichten[3]) sagen ihm bisher nicht recht zu, vielleicht mit Unrecht. Doch freut mich andererseits, daß er meine ihm oft eingeprägte Erfahrungsregel, ein Ziel zu wählen und dies, unbekümmert um Nebenwege, konsequent zu verfolgen, nicht vergessen hat. Er hat selbst geschrieben. Seine Telegraphenschwärmerei will wohl nicht soviel sagen. Er kennt diese Sache und hat mit daran gearbeitet, daher die Vorliebe, die sich wohl gibt, wenn er besseres kennen lernt. Das aber glaube ich auch, daß Fritz auch in der Tele-

---

[1]) Gegenüber diesen 10 Arbeitern und 2 Beamten (Werner Siemens und Georg Halske) im Jahre 1847 wurden im Juli 1914 82 450 Angestellte und Arbeiter in den Fabriken und Bureaus der Siemens & Halske A. G. und der Siemens-Schuckert-Werke gezählt.

[2]) Werner ließ sich das Fortkommen seiner Brüder aufs höchste angelegen sein. Gerade in dem Zusammenarbeiten und Füreinandereinstehen der Brüder Siemens ist einer der Hauptfaktoren des Gedeihens ihrer Unternehmungen zu sehen. 1846 hatte die Frage, ob Friedrich Maschinenbauer oder Architekt werden sollte, in der Korrespondenz Werners mit Wilhelm eine besondere Rolle gespielt, doch war sie ungelöst geblieben. Friedrich hielt sich in Kiel bei Himlys auf, während Werner und Wilhelm auch im Jahre 1847 darüber verhandeln, in welcher Werkstatt, ob bei Boettcher & Halske oder in der preußischen Artilleriewerkstatt, Friedrich eintreten soll. Im Oktober endlich schlug Wilhelm vor, Friedrich nach England kommen zu lassen, damit er dort in eine erste Maschinenfabrik einträte. Die Revolutionsstürme des Jahres 1848 vereitelten zunächst auch das. Später aber widmete sich Friedrich dem Regenerativprinzip und wurde so, durch die Beschäftigung mit Wilhelms Regenerativdampfmaschine, zu der weittragenden Erfindung der Regenerativöfen geführt.

[3]) Wilhelm Siemens gedachte, das anastatische Druckverfahren auf die Kattundruckerei anzuwenden.

graphie am leichtesten zur Selbständigkeit kommen würde. Schade nur, daß er nicht weiter in der Praxis ist. Der Elektromagnetismus ist noch ein wissenschaftlich und technisch namentlich ganz unbebautes Feld und einer ungemeinen Ausdehnung fähig. Mit dem verständigen und durchaus praktischen Halske im Bunde, fühle ich mich gerade berufen, ihn zu Ehren zu bringen. Arbeit ist dabei aber für 10 und hoffentlich auch Verdienst. Da ich die Staatstelegraphie (Posttelegraphen durch ganz Preußen) nicht aus den Händen geben will, so bleibt mir für die Anlage von Eisenbahntelegraphen hier und fürs Ausland wenig oder gar keine Zeit. Halske darf der Werkstatt nicht entzogen werden; wir müssen also notwendig, wenn es ernst wird, uns nach mehr Kräften umsehen, und da habe ich denn natürlich zuerst an Fritz gedacht, obschon ich ihm noch nichts davon gesagt habe, damit er seine Kräfte und Neigungen erst ohne Vorurteil anderwärts prüfen kann. Ich denke nun so: er soll mit Dir, wenn Du kommst, nach England gehen und sich alles Material zur Patentierung usw. meines Telegraphen mitnehmen. Da kann er dann, unter Deiner Leitung, die Sache durchführen, hat dabei Gelegenheit, die Welt kennen zu lernen und sich Geld zu verdienen. Will er dann nicht umsatteln, so kann er dann entweder hier mit in unsere Kompagnie eintreten, was ich schon durchsetzen werde, oder sich anderwärts niederlassen, wie es die Umstände verlangen. — Nun schreibe bald, lieber Bruder, an mich oder an ihn selbst, was Du davon denkst und was Du für seine Zukunft für das Ersprießlichste hältst. · · · · · ·

Daß Du so guten Mutes vorwärts gehst und Dich durch so oftes Fehlschlagen Deiner Hoffnungen nicht von neuen kühnen Schritten abhalten läßt, zeugt von Deiner größeren Jugendkraft. Ich bin jetzt schon ein ziemlicher Philister und Sicherheitskommissarius geworden! Nun, Du hast auch noch 6 Jahre mehr zuzusetzen. · · · · · ·

36] An Wilhelm in Manchester.

Berlin, den 25. Januar 1848.

· · · · · · Moralisch habe ich einen großen Sieg errungen. Ich wurde sehr kühl und mit bedeutendem Vorurteil aufgenommen, doch schon nach der ersten Besichtigung waren alle ganz von meinem Telegraphen eingenommen. Karmarsch[1]) und Heeren[2]), von denen später mehr, waren namentlich meine eifrigsten Fürsprecher, sowie auch der Maschinenmeister Kirchweger[3]), die eigentliche Eisenbahnseele in Hannover. Letzterer gab sein offizielles Urteil dahin ab, daß die Telegraphie durch meine Apparate auf eine Stufe gekommen sei, die er bis jetzt nicht geahnt habe. Das will bei ihm namentlich viel sagen, da er selbst Telegraphen baut (nach Fardelyschem[4]) oder eigentlich Wheatstoneschem System) und mein hauptsächlicher Konkurrent ist, da durch ihn die Eisenbahnverwaltung die Telegraphen selbst und sehr billig fabrizieren kann. Der hohe Preis meiner Apparate und die bereits den Ständen vorgelegten Anschläge waren das einzige wesentliche Hindernis der sofortigen Adoption meines Systems. Doch ich denke, sie werden über dieses Hindernis auch noch fortkommen. In 4 bis 6 Wochen habe ich ihnen versprochen, ein paar Telegraphen usw. dauernd bei ihm aufzustellen, um sie einer längeren Prüfung unterwerfen zu können. Doch jetzt kommt die Zeit, wo ich meinen Apparat nicht länger der Öffentlichkeit entziehen kann und daher da, wo ich sie sichern will, Maßregeln treffen muß. Ein Hindernis ist für England freilich noch der Geldpunkt, da Georgs Quellen ziemlich versiegt zu sein scheinen und Einnahmen noch nicht gekommen sind. Das wird sich in einigen Wochen aber wohl arrangieren.······

---

[1]) Karmarsch, Karl, Technologe, geb. 17. Okt. 1803 in Wien, gest. 24. März 1879 in Hannover, besuchte das Polytechnische Institut in Wien und war 1819—1823 Assistent der mechanischen Technologie unter Professor Altmütter. 1830 folgte er einem Ruf nach Hannover zur Gründung und Leitung einer Polytechnischen Schule, an der er mechanische Technologie lehrte.

[2]) Heeren, Dr., Physiker, reiste im Jahre 1846 im Auftrage der hannoverschen Regierung nach England, um dort das Telegraphenwesen zu studieren. Werner empfahl ihn an Wilhelm, der mit ihm zu Professor Wheatstone ging.

[3]) Kirchweger, Maschinendirektor in Hannover.

[4]) Fardely, William, geb. 16. Febr. 1810 zu Ripon, gest. 17. Febr. 1869 zu Mannheim, ist der Erbauer der ersten elektromagnetischen Telegraphenanlage der Erde mit einem Draht (Wiesbaden—Kastel; 8,8 km: 1844).

37] An Wilhelm in Manchester.

Berlin, den 11. März 1848.

...... Ich bin jetzt mitten in der Konkurrenz, die binnen 8 Tagen wohl entschieden werden wird. Der Kampf hat noch nicht entscheidend begonnen, doch denke ich, der Sieg kann nicht fehlen. Das Schlimme ist nur, daß wir mit allem noch nicht fertig sind, sonst wäre gar kein Zweifel. Es ist aber eine verdammte Sache, jetzt, wo alle Art von Aufregung auf mich einstürmt, zusammenzubauen. Ich muß mich erst mit Gewalt ermüden, um mit Ruhe an Stromleitungen denken zu können! In Hannover ist der Sieg unser. Vor einigen Tagen kam die durch die hohen Preise früher erschreckte Direktion ganz zahm an, wollte ein Paar haben und die Preise von 50 Stück Telegraphen und einigen hundert Läutewerken wissen. Das wäre gegen 30000 Rt., — ein ganz guter Anfang in dieser für Geschäfte nichts weniger als günstigen Zeit, wo wir schon die Bude glaubten zuschließen zu müssen. Vive la France! würde ich mit Dir aus vollem Herzen rufen, wenn man noch das Glück hätte, auch moralisch zu den Proletariern zu gehören! Doch das tut nichts, wir machen Riesenfortschritte. Eine solche Bewegung der Gemüter, ein solcher Drang nach Vernichtung aller unwürdigen Fesseln und Scheidewände muß gute Früchte bringen! Zwar im Norden Deutschlands wird der Kampf hart werden. Phlegma und Teilnahmslosigkeit sind hier noch zu groß, doch die in halb Deutschland schon freie Presse wird das ihrige schon tun! Deine Furcht vor einem Kriege gegen Frankreich ist unbegründet. Preußen und Österreich sind zufrieden, wenn sie nicht selbst zusammenstürzen, und Rußland ist ohne sie ohnmächtig. Der Kaiser[1]) soll, wie jetzt allgemein behauptet wird, tot sein. — ......

38] An Wilhelm in England.

Berlin, den 20. März 1848.

Ich beeile mich, lieber Bruder, Dir auch meinen ersten Gruß aus **freiem Lande** zu überbringen! Gott, welche Änderung seit zwei Tagen! Die beiden aus Versehen getanen Schüsse am Schloß-

[1]) Kaiser Ferdinand I., 1835 zur Regierung gekommen, dankte 2. Dez. 1848 zugunsten seines Neffen Franz Josef ab.

platz haben Deutschland mit einem Sprunge um ein Menschenalter fortgeschoben! Vor meinem Fenster organisiert sich soeben die Bürgergarde unseres Reviers. Die Reste des Militärs ziehen mit Trauermusik, wie das Volk es verlangt, aus der Stadt. Es war eine schrecklich schöne Nacht. Der klare Vollmond war von einem strahlenden Kreise umgeben, alle Fenster glänzend erleuchtet, wo nicht gerade der Kampf wütete. Auf den Straßen kein trauriges oder ängstliches Gesicht, nur furchtbarer Ernst in den Zügen aller Leute, die Weiber nicht ausgenommen, gepaart mit Kampflust und dem dem Berliner auch bei den ernstesten Dingen eigentümlichen Humor. Bruder, ich habe den Berlinern in jener fürchterlichen Nacht feierlich Abbitte getan für die schlechte Meinung, die ich bisher von ihnen gehabt habe! Mit Tränen in den Augen habe ich die gesunde, kräftige Logik der Leute aus den untersten Klassen angehört, und die Überzeugung habe ich gewonnen, daß kein Volk reifer für die Freiheit sein kann. Du hättest sehen sollen, wie mutig alles fortstürmte, wenn es hieß, sie kommen — vorwärts Brüder. Wenn wir nur Waffen hätten, hieß es allgemein, sollte es bald vorüber sein, doch auch ohne sie werden wir siegen! Und denke Dir, während der ganzen Revolution ist keine einzige Laterne zerschlagen, kein einziges Stück Privateigentum berührt! Alle Häuser standen offen und die Menge durchströmte sie Trepp auf Trepp ab und nicht ein Stück ist gestohlen. Kann man jetzt nicht stolz darauf sein, ein Deutscher zu heißen? · · · · · ·

39] An Wilhelm in London.

Friedrichsort[1]), den 13. Juni 1848.

· · · · · · Wie Du siehst, sitze ich noch fest in Friedrichsort. Der Krieg mit den Dänen scheint jetzt erst recht losgehen zu sollen. Ich könnte nun wohl meine Rückberufung möglich machen, müßte dann aber sogleich nach Magdeburg, um Rekruten zu exerzieren. Das ist nun keine tröstliche Aussicht, und es bleibt daher nichts übrig, als hier die Zukunft abzuwarten. Hoffentlich wird bald eine entscheidende Krisis eintreten. Die Sachen verwickeln sich hier immer

---

[1]) L. S. 50.

mehr und mehr, und die größten Berliner Royalisten sollen schon die unabwendbare Herannäherung einer Republik in Deutschland und eines damit jedenfalls losbrechenden Bürgerkrieges fühlen! Die Republik wird dann wohl siegen und nach schrecklichen Zuckungen in einer Militärdespotie aufgehen! Die nächste Zukunft unseres Vaterlandes wird jedenfalls eine sehr trübe sein — wenn nicht ganz überraschend ein Friedensbote vom Himmel niederfällt! Dann geht's nach Amerika! Nicht wahr? — Wenn es uns nur gelingen wollte, uns für alle Fälle einen kleinen Fonds zu sammeln! Für Fritz hatte ich schon 1/3 des mir zufallenden Anteiles des Unternehmens der Telegraphen im Auslande bestimmt. Willst Du ihm von Deinem Anteil 1/3 zuwenden, so werde ich das ihm Bestimmte zu einem Reservefonds für unsere jüngeren Geschwister überhaupt bestimmen, der nur im Notfalle für ihre Etablierung usw. angegriffen werden soll. Ist der alte Fritz denn glücklich eingesprungen? Grüße ihn herzlich und rate ihm, ein praktischer Engländer, ohne Aufgabe seiner treuen deutschen Gesinnung, zu werden. · · · · · ·

40] An Wilhelm in Manchester.

Berlin, den 21. August 1848.

· · · · · · Ich bin kommandiert zur Anlage der Linie nach Frankfurt und der Leitung nach Köln[1]). Man wünscht beide noch in diesem Jahre fertig zu schaffen, was wohl ein frommer Wunsch bleiben wird. Ich bleibe vorläufig im Dienst, einmal, weil ich dadurch einen größeren Wirkungskreis bei der Anlage bekomme, und dann auch, weil es mir was einbringt und überhaupt jetzt noch Vorteil bringt. In wenigen Tagen werde ich wohl schon einige Reisen auf der Linie beginnen, doch durchschnittlich wohl hier mich aufhalten. Die Sache

[1]) Die militärische Kommission für die Einführung der elektrischen Telegraphen hatte man aufgelöst, und die Telegraphie dem neuen Handelsministerium unterstellt, s. L. S. 68. Werner war inzwischen zum Kommandanten von Friedrichsort von der zuständigen militärischen Behörde ernannt worden und hatte für die Verteidigung des Hafens von Eckernförde zu sorgen. Da das Leben in der kleinen Festung recht eintönig war, nahm Werner auf Anfrage den Auftrag an, den Bau einer unterirdischen Telegraphenleitung von Berlin nach Frankfurt a. M., wo damals die deutsche Nationalversammlung tagte, zu leiten.

bietet noch manche Schwierigkeiten. — Hinsichtlich der Telegraphen in England bin ich Deiner Meinung, daß ein Abkommen über Zahlung für entnommene Instrumente nur wenig nutzen würde. Die Kompagnie macht die Sache dadurch unschädlich für sich und bleibt beim alten. Die Auspizien werden sich auch noch besser gestalten, wenn die Frankfurter Linie in Tätigkeit ist. Anderweitig kann ich bis jetzt noch nicht mit einiger Bestimmtheit versprechen, daß die Patentkosten in kurzer Zeit aufgebracht werden können, denn die Einnahmen werden erst mit Vollendung der Linie kommen und sind auch eben nicht sehr beträchtlich.······

Hier wird der Kampf zwischen Deutsch- und Preußentum jetzt mit ziemlicher Erbitterung geführt. Ich glaube aber, daß ersteres siegen wird, wenn die Frankfurter, in denen das süddeutsche Element und Interesse zu sehr prädominiert, nicht zu unklug verfahren. Du mußt nicht zu ungerecht die preußische Reaktion verdammen. Preußen unterscheidet sich wesentlich von allen anderen deutschen Staaten dadurch, daß hier auch die untersten Klassen an dem Kampf teilnehmen. Nirgends hat sich bis jetzt in Deutschland in den unteren Klassen ein deutscher Patriotismus gezeigt. Er konnte es auch nicht; denn die frühere Lage Deutschlands gab dazu wenig Veranlassung, im Gegenteil, man mußte sich schämen, ein Deutscher zu sein. Jetzt soll was Großes, ein deutsches Vaterland, geschaffen werden; doch ist es noch fraglich, ob und in welcher Weise es zustande kommt. Der gemeine Mann vermag sich nicht an einer Idee so zu erwärmen und durch sie auf einen so hohen Standpunkt sich emporzuschwingen, daß er sich ihretwegen so leicht alter, ihm teuer gewordener Erinnerungen, um der ungewissen Zukunft die für sicher erachtete Gegenwart und Vergangenheit entschlagen könnte. In Preußen hat das untere Volk einen gewissen preußischen Patriotismus, die einzige haltbare Basis, die Bewährung in Zeiten der Not und Gefahr und den alten Kriegsruhm, mithin dem Selbstvertrauen entsprossen. Im ganzen übrigen Deutschland ist das Volk im großen indifferent — das der wesentliche Unterschied. Und es ist für Deutschland als ein Glück anzusehen, daß es noch irgendwo in Deutschland im Volke einen Patriotismus gab, der den Kern eines künftigen deutschen Patriotismus bilden konnte, und Deutschland stets vor dem gänzlichen Falle bewahrte. Die wichtigste Frage ist nun die, wie diese Umwandlung geschehen soll. Vollständig kann es nur durch eine neue Not- und Bluttaufe geschehen, in der Deutschland als Ganzes zusammensteht oder fällt! Doch das Streben nach deutscher Einheit und Macht ist auch hier stark und wird auch hier den Sieg davontragen, wenn nicht aufs neue durch unpolitische Maßregeln dem Gegenteil zugearbeitet wird. Der wichtigste Kampf, der vorher durchgefochten werden muß, ist der der materiellen Interessen. Es fragt sich, sollen die durch die Volkszahl überwiegenden süddeutschen Interessen gänzlich auf Kosten der gleich wichtigen und mächtigen Norddeutschen den Sieg davontragen oder soll ein billiges Abkommen getroffen werden. Soll ferner der ganze politische Schwerpunkt Deutschlands im Süden liegen, ohne Rücksicht auf die größere Kraft des Nordens? Sieh nur die Beschlüsse der Gewerbeversammlung in Frankfurt an, die man hier als Vorspiel der Beschlüsse des Reichstages ansieht! Gänzliche Vernichtung der Gewerbefreiheit, Prohibitiv-Aus- und Einfuhrzölle, bei denen der Handel und die norddeutsche Industrie zugrunde gehen würden. Das sind die eigentlichen, ins Leben schneidenden Fragen, und aus diesem Gesichtspunkte mußt Du den hiesigen Widerstand, dem sich die deutsch gesinntesten Männer bis zu einem gewissen Grade beigesellt haben, betrachten. Die Wirkung ist auch nicht ausgeblieben. Die Süddeutschen haben die größere innere Kraft des Nordens anerkannt, und ihr beleidigendes Triumphgeschrei, mit dem sie des Nordens Überwindung geradezu feierten, hat einem rücksichtsvolleren Benehmen Platz gemacht, was seine Rückwirkung nicht verfehlt hat. Das Preußentum, dem man hier aus Politik einen Augenblick die Zügel schießen ließ, verliert mehr und mehr Boden und würde bald faktisch überwunden sein, wenn erst eine feste Basis der neuen Ordnung der Dinge geschaffen wäre. Erst will man hier das neue Gebäude erbaut und dann das alte so viel als nötig eingerissen wissen, — und so ganz unrecht hat man nicht, denn die Frankfurter bauen sehr langsam und sind noch lange nicht einmal mit dem Grundriß, geschweige dem Fundament, fertig. Freilich hat das auch seine Schwierigkeiten; aber man traut den Süddeutschen nicht mehr so recht seit ihrer großen Umwandlung im Benehmen gegen Preußen vor und nach der Berliner Revolution. — Doch genug davon! Du siehst, lieber Bruder, daß unser politischer Horizont noch sehr trübe ist. Möge der Himmel erleuchtende und erwärmende Strahlen senden, damit der rechte Weg gefunden und das Eis des berechtigten wie unberechtigten Partikularismus geschmolzen werde. · · · · · ·

41] An Wilhelm in England.

Berlin, den 26. September 1848.

· · · · · · Sonst geht es hier mit der Telegraphie ganz gut vorwärts. Bis Köln soll in einigen Tagen die Linie eröffnet werden (unterirdisch). Die Strecke von Frankfurt bis Kassel muß leider noch überirdisch geführt werden, da das Planum der Eisenbahn noch nicht fertig ist. Ebenso von Eisenach aus einige Meilen quer durchs Land. Doch denke ich, trotzdem von Berlin nach Frankfurt in einem Zuge sprechen zu können (ca. 85 deutsche Meilen). Meine Telegraphen[1]) gewinnen jetzt immer mehr eine entschiedene Anerkennung. Hannover und Braunschweig haben bereits abgeschlossen (mit dem Staatstelegraphen 60 Stück). Die Eisenbahn zwischen Halberstadt und Magdeburg ist in Unterhandlung. Die Anhaltische Eisenbahn baut im Frühjahr, andere sind in Aussicht; kurz, wenn kein politisches Chaos hereinbricht, so werden wir ganz gute Geschäfte machen und müssen an bedeutende Vergrößerung der Werkstatt gehen. Es wäre doch sonderbar, wenn die hier so gut gedeihenden Telegraphen in England keinen Boden fänden. · · · · · ·

Ich habe einen tüchtigen Choleraanfall gehabt; Meyer auch. Jetzt bin ich wohl und munter — soweit es die Politik erlaubt. Unsere schweren politischen Wetterwolken wirst Du wohl ebenso gut kennen. Die Luft ist schwül und drückend, und eine gewaltige neue Explosion kann über Nacht eintreten — oder wir versinken wieder im Dreck. Ich würde auch mit Leib und Leben für die Republik einstehen, wenn wir nur Republikaner hätten. Doch da fehlt es leider! Wir sind wirklich noch politisch sehr unreif. Viele, ja fast alle scheinbar glänzenden Koryphäen dieser Seite werden blind und unrein, wenn man sie scharf betrachtet! Wir gehen noch einer

---

[1]) Der Zeigertelegraph mit Selbstunterbrecher.

schlimmen, trüben Zeit entgegen, und höchstens wird bis zum Beginn der Not im Winter noch ein künstlicher Stillstand erhalten werden. Ein sogenannter Republikaner (Edgar Bauer)[1]) behauptete neulich in einer Volksversammlung, es müsse erst ein allgemeines politisches und soziales Chaos eintreten, aus welchem sich jeder das aneigne, was er verteidigen könne, was ihm mithin rechtlich gehöre. Wie die Sache dann werden solle, das müsse man dem Geschick überlassen; vorhersagen könne es niemand, weil niemand den Entwicklungsprozeß der Natur durchschauen könne usw. — Die Spitze der Kultur könne freilich darüber von Europa fort — zu den Negern z. B., fallen und umgekehrt, doch würden endlich große und starke, weil natürliche, Verhältnisse daraus hervorgehen — und solchem Unsinn, solchen wahrhaft teuflischen Doktrinen, die Millionen dem direkten Verderben entgegenführen, klatscht der größte Teil unserer deutschen sogenannten Republikaner Beifall! · · · · · ·

42] An Wilhelm in Manchester.

Erfurt, den 7. November 1848.

Seit einigen Tagen liege ich hier auf der Nase wegen heftiger Erkältung und einer angehenden Augenentzündung — bin jetzt aber wieder soweit, daß ich morgen nach Kassel und Frankfurt abrutschen werde. In 8 Tagen, denke ich, soll die Thüringer Bahn fertig sein. Dann geht es an die überirdische Leitung nach Frankfurt via Kassel. Noch ein tüchtig Stück Arbeit bei dem Wetter und ohne Eisenbahn! Doch hoffe ich noch immer, in diesem Herbst, d. h. bis Mitte Januar, fertig zu werden. Die bisher gelegte Linie von ca. 50 Meilen macht sich ganz gut. Natürlich die letzte Strecke trotz ungünstigerer Verhältnisse weit besser als die erste, infolge größerer Erfahrungen in der Fabrikation und auch im Legen usw. des Drahtes. — Nach Berlin komme ich jetzt nur hin und wieder auf einige Tage. · · · · · ·

Schreib' mir doch mal, welches die größte Entfernung ist, auf welche man in England mit den verschiedenen Telegraphensystemen

---

[1]) Edgar Bauer, geb. 7. Okt. 1820 zu Charlottenburg, studierte zu Berlin Theologie und Jura. Seiner Schrift wegen „Der Streit der Kritik mit Kirche und Staat“ wurde er mit Festung bestraft, wurde aber infolge der Amnestie am 18. März 1848 aus der Haft zu Magdeburg entlassen. Er starb nach einem bewegten Leben am 18. August 1886 in Hannover.

in einer Tour telegraphiert. Ich höre immer von 30 englischen Meilen für Wheatstone. Leider habe ich Dir noch keine kleinen Telegraphen schicken können, da durchaus keine zu entbehren waren. Die Magdeburg—Potsdamer und Köln—Mindener Bahn wollen auch die Kramerschen Telegraphen (verbesserte Wheatstones) wegwerfen und von uns welche nehmen. Auch waren neulich zwei Ingenieure der französischen Nordbahn hier und stellten die Aussicht, eine ganze unterirdische Anlage auf ihrer Bahn von hier aus zu beschaffen. Das wäre wirklich interessant. — Als guter Republikaner bist Du auch wohl stockpreußisch geworden? Daran kennt man hier wenigstens jetzt Republikaner! Schimpfen auf Frankfurt und die Zentralgewalt und im preußischen Sinne operieren! Man sieht daher die Ultra-Stockpreußen und die äußersten Linken freundschaftlich zusammenstimmen. Überhaupt weiß kein Mensch mehr, was er will und was ihm und seinen Ansichten nützlich oder schädlich ist. Nur eine Partei macht eine Ausnahme, die blutrote; die weiß, was sie will und hat es durch ihre Stimmführer offen ausgesprochen: Einführung des Edgar Bauerschen politischen und sozialen Chaos, aus dem dann nach und nach neue und gesunde Zustände herauskristallisieren sollen. Doch nur sehr wenigen liegt wohl viel an diesem Endresultate. Das Chaos ist ihnen die Hauptsache. Leider bildet das große Proletariat und der gräßliche politische Unverstand der unteren wie oberen Klassen einen sehr fruchtbaren Boden für ihre konsequente Tätigkeit. So viel ist gewiß, daß wir erst im Anfang der Wirren und Stürme sind. Das in Wien gesäte Blut wird noch in blutigen Strömen aufgehen! Der Unverstand der Kamarillen wird sich dort in vollem Glanze zeigen und dadurch den zweiten Sturm hervorrufen, der das Land von diesem Gesindel reinigen wird, aber das nicht zwei-, sondern hundertträchtige Deutschland dem roten Chaos in die Arme werfen wird! Preußen allein könnte noch ein mächtiges Bollwerk werden, wenn wir nicht auch eine Kamarilla und einen schwachen phantastischen König hätten. Überhaupt in dem einen Gefühl sind jetzt alle Parteien und Lappen Deutschlands einig, daß in Berlin jetzt Deutschlands Zukunft geschmiedet wird.······

Es war einmal ein Projekt im Gange, eine Leitung unter dem

Meere zwischen England und Frankreich zu etablieren. Ist das eingeschlafen? Nach meinen bisherigen Erfahrungen, unterirdisch und unter dem Rhein hindurch, macht das nicht viel Schwierigkeiten, und ich hätte wohl Lust dazu, die Anlage auf meine Garantie hin zu unternehmen. Erkundige Dich doch mal nach den Gründen der Nichtausführung und den damaligen Kostenanschlägen.

43] An Wilhelm in Birmingham.

Berlin, den 27. Dezember 1848.

...... Dein Plan hinsichtlich der Veröffentlichung meiner Ansprüche auf die erste Anwendung der Guttapercha zu unterirdischen Leitungen gefällt mir ganz wohl. ......

Ich will Dir einige Fakta zur beliebigen Benutzung mitteilen: Bereits im Frühjahr 1847 ward von mir der Vorschlag zur Benutzung der Guttapercha zu unterirdischen Leitungen eingereicht an die zur Prüfung von derartigen Vorschlägen niedergesetzte Kommission. Ein halb Jahr früher war bereits auf der Potsdamer Bahn eine Probe von 1 Meile mit einer mit Kautschuk isolierten Leitung gemacht. Im Herbst 1847 ward zwischen Berlin und Großbeeren ($2^1/_2$ Meilen) eine mit Guttapercha isolierte Leitung $2^1/_2$ Fuß tief auf dem Planum der Eisenbahn gelegt. Die Isolierung erwies sich als vollkommen, und die Strecke wurde lange Zeit zum Telegraphieren für die Eisenbahn benutzt. Die Überziehung des Drahtes geschah mittels Walzwerken. Unvollkommen isolierte Stellen wurden mit Induktionsapparaten aufgesucht und dann repariert. Die Leitung ist jetzt nach $1^1/_2$ jährigem Gebrauche noch unverändert. Die preußische Regierung beschloß darauf im Frühjahr 1847 für die anzulegenden Linien von Berlin nach Köln und Frankfurt a. M. solche Isolierung in Anwendung zu bringen. Die spezielle Ausführung der Linie nach Frankfurt via Kassel, $89^1/_2$ deutsche Meilen lang, wurde in der Zeit von September bis Ende 1848 durch mich bewerkstelligt. Im Laufe des Januars wird die ganze Linie eröffnet werden. An den Stellen, wo die Eisenbahn noch nicht fertig ist, ist die Leitung provisorisch über Stangen geführt. Gleichzeitig ist von Berlin nach Magdeburg (20 deutsche Meilen) eine unterirdische Leitung ausgeführt. Die Überziehung des Drahtes mit Guttapercha geschah durch Pressung mittels einer von mir und Halske erbauten Maschine, welche 8 Drähte auf einmal überzieht. Zum Überzuge wurde eine Guttaperchakomposition verwandt, da reine Guttapercha sich als wenig tauglich erwies, weil sie mit der Zeit Wasser annimmt und dann nicht mehr isoliert. Namentlich tritt dieser Übelstand bei unterseeischen Leitungen hervor, da das Meerwasser die Guttapercha sehr schnell in ein weißes Hydrat verwandelt, welches keine isolierende Eigenschaft mehr besitzt. Diese Erfahrungen wurden bei den Zünddrähten zu den im Kieler Hafen von mir und Himly angelegten Minen gegen feindliche Schiffe gemacht. Bei Durchgängen durch Flüsse (Elbe, Weser, Rhein usw.) wurde der isolierte Draht zum Schutze gegen äußere Beschädigungen in eiserne Röhren gelegt. Die angewendeten Apparate sind die mir in Preußen patentierten und in Halskes Werkstatt gefertigten. (Es ist meinem Interesse noch zuwider, als Miteigentümer der Werkstatt genannt zu werden.) Diese Zeigertelegraphen unterscheiden sich von den bisherigen (Wheatstone, Bain usw.) außer ihrer ungemein einfachen Konstruktion namentlich dadurch, daß es selbstgehende Maschinen sind, die die fortbewegende elektrische Strömung selbst herstellen, und ununterbrochen auf Art der Dampfmaschinen. Vorteile sind: Anwendung der Tasten ohne Komplizierung und ohne jedes Uhr- und Räderwerk, größere Sicherheit bei Störungen aller Art, da die Geschwindigkeit des Ganges als Regulator dient. Unmöglichkeit, daß der Anker sitzen bleibt, da an jeder Seite (durch jeden Telegraphen) der Strom unterbrochen wird, wenn der Anker angezogen wird. Die Möglichkeit, Stationen zu überspringen und sie nach Beendigung der Depesche durch besondere Weckerwerke wieder zu alarmieren (ohne zweiten Draht). Endlich die Fortsprechung ohne Unterbrechung auf unbegrenzte Entfernungen, da das System die Anwendung von Zwischenträgern gestattet, welche die Zeichen an den nächsten Telegraphen weitergeben, wenn der Stromverlust nicht gestattet, in einem Kreise bis zu Ende zu sprechen. An den Endpunkten der Linie werden Drucktelegraphen angestellt[1]), die nach demselben Prinzip konstruiert sind und in gewöhnlicher Druckschrift

[1]) Der Zeigertelegraph mit Selbstunterbrecher ist verhältnismäßig leicht zu einem Drucktelegraphen auszubilden, s. W. A. II S. 16.

drucken. — Damit die Beschreibung unparteiisch ist, wäre es gut, den Namen des Regierungspräsidenten Nottebohm als Oberdirigenten der Anlagen der Telegraphen in Preußen zu nennen. Was Du davon benutzen willst, überlasse ich Dir ganz. Zu ausführlich würde schon aus dem Grunde nicht gut sein, weil die Zeitungen die Nachricht dann nur verstümmelt aufnehmen würden. —

Die Politik wollen wir nun ganz unberührt lassen; es wird doch aus der ganzen Geschichte nichts Gescheites. Der deutsche Partikularismus regt sich wieder gewaltig. Der Deutsche muß erst Hiebe kriegen, wenn er vernünftig handeln soll. Was nutzt es, Idealen nachzujagen, die keinen gesunden Boden haben! Du weißt, ich habe mir nie große Hoffnungen machen können, bin daher auch nicht so enttäuscht, wie andere. Leb' wohl, lieber Bruder, grüße Fritz herzlich, und zum Neujahr den Wunsch, daß der englische Boden für Euch fruchtbarer sein möge als für mich.

44] An Karl in Kiel[1]).

Gießen, den 21. Januar 1849.

Deine beiden Briefe habe ich gestern und heute hier erhalten. Beide haben mir viel Freude gemacht. Dein Drang, in die Ferne auf Abenteuer zu gehen, ist mir erklärlich; ich würde ihn in Deiner Lage auch haben und namentlich gehabt haben. Ich bin auch nicht gesonnen, Dir ein nüchternes Gegenexempel zu machen; denn es würde Dich doch nicht überzeugen. Dich durch meinen Wunsch, auf den Du vielleicht Rücksicht nähmest, zurückhalten, will ich auch nicht. Ich rede daher nicht ab, obschon ich gestehen muß, daß es mir ein trauriges Gefühl verursacht, Dich und Fritz so fortziehen zu sehen in eine Ferne, die uns vielleicht für immer trennt! Doch das ist ja dummes Zeug. Wenn Ihr dort Euer Glück machen könnt, so wird es mich ebenso freuen, als wenn es hier wäre. Komme daher nur nach Berlin. In 10 Tagen, von heute ab, denke ich mit dem Telegraphen fertig zu sein und dann nach Berlin zurückzureisen, wo ich seit drei Monaten nur vier Tage gewesen bin. Reise über Wahrsow[2]). Sage Ekengreen, ich billige Euren Plan und wünsche

[1]) Karl bei der Schwester Mathilde, Frau Professor Himly.

[2]) Dorf in Mecklenburg-Strelitz im Amtsgericht Schönberg.

Euch mit Geld dazu auszurüsten. Dies bar zu beschaffen, fällt mir aber sehr schwer. Da meine Fabrikanlage aber in gutem Aufschwunge ist und ich durch sie schon Bürgschaft für 5 bis 6000 Rt. stellen kann, so will ich mich gerichtlich verbindlich machen, Walter und Otto[1]) ohne Entschädigung, wie bisher, zu erziehen und ihnen später ihr jetziges Vermögen auch noch auszuzahlen. Hierfür will ich gesetzlich gültige Bürgschaft stellen. Frage nur Ekengreen, ob es nicht möglich ist, Euch 1000 Rt. auszuzahlen, wenn ich alle nötigen Formen erfülle, und bringe mir seine Antwort nach Berlin.

Das Goldsuchen betrachte ich übrigens für eine große Nebensache. Eben weil alle Leute, die hingehen, auf Goldsuchen spekulieren, wird sich ein Gleichgewicht mit den Preisen anderer Arbeit herstellen, und der, wer diese als Hauptsache betrachtet, wird am meisten Gold finden, weil er wenig oder keine Konkurrenz hat. Doch darüber sprechen wir noch. Von Stettin will auch eine Expedition abgehen, mit ziemlich bedeutenden Mitteln ausgerüstet. Vielleicht wäre ein Anschluß ratsam. Im allgemeinen halte ich aber eine solche Gesellschaft für nicht sehr vorteilhaft. Es ist jedenfalls dort ebenfalls schon eine gewisse Ordnung der Dinge eingetreten, und da steht bei einer solchen Gesellschaft einer dem anderen im Wege, während der einzelne sich anschmiegen kann. · · · · · ·

45] An Wilhelm in Birmingham.

Gießen, den 22. Januar 1849.

Eure Briefe erhielt ich gestern abend hier. Gleichzeitig einen Brief von Karl, von Golddurst brennend. Obschon mir nun das Goldholen nicht so einfach scheinen will, obgleich ferner zu bedenken ist, daß Du, Fritz, sowie Karl aus Eurem Lebensberuf, in dessen bester Ausbildung Ihr begriffen seid, herausgerissen werdet, so ist auf der anderen Seite dort augenscheinlich ein in schnellem Aufschwunge befindlicher Kulturpunkt, und da findet ein arbeitsamer und unterrichteter Mann immer guten Boden. Amerika geht bergan, wir hinab, das ist klar. Drum, so weh es mir tut, Dich, lieber Fritz und Karl, so auf lange, vielleicht auf immer, von Europa

---

[1]) Otto und Walter besuchten damals in Halle die Realschule und wohnten zusammen in einer Pension.

scheiden zu sehen — habt Ihr einmal Lust zum Abenteuern und seid Ihr entschlossen, so will ich Euch nichts in den Weg legen, Euch im Gegenteil nach Kräften behilflich sein. Ich habe Karl schon geschrieben, er solle, wenn er auf seinem Entschluß beharrt, nach Berlin kommen. Er soll bei Ekengreen vorgehen und suchen, dort Geld zu bekommen. Ich will gerichtlich Bürgschaft für das Vermögen von Otto und Walter stellen und mich außerdem zu ihrer unentgeltlichen Erziehung verpflichten, wogegen Ekengreen Euch 1000 Rt. auszahlen soll. Gelingt dies, so ist es gut. Andernfalls wird es mir schwer fallen, da Louis[1]) in nächster Zeit Bankerott machen wird, und ich dem Hans daher die von mir an Louis gegebenen 600 Rt. habe zurückzahlen müssen. Du, Wilhelm, könntest auch mal deshalb an Ekengreen schreiben, doch gleich, sonst wird es zu spät. Ich glaube übrigens, daß man viel besser tut, mit dem Vorsatz hinzugehen, kein Gold zu suchen, sondern zu machen. Der Preis der Handarbeit wird sich ausgleichen müssen, und da das Goldsuchen eine Manie geworden ist, wird diese Arbeit die schlechteste sein. Bier brauen, Branntwein brennen, Werkzeug machen usw. wird das beste Goldsuchen sein.······

46] An Wilhelm in Birmingham.

Berlin, den 5. März 1849.

Endlich kann ich einmal dazu kommen, Dir einige Zeilen zu widmen! Deinen Brief habe ich erst vor einigen Tagen in Erfurt erhalten, — kein Wunder, denn ich bin fast immer auf der Wanderung gewesen, und erst vorgestern auf einige Tage, d. i. bis morgen, hierher gekommen. Die Linie ist jetzt schon seit 14 Tagen bis Frankfurt in Betrieb, doch gibt's darauf noch immer zu tun. Die unterirdische Leitung macht sich sehr gut, trotzdem, daß hier die ersten Proben gemacht sind, und die neuen Leitungen wohl zehnmal besser isoliert sind. Es kommen bei den unterirdischen Leitungen einige Erscheinungen vor, die man bei den überirdischen nicht kennt. Namentlich hat die Strecke zwischen Erfurt und Halle (14 Meilen = 21 Mei-

[1]) Louis Siemens heiratete am 31. Aug. 1847 Johanne Graetzel v. Graetz und übernahm das Gut Langen-Reichenbach bei Torgau, zog später nach Dresden.

len auf die überirdische reduziert) uns viel zu schaffen gemacht, bis die Erscheinungen hinlänglich studiert waren. Kramer hat auch Versuche auf dieser Strecke gemacht und 3 Tage Tag und Nacht mit verschiedenen Apparaten experimentiert, doch ohne allen Erfolg. Unsere Telegraphen gehen dort, wie überall, jetzt sehr gut, und ich will jetzt die Strecke noch bis Köthen verlängern, d. i. ohne Zwischenträger. Macht Kramer auf der besser isolierten Kölner Bahn nicht bessere Geschäfte, so ist er tot! In einigen Tagen wird nun noch ein Kampf mit dem Morseschen System stattfinden, der allerdings gefährlich ist, weil diesem System eigentümliche Vorzüge vor langen Strecken nicht abzusprechen sind.······

Mit Rußland sind Unterhandlungen über die Lieferung von Telegraphen und Leitungsdrähten im Gange. Kannst Du uns die Anlage der Leitung durch den Kanal verschaffen, so wird das in jeder Beziehung erwünscht sein, doch müssen die Drähte in Berlin gemacht werden. Zoll braucht wohl nicht bezahlt zu werden, da das Meer ja frei ist! Bedingungen lassen sich schwer vorher stellen, ehe man die Anforderungen und Verhältnisse kennt. Fonrobert & Pruckner[1]) rechnen 1 Rt. 10 Sgr. für das Pfund Guttapercha auf dem Draht, haben davon aber 3% an uns zu zahlen. Bei unseren unterirdischen Drähten kommen 4½ Zentner auf die Meile, und ebenso schwer wiegt das Kupfer (à 12 Sgr.). Es kostet mithin die Meile überzogener Draht 800 und einige Taler. Ich würde nun vorschlagen, zuerst einen Versuch mit unseren gewöhnlichen Drähten zu machen, und denselben ohne weiteres auf den Grund des Meeres fallen zu lassen, in der Nähe der Küste aber mit Eisenröhren zu überkleiden. Natürlich müssen alle 1000 Fuß Anker versenkt werden, die den Draht nach beiden Seiten hin halten, und Stellen gewählt werden, wo die Gefahr vor den Schiffsankern gering ist. Ein solcher Versuch ließe sich binnen einigen Monaten bewerkstelligen. Hält dieser Draht die Meeresströmungen aus, so ist es am vorteilhaftesten, mehrere einzelne Drähte zu legen, damit die Zerreißung eines derselben die Verbindung nicht unterbricht. Andernfalls

---

[1]) Siemens & Halske hatten am 16. Apr. 1848 mit der Berliner Gummiwarenfabrik von Fonrobert & Pruckner einen Vertrag über die Herstellung der mit Guttapercha isolierten unterirdischen Leitungsdrähte geschlossen.

müßten die Drähte mindestens noch einmal so dick genommen werden und Eisen statt Kupfer. Dann würde der Draht auch vielleicht besser ganz schwimmend angebracht, was sich durch verhältnismäßige Vermehrung der Dicke leicht machen ließe. Natürlich würde die Geschichte über viermal so teuer. Noch besser möchte es dann sein, gleich einen Strang von 6 Drähten zu legen, was etwa zehnmal so teuer würde, wie obiger einfacher, natürlich die bedeutenden Legungskosten abgerechnet. Wir sind entschlossen, nötigenfalls selbst auf das Risiko einzugehen, wenn der Preis das Doppelte der Selbstkosten übersteigt, natürlich ohne Garantie gegen Zerstörung. Meyer ist bereits um Abschiedsurlaub eingekommen, und ich werde in den nächsten Tagen nachfolgen und mich aus Staatsdiensten ganz zurückziehen[1]). Der verträgt sich nicht mit der praktischen oder vielmehr selbst schaffenden Tätigkeit. Meyer wird wahrscheinlich gut im Staatstelegraphendienst angestellt werden. — Nach Stettin, Hamburg und Wien sind auch schon Linien beschlossen. Erstere werden bald in Angriff genommen, wenn Mecklenburg bei Nr. 2 zustimmt.

Karls Lust für Kalifornien schien auch ziemlich verraucht. Laßt die Geschichte nur fahren, die Jungens (entschuldige, Fritz) sind doch dafür nicht recht geeignet. Ich habe Karl, der hier auf der Bärenhaut lag und mich erwartete, gleich fortgeschickt, um den Draht bis Braunschweig zu untersuchen und die Fehler zu examinieren. Dann kann er zu Dir kommen, wenn Du ihn dort vorteilhaft verwenden oder sonst in Tätigkeit setzen kannst. Ich könnte ihn zwar recht gut beschäftigen, aber es wäre doch viel besser, wenn er in seinem Fache bliebe. — Aus Frankreich und Amerika sind auch Anfragen hierher gelangt über die unterirdische Leitung. Ließe sich dort vielleicht etwas selbst unternehmen oder ein Patent erwerben? Die Sache hat sich jetzt praktisch **vollkommen bewährt** und verspricht, einen großartigen Aufschwung zu nehmen, den man benutzen muß. Es ist ein Amerikaner bei Pruckner gewesen, der sich als Abgesandter Amerikas ausgibt. Ich traue dem Handel aber garnicht. — Bei allen durch Dich eingeleiteten Unternehmungen im Auslande gilt natürlich unsere frühere Verabredung ($^1/_3$ des Gewinns).

---

[1]) Werner Siemens wurde auf sein Gesuch hin am 12. Juni 1849 als Premierleutnant der preußischen Armee entlassen.

47] An Wilhelm in Birmingham.

Berlin, den 9. Juni 1849.

Soeben aus Oberschlesien zurückgekehrt, finde ich Eure erfreulichen Briefe vor. Auf viele Punkte wirst Du die Antwort schon aus dem Kreuz-Briefe genommen haben. Leider sieht es mit der schnellen Lieferung von Telegraphen noch schlecht aus. Mangel an Arbeitern, Raum und geeigneten Individuen zu Werkmeistern verhindern schnelle Vergrößerung, und für die doppelte oder dreifache Größe wäre hier noch Absatz genug. In Oberschlesien habe ich eben eine neue Eisenbahnanlage[1]) (Breslau—Krakau) schon halb und halb übernommen. Sie wird sich gewiß bis Warschau ausdehnen und dann viel einbringen, da die Leitung (unterirdisch) dann das meiste abwirft und die Russen gut bezahlen können und müssen. Natürlich muß ich mir Krieg mit Rußland fürs erste verbitten! — Der Kostenpunkt für die Apparate stellt sich ungefähr so, daß wir bei dem bisherigen Preise von 200 Talern etwa die Hälfte verdienen. Die von Halske, unter dessen alleinigem Namen die Werkstatt bisher geht, nicht aufgestellten Reserveapparate werden 180 Taler gerechnet. Die kleinen Eisenbahntelegraphen kosten 100 Rt., sind aber für Korrespondenz nicht zu empfehlen. Die meisten Eisenbahnen haben auch große genommen (Braunschweig—Oschersleben und Magdeburg—Halberstadt). Wenn die Vergrößerung der Werkstatt durchgeführt ist oder sonst Bestellungen fehlen, so können wir wohl auf 150 heruntergehen, natürlich aber nicht ohne Not. Der englische Absatz könnte aber, namentlich im Falle eines Kontinentalkrieges, sehr wichtig für unsere Erhaltung werden. Die Aussicht auf einen solchen ist auch ein großes Motiv gegen die nötige Ausdehnung, worunter hauptsächlich Ankauf eines Hauses. Der Übergang von einer Werkstatt (mit ca. 25 Arbeitern) zu einer Fabrik hat in diesem Jahre überhaupt manches Mißliche. Z. B. sämtliche mechanische Werkstätten Berlins haben zusammen nicht soviel Arbeiter, wie wir schon jetzt, und von ersteren ist nicht der dritte Teil für uns brauchbar, da Halske mit Recht nur die besten Arbeiter verwendet. Schlosser und dergleichen Arbeiter sind aber nur in sehr geringer Zahl verwendbar. Die neuen Telegraphen und die Morseschen, die von der Regierung

[1]) Gemeint ist die Telegraphenanlage für die Eisenbahn.

bestellt sind, haben nun auch auf die Uhrmacherei hingewiesen, doch auch dann kann nur langsam vorgegangen werden, da die Arbeiter immer erst für das ihnen ganz neue Feld angelernt werden müssen. — Leider habe ich Deine Zahlen nicht deutlich lesen können, weiß daher nicht, ob der englische Eingangszoll 10 oder 20% ist. In letzterem Falle wäre es vielleicht schon vorteilhaft, in England eine besondere Werkstatt einzurichten, um ihn zu umgehen. Schade, daß Fritz nicht früher bei Halske eine Zeitlang gearbeitet hat! Die mechanische Arbeit ist von der Maschinenarbeit zu sehr verschieden, als daß beide über einen Kamm geschoren werden könnten. In England ist erstere sehr wenig ausgebildet, was Du schon daraus entnehmen kannst, daß wissenschaftliche Instrumente für England meist in Paris, hier oder Wien angefertigt werden. Ich denke, künftig wirst Du doch selbst eine Maschinenfabrik in England anlegen. Dann müssen wir uns so arrangieren, daß Du eine mechanische Filialwerkstatt, wozu Dir Halske einen tüchtigen Werkmeister schickt, und wir dagegen für Deine Sachen eine durch Dich eingerichtete Maschinenwerkstatt anlegen! Freilich müssen dazu einhunderttausend Taler über gespart sein, was aber in einigen Jahren wohl eintreten kann, wenn's in bisheriger Progression fortgeht! — Leider fehlt es jetzt an Zeit und Kräften, um die neuen Verbesserungen usw. im telegraphischen Fache schnell durchzuführen. Für englische Verhältnisse sollst Du bald Telegraphen bekommen, die in ihrer Leistung die bisherigen weiter überflügeln sollen, wie meine bisherigen, die alten in der Theorie. Die Praxis ist doch erst die wahre Erkenntnisquelle! Ich halte für England in diesem Augenblicke ein geschicktes Temporisieren für das beste, doch sollst Du das Nötige auf Verlangen jedenfalls sobald als irgend möglich bekommen. Im übrigen hast Du natürlich ganz freie Hand. Deinen Gewinnanteil bestimme selbst, doch nicht zu gering; denn ich sehe natürlich lieber 5 Taler in Deiner Tasche, wie zwei in der meinigen. Keinesfalls unter 10%, wenn von hier die Apparate bezogen werden.

Hinsichtlich der Publikationen bitte ich zwei Punkte zu berücksichtigen, erstens den Ehrgeiz Halskes, den ich durch häufige Erwähnung befriedigt sehen möchte, um so mehr, als er wirklich ein großes Verdienst um die glückliche Durchführung der Sache hat, und zweitens meine Stellung zu unserer hiesigen, ebenfalls ehrgeizigen Regierungsbehörde. Der von Dingler[1]) aufgenommene frühere Artikel hat bei Nottebohm schon sehr böses Blut gemacht, da mir darin die ganze Leitung der Telegraphenanlage vindiziert war. Wir haben Nottebohm viel zu danken, und er bleibt eine wichtige Person für uns, darum wäre es mir sehr lieb, wenn auch dort ihm etwas Weihrauch gestreut würde. Er ist technischer Telegraphendirektor und mit der Oberleitung aller Anlagen in Preußen betraut. Er, sowie der Geheimrat Mellin als Unterstaatssekretär im Handelsministerium, haben auch große Verdienste um die energische Durchführung der Telegraphie in Preußen. Ersterer hat die unterirdische Leitung und einen Telegraphen durchgesetzt. Letzterer hat die Telegraphie finanziell groß gehätschelt und durchgebissen, wozu jetzt gute Zähne gehörten — und hat mit Nottebohm auch immer auf meiner Seite gestanden, während Dove als Mitglied der früheren Telegraphenkommission den Dr. Kramer protegierte. Die Experimente mit Kautschuk sind ferner nicht von mir, sondern von Leonhardt und der Kommission angestellt. Könntest Du nicht eine kleine Berichtigung im obigen Sinne, womöglich unter Deinem Namen, erscheinen lassen? · · · · · ·

Mit dem Reichspatent wird es wohl noch etwas langweilig werden. Wir wollen es aber jedenfalls mit einem hiesigen nochmals versuchen und gröber werden, wenn sie nein sagen. Grobheit hilft. Schicke nur früh genug Deine Spezifikation. Jedenfalls werden die preußischen Patente doch künftig in Reichspatente umgewandelt, soweit das Deutsch-Preußische Reich reichen wird! Schlechte Aussichten jetzt! Bayern ist hinterlistig gewesen, wie seit seinem Bestehen. Ein Bund Bayerns mit Frankreich oder Rußland, je nach Umständen, würde mich gar nicht wundern! — Die verlangten Zeugnisse oder Berichte lassen sich so schnell nicht beibringen. In einigen Wochen wird wohl ein offizieller Bericht erscheinen, und dann werde ich auch mehrere Artikel an technische Jour-

---

[1]) Johann Gottfried Dingler, technischer Chemiker, geb. zu Zweibrücken am 2. Jan. 1778, gest. in Augsburg am 19. Mai 1855, gründete 1820 das „Polytechnische Journal", das er, später zusammen mit seinem Sohne Emil Maximilian, redigierte.

nale schicken. Es sind jetzt einige 70 Telegraphen meines Systems in Tätigkeit. Zu den meisten fehlen noch die schon bestellten Reserveapparate. Mit Bayern sind Unterhandlungen im Gange. Vater Steinheil wird sich wohl nächstens öffentlich sehr entschieden für unterirdische Leitung und meine Telegraphen aussprechen. Er ging sehr entzückt von hinnen. · · · · · ·

48] An Wilhelm und Friedrich in Birmingham.

Berlin, den 4. August 1849.

Es scheint mir eine Ewigkeit, seit ich den letzten Brief von Euch erhielt! Oder ist mir nur die letzte verdammte Zeit so lang geworden? Ich habe nämlich viel und stark auf der Nase gelegen. Die Cholera hat mir diesmal viel zu schaffen gemacht. Ich bekam erst in Breslau, vor etwa 6 Wochen, einen kleinen Anfall, der mich aber sehr herunterbrachte. Dann folgten noch einige, der stärkste und hart an die Kippe gehende vor 14 Tagen, an dem ich bis heute das Zimmer habe hüten müssen. Alles schöne Fett des vorigen Jahres ist zum Henker gegangen, und ich bin wieder der alte magere Hering! Doch nun scheint die schlechte Zeit wieder vorüber; heute gehe ich wieder aus, und werde dann in einigen Tagen nach Breslau abgehen, um endlich die unglückselige dortige Linie fertig zu machen. Vielleicht mache ich von dort einen Abstecher nach Reinerz oder einem anderen Bade.

· · · · · · Ich weiß nicht, ob ich Euch schon geschrieben, daß ich meinen Abschied erhalten habe[1]). — Mit leeren Händen, wie ich in den Dienst gegangen bin, habe ich ihn auch wieder verlassen — und bin zufrieden damit. Ich werde jetzt noch die einmal übernommene Breslauer Linie vollenden und dann das Leben mit eigenen Augen betrachten. —

Die Krankheitszeit habe ich benutzt, um die Zeichnungen zu einer Druckvorrichtung anzufertigen, bei der die früheren Übelstände des Drucktelegraphen beseitigt sind und welche, neben den gewöhnlichen Telegraphen, als deren Sekretäre aufgestellt werden. Ich zweifle nicht an dem vollständigen Gelingen und denke, daß hiermit die Zeiger- und Drucktelegraphen für längere Zeit abge-

[1]) Bald nach seinem Abschied vom Militär gab Werner auch seine Stellung im Staatstelegraphendienst auf.

schlossen sein werden. In 14 Tagen werden die ersten beiden Sekretäre fertig sein. Es sind jetzt russische Abgeordnete hier, um mit uns zu unterhandeln. Bis jetzt ist noch gegenseitiges Mißtrauen obwaltend, da wir schon mit Bayern und Österreichern schlecht angekommen sind. Zu machen würde allerdings in Rußland viel sein, wenn nicht, wie ich hoffe, Krieg mit ihnen kommen wird, der allein unsere faulen Zustände wieder auffrischen könnte. Zwar — doch zum Henker die Politik! ......

Meyer wird auch in wenigen Tagen seinen Abschied erhalten und dann eine Anstellung bei der Telegraphie als Telegrapheningenieur erhalten. Er hat schon die Linie von Braunschweig nach Aachen und von Düsseldorf nach Elberfeld gebaut und ist jetzt mit der Berlin—Stettiner beschäftigt. Er trägt mir Grüße auf, sowie auch Karl, der noch immer als Drahtrevisor funktioniert. ......

49] An Wilhelm in Birmingham.

Oppeln, den 27. August 1849.

Hier oben in Schlesien erhielt ich gestern Deine beiden und Fritzens Briefe. Da ich hier abgeschnitten von aller Welt und $1^1/_2$ Tagereisen von Berlin entfernt bin, so ist es schwierig, Deine Desiderata vollständig und pünktlich zu erfüllen. ......

Dem Mr. Highton sage nur, wir wendeten Drähte an, von denen die Meile $4^1/_2$ Zentner wiegt, ferner geschwefelte Guttapercha zum Überzug von gleichem Gewicht. Das Pfund Draht kostet hier ca. 15 Sgr., das Pfund Guttapercha auf dem Draht 1 Rt. 10 Sgr. Natürlich loco Berlin. Darnach kann er rechnen. Ungeschwefelte Guttapercha $^1/_4$ billiger auf dem Draht. Es wird bei beiden vollkommene Isolation der Drähte garantiert. Bei geschwefelter Masse ferner zehnjährige unveränderte Güte der Leitung. ......

Ich denke hier in 3 Wochen fertig zu sein, dann Meyer die weiteren Anlagen für den Staat zu überlassen und so ganz frei zu werden. Vor Mitte Oktober kann ich aber nicht gut flott werden. Die hiesige Anlage muß ich schon durchführen der Eisenbahn willen, für die ich gleichzeitig die unterirdische Leitung ausführe und mit Apparaten besetze. Wahrscheinlich wird Österreich sie bis Krakau verlängern. Ich war gestern dort. Eine wunderbar interessante

Stadt! Auch die russische Grenze habe ich mit einigem Schaudern überschritten in Begleitung des Thronfolgers, d. h. mit seinem Extrazuge. —

Ihr seid noch immer die gutmütigen politischen Träumer, glaubt an ideale Verhältnisse und antike Volksgröße, wo nur gemeine Leidenschaften und eingerostete Vorurteile herrschen! Der Verrat Görgeys wird Euch wohl zeigen, daß es überall ist juste comme chez nous! Der deutsche Michel hat mit Schmerz seinen leer werdenden Geldbeutel befühlt und brummt: „O selig, ein Kind noch zu sein." Bald wird er wieder schlafen. Wenn wir graue Haare haben und unsere Kinder der Hafer wieder sticht, wird er wohl mal wieder die Augen öffnen und sich ein bißchen unartig gebärden. · · · · · ·

50] An Wilhelm in Birmingham.

Den 11. November 1849.

Der Druckapparat geht fast über Erwarten gut. Er läuft schon seit einigen Wochen auf der Frankfurter Strecke mit, ohne daß sich eigentlich jemand darum bekümmert. · · · · · ·

Die Belgier machen jetzt große Anstalten, ganz Belgien mit einem Schlage zu telegraphisieren. Sie wollen Drähte und Apparate von uns nehmen, und sollen wir auch die Anlage machen. Da nun auch der Staat gegen 100 Stück bestellt hat und Russen und Ostindien im Hintergrund stehen, so wird jetzt an umfassender Vergrößerung gearbeitet. · · · · · ·

51] An Wilhelm in Birmingham.

Berlin, den 13. Dezember 1849.

· · · · · · Halske reist heute an meiner Stelle mit Meyer und dem hundertsten Telegraphen nach Oderberg usw., um dort aufzustellen. Karl zeichnet jetzt fleißig den Druckapparat usw. und hat sich gänzlich der Physik und namentlich der Telegraphie zugewendet. Ich war immer dagegen und wollte, er sollte seine Chemie nicht aufgeben; doch er wollte es, und ich kann ihm nicht direkt entgegen sein, da die Chemie jetzt überfüllt ist und wenig Aussicht bietet und da Karl doch nicht für studierende Tätigkeit zugeschnitten ist. Er kann so entweder in den Staatsdienst gehen als Telegrapheningenieur unter Meyers Kommando oder sich bei Anlagen von Privatlinien Geld verdienen. So hat mir jetzt die Hamburger Bahn die Anlage eines Eisenbahntelegraphen mit Läutewerk in der Wärterbude und unterirdischer Drahtleitung angeboten. Ich denke, die Sache wird in Ordnung kommen. Ich will dünne Drähte nehmen, so daß der Draht nur ca. 300 Rt. pro Meile kostet. Dann will auch die Bergisch-Märkische und die Rheinische Eisenbahn unterirdische Leitungen haben, dazu die Russen und Belgier; kurz, zu tun ist in Menge. Die Werkstatt zählt jetzt 32 Arbeiter, soll aber bald auf 45 gebracht werden, wobei dann gegen 4 Telegraphen wöchentlich fertig werden. Es scheint aber kaum, daß dies für das nächste Jahr ausreichen wird. · · · · · ·

52) An Wilhelm in Birmingham.

Berlin, den 31. Dezember 1849.

· · · · · · Der Brunnen bekommt mir sehr gut. Brustschmerzen und Husten sind ziemlich vorüber, und ich denke mit Sicherheit zum 15. nächsten Monats wieder flott zu sein und abzusegeln. Ich richte die mitzubringenden Apparate so ein, daß wir rund um die Erde sprechen können, wenn Du mir dort eine solche Leitung zu Gebote stellen kannst. Auch ein Druckapparat wird mitkommen. Druckt 60 pro Minute mit größter Sicherheit und Bequemlichkeit. Halske will Dir eben noch einen Neujahrsgruß drucken. —

Wie sieht es denn mit dem Ostindien aus[1])? Wir können jetzt 4 Apparate wöchentlich liefern und haben bis jetzt nur bis Ende Mai Bestellungen. Erhalten wir diese Aufträge, so können wir unsere Leistungen bald bis auf 6 steigern. — Hoffentlich werdet Ihr, liebe Brüder, das alte Jahr froh beschließen und in Lebenslust und Freude ins neue eintreten! Möge es Euch dasselbe Wendejahr in die Ernte hinein sein, wie es mir das alte war, von dem ich dankbar

[1]) Wilhelm hatte den Generalingenieur der Ostindischen Eisenbahnen (Stephenson), der sich in England die besten Telegraphen für Indien aussuchen wollte, kennen gelernt, der, von der Güte des Siemensschen Telegraphen überzeugt, in Birmingham die Instrumente in Arbeit sehen wollte.

scheide und ihm gern die kleinen Plagen und Sorgen, die es mir auch brachte, verzeihe. Ich hoffe überhaupt, daß unsere Prüfungszeit jetzt überwunden ist und daß das Leben uns allen jetzt seine angenehmen Seiten zukehren wird. Du, lieber Wilhelm, hast es durch Dein langes und hartnäckiges Kämpfen mit seiner Ungunst gewiß verdient, und auch Fritz hat sich stets eifrig und redlich bemüht, vorwärts zu kommen. · · · · · ·

II.

Briefe aus der Zeit 1850 bis 1859

53] An Wilhelm in Birmingham.

Paris, den 27. April 1850.

Bisher habe ich in dem verdammten Loche hier gesteckt, während Du mich wohl schon Gott weiß wo geglaubt hast! Der Grund ist die Akademie mit dem, was daran hängt. Nachdem ich einmal damit angefangen, mußte ich damit durch, und die Anwesenheit Du Bois' war mir dabei außerordentlich nützlich. 14 Tage habe ich mit demselben die französische Beschreibung der Leitung und des Telegraphen geschrieben, die beide in der Akademie durch Regnault verlesen sind und in 4 Wochen im Journal de Physique et Chimie (ohne Zeichnung) erscheinen. Das ist nun freilich unangenehm, ließ sich aber nicht ändern. Einer so offiziellen Veröffentlichung gegenüber wird auch wohl in England niemand wagen, die Sache als seine Erfindung auszugeben. Sowie es erschienen ist, werde ich Dir ein Exemplar zugehen lassen zu beliebiger Benutzung. Ich glaube, es ist besser, dies als den deutschen Aufsatz zu veröffentlichen. In der Akademie habe ich großen Sturm erregt. Leverrier[1]) und seine Partei traten ergrimmt gegen Regnault[2]) auf. Er ist Reporter der Nationalversammlung in Telegraphenangelegenheiten, und ich kam ihm sehr in die Quere. Doch er fiel durch, die Kommission zur Prüfung ward ernannt aus Regnault, Pouillet[3]) und Leguier, und nächsten Montag wird Pouillet berichten, wie er sagt, dahin, daß mein Telegraph der beste wäre, der in dieser Abteilung (rotierenden und druckenden) gemacht sei und überhaupt nach seiner Meinung gemacht

---

[1]) Leverrier, Urbain, Jean, Joseph, geb. 11. März 1811 in St.-Lô., gest. 23. Sept. 1877 in Paris, besuchte die Polytechnische Schule in Paris und wurde dann Chemiker, Ingenieur und später Astronom.

[2]) Regnault, Henri Viktor, Physiker und Chemiker, geb. 21. Juli 1810 in Aachen, gest. 19. Jan. 1878 in Auteuil.

[3]) Pouillet, Claude Servais Matthias, Physiker, geb. 16. Febr. 1790 in Cusance (Doubs), gest. 14. Juni 1868 in Paris.

werden könne. Pouillet hat Interesse, Leverrier entgegenzutreten, und er wird gewiß den Bericht gut machen. Ich habe die Apparate direkt gehend gemacht und drucke mit Bequemlichkeit 60 pro Minute. Sehr ungünstig hat Bains Anwesenheit mit seinem neuen chemischen Telegraphen gewirkt. Er kann im Zimmer 1000 pro Minute übertragen, d. h. nachdem die Depeschen vorher gesetzt sind; doch auf der Linie ist er gänzlich gescheitert, indem auch nicht ein Zeichen richtig gewesen ist — nichts wie eine einzige blaue Linie. Doch sein Renommieren mit Amerika und seine Freundschaft mit Leverrier hilft ihm durch, und er macht am Ende doch noch was. ······

54] An Wilhelm in Birmingham.

Paris, am Dienstag, April 1850.

······ Der König[1]) p. p. waren sehr erbaut von meinem Telegraphen, und er, wie die Minister erklären es für einen Unsinn, die Drähte unter die Erde zu legen, doch Quételet[2]) le veut, daß sie überirdisch genommen und mit Nadeltelegraphen versehen werden, und da läßt sich nichts machen; denn Quételet ist der Inbegriff der Wissenschaften in Belgien, und den Lehrer darf man nicht vernachlässigen! Ich habe hier Du Bois[3]) getroffen und werde morgen zu ihm ziehen. Sehr angenehm und nützlich für mich, da die ganze gelehrte Welt bei Du Bois verkehrt, um seine Experimente zu sehen. Das Patent ist seit Sonnabend fertig, kostet aber gegen 15 £ St. — Ich habe gestern die Erleuchtungs- und Kocheinrichtung mittelst Wasserstoffgas gesehen und bin wirklich durch die Erfolge sehr überrascht. Man hat mir für Preußen die Exploitierung angeboten, doch führt mich die Sache zu viel seitwärts. ······

---

[1]) Von Belgien.

[2]) Quételet, Lambert Adolphe Jacques, Naturforscher und Statistiker, geb. 22. Febr. 1796 in Gent, gest. 17. Febr. 1874 in Brüssel, studierte in Gent und wurde 1814 Lehrer der Mathematik am dortigen Collège royal. Später Lehrer der Astronomie und Mathematik an der Kriegsschule, 1834 beständiger Sekretär der Akademie der Wissenschaften und 1841 Direktor der statistischen Zentralkommission für Belgien.

[3]) Du Bois-Reymond, geb. 7. Nov. 1818 zu Berlin, gest. 26. Dez. 1896 zu Berlin; s. L. S. 85.

55] An Wilhelm in Birmingham.

Paris, April 1850.

...... Mein Plan ist, nächsten Montag die Sache vor die Akademie zu bringen, damit ein Auszug in die Comptes rendus aufgenommen wird. Du Bois wird die französische Ausarbeitung machen. Verraten wird dadurch nicht allzuviel werden. ......

Der geistreichste Mechaniker im elektrischen Fache ist hier jedenfalls Froment, doch ziehe ich Breguet[1]) vor, da letzterer mir ehrlicher und dummer scheint und sich leichter für aufrichtige Annahme fremder Sachen entschließen wird. Froment hat eine Masse elektromagnetischer Maschinen, unter anderen auch die ineinander rotierenden Zylinder, die er für seine Erfindung erklärt. Um ziemlich hier durchzukommen, muß ich noch mindestens 14 Tage hierbleiben; doch wird dann mein Renommee in Paris begründet sein, und das tut Wirkung bei den übrigen Narren, namentlich in Deutschland; die Kosten werden daher nicht verloren sein, auch wenn hier augenblicklich nicht viel zu lukrieren ist. Können wir bei der Kanalleitung die Hand ins Spiel bekommen, so ist das jedenfalls ein bedeutender Gewinn, da dieselbe einmal wie ein Wunderwerk betrachtet wird. ...

56] An Wilhelm in Birmingham.

Berlin, den 5. Juli 1850.

Deinen Brief habe ich schon vor einigen Tagen erhalten, aber nicht gleich beantwortet, weil ich auf dem Sprunge stand, nach Holstein zu gehen. Es ließ sich aber nicht machen, ohne eingegangene Verpflichtungen zu vernachlässigen, und so habe ich mich gestern zum Hierbleiben mit Sammeln und Scharpiezupfen entschlossen und reise noch heute nach Oberschlesien ab, wo ich hoffentlich, im Drange der Geschäfte, die deutsche Schmach vergessen lerne[2]). ......

Daß Früchtenicht im Frühjahr in Stettin eine Schiffs-Maschi-

[1]) Louis François Clement **Breguet**, geb. 22. Dez. 1808, gest. 27. Okt. 1883 in Paris, machte Untersuchungen über die Geschwindigkeit des Lichts und des Schalles, über die Induktion und den elektrischen Telegraphen und konstruierte einen Zeigertelegraphen.

[2]) Der von Preußen zur Förderung der deutschen Einheit einberufene Fürstenkongreß in Berlin vom 9. bis 16. Mai 1850 war kläglich gescheitert.

nenbauanstalt[1]) anlegen wird, habe ich Dir wohl schon geschrieben. Ich werde wohl für den Staat die Anlage von Stettin nach Swinemünde ausführen. Ich tue dadurch Nottebohm einen großen Dienst, kann es machen, ohne eigenen Unternehmungen zu schaden, lerne dabei, da die Anlage unter der Chaussee und durch das Haff geht und kann gelegentlich ein Seebad nehmen. In zwei Monaten muß ich aber in Elberfeld sein zur Privatanlage des Steele—Vohwinkeler Eisenbahntelegraphen, die sich nun doch für unterirdische Leitungen entschlossen haben. · · · · · ·

57] An Wilhelm in Birmingham.

Berlin, den 24. Juli 1850.

· · · · · · Ich habe jetzt einen Zeichner angestellt und lasse genaue Zeichnungen von allen Apparaten machen, was die Spezifikation wesentlich erleichtern wird. · · · · · ·

Die Frage Deiner Anstellung kann ich nicht recht beurteilen, da mir Deine Rechte und Pflichten dadurch nicht bekannt sind. Durch Geld laß Dich nicht abhalten; das will ich Dir schon nach Bedürfnis schaffen, wenn Du dort nichts mobil machen kannst. Wir müssen unsere unabhängigere pekuniäre Stellung benutzen und das Geld nicht hinter den Ofen packen! · · · · · ·

Schleswig-Holstein ist wieder die Losung und aller Augen richten sich erwartungsvoll dahin. Nächstens muß die Entscheidung fallen. Es wird jetzt fleißig für sie gesammelt. Ich habe auch mit 50 Rt. mein Gewissen in Schlummer gewiegt! · · · · · ·

58] An Wilhelm in Birmingham.

Berlin, den 1. Dezember 1850.

· · · · · · Seit heute schweigt der Kriegslärm etwas, da Manteuffel[2]) sich in Olmütz die Nachtmütze soll haben aufsetzen lassen. Merkwürdig ist übrigens die hier herrschende allgemeine Kriegslust.

---

[1]) Begründung des „Vulcan".

[2]) Manteuffel, Otto Theodor Freiherr von, preußischer Staatsmann, geb. 3. Febr. 1805 zu Lübben, übernahm provisorisch das Ministerium des Äußeren und schloß in dieser Stellung am 29. Nov. 1850 die Olmützer Punktation mit Österreich ab.

In einer großen Damengesellschaft gestern bei der Kusine war nur eine nicht entschieden kriegerisch! Wäre es ernst geworden, so würde ich mich dem Mitziehen nicht haben entziehen können, trotz allem Kabinettsgeruch, den der Krieg gehabt haben würde. Ich glaube auch, wie hier alle, daß Preußen durch den Krieg selbst in die richtige Bahn gedrängt worden wäre. Das Feldgeschrei wäre doch von selbst hier der Liberalismus und Deutschlands Selbständigkeit und Einheit geworden gegenüber dem offenen oder verdeckten Russentum. Der erste Kanonenschuß würde der preußischen Kamarilla, der letzte vielleicht dem spezifischen Preußen selbst und den deutschen Kleinstaaten den Untergang angekündigt haben. Bei Prinzipienreiterei kommt nichts heraus! Jetzt steht freilich die Sache anders. Ob Blut dadurch gespart wird, ist wohl sehr die Frage! ······

59] An Wilhelm in Birmingham.

Berlin, den 21. Dezember 1850.

······ Dein Wassermesser[1]) ist in voller Arbeit, namentlich der Zähler schon tüchtig vorgeschritten. Dem Meßapparat haben wir aber vorläufig ein anderes Gesicht gegeben. Die Konstruktion eignete sich nicht zu einer akkuraten Arbeit und der Wasserdruck, den man doch bis zu 2 Atm. rechnen muß, macht dabei unüberwindliche Schwierigkeiten. ······

Wir bauen jetzt einen hauptsächlich für England berechneten Doppelstifttelegraphen mit Klaviatur, der in zwei Linien Striche und Punkte macht und bei dem die Engländer ihr beliebtes Doppelnadelalphabet[2]) beibehalten können und dabei nur einen Draht brauchen. ······

In Deinen Angaben vermisse ich die Antwort darauf, welches die dünnste herzustellende Wandstärke bei ca. $^1/_2$ Zoll Durchmesser ist. Die Wandstärke läßt sich beim Überziehen nämlich nicht verringern, sie nimmt sogar noch ein wenig zu. Ich glaube nun nicht, daß sich durch

---

[1]) An der weiteren konstruktiven und fabrikatorischen Durchbildung des von Wilhelm 1850 konstruierten Wassermessers beteiligte sich Werner in hohem Maße.

[2]) Eine Verbindung von 2 Morseapparaten mit Doppeltaste und polarisierten Ankern zur Beschleunigung der Zeichengebung.

die bisherige Preßmanier Röhren von $^1/_{12}$ bis $^1/_{16}$ Zoll Wandstärke und hinreichender Weite herstellen lassen. Ich habe daher ein anderes Röhrenfabrikationsprojekt. Beim Pressen mit der hydraulischen Presse wird das halb erstarrte Blei gewaltsam fortgedrückt, während das Röhrenende frei heraustritt. Bei unserer Drahtfabrikation ist umgekehrt der Druck elastisch (die Guttapercha ist bedeutend zusammendrückbar), und der Draht wird gleichmäßig herausgezogen. Ich will nun so auch die Bleiröhren machen. Das Blei in einem Kessel geschmolzen und durch eine Luftpumpe einem Druck von ca. 5 Atm. ausgesetzt. Die Röhren läßt man gleichmäßig herausziehen, wobei sie vollständig erkaltet werden können, ja sie könnten über einen dicker werdenden Dorn gezogen und dadurch noch erweitert und innen vollständig geglättet werden. Ich denke, die Sache muß gut gehen, da der Druck nur nötig hat, da den Zusammenhang herzustellen, wo das Blei im Erstarren begriffen ist und noch nicht gezogen werden kann. Was meinst Du dazu, sowie zu der speziell anzuwendenden Konstruktion? Schmiedeeiserner Kessel? · · · · · ·

Soviel ist sicher, daß die Bleiröhren im Steigen sind. · · · · · ·

60] An Wilhelm in Birmingham.

Berlin, den 22. April 1851.

· · · · · · Die Liverpool-Manchester-Linie wäre außerordentlich vorteilhaft. Wir könnten dort Drucker mit rapider Schnelligkeit laufen lassen und würden einen großen Vorschub, auch in anderen Ländern, haben. Sehr große Bestellungen, namentlich an Druckern, würden wir für diesen Sommer aber nicht mehr annehmen können, da keine Arbeiter mehr zu haben sind. Darnach mußt Du Dich ein bißchen richten. Gewöhnliche Sachen können in beliebiger Menge fertig geschafft werden. An Telegraphen ließen sich bis Spätherbst auch wohl noch gegen 100 Stück fertig schaffen; Drucker können aber nur von sehr guten Arbeitern gemacht werden und die sind sehr rar geworden. · · · · · ·

61] An Wilhelm in Birmingham.

Berlin, den 4. Mai 1851.

Die Untersuchung der von England bezogenen, mit Blei bekleideten, Drahtader hat ergeben, daß dieselbe der ganzen Länge nach zusammengelötet (aus einem Blech oder aufgeschnittenen Röhre) ist! Daher auch so enorm teuer! Dann ist unser Verfahren des Überziehens und Einfädelns usw. ganz neu und kann von immenser Bedeutung für England werden, wenn es patentiert werden kann. Sieh dem Bleiröhrenfabrikanten doch gehörig auf die Finger, und wenn nicht gefährliche Vordermänner da sind und sonst kein Hindernis, so nimm nur ein Patent. Es wird meiner Ansicht nach diese Art die einzige, welche künftig verwendet werden wird. Eine Vereinigung mit dem Bleiröhrenfabrikanten scheint mir unter diesen Umständen sehr geraten. Ich werde jetzt auch gewöhnliche übersponnene Drähte so überziehen für die Berliner Uhrenanlage. ······

Wir machen jetzt dem preußischen Staate Konkurrenz und suchen die ausschließliche Konzession für eine Telegraphenlinie von Hamburg nach Lübeck nach. Ferdinand in Lübeck ist schon in voller Tätigkeit, und ich denke, es wird gelingen. Wir müssen selbst eine Telegraphenlinie im besten Betrieb haben und eine geeignetere kann es nicht geben. Bei 14 Meilen Länge wird sie ca. 12 000 Rt. kosten, und ich denke, sie wird 9000 jährlich einbringen bei billigen Sätzen (1/2 Rt. die Depesche). Ich habe viel Hoffnung auf Reussieren. Liverpool—Manchester wird freilich noch besser werden. ······

62] An Wilhelm in London.

Berlin, den 21. Juni 1851.

······ Ehe wir an die Wassermesser gehen, mußt Du den übersandten genau prüfen und zwar längere Zeit. Es ist namentlich zu sehen, welchen Grad von Empfindlichkeit das Instrument hat, ob es auch bei schlechter Handhabung und Erhaltung noch richtig zeigt usw. Es ist ganz unmöglich, in der Güte der Anfertigung einen Wassermesser für 5 £ St. herzustellen. Es ist viel kitzliche Arbeit dabei, die sich nicht fabrikmäßig machen läßt. Der Zähler namentlich muß mit großer Sorgfalt gemacht werden, wenn er leicht gehen soll. Die Achsen sind zu kurz und die Angriffspunkte der Räder stets verändert. Kommt es aber bei ihm auf ein bißchen veränderliche Reibung nicht an, ist er überhaupt unempfindlich für kleine Störungen, so läßt die Konstruktion sich vereinfachen und die Arbeit etwas mehr fabrikmäßig machen, wodurch der Preis sich bedeutend ermäßigen wird. Ich erwarte darüber Deinen Ausspruch. · · · · · ·

63] An Wilhelm in Birmingham.

Berlin, den 18. September 1851.

· · · · · · Abends. Den Wechsel lege ich gleich bei. Mit den Amerikanern[1]) könntest Du wenigstens so abmachen, daß wir die neuen Patentkosten und Modelle, wozu am besten ein Telegraph und Drucker von den dortigen in natura zu verwenden, auf unsere, alle übrigen, Insertions- usw. Kosten aber auf ihre Rechnung gingen. Halske traut der Yankeegeschichte nicht recht, und ich gerade auch nicht viel weiter, wie ich sie sehe. Eine Erklärung hast Du ja für Amerika schon von Hannover aus, wenn ich nicht irre, in Händen. Sonst wird es wohl zu spät werden, da das Jahr bald um ist und ich hier kein Schema habe. Es wäre mir eigentlich lieber, auf Siemens & Halske das Patent nehmen zu können, da Halske an den neuen Sachen doch viel Anteil hat und er mehr dadurch für die Sache interessiert wird. Wenn Karl keine Lust hat, nach Spanien zu gehen, so könnte er ja mit den Amerikanern gemeinschaftliche Sache machen. Allein bringen die doch nicht viel fertig. · · · · · ·

64] An Wilhelm nach London.

Berlin, den 8. Dezember 1851.

Im großen werden sich so die [Wasser-]Messer sehr billig herstellen lassen, wenn man sich ganz darauf einrichten kann. Die Fabrikation wird auch sehr einfach werden, und Du kannst später alles dort machen lassen. Eine Teilung der Arbeit wird sich nicht mit Vorteil ausführen lassen. Gerade die Zusammensetzung und gute Kontinuierung und Eingriff der Zähne sind die diffizilste Arbeit. Wir werden das angefangene Dutzend daher ganz fertig machen, und es ist dann Zeit, zu überlegen, wo die fernere Fabrikation am ökonomischsten stattfindet. Für den Augenblick ist es uns ganz recht, außertelegraphische Arbeit zu haben, da Bestellungen jetzt sehr knapp sind, und wir uns daher einschränken müßten. In 8 Tagen haben

[1]) Wilhelm verhandelte über Einführung und Verkauf der Telegraphen in Amerika.

wir wahrscheinlich das Grundstück erstanden und können dann, wenn Du es für zweckmäßig und am billigsten findest, hier machen zu lassen, soviel schaffen, wie nötig ist. Ich möchte Dich aber vor Annahme schlechter Arbeit warnen. Nötigenfalls könnte man die Zähler sehr billig, vielleicht 20 Rt. das Stück, machen, wenn dies auf Art der Gaszähler in Klempnerarbeit geschehen soll. Doch mußt Du bedenken, daß Gaszähler ca. 2 Umdrehungen in der Minute, diese vielleicht 10 in der Sekunde machen sollen! · · · · · ·

Die neuen Telegraphen mit Lokalwirkung der Batterien machen sich ganz famos. Halske meint, er könnte sich jetzt kaum denken, wie man habe riskieren können, die früheren zu machen und aufzustellen. — Nimm in England nur den Mund nicht zu voll. Lieber wenig Profit und dafür sicherer. — Jetzt wird übrigens auch der Druck eine Wahrheit werden!

Dein Freund Schwartzkopff[1]) macht viel Aufenthalt. Er hat jetzt die Absicht, sich in Berlin zu etablieren und hält daher die Magdeburger Geschichte bis zur Entscheidung hin, die sich täglich verzögert. · · · · · ·

65] An Wilhelm in Paris.

Berlin, den 18. Dezember 1851.

· · · · · · Das Haus ist gekauft für 40 000 Rt. Etwa 10 000 Rt. wird der Ausbau noch kosten, der gleich vorgenommen wird. Wir denken, schon Ostern mit dem Umzuge beginnen zu können. An Platz ist jetzt kein Mangel, da nicht der 5. Teil benutzt wird und rechts und links Freiheit zur Ausdehnung durch Ankauf ist. Was meinst Du, wenn wir hier zusammen auch Salz-, Zuckerapparate und selbst Maschinen bauten? · · · · · ·

Deine Wassermesservorschläge kommen für jetzt freilich zu spät. Alles ist im besten Fortgange . · · · · · · ·

Du mußt für diesmal schon fürlieb nehmen mit unseren Anordnungen. Das Resultat soll, denke ich, nicht schlecht werden. · · · · · ·

Suche nur irgendein Arrangement zu treffen, das uns Anwen-

[1]) Louis Schwartzkopff, geb. 5. Juni 1825 zu Magdeburg, begründete im Oktober 1852 in Berlin in der Chausseestraße die große Fabrik, die heute seinen Namen trägt. Gest. 7. März 1892.

dung unserer Apparate in England bringt, ohne zu große Rücksicht auf direkte Gewinne. Wir haben jetzt Nottebohm gegenüber durchaus moralische Effekte nötig. · · · · · ·

66] An Karl in Paris.

Berlin, den 26. Dezember 1851.

· · · · · · In Paris werden wir gegen Ostern jedenfalls eine Filialwerkstätte anlegen müssen, um das Patent nicht zu verlieren. Habe diese Sache doch dort im Auge und ziehe alle möglichen Erkundigungen ein. Dein schlechtes Französisch wird Dir freilich hinderlich sein. Vielleicht schicke ich Dir in einigen Tagen einige gute Empfehlungen. Namentlich wäre zu wissen nötig, welche Eisenbahnen noch keine Telegraphen haben und wie die bisherigen telegraphischen Einrichtungen sind. Sind die Aussichten einigermaßen, so soll unser Werkführer Weiß gegen Ostern mit mir hinreisen, und vielleicht könntest Du mit ihm das Geschäft in selber Weise wie ich mit Halske hier leiten. Du mußt dann aber Französisch aus dem ff lernen. Vielleicht ließe sich Grimaldi für diesen Plan gewinnen, wenn er Vorteil sieht! — Von dort aus ließe sich die spanische Anlage dann auch viel leichter betreiben. Hier und in England ist man ziemlich fertig, namentlich mit Eisenbahntelegraphen; in Frankreich und Spanien fängt man eben an. Völlig gut wäre die Grundlage, wenn man Louis[1]) zu einer Stadt-Telegraphenanlage, wie in Berlin, bewegen könnte, die in Paris durch einen Stadtkorrespondenz-Telegraphen, der damit verbunden würde, noch rentabel werden könnte. Vorteile sind:

1. Augenblickliche Alarmierung aller Feuerwachen usw. bei Feuer und dadurch, wie die Berliner Praxis bereits lehrt, fast gänzliche Verhütung größerer Brände,

2. polizeiliche und militärische Meldungen. Hinkeldey[2]) sagt, er könne ohne Telegraphen gar nicht mehr leben. Hierbei bietet unser System derartige Sicherungen, daß es unmöglich ist, daß ein Dritter eine Depesche gleichzeitig empfangen kann und durch eine andere Stellung wieder alle gleichzeitig die Depeschen erhalten. Auch kann

---

[1]) Der damalige Präsident von Frankreich Ludwig Napoleon Bonaparte.

[2]) Polizeipräsident von Berlin, s. L. S. 111.

der Draht an einer Stelle zerstört sein, ohne daß die Depeschen dadurch gehindert werden,

3. Verbindung der Ministerhotels mit dem Staatsoberhaupt und allen Staatstelegraphenlinien, sowie allen Polizeistationen,

4. Korrespondenz des Publikums in ruhigen Zeiten.

Jede Station kann mit jeder anderen direkt sprechen. Nur 1 Kreis Draht oder System mehrerer Kreise, die verbunden sind. 1 Apparat pro Station, Kosten hängen mit von Art des Pflasters ab. Hier kostet die ganze Anlage 4 Meilen Graben, 8 m Draht 50 Stationen — 34000 Rt. — bei gutem Profit. Paris würde wohl zwei- bis dreimal soviel kosten, namentlich, wenn Privatkorrespondenz dabei. · · · · · ·

Wenn Du dort nichts zu tun hast und hierher kommen willst, so mache den Umweg über die Schweiz (Bern). Die Leute wollen da große Telegraphenanlagen machen, und Du müßtest Dich mit den Leitern in persönliche Verbindung setzen. Vielleicht könnte Wilhelm durch Stephenson[1]), der das Haupt der Eisenbahnanlage ist, dafür wirken. Kommst Du dann über München, so besuche den dortigen Telegraphendirektor Dick und bringe ihm Grüße und erzähle ihm unsere neueren Fortschritte. Vielleicht läßt sich durch Wilhelm und die englischen Ingenieure dort viel machen. · · · · · ·

67] An Wilhelm in London.

Petersburg[2]), den 1. April 1852.

· · · · · · Ende gut, alles gut, wenn ich wieder den heiß ersehnten deutschen Boden (!) betrete. Schon indirekt werden uns die vielseitigen, hier angeknüpften Verbindungen und die erworbene Lokalkenntnis künftig sehr nützlich sein. In telegraphischer Hinsicht denke

---

[1]) Robert Stephenson, geb. 16. Dez. 1803 zu Wilmington, gest. 12. Okt. 1859 zu London, berühmter englischer Ingenieur, Sohn von George Stephenson, dem „Vater der Lokomotive".

[2]) Am 20. Jan. 1852 sollte Werner in Riga sein, um eine Leitung nach dem Hafen zu legen. Von da fuhr er über Narva nach Petersburg. Hier wurde er mit dem Bau einer unterirdischen Telegraphenlinie nach Oranienbaum und Kronstadt betraut. Im Sommer 1852 kam er zum zweitenmal dieser Arbeiten wegen nach Petersburg. Auch wollte er jetzt für eine zweckentsprechende Vertretung der Firma in Rußland sorgen.

ich aller Konkurrenz im voraus die Wege verstopft zu haben und noch beträchtliche Bestellungen für Polen mitzubringen. · · · · · ·

· · · · · · Hier ist noch tiefer Winter. Strenge Kälte, Schnee und Regen wechseln sich täglich einige Male ab. Du Glücklicher im grünen England bist besser dran. — Neugierig bin ich auf die Resultate der Wassermesser. Deine neue Konstruktion kenne ich nur aus einigen Andeutungen von Fritz. Die lose Trommel hat mir nie recht gefallen; die wird bei sehr schwachem Wasserfluß sehr verschiedene Resultate geben, je nachdem sich die lose Trommel dreht oder nicht. Doch qui vivra, verra! Wenn Du es für vorteilhaft findest, dort eine Fabrik anzulegen, und mir scheint es nach Deinen Angaben auch so, so lege sie nur gleich ordentlich an. Die geteilte Anfertigung hat mir nie gefallen; das gibt Pfuscherei, und meiner Ansicht nach kann das Wassermessergeschäft nur bei möglichst guter Ausführung derselben auf die Dauer gut einschlagen. Ein Wassermesser ist ein ganz anderes Ding als ein Gasmesser. Erhältst Du gleich beträchtliche Bestellungen, so mußt Du doch auch gleich eine Anlage im größeren Maßstabe machen, denn dies provisorisch in Berlin zu tun, wäre Verschwendung. Also keine halbe Maßregel! · · · · · ·

68] An Karl in London.

Berlin, den 31. Januar 1853.

· · · · · · Durch den brasilianischen Gesandten ist unser Antrag, dort Linien auszuführen, abgegangen. Ich denke jedoch, es wird vor Ende Sommer kein Resultat erzielt werden. Bis dahin wird es sich ja herausstellen, wo für Dich besserer Weizen zu blühen scheint, ob in Brasilien, England oder Rußland. Auf telegraphische Entfernungen mußt Du Dich infolge Deines Überganges zu diesem Fache schon gefaßt machen — doch ubi bene, ibi patria — und dann reist es sich ja jetzt hinlänglich geschwind und billig, so daß es auf ein Stück Weg mehr nicht ankommt. · · · · · ·

69] An Karl in London.

Berlin, den 10. März 1853.

· · · · · · Viel Freude hat mir Deine Nachricht von Wilhelm gemacht, doch ist sie zu wenig eingehend, als daß sie nachhaltig sein könnte; spare daher keine Tinte und Porto! N. N. sind halbe Narren und gar keine Geschäftsleute. Ich habe sie erst, gegen mein eigenes Interesse, darauf aufmerksam machen müssen, daß die Kupferpreise auf das $1^1/_2$ fache gestiegen sind. Wir kommen dadurch in Rußland in arge Klemme, da wir zu festen Preisen liefern müssen. — 2 Morse kannst Du gleich kriegen. Wir bauen jetzt einen neuen mit Mechanismus zum Zeichengeben und sehr empfindlichem Prismaübertrager[1]), der, denke ich, 500 Zeichen, in Papier gedrückt, geben wird. Ich denke, der soll für schnelle Korrespondenz alles tot machen. Suche nur die Engländer für Morse zu gewinnen, dann kommen sie auch zu diesem. Da die Telegraphenkompanie das Bainsche Patent hat, so ist nur mit ihr was zu machen. Halte sie daher warm. Vielleicht könntest Du Dich dort bei der Telegraphenkompanie als gut besoldeter Ingenieur einschieben. Bauen sie viele unterirdische Leitungen, so kannst Du ihnen ungeheuer nützlich sein. Das wäre eine angenehme und für Deine Zukunft bessere Lage wie Rußland. Doch müßtest Du bald einen bestimmten Standpunkt gewinnen, da sonst die Anknüpfungszeit für Rußland verloren geht. Auf Drahtnachricht sehr gespannt. · · · · · ·

70] An Wilhelm in Birmingham.

Berlin, den 13. März 1853.

· · · · · · Über Deine Frage hinsichtlich des kalorischen Prinzips nächstens ausführlich unter Einsendung von einigen Broschüren. Ich würde mich bei dem Vortrage nicht in metaphysische Spekulationen — wie Masse und Bewegung als Urstoffe oder Dinge — versenken, sondern nur das Prinzip der Erhaltung der Kraft oben anstellen. Über die Umwandlung von Wärme in Kraft und umgekehrt und den Arbeitswert der Wärme hat Joule[2]) in England ganz hübsche Untersuchungen gemacht, die Dir wohl bekannt sind. Ich werde Dir „Helmholtz, Erhaltung der Kraft"[3]) mitschicken, welches den ge-

---

[1]) Mechanischer Zeichensender mit Benutzung eines durch Lochung vorbereiteten, nachher zwischen Metallwalze und Kontaktstift durchgehenden Papierstreifens.

[2]) Joule I, James Prescott, Physiker, geb. 24. Dez. 1818 in Salford, gest. 11. Okt. 1889 in Saale.

[3]) Erschien in Berlin 1847.

wünschten Zusammenhang am klarsten gibt — freilich in Intervallen, doch auch ohne dieselben ziemlich verständlich. Das Buch ist mir abhanden gekommen; ich habe es aber bestellt. — Deine im Dingler abgedruckte Abhandlung hat hinsichtlich des zweiten Teiles Magnus[1]) sehr gefallen. Der erste ist durch die Erfahrung, daß komprimierte Luft bei der Ausströmung sich nur unbedeutend abkühlt infolge der Reibung oder, wie Joule meint, infolge direkter Umwandlung von Bewegung in Wärme, nicht ganz schlagend und jedenfalls mit beträchtlichen Korrektionen zu versehen. · · · · · ·

71] An Wilhelm in London.

Berlin, den 26. März 1853.

Vor allem meinen herzlichen Glückwunsch zu Deinem endlichen großen Erfolge! Das war doch mal wieder eine freudige Nachricht, die mir sehr wohlgetan und meinen etwas gesunkenen Mut wieder aufgerichtet hat! Stellen sich keine langwierigen Schwierigkeiten mehr ein, so bist Du ja jetzt mit einem Schlage auf dem Gipfel angekommen, den Dein redliches und beharrliches Streben lang verdiente! Doch Du wirst wohl noch manche Nuß zu knacken haben, bis alles ganz klar ist. Gib nur bald Nachricht über den weiteren Gang. — Meinst Du nicht, daß es jetzt Zeit wäre, hier und in Österreich ein Patent auf Deine jetzige Maschine[2]) zu nehmen? Oder ist die Spezifikation schon so ausführlich publiziert, daß dies nicht mehr geht? Daß früher Dein Patentgesuch abgeschlagen, tut nichts, ist im Gegenteil ganz gut, da es den Schafsköpfen zeigt, wie dumm sie waren. Auch ist der dritte Zylinder ja neu und allein patentfähig. Geht es und willst Du, so schicke Zeichnungen und eine kurze, aber das Wesentliche und Neue eingehend berührende Beschreibung. Die Broschüren werden morgen an Dich abgehen. · · · · · ·

Wir müssen jetzt entscheiden, wen wir nach Polen schicken. Könnte Karl in England gut ankommen, so möchte ich ihn in seinem Interesse

---

[1]) Magnus, Heinrich Gustav, geb. 2. Mai 1802 zu Berlin, gest. 4. Apr. 1870 daselbst. Hervorragender Physiker, Chemiker und Technologe.

[2]) Regenerativ-Maschine von Wilhelm Siemens. Zur erhofften Ersparnis an Brennstoff wurde, ähnlich wie in der Luftmaschine von Stirling, ein Regenerator verwendet.

nicht gern nach Polen wegholen. Andernfalls muß er aber sich bald mobil machen und namentlich bestimmt mitteilen, ob er kommt. — Ich glaube wirklich, er müßte in England gut ankommen können, da die Leute dort alle wirkliche telegraphische Lumpen sind, und doch nächstens alle ins Morselager übergehen müssen. Namentlich denke ich, unser neuer kombinierter Telegraph — Morse-Bain-neu — wird das Signal geben. · · · · · ·

72] An Wilhelm in London.

Berlin, Freitag, Frühjahr 1853.

· · · · · · Eben ist ein Brief aus Rotterdam angekommen, der sagt, daß der Draht[1]) eben erst abgegangen sei, für die nächsten bereits angemeldeten 100 tons jedoch noch die Bestimmung fehle, ob nach London oder Liverpool. Schicke diese Anweisung doch baldmöglichst. Die Kosten für diese ersten 100 tons betragen bereits 900 Rt. Mit Angst und Spannung sehen wir täglich einem Briefe von Dir entgegen über diese Angelegenheit. Ginge die Sache schief, wäre der Draht unverkäuflich geworden (vielleicht durch Anrosten, da hier Eisendraht nie weiter verpackt wird, sondern in Bündeln versandt wird), so könnte diese leidige Spekulation unser Ruin werden! · · · · · · Vier Wochen halten wir es allenfalls durch Kredit bei Magnus ohne Zahlung von dort aus, namentlich, wenn Geld und Transport desselben dort teuer ist. · · · · · ·

73] An Karl in London.

Berlin, den 6. April 1853.

Seit 8 Tagen warte ich sehnsüchtig auf Nachricht von Euch. Wie es mit dem Eisendraht eigentlich steht, weiß ich noch immer nicht. · · · · · ·

In nicht 3 Wochen müssen wir schon gegen 12 000 Rt. zahlen und dann so fort! Halte mich doch genau au courant der Sache, auch wenn nichts Wesentliches passiert ist, schreib' einige Zeilen. · · · · · ·

Mir verdirbt diese verdammte Spekulationsgeschichte alle Lust. Überhaupt hapert jetzt alles. Die Russen bestellen auf Grund des

[1]) Veranlaßt durch Wilhelm hatten sich Siemens & Halske auf Drahtausfuhr nach England und von dort nach Amerika eingelassen.

Kontraktes Drähte, bei denen wir der Preissteigerung des Bleies und Kupfers wegen viel zusetzen müssen. Sonst sind Bestellungen sehr knapp, und der Verdampfer macht auch Kopfschmerzen. ······ Viel Erfolg kann ich nicht hoffen.

Wilhelm ist auch wohl mit seiner Maschine wieder ins Stocken gekommen. Sonst hätte er wohl schon einige Worte von sich hören lassen. ······

74] An Karl in London.

Berlin, den 8. April 1853.

Ich muß schon wieder schreiben, ohne die ersehnten Nachrichten erhalten zu haben. In 14 Tagen muß ich schon nach Warschau und St. Petersburg abreisen. Graf Kleinmichel[1]) hat sich bereit erklärt, mit mir wegen der gesamten Anlage von Petersburg nach Warschau abzuschließen und erwartet meine Ankunft Ende des Monats. Die Sachen gestalten sich hierdurch auch für Dich günstiger. Ich denke, Du kommst daher so bald als möglich, wenigstens, wenn die Drahtangelegenheit in sicherem Laufe ist, und reisest mit mir nach Warschau und von da nach Petersburg, wenn die Warschauer Anlage, wie ich hoffe, noch etwas verschoben werden kann. Im Spätsommer könntest Du dann nach Vollendung der Warschauer Linie die Petersburger und vielleicht auch die Kronstädter Anlage machen. Wir kriegen so die russischen Anlagen ganz in die Hände, und ich hoffe, Dein Weizen wird dabei zu blühen anfangen! Tummele Dich daher ein bißchen und mache, daß Du dort fertig wirst. Da Arndt jetzt dort ist, so wirst Du Wilhelm für seine Wassermesser wohl nicht mehr so nötig sein. Morgen wird der letzte Versuch mit dem Verdampfer gemacht. Fällt er schlecht aus, so müssen wir sehen, ihn auf Abbruch zu verkaufen. Sag' Wilhelm, er solle, wenn er ein neues Patent auf seine Maschine nehmen wolle, doch Fritz' verschiedene Projekte aufnehmen, die sich innig an seine Maschine anschließen und jedenfalls zur Sicherung des ganzen Gebietes durchaus nötig sind. Er ist jetzt dabei, eine Zusammenstellung aller bekannten und neuen Luftmaschinen oder vielleicht kalorischen Maschinen zu machen,

[1]) War Minister der Wege und Kommunikationen.

und hat manche geniale Lösungen des prinzipiellen Problems gemacht. · · · · · ·

75] An Wilhelm in London.

Berlin, den 14. April 1853.

Deinen ersehnten Brief habe ich gestern erhalten. Daß die unglückselige Drahtgeschichte eine so fatale Wendung genommen hat, daß wir faktisch die ganze Masse auf dem Halse haben, hat uns etwas alarmiert. · · · · · · Ich bitte Dich nur um eins: ziehe den sicheren Weg allen anderen vor und verkaufe lieber mit Schaden, als daß Du eine unsichere Spekulation eingehst. Die Lagerkosten und Spesen fressen bald eine solche Ware auf, und es scheint mir sehr problematisch, ob die Eisenpreise sich auf ihrer Höhe halten werden. Laß die Sache sich ja nicht verschleppen, lieber Bruder, sie macht uns viel Sorgen und mir speziell namentlich viel Verdruß. · · · · · ·

76] An Wilhelm in London.

Petersburg, den 24. Juni 1853.

· · · · · · Hier bin ich ganz wohl angekommen, nur das Schlucken wird mir sauer, und mein Magen ist noch verdrießlich. — Geschäfte lassen sich ziemlich gut an. Es kommt jetzt wieder die Kabelfrage an die Reihe. Mit ziemlicher Bestimmtheit werden wir noch in diesem Spätsommer hier ein ca. 1 Meile langes, dreiadriges Kabel gebrauchen. Hinsichtlich der Dimensionen usw. sind wir gar nicht geniert, doch muß es haltbar und gut sein. Nimm daher doch Deine alten Bemühungen wieder auf und erkundige Dich genau nach den Lieferungsbedingungen franko hier vor Schluß der Schiffahrt. Der Graf hat mir den ganzen Bau der Kronstädter Linie übertragen, doch ist der Kontrakt noch nicht abgeschlossen. Ich lasse Karl von Warschau nachkommen und denke, er wird hier eine gute Wirksamkeit finden. · · · · · ·

77] An Karl in Warschau.

Petersburg, den 24. Juni 1853.

Ich bin seinerzeit glücklich hier angelangt. Heute habe ich endlich den Grafen gesprochen. Aus der Warschauer oberirdischen

Linie wird wohl vorläufig nichts werden. Der Graf will mir aber die Kronstadter Anlage (Anschlag gegen 100 000 Rubel) übertragen. Außerdem will er uns den Bau der Warschauer unterirdischen Eisenbahnlinie geben, und es werden noch manche andere Anlagen hinzukommen. Hier ist jetzt niemand, der eine leise Idee von Telegraphenanlagen hat, seit Lüders[1]) krank ist. Ich glaube daher, es eröffnet sich für Dich ein günstiges Feld. Die Kronstadter Linie soll noch in diesem Herbste zu Lande gemacht werden und im Mai vollendet sein bis Kronstadt. Auch auf der Zarskoje-Sselo-Eisenbahn werden wir wohl einen Telegraphen zu machen bekommen. Ich denke, Du kannst hier allgemeiner Consulting-Ingenieur werden mit tüchtigen Einnahmen. Außerdem Gewinnanteil von uns. Es wäre aber gut, wenn ich Dich hier introduzieren könnte, mach' also nur, daß Du dort loskommst und komme her. Umgehend schreib' mir aber, wie dort die Sachen stehen und wann Du wahrscheinlich kommen wirst. ······

78] An Karl in St. Petersburg.

Kiel, den 12. August 1853.

······ Die Unterhaltung der Linie nach Kronstadt wollen wir jedenfalls übernehmen. Sie muß aber gut bezahlt werden, da sie uns zwingt, stets jemand in Petersburg zu lassen. Ich denke, es soll der Anfang werden für die allmähliche Übernahme aller von uns anzulegenden Linien. — Ich denke, wir machen die Sache so, daß wir die Unterhaltung der Linie in gutem Stande, Reparatur, Reinigung, Ersetzung, wenn es nötig, der Apparate, teilweise Erneuerung, Reparatur usw. der Drähte usw. für 6 bis 8% der Anlagekosten übernehmen. Sollen wir auch das Unterseekabel und den Übergang über die Newa unterhalten resp. erneuern, — wenn es zerrissen ist, so können wir das nicht unter 20% der Anlagekosten tun, da es wahrscheinlich ist, daß die Drähte mindestens alle 5 Jahre zerrissen werden. Ich denke zwar, wir werden sie dann flicken können, doch das ist unsere Kunst und Profit. Also 8 bis 10 000 Rubel müßt Ihr ausmachen für die Unterhaltung der ganzen Linie, wie sie bis

[1]) Wurde später Generaldirektor der Kaiserl. Russischen Telegraphen.

jetzt werden soll. Kommt die Börsenlinie dazu, dann muß die Summe entsprechend erhöht werden.

Die Überschreitung der Newa zur Börse wird eine ziemlich kostspielige Arbeit werden. Der Rhein ist nicht breiter und hat über 25 000 Taler gekostet. Wir wollen die Geschichte aber viel billiger machen, da die russische Polizei uns die Anker großer Schiffe wohl vom Halse halten wird. Wir wollen daher keine Schutzketten nehmen, sondern bei Winterszeit nur 6 Pfähle einrammen mit Ketten, so lang wie die Wassertiefe am Kopf. Am Ende der Kette wird der submarine Draht mittels einer breiten Zange festgehalten, sodaß er aufzunehmen ist. ······

79] An Karl in St. Petersburg.

Berlin, den 16. September 1853.

······ Suche den Grafen doch gelegentlich auf den Nutzen von Telegraphen zwischen den Schlössern und Ministerien, sowie verschiedener Abteilungen ausgedehnter Schlösser usw. aufmerksam zu machen. Wir machen jetzt hier eine Anlage von der Brandwache nach den Theatern und prinzlichen Palais, um gleich vom Innern der Gebäude aus Feuersignale zu geben. Das Feuer nicht zum Ausbruch kommen zu lassen, ist der fruchtbare Grundsatz des Löschwesens mit telegraphischer Beihilfe! ······

80] An Karl in St. Petersburg.

Berlin, den 23. September 1853.

······ Es wäre mir um so lieber, die Anlage so schnell wie möglich beendet zu sehen, als davon mit der Erfolg der Unterhandlungen abhängen wird, die Ihr mit dem Grafen über ein großes Projekt anknüpfen könnt. Ich habe mit Wilhelm den Plan einer Kompanie-Unternehmung besprochen, welche bezweckt, eine direkte Telegraphenlinie von Petersburg nach Kopenhagen via Finnland und Schweden. Es ist jetzt großer Unterseeschwindel, und Geld wird leicht dafür in England zu haben sein, wenn Rußland die Erlaubnis gibt. Ich schreibe darüber an Kapherr ausführlicher. Die Kosten würden sich auf 70 bis 200 000 £ St. belaufen, je nach der Zahl und Art der Drähte. Länge zu Lande ca. 300, unter Wasser 22 bis 24

Meilen. Wird der jetzige Schwindel nicht benutzt, so erhält Rußland diese Verbindung mit Schweden, Dänemark und über Hamburg und Holland nach England und Frankreich wohl nie, da das arme Schweden nicht bauen wird, und auch Rußland sich am Ende lange besinnt. Der Gang wäre: Wir erwirken Privilegia in Rußland, Schweden und Dänemark. Dann konstituieren wir eine Kompanie mit Sitz in Petersburg (der englischen Gesetze wegen), interessieren Fox[1]) oder einen anderen Hauptbahn dafür, treten der gebildeten Kompanie unsere Konzession gegen Entschädigung ab und unterhandeln dann mit der Kompanie über die Ausführung. Die Sache müßte aber möglichst schnell betrieben werden, da man in England schon die Blicke auf eine solche Verbindung geworfen hat. · · · · · ·

81] An Karl in St. Petersburg.

Berlin, den 16. Oktober 1853.

· · · · · · Willst Du definitiv bei offenem Wasser legen, so tue es bald. Mein Plan scheint mir noch immer der beste. Nimm Dich aber in acht, daß das Kabel das letzte Boot nicht in den Grund zieht. Ist das Kabel ausgezogen und durch Boote gestützt, so muß dem Schiffe zunächst ein großes Boot mit einer stabilen Rolle eingestellt werden, welches das ins Wasser niederhängende Kabelende tragen kann. Dies letzte Boot muß dann unter dem ausgespannten Kabel durchfahren und es niederlegen. Kommt es an ein Tragboot heran, so muß dies ausgeschaltet werden.

Hinsichtlich des schwedischen Projektes hat Wilhelm schon Schritte getan. Gordon[2]) schwärmt dafür und Wilhelm meint, die Geldfrage würde gar keine Schwierigkeiten machen. Es hängt daher nur von Euch, resp. der russischen Konzession ab. Die schwedische wird laut eingezogenen Nachrichten keine großen Schwierigkeiten machen, wenn die russische da ist.

---

[1]) Fox, Henderson & Co. in Smethwick bei Birmingham, bedeutende Maschinenfabrik. Baute Wilhelms Regenerativdampfmaschine, Kondensator und Verdampfer. Die Firma übernahm auch größere Telegraphenbauten.

[2]) Donald Gordon, später Schwager von Wilhelm, Teilhaber von Newall & Co., Professor der Ingenieurwissenschaften in Glasgow, später leitender Direktor der „Landore Siemens Steel Co.“ 1869.

Kommt Krieg[1]), so können freilich Telegraphenlinien nach Warschau oder Odessa mehr Aussichten haben. Mach' dem Grafen nur begreiflich, daß er im Frühjahr in kurzer Zeit eine Linie haben kann, wenn er bald bestellt, damit Stangen und Drähte im Winter beschafft resp. angefahren werden können.

82] An Karl in St. Petersburg.

Berlin, den 27. Oktober 1853.

...... Unser neuer Schnellmorse macht sich immer besser, und ich hoffe stark, daß er allgemein werden wird, trotz Nottebohm. Ich hoffe, wir werden auf 300 Buchstaben pro Minute kommen. — Besuch' doch Jacobi mal, wenn Du Zeit hast. ......

83] An Wilhelm in London.

Berlin, den 3. November 1853.

...... Gute Nachrichten aus Rußland! Der Kaiser hat die schleunige Anlage einer Linie von Petersburg nach Warschau, oberirdisch der Chaussee nach, befohlen. Wahrscheinlich muß sie noch im Winter gemacht werden. Wäre nur die Hundekälte nicht!

Ferner hat Graf Kleinmichel sich sehr günstig über das schwedische Projekt ausgesprochen und befohlen (Karl), ihm gleich ein Projekt vorzulegen, um es dem Kaiser vorzustellen. Kannst Du Geld schaffen, so ist die Sache ziemlich in Ordnung, denn Kleinmichel ist allmächtig! Mir scheint es beinahe, als wäre während des Krieges nichts zu machen, d. h. in England. ...... Namentlich mußt Du alle die Punkte, die den dortigen Kapitalisten die Sache angenehm machen, anführen, damit die Konzession so ausgewirkt wird. Schicke einige ähnliche Konzessionen (Brest, Ostende, Holland) als Muster! Ich denke, wir wollen uns 3 Jahre Ausführungsfrist vorbehalten und erst nach Verlauf eines Jahres definitiv übernehmen, d. i. die Ausführungsverpflichtung. Da jetzt das Eisen in Petersburg warm ist, wie Karl schreibt, so muß schnell operiert werden, schreibe daher bald, ob dort überhaupt, und ob jetzt Meinung für die Sache ist, nebst den obigen Fingerzeigen. ......

---

[1]) Krimkrieg 1853—1856.

84] An Karl in St. Petersburg.

Berlin, den 6. November 1853.

Soeben ist endlich die Vollmacht aus den Händen der russischen Gesandtschaft erlöst, und ich beeile mich, sie Dir zuzusenden, damit Du ganz gesattelt bist. Sie ist so vollständig wie möglich ausgestellt, und Du kannst jetzt in allen Stücken uns verpflichtende Handlungen abmachen. Vielleicht ist es später zweckmäßig, dort eine wirkliche Filiale zu begründen, und dann wäre die Prokura doch notwendig. Zeichnen mußt Du künftig — „Karl Siemens, in Firma Siemens & Halske". Wir beabsichtigen nämlich, uns jetzt mehr auf die Anfertigung physikalischer Apparate zu legen und rechnen dabei mit stark auf russischen Absatz. Hier arbeiten jetzt schon mehrere Mechaniker nur für Rußland. Telegraphie beschäftigt die Werkstatt nicht mehr ausreichend. · · · · · ·

85] An Wilhelm in London.

Berlin, den 29. November 1853.

Deine beiden Briefe sind angekommen, der letzte gestern. Hinsichtlich der Linie durch Deutschland habe ich versucht, den Telegraphen-Vereins-Vertrag — ein dickes Buch — zu bekommen, es ist aber im Buchhandel nicht zu haben, und die Direktion will es nicht herausgeben. Ich werde noch versuchen, es zu bekommen. Ich glaube nicht, daß man der englischen Regierung die Anlage einer besonderen Linie gestatten wird. Unterirdisch geht es gar nicht, da beide Seiten der Eisenbahn schon mit Stangen besetzt sind, auf großen Strecken wenigstens. Man könnte zwar noch Drähte an dieselben Stangen hängen, doch wird man das schwerlich gestatten! Ich glaube, die Sache wird sich nur so machen, daß die englische Regierung die Kosten für 1 oder 2 neue Drähte trägt, auf welchen nur englische Depeschen befördert werden oder wenigstens diese den Vorrang vor allen übrigen haben. Bisher dürfen keine Depeschen in englischer Sprache befördert werden, da England dem Telegraphen-Verein nicht beigetreten ist. Vielleicht wird man auf eigene Kosten die Drähte spannen, und England muß eine bestimmte Einnahme durch die Depeschen garantieren, Preußen könnte man durch Hannover, Kassel, Bayern und Österreich umgehen, wenn die Unterseeleitung nach Cuxhaven zustande kommt. Es wird damit aber nicht viel gewonnen sein. Eine englische Telegraphen-Gesellschaft oder die Regierung könnte sich die Vereinsstatuten und Anschlußbedingungen offiziell durch das Handelsministerium kommen lassen. Hinsichtlich der Apparate bleibt unser Schnellmorse mit eingepreßten Papierstreifen immer das Beste, namentlich oder um so mehr, wenn in fremden Sprachen telegraphiert werden soll. · · · · · ·

86] An Karl in St. Petersburg.

Berlin, den 21. Januar 1854.

· · · · · · In Köln werden jetzt sehr schöne Kabel mit Drahtseilumspinnung gemacht, die aber viel teurer wie die englischen sind, dafür aber sehr viel haltbarer und schwerer. Es sind über 100 schön verzinkte Drähte umgesponnen. Die 4drähtigen Kabel, welche für Rheinübergang usw. gemacht sind, sind gegen 2 Zoll dick. Kosten freilich über doppelt so groß wie die englischen. Für die russischen Flußübergänge, namentlich Weichsel (Warschau-Modlin-Linie) lassen wir jetzt Proben von dünnen mit Eisendraht übersponnenen Bleidrähten (einzelnen), natürlich mit Hanfhülle, machen. Durch einen Pflug wollen wir den Draht 3 Zoll unter Grund des Flusses einpflügen, was nicht schwierig sein wird, da keine Steine in der Weichsel sein sollen. Ich möchte dasselbe bei den übrigen Flüssen anwenden. Der Pflug nach unserem englischen Patent konstruiert. · · · · · ·

87] An Karl in St. Petersburg.

Berlin, den 9. Februar 1854.

Durch Kapherr wirst Du erfahren haben, welche Bedenken wir gegen den von Euch abgeschlossenen Kontrakt bei den jetzigen kriegerischen Konstellationen haben. Es ist wohl unzweifelhaft, daß der Seeweg uns verschlossen bleiben wird. Die Anlage selbst wird durch die russischen Rüstungen und Bewegungen ebenfalls sehr erschwert werden. Es schaudert mich bei dem Gedanken, Arbeiten und Transporte an der Chaussee auszuführen, während das Gardekorps vielleicht auf derselben nach Warschau marschiert! Namentlich ist es uns aber bedenklich, erst die ganze Anlage fertig zu machen und dann auf Geld zu hoffen, nachdem sie übergeben ist. Es wäre zwar ein harter Schlag für uns, wenn wir die Drähte und Köpfe am Halse behielten, doch besser ein bestimmter und erträglicher Verlust, wie eine große Gefahr, die uns den Hals kosten könnte. Ob und wie die Kriegsmöglichkeit in den Kontrakt aufgenommen ist, weiß ich freilich nicht; jedenfalls ist es force majeure, wenn unsere Drähte auf dem Wege nach Petersburg gekapert werden. Sicher können wir auch keinesfalls sein, daß nicht auch zwischen Preußen und Rußland Differenzen entstehen, die die Ausführung unserer Verpflichtungen unmöglich machen könnten. Für diesen Fall müssen Zedierungsmaßregeln vorbereitet werden. Überlege diese Sache gründlich mit Kapherr und Heyse. Vernachlässige letzteren überhaupt nicht. Wie der Kontrakt abgeschlossen ist, werden wir ihn mit eigenen Mitteln nicht zu Ende führen können, da mir die rechtzeitige Zahlung der 50000 Rubel für Drähte usw. sehr zweifelhaft erscheint und wir selbst sie nach 3 Monaten zahlen müssen. Die Leute sind jetzt alle sehr zäh mit Zahlungen, und unsere Geschäftsverbindung mit Rußland lähmt jetzt unseren Kredit. In Rußland werden wir jedenfalls die ganze Arbeit bezahlen müssen, ehe wir auf Geld zu hoffen haben, auch im günstigsten Falle. Hinschicken können wir kein Geld mehr und von dem dortigen müssen wir noch 15 000 zurückhaben. · · · · · ·

· · · · · · Ich verkenne die großen Schwierigkeiten durchaus nicht, die daraus erwachsen werden, die Sache durchzusetzen; vielleicht ist der Zeitpunkt auch erst gekommen, wenn entschieden kriegerische Maßregeln eingetreten sind. Du wirst die Sache auch vielleicht selbst leichthin mit Petersburger Anschauung beurteilen, für uns ist sie aber sehr ernst. Welches die Folgen des ersten Kanonenschusses zwischen den europäischen Großmächten sein werden, mögen die Götter wissen, und es ist die Frage, wieviel die 190000 Rubel, wenn sie in Papier und nicht in Bons bezahlt werden, eigentlich wert sind! · · · · ·

Es hängt jetzt viel, vielleicht unser ganzes Wohl, von Deinen Maßregeln und Entschlüssen ab, lieber Bruder, sei daher vorsichtig und tätig, um die Sache zum besten zu wenden.

88] An Karl in St. Petersburg.

Berlin, den 10. Februar 1854.

· · · · · · Heute abend geht es fort. Die Gesandtschaft war sehr kulant!

Ich hoffe, Dich in Warschau anzutreffen in höchstens 14 Tagen. Nachricht über Deine Kriegs- usw. Kontraktschwierigkeiten werde ich wohl bald von Dir erhalten. Ich glaube, wenn Du geradezu mit einem schriftlichen Antrage in der Tasche zum Grafen gingst, ihm erklärtest, im Fall der Hafenblockade könnten wir den Kontrakt nicht erfüllen, und es sei im Interesse der Anlage nötig, die dann eintretenden Schwierigkeiten gleich zu beseitigen, — dagegen wollten wir uns bestreben, die Linie von Warschau aus teilweise früher in Betrieb zu setzen und zu übergeben, und wollten für die Mehrkosten nur Zahlung pro Rate der abgegebenen, in Betrieb befindlichen Strecken gleich nach Abgabe beanspruchen, — so wird sich die Sache machen, und Du kannst abreisen, während die Sache, wenn nötig, dem Kaiser zur Bestätigung vorgelegt wird. Je größer die etwa eintretende Wut des Grafen, desto nötiger haben sie die Linie und desto fester kannst Du auftreten. Bangemachen gilt nicht!

89] An Karl in St. Petersburg.

Warschau, den 1./13. April 1854.

Gestern abend bin ich endlich nach einer ununterbrochenen Teleggenfahrt[1]) durch Sturm, Regen und Schnee im besten Wohlsein, wenn auch halb gerädert, hier angekommen! Ich bin jetzt ein für allemal meiner Brust wegen getröstet, denn daß sie das ohne alle bleibenden Nachteile ausgehalten hat, ist eine gut bestandene Gewaltprobe! ......

90] An Wilhelm in London.

Berlin, den 20. April 1854.

Endlich aus den Eisregionen zurück, beeile ich mich, Dir zu schreiben und Deinen Zorn zu beschwichtigen, wenn Du über mein langes Schweigen davon befallen bist, wie zu erwarten. In Petersburg empfing ich Deinen Brief, da er aber keine direkte Antwort verlangte und ich jeden Tag abreisen zu können hoffte, verschob ich die Antwort, um nicht in den Verdacht der landesverräterischen Korrespondenz mit dem Feinde zu kommen.

---

[1]) Telega oder Kibitka, Wagen oder Schlitten mit Mattendach.

Statt 14 Tage bin ich 10 Wochen fortgeblieben und habe doch nicht alles erreicht, was ich wollte. Gegen 6 Wochen lang war ich selbst ohne alle Nachricht von Haus und erfuhr daher die schlimmen Nachrichten erst in Warschau, wo alle Briefe angesammelt lagen. ......

Schicke uns doch regelmäßig die dortigen Preise von Hanf, Talg, Flachs und Leinsaat und die Ansicht von Kaufleuten, welche dieser Waren am gesuchtesten in Quantitäten von ca. 150 000 Rubel sind. ......

...... Ich bin noch etwas zerschlagen von der mühseligen Reise. 14 Tage lang auf kleinen Bauernwagen bei Schnee, Sturm und Regen unterwegs ist kein Spaß! Durch den Eisgang der großen Flüsse und die Inspektion der Arbeiten auf der Linie ist meine Reise so verlangsamt.

Hoffentlich verschluckt Napier[1]) nicht das ganze Russenreich, — sonst sind wir gepritscht, denn es sind für ca. 300 000 Rubel Arbeiten im Gange, wofür wir nach Vollendung Geld haben müssen. Überhaupt würden unsere Geschäfte daselbst brillant zu nennen sein, wenn Frieden wäre. Trotzdem gönne ich dem breitspurigen Russen einige Schmiere. Euer Napier wird aber wenig oder gar nichts machen können und sich wohl auch auf die Blockade beschränken. Kronstadt und Sweaborg, wo die Flotten liegen, anzugreifen, wäre Torheit. Außer den Kanonen erwarten zahlreiche Minen, von Jacobi angelegt à la Kiel, die angreifenden Schiffe. Ich sollte noch einen Kriegstelegraphen um den Finnischen Meerbusen herum machen, doch die Zeit war mir zu kurz. Der würde den Engländern viel Nachteil gebracht haben. — In einigen Wochen werde ich wieder in Marsch nach Rußland gehen, um die Warschau-Petersburger-Telegraphenlinien fertig zu schaffen. Sie müssen in 2½ Monaten fertig sein, und noch ist keine Stange gestellt wegen Frost!

Eine schlimme Sache ist, daß wir das Geld nicht aus dem Lande schaffen können, weil Gold- und Silberausfuhr verboten sind. Ich

---

[1]) Sir Charles Napier, Admiral, geb. 6. März 1786, gest. 6. Nov. 1860. Nach Ausbruch des Orientkrieges 1854 Oberbefehlshaber der britischen Flotte in der Ostsee.

denke, davon in Dünaburg und Kowno russische Produkte zu kaufen, die jetzt sehr billig sind, und diese nach England zu schicken. ······

91] An Karl in St. Petersburg.

Berlin, den 26. April 1854.

······ Wie sieht es mit der Mariampoler Linie aus[1])? Es wäre gut, bald Nachricht darüber zu haben, da die politischen Verhältnisse immer drohender werden und Deutschland doch gegen Rußland gedrängt zu werden scheint. Die gemeldete Mobilisierung ist zwar noch nicht proklamiert, soll aber in militärischer Hinsicht bereits angeordnet sein und nur auf die heute geschehene Zustimmung der Ersten Kammer zu den 30 Millionen warten. — Wilhelm glaubt, wir legten die Minen dort an und protestiert dagegen. Ich werde daher den Übeltäter wohl nennen müssen, damit uns in England keine Mißliebigkeit erwächst, die Wilhelm nachteilig sein könnte. ······

92] An Wilhelm in London.

Berlin, den 4. Mai 1854.

······ In Rußland will es noch gar nicht recht vorwärts mit den Anlagen. Es hapert an allen Ecken und Enden, und es wird mir angst und bange, wenn ich an den 12. Juli, wo die Linie übergeben sein soll, denke. Nach meiner Rückkehr aus Kopenhagen, in acht Tagen hoffentlich, werde ich nur wenige Tage bleiben können und dann wieder nach Rußland abreisen. Unser ganzes Wohl und Wehe liegt jetzt in den Händen des Zaren, da er uns in diesem Sommer ca. 250 000 Rubel zahlen muß! Ich wünsche ihm zum Zahltage ein Stück von der englischen Flotte, um ihn guter Laune zu machen! ······

93] An Wilhelm in England.

Berlin, den 17. Mai 1854.

······ Ich muß leider übermorgen schon wieder gen Warschau abreisen und werde hoffentlich Mitte Juli mit dem letzten Drahtende

[1]) Linie nach Dünaburg.

in Petersburg sein, bevor Napier es in den Grund gesegelt hat! Es haben sich dem Bau unendliche Schwierigkeiten bureaukratischer Natur entgegengestellt, deren Beseitigung ich erzielen muß. Auch hat der Hauptlieferant der Stangen uns infolgedessen sitzen lassen, und wir müssen jetzt die Stangen selbst auf seine Kosten setzen und sie mit Gewalt von den Stapelplätzen holen. Goldausfuhr ist auch noch erwirkt und Export durch Warensendungen, bis jetzt unser einziger Exportweg! Der verdammte Krieg hätte auch noch ein paar Jahre warten können! ......

Russische Anlagen und orientalische Frage absorbieren mich jetzt und wohl für den größten Teil des Sommers gänzlich. Möchte der Trost „Ende gut, alles gut" nicht ausbleiben! Ich muß gestehen, daß mir die Zukunft sehr schwarz erscheint! ......

94] An Karl in St. Petersburg.

Dünaburg, den 14. Juli 1854.

...... Es ist ferner keine Möglichkeit hier, daß die vorhandenen Chausseewärter den Telegraphen bewachen könnten. Er hat nur einen, in der Regel besoffenen Invaliden auf jede 7 Werst. Es müssen daher neue angestellt werden, wenigstens 1 per 7 Werst, und zwar sogleich, damit sie bei der Arbeit zugegen sind. Sonst geht die Geschichte nicht, wenn sie fertig ist. An zuverlässigen Leuten soll es hier ganz fehlen. Das beste wäre, es würden welche von dort geschickt. — Die bisher für den Dienst des optischen Telegraphen gebrauchten Zimmer sind zu dunkel und klein. Im Schlosse[1]) wäre nur das Quartier des Majors des Telegraphen dazu gut anwendbar, worauf dieser selbst aufmerksam machte. Andernfalls müßte das Telegraphenbureau in eine benachbarte Kaserne. Ich verlange ein dreifenstriges Zimmer für die Apparate, ein Zimmer für den Offizier und eins für uns zur Remonte der Batterien und Reinigung der Apparate (vermeide den Namen Werkstatt im Schlosse!). Abtretung der bisherigen Telegraphen-Zimmer geht schon deswegen auch nicht, weil der optische Dienst dann auf mehrere Wochen unterbrochen werden müßte, bevor wir im Gange sind. ......

---

[1]) Winterpalast Newskij-Prospekt.

95] An Wilhelm in London.

Berlin, den 23. Juli 1854.

Ich bin wieder da, nachdem ich die Linie von Warschau nach Petersburg in 6 Wochen hergestellt habe. Eine Teufelsarbeit! 8 Tage habe ich vom vielen Ärger an Gallenfieber krank gelegen und muß nach Marienbad oder Karlsbad, um mich zu erholen und für die nächste Herbstkampagne zu stärken. Es wird jetzt eine neue Linie von Moskau nach Kiew gebaut (900 Werst lang) und außerdem noch 600 Werst in Polen! Macht nur noch länger Krieg mit Rußland so schlapp wie bisher, damit wir noch viel Linien bauen können! · · · · · ·

Ich möchte gern von Dir was hören; öffne also Deine Stückpforten und schieß' mal los!

96] An Wilhelm in Bolton.

Berlin, den 27. September 1854.

· · · · · · Mit Rußland sind wir leider bis über beide Ohren enfiliert! Die Petersburg-Warschauer Linie haben sie freilich vor einigen Tagen ganz bezahlt, doch erst, nachdem wir neue Anlagen (Moskau—Kiew z. B.) übernommen hatten. Diese Anlage soll noch im Herbst (bis zum 15. November) fertig geschafft werden — eine Heidenarbeit und wahrscheinlich nicht ausführbar! Sie werden den Fall von Sewastopol wohl noch ohne Telegraphen in Erfahrung bringen! Leider haben mich die seit Januar fast ununterbrochenen Reisen sehr heruntergebracht, namentlich meinen Magen gänzlich ruiniert. Das Bad hat nicht bessernd gewirkt. Ich werde daher erst in frühestens 14 Tagen nach Polen usw. abgehen können und muß Karl die Vorbereitungen allein überlassen. Es wird wohl wieder eine Herbstkampagne von 2—3 Monaten werden! Beschwerlich sind diese russischen Geschäfte, und wenn der Zar nicht gut bezahlte, so hätte ich nichts dawider, wenn die Engländer und Franzosen ihn *vor* Beendigung der Linie fräßen! · · · · · ·

97] An Wilhelm in Paris.

Berlin, den 2. November 1854.

Ich hoffe, Du bist noch dort und es wird noch Zeit sein, Dir das jüngste Kind meiner Laune, einen Telegraphen, durch den man zwei Depeschen gleichzeitig in derselben Richtung durch einen Draht schicken kann, mitzuteilen! Ich will zwar nicht behaupten, daß die Sache gleich von vornherein mit einer vollständigen Sicherheit auf langen Linien anwendbar ist, doch aller Anfang ist schwer, und das Kindchen erst wenig Stunden alt. ······ Ob sich in praxi nicht Schwierigkeiten darbieten, welche den Nutzen untergraben, ist abzuwarten. Im Zimmer und auf kurzen oder wenigstens gut isolierten Linien, ist das Gelingen außer Frage. Geht die Sache gut, so werden wir das gleichzeitige Gegensprechen, welches sich bisher sehr brillant macht, und dann das alte, halbvergessene Kombinationssprechen in nähere Überlegung nehmen. Sonst nichts Neues. ······

98] An Karl in Kiew.

Warschau, den 22. November 1854.

Gestern hast Du Dich wieder laut Deiner inhaltschweren Depesche aus Petersburg in Bewegung gesetzt und kommst am Ende früher in Kiew an wie dieser Brief. Du hast große Arbeiten übernommen, und mir wird bange, wenn ich an die Ausführung denke! 1400 Werst im Winter bis zum 7. Mai herzustellen, halte ich geradezu für unmöglich. ······

Halt' nur etwas straffes und entschiedenes Regiment, und überlasse Deiner Gutmütigkeit nicht die Zügel. Danken tut Dir niemand, der Dich nicht fürchtet! Wir nehmen jetzt wirklich einen fast schwindeligen Flug an, hoffentlich nicht à la Ikarus. Auch im Okzident steigen unsere Aktien sehr. Die neuen wider[gegen]sprechenden Apparate, sowie auch etwas die Münchener Medaille, haben neue Bewegung gebracht. Es besteht jetzt Verbrüderung mit Gordon und Newall, und eine große Agitation wird in England entstehen. Für Amerika haben wir ziemlich sicher eine Eisenbahntelegraphenlinie mit allen Schikanen, von Philadelphia ausgehend, zu bauen. Für Chile ist schon alles Material unterwegs; im lieben Vaterlande werden wir von Eisenbahnen und exklusive Preußen und Österreich von allen Mitgliedern des Telegraphenvereins förmlich um Apparate bombardiert. Es fehlt aber an Mechanikern. Halske bekommt jedesmal einen Todesschreck, wenn wieder welche nach Rußland sollen. ······

Schreibe mir ja umgehend, was Du aus Deinen dortigen Leuten zu machen gedenkst, damit wir d'accord gehen und Du nicht zuviel Leute auf den Hals bekommst. Wenig gute und gut bezahlte Leute ist immer das Vorteilhafteste! ······

99] An Wilhelm in Paris.

Berlin, den 5. Dezember 1854.

Gestern bin ich endlich aus Polen heimgekehrt und sehe aus Deinem eben empfangenen Brief auch Deine glückliche Heimkehr. Ich freue mich sehr darüber, da ich in Verlegenheit war, was mit Gordon anfangen! Vor allem meinen herzlichen Glückwunsch zu Deinem Kontrakte. Er bringt Dir Geld und die Sache in Gang, — das ist die Hauptsache! Auf etwas mehr oder weniger Gewinn kommt es nicht an. Es scheint, als wenn unser Familiengenius uns jetzt gerade sehr wohl will. Auch unser Geschäft nimmt sehr großartige Dimensionen an, so daß mir bisweilen etwas schwindelig dabei wird. Während ich in Warschau war und Karl in Petersburg am Draht hatte, hat Karl wieder großartige Verträge abgeschlossen. ······

Leb' wohl und halte Dein Glücksschiff flott!

100] An Karl in Kiew.

Berlin, den 14. Februar 1855.

······ Wir haben hier 23° Kälte gehabt, es muß dort mithin kolossal kalt gewesen sein; Du armer Landstreicher wirst ganz gehörig ausgehalten haben. Daß ich sehr gespannt auf Deinen nächsten Brief bin, kannst Du Dir denken! Die Kalamität mit der Kiewer Linie hat am Ende das Gute, daß der Graf einsieht, daß Hetzerei nichts taugt, und daß er uns freiwillig einen längeren Arbeitstermin gibt. Es ist ja doch zu lächerlich, daß wir im Winter die Linie fertig machen sollen, denn Mitte Mai ist der Boden im Norden noch gefroren! Die große Krümmung, in der wir den Draht dort im Norden aufhängen müssen, wird sehr störend werden, wenn mal mehr Drähte angebracht werden sollen. Wir machen daher jetzt Versuche mit Stahlspiralen, welche wir zwischen je zwei Spannköpfen einschalten wollen. · · · · · ·

Sobald wir hier mit der Organisation und dem Jahresabschluß fertig sind, komme ich mit Fiedler nach Petersburg, und wir wollen dann auch dort gründlich und in Harmonie mit unserem Geschäft Ordnung machen! Bis dahin halte nur möglichst Frieden mit Kapherr. · · · · · ·

Mit den Materialien haben wir viel Unglück. Eisenbahnstockungen und Frost durchkreuzen alle Pläne. Jetzt liegen 2000 Zentner Draht und Köpfe fertig in Lübeck, um nach Libau zu gehen, doch die jetzige Kälte hindert auch hier. Für den Rest des Drahtes und der Köpfe denken wir bei erstem freien Wasser ein Dampfboot zu nehmen, um ihn damit direkt nach Reval und Helsingfors zu fahren, bevor die Engländer kommen, d. h. wenn wir den Draht früh genug erhalten, da seit vier Wochen alle Eisenwerke stillstehen. Wir haben 500 Zentner extra in England bestellt, doch ist es fraglich, ob sie dort nicht die Bestimmung wittern und den Draht zurückhalten! · · · · · ·

Sonst hier alles wohl und nichts Neues. Wir bauen jetzt einfache magnetelektrische Maschinen, die wir vielleicht mit Vorteil als Batterien verwenden können.

101] An Karl in St. Petersburg.

Berlin, den 9. März 1855.

· · · · · · In unsere Korrespondenz muß von jetzt ab eine Änderung eintreten. Alle technischen Verwaltungs- oder Geldangelegenheiten müssen in die Geschäftskorrespondenz kommen, und in Privatbriefen an mich mußt Du Dich auf solche Dinge beschränken, welche nicht zum eigentlichen Geschäftsgange gehören oder unter uns bleiben müssen. Meyer, als Chef unseres technischen Bureaus, wird alle Geschäftskorrespondenz technischen Inhalts führen und auch die kaufmännischen Briefe per prokura zeichnen. Wir müssen notwendig etwas bureaukratisch werden, um Ordnung und Übersicht zu behalten. Deine Briefe an das Geschäft mußt Du auch etwas übersichtlich halten, kaufmännischen und technischen Teil sowie Anlagen und Remonte möglichst sondern und namentlich alle Bestellungen recht präzise und bestimmt machen und zusammenstellen. In Petersburg wollen wir dann das dortige Filial und seine Beziehungen zu uns vollständig organisieren! Du wirst in diesen Tagen Formulare, Schemata usw. in Masse erhalten und mußt darauf halten, daß sie genau befolgt werden, wenn nicht dringende Gründe dagegen sprechen.

In England muß jetzt eine, vorläufig Reparatur-, Werkstatt eingerichtet werden, deren Chef wohl Walter werden wird. Die Sache scheint dort jetzt gut zu gehen! Das Unglück ist nur, daß wir kaum den dritten Teil dessen schaffen können, was verlangt wird! Auch Österreich scheint sich uns in die Arme werfen zu wollen, es geht nur dort halt alles langsam! · · · · · ·

102] An Karl in St. Petersburg.

Berlin, den 10. März 1855.

· · · · · · Ich bitte Dich dringend, lieber Bruder, in Deinen Beziehungen zu Kapherr sehr überlegt und vorsichtig zu sein. Kapherr hat sich mit großem Eifer unseres Geschäftes angenommen, hat sich unter schwierigen Verhältnissen mit anerkennenswerter Klugheit und Umsicht benommen und durch seine Ratschläge vor und seine Handlungen nach Deiner Abreise wesentliche Verdienste um uns erworben. Wir sind ihm daher zu Dank verpflichtet, wie ich es in einem kürzlich an ihn geschriebenen Briefe auch gegen ihn ausgesprochen habe. Es würde ein harter Verlust für uns sein, wenn wir infolge von Streitigkeiten, die immer selbst die Gründe zu ihrer Fortspinnung schaffen, in die Lage kämen, künftig seine Ortskenntnis und große Geschäftsgewandtheit und Kenntnis entbehren zu müssen.

Für den Augenblick und die nächste Zukunft kann uns niemand mit Erfolg Konkurrenz machen, und wir allein sind imstande, die neuen russischen Linien zu vollenden und die alten im Gange zu erhalten! Das übersieht Kapherr sehr wohl, und als guter Geschäftsmann macht er keine halsbrechenden Spekulationen, und um so weniger, als er ein großes eigenes Geschäft hat, welches bei eintretendem Frieden einen gewaltigen Aufschwung durch die wahrscheinlichen Eisenbahnbauten nehmen wird und welches seinem Ehrgeiz, der vielleicht augenblicklich nicht hinreichend gesättigt wird, vollständige Befriedigung verschaffen wird. Durch einen unglücklich verlaufenden Kampf mit uns würde er auch sein eigenes Geschäft wenigstens sehr erschweren, — das tut kein Mann wie Kapherr! Gehe also nur Deinen geraden, rechtmäßigen Weg, lieber Bruder, ich spreche Dich hiermit von aller Verantwortlichkeit frei! Sollte ich mich in Kapherr geirrt haben oder er sich in Gott weiß welche falsche Auffassung verrannt haben und sich Dir direkt oder indirekt widersetzen, so kennst Du ja meine Grundsätze, in denen auch Halske vollständig mit mir harmoniert. Ehe wir uns widerrechtlich etwas abtrotzen ließen, würden wir es vorziehen, unser ganzes Hab und Gut aufs Spiel zu setzen, um den Kampf durchzuführen! · · · · · ·

103] An Karl in St. Petersburg.

Berlin, den 12. März 1855.

· · · · · · Du benimmst Dich klug und gemäßigt, lieber Bruder, und ich fürchte die Krisis nicht sehr, — namentlich, wenn von Gerhardt, Generalleiter der russischen Telegraphen vor Lüders, nicht einen Strich durch die Rechnung macht, was ihm jedoch auch nicht leicht werden wird.

Die Stellung, die Du in Rußland einnimmst, muß aber weiter gekräftigt werden. Ich habe daher mit Halske und Meyer beschlossen, Dich als Kompagnon in unser Geschäft aufzunehmen und werde Dir die entsprechende Urkunde mit nach Petersburg bringen. · · · · · ·

Ich denke übrigens, daß unser hiesiges Geschäft in nächster Zeit großen Aufschwung nehmen wird durch Anfertigung von Telegraphen und neuen Magnetelektromotoren für die ganze Welt und die Agentur in Deutschland und Rußland für die Maschinen der Brüder. · · · · · ·

Sprich nur auch über unsere neuen mechanischen Batterien (die sich gewiß sehr gut machen, rotierender Teller, umgekehrte elektromagnetische Maschine)[1]). Wir haben ferner, um das Reißen der Lötstellen gründlich zu umgehen, eine neue, wie es heißt jedoch in England schon in Gebrauch befindliche, Verbindung der Enden der Drähte angenommen.

104] An Karl in Rußland auf Reisen.

Petersburg, den 9. Mai 1855.

Es war hier eine verteufelte Zeit! Alle Linien standen still, neue meldeten sich nicht, und neue Kontrakte sollten trotzdem gemacht werden. Gerhardt hatte ganz den Kopf verloren! Jetzt sind alle Linien, inkl. Krementschug und Wiborg, in gutem Gange. Akzeptiert habe ich Warschau—Myslowitz. · · · · · ·

Simferopol—Nikolajew · · · · · · akzeptiert. Petersburg—Mariampol · · · · · · in Aussicht gestellt. · · · · · ·

Es sind tolle Szenen vorgekommen. Alles durch Gerhardt gemacht. Der Graf hat mich nur bei der Arbeit im Park von Zarskoje Selo getroffen und mir gesagt, wir sollten die Simferopol-Linie machen. Die Sache abschlagen geht nicht, gerade weil es eine schwierige und politische Linie ist. Einen Kaiserlichen Spezialbefehl zur Durchführung der Arbeit auf dem Kriegstheater habe ich verlangt.

105] An Karl in Rußland auf Reisen.

Petersburg, den 13. Mai 1855.

· · · · · · Heute alle Linien im guten Gange. Vor einigen Tagen waren mal wieder alle unterbrochen! Die Gewitter sind dies Jahr fürchterlich! Die lange Unterbrechung hat diesmal in der Station Mariampol gelegen! Tiedemann fand die Blitzableiterplatten zusammengeschmolzen! Daß Myslowitz zu 37 000 und 8500 Remonte abgeschlossen, Mariampol zu 100 000 und 15 fest behandelt, 2. Linie nach Gatschina bestellt und Simferopol in den ersten Stadien, schrieb ich in beiden letzten Briefen nach Riga und Jewe. · · · · · ·

[1]) Magnetelektrischer Generator. Nach der Form des Drehteiles als „Tellermaschine" bezeichnet, s. W. A. II S. 98.

106] An Karl in Rußland auf Reisen.

Petersburg, den 18. Mai 1855.

...... Ein Glück, daß Dein Brief kam, der Graf schien Dich schon per Kurier suchen zu wollen! Ich habe natürlich die ganze Zeit über einen harten Stand gehabt. Zu vorigem Donnerstag kam glücklicherweise die Eröffnung der Linie bis Nikolajew, und die neuen Kontrakte waren zu seiner Zufriedenheit geordnet. Diesmal war nichts von Dir und Elster zu hören. An letzteren mußte ich eine Estafette schicken, die aber vor morgen abend nicht zurückkehren wird! Eben ist auch von Elster ein Brief eingetroffen, demzufolge er morgen abend fertig zu sein hofft. Der russische Draht hat ihn sehr aufgehalten, auch schon mal hinter der Kolonne gerissen!

Die Kontrakte über Myslowitz und Mariampol sowie 2. oberirdischer Draht nach Gatschina sind abgeschlossen. Simferopol schwebt noch. Ich habe harte Szenen darüber mit Gerhardt gehabt, teils wegen Preis (der Kaiser hat zum zweitenmal Botschaft geschickt, daß die Odessaer Preise zu teuer wären), Termin und von Beelitz[1]) geforderte Verpflegung der Arbeiter aus den Kronskolonien. Gerhardt ...... Keine Spur von Selbständigkeit im Urteil. Der Graf hatte sich mal den näheren Weg über Cherson direkt in den Kopf gesetzt, der unausführbar ist, da der Dnjepr dort 17 Werst breite Sumpfufer hat. Ich habe endlich die 30 Werst Umweg umsonst machen zu wollen erklären müssen, unter Beibehaltung der Odessaer Preise. Bis Perekop hat Beelitz Köpfe genug und auch noch 120 Werst Draht. Kämen nur die Memeler Transporte rechtzeitig an! Ich werde den Warschauer Draht, der immer noch nicht hier ist, direkt über Moskau nach Bereslaw schicken, damit Beelitz die Leitung bis Perekop in zwei Monaten solide fertig schaffen kann. Apparate von hier. Der Rest des Drahtes soll direkt von Berlin nach Kiew gehen. 30 Kisten Glocken werden hoffentlich von Kowno direkt nach Kiew befördert werden können. Wir müssen suchen, zur Doppelleitung nur neue Köpfe zu verwenden, der Isolation wegen. ......

---

[1]) Früher Artilleriehauptmann, war Beamter der Firma.

Elevenschule eingerichtet, die reichlich Bedarf liefert. Hast Du den Rigaer engagiert oder muß ich einen hinschicken? Letzteres wäre mir eigentlich lieber. Riga wird eine deutsche Depeschenstation, und für diese müssen wir doch endgültig allein sorgen. Ich habe für Eleven ein besonderes Programm gemacht, welches ich beilege. Findest Du tüchtige junge Leute, entweder Mechaniker oder gebildete junge Leute mit offenem Kopf, so schicke sie hierher, um auf Grund des Programms einzutreten. ······

107] An Karl in St. Petersburg.

Berlin, den 15. August 1855.

······ Ich trinke jetzt mit Halske Apfelwein (!) und denke damit um das langweilige Bad ganz fortzukommen, was mir namentlich bei dem abscheulichen Wetter, was den ganzen Sommer über hier grassiert hat, sehr unangenehm wäre. Ich werde dafür in einigen Tagen nach Paris reisen, wo Wilhelm, Walter und Crome mich schon erwarten und wo meine Gegenwart recht nützlich sein kann. Ist das Wetter erträglich, so werde ich dann mit Wilhelm eine Fußreise in der Schweiz machen und damit hoffentlich die Krankheitsreste ganz bannen! Wilhelms Maschinen gehen prächtig. Die Pariser bildet den Hauptanziehungspunkt der Ausstellung. Auch unsere Telegraphen haben viel Erfolg. ······ Walter hat Louis einen langen Vortrag darüber halten und wiederholte Experimente machen müssen. Kurz, im Zentrum und Westen steht alles gut — haltet Ihr Euch nur tapfer! Ich bin sehr gespannt, von dortiger Sachlage mal wieder etwas zu vernehmen. Seid nicht zu faul in der Korrespondenz. Es ist auch nicht gut, wenn wir ganz aus der Kenntnis dortiger Verhältnisse und Bedürfnisse herauswachsen. ······

108] An Karl in St. Petersburg.

Berlin, den 30. September 1855.

······ Wilhelm blieb nur drei Tage, half taufen, ging mit mir nach Stettin zur Besichtigung des Fortschrittes seiner Maschine und kehrte vorgestern abend nach Paris zurück. Der arme Junge muß sich seine Stellung in der Welt schwer erkämpfen. Fortuna ist ihm nicht besonders hold; er muß im Gegenteil seine Bahn allen nur denkbaren Hindernissen und Unglücksfällen zum Trotz erkämpfen. Selbst der wohlverdiente Triumph, den die Pariser Ausstellung ihm jetzt bringen sollte, ist ihm durch mehrfache, gar nicht zu vermutende Unglücksfälle mit seiner Pariser Maschine vergällt. Erst war die Maschine schlecht montiert, dann brach ein Schwungrad, darauf verbrannte während der Besichtigung der Maschine durch Prinz Albert[1]), durch Dummheit des Heizers, der Rost, und als der Schaden endlich repariert war, zeigte sich, daß ein Zylinder Schaden gelitten hatte und erneuert werden mußte! Alle diese Schläge vor den Augen der technischen ganzen Welt waren zu viel für den armen Wilhelm. Er ward krank, und ich beredete ihn, mit mir eine Erholungsreise durch die Schweiz zu machen und die Wiederherstellung der Maschine seinen Leuten zu überlassen. Daß diese Unglücksfälle nicht am Prinzip seiner Maschine liegen, beweist am besten, daß die Londoner seit neun Monaten ohne jeden Unfall im Gange war! Doch Wilhelm ist unendlich zähe und hartnäckig in der Durchführung seiner Pläne, und er wird und muß jetzt vollständig über seinen Unstern siegen. Er würde ganz zugrunde gehen, wenn es nicht der Fall wäre. ······

Fritz ist noch in Irland und bemüht sich, Wilhelms Verdampfer in guten Gang zu bringen. Seine eigenen Spekulationen wollen auch keinen Segen bringen. Durch Erfindungen sein Glück zu machen, ist eine sehr sauere, schwere Arbeit, die wenige zum Ziele führt und schon unzählige tüchtige Leute zugrunde gerichtet hat!

109] An Karl in St. Petersburg.

Berlin, den 18. Oktober 1855.

······ Mit unseren Finanzen sieht es jetzt sehr schlecht aus. Wir haben eben wieder eine Rechnung von 22000 Taler für Transporte nach Rußland zu zahlen, und unser Kredit ist ziemlich erschöpft! Habt Ihr denn noch immer kein Geld disponibel? Fiedler muß jetzt für vollständige Übersicht sorgen; in der jetzigen

---

[1]) Albert, Prinzgemahl der Königin Victoria.

Dunkelheit ist es nicht auszuhalten! So viel scheint mir leider klar, daß unser Bauverdienst durch die Remonteeinrichtung ziemlich verzehrt ist, wenn nicht noch mehr! Sorge ja für größte Ökonomie, lieber Bruder, und für Ansammlung von Reservekapital, sonst kann die ganze Sache schief gehen! ······

110] An Wilhelm in London.

Berlin, den 10. November 1855.

······ Der neue Morse sieht in der Tat sehr englisch aus, geht aber sehr gut, auch ohne Relais, bis auf 10 bis 15 Meilen. Wir lassen jetzt ein Dutzend machen und werden Dir einige Exemplare davon schicken. Auch die Tellerstromgeber gehen sehr gut und bekommen eine recht praktische Form. Mit der Kabeluntersuchung bin ich vollauf beschäftigt und werde Euch bald Resultate schicken können. Die Sache wird sich gut machen, nur das „Wie" ist noch nicht ganz klar. ······

111] An Karl in St. Petersburg.

Berlin, zw. 28. u. 31. Januar 1856.

Also Friede! Die Nichtbestätigung der neuen Linie hat die vermuteten Gründe gehabt! War nur die Wahl, ob noch ein oder mehrere Jahre Krieg oder Frieden, so können auch wir im alleinigen Hinblick auf unsere materiellen Interessen uns dazu Glück wünschen! Ich halte den Frieden jetzt wirklich für sehr wahrscheinlich, und wir müssen unsere Maßregeln darnach einrichten. Natürlich keine Rimessen anders als in Appoints der neuen Anleihe, die man hier, wenn nötig, verpfänden kann. Keine Materialtransporte ohne dringende Not zu Lande, da der Seeweg schon infolge des Waffenstillstandes geöffnet wird. Die 2000 Zentner bleiben einstweilen liegen, wenn nicht wiederholte telegraphische Order kommt. Sollte nur eine Preisdifferenz das Zustandekommen der neuen Linie verhindern, so können wir jetzt à conto der friedlichen Aussichten billiger bauen und den Grund angeben. Ich glaube aber nicht, daß in nächster Zeit Materialien und Transporte, auch bei eintretendem Frieden, sehr sinken werden. Es wird große Geldklemme eintreten und der neu erwachende Unternehmungsgeist nebst den diversen Anleihen wird alle Kräfte beanspruchen. In dieser Hinsicht verrechne Dich ja nicht! Es ist jetzt schon mit Geld hier sehr viel zu machen. Hätte ich 200000 Taler disponibel, so gäbe ich sie Früchtenicht & Brock, die einen Teilnehmer suchen (5% und 50% Gewinn), um ihre Schiffsbauerei[1]), die einzige der Ostsee und die größte Deutschlands für eiserne Dampfschiffe, schwunghafter zu betreiben. Das wäre vielleicht für Kapherr etwas? Da Früchtenicht das ausschließliche Recht hat, Wilhelms Maschinen für Schiffe anzuwenden, so hat die Fabrik eine brillante Zukunft. ······

Es kommt jetzt ein schlimmer Übergang. Die Regierung braucht die Telegraphen nicht mehr so notwendig und wird vor definitiver Regulierung aller Verhältnisse nicht sehr eilig mit der Zahlung sein. Auch uns könnte eine Geldkrise heimsuchen. Laß Dich in dieser Beziehung ja nicht in Ruhe singen. Wir wollen und müssen bestimmte Regulierung haben und mögen von keines Menschen gutem Willen abhängen! Auch die inneren Angelegenheiten müssen definitiv reguliert werden, sonst sitzt Du stets auf einem Vulkan und wirst Deines Lebens nicht froh. ······

112] An Karl in St. Petersburg.

Berlin, den 29. Februar 1856.

Die Maschinenspezifikationen usw. werden gewiß in Deinen Händen sein. Es gab da manches Hindernis. Wilhelm hat viel Malheur mit seiner Maschine gehabt. Bruch und Reibung verschiedener Teile, zuletzt Bruch der Schwungradwelle, haben viel Zeit gekostet. Heute bekam ich eine Depesche, daß die Maschine wieder im Gange sei. ······

Es wird, bei herannahendem Frieden, wieder Zeit werden, die schwedische Unterseelinie wieder vorzunehmen. — Suche doch jetzt schon auf eine Konzession hinzuwirken, denn wie der Frieden, da kommen die Engländer. Nach Schweden müssen wir nach dem Frieden mit der russischen Konzession kommen. Nächstens werde ich Dir eine Abhandlung aus dem Poggendorff[2]) über Gegen- und

---

[1]) „Vulcan" in Stettin.

[2]) W. A. II S. 83, 104; I S. 79.

Doppelsprechen, die ich ziemlich vollendet habe, zuschicken. Bald darauf wird eine lange Untersuchung über Unterseekabel erscheinen. Ich habe diesen Winter viel daran gearbeitet und viele wissenschaftliche interessante Novitäten gefunden. · · · · · ·

113] An Karl in St. Petersburg.

Berlin, den 31. März 1856.

· · · · · · Ich muß gestehen, daß ich lieber mit solchen Leuten, die, wie Kapherr, immer zur Herrschaft streben und dabei immer wissen, was sie wollen, und in ihrem Sinne vernünftig und energisch handeln, wie mit Leuten verkehre, die selbst nicht wissen, was sie wollen, und um augenblicklichen Unannehmlichkeiten zu entgehen, fünf gerade sein lassen, bis der Bogen zu straff gespannt ist und bricht! Hat man sich mit ersterer Klasse einmal au niveau gesetzt, so weiß man, woran man ist und wie man gegenseitig steht. Ich gehöre eigentlich von Natur aus mehr zur letzteren Klasse, doch fester Wille und Erfahrung — worunter auch der Geschäftsverkehr mit Kapherr zu rechnen, der mir sehr nützlich gewesen ist — haben mich ziemlich kuriert, und ich befinde mich sehr wohl dabei! · · · · · · Wilhelms Maschine macht uns noch immer viel Kopfweh. Sie arbeitet zwar recht gut, doch nicht mit der erwarteten Kraft und Geschwindigkeit. Wahrscheinlich wird sie daher für den Betrieb der Mahlmühle in Stettin nicht ausreichen. · · · · · ·

Wir haben mit der Dampfschiff-Gesellschaft in Stettin einen Kontrakt gemacht, ihr bis zum 1. Juli nächsten Jahres ein Dampfschiff zu liefern von 60 bis 80 Pferdekräften. Schlägt die Sache gut ein, so wird sie namentlich für Rußland bedeutungsvoll werden. · · · · ·

Die N. N.-Geschichte ist zwar recht verdrießlich, doch würde ich es prinzipiell nicht aufkommen lassen, daß Privatverhältnisse ins Geschäftsleben übertragen werden. · · · · · · Sei nur immer etwas strenge und rücksichtslos, das ist in einem so großen Geschäft nötig. Fängst Du einmal an, auf Privatverhältnisse Rücksicht zu nehmen, so kommst Du in ein Labyrinth von Ansprüchen und Intrigen hinein. · · · · · ·

Doch nun leb' recht wohl, mein lieber Bruder, laß Dich nicht durch kleine Leiden und Unannehmlichkeiten niederdrücken. Sei froh und glücklich, wenn Du nie mit großen zu kämpfen hast! · · · · · ·

114] An Karl in St. Petersburg.

Berlin, den 7. April 1856.

Ein guter Kontrakt für die Unterseelinie wäre sehr wichtig für andere Privatlinien, namentlich eine Linie über Tiflis und durch Persien nach Indien, welche die Engländer gar zu gern bauen wollen, wenn nicht das Kabelprojekt durch das Rote Meer ihr zuvorkommt.

115] An Karl in Kiel.

Berlin, den 5. Juni 1856.

· · · · · · Auch Deine Anwesenheit ist in den ersten Tagen der nächsten Woche spätestens hier aus geschäftlichen Rücksichten sehr wünschenswert. Am siebenten treffen Newall und Gordon aus England, Wilhelm aus Paris hier ein. Es soll ein wichtiges Übereinkommen über Unterseeleitungen, Entreprisen in England und den Kolonien und über die Entnahme und Verwertung von Patenten in England und Frankreich auf meine neue, sehr wichtige Telegraphenverbesserung getroffen werden. Dann sind auch wichtige Beschlüsse über die russischen Geschäftsangelegenheiten zu fassen, die wir nicht ohne Deine Teilnahme abmachen mögen. Der Geschäftsmann Karl muß also auf alle Fälle baldigst nach Berlin kommen, wo der Bruder und Freund mit alter Liebe und Anhänglichkeit erwartet wird! · · · · · ·

116] An Karl in St. Petersburg.

Berlin, den 1. Dezember 1856.

· · · · · · Hinsichtlich des neuen Maschinengeschäftes ist doch manches sehr gründlich zu überlegen hinsichtlich der dortigen Organisation. Nach dortigen Gesetzen dürfen „fremde Gäste" nur am Orte ihrer Niederlassung und nur mit Kaufleuten erster und zweiter Gilde Geschäfte machen. Das ist der schwierigste Punkt. Du solltest darüber doch mit tüchtigen Juristen usw. gründliche Rücksprache nehmen. Vielleicht helfen die Patente. Auch

Fabrikanlagen können sie nur mit kaiserlicher Bewilligung machen. Sonst ist und bleibt die Sache sehr gut, wenn wir sie allein machen können. In der Anwendung dortiger Vermittlung habe ich aber ein Haar gefunden!

Stelle doch baldmöglichst Versuche mit dem neuen Telegraphen an und melde günstige Resultate per Telegramm.

117] An Karl in St. Petersburg.

Meran, den 27. Dezember 1856.

······ Neugierig bin ich auf die Resultate mit den neuen (Telegraphen-) Apparaten. Ich möchte, wenn die Sache zwischen Warschau und Petersburg untadelhaft geht, Mitte Januar einen Versuch zwischen Wien und Petersburg direkt machen. Gelingt das, so werden wir künftig mit einer Translation in Wien direkt von Petersburg nach Paris oder London sprechen können!

Fritz hat mit seinem alten, neuerdings sehr verbesserten Ofen[1]) sehr gute Resultate erreicht, Stahl, selbst Platina mit wenig Kohlen geschmolzen. Die Sache scheint sehr wichtig zu werden. Er bleibt jetzt in London bei seinem Ofen! Ich halte sein Prinzip (regenerativ!) für sehr fruchtbar und auch für den Hüttenbetrieb sehr anwendbar. Ich habe ihm entsprechende Vorschläge gemacht. ······

Die neuen kriegerischen Aussichten mit Persien werden vielleicht eine Linie nach Astrachan und durch das Kaspische Meer nach Asterabad resp. Teheran hervorrufen. Das scheint mir immer der beste Weg für eine Orientlinie! Im Kaspischen Meere ließe sich vielleicht auf halbem Wege eine Translationsstation einrichten. ······

118] An Karl in St. Petersburg.

Berlin, den 22. Mai 1857.

······ Mit meiner Arbeit[2]) bin ich noch immer nicht fertig. Sie führt immer weiter, zu einer ganz neuen elektrischen Theorie,

---

[1]) Regenerativofen, zu dem Friedrich durch die Versuche Wilhelms mit dem Regenerator für Dampfmaschinen angeregt wurde.

[2]) Werner veröffentlichte in Poggendorffs Annalen am 27. Juni 1857 eine neue Konstruktion magnetoelektrischer Maschinen.

vielen neuen Resultaten usw. Die Sache wird mir Ansehen bringen und auch nützlich sein, kostet aber viel Arbeit und schlaflose Nächte. Ein eigen Ding mit dem Forschungstriebe, er wirkt wie eine Leidenschaft, überwindet alle Hindernisse und unterdrückt im Paroxismus alle anderen Interessen. Ein gelungener erwarteter Versuch macht mehr Freude wie Gewinn Hunderttausender! ······

Das Telegraphengeschäft wird jetzt recht ordinär und unvorteilhaft. Wir haben gar nicht übel Lust, es ganz fallen zu lassen und andere Zweige zu kultivieren. Weder Anerkennung wirklicher Fortschritte noch Verdienst dabei. Die Abnehmer sind mit Ausnahme Englands alles Behörden, und bei denen ist die Sache selbst immer Nebensache; Persönlichkeiten stehen stets in erster Reihe! Doch wir wollen erst sehen, wie die Strommaschinen gehen, und wie die Sache im Sommer läuft. ······

119] An Karl in St. Petersburg.

Sheffield, den 26. Juli 1857.

······ Mit den Öfen geht es gut. Stahlschmelzöfen schmelzen zwar leicht zusammen, doch Glüh-, Schweiß- und Messingschmelzöfen sind völlig bewährt und Puddelöfen scheinen sich ebenfalls prächtig zu machen. Der „olle Fritz" sitzt mit schwarzem Gesicht immer dabei und hat nur Auge und Ohr für Öfen. Hat sich nicht ein Titelchen verändert! ······

Wir können nicht umhin, in London eine kleine Werkstatt und eine Filiale zu etablieren. Nur dadurch haben wir Aussicht, die Unterseelinien ganz in die Hände zu bekommen und Absatz an Apparaten zu erhalten. Newall & Co. und Wilhelm wollen als Kompagnons eintreten. Fa. Siemens, Halske & Co. Ohne Wilhelms Leitung kann es nicht gehen, und Newalls Teilnahme sichert uns seine Treue und damit die Unterseelinien, die er fast alle macht. Ich habe versprochen, die Legung zwischen Bona und Sardinien im nächsten Monat mitzumachen und die Apparate aufzustellen[1]). Ich werde dann jemand auf die Unterseelinie einfuchsen. ······

[1]) L. S. 126.

120] An Karl in St. Petersburg.

Berlin, den 2. Oktober 1857.

...... Für unser hiesiges Geschäft wird England immer mehr Hauptkunde. Es war zu dem Ende nötig, dort die Fäden wieder etwas zu vereinigen und namentlich die Unterseelinien, die die Anknüpfungsadern zu neuen Linienkomplexen in anderen Weltteilen bilden, in die Hände zu bekommen. Das scheint gut gelungen. Es hängt jetzt eigentlich nur von uns ab, wie weit wir uns bei den Kabellegungen Newalls beteiligen wollen. Wäre ich 10 bis 20 Jahre jünger, so würde ich die Anlagen als leitender Ingenieur übernehmen, so habe ich dazu nur im Notfall Lust, denn die Zeit kräftiger geistiger Wirksamkeit ist nicht gar lang mehr und muß zu Rate gehalten werden, doch nächstens mehr über dieses Kapitel. In einigen Tagen gehen wieder 3 von unseren Leuten zum Mittelmeer ab, um die Bona-Linie zu vollenden, die Sardinien—Malta—Korfu-Linien anlegen zu helfen und die oberirdische Linie in Korfu zu bauen. Unterseelinien sind jetzt der gewinnversprechende Teil der Telegraphenindustrie. Du solltest demselben auch dort Dein Augenmerk im höchsten Maße schenken. Besonders zweckmäßig wäre eine Linie durch das Kaspische Meer, da wir dort allein ohne Newall auftreten könnten. Natürlich müßten die Kabel dort angefertigt werden, d. h. an der Wolga. Die Maschinen sind lächerlich einfach und machen sich schnell bezahlt. Suche Dir doch vorläufig die Meerestiefen des Kaspischen Meeres zu verschaffen. Vielleicht können wir Hanfkabel in Anrechnung bringen, die in vielen Fällen besser als Eisenkabel sind.

...... Über die später dort zu betreibende Fabrikation wollen wir ausführlicher korrespondieren, wenn Du mit Elster seine englische Reise besprochen hast. Ein vollständiges Abspringen vom bisherigen guten Geschäft bringt selten Segen. Ich denke daher, wir verlieren den Faden nicht ganz, bauen ein kleines Puddel- und Walzwerk mit Drahtzieherei und später Kabelfabrikation. Die Anfertigung von Drahtseilen für Schiffe und Bergwerke muß dort ein sehr rentables Geschäft werden! ......

...... Sonst ist im Geschäft ziemlich viel zu tun, Halske scheint wieder frischer zu werden und seine Hypochondrien zu verlieren — kurz, es geht geschäftlich alles erwünscht.

······ In vierzehn Tagen werde ich nun meine liebe Gesellschaft wieder hier haben — nach 1½jähriger Einsamkeit. Dann wird es hoffentlich wieder etwas wärmer und gemütlicher bei uns werden! ······

Kapherr jun. war vor einigen Tagen bei mir, und wir aßen zusammen. Ein braver, einfacher Mann, der mir immer sehr wohl gefällt! Er sagt, Ihr wäret noch immer ein zärtliches Pärchen und wäret am liebsten allein und mit Eurem Kinde. Bewahrt diesen Ruf recht lange. Es ist das Glück des häuslichen Herdes doch das reinste und erquickendste, und der ist ein Narr, welcher es der schalen Freude der Konvenienz wegen vernachlässigt und dadurch untergräbt! ······

121] An Karl in St. Petersburg.

Berlin, den 6. November 1857.

······ Der langsame Fortgang der Wilhelmschen Maschine (Regenerativ-Dampfmaschine) hat mir zwar immer Sorge gemacht, doch mehr Wilhelms, wie unseretwegen. Daß Wilhelm sanguinisch ist und immer am Ziele zu stehen hofft, auch wohl etwas blind den Schwächen seiner Geisteskinder gegenüber, ist richtig, aber doch einigermaßen verzeihlich. Er hat einmal sein ganzes Leben an die Maschine gehängt, muß es daher als verfehlt erachten, wenn er die Hoffnung verliert. ······

······ Anlaß zu Sorgen liegt genug in allen Verhältnissen. Die Zeiten sind jetzt wirklich schlecht und jeder hat zu sehen, daß er nicht falle! Was mich persönlich drückt, weißt Du. Daß ich mich nie der Hoffnung so recht hingeben konnte und durfte, mein häusliches Glück wiederhergestellt zu sehen — davon habe ich jetzt leider den traurigen Beweis. Meine Frau liegt wieder krank — ein übles Zeichen beim Beginn des Winters[1]). Doch man muß ertragen, was das Geschick über einem verhängt, und ich tue es auch ohne Murren und suche mich oben und tätig zu erhalten, so viel es angeht. Freilich alte Heiterkeit und Lebensmut wollen und können nicht recht aufkommen — das ist natürlich! Meine Jungens

---

[1]) L. S. 101.

sind Gottlob gesund und entwickeln sich gut. Sie sind meine Freude und mein Trost in trüben Stunden. Doch genug hiervon. · · · · · ·

122] An Karl in St. Petersburg.

Berlin, den 21. Dezember 1857.

· · · · · · Hamburg hat seinen früheren großen Kredit auf lange Zeit verwirkt. Das Geschäft ist dort durchgehends so schwindelhaft betrieben, daß die meisten dortigen Kaufleute dem preußischen Strafrecht anheimfallen würden. Wucheraufkäufe zur Steigerung der Preise und Inanspruchnahme von Krediten, welche auf das 10- und 20fache das Vermögen übersteigen, bilden die eigentliche Hauptveranlassung dieser gründlichen und sehr heilsamen Krisis. Hier hatten wir ein ähnliches Exemplar in N. N., der aber wohl dafür den größten Teil seines Lebensrestes im Zuchthaus wird zubringen müssen. Die falsche Handelsrichtung der neueren Zeit, welche den Konsumenten die Preise vorschreiben wollte durch usancemäßige Betreibung des Aufspeicherungswuchers, wird hoffentlich jetzt gründlich kuriert werden!

· · · · · · Daß der Sultan für eine Linie von Skutari nach dem persischen Meerbusen 110 000 Isolatoren und 30 Apparate haben will, wirst Du aus den Geschäftsbriefen erfahren.

· · · · · · Entschiedenes und kräftiges Handeln ist in kritischen Lagen fast immer das beste. Selbst einem entschlossenen und wütenden kleinen Köter gehen die großen gern aus dem Wege. Im Beamtenpersonal liegt unsere Achillesferse. Wir müssen daher unsere Existenz daran setzen, sie zu schützen und den Leuten ein für allemal die Idee benehmen, daß ein sauve qui peut ihnen Vorteil bringen könne. Übrigens bin ich dafür, daß wir hin und wieder tüchtige Leute von dort fortnehmen und nach anderen Ländern mit verbesserten Stellungen bringen.

· · · · · · Der Werkstattanlage der Regierung solltest Du nicht entgegentreten. Die ist doch nicht zu vermeiden und am Ende auch gar nicht schädlich. Laß sie nur immer Apparate machen. Das verbessert die Preise!

· · · · · · Wichtig scheint es mir aber, dort durch persönlichen

Verkehr mit den Leuten, durch teilnehmendes Eingehen in ihre kleinen Wünsche und Bedürfnisse, durch Aufrechterhaltung ihrer Hoffnungen auf die Zukunft einen guten Geist unter den uns treu gebliebenen Leuten zu erhalten, resp. zu erwecken. Ich glaube, Ihr habt dort den Beamtenton etwas zu sehr vorherrschen lassen, wozu der russische Geist allerdings sehr mitwirkt. Wenn die Leute nicht immer per wir in Geschäftsangelegenheiten sprechen, nicht Gelegenheit haben, sich bei Ehren und Sorgen des Geschäftes beteiligt zu fühlen, so kann man kein treues Festhalten, auch in trüberen Zeiten, verlangen und erwarten. Meine Praxis, stets mit allen tüchtigen Leuten im Privatverkehr umzugehen, als wären sie ganz meinesgleichen und geschäftliche Angelegenheiten, die sie angehen, so mit ihnen zu besprechen, als wären es ihre Sachen so gut wie die meinigen — eine Praxis, die mir übrigens natürlich, daher auch weiter kein Verdienst ist — hat sich stets als sehr zweckmäßig erwiesen. Einige Male lade ich jährlich Werkführer und Bureaubeamte ein usw. Das erweckt persönliches Attachement, welches manches andere erleichtert. Strenge verträgt sich damit sehr wohl.······

123] An Wilhelm in London.

Berlin, den 6. Januar 1858.

Zuförderst im neuen Jahre den Wunsch, daß Du in demselben einen Riesenschritt vorwärts machen und die Erfüllung Deiner langjährigen Hoffnungen und Bestrebungen finden mögest!

Es scheint ja unter günstigen Auspizien zu beginnen. Uns hat es schon die Gefahr großer drohender Verluste in Rußland genommen. Deine Bestellungen (von denen wir freilich noch mit Spannung der Bestätigung der Apparate entgegensehen) haben frischeres Leben in das Geschäft gebracht. Dann ist uns indirekt von der österreichischen Regierung unter den Fuß gegeben, uns in Wien zu etablieren[1]). Man will uns dann auf alle Weise protegieren und uns sogar 500 Apparate jährlich garantieren!

Halske und ich reisen morgen früh nach Wien ab, um die Sache

[1]) 1857 war eine Zweigniederlassung in Wien begründet worden, die 1864 aufgelöst wurde. 1879 wurde in Wien von Siemens & Halske ein technisches Bureau begründet.

in Ordnung zu bringen, wahrscheinlich sogar dort ein Haus zu kaufen. Durch Wien wird der Orient uns auch mehr gesichert.

Fritz ist noch nicht zu viel gekommen, des Festes wegen. Mein Vorschlag, Infusorienkiesel zu ff-Steinen zu verwenden, scheint sich sehr gut zu bewähren. Die Steine sind fast so leicht wie Wasser, fast gar nicht wärmeleitend und selbst im Knallgebläse, das reines Platina in 4 Lot schweren Stücken wie Eis zerschmolz, nur eben verglasbar. Chamotte wird sogleich eine dünnflüssige Perle. — Die Steine scheinen eine große Zukunft zu haben. In der Lüneburger Heide sind mächtige Lager von reinem Infusorienkieselmehl. Da müßte man dann eine große Ziegel- und Tiegelfabrik anlegen. Große Hitze ist nötig, die liefert ja aber der Ofen! Mit Deiner Maschine sollen jetzt Kraftversuche angestellt werden. · · · · · ·

124] An Wilhelm in London.

Berlin, den 19. Januar 1858.

Meinen kurz vor meiner Abreise nach Wien geschriebenen Brief wirst Du erhalten haben. Ich bin mit dieser Reise sehr zufrieden. Wir wurden sehr zuvorkommend von den Ministern, Telegraphendirektor usw. aufgenommen, und die Aussichten daselbst scheinen in der Tat brillant zu sein. Wir werden vorläufig in Wien eine Filiale einrichten und dann sehen, wohin endgültig unser Schwerpunkt fällt. In Österreich hat Intelligenz und Kapital noch sehr hohen Wert!

· · · · · · Man hat uns angetragen, die Bildung einer solchen Gesellschaft in Österreich zu übernehmen. Es wäre damit vielleicht ein sehr gutes Geschäft zu machen. Österreich will seine Linien nach der Türkei, Griechenland usw. ausdehnen, teils aus politischen Gründen, teils um seine eigenen Linien erträglicher zu machen. Man will aber den Bau, sowie den Betrieb später, wenn nicht gleich, einer Privatgesellschaft, die aber in Wien ihren Sitz haben muß, überlassen. Vorteilhaft würde eine solche Gesellschaft gewiß sein, da ihr mit der Zeit der ganze orientalische Verkehr in die Hände fallen würde. Die Alexandrialinie läßt die österreichische Regierung nur deshalb bauen, um die Bildung einer solchen Gesellschaft, die dieselbe mit übernehmen soll, vorzubereiten. Ich glaube, Geld würde man hier und in England schon bekommen. Behalte doch diese

Sache im Auge. Sie kann sehr wichtig und einträglich für uns werden. · · · · · ·

125] An Wilhelm in London.

Berlin, den 6. Februar 1858.

· · · · · · Gordon hat mir geschrieben, er wünsche zu wissen, wie Löfflers[1]) Experimente ausgefallen sind, und ob man mit Sicherheit würde transferieren können bei Unterseeleitungen von ca. 500 Meilen Länge. Ich kann darauf nur antworten — ja, wenn man auf jeder Station einen tüchtigen Telegraphisten hat und nicht solche Esel, wie man im Mittelmeer angestellt hat. Löffler ist der Überzeugung, daß die Maltalinie nächstens auch still stehen wird, da kein Mensch eine Idee von der Sache hat. Das schadet dem Kredit der Unterseelinien und uns mit. Jansen konnte wenigstens gut arbeiten und kannte so einigermaßen die Apparate. Den haben sie entlassen und Vollblutesel angestellt! Echt englisch. · · · · · ·

126] An Wilhelm in London.

Berlin, den 12. März 1858.

· · · · · · Ich glaube wirklich, es lohnte sich der Mühe, eine Fabrik feuerfester Steine und Tiegel anzulegen. Ist in England Magnesit billig zu beziehen? In Österreich gibt es große Gebirgszüge davon. Auch in Schlesien. In der Eisenindustrie ist man hier doch weiter als in England. Nach den Angaben des Borsigschen Dirigenten hat man hier doch höchstens 10 bis 12% Eisenverlust beim Puddeln und braucht nicht viel über halb, höchstens $^2/_3$ so viel Kohle. Man wendet nur Treppenroste an, die sich sehr viel besser bewähren sollen. · · · · · ·

127] An Karl in St. Petersburg.

Berlin, den 17. März 1858.

· · · · · · Daß wir dort nun Geschäfte beginnen müssen, ist unzweifelhaft. Anderweitig rechnet man sich auch bei Unternehmungen von zweifelhafter Rentabilität oft beträchtlichen Gewinn heraus

[1]) Löffler, Louis, ging 1853 mit Karl nach Rußland. Später in London tätig, wurde er nach Wilhelms Tode 1883 der Leiter der Londoner Firma.

ohne Grund. Bauen wir z. B. für 20 000 Rt. eine Fabrik und betreiben sie mit 10% Gewinn, so wird uns doch nach Ablauf einiger Jahre niemand das hineingesteckte Kapital wiedergeben; man ist gezwungen, die Sache immer mehr auszudehnen, um sie rentabler zu machen, und der Konkurrenz wirksam zu begegnen, bleibt daher stets ein Geldbedürfnis, und wenn man mal verkaufen muß, bleibt nichts übrig. Mein altes Prinzip, möglichst solche Geschäfte zu betreiben, wozu wenig totes Inventarium und Risiko, dagegen viel Intelligenz und Tätigkeit notwendig ist, bleibt immer zweckmäßig! Der wahre Wert eines Unternehmens ist nur der, zu welchem man es jederzeit realisieren kann. ······

······ Die Anwendung hoher Hitzegrade wird uns ein sehr reiches Feld in Steinwaren, Ziegel usw. aufschließen, und ich glaube, wir werden bald Geld und Raum, hier wie dort, genug gebrauchen, um diese Sache nutzbar zu machen! Übereile die Stahlgeschichte daher nicht. Es wäre geradezu lächerlich, wollten wir ein Werk auf altem Fuß herstellen, während wir übervoll ins Horn stoßen, um das Alte umzustoßen! ······

128] An Karl in St. Petersburg.

Berlin, den 30. März 1858.

Aus Deinem letzten Petersburger Briefe sehe ich, daß wir über derartige Verhältnisse ziemlich gleicher Meinung sind. Wir können dort telegraphisch nur intensiv vorgehen, müssen allen Zank mit der Regierung einstweilen möglichst vermeiden und möglichst keinen irgend zu rechtfertigenden Grund zu Angriffen geben. Der Plan der Regierung ist ganz klar und der P. von Gerhardt hat ihn noch dazu in Reval offen ausgeplaudert. Man will uns, sobald man sich kräftig genug fühlt, die Linie abnehmen gegen Entschädigung. ······

······ Österreich und Brasilien, sowie England werden uns schon Raum zu neuer Tätigkeit geben! In ersteren beiden Ländern kann die Sache schnell einen großartigen Aufschwung nehmen. Schläft Rußland ein, so wäre die Frage, ob es nicht zweckmäßiger und für Dich persönlich vorteilhafter wäre, Du gingst nach Wien und leitetest das dortige, jedenfalls interessantere Geschäft. Elster ist zäh und vorsichtig und würde in Rußland schon möglichst gut aufwaschen. Dir und Deiner Frau würde es sicher binnen kurzem in Wien unendlich viel besser gefallen, als in Petersburg. Österreich ist in schnellem Aufschwunge begriffen und greift mit beiden Händen zu, wenn intelligente und vermögende Ausländer dort Unternehmungen machen wollen. Wien würde auch ein geeigneteres neues home für Deine Kinder werden als Rußland. Kurz, es spricht sehr viel dafür. Klebst Du aber fest in Petersburg, so wäre vielleicht daran zu denken, Elster nach Wien zu schicken. Ich habe absichtlich in Wien nur provisorische Einrichtungen aufkommen lassen, um ganz freie Hand zu behalten. Überlege Dir die Sache recht gründlich und vorurteilslos. · · · · · ·

129] An Wilhelm in London.

Berlin, den 6. April 1858.

Ich gehe zuerst zur Beantwortung Deines Briefes vom 29. v. Mts.

Mit Deiner Historie bin ich nicht durchaus einverstanden. Die englisch-amerikanische Atmosphäre, in der Du lebst, läßt sich nicht verkennen. Zum Vergleich lasse ich Dir meine Geschichte der Telegraphie aus dem ersten Jahresberichte (1845) der Berliner Physikalischen Gesellschaft abschreiben. Auf die angeführten Quellen und data kannst Du Dich unbedingt verlassen. Ich beantworte daher gleich Deine Fragezeichen.

Ia. Erdleitung ist zwar insofern von Franklin entdeckt, als er die Ableitung der Wolkenelektrizität zur Erde benutzt. Es ist aber diese leitende Tätigkeit des feuchten Bodens immer bekannt gewesen. Daß die Erde einen Teil des Schließungsbogens des Stromes ausmachen kann, hat Steinheil in München zuerst erkannt und auch gleich für telegraphische Zwecke benutzt. Namentlich erkannte Steinheil, daß der Widerstand der Erde = 0 oder wenigstens = einer kleinen Konstante ist (1837).

b. und c. Galvani und Oerstedt haben nur die Fundamentalerscheinungen beobachtet. Volta und resp. Ampère haben sie verstanden und zu einer wissenschaftlichen Tatsache gemacht. Erstere waren nur glücklich, letztere verdienstvoll. Den Multiplikator erfand

Schweigger. Doch Sömmering in München 1808 darf nie vergessen werden als der erste, der die Idee eines galvanischen Telegraphen erfaßte und einen brauchbaren Plan veröffentlichte. Ampère ist Erfinder der Gesetze des Elektromagnetismus. 1820 schlug er einen Nadeltelegraphen, anstatt des Sömmeringschen Wasserzersetzungstelegraphen, mit 25 Drähten vor. Arago erfand den Elektromagnet (mit Multiplikatorspirale). Faraday, Induktion. Fechner (Leipzig 1829) bewies zuerst die Möglichkeit, weit entfernte Punkte telegraphisch zu verbinden, durch Rechnung. Er schlug ferner die Kombination aus zwei Zeichen (Ablenkung einer Nadel rechts und links) anstatt der 25 Drähte von Sömmering und Ampère, also 2 Drähte, vor.

Gauß und Weber hast Du ganz vergessen. Die waren unzweifelhaft die ersten, welche wirklich einen Telegraphen bauten, mit Eisendrähten, Ablenkung des Magnetes eines Magnetometers nach rechts und links, Erzeugung der Ströme durch Induktion (Verschiebung einer Rolle auf einem Magnetstabe). Dann Steinheil in München den zweiten (1834). Vollständiger magnetoelektrischer Nadel- und Schreibetelegraph, Zeichen durch Nadeln mit Tintengefäßen in zwei Linien. Morse hat nur eine Nadel durch einen Magnet ersetzt.

IIb. Reibungselektrizität ist der Schwierigkeit und Unsicherheit der Erzeugung wegen nicht verwendbar. Mit sehr hoher Spannung läßt sie sich nicht verwenden, weil sie die Isolatoren zu leicht überspringt. Sonst ist Elektrizität immer dasselbe, welches auch die Quelle. Galvanische und magnetoelektrische am billigsten und sichersten zu beschaffen. Geschwindigkeit immer dieselbe, welches auch die Spannung. Die von Faraday entdeckte Wellenbewegung der Ladung macht Elektrizität hoher Spannung freilich etwas vorteilhafter, indem die Wellen mehr Elektrizität enthalten, also wirksamer sind, doch ist der zu hoffende Gewinn der Geschwindigkeit der Mitteilung unbedeutend. Zu viel Wellen kann man nicht benutzen, da die Zeichen dann nicht regelmäßig werden. Nach Amerika wird man aber unseren Mittelmeererfahrungen nach ca. 5 Worte oder 25 Buchstaben im günstigsten Falle geben können, wenn nicht viel über die Hälfte des Stromes verloren geht. — Die isolierende Fähigkeit der Guttapercha wird Faraday wohl zuerst gefunden haben. Als Du mir 1846 im Sommer die erste Probe der Guttapercha schicktest, wird Faraday wohl schon damit experimentiert gehabt haben. Das Pressen der Guttapercha ohne Naht um die Drähte wirst Du wohl allein beanspruchen können[1]). Im Frühjahr 1847 wurde die erste Guttaperchaleitung zwischen Berlin und Großbeeren angelegt.

Der Durchmesser des Drahtes kann allerdings zu dick werden, da mit der Dicke, bei gleichbleibendem Durchmesser des Überzuges, doch die Isolation sich verschlechtert. Ich werde Dir die Formel für die Ladungszeit (ohne Wellen) noch beifügen. Sie stimmt im allgemeinen mit den Thompsonschen Rechnungen (quadratisch mit der Länge).

Der metallische Kreislauf wird stets von großer Wichtigkeit bleiben, da er es allein möglich macht, für lange Unterseelinien Kabel mit vielen Drähten zu konstruieren. Die Zukunft der Unterseelinien gehört daher jedenfalls den Metallkreisleitungen, und zwar zu Wasser wie zu Lande, da man auch zu Lande endgültig doch zu unterirdischen Leitungen zurückkehren wird und muß. Geschwindigkeitsvorteile sind bei Kreisleitungen nicht.

Glockenisolatoren sind zuerst in Amerika konstruiert, ich weiß nicht von wem. Gußeiserne Isolatoren mit eingeschlossenen Porzellanisolatoren von uns im Jahre 1850. Es wäre gut, wenn Du hier einiges über die Isolierungstheorie mitteiltest. Glocken bilden die einzig möglichen Isolatoren, da das Innere bei jeder Wind- und Regenrichtung trocken bleibt. Die äußere, mit Wasser benetzte Schicht isoliert nicht mehr, braucht also nicht in Betracht gezogen zu werden. Die innere wird aber bei Regenwetter, teils durch Hineinspritzen, namentlich aber bei Nebel und plötzlichen Temperaturänderungen, beschlagen, verliert daher auch an Isolierungsfähigkeit. Die Konstruktion muß nun so sein, daß der Widerstand der leitend gedachten Oberfläche möglichst klein ist. · · · · · ·

---

[1]) Werner hat das Pressen der Guttapercha ohne Naht um die Drähte zuerst angewendet, worauf auch Wilhelm hingewiesen hat. Gemeint ist also hier, „wirst Du wohl allein für mich beanspruchen können“.

c. Elektrische Spielereien sind eigentlich kein Telegraphenanfang, da Idee und Möglichkeit der Leitung auf größere Entfernungen das Wesentliche sind.

Der erste chemisch-galvanische war der Wasserzersetzungstelegraph von Sömmering (1808). Davy hat zuerst den chemischen Schreibtelegraphen vorgeschlagen. Mech. mag. 1839 Nr. 754 bis 758. Bei demselben kommt auch die erste Anwendung eines Relais (Magnetnadeln, die an Kontaktstifte schlugen) vor. Später die Amerikaner (Vail und Morse [?]).

Translation haben Halske und ich zuerst zwischen Köln und Berlin, darauf zwischen Oderberg (Wien) und hier benutzt im Jahre 1850. Es war aber unser Verfahren noch mangelhaft, da der Wechsel des Erdkontaktes von dem Telegraphisten der Mittelstation ausgeführt wurde, wenn eine Station (Wechseln) versagte oder fertig war. Steinheil verlegte den Wechsel auf den Hebel des Schreibapparates und machte dadurch die Sache vollständig. In Amerika ist die Translation erst kürzlich eingeführt. Gegensprechen in Holland (Haag, Amsterdam) und noch anderen Orten in Gebrauch, und mit vollständig sicherem Erfolg.

Der allgemeinen Anwendung steht entgegen:

1. daß die Translation schwieriger ist, d. i. wohl ausführbar, aber schwieriger zu regulieren, und

2. daß besser isolierte Leitungen notwendig sind,

3. geschickte Beamte erforderlich sind, da man die Depesche nicht unterbrechen kann.

Induktorenrelais sind sehr gut auch für Batteriesprechen, da Mitsprechen der Apparate derselben Station durch Überleitungsströme nicht eintritt.

Induktoren werden sicher allgemeiner werden, sie lassen sich aber nicht gleichzeitig mit Batterieströmen auf langen, nicht besonders isolierten Linien anwenden, da die langen Batterieströme die auf kurze Ströme berechneten, im Gleichgewicht befindlichen Relais leichter stören. Daher die Einführung im großen Telegraphennetz schwierig. Unterseeisch zwischen Cagliari und Malta-Korfu gut bewährt. Alle Depeschen gehen damit. Man könnte zwischen Cagliari und Korfu, auch ohne Translation, in Malta sehr gut und noch ziemlich geschwind (10 Worte = 50 Buchstaben) sprechen. Es ist dort auch gelungen, die Translation bei Unterseelinien vollständig zu beherrschen, so daß man jetzt beliebig viele Unterseelinien, deren Einzellängen nicht über 700 englische Meilen ist, mit Translation verbinden kann. Sind sie viel länger, so wird die Depeschengabe langsamer und unsicherer. Für Eisenbahnen würde ich die magnetelektrischen Zeiger besonders empfehlen. Sie werden dort bald sehr beliebt werden, wie in Deutschland auch mehr und mehr.

Mit der Zeit wirst Du aber etwas ins Gedränge kommen. Du solltest die alten Historien nur etwas kurz abfertigen. Reibungselektrizität als Spielereien abfertigen, die man überall und seit den ältesten Zeiten getrieben.

...... Himly hat jetzt sehr schön und regelmäßig Aluminium galvanisch dargestellt. Die Sache scheint sich praktisch im großen prächtig zu machen. Pfingsten kommt Himly her. Auch viele andere Metalle geben gute Resultate auf gleichem Wege. Was kostet jetzt Aluminium?

130] An Karl in St. Petersburg.

Berlin, den 14. Mai 1858.

Halske schreibt heute aus Wien. Brief einliegend. Ich hoffe, es wird jetzt wieder etwas flotter werden. Unsere Blicke waren bisher zu sehr an Rußland gebannt, und das hat uns zurückgebracht in Beziehung zu anderen Ländern.

Die französisch-russische Gesellschaft soll Borsig den Bau von Telegraphenlinien in Rußland angeboten haben! Natürlich abgelehnt. Wäre sonderbar. Suche die doch, wenn irgend möglich, festzuhalten! ......

131] An Wilhelm in London.

Berlin, den 30. Juni 1858.

...... Deinen Brief vom 28. eben erhalten. Besonders hat mich Dein Themseprojekt interessiert. Sonderbar, gestern hatte ich eine lange Diskussion mit Fritz über diese Sache und proponierte ein dem Deinigen fast analoges Projekt! Nur die Trennung der Themse der Länge nach fehlte und die Wassernutzung ist verschieden. Ich wollte nämlich die Themse oberhalb London durch einen Damm mit weiten Schleusen schließen, die dem Wasser nur einen Durchweg nach oben bei ankommender Flut gestatten, vom oberen Teile der Themse dann einen Kanal nach Gravesend bauen, der am Meere mit einer Schleuse geschlossen ist und womöglich noch ein weites Bassin dort hat. Es wird dann in der Themse nur aufwärts gehender Strom sein, aller Dreck wird in den Teil oberhalb der Stadt geführt und läuft dann kontinuierlich durch den Dreckkanal nach dem Meere. Der Kanal muß soviel Querschnitt haben, daß das ganze Themsewasser, was von Windsor her zuläuft, hindurchgehen kann. Das wird aber nicht sehr viel sein und nur eben ausreichen, den Dreck flüssig zu erhalten. Bei trockenem Wetter würde dies natürlich viel zu wenig sein, dann aber die aufsteigende Flut, die sich im oberen Themsebassin ansammelt, die Quantität des durch den Kanal mit dem Schmutz abfließenden Wassers etwa verdreifachen. Damit würde, glaube ich, für die Reinigung der Themse bei London hinreichend gewirkt, um so mehr, als das Wasser den vollständigen Salzgehalt des Meeres erhielte und alles Hin- und Hertreiben des Schmutzes beseitigt würde. Du kehrst die Sache um und bringst das reine Wasser von oben. Gesetzt, Dein Kanal brächte ebensoviel frisches Wasser wie die Themse, so würde der Gestank gerade halbiert werden. Wenn Du aber eine Schleuse oberhalb London baust, so würde auch in Deinem Falle, wenn nämlich die Themse selbst den Dreck fortführen soll, bedeutend mehr gewonnen. Dann müßten aber die Schleusen umgekehrt gerichtet sein, d. h. gar kein Flutstrom nach oben gehen (in der Themse). Dein Teilungsprojekt der Themse gefällt mir sehr. Jedenfalls die billigste Art, einen Kanal zu schaffen! Wo Schiffahrt ist, wie bei Woolwich, müßte der Kanal aber doch wohl überdeckt werden, um die Schiffahrt nicht zu hindern. Die Sache ist jedenfalls wert, näher studiert zu werden. Dazu sind aber namentlich Nivellements durchaus erforderlich. Wünsche guten Erfolg! ······

132] An Karl in St. Petersburg.

London, den 1. September 1858.

······ Daß man mit dem Atlantischen Kabel $1^1/_2$ Wort pro Minute geben kann — gerade wie wir es vorher behaupteten —

weißt Du. Wir wollen jetzt suchen, durch mechanisches Sprechen mehr zu leisten. Wahrscheinlich werden wir etwa disponible Durchschlagapparate und Laufwerke requirieren. Öfen gehen recht gut, doch gestalten wir unsere Gasöfen besser.

······ Wir probieren hier jetzt Pfosten für Telegraphen von Eisen mit 3 Beinen, welche viel versprechen und sehr billig werden. Können für Rußland sehr wichtig werden. Werde Euch baldmöglichst einige Exemplare schicken.

······ Ich sprach schon mit Tschefkin über eine submarine Linie von Odessa nach Varna. Suche jetzt doch, wenn irgend möglich, eine Konzession dafür zu erhalten! 5 Jahre ausreichend. Zahl der Drähte muß uns freistehen, ebenso volle Freiheit der Kabelkonstruktion. Sonst sei nicht halsstarrig. Kontrollen soviel sie wollen, auch keine Garantie verlangen von Zinsen, was fast alle Länder sonst geben. ······

133] An Wilhelm in London.

Berlin, den 15. September 1858.

······ Ich lasse aber für die Kabeluntersuchungen jetzt ein neues sehr einfaches Meßinstrument bauen, von dem wohl noch einige Exemplare mitkommen. Es sind dies Voltameter ganz neuer Konstruktion, mit denen man die schwächsten Ströme scharf bestimmen kann und von Schwankungen ganz unabhängig ist. Ich denke, diese Instrumente werden für uns, wie überhaupt für physikalische Untersuchungen, sehr wichtig werden. ······

134] An Wilhelm in London.

Berlin, den 21. September 1858.

Meinen Brief von hier wirst Du wohl erhalten haben und selbst hoffentlich in London sein! Beifolgend schicke ich Dir die Summe dessen, was ich für patentwürdig halte. Können wir das mechanische Sprechen mit Gegenströmen und Galvanisierrelais halten, so ist das allein sehr wichtig. Ich glaube aber, es müßte schnell geschehen, denn dasselbige atlantische Kabel wird viel Ideen in dieser Beziehung wachgerufen haben. Ferner den wiederholten Walzenüberzug. Liegt auch in der Zeit!

Ich denke, Schnellschreiben mit Lettern[1]) wird allgemeine Losung werden und wäre gerade für England sehr wichtig, da dort selten oder nie Translation nötig. Schwarzschreiben wird auch hierfür gut sein. Diese beiden Patente — wenn sicher — müssen uns mit der Zeit ganz England in die Hand geben. ······

135] An Wilhelm in London.

Berlin, den 26. September 1858.

······ Gestern war ich in Köpenick, wo wir den großen Sodaofen in Gang gesetzt haben. Obgleich der Ofen erst am Tage vorher angehitzt war und noch Wasser aus den Ritzen der umkleidenden Eisenplatten herausdrang, war das Resultat doch gleich überraschend gut. Es ist nur helle Rotglut notwendig. Die beiden Operationen des Vorglühens und Schmelzens waren in eine einzige vereinigt. Es wurde gleich die doppelte gewöhnliche Beschickung eingesetzt und die Operation war in $1^1/_2$ Stunden beendigt (gewöhnlich 2 Stunden). Der Gasofen braucht stündlich etwa einen Scheffel Torf. Wir fingen erst um 4 Uhr nachmittags an, und um 12 Uhr war der Ofen zuletzt gefüllt. Eine Füllung hält fünf bis sechs Stunden, ohne daß am Feuer gerührt wird. Ökonomie noch nicht festgestellt, ist aber jedenfalls sehr groß, ich glaube gut $^4/_5$. Bleibt jetzt im Gange. Aus beifolgenden Briefen von Fritz siehst Du, daß auch in Österreich das Gas gut gedeiht. Ich glaube, Du tätest sehr gut, baldmöglichst mit Gasöfen im Sodadistrikt vorzugehen. Die Operation ist so lächerlich einfach, Hitze nicht bedeutend, Gang ununterbrochen. Soda und Glas werden Hauptsphären des Ofens werden! Werde nun auch in Polen und Rußland energisch vorgehen. ······

136] An Wilhelm in London.

Berlin, den 29. September 1858.

Ich glaube, daß es jetzt Zeit ist, auch mal ans Atlantische zu denken. Nach den übersandten Messungen (times) glaube ich nicht, daß das Kabel gerissen ist, auch nicht, daß einzelne besonders grobe

[1]) Mechanisches Morsetelegraphieren mit Hilfe von zusammengesetzten Zeichenlettern, die ähnlich wie die gelochten Papierstreifen gebraucht werden.

Beschädigungen vorliegen. Durch zu starke und entgegengesetzte Strömungen ist die Isolation nach und nach so verschlechtert, daß es gar nicht mehr geht. Ich glaube, es könnte nicht schaden, wenn Du mal an die Leute schriebst und ihnen vorschlugst, das Kabel durch Aufstellung einer Batterie von ca. 50 Daniellschen Elementen, an jeder Seite mit Kupfer am Draht, umzupolarisieren und dabei kleine Löcher durch Oxydation zu verstopfen. Es ist zwar möglich, daß das Kabel dabei ganz zerstört wird, aber die einzige Aussicht, es wieder gangbar zu machen. Die Batterien müssen aber ganz ungestört mindestens 4 Wochen so geschaltet stehen bleiben und auch dann darf noch lange Zeit kein Gegenstrom angewendet werden. · · · · · ·

137] An Karl in St. Petersburg.

Berlin, den 6. Oktober 1858.

· · · · · · Einen Schiffstelegraphen wollen wir zusammenstellen, mit schönen englischen Kabelchen für Verbindung mit anderen Schiffen, dem Lande usw. Auch für Kriegstelegraphen sehr geeignet. Ich bin jetzt dabei, die magnetelektrischen Zeiger und Maschinen zu verbessern, wahrscheinlich sehr erheblich. · · · · · ·

138] An Karl in St. Petersburg.

Berlin, den 18. Oktober 1858.

· · · · · · Deine 50 □ Meilen sehen sehr lockend aus, lieber Karl, aber ich glaube nicht, daß die Sache jetzt für uns paßt. Für unser ganzes disponibles Kapital würden wir den halben Bodenwert erwerben. Dann hätten wir ein Reich ohne Einnahmen. Um es einträglich zu machen, müssen wir wenigstens das Doppelte hineinstecken, dann vielleicht noch ebensoviel für den kommerziellen Betrieb, denn die Transporte dauern mindestens 1 Jahr, bis Zahlung erfolgt. Wir würden also hohen Kredit beanspruchen müssen, hätten keine Sicherheit für unsere Reservefonds und es wäre endgültig doch ein Hasardgeschäft, was fehlschlagen könnte und uns dann an den Bettelstab brächte. Wir sind für so großartige Unternehmungen noch nicht stark genug. Ein solider Geschäftsmann steckt nicht mehr wie ein Drittel seines Vermögens in eine Spekulation. Dann würde die Sache auch unsere ganze anderweitige Tätigkeit lähmen, was gerade jetzt, wo die Öfen so brillant fortgehen und uns so leichte Gelegenheit bieten, sehr viel zu verdienen und eine großartige Tätigkeit zu entfalten, doppelt unzweckmäßig wäre! · · · · · ·

139] An Wilhelm in London.

Berlin, den 25. Oktober 1858.

· · · · · · Verschaffe Dir doch das Buch von Schinz[1]) über Wärmemessungen usw. Ein sehr brauchbares Buch, aus dem man viel lernen und viel Arbeit sich ersparen kann. Er begrüßt die Gasöfen (ohne Regeneration) als den größten Fortschritt der neueren Zeit. Es ist merkwürdig, während hier alle Welt Gasfeuerungen anlegt und dafür schwärmt, hängt man in England halsstarrig beim alten — ich glaube, weil es nicht englisch ist! · · · · · ·

Randbemerkung: Wir haben gefunden, daß Wolframstahl (jetzt hier das große Ereignis, da der Stahl ausgezeichnet) Magnete von ganz ungewöhnlicher Stärke gibt. Warten — Versuche im Gange. Behalte das doch für und gegen Patente im Auge.

140] An Friedrich in Wien.

Berlin, den 2. November 1858.

· · · · · · Wir gehen mit Öfen jetzt hier ganz munter vor, und ich denke, lange sollen die günstigen Nachrichten nicht mehr auf sich warten lassen. Ich habe jetzt zwei recht tüchtige junge Leute, die ich fortwährend mit Zeichnungen und Projekten für verschiedene Zweige des Ofenbaues beschäftige. Für mich ist das auch eine ganz gute Schule, denn ich lerne so in praxi, bei den Konstruktionen auf alle möglichen vorauszusehenden Dinge Rücksicht nehmen. Ich habe so Schmelz-, Puddel-, Stahl-, Glas-, Ziegelöfen durchkonstruiert und erwarte nun das höchste Urteil der Praxis darüber. Von den Konstruktionen, die sich vollkommen praktisch bewähren, werde ich Dir Kopien schicken. Tue Du dasselbe, damit wir bald zu ganz probaten Konstruktionen kommen. · · · · · ·

---

[1]) Schinz, C.: Die Wärmemeßkunst und deren Anwendung zur Konstruktion von Apparaten für die Industrie und für häusliche Bedürfnisse. Mit Atlas. Stuttgart 1858. Atl. Fol. Nebst Kompendium 1858.

141] An Wilhelm in Paris.

Berlin, den 15. November 1858.

······ Im allgemeinen müssen wir uns über ein gleichmäßiges Verhalten unserer verschiedenen Geschäfte verständigen, damit wir alle Hand in Hand gehen. Namentlich einen festen billigen Satz für Kommissionen und Provisionen für besorgte Geschäfte, schlag Du mal vor. Hier hat sich, wie ich jetzt bei Wien deutlich gesehen, auch in manchen Punkten eine halsabschneiderische Praxis im kaufmännischen Büro eingeschlichen, die abgestellt werden wird. Diese Kaufleute schonen Vater und Mutter nicht, wenn sie „verdienen können"! Die Tantieme trägt freilich auch viel dazu bei!

······ Ich mache jetzt viele Versuche mit Stahlkompositionen. Molybdänstahl fast noch besser als Wolfram. Auch Chromstahl nicht übel. Kannst Du dort Wolfram- oder Molybdänquellen ausfindig machen, so läßt sich damit sehr viel verdienen. Der Fortschritt viel größer wie Manganzusatz! Unser Hansen (bei Fritz) macht prachtvollen Stahl durch einfaches Zusammenschmelzen von Guß- und Schmiedeeisen (zweimal Schmelzen Hauptsache)! Wir kommen ohne Wissen in Stahlfabrikation hinein!

142] An Karl in St. Petersburg.

Berlin, den 15. November 1858.

······ Kabelgeschichten brennen jetzt sehr. In einigen Tagen muß Meyer nach Liverpool, um die Revision ordentlich zu organisieren. Es fehlt immer noch etwas an intellektuellen Kräften!

······ Deine Ofensorge laß nur fallen. Ich betreibe die Konstruktion jetzt selbst mit Vorliebe und kenne die Sache gründlich. Unser Stahlofen in Karlswerk ist der einzige, welcher gelungen ist und Stahlschmelzen ist die schwierigste Sache. Hans wird jetzt mit Macht in Sachsen bauen, und es wird bald an Vorbildern und Erfahrungen kein Mangel sein. Glaube mir, es ist namentlich für Rußland eine wahre Segens- und hoffentlich auch Goldesquelle! Die Durchführung hat freilich ihre Schwierigkeiten, die früher wohl zu gering veranschlagt wurden. Mit den Maschinen kannst Du die Sache nicht vergleichen. Die beruhten allein auf Wilhelms Ansicht, und der ist bisweilen etwas einseitig und hartnäckig. ······

143] An Wilhelm in London.

Berlin, den 18. Januar 1859.

...... Endlich will ich mein altes Projekt eines Abstimmtelegraphen mal wieder vornehmen. Jeder Platz hat eine Kurbel usw., die sich von selbst wieder in die Mitte stellt. Rechts gestellt gibt ja, links gestellt gibt nein, in der Mitte gar nichts. Der Präsident dreht, nach geschehener Aufforderung zu stimmen, die Kurbel eines Stromgebers. Alle Ja-Ströme bewegen einen Zeiger, alle Nein- einen anderen, ja und nein zusammen einen gemeinschaftlichen Zeiger. Letzterer gibt also zur Kontrolle die Summe der Abstimmenden, ja und nein. Außerdem können alle Ja und Nein als Punkte in zwei Linien über der Platznummer niedergeschrieben werden. Man hat also auch namentlich Abstimmung und Protokoll derselben, wenn man will. — Mir scheint die Sache nicht unwichtig und würde viel Spektakel machen. Was meinst Du? ......

144] An Wilhelm in London.

An Bord der Ellora, den 2. Juli 1859.

Du wirst wohl durch Newalls und Gordons Briefe nach England, sowie die Zeitungen mehr als durch meine Briefe von unserem Geschick unterrichtet sein. Ich schrieb Dir einmal aus Aegypten, einmal von Suakin aus. Da ich nicht weiß, ob Du diese Briefe erhalten hast, so gebe ich Dir erst eine kurze Schilderung unserer Arbeiten und Erlebnisse. An Bord des Imperators in Suez angekommen machte ich manche interessante Experimente. Ich fand die Isolation des Kabels ausgezeichnet, besser noch als die nach Berlin geschickte Probe und die Untersuchungen in Birkenhead, woran wohl die große zusammenhängende Länge schuld war. Ich fand ferner zu meiner Überraschung eine sehr große elektrodynamische Induktion, extrakurrante Wirkung von Windung auf Windung, welche das Sprechen außerordentlich verlangsamte. Durch das ganze auf dem Schiff befindliche Kabel von beinahe 800 knots Länge war fast gar nicht zu sprechen. Selbst durch 400 knots war nur langsam und mit starken Batterien zu sprechen. Beim Auslegen des Kabels nahm die Geschwindigkeit schnell zu und war, als wir in Kosseir angekommen, und der Rest von ca. 100 knots abgehauen war, über 4mal so groß wie vorher, fast unbegrenzt geschwind! Das ist eine wichtige Beobachtung! Beim Legen langer Kabel muß man künftig, so wie wir es später zwischen Kosseir und Suakin, sowie zwischen Suakin und Perim taten, das Kabel an vorbereiteten Stellen aufdrehen und eine metallische Verbindung herstellen, durch die man spricht, bis das Ende beinahe ausgelegt ist, dann wieder isolieren und ca. 400 knots weiter gehen. So kann man immer gut sprechen. Durch schlechtes Sprechen auf dem Lande muß man sich nicht zurückschrecken lassen, wohl aber das andere. Daher nie Sprechversuche auf dem Lande mit unseren Apparaten ausführen, andere aber recht viel probieren lassen! In Kosseir schon gehörige Hitze! Landlinie bei Suez war schlecht und dumm mit der Seelinie verbunden. Auf Gordons Spezialbefehl. Daher während der Nacht regelmäßig fortlaufende Verschlechterung der Isolation, die viel Entsetzen erregte. Wie die Sonne kam, war die Isolation wieder gut und nach der Legung etwas besser als vorher, obschon eine kleine Verschlechterung plötzlich eintrat, also durch das Kabel verschuldet war. Diese Verbesserung der Isolation ist Folge der Abkühlung durch das Wasser. Sie trat später, namentlich bei den in der Imperatrice befindlichen Drähten, in sehr bedeutendem Maße ein, so daß z. B. beim Makallakabel, welches das vollkommenst isolierte von allen ist, die Isolation nach der Legung ca. 4mal so gut war wie vorher! In Kosseir hatten wir langen Aufenthalt, obschon wir kein Holzhaus zu bauen brauchten, wie erst beabsichtigt war. Hätten wir die auf allen Stationen bauen müssen, so wären wir noch mindestens 2 Monate dort, auch wohl 3 bis 4. Die Landlinie, etwa $1^1/_2$ knots lang, ward als Kabelleitung ausgeführt. Graben nur ca. $1^1/_2$ Fuß tief. Als sie fertig war und es fortgehen sollte, fand sich ein großer Isolationsfehler in derselben. Wir mußten ihn suchen und fanden ein 10 bis 20 Fuß langes ganz exzentrisches Kabelstück. Wahrscheinlich hat die Sonne, mit der man sehr nachlässig verfuhr, die Guttapercha geschmolzen. Wenn dies auch nicht der Fall ist, so bewirkt die Hitze eine Verbindung des Teers mit der Guttapercha, wodurch diese leitend wird und zwar einseitig leitend, so daß die positiven Ströme abnehmen, die negativen sich ganz bedeutend — oft zum zehnfachen Betrage —

vergrößern. Darum sind exzentrische Stellen allein durch Experiment zu erkennen. Hat nie getäuscht. Als die Leitung geflickt war und wir abfuhren, zeigte sich bald darauf ein beträchtlicher Fehler. Wir mußten umkehren und 8 knots wieder aufnehmen. Da das Kabel dabei riß, haben wir den Fehler nicht gefunden. Dasselbe wiederholte sich 2 Tage später, wo wir schon 10 bis 12 knots fort waren. Es waren offenbar exzentrische Drahtstellen, vielleicht im Shoreende (Küstenende) und veränderlich. Es wurde daher ein neues Shoreende gelegt, und damit ging dann die Sache gut und wir kamen ohne Unfall nach Suakin. Sprechen schnell und gut. Hitze greulich, namentlich die stets feuchte Luft erstickend. Zum Glück fanden wir ein prachtvolles Haus (sans comparaison) zu unserer Überraschung fertig vor, so wie in Kosseir. Konnten daher bald weiter. Glück haben Newall & Co., mehr als ihre Vorbereitungen verdienen. Doch bei der Ausführung ist Newall tüchtig und ein ganzer Mann — das muß ihm der Neid lassen. Deede und Meyer II blieben dort. In Kosseir war Hölzer geblieben (letztere beiden Mechaniker). Shoreenden wurden mit Vorsicht gelegt und waren gut. Wir gingen in See und legten ca. 200 knots bei regelmäßig fortschreitender Verbesserung der Isolation zurück. Da trat Verschlechterung ein, die nach kurzer Zeit so groß ward, daß wir halten mußten. Ich bestimmte den Fehler auf 8 bis 10 knots vom Schiffe. Wir trafen ihn, nachdem wir 7 aufgenommen hatten. Eine Kabelquetschung, wahrscheinlich erst beim Legen entstanden. Darauf ohne Unfall bis Aden—Perim ward übersprungen, da ich erklärte auch bis Aden schnell genug sprechen zu können. Vom Schiff aus war alles, Isolation wie Sprechen, sehr gut. Dann ließ Newall mal wieder abhauen, ohne uns Mitteilung zu machen. Wir konnten erst zwei Tage später vom Lande (Zollstation) die Verbindung wiederherstellen. Da zeigte sich ein bedeutender Fehler. Ich bestimmte ihn auf höchstens 10, wahrscheinlich 7 bis 8 knots von Aden. Wir nahmen da das Kabel auf und hatten den Fehler glücklicherweise an Bord. Es war die Stelle, wo zuerst gehalten wurde und infolgedessen mehrere Kinks (Knicke) fabriziert waren. So genau ließen sich alle diese Fehler nur bestimmen, weil sie sehr groß waren. Ich werde jetzt die Fehlerbestimmung noch weiter kultivieren und unsere Unterseejugend gut einexerzieren. Diese glücklichen Fehlerbestimmungen, das schöne und sichere Sprechen und namentlich die schnelle Translation zwischen Suez und Aden haben Newalls Respekt vor uns erhöht. Er ist jetzt sehr zivil und denkt gewiß nicht daran, uns durch seine dummen Jungens zu verdrängen. Doch davon später! Als der Fehler repariert war, war die Linie ausgezeichnet und arbeitete sehr schnell und schön, obschon wir nur $^1/_3$ der Batteriestärke anwendeten, welche wir im Buche vorgeschrieben haben. Geschickte Arbeiter konnten schon 8 Worte geben und es ist gar kein Zweifel, daß 10 auch ohne Batterieverstärkung gegeben werden können, wenn die Linie gut besetzt, die Translatoren gut eingestellt und die Arbeiter vollständig eingeübt sind. Darauf ward das Makallakabel gelegt, wobei ich in Aden blieb. Es ist das bestisolierte.

Bis dahin alles gut. Wir wollten am 8. oder 11. abreisen an Bord der Alma, taten es auch, wurden aber am 12. morgens sehr ungemütlich durch Stöße des Schiffes geweckt[1]). Meyer, ich, Newall, Gordon, Gisborne und Risley waren an Bord. Newall und ich schliefen auf dem Deck. Nach den ersten schwächeren Stößen waren wir auf und merkten, daß das Schiff sich nach links neigte. Wir liefen nach dem rechten Bord und fanden, im hellen Mondenlicht $2^1/_2$ Uhr sehr deutlich, daß wir auf einen Korallenfelsen aufgelaufen waren, auch erkannte ich ganz deutlich alle umgebenden Inseln als die Hanischinseln. 1 Minute später lief das Wasser schon über Bord und gleich darauf war das halbe Hinterdeck unter Wasser. Es schien mir sehr wahrscheinlich, daß das Schiff umschlagen würde, und ich gab nicht viel für unser Leben, da wir auf dem kleinen unwirtsamen Felsen ohne Wasser und Schutz vor der Mittagsonne, wohl kaum einen Tag überlebt haben würden. Die armen Damen und Kinder, die mit anerkennenswerter Rücksicht zuerst gerettet und meist nur mit einem Nachthemd bekleidet, auf die Korallenbank gebracht wurden, taten mir besonders leid. Ich beobachtete sorgfältig die Mastspitzen und fand, daß sie sich immer noch neigten. Da brachen die Masten nieder, und kurz darauf stand das Schiff still und wirk-

---

[1]) L. S. 148.

liche Rettung war möglich. Mein Vorschlag, zuerst Wasser zu retten, verhallte. Wir mußten erst alle ans Land, wo die meisten, die ohne Schuhzeug geschlafen hatten, in einer traurigen Lage waren, da die scharfen Korallen ihre Füße sogleich durchschnitten. So auch Meyer. Ich hatte Stiefel und Rock anbehalten, verlor daher nur Hut, Brieftasche usw. Ich ging gleich wieder aufs Schiff, um Wasser und unsere Effekten, die in der Kabine des Stewards waren (wir hatten keine), zu retten. Das letztere gelang mir, und Meyers Freude war groß, als er Stiefel und Hut erhielt. Seine Effekten waren meist in der Kabine, während ich nur einen kleinen Handkoffer mit einiger Wäsche pp. da hatte. Die großen Koffer waren alle im Raume und sind wohl noch da! Merkwürdigerweise wurden sämtliche Passagiere bis auf die vielen kleinen Kinder einschließlich gerettet. Auf der Küste begann nun unser dreitägiges Leiden. Es wurden von den Segeln Zelte gemacht, Gisborne übernahm das Amt des Purser, den der Schlag rührte, und sorgte mit großem Eifer und Umsicht für unsere Verpflegung, die freilich etwas kläglich ausfiel. Wasser war nur wenige Gallonen für die Frauen und Kinder gerettet. Wir anderen erhielten täglich eine Flasche Bier, freilich bei der fürchterlichen Tageshitze ein schwacher Ersatz. Am zweiten Tage gelang es uns, noch den Eisvorrat mit dem enthaltenden Wasser zu retten. Ein prachtvoll erquickender Trunk fiel dabei für uns ab! Meyer, Gordon, Risley und ich hatten unser hartes Lager nebeneinander. Gordon hatte gerade seine Blutgeschwürperiode, die ich schon hinter mir hatte, und ward durch dieselbe sehr geniert. Außerdem hatte der Arme nebst allen Effekten auch seine Zähne verloren. Unserer aller Hoffnung war auf Newall gerichtet, welcher mit einem der Offiziere in einem offenen Boote nach Mokka fuhr, um von dort Wasser zu schicken. Von dort war er weiter nach Aden gefahren und traf glücklich zwischen Perim und Aden Cyclops, der mit unserem Esselbach an Bord nach Suakin ging. Am 4. Morgen früh war der Jubel groß, als ein Dampfer in Sicht war! Unsere Lage war wirklich kritisch geworden. Wir hatten nur noch Bier für einen Tag. Am zweiten Tage hatte ein abgesendetes Boot auf einer der benachbarten größeren Inseln wider Erwarten etwas Wasser und einige Schwarze entdeckt. Wir waren daher durch Gisborne alle mit einer Suppe regaliert. Göttergenuß! Nun war das Boot unter Führung des Schwarzen wieder fortgegangen, um mehr Wasser zu holen, kam aber nicht wieder. Ein anderes Boot war verschwunden, wahrscheinlich desertiert. Die Schwarzen der Bemannung (es waren gar keine Europäer dabei), konnten das Bier nicht vertragen. Sie erhielten das erhaltene Wasser. Nun fingen sie aber an, bedenklich zu werden. Die Passagiere waren zwar bewaffnet, doch alles Pulver fehlte! Wären wir noch zwei Tage in unserer Lage geblieben, würden wir schreckliche Szenen erlebt haben! So ging alles gemütlich vorüber. Kapitän Pallin nahm nicht, wie wir erwarteten, nur Frauen und Kinder, sondern alle Passagiere an Bord. Sein Wasservorrat reichte aus, alle Durstigen zu tränken. Am zweiten Tage waren wir wieder in Aden und suchten uns so gut wie möglich zu equipieren. Wir stiegen wieder im Telegraphenbureau ab. — Die Ursache des Schiffbruchs ist offenbar nur unverantwortliche Nachlässigkeit. Wir waren 8 knots aus dem Kurse, gerade auf die deutlich sichtbaren hohen Inseln losgelaufen. Ferner auf einen Felsen, der ganz deutlich sichtbar war und stellenweise ca. 28 Fuß aus dem Wasser hervorragte.

Newall — natürlich mit großem Hurra begrüßt — brachte die traurige Mär, daß die Verbindung zwischen Kosseir und Suez unterbrochen. Es ist eine plötzlich, während des Sprechens eingetretene gewaltsame Beschädigung. Unsere Versuche ergaben, daß der Fehler in Kosseir selbst oder dicht an der Küste liegt. Leider ist auch die Kosseir-Suakin-Linie ziemlich stark beschädigt. Der Fehler scheint in Suakin beim Übergange vom Wasser zum Lande zu liegen. Seit das Kabel da tiefer gelegt ist, ist die Isolation dieser Linie besser und die der Suakin-Aden-Linie, die gleichzeitig schlechter wurde, vollständig gut geworden. Die Küstenenden sind trotz meiner Warnung alle viel zu flach gelegt, werden leicht bloßgespült und die Sonne verdirbt sie dann schnell. Abkühlung hat in Suakin noch geholfen. Künftig müssen in heißen Klimaten eiserne Säulen mit Schrauben im Wasser eingeschraubt werden. In denselben wird das Kabel hochgeführt und von dem oberen, durch ein Dach gut geschützten Ende einer oberirdischen Leitung zur Station geführt.

Leider sind Deede und Meyer II in Suakin sehr krank geworden. Hoffentlich wird Esselbach, der mit dem Cyclop nach Suakin gegangen und Pütsch, der von Suez nach Kosseir geschickt, in Gemeinschaft mit Deede und Hölzer die Fehler auszubessern imstande sein. Dann sollen alle zurückkehren. Einmal haben sie Erholung nach den großen Strapazen im Roten Meer nötig, dann aber muß die Kompanie auch sehen, daß sie nicht imstande ist, die Linie allein in Ordnung zu halten, wie ich vorher gesagt habe. Die Stationschefs wissen ohne Ausnahme gar nichts, haben auch nichts gelernt. Von den Clerks sind nur 2 bis 3 brauchbare Telegraphisten und nichts mehr. Damit hält man keine schwierige Linie in Ordnung! · · · · · ·

145] An Wilhelm in London.

Berlin, den 17. August 1859.

· · · · · · Ich bin jetzt besonders damit beschäftigt, die Methode der Fehlerbestimmung so einfach und schnell wie möglich zu machen, wobei mir die im Roten Meer gewonnenen Erfahrungen sehr zustatten kommen. Strommessungen will ich künftig ganz aufgeben. Sind die Widerstandsmessungen (durch die neue Brücke) erst stets benutzt, so weiß man stets, was man hat und hat in jedem Augenblick das Mittel, schnell die Lage eines Fehlers zu bestimmen, und zwar mit Kontrollen. Trotz der Kindheit unserer Widerstandsmessungen im Roten Meere geben ganz verschiedene Methoden (von einer Seite und von beiden Seiten gemessen) doch eine Übereinstimmung von 5%. Ich hoffe bald auf 1% zu kommen. Auch Zeiteinteilung der Versuche, kurz das ganze System wird nach den gewonnenen Erfahrungen wesentlich geändert, einfacher und sicherer gemacht, so daß man alle 5 Minuten eine Fehlerbestimmung machen kann. Bewahre uns aber die Unabhängigkeit unseres Wirkungskreises, sonst lieber völlige Freiheit ohne Kontraktfesseln, die uns doch nur schädlich sind. Ohne unsere Widerstandsetalons und Methoden wird uns so leicht niemand Fehlerbestimmungen nachmachen, und mit Instrumenten werden wir auch tüchtig vorwärtskommen! Wollen doch nicht umsonst im Roten Meer geschwitzt und gedurstet haben! Den neuen Widerstandsmeßapparat können wir mit ins nächste Patent aufnehmen, mit neuen Batterien, Schnellsprechverbesserungen und Polarisationsbatterien zum Schnellsprechen, sowie für das elektrische Log. Den Batterien habe ich endlich eine durchaus praktische und billige Konstruktion gegeben. ......

146] An Wilhelm in London.

Berlin, den 3. September 1859.

...... Was für Kraft haben sie denn in den Leuchttürmen? Davon hängt die Beantwortung Deiner Frage ab. Etwas gefährlich ist die elektrische Beleuchtung für Leuchttürme immer, da das Licht einmal erlischt, was großen Nachteil bringen kann. Habe mich viel mit einer besseren Methode gequält, aber bisher ohne genügenden Erfolg. Ein Regenerativofen mit Guckloch und einem sich drehenden Spiegel davor oder Prisma scheint mir der beste Ersatz der Öllampe für große Lichter!

147] An Wilhelm in London.

Berlin, den 27. September 1859.

...... Mit Gerhardt heute lange Konferenz gehabt. Will Kabel in Ostsee, Schwarzem Meer, Kaspischem Meer, Baikalsee und von Amur nach Jeddo[1]). Letzteres bestimmt. Gib mir doch umgehend möglichst genaue Anhaltspunkte für den Kostenbetrag. Natürlich nur für Anlagen in runden Summen. Scheint auch in Rußland zu Frieden mit uns geneigt. Wahrscheinlich weil er unsere Hilfe für die sibirische Anlage braucht, die man entschieden machen will.

148] An Karl in St. Petersburg.

Berlin, den 28. Oktober 1859.

...... Was die arme Wissenschaft anbetrifft, die an allen an ihr begangenen Sünden schuld sein soll, so gelten alle Gesetze, natürlich soweit die Basis reicht, auf der sie gewonnen sind. Es gehört allerdings etwas mechanischer Sinn dazu, um gleich, ohne einen Augenblick Überlegung, einzusehen, daß das Ohmsche Gesetz nur für Elementarflaschen ohne Metallwiderstand in dem in der

---

[1]) Jeddo = Tokio in Japan.

Flüssigkeit befindlichen Teile streng gültig ist; daß es auf den Widerstand im metallischen Teile des Elementes ankommt, zeigt sich ja gleich bei der Annahme, daß dieser Widerstand irgendwo unendlich groß wird!

Mit den Apparaten für die Eisenbahn steht es schlecht. Wir werden die Termine kaum früher, wie mehrfach mitgeteilt, halten können. Bayern, Dänemark drängen sehr und haben Priorität. Wir haben mit Zeigern bis Frühjahr zu tun. Es war eine Dummheit von uns, auf Versperrung des Wasserweges zu spekulieren und daraufhin einen so unsinnig kurzen Termin zu setzen, wenn auch mit „wir hoffen". — Es soll alles aufgeboten werden, um die Apparate so schnell wie möglich fertig zu schaffen. ······

149] An Karl in St. Petersburg.

Berlin, den 9. November 1859.

······ Dein Prospekt der Konzession ist ganz gut, es ist nur schlimm, daß wir von Kopenhagen noch gar keine Anzeige oder Antwort erhalten haben. Die Leute haben am Ende politische Bedenken und wollen Leuten aus Deutschland keine Konzession geben zu einer Linie, welche Deutschland umgehen soll! Werde jetzt privatim an Faber schreiben und ihm vorschlagen, die Konzession unserem englischen Hause zu geben. Vielleicht hilft das.

······ Du gehst schnell mit der Ausführung! Erhältst Du in Rußland die Konzession, so wollen wir froh sein, wenn im Frühjahr alles reguliert ist und im Herbst die Linie gelegt werden kann. Also nur keine kürzere Ausführungsfrist als 1 Jahr. Die Dänen sind stets sehr langsam. Ich denke, Odessa lassen wir einstweilen ruhen. Durch Newalls abermaligen Verlust der Alexandrialinie scheint seine Kraft etwas erschüttert, und da die bestehenden Submarinelinien ziemlich viel Malheur gehabt haben, so ist jetzt schlechte Zeit für derartige Unternehmungen. Die Odessa-Konstantinopel-Linie würde nur durch die Linie nach Alexandria Bedeutung erhalten. Vielleicht wird dieses Projekt aber ganz aufgegeben und direkt von Malta nach Alexandria gegangen. Also lieber abwarten! Eine Zeichnung der von Dir gewünschten Wassermesserform wird gemacht. Sehr fatal sind solche Änderungen immer! Wenn möglich immer die alte Form!

Öfen: Puddelöfen sind die schwierigsten von allen, da das Eisenoxyd mit der Zeit die Regeneratoren verstopft, diese also öfter gereinigt resp. umgebaut werden müssen. Laß Sibirien lieber noch etwas ruhen, bis auch hierüber die Erfahrungen vollständiger. Außer Glüh- und Schweißöfen sind für Rußland Glasöfen besonders wichtig. Diese machen sich sehr gut, sparen viel und sind weit billiger im Bau als die alten. Die würde ich vorzugsweise ins Auge nehmen. · · · · · ·

· · · · · · Es sieht jetzt sehr traurig mit allen Eisenindustrien aus. In Westfalen fällt eins nach dem anderen, und keines hat zu tun. Möchte in diesen Sumpf nicht hineingeraten!

· · · · · · In England hat jemand ein Patent auf direkte Darstellung der Aluminiumbronze aus Tonerde genommen. Noch unbekannt. Himly hat große Quantitäten von Tonerde (d. h. reines Aluminiumoxyd) an der Hand und steht über den Verkauf (als Unterhändler) mit der englischen Firma in Unterhandlung. Kann gut dabei verdienen! Bewährt sich die Sache, so entwickelt sich daraus eine neue große Industrie, da Aluminiumbronze ein prachtvolles Material, welches in vielen Fällen den Stahl vorteilhaft ersetzt (Gußstahlkanonen, Gewehre usw., vielleicht auch Neusilber). Da große Hitze notwendig, so kämen wir mit den Öfen gerade recht dabei! Das gäbe eine nette Industrie für uns, bei der wir nicht mit allen Geldjuden gleichen Strang zu ziehen hätten! Ich behalte die Sache im Auge, mache auch selbst Versuche. · · · · · ·

150] An Karl in St. Petersburg.

Berlin, den 11. November 1859.

· · · · · · Rußlands Finanzen sind noch unklarer und unberechenbarer als die österreichischen, es ist ebenfalls ein vollständiges Papierland, was Wunder also, wenn das Mißtrauen steigt? Anleihen, durch die Rußland nur bei seiner jetzigen Finanzlage existieren kann, werden stets schwieriger und ungünstiger für Rußland werden. Inländische Anleihen helfen nichts, da sie kein Metall bringen. Nimm dazu die Überspekulation, den Unternehmungsschwindel, der dort noch in Blüte steht, und Du wirst Dir auch sagen müssen, daß Rußlands finanzielle Lage bedenklich ist und eine Katastrophe herannaht, wenn sie sich auch vielleicht noch ein Jahr hinzieht. Daß Stieglitz sein Geschäft aufgibt, ist auch ein bedenkliches Zeichen. Mit Finanziers wird nur geschmollt, wenn sie kein Geld geben oder schaffen wollen. Ich wette 10 gegen 1, daß das bei Stieglitz der Fall gewesen ist. Der Fuchs wittert Leichenduft und verläßt rechtzeitig seinen Bau! Hoffentlich tritt Freund Kapherr die Erbschaft nicht zu lebhaft an und hütet sich vor Fehltritten! — Du wunderst Dich, daß die fraglichen Prioritäten nicht besser stehen? Es ist das ein einfaches Mißtrauensvotum des Auslandes!

······ Sieh Dir doch die Hornsche Geschichte mal ordentlich an. Der Schein, daß wir jetzt, wo die Kurse schlecht sind, das frühere Bequemlichkeitsgesetz, bei welchem wir zufällig verdienten, nicht mehr halten mögen, ist zu eklig! Eigenen Beamten gegenüber darf ein Privatmann nicht mit den kleinen Rechten knickern! Konsequenz ist auch sehr wenig angebracht, wenn ein Mißgriff begangen ist. Das ist bureaukratischer Humbug. ······

151] An Wilhelm in London.

Berlin, den 17. November 1859.

······ Der neue Drucker bildet sich gut heraus und soll, wie ich hoffe, die Freude unseres telegraphischen Alters werden! Ich schwanke noch zwischen elektrischer oder Gewichtskraft für Bewegung und Druckkraft. Wofür bist Du im allgemeinen? Macht sich beides einfach und gut, nur muß man bei letzterem 2 Gewichte aufziehen, bei ersterem Zinkkonsum. — Andererseits möchte ich einen Morse konstruieren, der gar kein Gewicht hat und bei dem das Papier durch ein sehr einfaches elektrisches Laufwerk gezogen wird! So sitzt man zwischen Baum und Borke! Esel zwischen zwei Bündeln Heu paßt auch! ······

152] An Karl in St. Petersburg.

Berlin, den 9. Dezember 1859.

······ Eine kleine elektromagnetische Maschine — 2—6zöllige Stahlstäbe im rechten Winkel als Galvanometernadel rotierend — hat mir fast einen Finger abgeschlagen! Sie rotiert 28mal pro Sekunde und ist auch gleichzeitig ein prachtvoller Stromgeber, wenn man mit der Hand die Drehung hervorbringt. Die Sache kann wichtig werden und wird kultiviert. Namentlich hat sie das Gute, daß keine Schleifkontakte nötig sind, und daß die Funken auch bei starken Strömen sehr unbedeutend sind. Gelingt es uns, so sicher und gut starke Ströme durch Kraft herzustellen, so bietet der Galvanismus ein sehr wichtiges Mittel, um fast alle Metalle, namentlich auch Aluminium und Magnesia, aus den geschmolzenen Salzen abzuscheiden. ······

III.

Briefe aus der Zeit 1860 bis 1869

153] An Wilhelm in London.

Berlin, den 6. Januar 1860.

· · · · · · Ich werde Dir mit einer der nächsten Sendungen auch ein kleines Zählerwerk mitschicken, welches wir für die hiesigen Trinkbuden für kohlensaures Wasser zur Kontrolle der Schenkjungfern konstruiert haben. Es ist ein kleiner am Hahn angebrachter Mechanismus mit Zähler, durch welchen die Zahl der Hahnöffnungen gezählt wird. Das Dingchen ist sehr einfach, absolut sicher wirkend und an jedem Hahn beliebiger Art anzubringen. Findet dort vielleicht Beifall und gibt Arbeit. Laß nur ja die Gummiwalzmaschine nicht fallen. Kautschuk ist doch durch nichts völlig zu ersetzen und der Nutzen wird immer groß bleiben, wenn die Sache gelingt!

Nächstens will Dich der Ingenieur der Jütischen Eisenbahngesellschaft besuchen. Er will magnetelektrische Zeiger[1]), die auch für Eisenbahnen am besten sind, Läutewerke usw. Kannst Du mit ihm einen guten Abschluß machen, so tue Deinen Gefühlen keinen Zwang an! Vielleicht reflektiert er auf eiserne Stangen!

Der Aufsatz über Widerstandsmessungen, von denen Esselbach neulich schrieb, erscheint erst im Februarheft, konnte also noch keinen Korrekturbogen schicken. Poggendorff ist bis dahin besetzt. Wann willst Du Deinen Vortrag halten und was brauchst Du dazu? Schwartzkopff ist jetzt in Petersburg und macht bedeutende Geschäfte. Er ist auf Du und Du mit Totleben (schon hier gewesen) und dadurch mit dem ganzen Ingenieurwesen in Rußland. Er hat Karl ganz unternehmungswild gemacht, so daß wir bremsen müssen! Unter anderem soll Schwartzkopff einen Pfahlrost durch den Finnischen Meerbusen schlagen, eine große Stahlfabrik zu Kanonengußanlagen usw. Können gute Geschäfte werden. Auch in Sachsen will die dortige

---

[1]) Magnetoelektrische Zeigertelegraphen, s. W. A. II S. 118.

Stahlfabrik ihr Werk mit Zugrundelegung der Öfen (haben seit einem halben Jahre einen in Gebrauch) bedeutend vergrößern. Sie haben uns Teilnehmerschaft mit 40 000 Rt. angeboten und wollen für das Patentrecht 10 000 Rt. zahlen. Scheint nicht so übel, da sie guten Stahl machen! Auch das österreichische Stahlwerk hat große Ausdehnung unter Anwendung der Öfen beschlossen. Glasöfen gehen sehr gut überall. Kurz, die Sache scheint jetzt energisch ins praktische Leben einzutreten.

Kürzlich schrieben uns Digney frères und Bourdoin, daß man jetzt in Frankreich absolut eine Anlage für Kabelfabrikation haben wolle (l'empereur le veut!), um unabhängig von England zu werden. Schon früher boten sie uns Teilnahme an, ich wies sie an Dich, sie wollen aber keine Antwort von Dir erhalten haben. Die Sache wäre vielleicht gar nicht übel, wenn nicht wieder der Newallsche Kontrakt dazwischen tritt. Bitte überlege Dir die Sache und schreib darüber an Digney frères (englisch). Es fragt sich, unter welchen Bedingungen Du die Mitleitung einer Kabelfabrik und der Kabellegungen übernehmen willst. Von hier aus ist die Sache zu schwierig und umständlich.

154] An Karl in St. Petersburg.

Berlin, den 6. Januar 1860.

...... Ich lasse jetzt durch Hans Versuche mit direkter Darstellung von Aluminium, Bronze und Aluminiumstahl in Döhlen [Sachsen] machen. Im kleinen sind unsere Versuche ganz befriedigend ausgefallen, und ich zweifle kaum am guten Resultat, wenn auch noch viel zu probieren ist. Das englische Patent ist ganz roh und unbrauchbar. Ohne unsere Öfen wird es auch überhaupt kaum eine lohnende und sichere Fabrikation werden. ......

155] An Wilhelm in London.

Berlin, den 12. Januar 1860.

...... Unter Konstruieren versteht man hier nicht Anfertigen, sondern Feststellen der Konstruktion. Ich hoffe aber, das Resultat soll nicht viel verschieden sein, mit Ausnahme der Zeit! Den einen besonders schwierigen Punkt, die Herstellung sicher gleich schnell laufender Werke, glaube ich sehr vollkommen gelöst zu haben. Ich denke, man wird künftig ganz leidlich richtig gehende Uhren ohne Pendel als Laufwerke konstruieren können. — Meinen Dampfmaschinenregulator hast Du, glaube ich, zu wenig betrachtet. Es läßt sich meiner Ansicht nach auf diese Weise der vollkommenste und einfachste Regulator herstellen. G. Mehlis und Früchtenicht sind meiner Meinung. Bitte schicke mir doch das englische Marineregulatorpatent. Es wird wohl nichts besagen, als Feder — anstatt Schwerkraft setzen. Damit ist aber noch wenig gewonnen. Ich will einen chronometrischen Regulator erzeugen, der bei jeder Ventilstellung genau gleich schnell geht. Das läßt sich allerdings auf mehrere Weisen erreichen. · · · · · ·

156] An Karl in St. Petersburg.

Berlin, den 13. Januar 1860.

· · · · · · Wir sind hier durch England ganz gefesselt. Das Londoner Filial braucht viel Geld und bezahlt daher nicht. Seine Guthaben wachsen zwar noch rascher, doch ist uns hier damit nicht geholfen. Wir müssen im Sommer auch notwendig wieder bauen, was auch ca. 15 000 Rt. kosten wird. Können uns sonst nicht auf den großen englischen Markt wagen, wo noch so viel zu schaffen ist. Freilich fatal in so kritischen Zeiten mit so drohend politischen Wolken am Himmel, doch Stillstand ist Rückschritt für uns, und vor dem ersten Rückschritt muß man sich hüten! · · · · · ·

157] An Wilhelm in London.

Berlin, den 26. Januar 1860.

· · · · · · Schreib mir doch was an dem elektrischen „Kalklicht" ist, was jetzt die Welt von London aus verdreht macht. Wir erhalten eine Menge Anfragen. Sollte was daran sein, so müssen wir die Sache schnell in die Hand nehmen. Es soll sich in London eine Gesellschaft darauf gebildet haben, die dem Erfinder 13000 £ St. gezahlt haben soll? Die Beleuchtungskosten sollen nur $^1/_4$ des Gaslichtes betragen. Ein Kalkstück, gegen welches die Kohlenspitzen gedrückt werden, kann zwar sehr gute Dienste tun und den Apparat vereinfachen, von einer **billigeren** Beleuchtung von Städten usw. kann aber dabei doch nicht die Rede sein. · · · · · ·

· · · · · · Die Laufwerke der neuen Drucktelegraphen werden wie Chronometer gehen! Mein Feder-Zentrifugalregulator bewährt sich brillant. Die dreifache Belastung (Gewicht) macht keinen meßbaren Unterschied in der Geschwindigkeit. · · · · · ·

· · · · · · Wenn es mit dem Kalklicht per Elektrizität was ist, so wird unsere neue magnetelektrische Maschine gerade zu rechter Zeit kommen! Vergiß nicht, darüber zu schreiben. · · · · · ·

158] An Karl in St. Petersburg.

Berlin, den 26. Januar 1860.

· · · · · · Die Schwartzkopffschen Projekte scheinen mir vorläufig noch sehr gewagt, 30 Fuß Tiefe ist enorm viel und wer weiß, ob das wirklich das Maximum ist. Ohne einen speziellen Schiffsverständigen möchte ich nicht auf die Sache eingehen. Ob Clavitter ein ganz aufrichtiger Ratgeber sein wird, scheint mir noch fraglich, wenn er nicht am Risiko partizipiert. Das Schlimme ist, daß man die beiden Schiffskörper nur vorn dauerhaft miteinander verbinden kann, wenigstens unten. Da nun der Grund wahrscheinlich selten eben ist und das eine Schiff immer dem Wellendrange widerstehen muß, so fürchte ich Losreißen der Verbindung. Dann sind beide Schiffe verloren. — Transportieren über See lassen sich solche hohen Monstra nicht. Sie müssen dort zusammengezimmert werden.

· · · · · · Ich hätte die Sache[1]) gern mit dem verständigen Frûchtenicht, der als Techniker im allgemeinen und als Wassermann insbesondere hundertmal höher als Schwartzkopff steht, besprochen. Vor-

[1]) Karl an Werner, 20. Jan. 1860.

· · · · · · Gestern abend war der Kapitän Schwede hier. Die Kronstädter Befestigungsprojekte gehen vorwärts und ich möchte daher gerne bald Deine Ansicht über Schwartzkopffs Taucherschiffe und Rammschiffe vernehmen. Du wirst ja jetzt schon mit ihm gesprochen haben. Die Rammschiffe werden gehen, aber es fragt sich, ob das gleiche von den Taucherschiffen für unterseeische Mauer- und Baggerarbeiten der Fall sein wird. Wenn wir auch mit den letzteren nicht direkt zu tun haben werden, so wird man doch solche Schiffe bestellen und dann müssen wir für die Lieferung derselben einen Salog [= Kaution] stellen, welchen wir sicher verlieren, wenn die Sache nachher nicht geht. · · · · · ·

läufig habe ich unseren Vetter Mehlis, der ein sehr verständiger tüchtiger Maschinenbauer und als erster Ingenieur die leitende Seele der Wöhlertschen Fabrik ist, aufgefordert, die Sache gründlich zu studieren. Kommt die Übernahme der Arbeiten zustande, so müssen wir die Leitung derselben Mehlis übertragen, und ich werde von Schwartzkopff verlangen, daß ich ihn zur Prüfung der Projekte zuziehen kann. Mehlis ist ganz geneigt, in unseren Dienst zu treten. Auf ihn könntest Du Dich unbedingt in jeder Hinsicht verlassen, und die sämtlichen Maschinengeschichten wären unter seiner Spezialleitung gut aufgehoben.

...... Doch ich muß wieder schließen, da Postschluß naht. Es ist in der Tat für mich jetzt nicht leicht, lange Briefe zu schreiben. Halske ist viel unwohl, und es liegt mir daher die ganze Detaillast des Geschäftes nebst Konstruktionen, nötigen Versuchen und eigenen Arbeiten ob. Meine Mußestunden sind daher sehr gezählt oder besser auf Minuten reduziert! ......

159] An Karl in St. Petersburg.

Berlin, den 2. März 1860.

...... Stahlfabrikation ist insofern ein gutes Geschäft, als sie erst anfängt, sich zu entwickeln und noch ganz ungeahnte Dimensionen annehmen wird. Man wird künftig alles aus Stahl anstatt Schmiede- und Gußeisen machen, was fest sein soll. Auch Telegraphendrähte! Hast Du Lust zu der Sache, so schreib es umgehend. Es ist dann das beste, wir reisen mal mit Haase hin, sehen genau Bücher usw. nach und stellen dann ein definitives Gebot, bei welchem nur der Realwert (ohne Experimentkosten) und unter Anrechnung der Kursverluste zugrunde gelegt wird[1]). — Der Direktor hat mir sehr gefallen. Ein tüchtiger, strebsamer und auch ein intelligenter Mann, unter dessen Leitung die Sache sehr prosperieren könnte. Wer weiß freilich, welchen Lauf die Politik nehmen wird! Da liegt der Hase im Pfeffer! Sie haben sich freilich auf Kanonen gelegt und auch recht gute Resultate erzielt, aber die allein können es doch auch nicht tun! Freilich, Eisenbahnen haben in Kriegszeiten

[1]) Es handelt sich um die Fabrik in Döhlen in Sachsen.

zu tun, also auch Bedarf. Es bleibt daher auch für diesen Fall noch das beste Geschäft. ······

160] An Wilhelm in London.

Berlin, den 5. März 1860.

······ Wir haben jetzt meine alte Vernickelei wieder vorgesucht und werden alle Stahlteile für überseeische Apparatsendungen vernickeln, anstatt wie bisher vergolden. Wir sind sogar nicht abgeneigt, die ganzen Apparate künftig anstatt zu lackieren, zu vernickeln. Wird kaum so teuer kommen. Nickel ist edles Metall, läuft nicht an, sehr hart und fest. Was meinst Du dazu? ······

161] An Wilhelm in London.

Berlin, den 28. März 1860.

······ Vorweg die erfreuliche Mitteilung, daß der neue Drucktelegraph seine erste Probe heute rühmlich bestanden hat. Die Probe ist zwar erst mit einem Apparat und kurzem Schluß angestellt, doch der umfaßt die meisten Schwierigkeiten. Man kann fabelhaft schnell telegraphieren, die Geschwindigkeit läßt sich mit der größten Genauigkeit in den weitesten Grenzen regulieren, ohne das Werk anzuhalten. Die Engagierung und Auslösung des Druckrades macht sich sehr leicht und völlig sicher, bei großen und kleinen Geschwindigkeiten. Das Druckwerk folgt ohne irgendwelche Störung und Zeitverlust. Da der gebende Apparat ebensogut wie der empfangende durch das Relais engagiert wird, so können nur elektrische Schwierigkeiten und höchstens bei Überseelinien auftreten. Doch letztere werden zu überwinden sein, und ich glaube, wir können jetzt mit großer Sicherheit auf guten Erfolg rechnen. Sprechen wir sicher auf submarinen Linien, so ist es keine Frage, daß wir mindestens 4- bis 5mal so schnell sprechen können (auf langen Linien) wie per Morse. Die Aussichten, alle langen submarinen Linien in die Hände zu bekommen, sind daher sehr günstig. Ich glaube, es wird aber bald Zeit werden, an Patentnahme zu denken. Es wäre möglich, daß Jenkins dasselbe Pferd ritte und dem müßten wir zuvorkommen. Dem Druckerpatent ließe sich dann die neue Morsekonstruktion, die sich auch recht gut anläßt und überhaupt die Regulierungsmethode durch

Federregulatoren mit synchron schwingenden Federpendeln für alle möglichen Verwendungen hinzufügen. ······

······ Im allgemeinen stimme ich Deiner Auffassung des Verhältnisses mit Newall & Co. völlig bei. Daß nationale Eifersüchtelei unser größter Gegner ist, ist klar. ······

162] An Wilhelm in London.

Berlin, den 29. März 1860.

······ Die Kabelfabrikationsfrage ist allerdings schwierig. Die Selbstfabrikation hat viel für sich. Durch sorgfältige Fabrikation und Prüfung usw. würden wir uns vielleicht bald ein Übergewicht über unsere Konkurrenten erwerben, so lange nicht neue Patente uns Halt geböten! Dann, wenn wir nämlich selbst fabrizieren, würde es aber nicht unserem Interesse gemäß sein, anderen unsere Maschine zu geben, wie Dir zweckmäßig erscheint. Freilich fragt es sich, ob wir auf sicheren Patentschutz für die Walzenüberziehung rechnen können, und ob sich Deine claims [Patentansprüche] nicht leicht umgehen lassen. Das kannst Du allein richtig beurteilen, wirst daher nach eigenem Ermessen handeln müssen. ······

163] An Karl in St. Petersburg.

Berlin, den 30. März 1860.

Rußland hat uns ja wieder flott gemacht! Heute bestellte Gerhardt per Telegramm 30 Apparate. Die sind zwar ziemlich fertig, doch kann man nun mit gutem Gewissen anderen Vorrat machen! Wir hatten gestern gerade an Gerhardt wegen der beiden für Polen bestellten geschrieben und uns auf seine Anfrage zu einer Preisermiedrigung von ca. 15 Rt. pro Apparat erboten. Das kommt nun leider auch dieser Bestellung schon zugute! Die Preise für Apparate sind jetzt so spottniedrig, daß wir notwendig auch herunter müssen. Hoffentlich werden die neuen Morsekonstruktionen angenommen, welche sehr einfach und billig werden. Das verbessert dann den Schaden! Wir müssen einfachere Konstruktionen sehr billig machen, das ist unabweislich. Da der englische Eingangszoll aufgehoben ist, so können wir uns damit einen großen Markt schaffen. Den billigen Arbeiten stand unter anderem bisher entgegen, daß wir keine Gießereien haben und auch die Tischlerarbeiten außer Hause gemacht wurden. Guß- und Tischlereiarbeiten bilden aber weit über $^1/_3$ unseres Umsatzes. Nach langem Zaudern haben wir uns daher entschlossen, uns noch eine Gießerei und Tischlerei zu bauen. Die Kosten von ca. 3000 Rt. werden sich in einem Jahre schon ziemlich einbringen, wenn wir von 30 bis 40 000 Taler Gießerei- und Tischlereirechnungen nur 10% Nutzen rechnen. Dann werden wir wirklich billig arbeiten können. Wenn wir auch diesen Winter an Arbeitsstockung etwas laboriert haben, so ist es doch im Verhältnis zu anderen Industriezweigen wenig, und unsere Aufträge sind fast regelmäßig im Frühjahr gekommen. · · · · · ·

· · · · · · Der neue Drucker hat die erste Probe sehr gut bestanden. Der sprechende Apparat folgt so sicher und schön, wie nur zu erwarten war. Fehlerhaft hat sich nichts gezeigt. Die Schwierigkeiten lagen fast alle im gebenden Apparat, ich hoffe daher, auch der Zusammengang wird sehr sicher sein. Geht alles gut, so wird man auf langen Landlinien fabelhaft schnell sprechen können! 150 gedruckte Buchstaben wird nicht zu viel gerechnet sein, bei großer Einübung sogar viel mehr. Doch rechne ich eigentlich nur auf submarine Linien. Geht der Apparat überhaupt auf diesen, so ist es unzweifelhaft, daß wir 3- bis 4mal soviel mit diesen Apparaten sprechen können wie mit besten Morseapparaten. Dann wäre für England ein Preis von 1000 £ St. pro Apparat noch sehr billig!

Elster fängt ja wieder mit seinen oberflächlichen Fabrikanlageprojekten an. Erst müßte doch der Zoll da sein, ehe man bei einer Neuanlage auf ihn rechnen könnte. Dann müßte doch erst ein gründliches Projekt mit genauer Berechnung gemacht werden! Die jetzige Zeit, wo man überall Fabriken zum halben Preise bekommen kann, scheint mir zu Neuanlagen besonders wenig geeignet. Meine Ansicht ist überhaupt, daß Du ohne einen tüchtigen praktischen Maschineningenieur Dich auf gar keine in dies Fach einschlagenden Projekte einlassen kannst. Jeder versteht nur das gründlich, was er gelernt hat, und es wird immer zu teuer, will man das Lehrgeld im eigenen Geschäft bezahlen. Es ist ein großer Unterschied, allgemeine Kenntnisse von einer Sache zu haben oder sie ex fundamento zu verstehen.

Es sieht hier seit gestern besonders trübe am politischen Himmel aus. Preußen und England sollen drohende Noten nach Paris geschickt haben, am Rhein soll eine Armee unter dem Herzog von Koburg zusammengezogen werden, dazu ist der Bund augenblicklich als gesprengt anzusehen. Weiß der Himmel, was noch daraus wird! ......

164] An Karl in St. Petersburg.

Berlin, den 5. April 1860.

...... Hier jetzt sehr flaue Zeit! Jetzt liefert Deutschland jedenfalls in allen Beziehungen billiger als England. Draht wird uns jetzt franko Amsterdam zu $5^2/_3$ Rt. angeboten, wahrscheinlich noch wesentlich billiger geliefert! Es ist jetzt gute Zeit, Lieferungen für die Regierung zu übernehmen! Ebenso mit Maschinen! Schwartzkopff hat sich seit Übersendung Deines Projektes gar nicht sehen und hören lassen! Niemand hat jetzt zu tun! Alles erwartet Krieg. Wüßte man, daß keiner käme, so könnte man jetzt mit Geld enorm billige Käufe machen! Es muß jetzt unsere Losung sein, Geld flüssig zu halten, nicht Verbindlichkeiten aufzuladen. Kommt Krieg, so gilt nur bares Geld, das aber sehr viel!

165] An Karl in St. Petersburg.

Berlin, den 12. April 1860.

...... Geld auf Grundstücke zu geben ist jedenfalls ein gutes Geschäft, namentlich dort. Kommt Krieg, so müssen wir für eine schlagfertige Armee sorgen, mit der man rechtzeitig schnell manövrieren kann. Ich wäre dann dafür, einen Teil der disponiblen Mittel in der englischen Bank anzulegen, die doch wohl immer noch die sicherste Anlage bleibt. Es ist in diesem Falle mit großer Sicherheit anzunehmen, daß die meisten hiesigen Maschinen- und anderen Fabriken fallen. Vielleicht bekommt man dann z. B. den Vulcan für ein Butterbrot. Kommt ein hoher Zoll in Rußland, so wäre dort allerdings was zu machen, namentlich in hiesigen schlechten Zeiten, wo man tüchtige Kräfte, Ingenieure, Meister und Arbeiter hier sehr billig würde akquirieren können. Doch man kann die Katze erst im Sack verkaufen! Spinnmaschinen sind nach Mehlis Ansicht nur bei sehr hohem Eingangszoll lohnend. Sie werden bisher nur in England gemacht, sind außerordentlich billig und ordinär fabrikmäßig gemacht. Die Anfertigung hat gar keine Schwierigkeiten, da man stets englische Modelle haben kann, nur die große Billigkeit gibt den Engländern das Monopol. · · · · · ·

· · · · · · Ja so, neue Anleihe! Bei dieser verdienen in der Regel nur die Bankiers auf Kosten des Publikums. Bessern sich die Zeiten, so können alle verdienen, werden sie schlechter, so verliert das dummgläubige Publikum. Geschäfte zu machen, die man nicht übersieht und nicht gründlich versteht, ist immer unsicher.

· · · · · · Nach neueren Nachrichten ist der Drucktelegraph des Professor Hughes[1]) (Amerika), mit dem er jetzt in England Versuche macht, im Prinzip mit meinem neuen identisch. Ob er claims hat, über die wir nicht fortkönnen, habe ich noch nicht erfahren können. Es ist so schwer, von Wilhelm derartiges heraus zu haspeln! Vielleicht müssen wir uns mit ihm verständigen. Jedenfalls ist ein Glück, daß wir noch so ziemlich rechtzeitig mit unserer Konstruktion vorgegangen sind, wir hätten sonst leicht ganz überflügelt werden können! · · · · · ·

166] An Wilhelm in London.

Berlin, den 23. April 1860.

· · · · · · Wenn der Bauer[2]) nur nicht schwindelt. Soviel ich weiß, war er vor einigen Jahren in Rußland und hat sich mit seinen Proben blamiert. Die Akademie in Petersburg hat ihm den Rechnungsfehler nachgewiesen. Er wollte mit Menschenkraft geschwind unter Wasser fahren, kam aber nur sehr langsam fort. Ich werde von Karl spezielleren Bericht einfordern. 300 Faden Tiefe wird er nicht erreichen können. Der Druck ist zu groß. Auf seine Rechnung kannst Du gar nicht bauen. Er ist ein bayerischer Artil-

[1]) Hughes, 1831—1900, Erfinder des Typendrucktelegraphen.

[2]) Wilhelm Bauer, 1822 zu Dillingen in Bayern geboren, nahm als bayerischer Artillerieunteroffizier an dem Feldzug in Schleswig-Holstein teil. Dort faßte er den Gedanken, ein Unterseeboot zu konstruieren. Am 1. Febr. 1851 fand die erste Versuchsfahrt im Hafen von Kiel statt, wobei das Unterseeboot sank. Bauer begab sich dann ins Ausland, hatte aber auch hier mit großen Schwierigkeiten zu kämpfen, ohne anerkannt zu werden.

lerieunteroffizier ohne alle theoretische Bildung. Für sehr praktisch halte ich die Sache nicht für uns. Es ist dunkel in größerer Tiefe, man sieht also nichts, Arbeit wird unmöglich sein. Seine Handschuhe[1]) kehrten sich straff als Arme nach innen, wie natürlich. · · · · · ·

167] An Karl in St. Petersburg.

Berlin, den 30. April 1860.

· · · · · · Ich pflege hier immer bei Differenzen mit Euch oder England an unsere alte telegraphische Regel zu erinnern, daß jede Nation glauben muß, sie selbst sei der Schafskopf und bei sich selbst den Fehler suchen muß, nicht am anderen Ende. · · · · · ·

168] An Karl in St. Petersburg.

London, den 1. Juni 1860.

Gestern erhielt ich Deinen Brief vom 13./25. Viel Schreiben ist freilich des Landes nicht der Brauch, auch schwer durchzuführen in den wenigen Geschäftsstunden, die einem vom ewigen Umherkutschieren übrigbleiben! Doch ich will regelrecht antworten.

Holzkohlendraht muß man nie von England nehmen, wird überhaupt nachgerade eine Mythe! Es sollten uns Bedingungen der Leistungen vorgeschrieben werden! Der vorjährige Holzkohlendraht soll in der Tat besonders schlecht ausgefallen sein, weil Ihr ihn hart verlangt hättet.

Die Basis Deines Lieferungsgeschäftes ist allerdings recht solide, und ich zweifle nun auch nicht mehr, daß alles gut ablaufen wird. Halte nur recht viel in Reserve bis zur vollständigen Abwicklung. Die Welt wird übrigens über die Gründe nicht lange zweifelhaft sein, da jedermann vorhersagt, daß nur solche die vorherrschende Unvernunft erklären könnten!

Suche doch für die neuen Linien die Leistungsbedingungen für den Draht festzustellen (Tragkraft, Elastizitätsgrenze, Ausdehnung vor dem Reißen) anstatt des bestellten Holzkohlendrahtes.

---

[1]) Gummihandschuhe, an den Stulprändern an einer Öffnung in der Bordwand befestigt, sollten Arbeiten eines im Boote Befindlichen nach außen ermöglichen, wurden aber natürlich nach innen gedrückt.

Wegen der submarinen Linie wollte ich mit Reuter[1]) sprechen und eventuell gemeinsame Aktien mit ihm und der Magnetic Company (hier Schleswig) zustande bringen. Leider ist Reuter aber verreist. Er soll in 8 Tagen zurückkehren, wollen dann weiter sehen. Inzwischen ist es am Ende ganz gut, wenn Du die Sache dort nicht fallen läßt, sondern das Vorrecht behauptest. Der Linienbau nach Petersburg ist am Ende so schlimm nicht. ······ Die Anlage käme uns hier gerade sehr zupaß. Unsere neue Drahtüberziehungsfabrikation macht sich sehr gut. ······

169] An Karl in St. Petersburg.

Westminster, den 19. Juni 1860.

Noch immmer sitze ich hier fest, wie Du siehst, und bin fast nicht weiter gekommen! Die Diskussion mit Newall & Co. dreht sich noch immer im Kreise herum. Ob wir oder sie den Kontrakt gebrochen, ist die große Frage, um die sich alles dreht! Es ist zum Verzweifeln langweilig! In dieser Woche wird nun aber wenigstens bestimmt entschieden, ob Krieg oder Frieden. Leider werden wir nur durch beides sehr geniert! Unsere Leute aus dem Mittelmeer sind auch noch immer dort und flicken. Es sieht recht traurig dort aus. Das Schiff ist unter schlechter Leitung, ist sehr ungeschickt und macht für einen gesuchten Fehler durchschnittlich drei neue. Die vorhanden gewesenen Fehler bestehen ausschließlich aus schlechten Stellen der Guttapercha, später durch den Strom erweitert. ······

······ Du hast mir über den submarinen Bauer[2]) ja nicht geantwortet. Wie ist sein dortiges Renommee? Er räsoniert schrecklich. Wir werden aber doch wohl seine Idee an uns nehmen, d. h. uns sein hiesiges Patent übertragen lassen gegen $^1/_3$ der daraus erzielten Einnahmen und ein zweckmäßiges persönliches Gehalt bis dahin. Wir wollen einen submarinen Sucher bauen, der das Kabel am Meeresgrund sucht und entweder zerschneidet und aufnimmt oder einnimmt und unten im Apparat zerschneidet,

[1]) Begründer des Telegraphenbureaus, s. L. S. 76.

[2]) Bauer hatte auch eine sog. „Taucherkammer" vorgeschlagen, eine Art Taucherglocke, aber allseitig geschlossen, zu Arbeiten auf dem Meeresgrunde, an Kabeln usw.

mißt und flickt. Ersteres läßt sich bis zu sehr großen Tiefen machen. Freue mich schon darauf, mal auf dem Grunde des Atlantik mit anderen Seeungeheuern zu promenieren! — —

170] An Karl in St. Petersburg.

Berlin, den 19. Oktober 1860.

Du wirst schon einige Tage früher den Grund meines längeren Schweigens erfahren haben! Ich wurde unerwartet stark zur Mitfeier des Universitätsjubiläums[1]) herangezogen, was sich dann durch meine Ernennung zum Ehrendoktor der philosophischen Fakultät erklärte! Dann kamen Zweckessen, Gratulationen usw., die mich gänzlich absorbierten. Jetzt bin ich bei den zahllos abzustattenden Dankvisiten, nämlich bei allen Mitgliedern der Fakultät, deren einstimmiges Votum, wie es zur Ernennung von Ehrendoktoren erforderlich ist, allerdings sehr anzuerkennen ist. Endlich steht noch der Doktorschmaus bevor, der das Drama schließt. Daß mir diese Anerkennung sehr viel Freude gemacht hat, besonders weil gerade die Berliner Fakultät es war, die sie mir zuteil werden ließ, brauche ich wohl nicht zu sagen.· · · · · ·

171] An Wilhelm in London.

Berlin, den 12. November 1860.

· · · · · · Was Du von dem Kreditverhältnis sagst, hat wohl viel Richtiges, doch es hat sich in unserem Geschäft von Anfang an eine große Abneigung gegen Kreditnahme festgesetzt, und angesichts der guten Erfolge dieses Prinzips können wir sie nicht abstreifen, wenn es auch kaufmännisch nicht richtig ist. Wir haben noch nie Kredit ohne volle Deckung beansprucht, haben nie Geschäfte gemacht, deren vollständiges Mißglücken nicht zu verdauen gewesen wäre. Die Möglichkeit eines Umwerfens ist daher für uns niemals vorhanden gewesen, konnte auch nie eintreten. Ich glaube auch, daß man nur bei solcher soliden Geschäftsführung allen Chancen, die möglicherweise eintreten können, mit Ruhe entgegensehen kann! Sollten Siemens, Halske & Co. durch unglückliche Spekulationen zahlungsunfähig werden, so würden wir

---

[1]) Fünfzigjähriges Universitätsjubiläum.

uns für moralisch verpflichtet halten, die Schulden derselben bis auf den letzten Heller zu tilgen, müßten dies auch unserer übrigen Geschäfte wegen. Ich weiß, daß namentlich in England und Amerika eine laxere Praxis in solcher Angelegenheit herrscht; die ist aber nicht die unsrige und darf es niemals werden! Für uns kann daher nur die entgegengesetzte Möglichkeit, daß Du mit Deinen Privatspekulationen umwürfst und nach englischem Gesetz Siemens, Halske & Co zur Deckung herangezogen würden, in Betracht kommen. Das könnte nach unseren beiderseitigen Erfahrungen auch viel leichter eintreten, da Erfindungen stets unsicher sind und man sich über den Wert derselben so außerordentlich leicht täuscht. Privatim werde ich Dir, lieber Wilhelm, mein Leben lang getreulich helfend zur Seite stehen in Deinen Privatunternehmungen, denen ich lebhafter wie meinen eigenen guten Erfolg wünsche, da Du ihn durch Deine rastlose Tätigkeit und Anlagen so sehr verdienst, und ich selbst nicht eher Ruhe finde, bevor Du, mit dem ich zusammen meine technische Laufbahn begonnen habe, sie gefunden hast — aber das Geschäft kann ich nicht weiter in dieselben verwickeln. Es kommt für mich auch ganz auf dasselbe heraus, denn im ungünstigsten Falle würde ich doch den Verlust selbst übernehmen. · · · · · ·

172] An Karl in St. Petersburg.

Berlin, den 12. November 1860.

· · · · · · [Stettiner] Vulcan ist, glaube ich, jetzt ganz auf der richtigen Höhe. Die Aktien sind dafür zu begeben. Übrigens ist die Situation des Vulcans verhältnismäßig sehr günstig. Während z. B. Wöhlert augenblicklich nur 200 Arbeiter hat und diese nur halbe Zeit arbeiten, hat Vulcan noch keinen oder doch nur die schlechtesten Arbeiter entlassen. Früchtenicht ist jetzt ganz gesund, dank zweimaligem Besuch von Weilbach!

· · · · · · In England wollen wir namentlich die neuen Gummikabel fabrizieren, direkt und indirekt, und das hat große Aussichten. Silver & Co. sind jetzt völlig in Ordnung, und Du könntest auch für dort mal Proben bestellen. Gelingt es uns, den Kabeln allgemeine oder auch nur gleichzeitige Verwendung zu verschaffen, so werden wir viel Geld in kurzer Zeit verdienen! Du übersiehst wohl, daß in unseren Abschlüssen nur $^2/_3$ des englischen Gewinnes, und zwar nach Abzug von 15% sogenannter Reserve, eigentlich Betriebskapital figurieren? Übrigens hat die Neuanlage der Werkstatt und des Bureaus viel Geld gekostet, sowie Versuche mit Gummimaschinen und eisernen Stangen usw. — Auch dies Jahr sind durch Arbeiten von Rangoon-(Regierungs-)Kabeln und dem französischen hübsche Summen verdient und die Rangoonexpedition, welche eben abgehen soll, wird auch gut abwerfen. Freilich sind die Reparaturarbeiten gewinnlos gewesen! Kabelanlagen werden nie wieder aufhören, wenn sie auch noch so oft fehlschlagen! Es gibt keinen oberirdischen Ersatz, und das Bedürfnis wird immer dringender! Da sind gesunde Aussichten für die Zukunft für intelligente Arbeiten! Das eigentliche Engineer Geschäft bringt Wilhelm blutwenig ein. Vom Wassermesser und dem Telegraphengeschäft lebt er jetzt. Übrigens halte ich Öfen und neue Gasmaschinen[1]) für sehr aussichtsvoll! Man darf bei Beurteilung des Wertes von Erfindungen nicht a posteriore schließen. Ein kleiner Haken kann eine wertlose Sache zu einer wertvollen machen, wenn er an der rechten Stelle angeschlagen wird! Bei den Maschinen besteht er darin, daß man von innen anstatt von außen heizt, wodurch die eigentlichen Ursachen des Nichteintreffens der theoretischen Erwartungen beseitigt werden, und zwar so radikal wie möglich.

Am Sonnabend ist mein Doktorschmaus sehr brillant vom Stapel gelaufen! Die ganze philosophische Welt war bei mir versammelt. Mit Halske geht es doch recht schlecht. Dieses stets wechselnde Kranksein macht mich doch nachgerade recht besorgt um ihn. Seit gestern ist er wieder recht schlecht! ······

173] An Friedrich in England.

Berlin, den 3. Dezember 1860.

Deinen Brief habe ich erhalten. Hoffentlich bewährt sich Deine Ansicht, und die guten Resultate bleiben nicht lange mehr

---

[1]) Wilhelm hatte sich auch mit Gaskraftmaschinen beschäftigt, bei denen wieder ein Regenerator verwendet werden sollte.

aus! Daß auf dem Kontinente mit Erfindungen nicht viel zu machen ist, ist allerdings eine alte Erfahrung. Dazu kommt freilich jetzt noch die große, hier überall herrschende Geschäftskalamität, die macht, daß alle Unternehmungen stocken. Liegen lassen kann man freilich jetzt die Sache nicht mehr gut. Einmal wäre es doch eine harte Nuß, wieder einmal gegen 30000 Rt. ans Bein zu binden ohne Aussicht auf Ersatz, und dann ist Hans auch jetzt auf die Sache angewiesen und hat nichts zu leben, wenn seine Beschäftigung für die Sache aufhört. Endlich glaube ich auch, daß sich mit Glasöfen, namentlich wenn die Herdschmelzung gelingt, noch ganz gut verdienen läßt, und das scheint mir doch wahrscheinlich. Schicke mir doch baldmöglichst die dortigen Erfahrungen über Herdschmelzung, d. h. namentlich die Konstruktion der gußeisernen Wannen, wie sie sich praktisch bewährt haben. Hans will es ohne gußeiserne Wannen machen, ist sogar schon dabei, und das will mir nicht gefallen. Es ist hier jetzt ein (nicht regenerativer) Glasofen patentiert, der mit Steinkohlengas betrieben wird und sehr gute Resultate geben soll. Auch in Rußland wird davon viel Lebens gemacht. Es ist also hohe Zeit damit!

...... Ich glaube übrigens, daß Du ganz recht hast, Deine Aufmerksamkeit hauptsächlich auf England zu richten. Da ist immer am meisten oder fast allein mit Erfindungen zu verdienen. Hier haben die Leute immer Zeit, — bis das kurze Patent vorüber, und sind nicht an Zahlung von Patentprämien gewöhnt. Amerika und Frankreich kommen allerdings auch in Betracht. Um auf andere Weise Ersatz für die Kosten zu erzielen, habe ich nicht übel Lust, einen Glasofen, welcher hauptsächlich darauf berechnet ist, die Berliner Glasscherben wieder in Fensterscheiben zu verwandeln, hier anzulegen. Was meinst Du dazu?

...... Weißt Du, wie sich der große Gasgenerator gemacht hat, den Cowper[1]) bauen wollte?

---

[1]) Ed. Alfred Cowper nahm am 19. Mai 1857 ein Patent auf einen Winderhitzungsapparat, welcher auf dem neuerfundenen Prinzip der „Regeneratoren" von Siemens begründet war, diese Erfindung darf als eins der wichtigsten Ereignisse für den Hochofenbetrieb angesehen werden; s. Beck: Geschichte des Eisens, Bd. IV, S. 817.

Wilhelm ist wohl ganz in Versuche mit seiner Gasmaschine versunken? Man sieht und hört nichts mehr von ihm! — — —

174] An Wilhelm in England.

Berlin, den 13. Dezember 1860.

Im Begriff, Deine Maschinenbeschreibungen nach Petersburg abzusenden — bleibe ich bei Deinen claims sitzen. Mir wollen die noch nicht gefallen. Nach dem, was ich bisher über Gasmaschinen (Lenoir usw.) gelesen habe, kannst Du mit Recht beanspruchen „Die Einlassung von komprimierten explosiven Gasen in den arbeitenden Zylinderraum, welche während des Einströmens, also allmählich, verbrennen". Das scheint mir auch der haltbarste claim, wenn er durchgeht. Ist derartiges schon vorgeschlagen? Daraus folgte der zweite — „Heizung des heißen Teils regenerativer Maschinen von innen, anstatt von außen durch Eintreibung explosiver brennender Gase." Schreib doch, ob diese claims haltbar sind? Ich werde sie Karl dann nachsenden.

175] An Karl in St. Petersburg.

Berlin, den 28. Dezember 1860.

······ Die Zündung der Wilhelmschen Maschine ist ziemlich unwesentlich. Es kann dieselbe einmal leicht elektrisch ausgeführt werden, ist aber überhaupt nur beim Beginn des Ganges nötig, da sehr bald das innen ausgefütterte Verbrennungsrohr so heiß werden wird, daß gar keine besondere Zündungsvorrichtung nötig ist. Die Maschinen werden sehr viel kleiner und verhältnismäßig einfacher als gewöhnliche oder kalorische und gehen ganz bestimmt gut. Im Gange ist noch keine. Geht langsam in England! Natürlich wird es an kleinen Schwierigkeiten nicht fehlen. —

176] An Wilhelm in England.

Berlin, den 3. Januar 1861.

······ Es will nicht mehr recht fort mit der Telegraphie. Auf dem Lande sind die Leute zu klug geworden und zur Ausbreitung der Submarinetelegraphie scheint neben einer sicheren Konstruktion noch eine solche Entwicklung des Verkehrs zu fehlen, daß ein

Kabel sich schon nach kurzer Zeit bezahlt macht, denn sicher werden submarine Kabel nie werden. Dieser mein erster Eindruck von der Sache gewinnt wieder mehr die Oberherrschaft. Unser hiesiges Telegraphenfabrikationsgeschäft scheint auch zur Neige zu gehen. Der Fehler ist, daß jeder Mechaniker ohne Kapital und Intelligenz uns gewichtige Konkurrenz machen kann. Dadurch ist uns der inländische Markt nach und nach abhanden gekommen. Rußland reicht nicht aus, ist uns auch nur teilweise treu geblieben. Meine Hoffnung war auf England gerichtet. Ich glaubte, wir würden uns dort einen ergiebigen Markt für gute Handarbeit verschaffen können. Die Erfahrung lehrt aber wohl jetzt, daß das ein Irrtum war. Der Verdienst an dei Fabrikation ist bei jetzigen Preisen schon sehr gering, wenn wir vollauf beschäftigt sind; reduziert sich auf nichts, wenn wir nur sporadisch zu tun haben. Wir gehen daher ernstlich mit dem Gedanken um, die Telegraphenfabrikation, wenn nicht ganz aufzugeben, doch so zu beschränken, wie das Interesse des englischen und russischen Geschäftes es irgend gestattet. Glaubst Du, daß Löffler recht hatte, wenn er meinte, man arbeite dort billiger als hier? Oder war das nur eine Redensart, um die Preise zu drücken? Bitte, fasse die Sache ernsthaft ins Auge und schreibe mir, ob und inwieweit Du im dortigen Geschäftsinteresse das Fortbestehen des hiesigen Telegraphengeschäftes verlangst. Ferner, ob Du der Meinung bist, daß das dortige Geschäft über den Zeitpunkt unseres Kontraktes hinaus, der ja nur auf wenige Jahre abgeschlossen wurde, fortbestehen kann und soll, also welche Auspizien Du ihm stellst und welche Kontraktsänderungen Du im günstigen Falle verlangen würdest, d. h. wenn die Fortsetzung Dir wünschenswert scheint. Natürlich wirst Du Dich nicht jetzt schon irgendwie binden wollen, ich wünsche auch nur Deine Ansicht, wie sie jetzt ist, insoweit zu hören, als dieselbe auf die hier zu fassenden Beschlüsse rückwirken kann. Hat Löffler recht und könnt Ihr dort ebenso billig fabrizieren, so fällt der Grund, welcher bisher für das Fortbestehen des hiesigen Telegraphengeschäftes bestand, mit dem Aufhören unseres Kontraktes fort. Findest Du es dann vorteilhafter, das englische Geschäft allein fortzusetzen, so ist dagegen natürlich unsererseits gar nichts einzuwenden, wir werden Dir im

Gegenteil nach Kräften dazu behilflich sein. — Die hiesige Firma muß schon bis 1867, dem Ablauf unserer gegenseitigen und russischen Remontekontrakte, fortbestehen. Ich denke auch bis dahin nicht müßig zu sein. Entweder werden wir vielleicht noch in diesem Jahre ein Metall-(Messing-)Gieß- und Walzwerk anlegen, womit noch viel zu verdienen ist, wie wir in praxi gesehen haben, oder wir legen eine Glashütte mit Schleiferei für Spiegel und große Fenster an. Da Hans berichtet, daß die Glasschmelzerei ohne Häfen sehr gut gelungen ist und ein sehr reines weißes Glas erzielt wird, so scheint dieses Geschäft sehr vorteilhaft. Oder wir annektieren uns den Mehlis und bauen Deine kalorischen Gasmaschinen anstatt der Telegraphen, wenn die Probe gut ausfällt. Ich sehe daher mit einiger Spannung der Vollendung der nun bestellten Maschinen bei Wöhlert entgegen, da unsere Entscheidung wesentlich von ihren Resultaten abhängen wird. — Antworte mir gelegentlich doch etwas eingehend auf obiges, ohne geschäftliche Vermischung, da ich erst ganz privatim mit Dir übereinstimmend sein möchte. — — —

177] An Wilhelm in London.

Berlin, den 6. Januar 1861.

······ Wir bauen jetzt eine elektrische Batterie von der Kraft von 50 Daniells, die nicht größer als eine gute Lampe wird und durch ein kleines Gaslicht zu betreiben ist! Ich übernehme jetzt, jede Batterie von gegebener Kraft und Widerstand zu bauen. Sehr billige Konstruktion und Leistung. Sie müssen einen Hauptpunkt des zu nehmenden Patentes bilden. Eine glühende Verbindungsstelle gibt $^1/_{50}$ Daniell Kraft. Eine nicht recht praktische Kombination gibt $^1/_{10}$ Daniell. ······

178] An Wilhelm in London.

Berlin, den 15. Januar 1861.

Deinen Brief erhalten. Freut mich sehr, daß Du so rüstig mit Öfen usw. fortschreitest! Hoffentlich wird Deine Maschine bald dieselbe Tonart anstimmen! ······

Mit unserem Telegraphengeschäft sieht es jetzt recht traurig aus. Eine solche Arbeitslosigkeit haben wir noch nicht erlebt.

Dauert es noch lange so an, so ist es am besten, die Bude ganz zuzumachen! Wir können auch die noch behaltene Arbeiterelite nicht mehr beschäftigen. Weder Rußland noch England liefert die mindeste Arbeit und der deutsche Kleinhandel ist auch so unbedeutend, wie fast nie. · · · · · ·

179] An Karl in St. Petersburg.

Berlin, den 1. Februar 1861.

· · · · · · In England geht es jetzt, wie Wilhelm mir schreibt, mit Riesenschritten vorwärts. Mit den beiden größten Glasfabriken der Welt sind Verträge abgeschlossen, wonach dieselben pro Ofen jährlich 200 £ St. zahlen! Es beginnt jetzt ein run, der auch bald auf dem Kontinent nachwirken wird. Ich warte jetzt nun ungeduldig auf Hans' Resultate mit Schmelzen ohne Tiegel.

· · · · · · Bin jetzt eifrig mit thermoelektrischen Batterien, Ruhmkorffschen großen Induktionsapparaten usw. beschäftigt. Auch Politik kostet viel Zeit. Ich habe große Mühe, mir die Wahl zum Abgeordneten vom Halse zu halten. Das fehlte gerade noch! · · · · · ·

180] An Karl in St. Petersburg.

Berlin, den 1. März 1861.

· · · · · · Mit der Werkstatt sieht es allerdings noch immer sehr traurig aus, und wir denken auch ernsthaft an Betreibung anderer Geschäfte. Geht die Generatorgasmaschine gut, so können wir vielleicht mit Gas oder Spiritus betriebene Equipagen bauen! Wäre ganz interessante und gute Arbeit für uns! Die Sache ist gar nicht aus den Augen zu lassen! Vorläufig legen wir uns auf Anfertigung der Kupfer-Eisenzinklegierung anstatt Messing, welche jetzt in England so in Aufnahme gekommen ist. Unsere Proben sind ausgezeichnet ausgefallen. Doch nächstens mehr darüber.

Wir haben nun angefangen, Schwarzschreiber[1]), wie für die französische Kompanie, jedoch mit Flasche und kleinen mecha-

[1]) Morseschreiber.

nischen Verbesserungen, in Vorrat zu arbeiten. Tue doch alles, damit sie bei dieser Konstruktion bleiben. Sonst sind wir gepritscht!

Willst Du Dir nicht ein paar große Voltainduktoren von 10 bis 20 Zoll Schlagweite bestellen? Der Zoll Schlagweite wird so ungefähr 20 Rt. kosten. Es sind wirklich majestätische Experimente damit zu machen! Los wirst Du sie schon werden. ······

181] An Karl in St. Petersburg.

Berlin, den 22. März 1861.

······ Die Apparate selbst können unmöglich sehr viel teurer angegeben werden, als sie bei uns und überall zu haben sind. Wir verscherzen uns sonst die Zukunft, wenn wir auch diesen Abschluß zustande bringen. Apparate können immer nur Lockvögel für anderweitigen Verdienst sein, das ist im allgemeinen unsere bewährte Praxis gewesen und Ausnahmen haben uns noch immer geschadet! Doch Transport kann schon einen Aufschlag vertragen. Über unsere Pariser Reise, die urplötzlich auf Wilhelms Verlangen hereinbrach, hat Dir ja Wilhelm geschrieben. Ich war von vornherein überzeugt, daß Paris kein Pflaster für uns wäre! In der Tat trat uns sofort die vereinigte französische Eitelkeit entgegen und stimmte unsere Erwartungen auf das gehörige Maß — eventueller Kontrakt über das Gummimaschinenpatent — herab. Mit Digney frères habe ich auch einige kleine Gefechte gehabt[1]). Sie wollten unsere Schwärzflasche ohne weiteres als gute Prise ansehen und nichts dagegen leisten. Das wird ihnen aber schlecht bekommen. Mir fiel noch während der Verhandlungen eine Methode ein, welche ihr Patent gänzlich umgeht und wahrscheinlich beliebter werden wird als ihre Konstruktion.

······ Mit dem Güterkauf in Rußland magst Du ganz recht haben, wenngleich ich nicht glaube, daß die Folgen so bald und entschieden hervortreten werden. Es müßte womöglich dann ein zu technischen Zwecken günstig gelegenes Gut (Glas-, Eisenfabrikation) sein. Ländliche Arbeiter können wir auch nicht aus der Erde stampfen!

---

[1]) Von Digney stammte auch ein Morse-Farbschreiber.

...... Der Eingang der Abzüge ist ja prächtig! Doch woher wieder plötzlich dieser Konterwind? Es wäre doch gemein, wenn sie unsere neuen Modelle einfach kopieren ließen! Es wäre doch sehr zweckmäßig, alle Segel für Schwarzschreiberei aufzuziehen! Suche doch dahin zu agitieren. — — —

182] An Wilhelm in London.

Berlin, den 30. März 1861.

...... Im allgemeinen haben die submarinen Anlagen sich so wenig bewährt, daß wir nicht mit Sicherheit oder auch nur einiger Wahrscheinlichkeit auf mehr als eine 5jährige Dauer der Linie, selbst bei bester Verwaltung, rechnen können. Nach den Erfahrungen im Schwarzen Meere waren die Eisendrähte nach wenigen Jahren durchgerostet, die weitere Reparatur durch Wiederaufnahme des Kabels daher unmöglich. Im Mittelmeer werden sie eher mehr als weniger rosten. Auf Erhaltung ohne Reparatur ist nicht zu rechnen, das beweist u. a. wieder die Algierlinie. Auch das Festwachsen durch Korallen wird die Wiederaufnahme nach etlichen Jahren im Mittelmeere verhindern. Da kann nur ein Taucherapparat helfen, und der ist noch nicht gemacht, man kann ihn daher bei einer großen Kapitalfrage nicht in Rechnung ziehen. Auf eine Verpflichtung, die gesamte Linie instand zu halten, können wir daher logischerweise nicht eingehen, auch wenn die mit Sicherheit zu erwartenden Vorteile weit größer, wenigstens doppelt so groß sind, wie die im ungünstigsten Falle möglichen Verluste.

...... Halske hat sehr wenig Vertrauen auf die Haltbarkeit des Kabels, rechnet auf höchstens 2 bis 3 Jahre! Ganz unrecht hat er mit seiner pessimistischen Ansicht nicht. Mit meinem Vorschlage, 30000 £ St. fix, 1/4 bis 1/3 Einnahme, Beteiligung an Erneuerungen pro Rate ist er einverstanden, wenn Du mit 30 Mille die Unterhaltungskosten richtig eingeschätzt hast. Dampfschiff 30 Mille Kapitaleinschuß scheint mir sehr viel, doch nötigenfalls tunlich. Andere Bedingungen nur dann annehmbar, wenn wir das unbedingte Recht der Kontraktaufgabe haben. An Vorsicht brauche ich Dich nicht zu mahnen! — —

183] An Karl in St. Petersburg.

Berlin, den 19. April 1861.

Bei Durchlesung Deines Briefes vom 1./15. fielen mir lebhaft alle hier gefallenen Reden gegen Deine vorjährige große Entreprise ein! Jeder sah nur schwarz, hielt alles für verloren, die Sache leichtsinnig usw. Mir schien dem nicht ganz so, und mein Hauptargument für Dich war, daß Du dort die Sache besser müßtest beurteilen können als wir hier, und daß man zum Rentiergeschäft übergehen muß, wenn man nur Geschäfte machen will, bei denen man das Geld schon beim Abschluß in der Tasche haben will. Es freute mich später sehr, von England her schreiben zu können, als alles gut gegangen war, — „das Werk lobt den Meister!" Ich schicke Dir einliegend Wilhelms heutigen Brief, aus welchem Du die Wichtigkeit der Sache für unser englisches Geschäft überhaupt wirst erkennen können. Die Sache ist für England jetzt in derselben entscheidenden Krisis, wie in Rußland bei Abschluß des ersten Bau- und Remontekontraktes (Kronstadt und Warschau), nur daß für unsere damaligen Verhältnisse das Risiko unendlich viel größer war. Ob Verdienst oder Verlust bei dieser speziellen Unternehmung, ist mir ziemlich gleichgültig. —

184] An Karl in St. Petersburg.

Berlin, den 26. April 1861.

...... Über Elsters Walzwerkkaufprojekt habe ich mit Mehlis lange verhandelt. Zur Stahlfabrikation ist außer dem Dampfhammer (neben einer wenigstens doppelt so schweren Maschine) und zwei großen Drehbänken nichts von der ganzen Geschichte zu gebrauchen. Das Walzwerk ist lange nicht vollständig zur Benutzung. Die Eisenpreise sind übrigens jetzt so herunter, daß wir schon viel billiger als England fabrizieren. Daher fallen vorweg alle Aktienunternehmungen. Den Prospektus einer westfälischen in allergünstigster Lage, auf Kohlen und Eisen liegenden Hütte, welche 1200000 Taler gekostet hat, bei guter Verwaltung, und welche kürzlich dem Hypothekengläubiger für seine 175000 Taler zugeschlagen ist, lege ich bei. Solche Verkäufe finden in nächster Zeit noch 5 bis 6 in Westfalen und am Rhein statt, — der Unzahl kleinerer nicht zu gedenken. Die Hütten sind sämtlich brillant und solide angelegt und in allergünstigster Lage. · · · · · ·

185] An Karl in St. Petersburg.

Berlin, den 1. Mai 1861.

· · · · · · Sein und Fortentwicklung oder Rückgang und Untergang unseres Geschäftes beschäftigen mich Tag und Nacht, und dieser Gesichtspunkt ist daher der vorherrschende für mich bei Beurteilung aller Fragen. Er stimmte mich gegen Deinen Privat-Gutskauf. Geschäftlich war ich durchaus nicht dagegen, im Gegenteil, dafür als sichere Kapitalsanlage. So dächte ich auch, hätte ich geschrieben. Halske war auch für den Ankauf, viel mehr freilich für Deinen Privatkauf, woran er dann gleich die Absicht knüpfte, selbst ebenfalls weitere Mittel herauszuziehen. Damit wäre die Privatvermögenbildung, der ich immer aus guten Gründen entgegengewirkt habe, eingeleitet. Es handelt sich dabei weniger um Zersplitterung der Zeit, als der Interessen, und die letzteren halte ich für verderblich. Möglich, daß ich mich darin irre, es ist aber schwer, von einer einmal durch lange Jahre gehegten und bekämpften Meinung zurückzukommen. Es tut mir wirklich sehr leid, daß Du den Kauf nicht abgeschlossen hast. Vielleicht läßt es sich noch machen. Es könnte kaum eine bessere Lage geben, um eine Glasfabrik anzulegen, von deren großer Einträglichkeit, bei moderner rationeller Anlage, namentlich von Tafelglasfabrikation, ich mich gründlich überzeugt habe.

Mit England hast Du ganz recht. Du konntest keinen günstigeren Eindruck erhalten, es war auch unmöglich, ihn zu geben, da die Vorschläge sich nach dem Gange der Verhandlungen stets änderten. Man muß in solchen Fällen ein allgemeines Vertrauen zu seinen Kompagnons haben oder selbst an den Ort der Verhandlungen reisen. Denke nur an die Verhandlungen mit Kleinmichel. Deine unbedingte Opposition paßte nur gerade sehr schlecht zu meiner Stellung zu Halske, der eben kein Vertrauen zu Wilhelm hat. Halsbrecherische Sachen werden weder ich noch Wilhelm unternehmen, wenn auch der augenblickliche Schein so sein mag! Wird denn aus dem Stahlkanonenprojekt nichts? Das halte ich für ein sehr solides Unternehmen und für eine gute Geldanlage. Was sollen wir hier mit dem Gelde? Teilen? Es wird nötig sein, daß Du im Sommer mal herkommst, um alle zweifelhaften Punkte klarzumachen! Vielleicht haben Halske wie ich uns dann auch wieder mehr restauriert. Trennung ist sehr schlimm und gefährlich, wie Du bei gründlicher Analyse auch finden wirst. Ich halte die jetzige Zeit des Kapitalüberflusses, welches unser Hauptfehler ist, für ein Durchgangsstadium, und die sind nie ohne Kämpfe abgegangen! Lieb wäre es mir, wenn Du (nicht wir hier) Wilhelm mit der nötigen Geldbeihilfe unterstütztest, also mit ihm das Geschäft machtest, wenn es noch zustande kommen sollte, wie ich nicht glaube. Es liegen sehr billige Offerten der Regierung vor. Vorläufig übernehmen wir, wie ursprünglich verabredet war, die provisorische Depeschenbeförderung usw. gegen bestimmte Zahlungen für unsere geliehenen Beamten. Das erfüllt den wesentlichen Zweck. · · · · · ·

186] An Karl in St. Petersburg.

Berlin, den 24. Mai 1861.

Deinen Brief vom 5./17. erhalten. Hinsichtlich Deines (unreifen, wie Du sagst) Geschäftsprojektes habe ich mich nach verschiedenen Seiten erkundigt. In der Königl. Gewehrfabrik in Spandau kostet das Gewehr 15 Rt. Für 14 bis 15 soll man sie in Suhl und Belgien auch erhalten, das Anlagekapital verzinst sich in Staatshänden also gerade nicht, 20 in Rußland wird ungefähr 15 hier gleichstehen bei gutem oder gleichem Betriebe. Man könnte daher beim fixierten Preise von 20 Rubel gerade auf freies Anlagekapital rechnen, was schon sehr günstig wäre. Den Hauptgewinn müßte man daraus zu ziehen suchen, daß man Stahlkanonen usw. mit dem Holze und der ganzen Einrichtung machte, vielleicht auch später Eisen- oder Glasindustrie. Mir scheint nur eine große Gefahr dabei zu sein, nämlich die russische Finanzfrage! Wenn nach 10 Jahren der russische Silberrubel nur $^1/_{10}$ Imperial wert ist, so müssen wir bei dem fixierten Preise der Gewehre bedeutend zusetzen! Deren Preise und Löhne steigen mit dem Fall der Währung, wenn auch ein wenig später, in gleichem Verhältnis.

Ließe sich der Preis der Gewehre in Gold festsetzen oder so, daß er vom Kurse des Silberrubels abhinge, so wäre das Geschäft unendlich viel sicherer! Doch einiges Risiko läßt sich in dieser Beziehung auch tragen, wenn die sonstigen Bedingungen gut sind. Ich würde Dir daher raten, darauf loszugehen, wenn Du begründete Aussichten zu haben glaubst, damit durchzukommen, dabei aber den Geldwährungspunkt besonders im Auge zu behalten. Nach Analogie der Ramm- sowie der Kanonenlieferungsangelegenheit, die beide selig und still eingeschlafen scheinen, habe ich freilich nicht große Meinung für das endliche Zustandekommen der Sache. Die Russen lieben die schließliche Entscheidung nicht. Geht die Sache aber doch durch, so müßten wir freilich alle Kräfte in nächster Zeit dieser Sache widmen und alle anderen Projekte einstweilen ruhen lassen, um uns nicht zu sehr zu zersplittern. ······

Die Tiflis-Indien-Anlage [Telegraphenlinie] wird sich wohl so bald nicht zustande bringen lassen. Engländer und Franzosen sind in diesem Sinne tätig gewesen und haben ihren ganzen Einfluß aufgeboten, sind von ihren Regierungen wie von den persischen Gesandtschaften lebhaft unterstützt, haben aber keinen Erfolg gehabt. Die Zustände scheinen doch noch sehr wild zu sein, namentlich jetzt, wo die Perser von den aufständischen Völkerschichten des Südens geschlagen sind. Nur bei sehr lebhafter Unterstützung des russischen Staates, sowie hoher persischer Würdenträger würde sich, glaube ich, der Versuch lohnen, ein solches Unternehmen zustande zu bringen. Augenblicklich scheint mir der richtige Augenblick noch nicht zu sein. Erst muß die persische Macht wieder hergestellt und die kaukasische Linie fertig sein. Fremde Geldhilfe werden wir jetzt sehr schwierig erhalten, es würde also jedenfalls eine sehr riskante Unternehmung. ······

187] An Karl in St. Petersburg.

Berlin, den 4. Juli 1861.

······ Ich habe nur gesagt, daß es mit der ferneren Ingenieurtätigkeit in England zu Ende zu gehen scheint. Glaß & Elliot haben Glück im Mittelmeer gehabt. Dagegen macht sich jetzt unsere Kabelfabrikation viel besser, seit sie von uns selbst in Milbank betrieben wird. Es fehlt jetzt nur eine imposante Verwendung. Da habe ich nun in England die Bekanntschaft mit Mr. Reuter wieder aufgefrischt, der die Libauer Konzession bekommen hat. Der Mann hat Connaissancen, die ihm vieles möglich machen, u. a. Großfürst Konstantin. Er bietet uns Gemeinschaft an und wollte zu Unterhandlungen herkommen. Ich wies ihn aber vorweg an Wilhelm. Da er mit der Magnetic Company sehr liiert ist, die das Helgoländer Kabel besitzt, also auch das größte Interesse an der Libauer Linie hat, so wäre das vielleicht sehr vorteilhaft. Wir müßten die ganze Ausführung und spätere Verwaltung der Linie in die Hand bekommen und uns so einrichten, daß wir nicht viel mehr als den Verdienst am Kabel usw. riskieren. Die Risikos sind übrigens nicht so groß. In der Ostsee ist das Kabel wie in der Nordsee überall reparabel, und Legerisiko ist gar nicht vorhanden. Freilich hätten wir viel Auslagen für Kabel, Schiffe usw., doch das kann uns ja nicht schrecken, wenn wir unserer Sache sicher sind. Die russischen Kurse sind freilich störend! Kennst Du die Reuterschen Bedingungen? Er meint Änderungen bewerkstelligen zu können. — Eine glückliche Legung mit Gummikabeln und ein gewinnreicher Betrieb auf der Linie würden uns ungeheuer nützlich sein, selbst wenn bei der Sache selbst nichts verdient würde. Ohne einen solchen Kraftcoup kommen wir nicht in England in die Höhe. Wie denkst Du Dir das Verhältnis innerhalb unseres Geschäftes, wenn die Sache zustande kommen sollte? Und hast Du überhaupt Meinung dafür. · · · · · ·

188] An Karl in St. Petersburg.

Berlin, den 12. Juli 1861.

· · · · · · Dein unerwartet brillanter Geschäftsabschluß hat uns (Halske ist wieder hier und scheint sich recht erholt zu haben) viel Freude gemacht. Namentlich Deine Extrageschäfte, die doch zeigen, daß wir nicht ganz von früheren Errungenschaften zehren und auch durch neue Geschäfte gewinnen können! Möchte das so fortgehen, es ist ein wichtiges moralisches Hebungsmittel. · · · · · ·

189] An Wilhelm in England.

Berlin, den 16. Juli 1861.

...... Ich stimme ganz mit Dir überein, daß wir die Glasfabrikation vorweg in Angriff nehmen. Hier ist das jedenfalls die sicherste und einträglichste aller Industrien, gerade jetzt, wo unsere Öfen die schon durch die Steinkohlenöfen eingeleitete Bewegung aus den Wäldern und landwirtschaftlichen Händen an die Industrieknotenpunkte so sehr beschleunigen. Halske und ich hatten daher schon vor ein paar Tagen beschlossen, hier ernsthaft vorzugehen und eine Glasfabrik mit Wannenöfen anzulegen, und zwar hier in Berlin. Es ist gewiß zweckmäßig, dort in derselben Richtung zu arbeiten, da die Erfahrungen sich so unterstützen. Ich kenne freilich den russischen Zoll nicht. Ist er ebenso wie beim Eisen aufgehoben oder sehr gering, so wird die belgische Konkurrenz allerdings sehr drückend sein! ......

190] An Karl in St. Petersburg.

Berlin, den 16. Juli 1861.

...... Mit dem Libau-Kabel ist es ja eine verzwickte Geschichte. Reuter sagte mir, er habe die Konzession erhalten und sei ganz in Ordnung. Das scheint darnach ja gelogen zu sein! Auch aus Deinem Brief ersehe ich nicht klar, wie die Sachlage eigentlich ist. Hat denn Reuter wirklich noch gar nichts definitiv erhalten? oder sollte die Garantie, welche F. Gerald haben wollte, nur eine Verbesserung sein? Letzterer Herr hat mir übrigens lange in den Ohren gelegen, um in unserem Geschäft angestellt zu werden. Namentlich die sibirische Linie schien ihn sehr zu locken. Vielleicht war das der Hauptgrund seiner Reise! ......

191] An Karl in Ostende.

Berlin, den 26. Juli 1861.

...... Ich hätte wirklich Lust, noch schnell das Dresdner Glaswerk für ca. 30000 Rt. zu kaufen, damit wir in der Fabrikation drin sind und eigene Erfahrungen haben, bevor Ihr mit der Anlage vorgeht. Der Kauf wäre ganz gut, und wollen wir mal Glasmacher werden, so ist es ganz gut, es gleichzeitig an mehreren passenden Orten zu sein. ······ Das beste bliebe immer, Du kämst auf ein paar Wochen herüber. Ende August oder September wäre, glaube ich, die günstigste Zeit. Jetzt treibt sich alles auf Reisen herum, und es ist nicht viel zu machen. Dann werden auch die kleinen Maschinen im Gange sein, d. i. die à la Wilhelm und eine ganz kleine, lächerlich einfache nach meiner Idee und von uns selbst gebaut. Ist Mechanikerwerk, unter den Arm zu nehmen, wird aber hoffentlich doch eine Pferdekraft geben. Wenn das Ding gut geht, mit Spiritus, Erdöl oder Gas, so wird sich ein immenses Geschäft damit machen lassen! Werde mir dann gleich eine Equipage ohne Pferde konstruieren. Doch das sind noch Träume. Ich sehe aber wirklich nicht ein, warum das Ding nicht das Erwartete leisten sollte — wenn auch vielleicht nicht sofort, sondern erst, nachdem man sich gründlich von seiner Dummheit in den großen Kleinigkeiten überzeugt hat! ······

192] An Karl in Ostende.

Berlin, den 10. September 1861.

······ Mich wollen sie mit Gewalt zum Abgeordneten machen, und ich habe Mühe, sie mir vom Halse zu halten. Ich habe keine Zeit zum Schwatzen. Hoffentlich bekommen Euch die Bäder gut. Das Wetter ist ja leidlich. Bin neugierig, welche weiteren Pläne Ihr ausführen werdet!

Heute war Mr. Reuter aus London (Telegraphisches Korrespondenzbureau) hier und will eine Vereinigung wegen Ausführung seiner Konzession Libau—Schleswig anbahnen. Er behauptet, die Konzession definitiv zu haben. Werde ihn an Wilhelm und Dich verweisen. Er besucht Dich vielleicht in Ostende. ····

193] An Karl in Ostende.

Berlin, den 18. September 1861.

······ Heute ist mir ein höchst interessantes und vielversprechendes Unternehmen angetragen. Aus alten Archiven hat ein hiesiger junger Mineraloge gefunden, daß in einem Orte des Thüringer Waldes vor dem 30jährigen Kriege umfangreiche Kupferhütten betrieben sind mit Erzen von großem Werte. Er hat diese alten Werke in Ohrdruff gefunden, und die genaue Untersuchung hat ergeben, daß sich dort mit sehr wenig Mitteln (25 bis 30 000) ein brillantes Geschäft machen läßt. Hat alles erworben und Konzession von Gotha erhalten. Seine Absicht war bisher, mit seinen 3000 Talern die Sache ganz allein zu betreiben, und er hat noch niemand Mitteilung oder Anerbieten gemacht. Die Sache scheint uns sehr. Das kann noch mal was für unsere Jungens werden. Berg- und Hüttenbau unter soliden und günstigen Verhältnissen ist doch immer die Aristokratie der Industrie. Werde in Unterhandlung mit dem Manne treten. ······

194] An Wilhelm in England.

Berlin, den 30. September 1861.

······ Aus dem Geschäftsbriefe und meiner Einlage wirst Du ersehen haben, daß wir, unter Vorbehalt des Rücktrittes in 3 Wochen, d. i. jetzt nicht viel mehr über 14 Tage, ein Braunstein- und Kupferbergwerk gekauft haben. Wenn die Angaben sich bestätigen, kann die Sache großartig werden. Analysen und genaue Revision durch einen Sachverständigen sind im Gange. Es wäre uns aber wichtig, zu wissen, ob wir auf großartigen Absatz des Braunsteins nach England, wo großartiger Konsum vorhanden, rechnen können. Liefern könnten wir ein unbegrenztes Quantum. Der Braunstein, sowie das Kupfererz (kupferhaltiger Braunstein mit Eisen) lagern in mächtigen, ganz trockenen Flözen, sind ganz wie Braunkohle zu gewinnen. Es ist dies ein ungewöhnliches Vorkommen, da Braunstein immer nur in Gängen sich findet. Soll die Sache lohnen, so müßten wir mehrere 100 000 Ztr. fördern. Schwierigkeit macht nur das Trocknen (ca. 30% Wasser), doch haben wir dafür schon einen guten Plan in petto. Die Frage der Kupfergewinnung ist noch nicht gelöst. Ich denke aber, wo Kupfer ist, wird es schon herauszuholen sein. Ich fürchte bisher, daß außer den 35 bis 40% Braunstein zuviel Manganoxyd und Eisen (letzteres wenig) in der Masse ist, daß also die Chlorkalkfabriken es nur als Zusatz zum spanischen usw. Braunstein werden benutzen können, um die letzte Säure, die den gewöhnlichen harten Braunstein nicht mehr zersetzt, zu verwerten. Unser Braunstein löst sich durch die schwächsten Säuren — zu stürmisch für die gewöhnlichen Entwicklungsapparate. Brauchen nicht die Stahlfabrikanten viel Braunstein? Dann käme es ja auf Manganoxyd gar nicht an, da nur etwas zur Wirkung kommt. Geht die Sache, so könnten wir Euch entweder die Generalagentur für England und Frankreich geben, oder Ihr könntet uns den Braunstein zu einem bestimmten billigen Preise abnehmen und auf eigene Rechnung verkaufen. — Es kommt auch ganz reiner, 85%iger Braunstein vor, doch noch unbestimmt. Uns würde das Braunsteinerz franko Gotha wohl nicht über 5 bis 6 Sgr. zu stehen kommen, und wir könnten es in Gotha gut zu 10 Sgr. liefern. Am teuersten ist die Eisenbahnfracht nach Naumburg (ca. 4 Sgr.). Von da Wasserfracht, die im großen wohl bis England für 3 bis 4 Sgr. zu schaffen wäre. Bitte, nimm Dich der Sache doch eifrig an, doch so, daß wir vor dem 15. Oktober au fait gesetzt sind.

Ich habe mir in Charlottenburg, dicht hinter dem Tiergarten, ein Grundstück zum Sommersitz gekauft. Ein großer, recht hübsch zu machender Garten, 7 Morgen (ca. 180 Quadratruten) groß. Wird freilich noch viel kosten, Haus und Garten recht komfortabel einzurichten! Findest künftig dort ein volles Familienquartier zur Disposition! ······

195] An Wilhelm in London.

Berlin, den 2. Dezember 1861.

Halske ist noch nicht zurück, ist direkt von Wien nach Hamburg gereist und wird wohl morgen kommen. Doch will ich auf Deinen gestrigen Brief einige Zeilen gleich antworten. Du magst ganz recht haben, daß Besitz konservativ macht. In der Tat kann vernünftigerweise der wahrscheinliche Gewinn von 10 Millionen und mehr es nicht rechtfertigen, das ganze bisher Erworbene zu riskieren! Dem wird jeder vernünftige Mann zustimmen. Aller Anfang ist schwer, und niemand macht diese schwierige Periode gern zum zweiten Male durch! In eine Unternehmung, welche, wenn auch höchst unwahrscheinlich, unsere ganze finanzielle Existenz gefährden könnte, würden wir daher selbstverständlich nie eingehen und wenn sie Krösus-Schätze verspräche. Das sind überhaupt Schwindelgeschäfte, auf die kein respektables Geschäft eingehen darf. — Doch so schlimm steht es mit Deinem projektierten Geschäft ja nicht, und 50 000 £ St. könnten wir ja im Notfalle auch noch verlieren, ohne zu sehr entkräftet zu werden. Es handelt sich hier also mehr um die Spezialität des Geschäftes. Ich würde es für ein sehr schlechtes halten, wenn wir nur Apparate und Aufsicht erhalten und dafür 50000 £ St. riskieren sollten. Ohne Aussicht auf tüchtigen und sicheren Verdienst für gelieferte Materialien (Leitung also) ist das Geschäft offenbar schlecht, und wäre das wirkliche Risiko noch so unwahrscheinlich. Das ist es aber durchaus nicht. Wer kann behaupten, ob die neuen Leitungen sich wirklich viel besser halten als im Roten Meere? Hand aufs Herz — niemand. Nur Eisen hat sich bisher in nördlichen Gewässern bewährt, in südlichen bisher nicht. Alle anderen vorgeschlagenen Methoden bedürfen erst der Probe. Das Risiko zehnjähriger Remonte ist also allerdings recht beträchtlich. Dagegen halte auch ich das Legerisiko für gering. — Nimm auch in Betracht, daß es nicht leicht werden wird, in jener blauen Ferne für gute Verwaltung zu sorgen. Der einzige, der dazu allenfalls qualifiziert wäre, ist Löffler. Wird er wollen? Wir werden zu alt, wenn Du willst, auch zu faul, und Du bist an England auch gebunden. Bedenke das auch wohl.

Dies nur heute flüchtig. Die fatale Wahlmannspflicht hält mich jetzt fast immer in Atem[1]). Das dauert noch bis Donnerstag. Dann ist Ruhe! Sonst alles wohlauf! · · · · · · Die Nachrichten über das dortige Geschäft sind allerdings traurig. Auch hier drängt alles zu dem Entschluß, die Telegraphenfabrikation aufzugeben!

196] An Karl in St. Petersburg.

Berlin, den 12. Dezember 1861.

· · · · · · Mit der Gasmaschine bin ich noch nicht im Gange. Die Sache wäre kürzlich beinahe sehr eklig geworden! Das Reservoir mit Knallgas von 4 Atm. Überdruck platzte, zersprengte mir von neuem das linke Trommelfell und riß Mehlis, der gerade

[1]) Werner Siemens war vom Jahre 1862 ab bis 1866 der Vertreter des Wahlkreises Lennep—Solingen im Preußischen Abgeordnetenhaus.

hier war, die Hosen vom Leibe, ohne ihn sonst zu beschädigen. Nur ein Meister bekam einen Splitter ans Schienbein, woran er einige Wochen zu kurieren hat. Sonst nur Fensterscheiben zertrümmert. Das Gestell der Maschine war vollständig zertrümmert. Es beweist dies, daß komprimiertes Knallgas nicht mit Sicherheit durch Metallnetze abgehalten wird, zu verbrennen. Es ist durch ca. 100 Schichten Drahtgaze hindurchgeschlagen, während einfaches Gas durch eine einzelne Schicht zurückgehalten wird. Ich setze die Versuche mit entsprechenden Modifikationen fort. ······

Wilhelm ist jetzt voller submariner Projekte. Die Beteiligung an der neuen Rangoon-Singapore-Gesellschaft, bei welcher Wilhelm $^1/_4$ des Risikos zu übernehmen geneigt war (Glaß & Elliot und Guttapercha-Company $^3/_4$), haben wir nicht genehmigt. War zu unsicher, und ohne bestimmten großen Verdienst an Lieferungen ist kein wesentliches Risiko zu tragen. Dagegen ist das russische Projekt zweckmäßiger. Den Kontrakt mit Reuter hat Dir Wilhelm wohl direkt geschickt. Sorge nur für gute Hintertüren für den schlimmsten Fall, wenn Du Dich definitiv um die Konzession bewirbst! Am besten gefällt mir Wilhelms neuestes Projekt mit Reuter, eine neue irische Linie betreffend. Das Kabel ist nur 70 knots lang und mit unseren Drähten, nach Wilhelms Berechnung, für 11000 £ St. herzustellen. Reuter will eine Kompanie mit 20000 £ St. zusammenbringen. Er will dafür 3000 £ St. haben, wir also 6 übrig behalten. Außerdem die Unterhaltung für 2000 £ St. pro anno. Das sind keine übermäßigen Kapitalien und Risikos und kann für unsere Kabel von entscheidender Wichtigkeit werden, wenn die Anlage gut ausfällt. Hoffentlich bleibt es dabei vorläufig. ······

197] An Wilhelm in England.

Berlin, den 30. Dezember 1861.

······ Es ist mal eine traurige Stagnation im Telegraphenfache, die mit Unfruchtbarkeit schlägt. Die jetzige Richtung, nur billigste, wenn auch liederliche Ware und die einfachsten, für jeden Esel brauchbaren und verständlichen Instrumente zu benutzen, bringt den Fortschritt zum Stillstand. Als wenn es auf einige Taler mehr für Instrumente überhaupt ankäme hinsichtlich des allgemeinen Kostenpunktes, und als wenn man gerade nur dumme Esel zu Telegraphisten verwenden müßte! Das wird beides über kurz oder lang ins Gegenteil umschlagen, aber augenblicklich hemmt es sehr und nimmt die Lust zu Verbesserungen. · · · · · ·

198] An Karl in St. Petersburg.

Berlin, den 10. Januar 1862.

Ich muß meine Korrespondenz im neuen Jahre mit einer sehr traurigen Nachricht beginnen! Karl Himly ist gestern früh am Lungenschlag plötzlich und ganz unerwartet gestorben! · · · · · · Ein schlechter Anfang des neuen Jahres! Schwester Mathilde schrieb kürzlich so glücklich über die sicher fortschreitende Genesung ihres Lieblingssohnes. Es muß ein harter Schlag für sie gewesen sein! Die Trauer um den blühenden und guten Jungen ist allgemein bei uns. Jedermann hatte ihn liebgewonnen. Wir hinken doch alle unbewußt am Rande des Grabes herum — der kleinste Zufall kann uns jeden Augenblick hineinstoßen! · · · · · ·

Nach langen Verhandlungen und Schwankungen haben wir jetzt ein Arrangement mit Hans und Mehlis zustande gebracht, welches Dir hoffentlich auch zusagen wird.

· · · · · · Daß wir auch mit dem Kupferbergwerk [in Ohrdruff] im reinen (einstweilen) sind, schrieb ich ja wohl schon. Wir haben die Geschichte für 25000 Taler gekauft mit 4000 Taler Anzahlung und dem Rechte, nach 2 Jahren vom Kauf zurückzutreten, unter Verlust der Anzahlung und der bis dahin gemachten Aufschlußarbeiten. · · · · · ·

· · · · · · Für die Telegraphenwerkstatt haben wir wieder Arbeit bekommen, u. a. 50 Morse für Bayern und 50 Läutewerke für Wien, 10 Telegraphen für Spanien usw. Wien macht jetzt ganz flotte Geschäfte, können trotz des Neubaus nicht alles beschaffen. Weyrich ist ein ganz tüchtiger Kerl, und darauf kommt alles an. Weniger befriedigend ist augenblicklich England. Unsere dortige Kabelfabrikation ist zwar jetzt in rechter Ordnung, und ich glaube auch, daß Gummi mit Guttapercha drüber, dann Hanfschnüre der Länge nach und schließlich dünnes Messingblech umgewunden eine große Zukunft hat, doch es fehlt an einer eklatanten Verwendung und Wilhelm wird mißmutig, weil er nicht vorwärtskommt! Schade, daß das irische Kabel auf Schwierigkeiten gestoßen ist. Das hätten wir selbst ohne Gefahr machen können! Das russische Projekt ist schon zu groß und schwieriger.

······ Du hast ganz recht, daß Reuter wenigstens die Hälfte der Kaution stellen muß. Ferner muß festgestellt werden, ob das englische Geschäft allein oder mit dem russischen die Kaution und alles Risiko und evtl. Gewinn oder Verlust trägt. Wilhelm allein kann es nicht, wenn er gleichzeitig fabrizieren und unternehmen will. Er meint zwar, unsere bereits realisierten Reichtümer wären das Haupthindernis der Entwicklung des englischen Geschäftes, da wir sie nicht riskieren möchten; er vergißt aber, daß es ihm ohne uns an dem nötigen Kredit fehlen würde! ······

······ Doch obiges Resümee der hiesigen Lage läßt mir nur noch wenig Zeit, Deine Anfragen zu beantworten. Ich bin der Meinung, daß wir uns nicht zu tief in Guts- und Wälderkäufe verstricken dürfen. Ob die Preise der Güter fallen oder steigen werden, ist wohl kaum vorherzusehen, die Spekulation auf das eine oder andere ist daher einfach ein Spiel. Wir wollen noch arbeiten und zwar fabrizieren, müssen also fest darauf hinblicken und uns nicht durch viele andere Spekulationen verlocken lassen. Haben wir Holz für eine lange Reihe von Jahren genug und außerdem Gelegenheit, Holz billig zu kaufen, so brauchen wir weiter keine Wälder zu akquirieren. Die Wahrscheinlichkeit, daß sie noch billiger werden, scheint mir auch eher größer als kleiner. Glasfabrikation muß dort, bei den so hohen Glaspreisen, sich sehr brillant rentieren. Sie kann viel Kapital brauchen, um im großen betrieben zu werden. Wozu das Geld in Gütern und Wäldern festlegen, was vielleicht später fehlt? Wenn daher nicht ein fabelhaft geringer Preis gefordert oder geboten wird, so bin ich nicht für den Kauf. ······

199] An Karl in St. Petersburg.

Berlin, den 17. Januar 1862.

······ Mit dem Holzsägegeschäft nimm Dich nur in acht! Das Sägen ist dabei ganz Nebensache. Die Sache ist Holzhandel, Sägen nur ein Absatzmittel. Holzhandel kostet viel Geld und ist gefährlich für jeden, der kein geborener Holzhändler ist! Das hat z. B. Wöhlert erfahren, der sich auch eine Dampfmühle angelegt und viel dabei verloren hat! Mußt Du es weiter treiben, so suche Dir nur einen recht tüchtigen routinierten Kaufmann für diese Branche, der das Fach des Holzhandels in dortiger Gegend versteht. ······

200] An Karl in St. Petersburg.

Berlin, den 29. Januar 1862.

Deinen Brief heute erhalten. Werde Deine Proposition über Sägemühle eingehend mit Halske besprechen. So recht sehe ich den Grund Deiner Unruhe wirklich nicht ein und Halske ebensowenig. Daß es besser wäre, Du hättest diese Geschichte nicht auf den Hals bekommen, namentlich jetzt, wo aus Geldüberfluß plötzlich Geldmangel entstanden ist, darüber sind wir ja alle einig. Damit ist aber gar nicht gesagt, daß die Sache gerade sehr schlecht oder ein mit wahrscheinlichem Verlust verknüpftes Unternehmen ist. Ich glaube im Gegenteil, daß sich recht hübsch damit verdienen ließe. Daß alles so kommen würde, ließ sich nicht vorhersehen, und es wäre lächerlich, Dir daraus irgendeinen Vorwurf zu drechseln. Da können wir uns viel eher vorwerfen, mit Kontinental- und Vulcanaktien eine schlechte Spekulation gemacht zu haben — und zwar mit Recht, da persönliches Interesse für Wilhelm und Gutmütigkeit Früchtenichts Nöten gegenüber die leitenden Motive waren. Doch wir sind mal Menschen, wollen auch fühlende und nicht immer egoistisch rechnende Menschen bleiben, keine reinen Geldstöcke und Geldmacher werden! Laß Dir also Deine Gemütlichkeit der Sägegeschichte wegen nicht alterieren, lieber Karl. Hättest Du keine anderen Motive, um die Sache zu halten, so würde ich vielleicht raten, die Geschichte einstweilen zu sistieren. Die Maschinen laufen ja nicht weg, und es wird sich schon Gelegenheit finden, sie entweder selbst zu benutzen oder zu verkaufen. ······

······ Daß ich überhaupt Einzelgeschäfte der Kompagnons nicht gern sehe, und zwar aus Gründen, die mehr hier wie dort liegen, weißt Du. Halske ist dagegen gewiß vollständig damit einverstanden. ......

201] An Karl in St. Petersburg.

Berlin, den 21. Februar 1862.

...... Aus Ohrdruff sind sehr günstige Nachrichten eingelaufen. Es bestätigt sich meine Erwartung, daß das Kupfererz wirklich als regelmäßiges Flöz von mindestens 2 Fuß Mächtigkeit auftritt. Die Analysen sind noch in Arbeit, doch scheint auch das Erz vom Kienberg, der bisher nur in Angriff genommen, viel reichhaltiger geworden zu sein, seit es in regelmäßiger Lagerung gefunden ist. Bald werden auch die beiden neuen Schächte am Kienberg zum Ziele gelangt sein, und wir haben dann geognostische Sicherheit. ......

...... Lauten die Nachrichten des Bergmanns fortdauernd günstig, wie ich fest vermute, so kann Ohrdruff eine Gold- anstatt Kupfergrube für uns und unsere Nachkommen werden. Das Risiko von ca. 5000 Taler, welches wir dabei zu laufen haben, ist im Vergleich zur möglichen Größe des Resultates ganz verschwindend. ......

202] An Karl in St. Petersburg.

Berlin, den 14. März 1862.

Ich wollte Dir heute den Brief an Heyse zusenden, doch die fatale Politik hat mich nicht dazu kommen lassen! Ich habe es diesmal nicht ablehnen können, dem Zentralkomitee der Fortschrittspartei für die Wahlen beizutreten. Das macht viel Arbeit und Abhaltung. Werde mich auch diesmal nur schwer einer Wahl entziehen können, wenn es nicht gelingt, hinlänglich viel zuverlässige Leute ausfindig zu machen. In dieser Beziehung arbeite ich also jetzt für meine zukünftige Freiheit von politischer Zeitverschwendung, die mir eigentlich nur wenig zusagt und worin ich doch nur wenig oder doch nichts Außergewöhnliches leisten werde. Jetzt ist aber Pflicht eines jeden, nach Kräften für seine Überzeugung einzustehen! ......

203] An Karl in St. Petersburg.

Berlin, den 24. März 1862.

...... Von Stutzerbach fuhr ich gestern nach Ohrdruff zur Besichtigung des Bergwerks mit dem Bergmeister. Ich habe Dehms (unseren Chemiker) jetzt dort für einige Zeit installiert, um alle bisherigen Aufschlüsse an Ort und Stelle genau zu untersuchen. In chemischer Beziehung sind die bisherigen Resultate nicht allzu günstig. Bergmännisch hat der große Kienberg sich höchst brillant gezeigt. Der ganze Berg enthält ein Lager von 4 bis 20 Fuß Mächtigkeit. Hätte dasselbe durchweg 3% Kupfer, wie unsere erste Probe, selbst aus dem Schacht genommen, ergab, so repräsentierte dies Lager ein kolossales Vermögen! Leider hat sich aber bisher nur ein Gehalt von 1% ergeben, das erste gefundene Vorkommen war also anormal! Vielleicht bessert sich das Verhältnis noch bei weiteren Aufschlüssen, doch jedenfalls nur lokal. — Den anderen Berg, den Steiniger Berg, haben wir erst aufnehmen lassen und dabei gefunden, daß dort in alten Zeiten ein sehr ausgedehnter Kupferbergbau betrieben ist. Dort sind die Erze weit reicher, es fragt sich aber, wieviel die Alten uns übriggelassen haben! Es sind zwar noch große unverritzte Felder da, doch ist nicht bestimmt, ob sie edles Erz enthalten. Die Sache ist also noch unentschieden. Möglich ist allerdings, daß wir die Geschichte mit 8 bis 10000 Taler Verlust wieder fallen lassen müssen, doch kann das Resultat auch noch recht brillant werden. Also „Glück auf"! ......

204] An Karl in St. Petersburg.

Berlin, den 12. April 1862.

...... Der neue magnetelektrische Schnellschreiber[1]) mit Typen macht sich prachtvoll! Hundert Worte pro Minute sind ihm Spaß und immer sicher und ohne Korrekturen. Ich hoffe, es soll ein telegraphischer Monitor werden! Wenn Zeichnung und Beschreibung fertig, bekommst Du sie gleich.

---

[1]) Tastenschriftgeber mit Morseempfänger (Schablonengeber).

205] An Karl in St. Petersburg.

Berlin, den 25. April 1862.

Ich kann nur wenige Zeilen schreiben. Die leidige Politik frißt alle Zeit!

Du bist zu kitzlich für Deine Person, wenn mal was schief gegangen ist! Das geht in einem großen Geschäft mal nicht anders. Gut herauskommen ist die Aufgabe, nicht Zeit auf Fehlersuchen verschwenden! Daß der Fehler hauptsächlich von der Regierung selbst gemacht ist, beweist, daß alle Lieferanten sich geirrt hatten. Den großen Unterschied zwischen den Lizitationsbedingungen und den Kontrakten betreffs der Skalenlänge hat weder die Regierung noch Du, noch wir, noch Greiner bemerkt, — sonst würde jeder diese einzig wichtige Sache sogleich an die große Glocke geschlagen haben. Speziell darüber steht auch in Deinem Privatbrief nichts. Alles andere ist Nebensache. Für wichtig genug haben wir die Geschichte schon gehalten, doch wir hatten nicht das Recht einzugreifen, da Greiner sich das verbat und das Recht dazu hatte. Jetzt steht die Sache anders, da Greiner seinen Kontrakt nicht erfüllt hat. Doch es wird schon alles gut ablaufen, und viel Geld will durch Mühe verdient sein!

Leider hat ein im Herbst einem Wahlbezirk gegebenes leichtsinniges Versprechen, daß ich mich wählen lassen würde, wenn eine Auflösung erfolgte und es an unabhängigen Männern fehlt, mich in die Falle geführt! Solingen und Berlin wollen, gestützt darauf, mich aufstellen. Ich habe lieber für Solingen zugesagt, da das weniger Beschwerden macht. Eben bin ich mit meinem politischen Programm fertig, welches ich einsenden muß! O jerum! ......

206] An Wilhelm in London.

Berlin, den 29. April 1862.

...... Wahrscheinlich werde ich erst Ende Juli kommen können, da ich ziemlich bestimmt in Solingen gewählt werde. Auch der Vetter[1]) ist als Kandidat in Wittenberg und Herzberg aufgestellt. Der Sieg der Fortschrittspartei, — die mir ihren Namen

[1]) Georg v. Siemens.

verdankt, war gestern ein unerwartet glänzender! Im Abgeordnetenhaus wird kaum eine andere Partei zur Geltung kommen. In Berlin sind sogar in unserem reaktionären Wahlbezirk, in welchem alle Geheimen Räte wohnen, nur 41 Wahlmänner (von 500), welche nicht dazu gehören! Bin neugierig, was unser hartköpfiger König nun tun wird! ······

207] An Karl in Rußland.

Berlin, den 16. Mai 1862.

Ich bin seit einiger Zeit in der Korrespondenz mit Dir im Rückstande! Ich hatte zuviel um die Ohren! Politik, Ausstellung, Alkoholometer, Bergwerk, Dresdner Glashütte, mein Hausbau usw. usw. nahmen mich ganz in Anspruch!

Hat man dem Teufel den Finger gegeben, will er die ganze Hand — so ist mir's mit der leidigen Politik gegangen! Als ich im vorigen Herbst hier und in Schlesien eine Wahl ablehnte, erklärte ich, daß ich im Falle einer Auflösung der Kammer annehmen würde, falls es an selbständigen Leuten fehlte. Daraufhin hatte Präsident v. Rönne in Solingen mich vorgeschlagen und gleich erklärt, ich sei gebunden, diesmal anzunehmen. Ich rechnete noch auf Durchfall, es ging mir aber wie dem Juden, der, wie Vater oft erzählte. der französischen Einquartierung die Stiefel putzen sollte und, wie kein Protestieren half, nun doch einen Ehrenpunkt darin fand, recht schön zu putzen, so daß von da ab jeder von ihm geputzt werden wollte! In meinem eingeschickten Glaubensbekenntnis nahm ich gar keine Rücksicht auf die häufig abweichende Ansicht der Parteiführer und stellte meine Meinung oft ganz barock hin. Gerade das aber ist ins Gegenteil umgeschlagen. Sie haben den Brief gedruckt und verteilt und die Folge war, daß ich 427 Stimmen gegen 81 erhalten habe, welche auf den alten Abgeordneten (Justizrat Strohn) fielen. So bin ich denn nun gefangen, und am Montag muß ich schon ins politische Joch. Doch vielleicht jagen sie uns recht bald wieder fort, und ich bekomme so wenigstens Zeit, die Ausstellung zu besuchen. ······

······ Das Bergwerk schwebt noch immer in der Luft. Der „alte Mann" hat doch arg gewütet und immer die besten Bissen ausgesucht. Himlys Verfahren wird zwar ausgezeichnete Resultate geben, wenn wir hinlänglich reichhaltige, namentlich kobaltreiche Erze erhalten, die Frage ist aber noch, ob das der Fall. Ferner ist in der Nähe ein ähnliches Lager gefunden, was noch unbebaut ist und fast umsonst zu erhalten. Doch ich schrieb schon darüber. Bewährt sich dies, so ist kein Grund, für Luisental 25000 Rt. zu bezahlen. Nächstens mehr darüber.

Beschreibung des Schnellschreibers und des großen Induktors wird gedruckt und Dir dann gleich zugeschickt. Ein Patent für ersteren wäre doch wohl zweckmäßig. Der Induktor tut bei schwachen primären Strömen mehr als erwartet, bei starken weniger. Funken über 2 Fuß englisch lassen sich nicht erzielen, da die Elektrizität dann überall ausströmt. Dagegen gibt er mit zwei Elementen schon 10 Zoll. ······

208] An Wilhelm in London.

Berlin, den 26. Mai 1862.

······ Die Kammerverhandlungen absorbieren mich jetzt leider sehr. Von 10 Uhr früh bis abends 12 Uhr fast ohne Unterbrechung Sitzung des Plenums, der Abteilungen, Kommissionen oder Parteiversammlungen! Heute hat nun gar Freund von der Heydt[1]) einen ganzen Sack voll Handels-, Schiffahrts-, Eisenbahn- usw. Verträgen ausgeschüttet, die alle meiner Kommission (für Handel und Gewerbe) zufallen. Da wird wohl in den nächsten 4 Wochen wenig Zeit übrigbleiben! ······

209] An Wilhelm in London.

20.—30. Mai 1862.

Es ist Aussicht vorhanden, jetzt ein ordentliches Patentgesetz in Preußen und Deutschland zustande zu bringen. Namentlich möchte ich meine jetzige Stellung als Mitglied der Landtagskommission für Handel und Gewerbe benutzen, um von der Heydt die Unrichtigkeit seines Standpunktes in dieser Sache nachzuweisen. Preußen erklärt sich nämlich jetzt für Patentlosigkeit! Könntest

[1]) A. Freiherr von der Heydt, 1801—1874, preußischer Minister.

Du mir nicht eine Zusammenstellung über englische Patente und namentlich darüber, wieviel Patente wohl von Deutschen dort jährlich genommen werden und welche Summen dies direkt und schätzungsweise indirekt England zuführt, mitteilen? Du könntest ja einen Agenten damit beauftragen — natürlich auf meine Kosten. ···

210] An Karl in St. Petersburg.

Berlin, den 22. Juli 1862.

······ Mit Alkoholometern geht es jetzt hier ganz gut, wenn auch die 200 täglich noch immer nicht vollständig zutage kommen! Doch haben wir beschlossen, nicht weiter zu vergrößern. Wir wollen in dieser Geschwindigkeit fortarbeiten und namentlich bestrebt sein, beste Ware zu liefern. ······

······ In London haben wir eine Medaille für den Schnellschreiber Siemens, Halske & Co., eine für gute Arbeit und eine für Kabelmaschine, ferner Wilhelm eine für Öfen erhalten. Wir haben jetzt auch wieder telegraphische Arbeit erhalten, fast zur Unzeit, da fast die ganze Werkstatt von Alkoholometern[1]) in Beschlag genommen ist. ······

211] An Wilhelm in England.

Berlin, den 26. Juli 1862.

······ Das Abgeordnetenspiel ist wirklich eine schwere Last, die einem wenig Zeit übrigläßt! Es ist ein seltenes Ereignis, wenn man nicht früh von 9 bis nachmittags 4 Uhr und dann von 7 bis 11 Uhr sprechen hören muß! Ist man dann mit Referaten beglückt, so kann man den Rest der Zeit sitzen und arbeiten, um sich vorzubereiten oder Referate zu schreiben! Mich hat besonders das mir übertragene Referat über die Abteilung „Metalle und Metallwaren" des Handelsvertrages sehr in Anspruch genommen. Der ist nun endlich gestern angenommen, die Plage also vorbei. Jetzt kommt die Militärfrage an die Reihe, deren Schluß auch uns wohl schließen wird! Ich schicke Dir einige Exemplare einer Broschüre, welche ich darüber in die Welt geschickt habe, da ich in dieser

---

[1]) Alkoholmesser, der nach Volumen und gleichzeitig nach Gehalt mißt, s. W. A. II S. 244.

Beziehung eine abweichende Meinung habe. Schicke doch den Brüdern eine davon, die sie wünschen. · · · · · ·

· · · · · · Wie Fritz schreibt, macht Ihr ja gute Fortschritte mit den Öfen! Fritz soll ja recht elend sein. Dann schicke ihn nur mal auf einige Wochen auf heimatlichen Boden, damit er sich wieder restauriert. England bekommt ihm mal nicht recht. Otto scheint sich ja gut zu machen. Dann wären ja nun auch die beiden letzten auf festen Beinen und unsere lange Aufgabe wäre glücklich durchgeführt! · · · · · ·

212] An Karl in Rußland.

Berlin, den 12. August 1862.

· · · · · · Elster hat seine Fehler, ist außerdem durch seine Krankheit niedergedrückt, aber er ist doch redlich und eifrig in unserem Interesse bemüht, und das ist doch die Hauptsache. Ich muß bekennen, daß wir ohne seine unablässige Tätigkeit und einsichtigen Anordnungen (abgesehen von einigen Vorurteilen usw.) mit unserer Alkoholometerfabrikation nicht so in Gang gekommen wären, wie es der Fall ist. Laß ihm doch das Vergnügen, sich etwas wichtiger zu machen als nötig. Ist man darin empfindlich, so läuft man Gefahr, daß man nicht mehr die wirkliche Meinung hört, und das ist dann sehr schlimm. Tadel von Untergebenen muß man immer gern hören. Tun kann man doch, was man will! Überhaupt bist Du noch viel zu kitzlich. Was in aller Welt hast Du Dich denn über Sägemühle, Rinderpest usw. und Elsters Selbstlob in dieser Hinsicht zu härmen? Wenn alle Spekulationen gut ausfielen, müßte man ja im Umsehen Schätze sammeln! Wenn mehr einschlagen als fehlschlagen, muß man zufrieden sein. Was ist es denn auch für ein haarsträubendes Unglück, mal eine tüchtige Maulschelle zu erhalten. Die ist im Gegenteil notwendig von Zeit zu Zeit, um vorsichtig zu werden und mobil zu machen, damit das Verlorene bald wieder eingebracht wird. Das brillante Gesamtresultat Deiner bisherigen Geschäftsführung sollte Dich doch in dieser Beziehung nachgerade etwas dickfällig machen! Deine Mitteilungen über die Sägemühle, Anerbietungen, den etwaigen Verlust allein zu tragen usw., könnten mich ordentlich ärgern. Daß wir auf solche Schwärmereien nicht eingehen würden, und wenn es Dich noch so glücklich machte, weil wir es für unrecht und unnobel halten würden, das mußt Du Dir doch selbst sagen! Laß diese Sache doch künftig nur den gewöhnlichen geschäftlichen Gang gehen. ······

······ Chmelewo anlangend, so meine ich, daß wir dort mit Ameliorationen und Gutsverbesserungen nicht zu schnell vorgehen müssen. Mach's erst, wie der Bauer es immer macht, und erst wenn die Erfahrung sicher ergeben hat, daß Verbesserungen möglich und gut sind — langsam damit vor! Eine Viehherde ist nur nach und nach heranzuziehen, wenn sie gut werden soll. Ob die Gutswirtschaft 1000 Rubel mehr abwirft oder nicht, ist am Ende nicht so wichtig als die Gefahr übereilter Schritte. Darum scheint es mir auch bis jetzt schade, eine so brauchbare Kraft wie Hemp in einen verhältnismäßig so unbedeutenden Wirkungskreis zu bannen. Lieber Chmelewo ein paar Jahre nichts einbringen lassen und auf andere Weise soviel mehr verdient! Doch Du hast wahrscheinlich triftige Gründe und ich will auch an den meinigen nicht gerade festhalten. Ob ich das mit ansehe oder nicht, ist im Grunde ziemlich gleichgültig, da ich weniger als Du davon verstehe. Wenn Du nur der kleinen Schwäche entsagen willst, daß alles, was Du entriert hast, sich auch glänzend bewähren soll, so wirst Du schon das Richtige finden und andernfalls durch Schaden klüger werden! Das ist dann auch ein Geschäftsgewinn, der gar nicht zu verachten ist, wenn er auch nicht in den Büchern figuriert! ······

213] An Karl in St. Petersburg.

Berlin, den 28. August 1862.

Ein Brief aus Nowgorod ist nicht eingetroffen. Es ist sehr fatal, daß Du wieder in Alkoholometerverzweiflung geraten bist, — doch „immer ruhig Blut". Glaub' nur nicht, daß die Sachen hier auch übers Knie gebrochen werden, wenn es Dir auch oft mit Recht so scheinen mag. Der Schein trügt auf so große Entfernungen nach beiden Seiten! ······

214] An Wilhelm auf der Reise von London nach Luzern.

Berlin, den 29. August 1862.

Willkommen in Deutschland, wenn auch am verkehrten Ende! Du hast wohl vergessen, daß Du unsere Briefe nach Luzern bestellt hattest. Laß sie Dir lieber kommen. Kommen kann ich leider nicht. Wir sind immer noch fest an der Kette, und im September wird erst der heiße Kampf beginnen. Wärst Du jetzt in London, so würde ich 8 Tage Urlaub nehmen und hinreisen, um noch die Ausstellung zu sehen. Ohne Dich ist mir London aber zu langweilig. Doch auch das würde seit gestern nicht tunlich sein, da Halske nach Wien reisen muß, um das dortige Geschäft wieder aus dem Dreck zu bringen, in welchen Weyrich es geschoben hat! Es ist für das Telegraphengeschäft ein wahres Unglücksjahr! Da Halske das Terrain dort besser kennt und die Werkstatt reformiert werden muß, so kann ich es nicht abmachen. · · · · · ·

215] An Karl in St. Petersburg.

Berlin, den 22. September 1862.

· · · · · · Es tritt jetzt die wichtige Frage an uns heran, ob wir die Moskauer Gaskonzession annehmen oder ablehnen sollen. Wie Du aus den Aktenstücken weißt, ist man in Moskau zu Kreuze gekrochen und hat alle früheren wesentlichen Bedingungen — also namentlich 60jährige Konzession und Gaspreis — angenommen. Die übrigen und namentlich die veränderten Punkte sind unwesentlich. Es fragt sich nun, ist die Konzession 30000 Rubel oder für uns die halbe 15000 wert! Nehmen wir die Konzession an, so müssen wir diese 15000 zahlen, also riskieren. Ob wir künftig selbst bauen und exploitieren oder die Konzession verkaufen sollen, ist eine spätere Frage. Ich muß nun gestehen, daß ich es doch für leichtsinnig halte, eine Aussicht auf großen Gewinn und eine große dauernde Tätigkeit in Rußland so ohne weiteres von der Hand zu weisen. Zwar ist der politische Horizont dunkel, doch scheint mir Rußland jetzt befriedigender auszusehen als vor einem halben Jahre. Die friedliche Entwicklung scheint doch Boden zu gewinnen. Gefährlich scheint mir bei der Konzession nur der eine Punkt, daß die Konzession und Kaution verfällt, wenn wir nach zwei Jahren nicht beleuchten können. Doch ließe sich dafür wohl eine Konventionalstrafe einführen. Schreib' doch gleich Deine Ansicht über die Sache. Zeit ist nicht zu verlieren. · · · · · ·

216] An Karl in St. Petersburg.

Berlin, den 4. November 1862.

······ In England ist jetzt die Agitation für die Bildung der Peking-Kiachta-Linie in vollem Gange. Die Aufschlüsse, welche uns Herr Ward (von der englischen Gesandtschaft) über die Verhältnisse und den Weg gab, sind sehr befriedigend. Ich glaube in der Tat, daß eine solche Linie sich ohne weit ansehnlichere Schwierigkeiten bauen läßt, als durch die russischen Steppen. Wir haben das nötige Gesellschaftskapital auf 150 Mille £ St. angegeben, aber noch kein Unternehmungsanerbieten gemacht. Suche Du dort auch für die Linie zu wirken, sowohl bei der Regierung wie durch Erkundigungen. Wann denkt die Regierung bis Kiachta fertig zu sein? Haben sich in Sibirien besondere Schwierigkeiten herausgestellt? ······

······ Auf der Ausstellung[1]) war telegraphisch nicht viel Neues, — abgesehen von unserem Schnellschreiber und Kabelfabrikation. Digney hat einen Zeigerapparat mit galvanischen Wechselströmen und unserer polarisierten Magnetkonstruktion mit Uhrwerk. Geht mit wenig Elementen schnell und gut durch 100 Meilen. Über die von der englischen Regierung beabsichtigte Kabelanlage von Indien durch das Persische Meer hinauf haben Wilhelm und ich das verlangte Promemoria eingereicht. Wir haben Kupferdrahtschwänze aus 13 Drähten, 1 Gummiüberzug, 2 Guttaperchaüberzüge, dann Hanf, Eisendrähte, Hanf und Umwicklung mit Kupferblech empfohlen. Es ist nicht unwahrscheinlich, daß man auf unseren Vorschlag eingeht, wenigstens teilweise. Womöglich werden wir dann suchen, nicht selbst zu liefern und zu fabrizieren, sondern den Kontrakt an andere abzutreten gegen royalty. Auch eine Kabelanlage an der La-Plata-Mündung (von Buenos Aires aus) und eine Landlinie in den La-Plata-Staaten sind von uns veranschlagt. Überhaupt eröffnen sich jetzt für uns durch England viele telegraphische Aussichten. Es fehlt uns nur leider an zuverlässigen und bewährten Leuten, denen man mit Sicherheit die selbständige Leitung solcher Expedition anvertrauen könnte!

---

[1]) Londoner Weltausstellung 1862.

Den Bau der Kaplinien hat Wilhelm zwei simplen Mechanikern (Hölzer und Holzboer) anvertraut. Ersterer war in Aegypten und hat für Wilhelm in Irland eine kleine Linie ausgeführt. Wollen sehen! Hätten wir ein paar unzweifelhaft tüchtige und geeignete Leute, so könnte China vielleicht ein ungeheueres Gebiet für uns werden, welches unser zweites Rußland würde! Ich habe wohl bisweilen an Walter gedacht! (?)

Mit den Öfen geht es jetzt unter Wilhelms Leitung ausgezeichnet vorwärts. Ich war in Birmingham und habe dort viele große Glasöfen, z. B. bei Chance, im besten Gange gesehen. Es sind schon 14 Regenerativöfen in dieser Monsterfabrik, welche von einer Eisenbahn und 2 Kanälen (in 3 Etagen!) durchschnitten wird, im Gange! Bestellungen vollauf. Noch großartiger entwickelt sich das Geschäft in Paris und Frankreich überhaupt, sowie in Belgien. In Paris wurde Wilhelm wirklich überlaufen und machte großartige Abschlüsse in den 3 Tagen, namentlich für Glas- und Gasretortenöfen! Letztere sparen nach eigenen Angaben der Pariser Gasanstalt gegen 40% Koks. Das ist auch für Rußland wichtig, sowohl für Moskau als Petersburg und die bestehenden Fabriken. · · · · · ·

· · · · · · Die kaukasischen Telegraphenanlagen müssen wir möglichst kultivieren, auch wenn sie nicht soviel einbringen. England will durch Persien zum Persischen Meere kommen und wird es durchsetzen. Die ganze Linie ist von Major Stuart kürzlich durchreist, und er hält die Schwierigkeiten für leicht zu überwinden. Könnten wir eine Konzession von Tiflis bis Teheran bekommen, so würde das uns auch die Fortsetzung in die Hand geben. Darauf läßt sich Geld in England ohne Schwierigkeiten bekommen. Sollte Walter das nicht fertig bringen? Von der Liebschen Erbschaft wollen wir lieber die Nase davon lassen. Ich glaube auch, daß das Unternehmen recht günstig ist, doch wir dürfen uns nicht weiter zersplittern. Wenn die Telegraphie wieder fruchtbar wird, müssen wir ihr treu bleiben. · · · · · ·

217] An Karl in St. Petersburg.

Berlin, den 22. November 1862.

Eine unvermeidliche Reise nach meinem Wahlbezirk (Solingen) hat mich etliche Tage abwesend gemacht! Gottlob, daß die Geschichte vorbei ist!

Die Hauptfrage Deines Briefes ist die gewünschte Reise dorthin. Mir ist die Geschichte auch im Kopf herumgegangen und Kapherr redete auch zu. Andererseits sind die nächsten 4 Wochen die einzigen ruhigen Winterwochen, die ich voraussichtlich habe, da im neuen Jahre der leidige Kammerdienst wieder beginnt. Ich muß notwendig einige Arbeiten im Laboratorium in dieser Zeit durchführen, die definitive Widerstandsbestimmung in Quecksilber-Etalons[1]), da die neusilbernen sich als unzureichend erwiesen haben, und die pyrometrischen Thermometer. Sonst sind wir blamiert. Auch direkt geschäftlich ist hier jetzt so manches zu tun. England, Wien, Ofenangelegenheit, Kiew — fast lauter verdrießliche Geschichten! Dort kann meine Anwesenheit augenblicklich wirklich nicht viel nutzen. Chmelewo im Schnee und halb verbrannt sehen, ist ganz überflüssig. Von Sägemüllerei verstehe ich auch nichts. Überhaupt hätte ich die schwebenden Fragen lieber durch vertrauliche Geschäftskorrespondenz erledigt. Ich habe dazu triftige Gründe. Halske beklagt sich über ungenaue Kunde über die dortigen Verhältnisse. Du läßt auch auf Siemenssche Art unangenehme Fragen lieber solange wie es geht beiseite. Das taugt aber nichts. Über die definitive Übernahme von Filpola[2]), sowie über das jetzige Verhältnis der Sägemühle sind wir alle noch im Dunkeln. Bitte schreib' darüber mal eingehend im vertraulichen Geschäftsbrief. Ich hätte nicht gern die Annahme gelten lassen, daß wir in Privatbriefen solche geschäftlichen Sachen unter der Hand abmachten. Es ist so manches in unserem Geschäft unklar geworden, daß wir mal überall genau umherleuchten müssen. Lieber direkte Verluste, als unklare und zweifelhafte Geschäfte fortsetzen! ......

---

[1]) Die „Siemens-Einheit" des Widerstandes, s. W. A. I S. 184.

[2]) Ein Gut, das Karl übernahm.

218] An Karl in St. Petersburg.

Berlin, den 5. Januar 1863.

······ Ich bin jetzt mit Untersuchung von Gummimilch beschäftigt, die Wilhelm endlich erhalten hat. Die Sache kann von großer Wichtigkeit werden, sowohl zum Überzug von Drähten als zu anderen Zwecken. Der getrocknete Saft gibt prächtiges, ganz durchsichtiges, sehr elastisches Kautschuk.

Der Spirituskontrollapparat ist jetzt in definitiver Ausführung, nachdem die Versuche beendet sind. Ich denke, in 14 Tagen soll er fertig werden[1]. ······

219] An Wilhelm in London.

Berlin, den 11. Januar 1863.

······ Das Überziehen mit der dünnen Gummimilch hat doch seine großen Schwierigkeiten. Ich glaube, man wird dahinkommen, Seidenband oder feines Papier mit Gummimilch zu tränken und dann entweder spiralförmig umzuwickeln oder, nachdem die Gummihaut sich gebildet hat, durch Deine Scherenmaschinen aufzubringen. Die Gummihaut selbst isoliert ausgezeichnet, wenn sie ganz trocken ist. Läßt man sie eine Zeitlang mit Wasser in Berührung, so wird sie wieder weiß anstatt durchsichtig und isoliert dann bedeutend schlechter. Ein letzter Überzug mit Guttapercha würde sich daher immer empfehlen. Gummigetränktes Papier, zuletzt gut getrocknet, isoliert sehr vollkommen. ······

Du wirst in diesen Tagen die Drahtproben von Gregor und eine Gußstahldrahtprobe von Funcke & Hueck in Hagen erhalten. Letztere ist besonders beachtenswert für oberirdische Linien. Absolute Festigkeit soll 150000 sein, anstatt 40000 (Eisen) und kostet nur 6 Reichstaler pro Ztr. Man braucht nur halb soviel Stangen und Isolatoren und kann viel leichteren Draht nehmen. Für China z. B. sehr wichtig! Schweißen tut er zwar, doch nicht besonders. Wir wollen Lötversuche mit Knallgasgebläse machen, um den Draht auch für Kabel brauchbar zu machen. Sicher ist, daß Stahl das Eisen bei der Telegraphie bald ganz verdrängen wird! ······

---

[1]) Der noch jetzt von Gebr. Siemens & Co. gebaute, nach Volumen und Alkoholgehalt aufzeichnende Meßapparat, s. W. A. II S. 244.

220] An Wilhelm in Madrid.

Berlin, den 19. Februar 1863.

...... Sehr gute Fortschritte habe ich mit dem Gießen der Typen und Schienen für den Schnellschreiber gemacht. Es wird jetzt eifrig an den definitiven Formen gearbeitet (größtenteils galvanoplastisch), und in einigen Wochen denken wir fertig zu sein. Die Legierung aus Zinn und Antimon ist hart und fest und läßt nichts zu wünschen übrig. Die langen und dünnen Schienen waren natürlich nicht fest genug gegen Fallen und Verbiegen, durch einen Kniff habe ich aber diesen Übelstand beseitigt. Es wird nämlich ein Winkelblech (verzinnt) von Eisen mit eingegossen, wodurch eine völlig genügende Festigkeit resultiert! Mein Bestreben ist, diesen Formenguß jetzt für viele Zweige der Kleinmechanik einzuführen und dadurch gute und spottbillige Apparate zu erzeugen. ......

221] An Wilhelm in Madrid.

Paris, Februar 1863.

...... Gehe ja darauf ein, lieber Bruder, und laß die lockende hasardierende Spekulation fahren! Die bringt nur Aufreibung und Gefahr und doch auch im glücklichsten Falle keine wirkliche Ehre! Lies nur die Rede von Prinz Napoleon[1]) über den Suezkanal. Er verteidigt denselben schwach gegen den Vorwurf, eine gewinnsüchtige hasardierte Spekulation zu sein, indem er meint, Kapital müsse durch kontinuierliche, das Gewonnene nicht wieder leichtsinnig aufs Spiel setzende Arbeit angehäuft werden, wenn es den Besitzer ehren solle. Nur dann gebe es ihm Ansehen und Kredit! Er hat darin sehr recht. Risikos, die nicht durch den wahrscheinlichen Gewinn ganz unverhältnismäßig überwogen werden, muß man nur übernehmen, wenn ganz zwingende Gründe vorliegen, wie ich sie für die erste Anlage mit unserem neuen Kabel anerkenne, aber auch dann nur in einem Verhältnis, welches auch im allerunglücklichsten, wenn auch noch so unwahrscheinlichen Falle, nicht störend auf den regelmäßigen Geschäftsbetrieb wirken

---

[1]) Napoleon Jérome, geb. 1822, wurde 1858 Minister für Algerien.

kann. Andernfalls verdirbt ein solches Geschäft den Kredit der Solidität — ähnlich wie Börsenspekulationen! Auch abgesehen davon wäre es meiner Ansicht nach unverantwortlich, wenn Du bei dem effektiven Kapitalstand des Londoner Geschäftes abermals ohne Not das ganze Risiko der Orananlage[1]) übernehmen wolltest. Das würde auch im glücklichsten Falle Deinem Kredit sehr schaden, würde bei jetzigen kritischen Zeiten und der inneren Geschäftskrisis Deine Existenz gefährden und faktisch keinen wirklichen Vorteil bringen. Für den Kredit des Kabels ist es ungemein viel günstiger, wenn die französische Regierung die Anlage auf eigene Rechnung mit unserem Kabel ausführt. Ich würde darauf selbst mit direktem Verlust eingehen! · · · · · ·

· · · · · · Lieber Bruder, Du bist Sanguiniker, wie ich auch etwas, und hast die im allgemeinen gute Eigenschaft, daß Niederlagen Deine Tatkraft erhöhen. Doch der Weg führt leicht ins Verderben. Bitte, folge mir diesmal — sonst führen auch unsere Wege auseinander. Denke, wie nahe Dich die kalorische Maschine an den Abgrund geführt hat! Du hast jetzt eine sichere Existenz, und daß Du sie, wie Du es verdienst, erreichen mögest, ist seit 20 Jahren mein heißer Wunsch gewesen, und ich habe, oft mit Schwierigkeiten, Dich redlich darin zu unterstützen gesucht. Halte jetzt den gewonnenen Boden unter Deinen Füßen fest — es ist leicht, ihn zu verlieren und sehr schwer, ihn wieder zu gewinnen!

222] An Wilhelm in Birmingham.

Berlin, den 2. März 1863.

Eben verläßt mich der Generaldirektor der Post, Telegraphen usw. Derselbe will in Berlin ein pneumatisches Depeschenbeförderungssystem[2]) durchführen, durch welches die Depeschen von und zur Zentralstation den verschiedenen Annahmestellen zugeführt werden. Er wollte meine Ansicht über Ausführung usw. wissen, hätte am liebsten wohl ein Anerbieten desselben in Entreprise zu nehmen gesehen. Natürlich wollen alle Staatstechniker sich die Sache womöglich reservieren! Ich habe mich nun erboten, von

---

[1]) Cartagena—Oran-Kabel, s. L. S. 158, 170.

[2]) W. A. II S. 217.

Dir ein Gutachten einzuholen, welches Aufschluß über den Ausfall der Versuche usw. in England (London, Glasgow) und Paris gäbe, ferner Deine Ansicht über die zweckmäßigste Anordnung, ob Druck oder Zug, Durchmesser der Röhren, zulässige Biegungen, Größe der nötigen Dampfkraft mit Rücksicht auf die Länge abgäben.

Namentlich aber zuverlässige Angaben der wirklichen Resultate, der vorhandenen Mängel usw. Ich bitte Dich nun, lieber Bruder, einen solchen Bericht zu machen. Die Sache gehört doch eigentlich zur Telegraphie, und wenn wir sie mal in die Hand bekommen, so kann daraus ein gutes Geschäft werden. Ich halte es für am besten, wenn die Regierung infolge Deines Berichtes uns den Antrag machen müßte, die Sache in Entreprise zu nehmen. Wir können diese dann als gemeinschaftliche Unternehmung des dortigen und hiesigen Geschäftes ausführen. Englische Unternehmer will die Regierung nicht gern nehmen — aus natürlichen Gründen. Die erste Anlage soll von der Post zum Potsdamer Tor und zur Börse gehen. Glaubst Du gleich eine Summe angeben zu können, für welche wir dann die Entreprise zu übernehmen uns erklären könnten — tant mieux! ······

223] An Wilhelm in London.

Berlin, den 7. März 1863.

······ Über die Röhrendepeschenbeförderung habe ich jetzt hier einige Data erhalten. Du hast die Paketbeförderung-Komp. allein im Auge gehabt; die Electric-Telegraph-Companie hat aber — ich glaube — 3 Anlagen zur Depeschenbeförderung, etwa 1500 Yards lang, wie ich glaube. Für die allein interessieren wir uns. Hättest mal Löffler oder einen Ingenieur hinschicken sollen, um darüber Data zu erhalten. Sie machen ja gar kein Geheimnis daraus, und es haben schon viele die Anlage gesehen. Wir haben jetzt ohne Kenntnis des Vorhandenen ein Projekt gemacht, und man wird uns wahrscheinlich die Anlage übertragen. Für jede Mitteilung werden wir natürlich sehr dankbar sein.

Arbeit haben wir jetzt mehr, als wir leisten können, doch wollen wir Eure Bestellung ausführen. Vielleicht lassen wir uns in Wien helfen.

······ Politik macht mir jetzt trotz der Ferien viel zu schaffen. Ich muß den Versuch machen, die Militärfrage auf eine ganz andere Basis zu bringen, denn so wie jetzt betrieben, verlieren wir allen Boden nach oben und unten! ······

224] An Wilhelm in London.

Berlin, den 16. April 1863.

······ Sieh nur zu, daß wir bald ganz klar in vollständige Ordnung kommen. Reelles, kein alleiniges Geldinteresse muß man an einem Geschäft haben, wenn es einen befriedigen soll.

······ Ich habe zwar mit Vorliebe seit 15 Jahren gerade für die Entwicklung eines englischen Geschäftes gewirkt, aber ich werde mich darum doch ebenso freuen, wenn es in Deiner alleinigen Hand gedeiht. Die Alten müssen ja durch jüngere Kräfte ersetzt werden. Das ist der Lauf der Welt!

Nimm obiges als gut und wahr gemeint, wie es empfunden!

225] An Karl in St. Petersburg.

Berlin, den 17. April 1863.

······ Jetzt ist Meyer wieder da, und ich werde etwas mehr Luft bekommen! Doch die leidige Politik frißt Zeit ohne Maß und Ziel! Namentlich kann ich mich nicht der Militärfrage entziehen, da ich in dieser eine besondere Lösung anstrebe und eigentlich eine eigene Partei bilde. Doch das muß mal durchgemacht werden! Geschäftlich haben wir jetzt vollauf zu tun, müssen sogar Aufträge zurückweisen. Bestellungen für die Kgl. Ostbahn und England nehmen die Hauptstelle ein. Daneben die Schnellschreiber. Außerdem haben wir Auftrag, für die hiesige Regierung einen pneumatischen Telegraphen einzurichten, für Beförderung der Depeschen in der Stadt zu den Filialen. Vorläufig einen von dem Zentralbureau zum Potsdamer Tore. Das macht viel Arbeit. — Persönlich habe ich daneben eine höchst interessante chemische Entdeckung gemacht, die in Gelehrtenkreisen ungeheueres Aufsehen macht. Ich habe nämlich Kohlenpulver auf elektrischem Wege so stark erhitzt, daß es ein permanentes Kohlengas geworden ist! Es bilden 2 Volum Kohlengas und ein Volum Sauerstoff ein Volum

Kohlensäure. Das Gas ist also nun dreimal so schwer wie Wasserstoff. Ich denke, es in der nächsten Akademiesitzung mitzuteilen. Ich dachte eigentlich, die Kohle sollte schmelzen und es sollte Kohlengas oder unkristallinische Diamanten geben! Doch die Sache kann so erst recht zu wirklichen Diamanten führen. Es ist nämlich möglich, daß große Kälte und kolossaler Druck das Gas kondensieren und gefrieren ließen und das Eis schmilzt dann vielleicht ebensowenig wie die Kohle oder der Diamant. Es ist natürlich eine allotrope Kohlenform. · · · · · ·

· · · · · · Mit Moskau gehe nur munter vorwärts. Die Sache ist gut, und ich habe schon den Kern einer Kompanie hinter mir (Dessauer Gasleute), die uns die Sache gern abnehmen will, wenn wir nicht wollen. Röhrensystem für Gas wird stets notwendig und von Wert bleiben, und alle übrigen Verbesserungen könnten uns nur zum Nutzen gereichen. So glaube ich, daß die neue Entdeckung des Azetylen von Berthelot eine uns sehr günstige Revolution hervorbringen wird. Sumpfgas und Kohlenoxyd durch glühende Röhren geleitet, verwandeln sich in $C_4H_2 + 2\,HO$, welches letztere kondensiert. Dies neue Gas hat die doppelte Leuchtkraft wie ölbildendes Gas und kann unter Umständen sehr billig hergestellt werden. · · · · · ·

· · · · · · Der Nutzen der hiesigen Gasanstalten ist sehr bedeutend und steigert sich fortwährend. Laß Dir die Konzession daher nicht echappieren. Man darf durch Maulschellen nicht kopfscheu, nur vorsichtig werden. · · · · · ·

226] An Wilhelm in London.

Berlin, den 28. April 1863.

· · · · · · Gewiß wünsche ich und wir hier alle nichts sehnlicher, als daß ein recht brüderliches und freundschaftliches Verhältnis zwischen unseren Geschäften besteht; es müssen zu dem Ende aber die Hindernisse beseitigt werden, und dann muß jedem aufkommenden Mißtrauen mit unerbittlicher Strenge entgegengetreten werden. Es ist allerdings recht schwer, die einfache Regel zu befolgen, zuerst Fehler bei sich selbst zu suchen — diese unerläßliche telegraphische

Grundregel —, doch mit der Zeit bringt man es doch einigermaßen dahin, wenn man es bei jeder Gelegenheit einschärft und die Rechthaberei als ein Kapitalverbrechen verpönt! · · · · · ·

· · · · · · Gestern besuchte uns plötzlich Prinz Friedrich Wilhelm mit der Kronprinzeß[1])! Zu Sabines großer Freude! Sie war sehr unterrichtet und interessierte sich sehr für unsere Fortschritte! Der Schnellschreiber, der zwischen hier und Frankfurt brillant funktioniert, ist jetzt eine cause célèbre geworden und wird viel in den Zeitungen debattiert. Das war wohl der Hauptgrund des Besuches. In parlamentarischen Kreisen will man ein Kokettieren des Kronprinzen mit der Fortschrittspartei darin finden! · · · · · ·

227] An Wilhelm in Paris.

Berlin, den 13. Mai 1863.

· · · · · · Du sprichst in Deiner Beleuchtung von der Stellung des dortigen Geschäftes dem Publikum gegenüber. Da hast Du vollkommen recht. Ganz dasselbe gilt in Petersburg und Wien. Nur bestimmte Personen können dem Publikum gegenüber verantwortlich sein, nicht Firmen usw. Es handelt sich bei uns jedoch um unser Verhältnis. Das, lieber Bruder, muß anders werden, wie es war, und darüber müssen wir uns eben verständigen. Du faßt dasselbe so auf, als sollten wir, als von unserem übrigen Geschäft losgeschälte Personen, finanzielle Teilnehmer des dortigen Geschäftes sein, die zu wichtigen Unternehmungen ihre Zustimmung geben, — Geld geben, Gewinn oder Verlust einstecken und, wenn sie hinkommen, das Recht haben, in die Bücher zu gucken. Sonst sollen sich die Geschäfte ganz fremd gegenüberstehen. Das ist aber unmöglich; dadurch würde gerade der Zweck, der uns vermocht hat, der Entwicklung des englischen Geschäftes Zeit und Mittel zu widmen, vereitelt. Du betrachtest immer unser hiesiges Geschäft als ein Fabrikgeschäft, das Apparate macht und gleich bezahlen läßt und damit basta. Das ist aber keineswegs. Die Apparatfabrikation hat uns noch nicht den 20. Teil von dem eingebracht,

[1]) Der nachmalige Kaiser Friedrich (III.) und seine Gemahlin Viktoria, geb. Prinzessin von England.

was wir erworben haben. Das tut auch nichts. Wir haben immer gesucht, mit der Apparatkonstruktion und technisch überhaupt an der Spitze zu bleiben, um Unternehmungen in die Hand zu bekommen, an denen zu verdienen. Hört das auf, so ist es geboten, auch unsere Fabrikation zu schließen. Da wir aber von hier nicht fremde ferne Anlagen mit Vorteil ausführen können, so haben wir in Rußland, England und Wien Etablissements gründen müssen, die mit Hilfe unseres telegraphisch-technischen Vorsprunges, unterstützt durch unsere Fabrikation und unser Kapital sowie auch unsere persönliche Mitwirkung, wo es nötig, Unternehmungen machen und unsere hiesige Tätigkeit verwerten konnten! Natürlich machten wir diesen Filialetablissements keine Konkurrenz von hier aus und begnügten uns mit dem Gewinn, den sie uns zuführten. Dies ist die Grundlage unseres Verhältnisses zu dem englischen Geschäft. Wird die untergraben, so wird unser ganzer Geschäftsplan zerstört. Das hiesige Geschäft kann das englische schon deswegen nur als einen Teil seines eigenen Körpers betrachten, weil es sonst genötigt wäre, ihm sofort die erbittertste Konkurrenz zu machen. Wir müssen ja auch als Werkstatt den Weltmarkt uns offen erhalten. Wie soll das geschehen ohne eine Niederlage und Wahrung unseres Geschäftsinteresses in London? ......

228] An Wilhelm in London.

Berlin, den 30. Mai 1863.

...... Es tut mir sehr leid, lieber Wilhelm, daß jetzt so oft dergleichen Klagelieder in meinen Briefen ertönen und Dir gewiß die Laune verderben. Aber es hilft nichts, immer um den Brei herumzugehen und die Ursache von Mißständen immer wo anders zu suchen, als wo sie wirklich liegen. Wir haben alle von unserem sel. Vater etwas die schlimme Eigenschaft geerbt, unangenehme Sachen nicht anrühren zu mögen, bis man sie zur eignen Befriedigung ordnen kann! Es hat mir viel Überwindung gekostet, darüber einigermaßen fortzukommen, weil ich eingesehen habe, daß diese Eigenschaft, ins Geschäftsleben übertragen, geradezu verderblich ist! Verbannen wir sie wenigstens in unserem Verkehr! Am stärksten ist dieselbe auf Hans übergegangen. Der läßt Dutzende von Briefen, gerade wie unser Alter, im Tischkasten liegen, wenn ihm der Inhalt nicht paßt, und bringt einen dadurch geradezu zur Verzweiflung! · · · · · ·

229] An Wilhelm in London.

Berlin, den 8. Juni 1863.

· · · · · · Ich schließe unsere verdrießliche letzte Korrespondenz mit dem wiederholten telegraphischen Grundsatz und Rat: Jeder suche den Fehler mehr bei sich als dem Nachbar, dann wird er am sichersten gefunden! Leider fehlt man doch immer dagegen, auch bei dem besten Willen. Das ist mal nicht anders. Es wird sich aber alles regeln, staatlich wie geschäftlich, wenn nur jeder Klarheit, Wahrheit und Recht vor allem anstrebt! · · · · · ·

230] An Karl in Rußland.

Westminster, den 27. Juni 1863.

· · · · · · Hier ist jetzt vollauf zu tun. Das Geschäft ist im entschiedenen Aufschwunge und erinnert mich an die Zeit der großen russischen Kontrakte. Es liegen augenblicklich für ca. 80000 £ St. Aufträge für die nächsten 3 Monate vor — Kabel, Pfosten (eiserne) und eiserne Isolatoren usw. — Außerdem ist die neue Kabelfabrik zu erbauen und einzurichten, welche noch in diesem Sommer in Tätigkeit treten muß, um das Algierkabel zu machen.

· · · · · · Die Franzosen haben großartige Pläne und wollen im Lande fabrizieren! Da die englische Regierung jetzt große Linien im Orient, Indien usw. baut und vorhat und uns sehr wohl will, so ist die Aussicht auf eine großartige Entwicklung des hiesigen Geschäftes sehr begründet. Bedenklich ist mir, daß das ganze Geschäft auf Wilhelms Schultern allein ruht. Seine Leistungsfähigkeit ist zwar groß und bewährt sich jetzt recht glänzend, doch — er ist ein Mensch und das ist bedenklich! · · · · · ·

· · · · · · Ich hoffe, der Schnellschreiber wird sich schnell über die Welt verbreiten und der Berliner Werkstatt auch neuen Aufschwung geben! · · · · · ·

231] An Wilhelm in London.

Charlottenburg, den 30. August 1863.

...... Da ich mit Halske übermorgen (Dienstag abend) nach Petersburg abreise, so ist meine Zeit etwas in Anspruch genommen! Die Reise wird nur 14 Tage währen. Sie ist durchaus notwendig und von Karl bestimmt verlangt. Es müssen über den Gang und die Führung des Petersburger Geschäftes entscheidende Beschlüsse gefaßt werden. In 3 Jahren ist unser Gesellschaftskontrakt zu Ende, und die alte Basis ist für die Erneuerung nicht tauglich. Halske will nicht mehr mitspielen, wenigstens nicht in bisheriger Weise. Damit kommt die Frage der Nützlichkeit, resp. Notwendigkeit des Berliner Fabrikgeschäftes überhaupt in erster Linie auf die Tagesordnung. Es muß sich notwendig an die russische Reise eine Zusammenkunft von uns mit Dir schließen, um entweder zum Beschluß der Auflösung des ganzen alten Siemens & Halske-Geschäftes mit Filialen usw. oder zu einer allgemeinen befriedigenden Neubildung zu führen. Auf die lange Bank läßt sich diese Entscheidung nicht mehr schieben. 3 Jahre sind keine zu lange Abwicklungsfrist, und man kann namentlich nicht fortbauen ohne länger dauernden Grund unter den Füßen! Halskes Gründe sind für mich persönlich recht schmerzlich. Er meint, wir würden beide zu alt und zu wenig nachgiebig, und durch sein bisheriges stetes Nachgeben habe das Geschäft eine Richtung angenommen, die ihm nicht zusage. Schon bei Gelegenheit unseres Eingehens auf kalorische Maschinen und später Öfen habe er den Entschluß gefaßt, auszutreten, an dem er festhalten würde. Ich muß gestehen, daß er nicht *ganz* unrecht hat. Die Interessen meiner Geschwister haben in der Tat mehr Einfluß auf den Gang unseres Geschäftes gehabt, als es einem der Familie Fremden gegenüber billig war. Doch habe ich wenigstens immer geglaubt, im Geschäftsinteresse zu handeln, wenn ich das Geschäft und nicht mich persönlich in etwas einließ. Ich werde natürlich nachträglich bei der Auflösung eine billige Ausgleichung herbeizuführen suchen. Es sind aber nicht die Geldinteressen, sondern mehr Gefühlssachen, die Halske bestimmen. ......

232] An Karl in St. Petersburg.

Berlin, den 31. August 1863.

······ Halske hat jetzt wiederholt die Erklärung abgegeben, daß er nicht gewillt ist, den Gesellschaftskontrakt mit uns zur gemeinschaftlichen Fortführung des Geschäftes zu erneuern.

······ Meinesteils habe ich noch keinen bestimmten Entschluß gefaßt. Eine neue Firma zu etablieren, dazu bin ich zu alt; die alte gewohnte fortführen nach Austritt Halskes mag ich nicht, würde auch nicht einmal angehen. Wenn Wilhelm erklärt, daß ein Berliner Fabrikgeschäft nicht für das dortige nötig ist, so wird es am besten sein, hier ganz zu schließen. Ob ich mich dann persönlich oder vielleicht nur als Kommanditär mit Kapital beim englischen und russischen Geschäft beteilige, — falls Du und Wilhelm es fortführen wollt, — oder ob vielleicht eine innigere Kombination zwischen uns dreien zustande zu bringen ist, welcher Halske vielleicht einen Teil seines Vermögens als Kommanditär überläßt, das will eben gründlich überlegt sein und hängt von der Beantwortung vieler Vorfragen ab. — Daß es für mich eine recht traurige Beschäftigung ist, an der Zertrümmerung des mit so vieler Mühe und Liebe großgezogenen Geschäftes zu arbeiten, brauche ich Dir kaum erst zu sagen. ······

233] An Wilhelm in London.

Berlin, den 21. September 1863.

Gestern sind wir glücklich aus Petersburg retourniert. Deine Briefe an Karl und mich sind dort richtig eingetroffen. Die Frage der Geschäftsreorganisation nach 1863 ist vielfach ventiliert. Wir können sie während der Kabellegung eingehend besprechen und müssen dann im Spätherbst eine Zusammenkunft haben, zu der Karl herkommen wird, um schon jetzt zu einem bestimmten Arrangement zu kommen. Das ist notwendig, um die Geschäftsleitung nicht aus der Hand zu verlieren. Halske bleibt bei dem Entschluß, vollständig auszuscheiden, bei billigen Fristen für Rückzahlung des Kapitals. Ich habe persönlich auch Karl vorgeschlagen, mit Dir vereint das englische Telegraphengeschäft schwunghaft zu betreiben und das hiesige und russische Geschäft aufzulösen. Kapital würde ich Euch zu billigen Bedingungen belassen. Es sind aber sehr gewichtige Bedenken dagegen, die bei Karl vorläufig vorwiegen. Karl ist in Petersburg eine sehr einflußreiche Persönlichkeit, in fast noch höherem Grade als Du in England. In England wäre er doch nur eine tüchtige Bureaukraft ohne persönliche Geltung. In Rußland wirkt unsere getane Arbeit fort, gibt Macht und Kredit, — beide wären verloren! Die dortigen Unternehmungen sind im besten Aufschwunge und wären nur mit großen Verlusten aufzulösen. Dazu kommt, daß Walter, mit dem Ansehen und Kredit unserer Firma in Rußland, jetzt in Tiflis sich einen großen Wirkungskreis verschafft hat, der eine Goldgrube zu werden verspricht. Mündlich Näheres darüber. Auch das würde zu Wasser werden, wenn unser Petersburger Einfluß aufhört. Das die wichtigsten Gründe, die gegen Deinen Vorschlag sprechen. Mich persönlich anlangend, so würde ich jedenfalls Halskes Beispiel gefolgt sein, mich auch ganz von den Geschäften zurückzuziehen, wenn ich nicht jetzt Hoffnung hätte, meine körperliche und geistige Frische ganz wiederzugewinnen. Kissingen hat mir aber sehr wohl getan, und ich denke jetzt, daß mir das Faulenzen doch noch nicht munden würde! Vorausgesetzt, daß ich mich nicht über mich selbst täusche, findet sich vielleicht ein Weg, der unsere Arbeitskraft und das Resultat unserer bisherigen Leistungen noch eine Reihe von Jahren nützlich verwendet, ohne daß der eine dem anderen dadurch ein Opfer zumutet! ······

234] An Karl in St. Petersburg.

Berlin, den 8. Oktober 1863.

······ Fritz ist nach Dresden. Seine Angelegenheit wird sich so regeln, wie ich Dir vorschlug. Die Frage ist nur, wie soll Fritz zu Rußland stehen? Wenn sich die Sache so durchführen läßt, wie ich mir vorstelle, wenn Fritz also den technischen Teil des Geschäftes von hier aus durch sein Bureau betreibt, alle Zeichnungen macht, Projekte ausarbeitet und Leute zur Ausführung ausbildet und nach dort schickt, so wäre es wohl nicht billig, ihn mit $^1/_3$ Anteil abzuspeisen. Ich denke, $^1/_2$ wäre angemessener. Was meinst Du?

Fritz will mir absolut inen Anteil für sein hiesiges Geschäft aufdrängen, ich will aber keinen haben und ihn sein Geschäft ganz allein betreiben lassen. Ich beschäftige mich sonst auch zu viel mit der Sache auf Kosten anderer. Übrigens scheint die Leuchtgasfabrikation die Sache erst recht großartig zu machen. Das wird eine wahre Revolution geben, wenn nicht ganz unvorhergesehene und zu sehende Hindernisse dazwischen treten! · · · · · ·

· · · · · · Mit den Alkoholometern denke ich sicher den Vogel abzuschießen. Sie werden sehr solide und schön. Werde nächstens einige schicken. · · · · · ·

235] An Karl in St. Petersburg.

Berlin, den 19. Oktober 1863.

· · · · · · Die Kupfererzproben sind offenbar reiner Kupferkies, also von ca. 34% Gehalt. Die Analysen sind beinahe fertig, und wirst Du dann die speziellen Resultate erhalten. Roth behauptete, daß man aus dem Bericht noch nicht auf die Zuverlässigkeit der Sache schließen könnte. Daß die ganze Masse aus solidem Kupferkies bestehe, will er nicht glauben, da dies Vorkommen nirgends beobachtet sei. Es fehlt auch namentlich jeder geognostische Anhalt im Bericht. Frage doch mal an, wie die geognostischen Verhältnisse wären, also umgebende Bergarten, Gangarten usw. Die Hauptfragen werden freilich immer bleiben: besteht die ganze Masse aus Kupferkies, oder ist dieser verteilt in der Gangart, und woraus besteht diese? Wie ist diese Überzeugung gewonnen? Was beweist, daß die „versoffenen" Schächte nicht zu Ende gekommen und das beste, wie in Ohrdruff, durch den „alten Mann" schon verzehrt ist? Sonst wäre die Sache ja famos! Auf große Hüttenanlagen dürfte man sich natürlich vorläufig nicht einlassen, die müßte sich das Bergwerk mit altem Betriebe selbst verdienen! Sollte aus der Sache was werden, so müßten wir unseren alten Ohrdruffer Steiger — einen sehr tüchtigen und zuverlässigen Kerl — hinschicken und einen Spezialmann für die Hütte engagieren. Doch es wird wohl ein hinreichend mächtiges Hindernis dazwischen kommen!

· · · · · · Ich habe einen großen Kampf begonnen gegen die

ganze Freihandelmeute, welche die Patentgesetzgebung in der Welt beseitigen will. Die hiesige Regierung stand schon auf dem Punkte, darauf einzugehen und wollte nur noch die Zustimmung der Handelskammern haben.

Die Kölner und Magdeburger haben sich schon für Aufhebung erklärt. Die Berliner, die ähnlich disponiert war, hat aber mein Memoire mit ganz entgegengesetzten Anträgen angenommen, und zwar einstimmig! Ich denke, ich werde nun Verbündete bekommen, die das Maul aufzutun wagen, und wir werden die Strömung noch rechtzeitig umkehren. Auf viele giftige Angriffe muß ich mich freilich gefaßt machen! · · · · · ·

236] An Karl in St. Petersburg.

Berlin, den 4. November 1863.

· · · · · · Ich denke Ende d. Mts. direkt nach Cartagena abzureisen. Wilhelm allein mag ich die Sache nicht gern überlassen, schon deswegen nicht, weil er nicht seefest ist. Daß ich es vollständig bin, habe ich diesmal wieder auf der Überfahrt von England nach Ostende bewiesen, wo ich mit meinem einzigen Mitreisenden ganz gehörig geschaukelt wurde! Kapherr, den ich kurz vor meiner Abreise in London sprach, ist gegen die gemeinschaftliche Kabellegung mit Wilhelm, weil er meint, es könnte dem Geschäfte schaden, wenn wir beide zugleich dabei umkämen. Die Sache läßt sich hören, doch ich denke, Neptun wird mich nach bestandener Prüfung im Roten Meere jetzt schon ungeschoren lassen! Es kommen jetzt in unserem Geschäftsleben viele sehr kritische und wichtige Krisen zusammen, und es heißt Kopf oben und die 5 Sinne zusammenhalten! Walter wird hoffentlich nach Empfang meines Briefes durch Elster in seinem Feuer etwas gedämpft sein. Der Junge kann uns in eine tolle Patsche bringen, wenn er sich bindend verpflichtet oder Geld zahlt, bevor alles ganz à jour ist. Die Rechtsverhältnisse der Mine scheinen namentlich sehr verwickelt und schwierig. Schreib' ihm nur mit größter Bestimmtheit, daß er nicht über die kleinste Unsicherheit hinwegschlüpfen darf. Er scheint es namentlich sehr eilig zu haben, — was ihm gelegt werden muß. Um was anderes wie Abschluß von Übernahmeverträgen darf es sich überhaupt jetzt gar nicht handeln. Ganz entschieden bin ich dagegen, gleich mit großen Hütten- und Walzwerkbauten vorzugehen. Das wäre auch im günstigsten Falle sehr verkehrt, wenn noch Teilnehmer vorhanden und hinauszubringen sind. Auf einen oder ein paar Tage früher oder später zum großen Betrieb kommt es gar nicht an. Für Anlage eines Kupferwerkes halte ich Dr. Bernoulli auch gar nicht für erfahren genug. Da muß er erst sehr genaue Pläne und Projekte mit speziellen Berechnungen einschicken, die wir prüfen lassen können. Verweigere Walter sehr bestimmt jedes Geld zu anderen Sachen als zur Erwerbung von Rechten, und zwar muß er auch hierbei in erster Linie Ökonomie im Auge haben. Es ist jetzt Mode geworden, die Kupfererze der ganzen Welt nach Swansea zu senden, wo sie auf Kupfer verhüttet werden. Möglicherweise könnten wir mit Vorteil dasselbe von dort tun. Seine Tataren werden bei großem Betriebe doch nicht Kupfer genug brauchen und dasselbe müßte doch nach Europa geschickt werden. Das Erz wird freilich über dreimal so viel zu transportieren kosten, doch dafür ist die Arbeit in England auch sehr viel billiger und Kohlen in Swansea ja gewiß auch billiger als dort Holz in der Hütte. Wird etwas Geld auf dem Wege zur Grube verwendet, was doch geschehen muß, so läßt sich das ganze sonstige disponible Geld auf die Erzförderung und den Transport verwenden. Lohnt sich das Unternehmen auch nur mäßig, so ist es immer unendlich viel besser, als große Summen in Hüttenanlagen zu stecken. Sehen wir dann, daß die Förderung dauernd gute Resultate gibt, so lassen sich größere Mittel anwenden, um die Teilnehmer zu beseitigen und Hüttenanlagen zu machen. Ganz besonders unzweckmäßig, ja geradezu töricht, scheint es mir, Walzwerke anzulegen! Wer soll denn dort so viel Blech brauchen?

Halske will von einer Beteiligung des Geschäftes an den Kupferminen nichts wissen. Wir müssen daher allein mit der Sache vorgehen. Der Kontraktpunkt, welcher Privatgeschäfte verbietet, wird daher jetzt aufgehoben werden. —

...... Über unser künftiges Geschäftsverhältnis habe ich auch mit Wilhelm vorläufig Meinungsaustausch angeknüpft, d. h. ich habe ihm vorläufig meine Meinung mitgeteilt zur Überlegung. Das bisherige halbe Verhältnis, bei welchem Wilhelm halb Privatingenieur auf eigene Rechnung, halb Kompagnon ist, scheint mir keine geeignete Grundlage für ein definitives Verhältnis zu bilden. Ich habe Wilhelm daher vorgeschlagen, von 1867 ab mit Dir und mir vollständig in Kompanie zu treten. Die Firma solle „Gebr. Siemens" werden, und es sollen drei abgesonderte selbständige Häuser in Berlin, Petersburg und London bestehen. Jeder von uns führt sein betreffendes Geschäft selbständig als alleiniger Disponent und ist nur bei größeren, mit Risiko verbundenen Unternehmungen und bei größeren Kapitaldispositionen usw. an die Zustimmung der Kompanie gebunden.

...... Freilich wird Berlin mit seinen jüngeren Geschwistern nicht konkurrieren können, doch dafür hat es auch noch bedeutende Anrechte an den Patent- und sonstigen Vermögensbesitzstand des jetzigen englischen Telegraphengeschäftes. Daß ich speziell etwas schlechter fahren werde wie Ihr beide, mag durch mein höheres Alter und beginnende geringere Leistungsfähigkeit seine Ausgleichung finden.

Überlege auch Du Dir die Sache recht gründlich und vorurteilsfrei nach allen Richtungen hin, und mache Du dann Gegenvorschläge, wie auch Wilhelm zu tun versprochen hat. Mein leitender Gedanke zu diesen Vorschlägen war der, eine dauernde Firma zu stiften, welche vielleicht mal später unter der Leitung unserer Jungens eine Weltfirma à la Rothschild u. a. werden könnte und unseren Namen in Ansehen in der Welt bringt! Diesem großen Plan muß der einzelne, wenn er ihn für gut hält, persönliche Opfer zu bringen bereit sein! Eine einfache, klare und gesunde Basis ist dabei die Hauptsache. Vielleicht weißt Du eine bessere. Ohne Verbindung mit Wilhelm, der durch sein Domizil und die dort erkämpfte angesehene Stellung den Weltverkehr in der Hand hat, kann die hiesige Telegraphenfabrik nicht fortbestehen. Du wirst dagegen gerade in Verbindung mit England bei dem zu erwartenden großen Aufschwunge Rußlands künftig bedeutende Unternehmungen, sowohl telegraphische wie andere, in die Hand bekommen. Ich kann auch aus Deutschland dazu technische und wissenschaftliche Kräfte ausbilden und besorgen und Euch persönlich mit Rat und Tat — außer der hiesigen Geschäftsleitung — zur Seite stehen wie bisher. Zwar ist es in mancher Hinsicht nicht gut, daß die Interessen an den verschiedenen Geschäften nicht dieselben sind, — doch das wird sich nicht ändern lassen, hat auch andererseits das für sich, daß jeder in der Hauptsache die Früchte der eigenen Arbeit genießt. · · · · · ·

237] An Karl in St. Petersburg.

Berlin, den 3. Dezember 1863.

Die Politik läßt einem jetzt nicht viel Ruhe! Die schleswig-holsteinische Frage ist wie ein Feuerbrand in das Pulverfaß unserer inneren Zerwürfnisse gefahren und wirft Freund und Feind durcheinander! Es fragt sich jetzt in erster Linie, wer hat Herz und Sinn für ein künftiges, einiges und mächtiges Deutschland und wer nicht! Hoffentlich bleibt der erstere Teil auch bei uns in Preußen Sieger. · · · · · ·

Elster versteht allerdings nichts von Bergbau; in seiner Abneigung gegen dortige kostspielige Anlagen stimme ich ihm aber ganz bei. Für solche rohe Länder ist der Handel die einzig sichere Erwerbsquelle. Ich erwarte jetzt von Wilhelm ein Preisangebot auf das Erz. Ich meine, wir müssen dahin streben, einen Erzhandel zu etablieren, der viel Geld einbringen kann. Wie es beinahe scheint, ist das Land voll von guten Kupferminen. Der Kupferverbrauch ist jedenfalls nur unbedeutend. Die Kulturländer sind die großen Konsumenten, und Kupfer geht stetig bergab, da große reichhaltige Lager in allen Teilen der Welt erschlossen sind und Kupfer mehr und mehr durch Stahl ersetzt wird. Man muß daher suchen, schnellmöglichst viel gutes Erz an den Markt zu bringen. Das Geld, das man anlegen will, muß man daher auf Bergbau, — wenn nötig, — verwenden und nicht in Hüttenanlagen stecken. · · · · · ·

238] An Karl in St. Petersburg.

Berlin, den 19. Dezember 1863.

· · · · · · Ich reise nun definitiv am Weihnachtsabend via Paris, Madrid, Alicante nach Cartagena. Wilhelm reist schon morgen. Schiff ist seit vorgestern unterwegs. Alles in guter Ordnung! Wir denken, am Silvesterabend die Legung zu beginnen. Wird mit den beiden shore ends wohl 8 Tage dauern. Nur gut Wetter und etwas Glück! ......

239] An Karl in St. Petersburg.

Paris, den 10. Februar 1864.

Du wirst durch Berlin au courant mit unserem Geschick bei der Kabellegung gehalten sein. Ich habe Dir leider die versprochene Depesche nicht schicken können. Wir haben nach 2 vergeblichen Versuchen, das Kabel zu legen und nach Verlust von $^1/_3$ unseres Kabels für jetzt abstehen müssen von der Legung! Unser erster Versuch scheiterte an der großen Trommel. Sie war, wie ich immer fürchtete, schlecht gefertigt. Die Räder waren von Gußeisen, hatten sich schon eingelaufen beim Aufwickeln des Kabels, und beim Abwickeln entstanden Erhitzungen, die Keile flogen fort usw. Außerdem war bei Schwankungen des Schiffes die Seitenreibung so groß, daß die Trommel nicht in konstanter Geschwindigkeit blieb. Kurz, schon nach 15 knots riß das Kabel. Wir fischten nach langem Suchen etwa $^1/_3$ wieder auf und gingen nun an die beschwerliche Arbeit, das ganze Kabel von der Trommel in den hole zu wickeln, was uns fast 14 Tage Zeit kostete. Leider hatten wir jetzt nur noch etwa 10% Kabelüberschuß, und die französische Regierung schlug uns ab, die Linie nach Almeria anstatt nach Cartagena zu legen. Wagen mußten wir jetzt trotzdem die Legung, da die Gefahr zu groß war, daß das Kabel sich bei der Aufbewahrung bis zum Sommer wesentlich verschlechterte. Am 28. Januar, also 14 Tage später, schickten wir uns daher schweren Herzens zur zweiten Probe an. Alles ging ganz prachtvoll. Leider mußten wir aber des steilen Terrainabfalls an der afrikanischen Küste wegen zu viel Kabel auslaufen lassen. Wir mußten daher suchen, mit höchstens 5% slag auszulegen, um nicht Gefahr zu laufen, zu kurz zu kommen und so alles zu verlieren. Aber es ging alles prächtig, und wir wollten eben wieder die Bremse mehr nachlassen, als — ein Ruck unsere Hoffnung zu Wasser machte! Wie die Untersuchung ergab, war der Hanf an der Bruchstelle gebräunt, — was uns einen Augenblick an Bosheit glauben ließ. Doch es scheint eine Schwächung durch Eisenrost gewesen zu sein. Du hast keine Idee davon, wie ein solcher Ruck einem durch die Glieder fährt! · · · · · ·

· · · · · · Halske ist jetzt gegen jede Unternehmung, namentlich von vornherein gegen alles, was mit Wilhelm zusammenhängt. Seit Wilhelms Öfen aber so brillante Revenuen bringen und das Londoner Telegraphengeschäft auch — abgesehen von unserem Kabelunglück — so brillante Geschäfte macht, wäre es doch töricht, uns vom Londoner Geschäft zurückzuziehen, wie Halske es wünscht. Ohne das Londoner Geschäft kann das Berliner auch nicht existieren, und jetzt, nachdem mit 15jähriger Arbeit das Londoner Geschäft endlich in guten und einträglichen Fluß gekommen ist, das Gewehr in den Graben zu werfen, weil man ein Unglück gehabt hat oder aus persönlicher Abneigung —, wäre doch eine Sünde! Der Schaden wird aber auch mit dem Kabel so groß nicht sein und kann sehr gut vom Londoner Geschäft aus seinem Verdienst bestritten werden. · · · · · ·

· · · · · · Bei dem großen Sturme, den wir zwischen Almeria und Oran zu überstehen hatten und der uns in ziemlich bedeutende Gefahr brachte, hat Anne sich mit bewundertem Mute in ihr Schicksal ergeben! Als das Kabel aber riß, war ihre Selbstbeherrschung nicht ausreichend, das wirkte stärker als die Todesfurcht! Wir sind doch sonderbare Geschöpfe!

Leb' wohl, lieber Bruder. Verzeih, daß ich so lange nicht schrieb. Es ist aber mal ein Familienfehler, nicht gern Unangenehmes zu sagen oder zu schreiben! · · · · · ·

240] An Wilhelm in Madrid.

Paris, den 17. Februar 1864.

· · · · · · Daß ich jetzt nicht für das Londoner Geschäft kontrahieren kann, liegt auf der Hand. Bedenkst Du die schwierige Finanzlage, die teils durch die Kriegszeiten, teils durch den wahrscheinlichen Austritt Halskes eintreten wird oder wenigstens kann, so wirst Du Dir auch sagen müssen, daß es leichtsinnig wäre, den Orankontrakt fortzuführen und von neuem das ganze Risiko zu laufen. Denn möglich ist doch immer ein vollständiger Verlust, es braucht ja nur ein unvorherzusehendes Gewitter die fast vollendete Legung zu stören! Ein vorsichtiger Geschäftsmann darf sich aber auch durch die lockendsten Aussichten nicht verleiten lassen, in Unternehmungen einzutreten, deren ungünstigsten Ausgang er nicht überwinden könnte, ohne in Existenzgefahr zu verfallen! So gern ich Dir, lieber Bruder, den Ruhm, die Legung nach Oran glücklich ausgeführt zu haben, gönne und Dir dazu helfen möchte, ich kann es unter obwaltenden Umständen nicht. Ich glaube auch, daß es für Dich persönlich besser ist, dies Feld baldmöglichst zu verlassen. Du hast einen anerkannten, glänzenden Wirkungskreis. Du bist zu gut, um in der Welt herumzufahren und Kabel zu legen. Auch wenn das gelingt, bringt es Dir doch mehr Schaden als Vorteil. Legst Du das Orankabel glücklich, wie zu hoffen, so ist Dein Geschick entschieden. Du mußt fort und fort Kabel legen, was am Ende jeder Esel kann und vielleicht besser als Du, da er nicht erfindet und nicht zu viel denkt. Bitte, überlege das ruhig, ohne den wirklich unwesentlichen Ehrenpunkt, der sich von London ganz anders ausnimmt, zu sehr vorwiegen zu lassen! Kannst Du es nicht lassen, so lege doch Centakabel, aber gib den Kontrakt auf. — Direkt zu gewinnen ist doch nur wenig dabei, bei jetzigen Preisen und nötigen Verstärkungen. Wozu also die Sorge und Plage für ein weiteres halbes Jahr? Das Kabel wird schon oben bleiben, da es vernünftig und zweckmäßig ist. Den Verdienst kann man immer riskieren, aber nicht mehr. Sonst wird es Spekulation anstatt Fabrikation, und nur diese gibt Ruhe und sichere Existenz. · · · · · ·

241] An Karl in St. Petersburg.

Berlin, den 26. Februar 1864.

· · · · · · Halske bleibt bei seinem Austritt, evtl. Nichtbeteiligung bei den kaukasischen Unternehmungen nichttelegraphischer Natur. Ebenso rät er, mit England von jetzt ab ein Privatverhältnis mit Wilhelm einzugehen. Kapitalschwierigkeiten wird er nicht machen. Gleich austreten mag er nicht, da er meint, es ließe sich das nicht gut berechnen, und es würde ihm später drückend sein, wenn wir Verluste hätten und bei der schließlichen Abwicklung zu kurz kämen. Es kommt nun wesentlich darauf an, unter uns eine feste Basis zu gewinnen. Ist die vorhanden, so kann man Halske dann darauf begründete spezielle Vorschläge machen. · ·

242] An Wilhelm in Paris.

Berlin, den 29. Februar 1864.

······ Daß ich dem Gelde als solchem größeren Wert wie Du beilege, glaube ich nicht. Ich betrachte es auch als Mittel zum Zweck, d. i. zu nützlichen Leistungen für mich und meine Familie, nachdem deren sorgenfreie Existenz dauernd und fest begründet ist, auch wenn ich nicht mehr bin. Zu dem Ende will ich arbeiten und schaffen, um auch das Vermögen zu vermehren, will aber nie Gefahr laufen, auch beim allergrößten und unwahrscheinlichsten Unglück, wieder von vorn anfangen zu müssen oder vielleicht gar meine Verpflichtungen gegen andere nicht erfüllen zu können. Im allgemeinen habe ich gefunden, daß man gut tut, nur solche Unternehmungen anzufassen, welche sicher viel größeren Gewinn abzuwerfen versprechen, wie im ungünstigsten Falle riskiert wird, und auch dann in erster Linie die Sicherheit, in zweiter den größeren Gewinn ins Auge zu fassen. — Doch, wie gesagt, die Grundsätze sind fast immer so ziemlich dieselben, die mehr oder weniger sanguinische oder schwarzseherische Auffassung macht allein die Verschiedenheit. ······

243] An Wilhelm in Paris.

Berlin, den 29. Februar 1864.

······ Ich suche jetzt eine allmähliche Überführung der alten Firma in eine neue Form herbeizuführen. Was die Dauer meiner Verbesserungen usw. im hiesigen Geschäft betrifft, so ist mal alles der Mode unterworfen. Unterirdische Leitungen, Isolationen, Zeiger usw. haben ihre Schuldigkeit getan, Geld eingebracht und unseren Ruf mit gebildet. Billigkeit des Eisens und Porzellans hat die ersteren beiden hier beseitigt. Die fremden Märkte, außer Rußland, haben wir der Londoner Tochter zuliebe, teils auch der ungünstigen Lage Berlins wegen, fallen lassen. Magnetzeiger florieren noch immer, und Apparatkonstruktionen usw. werden fast überall gegenwärtig nach unseren Mustern im allgemeinen gemacht. Doch die Telegraphie ist jetzt älter und mündig, und wir sind nun ziemlich überflüssig. Wenn ich mich — vielleicht zu viel — mit anderen Dingen als Telegraphie beschäftigt habe, so lag das teils darin, daß ich hier nicht genug Beschäftigung darin fand, teils darin, daß mir das Berliner Telegraphengeschäft keine Garantie der Fortdauer und nützlichen Entwicklungsfähigkeit darbot. Endlich hat mich Teilnahme am Fortkommen und den Leistungen der Brüder oft auf andere Gebiete geführt. Im allgemeinen bedauere ich das auch nicht, wenn auch manche Verluste daraus entstanden sind. Bis auf Otto sind sie jetzt doch alle auf festen Füßen! ......

244] An Karl in St. Petersburg.

Berlin, den 3. März 1864.

...... Wie ich schon schrieb, hatte ich den Plan, im Sommer nach Tiflis zu gehen, wenn die Verhältnisse es irgend erlaubten. Ich muß Dir aber recht geben, daß gerade in nächster Zeit besonders wünschenswert ist, daß einer von uns hingeht, und ich glaube, daß Du Dich dafür mehr eignest als ich. Du kennst Verhältnisse und Menschen besser und weißt auch besser, mit den Leuten fertigzuwerden. Was dort zu tun ist, ist namentlich: Regulierung der Besitzverhältnisse und unseres Verhältnisses zu Walter. Organisation des Verwaltungs- und Rechnungswesens, Organisierung der Erztransporte und Parierung der zu erwartenden englischen Einströmung! Wie Du wohl gelesen hast oder sonst weißt, hat sich eine Gesellschaft gebildet zur Exploitierung Kaukasiens unter der Leitung „eines angesehenen Warschauer Bankiers, der zu dem Ende seine anderen Geschäfte aufgegeben hat" (vielleicht Fränkel oder sein Schwager?). Diese scheinen mir auch gefährlich. Man müßte ihnen zuvorkommen. Es könnte gar nicht schaden, mit der kaukasischen Regierung wegen einer Eisenbahnkonzession nach Tiflis und weiter, nämlich bei unseren Gruben vorbei, in Verhandlungen zu treten. Gelingt unsere Erzspekulation, wie ich hoffe, so könnten wir uns stark daran beteiligen, vielleicht sogar später, wenn die Erztransporte schnell ins Leben zu rufen sind und viel Geld bringen, die Bahn selbst bauen! Dann würden wir Herren des Landes! Doch das sind noch Träume, die man aber doch im Auge behalten muß. Jedenfalls ist es gut, der kaukasischen Regierung zu zeigen, daß wir im Sinn haben, dort ernsthaft zu wirken, wenn man uns unterstützt und nicht entgegentritt! ······

······ Wenn wir auch künftig vielleicht mit Vorteil etwas selbst fabrizieren können, so hat Erzverkauf doch den ungeheuren Vorteil, daß man nicht an das notwendig langsame Heranwachsen der Hütte gebunden ist, daß man gleich in großem Maße, ohne Lehrgeld, vorgehen kann und sich die Hüttenkosten selbst verdient. Ob wir nach 80 oder 20 Jahren mit dem Erz fertig werden, ist ziemlich gleichgültig. Sind die Angaben und Annahmen Bernoullis richtig, so ist der Erzreichtum übrigens ungemein viel größer. Eine Kubikrute enthält ja schon 1000 Ztr. Kupfer!

Eine Hüttenanlage in der von Bernoulli gedachten Größe würde sicher 300000 Rt. fressen, und das könnte uns auch im glücklichsten Falle, d. i. ohne großes Lehrgeld zu zahlen, ruinieren. ······

245] An Wilhelm in England.

Berlin, den 9. März 1864.

······ Was meine Rücksichtnahme auf Walters Lebensstellung betrifft, so bekenne ich gerne, daß solche ungeschäftlichen Rücksichten mich häufig mehr als nötig und vorteilhaft influenzieren. Es ist das aber mal mein Fatum, und ich werde mich auf meine alten Tage darin nicht mehr ändern. Die Last der Dankbarkeit ist eine schöne Mythe — und verwandelt sich jedenfalls in das Gegenteil, wenn das Endresultat ein günstiges und für alle Teile vorteilhaftes geworden ist. So denke ich, soll die Kupferunternehmung im Kaukasus, auf welche wir ohne Berücksichtigung Walters Interesse keinesfalls eingegangen wären, uns allen zum großen Nutzen gereichen. Die sorgfältigste Untersuchung zeigt mir, daß das Unternehmen wirklich auf sehr soliden Grundlagen beruht. Erzreichtum ist sicher kolossal und scheinbar unerschöpflich. Erztransport ist ausführbar und soll gleich in erster Linie in Angriff genommen werden. ······

246] An Karl in St. Petersburg.

Berlin, den 21. März 1864.

······ Was solche neuen Geschichten für unendliche Schwierigkeiten machen, wenn es ans Fertigmachen geht, davon hast Du, glaube ich, eine zu geringe Meinung! Das sehe ich wieder so recht schlagend an den Alkoholometern. Wenn man fertig zu sein glaubt, stellt sich irgendeine Lumperei in den Weg und man muß beinahe von vorne anfangen! ······

247] An Wilhelm in London.

Berlin, den 16. April 1864.

······ Ich habe ein sehr einfaches Mittel gefunden, Aluminium hart oder mit Zinn zu löten, was vielleicht von Wert ist. Bekanntlich geht es bisher schwierig auf die Weise, daß man mit einem Aluminiumkolben das Lot solange auf der Lotstelle verreibt, bis der Überzug von Tonerde, welcher die Vereinigung hindert, fortgekratzt ist unter dem geschmolzenen Lot. Das ist schwierig und unvollständig. Ich verkupfere oder versilbere die zu lötenden Stellen oder den ganzen Körper galvanisch und löte dann weich oder hart wie gewöhnlich. Das überflüssige Kupfer löst sich leicht durch Säure oder Strom wieder fort. Die galvanische Verkupferung geschieht durch einen mit Leder überzogenen und in Verkupferungsflüssigkeit getränkten Ballen mit Metallkern, der mit Batterie und Aluminiumgegenstand durch einen Verbindungsdraht kommuniziert. Durch Hin- und Herreiben mit etwas Schmirgel dazwischen erhält man schnell eine gute Verkupferung, die vom Lot nachher ganz absorbiert wird. — Vielleicht kannst Du mal in Paris damit ein Gelegenheitsgeschäftchen machen oder es in der eignen Werkstatt benutzen. ······

248] An Wilhelm in Westminster.

Berlin, den 30. April 1864.

······ Wir erhalten jetzt, nachdem wir die Vernicklung regelmäßig zur Vernicklung der Typen verwenden, so prachtvolle Resultate, daß wir uns entschlossen haben, eine größere Fabrikation dafür zu beginnen. Zur Probe habe ich mir ein elegantes Pferdegeschirr machen lassen und lasse die Eisenbeschläge vernickeln. Es sieht viel schöner aus als Silberplattierung (glänzender), ist sehr viel haltbarer wegen der Härte des Nickels, oxydiert nicht und läuft nicht an wie Silber! Ich bin überzeugt, daß man ganz großartige Geschäfte damit machen kann. Schon die Vernicklung von Tischmessern, eisernen Löffeln und Gabeln würde eine große Fabrik beschäftigen können! Sicher die Hälfte der Silberplattierungen und Neusilberwaren würden durch vernickeltes Eisen oder Messing zu ersetzen sein. Birmingham allein verbraucht zu Plattierungen jährlich über eine Million £ St. Silber! Ich möchte wohl wissen, ob Vernicklungen in England patentiert sind. Ich dachte, die Sache eignete sich sehr für Otto! Doch wird der leider wohl einige Winter im Süden bleiben müssen. Jedenfalls will ich die Sache ins Leben rufen, da wir sie doch geschäftlich gebrauchen und sie ganz für uns paßt. Hat sie mal Wurzel gefaßt, so wird es ein neues Fach, was viele ernähren kann. Ich bin jetzt in eine Kontroverse mit Wilhelm Weber gekommen, welche ganz nützlich sein wird. Auf eine einfache Weise bestimme ich jetzt das Verhältnis der statischen zur galvanischen Elektrizität (durch die Widerstandseinheit p. Sek. gehend) und bin dadurch imstande, a priori die Sprechgeschwindigkeit der submarinen Kabel zu bestimmen. · · · · · ·

249] An Walter in Tiflis.

Berlin, den 24. Mai 1864.

· · · · · · Laß Dich ja nicht auf zu viele neue Geschichten ein. Erst das eine gründlich fertig ohne Überstürzung, aber mit emsigem Fleiße bearbeitet, dann mit verstärkten Kräften weiter! Wenn das Kupferminengeschäft nur einigermaßen rentiert, so mußt Du bei tüchtiger kaufmännischer Unterstützung dort bald den Schwerpunkt unseres ganzen Geschäftes bilden und Dir eine brillante Stellung erwerben! Glaub' mir, Walter, daß Du mir dadurch — ganz abgesehen von materiellen Interessen — eine ganz ungemeine Freude machen wirst! · · · · · ·

250] An Karl in Rußland.

Berlin, den 2. Juni 1864.

...... Mit Dir, lieber Karl, ist doch am allerbesten zu kramen. Wir verstehen uns immer richtig, Du sagst immer Deine aufrichtige Meinung und erwartest es auch von anderen, hast dabei praktischen Sinn und gesundes Urteil! Nun, hoffentlich habe ich noch lange Gelegenheit, mich daran zu erfreuen!

Die Geschäfte gehen sonst gut hier. Arbeit vollauf. Leider sind die Preise schlecht, und es wird nicht viel daran verdient.

Die Vernicklung ist leider nicht zur Patentierung angetan. Mein altes, längst publiziertes Salz, das schwefelsaure Nickeloxydammoniak, tut die Sache sehr gut. Neuere Erfahrungen haben uns gezeigt, daß auch das einfache schwefelsaure Nickeloxydul, wenn es ganz kupfer- und eisenfrei ist, sehr schön vernickelt. Das frühere Abspringen, woran ich früher so laborierte, kommt hauptsächlich vom Eisenoxydul, welches sich gleichzeitig zersetzt. Man wird nur durch Fabrikation etwas machen können. Mein neues Geschirr ist brillant, wird stets für Silber gehalten und hält sich ganz unverändert. Du wirst die Sache schon in gutem Gange finden, und wir können dann weiter beraten. ......

251] An Wilhelm in London.

Berlin, den 4. Juli 1864.

Deinen Kreuzbrief und einen von Otto habe ich erhalten. Aus letzterem ersehe ich mit Vergnügen, daß für seine Reise nach Australien alles geordnet ist, und will ich nur wünschen, daß er bis zur Abreise noch gute Fortschritte in der Besserung macht. Das südaustralische Klima soll ja ausgezeichnet sein, und es wäre Otto jedenfalls zu raten, sich dort für einige Zeit wenigstens — eine Existenz zu verschaffen. Alles überlegt, scheint mir Australien ein Platz, wo Otto sich, wie Karl in Petersburg und Walter jetzt hoffentlich in Tiflis, schnell emporarbeiten kann, wenn er mit Hilfe der Reise und des Klimas wieder kräftig und gesund wird. Es bietet sich für ihn dort einmal die Telegraphie, die er ja auf der langen Reise noch etwas studieren kann, ferner Deine Öfen und Wassermesser, seine chemischen Kenntnisse, die dort wahrscheinlich mehr wert sind als hier, und die Vernicklung — vielleicht als erster Stützpunkt. · · · · · ·

· · · · · · Gelingt es Otto nicht, sich dort festzusetzen, so bleibt ihm hier ja immer die Vernicklung, die wir ja schon aus diesem Grund in Händen behalten können. Der Anwendungskreis derselben ist wirklich kolossal, namentlich seit es uns gelingt, ein hübsches Stahlmatt sicher zu erzeugen. · · · · · ·

252] An Wilhelm in London.

Berlin, den 7. Juli 1864.

· · · · · · Heute erhielt ich weitere Nachrichten über Trapezunt. Danach ist dort ein sehr reger Handelsverkehr nach Konstantinopel wie nach Kaukasien, Odessa usw. Nach einer Mitteilung der Nationalzeitung soll die Telegraphenlinie nach Konstantinopel bereits fertig und im Gange sein! Kannst Du darüber Bestimmtes erfahren? In diesem Falle würde die Selbstanlage einer submarinen Linie Trapezunt—Poti allerdings sehr beachtenswert sein. Einer Landlinie scheinen sich große Schwierigkeiten in den Weg zu stellen. Man rechnet nicht sehr auf guten Dienst der Landlinien in Kleinasien. Die Verbindung Trapezunt—Bagdad soll im Bau sein. Die Poti-Linie wird dann ein wichtiges Verbindungsglied des asiatischen mit dem russischen Liniensystem und könnte schon dadurch, auch ohne den zu erwartenden Lokalverkehr, gut rentieren. Da wir in Poti und Tiflis jetzt zu Hause sind, so liegt die Linie auch sehr bequem für uns. Die Legekosten ließen sich durch Rücktransport von Erzen ziemlich bezahlt machen. Bitte schicke mir eine Veranschlagung der Linie. Mit dem Konzessionsgesuch soll vorgegangen werden. General Gerhardt ist schon dafür, und die Türken werden wohl keine Schwierigkeiten machen. Die Frage ist, ob das englische oder das russische Geschäft oder beide in Kompanie die Konzession erwerben, resp. das Geld hergeben sollen? Es kann das Deinen Wünschen gemäß eingerichtet werden. Geht die Linie gut, so wird das Schwarze Meer unser sein und uns noch manche Linie bringen!

253] An Wilhelm in London.

Berlin, den 14. Juli 1864.

...... Das neue Galvanometer für Widerstandsmessungen ist jetzt ganz fertig und bewährt sich sehr gut. Es ist sehr solide und schön konstruiert. Seine Empfindlichkeit ist: 5° Ablenkung mit 1 Daniell durch 16 Millionen Einheiten. Da es ganz in Metall und Hartgummi ausgeführt ist, ist seine Dämpfungskraft so groß, daß es ohne Schwankungen auf den rechten Punkt sich einstellt. Durch Verschiebung der stehenden Rolle kann man die Widerstandskonstante in großen Grenzen variieren. Bist Du noch der Ansicht, daß Du ein verbessertes Meßinstrument für Kabeluntersuchungen haben mußt, so steht das Instrument zur Disposition.

254] An Wilhelm in Toulon.

Berlin, den 29. August 1864.

...... Es tut mir doch recht leid, nicht mit Dir sein zu können. Hier habe ich doch keine Ruhe und Rast, bevor Deine entscheidende Depesche ankommt. Gib sie nur recht klar und bestimmt, wie sie auch ausfalle, denn wenn sie ungünstig lautet, sind doch bedeutende finanzielle Arrangements nötig, welche vor allen Dingen Zeit kosten.

Es bereiten sich hier im Norden Gelegenheiten zur Ausführung größerer submariner Entreprisen vor. Hamburg hat mit Holstein und Lübeck einen Telegraphenvertrag abgeschlossen, welcher noch von Preußen bestritten, aber doch wohl perfekt werden wird. Er hat zum Zweck, die hamburgische und russisch-englische Korrespondenz über Kuxhaven, Travemünde und Schweden zu führen, mit Ausschluß der preußischen Linien. Dazu sind mehrere submarine Linien in Nord- und Ostsee erforderlich. Sobald Deine jetzige Anlage gelungen ist, können wir, glaube ich, mit Erfolg auf die Sache eingehen. ......

255] An Wilhelm in Cartagena.

Berlin, den 1. Oktober 1864.

...... Das jetzt hier wieder so stürmisch gewordene Wetter wird Deine Experimente wohl schon unterbrochen haben, und ich gebe jetzt das Kabel verloren, da keine Depesche gekommen ist. Nun, diesmal werden wir den Verlust noch verschmerzen, besonders, da ja sonst das Geschäft in London gut geht. ······

······ Leb wohl, lieber Bruder, behalte den Kopf oben und das Herz auf dem rechten Fleck! Mit dem Glück muß man paktieren.

256] An Wilhelm in England.

Berlin, den 10. November 1864.

Annes gestriger Brief hat mich natürlich sehr erfreut! Das nenne ich doch „Sau beim Pech!" Auf diese Weise kommen wir fast ebensogut aus der Affäre, als wenn die Anlage gelungen und das Kabel etliche Wochen später zerrissen wäre. Das neue Kabel gefällt mir recht gut und namentlich gefällt mir, daß man festen Hanf und Zinkpanzer — also eigentlich unser System — beibehalten hat. Wird das Kabel aber nicht sehr teuer werden? Hoffentlich hast Du Dich nicht verrechnet, oder Du hast die Anfertigung auf Berechnung + 15% übernommen. Wegen Aufnahme des alten Kabels hast Du wohl gleich die nötigen Einleitungen getroffen. Wie wird es, wenn wir nichts oder nur wenig zutage befördern? Müssen wir dann den Rest auf eigene Rechnung und Gefahr anfertigen? Oder können wir unseren Rest anderweitig verwenden und neues Kabel unter den neuen Bedingungen anfertigen? Gut, daß wir die Geschichte des unseligen Cartagena-Kabels aus dem Sinn schlagen können! ······

257] An Karl in St. Petersburg.

Berlin, den 19. November 1864.

······ Hydrokalorische oder Expansionsmaschine schreitet vorwärts, aber langsam, da ich Mehlis' Zeichnung verworfen habe und das Ding gleich so machen lasse, daß es dauernd arbeiten kann. Bin bester Hoffnung. Wilhelm nimmt bereits Patent in England, da dort der Diebstahl rechtens ist bei Erfindungen. Daß die Franzosen doch die 300 km Eisenkabel bestellen wollen oder schon bestellt haben und dadurch der Cartagena-Kontrakt definitiv gelöst wird, weißt Du wohl schon, da die Nachricht, wie ich glaube, noch bei Deinem Hiersein eintraf. Freilich braucht Wilhelm zur Anfertigung des neuen Kabels (auf Bestellung) Geld. Ich habe ihm 20000 Taler pro Dezember zugesagt, denke aber, die Sache läßt sich ohne russische Hilfe durchführen. ······

258] An Wilhelm in London.

Berlin, den 29. November 1864.

······ Mit meiner Maschine geht es langsam vorwärts. Es kommt doch nichts bei einer Wiederbenutzung alter Scharteken heraus! Vor 14 Tagen werde ich nicht in Gang kommen. Wir sind mal auf solche Sachen nicht eingefuchst! Früchtenicht, der neulich hier war und dem ich vertrauliche Mitteilung von dem Plane machte, hatte große Lust, selbst eine kleine Maschine zu bauen. Ich will aber erst die Erfahrungen des kleinen Dinges vor Augen haben. Er kann dann später evtl. eine Schiffsmaschine bauen, worauf er sehr brennt. In der Tat wäre dadurch die Kanonenbootfrage gelöst — starke Maschinen unter der Wasserlinie. ······

259] An Wilhelm in London.

Berlin, den 9. Dezember 1864.

······ Das Militärkabel hat recht gut gefallen. Direktor Chauvin will jetzt, nachdem er aus Schleswig zurück ist, noch selbst etliche Versuche damit anstellen und dann eine größere Bestellung machen. Er braucht aber noch ein Mittelding zwischen Kabel und Draht für seine fliegende Telegraphie, die auf dem Schlachtfelde selbst und zu den Reserven hin in Benutzung kommen soll. Ein starker Draht, genügend stark, um ihn aufhängen zu können, merklich bei Wegübergängen, nicht zu schwer, um ihn in großer Menge mitführen zu können und hinlänglich isoliert, um ihn auf feuchten Boden und auch wohl ins Wasser werfen zu können. Ich habe ihm hierzu vorgeschlagen, Stahldraht (verzinkt) mit vulkanisiertem Kautschuk überzogen und mit Band umwickelt. Vielleicht wäre das halbgehärtete Kautschuk noch geeigneter. Doch genügt gewiß ersteres. Das Band wird die Vulkanisierung sehr leicht machen. Bitte, überlege Dir die Sache, und laß mal eine Probe machen. Wenn Preußen, welches jetzt in der Militärtechnik die Mode angibt, die Sache annimmt, so wird viel davon gebraucht werden. Auf sehr vollkommene Isolation kommt es gar nicht an. Chauvin geriert sich jetzt vollständig als Pflegevater der Schnellschreiber. Er setzt es wahrscheinlich durch, daß dieselben obligatorisch für die internationale Telegraphie werden! Damit wäre ein großer Schritt vorwärts zu unserer telegraphischen Hegemonie gemacht! Bin noch immer nicht zur Probe mit Ölmaschinen[1]) gekommen. Denke aber bestimmt in nächster Woche. Vielleicht gehe ich von Paraffin zum Eupion über. Dies kommt mit dem Paraffin vor, ist immer flüssig, kocht schon bei 175° C, soll sich aber bei 150° Erwärmung um $^1/_5$ ausdehnen, also bei gleichen Temperaturen doppelt soviel wie Paraffin. Habe es noch nicht rein bekommen, also noch nicht kontrollieren können. Man könnte dann die Heizung durch innere Röhren mittels heißem oder gasförmigem Paraffin machen vermittels eines abgesonderten Heizkessels! Andernfalls scheint es mir, immer mehr Paraffindampf während des Rückganges des Kolbens (ohne Druck) einströmen und dadurch die Heizung bewirken zu lassen. Freilich müßte die ganze Wärme an die Regeneratoren abgegeben werden. Meine Kühlröhrenanordnung macht sich recht gut. · · · · · ·

260] An Karl in St. Petersburg.

Berlin, den 14. Dezember 1864.

· · · · · · Konnte gestern nicht zum Schreiben kommen. Wirst Dich hoffentlich vom jetzt dort und hier grassierenden Lotterieschwindel zu sehr haben benebeln lassen! Ich mag darin parteiisch blicken, weil ich den Lotterieschwindel gründlich hasse, so daß ich mich wirklich ärgern würde, wenn ich durch Lotteriegewinn Gewinn hätte. Doch gebe ich zu, daß gewandte und kluge Geldmacher den Dusel benutzen können, indem sie im rechten Augenblick wieder verkaufen. Die Erfahrung lehrt aber, daß wir diesen Moment stets verpassen. Denke an Feueraktien usw., wo der Zudrang wohl noch größer war als jetzt. Daß der Lotterierausch schnell

---

[1]) Benutzung der Ausdehnung flüssigen Paraffins.

vorübergeht, beweist Österreich, wo die pari ausgegebene Lotterieanleihe schon auf ca. 70 zurückgegangen ist. Hier spekuliert man allein auf die Russen, die noch frisch in solchen Dingen sind und keinen alten Katzenjammer zu verwinden haben. Man könnte sich aber doch irren. Für uns scheint die allein richtige Taktik, unser Geld disponibel zu halten und sicher, wenn auch mit geringeren Zinsen, anzulegen. Bankierspekulationen sind nicht für uns geeignet. Am liebsten nähme ich dort nur metallique, die sichere Silberzinsen geben. Wer garantiert Dir denn, daß die Rubel nicht schnell mehr und mehr im Wert sinken, und was nützen Dir dann etwas höhere Zinsen? Ich glaube, man könnte jetzt, wo jeder neue Anleihe haben will und daher billige, ältere und solide Werte fortgibt, mit sicherem Gewinn diese kaufen. Wir haben ja mehr als zuviel um die Ohren, bürde Dir doch ja nicht noch eine neue Last auf. Willst Du zu Deinem Privatvergnügen mit Fortuna in voller Nacktheit etwas kokettieren, so nimm meinetwegen eine bescheidene Zahl von Scheinen, mache aber kein eigentliches Geschäft daraus. Die Russen werden sich an diesen volkswirtschaftlich so ganz verwerflichen Spielschulden die Finger schon ganz gehörig verbrennen. · · · · · ·

261] An Wilhelm in London.

Berlin, den 23. Dezember 1864.

Wie Du Dir wohl hast denken können, bin ich in den letzten Tagen mit der Paraffinmaschine und Spiritusmeßapparat beschäftigt gewesen. Bei ersterer habe ich bisher die Schwierigkeit, den Raum luftleer zu füllen, nicht überwinden können. Ich hatte darauf bei der Umarbeitung der alten kleinen Gasexplosionsmaschine nicht hinreichend Rücksicht genommen, und meine Hoffnung, daß die Luft nach und nach entweichen würde, bestätigte sich nicht. · · · · · ·

262] An Walter in Tiflis.

Berlin, den 29. Dezember 1864.

· · · · · · Erst Deine Personalia. Meyer hat seinen Brief wegen des Konsulats an seinen Vetter König, früheren preußischen

Generalkonsul in Alexandria, jetzt im Ministerium der auswärtigen Angelegenheiten angestellt, zur Einsicht gegeben. Leider bist Du durch Deinen Namen augenblicklich hier schlecht empfohlen, — denn ich gehöre zu der schwarzen Bande der Fortschrittsabgeordneten, und Majestät selbst hat neulich bei Besichtigung unseres Typenschnellschreibers im Telegraphenbureau ärgerlich gesagt: „Ich kenne keinen Leutnant Siemens". Kannst und willst Du Dich also nicht umtaufen lassen, so lege wenigstens nicht den geringsten Nachdruck auf Deinen Namen und Deine Verwandtschaft, verleugne mich lieber ganz! Doch wenn die Eingabe der dortigen Preußen und Deutschen etwas warm und geschickt abgefaßt ist, und wenn womöglich ein dortiger hochgestellter Mann, am liebsten ein hochstehender Militär oder gar der Gouverneur selbst, einige empfehlende Worte für Dich beifügt, so glaube ich, wirst Du trotz dieses Hindernisses das Ziel Deiner Wünsche erreichen. Bei der feudalen Richtung des hiesigen politischen Windes wird es gut sein, Dich besonders als Bergwerksbesitzer in Szene setzen zu lassen, da das immerhin ein althergebrachtes anständiges Metier ist. Also viel Glück zum Konsul in spe!

263] An Wilhelm in London.

Berlin, den 5. Januar 1865.

...... Ihr werdet inzwischen das neue Jahr hoffentlich gesund und frischen Mutes begonnen haben. Möge der Schluß desselben Deinen Hoffnungen und Erwartungen entsprechen. Du hast recht, das vorige Jahr hat harte Schläge gegeben, doch sie waren erträglich und haben, was die Hauptsache ist, Deinen Mut und Deine Tatkraft nicht geschwächt. Es hat mich sehr gefreut, dies aus Deinem Briefe zu ersehen. Ist das aber nicht der Fall, so sind die materiellen Verluste von untergeordneter Bedeutung. Möglich, daß sich die Geschicke so wenden, daß sie später sogar als Gewinn erscheinen. Ofen- und Telegraphengeschäft gehen ja — dank Deiner beharrlichen Tätigkeit und intelligenten Leitung — gut. Mißerfolge haben in diesem Falle ihr Gutes, weil sie vor Übermut bewahren und anspornend wirken! ......

Fritz' Versuch in Charlottenburg ist recht befriedigend ausgefallen. Trotz nassem Ofen und schlecht funktionierendem Generator sowie teilweisem Einsturz der Steine im Ofen ist doch die Hitze hoch genug gewesen und die Leute (Kgl. Porzellanfabrik) sind sehr zufrieden. Ich glaube, daß überall da, wo die abgehende Hitze Verwendung findet, die Sache sehr wichtig und praktisch ist. In England ist man in der Benutzung der abgehenden Wärme noch nicht so weit wie hier. Hier findest Du wohl keinen einzigen Puddelofen, bei welchem nicht die gesamte abgehende Wärme zur Dampfbildung benutzt wird. · · · · · ·

264] [Empfänger nicht zu ermitteln.]

Berlin, den 11. Januar 1865.

· · · · · · Die vielen fruchtlosen oder wenigstens unpraktischen Versuche mit sogenannten kalorischen Maschinen brachten mich auf die Idee, anstatt der elastischen Gase nicht oder doch nur sehr wenig elastische Flüssigkeiten zur Krafterzeugung zu benutzen. Da manche derselben, wie z. B. das Paraffin, bei der Erhitzung bis zum Siedepunkte (ca. 350° C) sich sehr bedeutend ausdehnen und sich bei höherer Erhitzung ohne jede Bildung permanenter Gase sublimieren, dabei schon bei 50° C flüssig sind, so erschien mir der Plan ausführbar. Es gelang mir auch, sofort eine Konstruktion zu finden, welche dem Zwecke entsprach. Paraffin dehnt sich je nach seiner Beschaffenheit bei Erwärmung von 13 bis 14° C um 1 Prozent seines Volumens aus — und zwar ganz streng für alle Temperaturen, bei welchen es flüssig ist. Man hat also eine Volumvermehrung von mehr als 1/4, welche man zur arbeitenden Verschiebung eines Kolbens oder auf andere Weise benutzen kann. Die Kompression des Paraffins ist wie die aller Flüssigkeiten nur sehr gering, die Belastung des Kolbens kann also eine enorm große sein. Nimmt man an, die Zusammendrückbarkeit des flüssigen Paraffins wäre so groß wie die des Steinöls, also pro atmosphärischen Druck gegen 0,00008, so gehörten gegen 3000 Atmosphären dazu, um das ursprüngliche Volumen wieder herzustellen bei Erhaltung der Temperatur durch Abkühlung. Nimm nun mal an, alle mechanischen Schwierigkeiten, die sich der Konstruktion einer Maschine entgegenstellen, wären vollkommen gelöst, man hätte also unter einem absolut und ohne Reibung dichten

Kolben in einem nicht elastischen Gefäße eine Flüssigkeit, welche man schnell erhitzen und wieder abkühlen könnte ohne anderen Wärmeverlust als den, welcher durch die Umwandlung in Arbeit geboten ist. Es müßte dann die durch die Kompression der Flüssigkeit während der Erwärmung und die Ausdehnung während der Abkühlung freiwerdende resp. gebundene Wärme Äquivalent der geleisteten Arbeit sein. Das könnte aber nur dann der Fall sein, wenn die Flüssigkeiten schon bei sehr geringem Drucke bedeutend erwärmt würden, was aber nicht merklich der Fall ist. Mit meinen Rechnereien will ich Dich verschonen, da Du die Sache viel klarer und prinzipieller übersehen und angreifen wirst.

······ Solange man die Sache nicht theoretisch in allen Punkten klar übersieht, findet man überall Gespenster! ······

265] An Karl in St. Petersburg.

Berlin, den 20. Januar 1865.

······ Deine Petroleumspekulationen mögen für dort recht gut sein. Hier ist das Petroleumfieber gewaltig im Erlöschen, und man kehrt zum alten Öl zurück, wo man es verlassen hatte. Die Idee, den sogenannten Pularisateur (dummer Name) durch Vermischung von fein verteiltem Petroleum mit der nötigen Luft zur Verbrennung desselben zu benutzen, ist ganz gut. Wäre vielleicht für Kriegsschiffe geeignet, die man mit Petroleum heizen will, wegen des geringen Raumes, den es einnimmt. Für andere Zwecke ist Petroleum zu teuer und die Windbeschaffung umständlich. Sonst nichts Neues, als daß ich einen neuen Submarine-Telegraphen in Arbeit habe, der auch vielleicht als Empfänger für Schnellschreiber auf dem Lande wichtig werden kann. Wenn die Versuche vollendet, mehr darüber.

Die fatale Abgeordnetenlast drückt mich jetzt sehr! Wird hoffentlich bald vorbei sein. ······

266] An Karl in St. Petersburg.

Berlin, den 27. Januar 1865.

······ Die Mentschinskysche Angelegenheit ist sehr verdrießlich und zeigt, wie sehr unerquicklich und gefährlich solche Arrangements mit Erfindern in der Regel sind. Die Leute haben immer die von ihnen herausgerechneten größtmöglichen Verdienstsummen im Auge und vernachlässigen dabei und dagegen alles übrige. ······

······ Ideen an und für sich haben nur einen sehr geringen Wert. Der Wert einer Erfindung liegt in ihrer praktischen Durchführung, in der auf sie verwendeten geistigen Arbeit, den auf sie verwendeten Arbeits- und Geldsummen. Daß Mentschinsky diese für nichts achtet und Teilung zur Hälfte geradeso für recht und billig hält, als wenn sein Apparat, so wie er ihn uns präsentierte, ausführbar gewesen und angenommen wäre, ist wirklich ein psychologisches Rätsel für mich! So lange Mentschinsky das für billig erklärt, ist mit ihm gar nicht zu verhandeln, und ich wäre für vollständigen Abbruch der Verbindung mit ihm. Darnach würde ja unsere zweijährige Arbeit an der Sache und die aufgewendeten Kosten für gar nichts gerechnet. Es soll das eine Lehre für mich sein, mich nie wieder auf fremde unfertige Ideen einzulassen und somit auch nicht auf die von Mentschinsky selbst als ganz neu bezeichneten Apparate. Mag er sie fertigmachen und zur Abnahme bringen und dann kommen! ······

······ Geht das nicht und hat er seine, den obwaltenden Verhältnissen nicht entsprechenden extravaganten Ideen fahren gelassen, so magst Du über seine Arbeitskraft in unserem Dienste mit ihm verhandeln, und ich wäre nach wie vor geneigt, ihm einen Anteil oder lieber eine feste Summe pro abgenommenen Apparat in Anbetracht, daß er uns zuerst die Ausführbarkeit der Alkoholmessung gezeigt hat, zu bewilligen. Mit den Mentschinsky persönlich, ohne kontraktliche Verpflichtung, geliehenen Geldern kannst Du ihn ja ganz generös behandeln. Willst Du ihm noch zur persönlichen Subsistenz Beihilfe gewähren, so habe ich nichts dawider. Ihm die Mittel (wie bisher) zu gewähren, auf unsere Kosten vielleicht noch jahrelang fortzuexperimentieren, scheint mir dagegen untunlich. Die Alkoholometergeschichte zeigt, daß auf Annahme der besten Konstruktion doch nur sehr unsicher zu rechnen ist! ······

267] An Karl in St. Petersburg.

Berlin, den 28. Januar 1865.

······ Mit Fritz' Geschäften geht es jetzt recht gut. Er beherrscht seine Sache praktisch wie theoretisch jetzt vollständig, entwickelt sich auch als Geschäftsmann, seit er dazu gekommen ist, jeden Menschen als einen Ofen mit besonderen Kapricen so zu behandeln, wie es seiner Natur zusagt! Nach Wilhelms Mitteilung haben die Öfen in England und Frankreich im letzten Jahre schon ca. 5000 £ St. eingebracht. Das läßt sich gut an. Auch hier und in Österreich sind schon gute Überschüsse. Wäre nicht nachgerade Zeit, auch in Rußland mal wieder vorzugehen? · · · · · ·

268] An Wilhelm in London.

Berlin, den 15. Februar 1865.

· · · · · · Mit dem Bau des Fabrikgebäudes ist es ein eigen Ding. Ich fürchte, es wird entweder zu groß oder bald zu klein werden! Aus diesem Grunde, weil man nämlich das Bedürfnis nicht vorhersehen kann, bin ich dafür, den Plan groß anzulegen, davon aber nur immer auszuführen, was unbedingt notwendig ist. Auf dauernde Beschäftigung einer großen Telegraphenfabrik wirst Du nicht rechnen können. Wir könnten ja hier beinahe für die ganze Welt Apparate genug machen, wenn wir nur stets voll beschäftigt wären und nicht sporadisch wie fast immer. Im Winter ist gewöhnlich Ebbe, so auch jetzt. Sollten später andere Sachen, wie Wassermesser usw. zu machen sein, so wird es immer besser sein, für das dann eintretende Bedürfnis zu bauen. Wenn möglich, würde ich daher nur dasselbe Haus oder nur die untere Etage bauen. Kostet das Weiterbauen nachher auch etwas mehr, so wird die Sache dafür rationeller für den Zweck, und man hat nicht vorzeitig ohne Not Geld festgelegt. Der letzte Punkt ist jetzt sehr von Dir ins Auge zu fassen. · · · · · ·

269] An Karl in St. Petersburg.

Berlin, den 20. Februar 1865.

· · · · · · Vom Oran-Kabel sind nur wenige — ich glaube 5 — knots aufgenommen. Der Rest liegt jetzt sicher auf dem Meeresgrunde für ewige Zeiten — wie ich erwartete. An diesem Verlust von 50 000 Rt., wie ich ihn schätze, wird London lange zu verdauen haben. Reichliche Kabelbestellungen wären allein imstande, ihn schnell auszugleichen. Nächstens werde ich auch wieder mit der Maschine einen Versuch machen, nachdem die Vorarbeiten vollendet sind, verrons!

Die Regierung hat uns jetzt die Anlage der Röhrenpost[1]) zwischen Zentralstation und Börse übertragen (13 000 Rt.). Das wird hoffentlich Nachahmung finden und dann auch dort Arbeit geben. Leider bin ich sehr durch das Abgeordnetenhaus in Anspruch genommen, wo doch nur leeres Stroh gedroschen wird! Wird wohl bald alle sein. · · · · · ·

270] An Wilhelm in London.

Berlin, den 23. Februar 1865.

· · · · · · Beifolgend erhältst Du einen Kontraktentwurf zwischen Rußland und Dänemark über eine von beiden Staaten zu konzessionierende submarine Linie zwischen England und Rußland. Gerhardt wünscht, daß wir auf die Sache eingingen. Die Marginalbemerkungen sind von Karl, und Gerhardt hat sich im allgemeinen damit einverstanden erklärt, diese Bedingungen in den Staatsvertrag mit Dänemark aufzunehmen. Derselbe soll in Paris zwischen ihm und Faber definitiv abgeschlossen werden. Es wäre nun zweckmäßig, sofort in London die Bildung einer Gesellschaft für diese Anlage vorzubereiten, vielleicht mit Reuter. Dann müßtest Du nach Paris gehen und dort die notwendigen Veränderungen des Vertrages mit Dänemark und dann die Erteilung der Konzession erwirken. Wir gewinnen so den Vorsprung vor anderen Konkurrenten. Da Gerhardt usw. auch zu anderen Sachen viel kurze Kabel brauchte, so wäre es auch schon deswegen gut, wenn Du Dich mit der Konferenz etwas familiär machtest. Man kann dort jetzt alle Fliegen mit einer Klappe treffen!

Der Vertrag mit den Amerikanern wegen der Linie über Sibirien nach Kalifornien ist jetzt definitiv abgeschlossen. Rußland baut bis zur Amurmündung und die Amerikaner von dort. In 4 Jahren muß die Linie fertig sein. Auch das ist wichtig! Endlich hat Rußland jetzt eine besondere Gesandtschaft nach Peking geschickt, um einen Telegraphenvertrag mit China abzuschließen. Da Rußlands

[1]) W. A. II S. 217.

Einfluß in Peking der mächtigste ist und allein einen Aufschluß ermöglichen kann, so werden Telegraphen in China gewiß nur via Petersburg Eingang finden. Auch das ist sehr zu beachten. Wie Gerhardt sagt, hat der russische Gesandte in Peking Order, jeder anderen Bestrebung entgegenzuwirken. Gerhardt wird wenigstens 3 Wochen in Paris bleiben, es wäre aber gut, wenn Du ihn nicht die ganze Zeit anderen Einflüssen überließest. Er hat Lust, nachher nach England zu gehen. Da müßtest Du auch die Hand auf ihn legen! Wäre ich nicht durch die verd. Abgeordnetenpflicht hier gebunden, würde ich nach Paris reisen, um Dir die Mühe zu ersparen. So geht das leider jetzt nicht. Wir haben jetzt den Auftrag erhalten, die projektierte Röhrenpost (pneumatisch) zur Börse auszuführen. Ich denke, das soll gut ausfallen und Anlaß zu vielen ähnlichen Anlagen geben. Die Nachrichten von und über Otto haben mich tief betrübt! Die anstrengende Reise ins Innere, die einen gesunden Menschen zugrunde richten kann, wird er wohl schwerlich überstehen! Tut er das, so wird er freilich sein Brustleiden kuriert haben, — es ist ein Vabanquespiel von seiner Seite! Ein sonderbarer Arzt, der ihm dazu raten konnte! Es wäre doch am Ende besser gewesen, ihn gleich nach Tiflis zu schicken. ······

271] An Karl in St. Petersburg.

Berlin, den 11. April 1865.

······ Wir wollen auch kleine Rotationspumpen, resp. Feuerspritzen machen, sowie Widderpumpen, um mit deren Röhrenwasserdruck ohne Arbeitskraft so hohe Strahlen wie nötig zu werfen. Ich denke, das und die Alkoholgeschichte soll wieder Arbeit bringen, an der es jetzt sehr fehlt. ······

272] An Karl in St. Petersburg.

Berlin, den 28. April 1865.

······ Mathildens jetzt schrecklich schnell fortschreitende Krankheit nimmt mir jetzt alle Ruhe und auch die Freude, die ich doch noch immer an meiner Tätigkeit hatte, wenn sie einigermaßen erfolgreich war. Der Himmel erspare Dir, ein solch langsames und geplagtes Hinwelken eines geliebten Wesens mitansehen zu müssen, ohne helfen zu können und ohne sich an irgend welcher, wenn auch noch so schwachen Hoffnung aufrichten zu können! Dabei ist ihr klares, scharfes Urteil ganz unverändert geblieben. Sie kennt ihr Geschick, ihre Rettungslosigkeit genau, sie kämpft dagegen an mit dem schwachen Rest ihrer Kräfte, klagt nie, — wünscht aber oft Erlösung von ihrem Leiden. Gott gebe ihr wenigstens einen sanften Tod. ……

273] An Wilhelm in London.

Berlin, den 3. Mai 1865.

…… Hinsichtlich der Paraffinmaschine bin ich Deiner Ansicht, daß es besser ist, das Patent fallen zu lassen. Ich habe noch nicht Zeit gehabt, die Sache wiederaufzunehmen, obgleich ich sie noch nicht aufgebe. Es werden aber wohl Jahre hingehen, bis die Sache praktisch brauchbar geworden ist, und dann wäre es immer Zeit zu Spezialpatenten, die am Ende ebenso gut sind.

Als vollständig durchgeführt ist jetzt der Spiritus-Meß- oder -Kontrollapparat[1]) zu betrachten, welcher den durchgegangenen absoluten Alkohol mißt. Er ist sehr vereinfacht und sicher und wird hoffentlich unverändert angenommen in Rußland und sonst. Ich schicke Dir nächstens Zeichnung und Beschreibung. Vielleicht eignet er sich auch für England. Jedenfalls ist er sehr wichtig für Frankreich. Die Grundlage ist jetzt eine rotierende dreiteilige Trommel, welche mit fabelhafter Genauigkeit das Volumen der durchgehenden Flüssigkeit mißt, gleichgültig, ob der Zufluß langsam oder schnell vonstatten geht. Dies einfache Ding wäre vielleicht auch anderweitig zu gebrauchen. Von den bekannten englischen und österreichischen ist dieser Trommelmesser wesentlich verschieden, wie schon daraus folgt, daß sie bis zur Füllung ganz stillstehn und sich dann schnell um $^1/_3$ umdrehn. Es ist die Maßflasche mit engem Hals, — wodurch die Genauigkeit der Messung. Das Ding hat viel Mühe gemacht, wird sich aber hoffentlich bezahlt machen.

Ich habe einen Schlüssel für submarine Linien mit Quecksilberkontakt und Stromwechsel gemacht, der sich sehr gut macht und mich

---

[1]) W. A. II S. 244.

veranlaßt hat, jetzt einen Submarinschnellschreiber mit Typen und Batterie (nicht Elektromotor) in Angriff zu nehmen. Ich denke, er soll gut funktionieren. · · · · · ·

274] An Karl in St. Petersburg.

Berlin, den 16. Mai 1865.

· · · · · · Früchtenicht rät, die Brücken lieber in England zu bestellen. Wenn es sich um schnelle Lieferung handelt, so wäre Wöhlert hierselbst der rechte Mann. Mehlis, der wieder sein Oberingenieur ist, glaubt, sie fertig zu schaffen. Wenn die Brückendetails angekommen sind, werde ich Mehlis zu einer Preis- und Zeitangabe veranlassen. Von den Details hängt Preis und Zeit gänzlich ab. Die Konstrukteure nehmen gewöhnlich Eisenfassons, die nicht gangbar und oft 2 bis 3 Rt. pro Zentner teurer sind. Es lohnte sich vielleicht, mal eine Brückenkonstruktion hinzuschicken für künftige Bestellungen, welche auf Billigkeit speziell berechnet ist. Du hast doch Wilhelm die Konstruktionsdetails gleich direkt geschickt? Andernfalls telegraphiere. Die englischen Preise wird Wilhelm Dir geschrieben haben. Sie scheinen nicht teuer. · · · · · ·

275] An Karl in St. Petersburg.

Berlin, den 26. Mai 1865.

Deinen Brief vom 11. heute erhalten. Von Wilhelm hörte ich schon, daß Du wegen Schienenverkaufs bei ihm angefragt hättest. Prinzipiell gefällt mir — und Halske erst recht — die Sache gar nicht.

· · · · · · Es ist das ein reines Kapitalisten-Spekulationsprojekt, was für uns sach- und erfahrungsgemäß nicht paßt. · · · · · ·

Mit kaufmännischen Unternehmungen haben wir noch immer Malheur gehabt. Wir sind keine Kaufleute, stehen darin jedem gewöhnlichen Geldsack nach. Hätten wir jetzt Geld im Überfluß, so ließe sich die Sache vielleicht noch hören, doch das ist ja gar nicht der Fall. Dazu kommt, daß wir in $1^1/_2$ Jahren das ganze Geschäft reformieren müssen, vielleicht Halske größtenteils auszahlen. Wie können wir uns da auf so weit ausstehende unsichere und viel Geld festlegende Geschäfte einlassen? · · · · · ·

276] An Wilhelm in London.

Berlin, den 3. Juni 1865.

...... Sieh nur ja darauf, daß das Eisen recht sauber und glatt außen und namentlich an den Ecken aussieht! Das ist das Allerwichtigste, weil das jeder General beurteilen kann! Wegen Röhren erwarten wir neue Offerte. Die Verbindungen müssen sehr sorgfältig gemacht werden und so, daß man stets ein Rohr herausnehmen kann, ohne die übrigen zu stören. ......

277] An Karl in St. Petersburg.

Berlin, den 27. Juni 1865.

...... Mit meiner armen Frau geht es wahrhaft trostlos. Obschon man sich mit der Zeit auch an den Anblick, wie die Ertragung der Leiden gewöhnt, so schnürt es einem doch fortwährend das Herz zusammen, das Tag und Nacht mit anzusehen und sich dabei ganz beherrschen zu müssen! Es ist schrecklich. ......

278] An Wilhelm in London.

Charlottenburg, den 3. Juli 1865.

Deine Depesche habe ich eben erhalten. Danke für Dein brüderliches Anerbieten. Zum morgen stattfindenden Begräbnis kämest Du aber zu spät, und mir sind einige Tage Ruhe und Abgeschiedenheit nötig, um den Schlag zu überwinden und meine Pläne und Vorsätze für die Zukunft zu reifen. Kommt Agnes von Bohlen trotz der Nachricht vom Tode meiner armen, lieben Dulderin, so ist es mir recht. Sie hat weiblichen Takt und wird mit ihrem klaren Verstande und ihrer genauen Kenntnis des Geistes und Sinnes der Entschlafenen mir hilfreich sein, mein Hauswesen in ihrem Sinne zu regeln und fortzuführen, denn das wird fortan die Aufgabe meines Lebens sein. Trotz langer Krankheit und körperlicher Leiden war sie der stets feste, immer klare Leuchtturm meines Hauswesens, der Erziehung meiner Kinder, ja meines ganzen Lebens. Das Gefühl für Recht, Wahrheit und Pflicht war in ihr so verkörpert, daß ich ihr bis zu den letzten Tagen gern und willig die Last überließ, in diesem Sinne das Hauswesen zu leiten. Du siehst daraus, wie verwaist ich mich in jeder Hinsicht durch den freilich lange erwarteten und für sie selbst nur zu wünschenden — Verlust fühlen muß, und welch ganz neue Aufgabe ich von nun ab zu erfüllen habe und hoffentlich auch erfüllen werde! · · · · · ·

279] An Wilhelm in London.

Berlin, den 7. August 1865.

Du wirst nun wohl bald von Deinem Ausfluge heimkehren, besonders weil der schöne und zeitgemäße Auftrag von 800 knots Kabel Dich zurückziehen wird! Bin neugierig, über Bestimmung und Bedingungen etwas zu hören! Vielleicht hätte das atlantische Unglück die Franzosen abgeschreckt, wenn die Sache sich verzögert hätte! Das Verunglücken des atlantischen ist doch ein Jammer und wird die submarinen Telegraphen sehr zurückhalten! Wenn die Franzosen nur Glück haben! Hoffentlich ist, da das Unglück doch mal geschehen, ein Eisendraht gebrochen und dadurch das Malheur veranlaßt. Dann würde Kupferkabel en vogue kommen! Schade, daß die Franzosen keins bestellt haben!

280] An Wilhelm in London.

Konstantinopel, den 29. Oktober 1865.

Im Begriff, das Schiff zu besteigen, welches mich Europa entführen soll, will ich doch auch an Dich noch einige, wenn auch flüchtige Worte richten. Meine Reise hierher hat sich durch ungünstige Verhältnisse von $4^1/_2$ auf 10 Tage ausgedehnt. Die Donau ohne Wasser ist die Sünderin. Sonst ist meine Reise ganz glücklich vonstatten gegangen, und meine Gesundheit ist untadelhaft. Es ist hier noch sehr warm und schön, selbst oft noch heiß. Leider hatten die frostigen spanischen Erinnerungen bewirkt, daß ich mich viel zu warm equipiert habe! — Hier bin ich nun 3 Tage, während welcher ich tüchtig umhergelaufen und -geritten bin, um alles zu sehen. Die Lage Konstantinopels ist himmlisch, die Sophia göttlich, die Stadt selbst und ihr Inhalt scheußlich — voilà tout! Habe auch bei der Telegraphie das Handwerk begrüßt. Den Hauptdirektor sehe ich leider erst heute im letzten Augenblick vor meiner Abreise. Mouilleron grassiert hier jetzt fast ausschließlich. Ich werde sehen, ihn ein wenig im Sattel zu lüften und hoffe auf einige Bestellungen, wenn ich zurückkomme. · · · · · ·

281] An Karl in St. Petersburg.

Kedabeg, den 1/12. November 1865.

...... Wir sind gestern abend bei prächtigem Wetter hier eingetroffen. Das Werk hat im allgemeinen einen recht guten Eindruck auf mich gemacht. Bolton ist ein ganz tüchtiger, tätiger Mann, und ich glaube, man kann volles Vertrauen zu ihm haben. Vorläufig ist wohl verhältnismäßig zu viel auf Wohnung usw. verwendet, und es sind die eigentlichen Fabrikationsgebäude und Einrichtungen noch nicht vorherrschend, wie es sein sollte. Bolton hat sich recht hübsch wohnlich etabliert! Geht alles gut, wie ziemlich sicher anzunehmen ist, so ist das auch ganz gut. Die beiden neuen Öfen gehen ausgezeichnet gut. Morgen schon 20 Tage ohne Störung und machen jeder ca. 120 Pud Kupferstein täglich.

...... Der aufgeschlossene Erzreichtum im Pasadanoffschen Schacht ist jedenfalls so groß, daß er für mehrjährigen Betrieb Erz 2. und 3. Sorte im Durchschnitt $12^1/_2$% sichert. Das genügt vorläufig und rechtfertigt die sonst zu definitive und kostspielige Hüttenanlage. Schade ist, daß die Hütte, wie sie jetzt gebaut ist, nicht am Wasser im Schamchor-Tal angelegt ist. Doch darüber später. Die beiden Kedabegschen Stollen sind noch immer nicht zum Erz gelangt, aber die Hoffnung ist noch nicht gesunken, daß dies bald erreicht wird. Sehr wahrscheinlich scheint es mir. Inzwischen hat sich bei den Seitenstollen des Kedabegschen ein mächtiges Lager von ganz wasserfreiem Ton aufgeschlossen. Es ist dies, wie es scheint, ein ganz neues Auftreten von Ton. Für eine Porzellanfabrik wäre das ein großer Schatz, doch auch für uns von großer Wichtigkeit, da wir jetzt feuerfeste Steine erster Qualität machen können. Dies Tonlager hat auch noch den Vorteil, daß der Stollen schneller vorwärts kommt.

...... In einigen Wochen werden ca. 1000 Pud Kobaltspeis (geschmolzen) unterwegs nach Poti und Triest sein, um zu Hans zu gelangen. Das wird dann gegen 30 000 Taler bar Geld in die Kasse bringen, was gar nicht zu verachten! Doch darüber mehr nach meiner Rückkehr. Mit dem weiteren Speisankauf ist Tirakoff (jetzt in Elisabetpol) beschäftigt, doch die Sache wird vielleicht erst in Jahren abzuwickeln sein. Walter und Bolton gingen ganz darauf aus, alles Kupfererz hier zu Kupfer zu verarbeiten. Über diese Frage muß ich mir erst weitere Aufklärung verschaffen. Einstweilen bestehe ich darauf, daß eine Probesendung von einigen 1000 Pud Kupferstein abgeschickt wird, um praktische Anhaltspunkte zu gewinnen. Bringt Daschkessan viel Geld in die Kasse, so ist eine Änderung des Gesamtplanes vielleicht gerechtfertigt. ······

282] An Karl in St. Petersburg.

Tiflis, den 6. November 1865.

······ Mir ist noch vieles recht dunkel und unklar, doch liegt das an den Verhältnissen und meiner geringen Fassungskraft für solche Verhältnisse. So viel ist klar, daß Walter überall sehr beliebt ist und sich taktvoll und den Verhältnissen entsprechend benimmt, daß Bolton brav und tüchtig ist und den besten Willen hat, es ihm aber an kaufmännischer Routine fehlt, daß die Auspizien der hiesigen Unternehmungen im allgemeinen gut sind, daß aber alles schrecklich verwickelt ist und langsam geht, daß Bernoulli ganz tüchtig, aber Sanguiniker ist, und daß man seinen Ausgaben einen festen Damm entgegenstellen muß, bis sie aus den Einnahmen bestritten werden können! ······

283] An Wilhelm in London.

Berlin, den 4. Januar 1866.

······ Über die Widerstandsfrage[1]) kann ich mich leider Deiner Meinung nicht anschließen. Ich kann die Sache heute nur kurz berühren. Du magst vom praktisch englischen und vom dortigen merkantilen Standpunkt aus recht haben. Ich muß in dieser Sache aber in erster Linie meinen wissenschaftlichen Namen aufrechterhalten und verteidigen. Mein Vorschlag hat stets nur in einer Definition und einer Methode der Darstellung bestanden. Ich habe aufgefordert, selbst Einheiten darzustellen und den Beweis geführt, daß die Methode genaue Darstellung möglich macht. Ob meine Darstellung richtig ist oder fehlerhaft, ist dabei ganz gleichgültig und unerheblich. Ein Normalmaß habe ich stets bekämpft und halte

[1]) W. A. I S. 184.

es für schlecht. Würde ich nun die Definition meines Widerstandes zugunsten meiner fehlerhaften Darstellung ändern, so wäre ich ja im höchsten Grade unkonsequent und würde durch diese Änderung die größte Konfusion erzeugen. Wenn 0,1% Genauigkeit nach etlichen Jahren nicht mehr ausreicht, müßte ja wieder die Definition geändert werden, und dann hätte ich eben das bekämpfte Normalmaß, dem zuliebe die Definition variabel gemacht wird! Das kann ich unmöglich. Lieber lasse ich die ganze Geschichte fallen. Was Du von Vermeidung „des Kampfes aufs Messer" sagst, ist ganz friedlich und schön, aber die Engländer haben ihn ihrerseits auf die hämischste und unredlichste Weise, mit wissentlichen Verdrehungen, absichtlichen Mißverständnissen und Verdächtigungen geführt, sind also ihrerseits längst beim Messer angelangt. Jenkins, den ich heute im Poggendorf las, ist in Wirklichkeit ebenso wie Matthießen. Sieh nur, wie er vertuscht und überkleistert, daß wir doch zuerst die Stromschätzung in Widerstandsmessungen verwandelt, alle Formeln durch Widerstandsmessungen, Fehler zu bestimmen, gegeben haben! Daß wir zuerst System in die Isolationsmessungen gebracht und zuerst Widerstandsskalen nach Gewichtssystem aufgestellt haben! Ist das ehrlich? Das muß ich demaskieren und darf den Kampf ······ nicht scheuen. Möglich, daß der englische Magen die Speise nicht verträgt, wenn der Koch kein Engländer und das frikassierte Huhn kein foreigner ist! Dem deutschen Publikum bin ich aber ehrliche, wenn auch grobe Antwort schuldig. ······

284] An Karl in St. Petersburg.

Berlin, den 12. Januar 1866.

······ Der Großfürst hat mit mir 1/2 Stunde in seinem Kabinett über Gruben, Eisenbahnen und Telegraphen gesprochen. Sehr liebenswürdig. Wir sind ihm eine neue Erscheinung, da wir nicht auf seinen Geldbeutel spekulieren. Ich habe ihm geraten, Hafen und Eisenbahn so weit wie tunlich mit eigenen Mitteln fertig zu bauen, dann für den Rest der Bahn eine Kompanie zu bilden. Ferner eine Submarinlinie von der Krim nach Poti oder Redut Kalé anzulegen. Für letzteres wirke doch auch bei Gerhardt.

Wir haben jetzt hier so viel telegraphisch zu tun, daß nova in den Hintergrund getrieben werden. ······

285] An Karl in St. Petersburg.

Berlin, den 17. Februar 1866.

······Halske hat das Wort fallen lassen, daß er vorziehen würde, anstatt ihm nicht zusagende Sicherheiten zu nehmen, uns persönlich zu kreditieren und sich für das so ohne Sicherheit gelassene Kapital als Associé en commandite am Geschäft zu beteiligen. Ich bin dieser Frage bisher nicht näher getreten. So lieb es mir in vieler Hinsicht wäre, mit Halske, dessen praktischer Blick und Verstand sowie Geschäftskenntnis und Spezialkenntnis der Mechanik von größtem Werte für das Geschäft ist und bleiben würde, in näherem geschäftlichen Verkehr zu bleiben, so schwer scheint mir die Sache jetzt, nach der Vereinigung des hiesigen mit dem Londoner Geschäft, noch durchzuführen. Ich glaube, es würde Halske nur konvenieren, dem hiesigen Geschäfte als A. e. c. beizutreten. Es würde sich alles regulieren, wenn Petersburg 400000 Rubel Anfang 1867 mobil machen könnte. Mit 6 bar oder gesichert würde Halske gewiß zufrieden sein. Besondere Gefälligkeit möchte ich bei dieser Gelegenheit nicht von Halske in Anspruch nehmen. Schreib' mir doch eingehend Deine Ansicht über die Sache und Deine evtl. Vorschläge. Die Frage fängt an brennend zu werden. Natürlich müssen wir unter diesen Umständen alle weiteren Festlegungen von Geld vermeiden, im Gegenteil, überall an Mobilisierung denken. Dies einer der Gründe, warum mir eine neue viel Geld fressende Einrichtung für Chmelewo auf rheinischen Glasbetrieb nicht gefällt. Was so ein neuer Betrieb frißt, haben wir dort und auch in Dresden gesehen!

286] An Wilhelm in London.

Berlin, den 3. März 1866.

······Ich habe Auftrag, für unsere Marine einen Anschlag für Tiefsee-Meßapparate zu machen. Bitte, laß doch gleich so einen aufstellen. Ich möchte ihn mit Temperaturmessung durch einen Widerstand verbinden. Es wäre also wohl ein dünnes Hanfkabel zu projektieren. Mindestens 3 knots erforderlich für jeden Apparat. Die Einrichtung muß nach neuesten Methoden mit ablösender Kugel beim Berühren des Grundes sein. Das Widerstandsthermometer denke ich in einem eisernen dünnen Rohr am Ende des Kabels. Bitte um baldige Übersendung des Anschlages, abgesondert Kabel und Apparat. · · · · · ·

287] An Karl in St. Petersburg.

Berlin, den 3. März 1866.

· · · · · · Deinen ersten Brief habe ich Halske, der wieder gesund ist, während Meyer noch an rheumatischen Leiden darnieder liegt, gegeben. Gleichzeitig das beiliegende Exposé von Haase. Halske gefällt die letztere Auseinandersetzung besser. Er ist sehr gern erbötig, eine weit größere Summe im Geschäft zu lassen, erklärt überhaupt wiederholt, daß er uns jeden persönlichen Kredit geben und in jeder Hinsicht die Fortführung des Geschäfts erleichtern würde. Das Hindernis liegt nur in mir. Ich nehme namentlich von Freunden nicht gern Opfer für mich in Anspruch, wenn ich sie nicht entgelten kann. Es wird Halske offenbar schwer, dem Geschäft, welches mit durch ihn groß geworden, ganz fremd zu werden. Für das Geschäft selbst wäre das auch sehr nachteilig. Es ist nur schwer, eine geeignete Form dafür zu finden, da ein bloß freundschaftlicher, unberechtigter Verkehr keine gesunde Basis hat! Ich möchte am liebsten ein Kapital von 1 bis 200 000 Rt. von Halske im Geschäft behalten und ihn im Verhältnis dieser Summe zu unserem Kapital als Kommanditär beteiligen. · · · · · ·

288] An Karl in St. Petersburg.

Berlin, den 6. März 1866.

· · · · · · Es ist doch wirklich ein Skandal, daß Bernoulli Gesundheit und Leben der armen Arbeiter durch die Arsenikdämpfe in Gefahr bringt. Hier würde er mit vollem Recht 10 Jahre eingesteckt werden. Ich mag ihm gar nicht darüber schreiben, weil ich zu grob werden würde! Schreib' doch Walter, daß er kein Pfund Kobalt mehr zu schmelzen erlaubt, bis nicht ein sicherer Arsenikfang eingerichtet ist. · · · · · ·

289] An Karl in St. Petersburg.

Berlin, den 14. April 1866.

······ Heute nur flüchtig folgendes: Du meinst doch wohl, ich politisiere mit Dir, alter lieber Junge, sonst würdest Du meinen wirklichen und aufrichtig gemeinten Vorschlag nicht durch einen ersetzt haben, den Du vielleicht annehmbarer für mich hältst. Das hiesige Geschäft braucht wirklich jüngere Arbeitskräfte, und ich fühle mich nicht mehr lebensfrisch genug dafür. Ehrsucht und Golddurst wollen nicht mehr ziehen. Nur das wissenschaftliche Interesse hält noch etwas Stich, doch auch da mangelt der frische Impuls. Darunter leidet das Geschäft. Halske geht es nicht anders, und Meyer ist ein altgewordener, schwerkranker Mann, der vielleicht nie wieder recht kräftig wird. Schon das wird Dir plausibel machen, daß mein Vorschlag: Du mögest, wenn Du jetzt fest entschlossen bist, Rußland zu verlassen, das hiesige und Petersburger Geschäft übernehmen und mich als Associé en commandite mit $^1/_3$ Anteil mit meinem Kapital im Geschäft behalten, — ernsthaft gemeint war.

······ Frieden zwischen London und Berlin mußte hervorgebracht werden und das ging nur durch Vereinigung der Interessen.

······ Bismarcks revolutionärer Schritt hat noch alles betäubt. Wir gehen vielleicht einer großen Zeit entgegen! „Ich wittere Morgenluft", schreibt mir Schulze[1]) eben. Ich auch. Schade, daß man nicht 20 Jahre jünger ist! Wenigstens wird das Leben wieder etwas interessanter werden. ······

---

[1]) Schulze-Delitzsch, geb. 29. Aug. 1808 in Delitzsch, gest. 29. Apr. 1883 in Potsdam. Deutscher Politiker und Begründer der deutschen Erwerbs- und Wirtschaftsgenossenschaften. 1859 wurde ihm auf dem ersten Vereinstag deutscher Vorschußvereine in Weimar die Leitung des Zentralbureaus übertragen, er blieb bis zu seinem Tode Leiter und Anwalt des Genossenschaftsverbandes. Schulze-Delitzsch und Siemens gelten als Begründer der neuen liberalen Reichstagspartei, die von beiden ihren Namen „deutsche Fortschrittspartei" erhielt, s. L. S. 188.

Am 9. Apr. 1866 gelangte während der beiderseitigen Kriegsrüstungen der preußische Antrag an den Bund, ein aus allgemeinen Wahlen hervorgehendes Parlament zu berufen zu Vereinbarungen über die Reform der Bundesverfassung.

290] An Wilhelm in London.

Berlin, den 28. April 1866.

······ Mir will das Leben gar nicht wieder freundlich erscheinen. Ich weiß nicht, ob es die herannahenden Fünfzig oder die Nachwirkungen des Verlustes meiner Mathilde sind, die mir das Leben so uninteressant machen! Sie war trotz ihrer Krankheit bis zuletzt das geistig erfrischende Element meines Hauses und Lebens. Es ist mir oft, als wäre ich geistig mit ihr zur Ruhe gegangen!

Doch wozu Euch noch jetzt mit trüben Bildern plagen. Laßt sie Euch nicht kümmern und genießt die Spanne Zeit, die ihr noch habt, um glücklich zu sein! ······

291] An Karl in St. Petersburg.

Berlin den 1. Mai 1866.

······ Der Kriegslärm wird immer größer! Die Wahrscheinlichkeit des Krieges scheint doch schon größer als die des Friedens! Dem muß entschieden Rechnung getragen werden. Die Folge des Krieges wird ein ungeheurer Fall aller Werte sein. Man muß also bare Mittel disponibel halten. Die können wir nur in England verschaffen und halten, da alle Kontinentalstaaten in den Krieg gezogen werden können, und Rußland kein bar Geld hat. Also Export von Erzen aus dem Kaukasus und von Brettern und Balken aus Rußland. Doch auch England verlangt Vorsicht. Es bereitet sich dort eine ungeheure Baumwollenkrisis vor oder ist schon da, da plötzlich eine Million Ballen Baumwolle aus einem unbekannten Versteck der Südstaaten aufgetaucht sind. Hierauf hat man hohe Versatzsummen auf Konnaissemente von den meisten englischen Banken und großen Häusern genommen und nach eingetretenem Fall des Preises auf 6 d. per Pfund (ca. die Hälfte) ihnen das Pfand überlassen! Es sind schon viele der ersten Häuser gefallen und soll noch großes Unheil bevorstehen. Das alles gibt viel Stoff zu überlegen! ······

292] An Karl in St. Petersburg.

Berlin, den 12. Mai 1866.

······ Das russische Geschäft anlangend, so seht Ihr darin, glaube ich, zu schwarz. Wir waren auch hier lange Jahre der Meinung, daß das Geschäft zu Ende gehen müsse, wenigstens das telegraphische —, und jetzt müssen wir mitten im Kriegsgeschrei an Vergrößerung denken und einen neuen Flügel anbauen. Wir können schon seit längerer Zeit nicht mehr den Anforderungen entsprechen, und jetzt droht das Wassermessergeschäft uns zu verschlingen, und die Alkoholometer und Kontrollapparate stehen drohend im Hintergrunde! Man baut jetzt billig und kann am Ende das Geld nicht solider anlegen. · · · · · ·

293] An Wilhelm in England.

Berlin, den 23. Mai 1866.

Es brennt an allen Ecken! Du mußt Dich jetzt schon den Preußen näher verwandt zeigen und unseren Kabelbestellungen vorzugsweise Berücksichtigung gewähren! · · · · · ·

294] An Wilhelm in England.

Berlin, den 4. Juni 1866.

· · · · · · Die englische Revolutionspredigerei, die A. von Bohlen so sehr ergreift, ist lächerlich. Bei 730 000 Soldaten unter Gewehr ist das einmal keine Kleinigkeit und dann ist uns der Besuch der Kroaten in Berlin, und die Herrschaft des österreichischen Pfaffenregiments in Deutschland doch noch ein größeres Übel als unsere innere Misere!

295] An Wilhelm in London.

Berlin, den 11. Juni 1866.

· · · · · · Mit dem Militärkabel sind wir in arger Patsche, da das Hindernis nicht in den Transporten, sondern in der Fabrikation liegt. Tut doch Euer möglichstes und schenkt namentlich reinen Wein ein, damit man weiß, woran man ist. Am Ende sind unsere österreichisch gesinnten Herren Preußen in Woolwich nicht sehr bemüht, schnell für Preußen zu fabrizieren! Das sind übrigens Narren! Wir müssen mal die Sünden der Regierung, die wir so lange geduldet haben oder nicht wegzubringen die Kraft hatten, ertragen und ausfressen. Die Hiebe bekommen wir, das preußische Volk, und der Staat, der doch immer die einzige Hoffnung Deutschlands bildet. Preußen lähmen oder vernichten, heißt doch Deutschland das antun! Österreich kann nie der Kern eines freien kraftvollen Deutschlands werden, das sagt und sieht jeder verständige Mensch in Deutschland inkl. Österreich, der die Verhältnisse kennt. Ist der Krieg mal entbrannt, so muß das preußische und schließlich das ganze deutsche nach Einigung strebende Volk den Kampf aufnehmen und siegreich durchführen. Das ist mal unser Verhängnis. Gleichzeitig muß es natürlich das preußische Regiment beseitigen, um den Sieg nutzbar zu machen. Die alte deutsche Misere, diese Mischung aus Eifersucht, Ohnmacht und kleinstaatlicher Überhebung und albernem Lokalpatriotismus kann und darf nicht wieder aufleben. Krieg, — gleichgültig aus welchen Gründen entbrannt, bedeutet einen deutschen Regenerationskrieg, in dem schließlich Preußen die Fahne der Freiheit und Einheit tragen und hoffentlich zum Sieg führen wird. . . . . . .

296] An Wilhelm in London.

Berlin, den 21. Juni 1866.

Die hannoverschen Eisenbahnen sind wieder hergestellt, es nutzt daher, wieder zu schreiben. Das Akzept der Wechsel besorge doch gleich. Dies Geld soll unsere Kriegsreserve in England sein! Hier sind jetzt schon schwere Zeiten. Eben kam Louis aus Dresden mit seiner und Hans' Familie hier an, nachdem auch mit dort die Eisenbahnverbindung wieder hergestellt ist. Man erwartet in Dresden den Rückzug der Preußen und Vordrängen der Österreicher, fabelt auch von durch Preußen verlorenen Gefechten, Tod des Prinzen Friedrich Karl usw. Die Fama macht sich schon schrecklich breit! Das arme Deutschland ist doch jetzt in einer fürchterlichen Lage, — wenn es nur wenigstens schließlich an Einheit und Freiheit dadurch gewänne! Das eine muß uns trösten, daß dies Schaukelsystem zwischen Preußen und Österreich, welches allen Fortschritt hinderte, doch mal gebrochen werden mußte, sowie, daß die rechte Fahne hoffentlich während des Kampfes zum Vorschein kommt.

Hier in Berlin merkt man weiter nichts vom Kriege, als daß sich alle Welt rüstet, um bis 50 000 Verwundete empfangen und verpflegen zu können! — Halske steckt ruhig in Kissingen und trinkt Wasser.

Bisher ist Vertrauen auf die Armee und der Mut hier ungebrochen. Das Volk hofft gleichzeitig auf inneren und äußeren Sieg. ······ Vetter Georg ist mit Manteuffel in Hannover eingerückt und hat sich bei Vetter Wächter einquartiert. Jetzt ist er weiter gen Göttingen, wo die hannoversche Armee wohl gefangen werden wird. Ginge es wenigstens in Norddeutschland ohne Blutvergießen ab! ······

297] An Wilhelm in London.

Berlin, den 2. Juli 1866.

······ Liefert nur schnell den Rest des Militärkabels, nach welchem hier mächtiges Verlangen ist. Bei dem schnellen Vorrücken der Truppen wird gewiß viel konsumiert! Man glaubt hier in militärischen Kreisen, daß der böhmische Kampf so ziemlich entschieden ist. Die österreichische Armee soll schon sehr demoralisiert sein. Das Vertrauen auf ihre Waffen soll unseren jungen Soldaten große Ruhe und Sicherheit geben und die Wirkung der Salven fürchterlich machen! Fast alle zuverlässigen österreichischen Truppen sollen schon im Feuer gewesen sein. Dabei schwillt die preußische Armee jetzt an wie ein trockener Schwamm im Wasser, trotz der Verluste, die sie erlitten hat! Geht alles, wie erwartet, so stehen wir in 4 Wochen an der Donau und ganz Deutschland ist tatsächlich unter einem Hut. Zu fürchten ist freilich, daß dann — wenn nicht vorher — dynastische Interessen die nationalen Früchte des Sieges ruinieren! Namentlich betrachtet man Bayern mißtrauisch und fürchtet einen vorzeitigen Separatfrieden mit Preußen. Es ist zwar schrecklich, daß man das Vergießen von Bürgerblut begünstigen soll — ein Separatfrieden mit Bayern macht aber die größte Gefahr Deutschlands: die Mainlinie zum möglichen Kampfresultat und die zu vermeiden, ist kein Preis zu hoch. Die Erfolge der preußischen Armeen beweisen die große Überlegenheit einer bis in die Soldatenreihen mit intelligenten Kräften vermischten Armee. Das gleicht vieles aus, selbst eine weniger intelligente Führung. Doch auch mit der kann man bisher zufrieden sein. Sehr betrübt hat der Kampf mit den Hannoveranern (bei dem Vetter Georg, der bei einem der engagierten Regimenter [25.] steht, stark beteiligt war). Schnelleres und entschiedenes Vorgehen hätte den Kampf ersparen können, doch der blinde Georg Rex wollte ein Held werden, und hier glaubte man, dem „gesalbten Haupte“ Rücksichten schuldig zu sein, — die nun mit ein paar tausend Menschenleben abgetragen sind! Es sind viele Berliner vom 20. Landwehrregiment dabei gefallen. Während der Verhandlungszeit bekamen die Hannoveraner ihre Munition. Werden denn die albernen Schreier des dortigen Nationalvereins nicht nachgerade zur Vernunft kommen? Ein Sieg Österreichs und der Mittelstaaten würde doch unzweifelhaft Deutschlands Hoffnung definitiv vernichten und die Welfenhosen wirklich unvergänglich machen. Wir hätten alle gewünscht, der Krieg wäre unter besseren inneren und äußeren Auspizien begonnen; einmal ausgebrochen, muß Preußen siegreich bleiben im Interesse deutscher Kultur und seiner Zukunft als einiger, mächtiger Staat. Ohne gewaltsame Niederwerfung würden wir weder Jesuitismus noch Kleinstaaterei je los werden. Insoweit hatte Bismarck recht mit seinem Ausspruch im Abgeordnetenhaus: „Blut und Eisen könnte Deutschland zusammenkitten.“ Es traute ihm nur niemand den festen Willen zu, noch die Geschicklichkeit und Macht, die Kamarilla zu überwinden und den König zum Kriege mit Österreich zu treiben! Ob es ihm bis ans Ende gelingt, ist noch fraglich. Macht er wirklich einen wesentlichen Fortschritt zur Vereinigung Deutschlands, so wird er ein großer Mann und seine alten Sünden tun seinem Ruhm wenig Eintrag! · · · · · ·

298] An Wilhelm in London.

Berlin, den 7. Juli 1866.

Jetzt wird Schwester Mathilde wohl beruhigt sein über die Gräuel der Kroaten in Berlin! Beiliegende Visitenkarte Benedeks spricht die definitive Verschiebung seiner Visite aus. Es ist doch ein eigenes Ding mit einem großen Siege über einen alten, gefährlichen Feind, wie Österreich es für Preußen stets war. Es erhebt und veredelt die Menschen und ihre Bestrebungen und tröstet auch über die herbsten Verluste. Es ist ein schrecklicher, blutiger Krieg, doch es scheint, als wenn ein solcher, die Luft von faulen Miasmen eines 50jährigen Friedens reinigender, Sturm notwendig war! Seit gestern war die Stimmung hier gedrückt, weil man Italiens Abfall und dann entweder einen fruchtlosen Sieg oder einen noch größeren und verzweifelteren Krieg mit Frankreich befürchtete. Heute kam aber die Nachricht, daß Italien Waffenstillstand und Friedensverhandlungen verworfen hat, wie ich es von den heißblütigen Italienern erwartete. Unsere Armee wird nun wohl erst vor oder in Wien verschnaufen, wenn sie nicht schon vorher von Ihm an den Rhein gerufen wird. Wenn wir jetzt nur ein warmes Herz für Deutschland anstatt eines verstärkten Preußens am Ruder hätten. Viel hängt jetzt von den übrigen Deutschen ab. Gelingt es ihnen, sich auf die Höhe der Situation zu erheben und für die Bildung eines einigen starken Deutschlands mit Preußen an der Spitze einzutreten, anstatt in erster Linie nach ihren verjagten oder davor zitternden Fürsten zu jammern, so werden unsere Kinder ein wirkliches Vaterland bekommen und Bismarck und die preußische Armee segnen. Andernfalls ist die Gefahr groß, daß Deutschland für immer in feindliche Stücke zerrissen wird. Mach doch dafür unter den Deutschen in England Propaganda. Die Rückwirkung wird günstig sein. Sammelt auch für die Verwundeten und Krüppel. Sind die Sympathien noch geteilt, so sorgt für die beider Armeen, denn die Österreicher sind ja alle in unseren Händen und müssen von uns verpflegt werden. Berlin zeigt sich jetzt wirklich groß in Opferfähigkeit und Menschenliebe! Wir haben außer den großen offiziellen Vereinen einen Berliner Hilfsverein für Kranke und Verwundete gestiftet, zusammen mit Angehörigen anderer Parteien. Wir richten hier große Lazarette ein, haben eigene Kommissarien in Menge auf den Kriegsschauplatz geschickt, die dort wirken, helfen und pflegen. Die Gaben strömen uns in Masse zu, auch aus anderen Orten, namentlich Bremen, kurz wir sind in der lebhaftesten Tätigkeit. Es ist auch politisch von größter Wichtigkeit, daß die liberale Partei jetzt energisch helfend eingreift. Das wird unseren augenblicklich vertagten Kampf für innere Freiheit wesentlich erleichtern. Wir haben zwar in den Wahlen die Majorität erhalten, doch große Verluste erlitten, — eine Folge unserer eigenen Zersplitterung. Es können nur wenige Menschen sich schnell in eine ganz neue Lage hineinfinden! Doch ich hoffe, die deutsche Frage wird bald ganz in den

Vordergrund treten und eine, den Verhältnissen angemessene Neubildung der Parteien hervorrufen. · · · · · ·

299] An Wilhelm in England.

Berlin, den 11. August 1866.

· · · · · · Vor ungefähr sechs Jahren, also etwa in Deinem Alter, fing auch bei mir das Oberstübchen an „aufzumucken", wie der Berliner sagt! Seit der Zeit muß ich meinen Kopf schonen und fühle trotzdem eine wesentliche Abnahme meiner Arbeits- und Geisteskräfte. Man muß sich mit den Jahren einschränken!

Jetzt bin ich wieder, wie Du weißt, in der parlamentarischen Tretmühle. Ist jetzt besonders unangenehm. Es ist schwer, immer die richtige Straße innezuhalten, welche weder die nationalen noch die liberalen Interessen kompromittiert! Eins tröstet mich dabei, daß nämlich Bismarck genötigt wird, sich um so mehr auf das künftige deutsche Parlament zu stützen, je weniger er mit dem preußischen kramen kann. Unsere Hauptaufgabe muß sein, die Etablierung eines vom übrigen Deutschland unabhängigen konsolidierten Großpreußen zu verhindern und die endliche Lösung nur durch den deutschen Nationalstaat möglich zu machen! Augenblicklich sieht es wieder sehr trübe aus. Napoleon soll, gedrängt durch die Eifersucht der preußischen Armee, jetzt offen die Rheingrenze verlangen und schon entschieden abgewiesen sein unter Bedrohung mit Entfachung des Nationalkrieges. Das könnte uns vielleicht helfen, wenn auch auf die Gefahr ungeheurer neuer Opfer hin. Auch Rußland ist durch die Klagen der weggejagten Vettern in Harnisch gebracht, und Österreich fängt bei den Friedensverhandlungen schon an, Schwierigkeiten zu machen. Kurz, es ist wieder sehr schwüle Luft! · · · · · ·

300] An Karl in St. Petersburg.

Berlin, den 14. September 1866.

· · · · · · Laß künftig doch nichts bauen, ohne vorher gute Zeichnungen an Fritz zur Begutachtung zu schicken. Man muß sich an einen Propheten halten. Verbesserungsprojekte mußt Du bei Strafe sofortiger Entlassung Dir vom Halse halten. Fritz Öfen gehen sämtlich untadelhaft, und es ist wirklich Selbstmord, sich dann noch auf eigene Dilettantenkonstruktion einzulassen. Sehr gespannt bin ich natürlich auf weitere Nachrichten! · · · · · ·

301] An Wilhelm in London.

Berlin, den 25. September 1866.

Deinen Brief erhalten. Es freut mich sehr, daß Ihr wohlauf seid und daß es auch geschäftlich wieder munter vorwärts geht! Wenn Du doch mal eine gute Kabelbestellung erhalten könntest. Mit uns geht es noch immer sehr matt. Die Furcht vor einem nahen Kriege mit Frankreich hält noch alle Spekulationen gefesselt. Hoffentlich bewirkt die gestrige Bewilligung von 60 Millionen zu Kriegsrüstungen und Kriegsschatz ein Gefühl größerer Sicherheit und wird auch die Herren Franzosen ein bißchen in respektvoller Entfernung halten. Daß die orientalische Frage wieder drohend auftaucht, macht Bismarck die Durchführung seiner deutschen Politik leichter, da sie ein Bündnis gegen Preußen verhindert. Daß Bismarck jetzt wirklich vom Geiste einer großen nationalen Mission ergriffen ist, daß er den Willen hat, kein halbes, sondern ein ganzes Deutschland zu begründen, davon bin ich jetzt fest überzeugt. Darum habe ich mich auch von den meisten meiner alten politischen Freunde getrennt und habe für das Vertrauensvotum für seine äußere Politik gewirkt und gestimmt, — als welches er die Bewilligung des Kredites auffassen zu wollen erklärte. Damit soll nun aber, wie ich denke, meine politische Laufbahn, vor der Hand wenigstens, abgeschlossen sein. Ich werde meinen Wählern Rechenschaft ablegen und gleichzeitig mein Mandat niederlegen. Heute sind wir bis zum 12. November vertagt. Bis dahin können sie eine Neuwahl veranstalten. Ich muß mich den nächsten Winter ganz dem Geschäft widmen und die Politik aus den Gedanken verbannen. Die bisherige Zwitterstellung wurde mir doch sehr unbefriedigend. · · · · · ·

302] An Wilhelm in London.

Berlin, den 4. Dezember 1866.

· · · · · · Wir haben jetzt wieder alle Hände voll zu tun und erwarten noch viele weitere Bestellungen. Möglich, daß wir mal umgekehrt bei Euch Apparatbestellungen machen können. Auch Wassermesser gehen wieder gut und die Kontrollapparate können bald großartig einschlagen! Ich habe eine neue Idee gehabt, die aller Wahrscheinlichkeit nach reussieren und bedeutende Resultate geben wird. Wie Du wohl weißt, hat Wilde ein Patent in England genommen, welches in der Kombination eines Magnetinduktors meiner Konstruktion mit einem zweiten [besteht], welcher einen großen Elektromagnet anstatt der Stahlmagnete hat. Der Magnetinduktor (wie bei den Zeigern konstruiert) magnetisiert den Elektromagnet zu einem höheren Magnetismus, wie er durch Stahlmagnete zu erreichen ist. Der zweite Induktor wird daher viel kräftigere Ströme geben, als wenn er Stahlmagnete hätte[1]). Die Wirkung soll kolossal sein, wie im Dingler mitgeteilt. Nun kann man aber offenbar den Magnetinduktor mit Stahlmagneten ganz entbehren. Nimmt man eine elektromagnetische Maschine, welche so konstruiert ist, daß der feststehende Magnet ein Elektromagnet mit konstanter Polrichtung ist, während der Strom des beweglichen Magnetes gewechselt wird, schaltet man ferner eine kleine Batterie ein, welche den Apparat also bewegen würde, und dreht nun die Maschine in der entgegengesetzten Richtung, so muß der Strom sich steigern. Es kann darauf die Batterie ausgeschlossen und entfernt werden, ohne die Wirkung aufzuheben. Es ist mit anderen Worten eine Holzsche Maschine angewandt auf Elektromagnetismus. Man kann mithin allein mit Hilfe von Drahtwindungen und weichem Eisen Kraft in Strom umwandeln, wenn nur der Impuls gegeben wird. Dieses Geben des Impulses, welcher die Stromrichtung bestimmt, kann auch durch den rückbleibenden Magnetismus oder durch ein paar Stahlmagnete, welche dem Kern stets einen schwachen Magnetismus geben, geschehen. Die Effekte müssen bei richtiger Konstruktion kolossal werden. Die Sache ist sehr ausbildungsfähig und kann eine neue Ära des Elektromagnetismus anbahnen! In wenigen Tagen wird ein Apparat fertig sein. Mache Du doch auch Versuche, damit Wilde, der der Sache ganz nahe ist, uns nicht zuvorkommt. — Magnetelektrizität wird hierdurch billig werden, und es kann nun Licht, Galvanometallurgie usw., selbst kleine elektromagnetische Maschinen, die ihre Kraft von großen erhalten, möglich und nützlich werden! ....

[1]) W. A. I S. 208.

Auszug aus dem Brief von Werner Siemens an seinen Bruder Wilhelm. Berlin, den 4. Dezember 1866. (Werner Siemens über seine Erfindung der Dynamomaschine.)

Ich habe eine neue Idee gehabt, die aller Wahrscheinlichkeit nach reussiren und bedeutende Resultate geben wird. Wie Du weißt, meinst hat Wilde ein Patent in England genommen, welches in der Combination eines Magnet u. Inductors meiner Construction mit einem zweiten, welcher einen großen Electromagnet anstatt der Stahlmagnete hat. Der Magnetinductor (wie bei den Zeigerapp. construirt) magnetisirt den Electromagnet ~~zu~~ zu einem höheren Magnetismus als wie er durch Stahlmagnete zu erreichen ist. Der zweite Inductor wird daher viel kräftigere Ströme geben als wenn er Stahlmagnete hätte. Die Wirkung soll kolossal sein wie im Dingler mitgetheilt. Nun kann man aber offenbar den Magnetinductor mit Stahlmagneten ganz entbehren. Nimmt man eine electromagnetische Maschine, welche so construirt ist, daß der feststehende Magnet ein Electromagnet mit [illegible] Stahl[illegible] ist, und der Strom des beweglichen Magnets [illegible] wird, so hat man nur einen kleinen [illegible] einmal

welche den Apparat bewegen wird.
Dadurch muss die Maschine in
der entgegengesetzten Richtung
gehen [illegible] der Strom [illegible]
[illegible] dennoch die [illegible]
[illegible] und [illegible]
die Wirkung aufzuheben. Es ist
mit andern Worten eine [illegible]
Maschine angewandt auch [illegible]
magnetisch [illegible]. Man kann [illegible]
allein mit Hülfe von [illegible]
[illegible] und [illegible]
im Strom [illegible]
[illegible] der Impuls gegeben wird.
[illegible] Gabe des Impulses, welcher
die Stromrichtung bestimmt, kann
auch durch den [illegible] bleibenden Mag-
netismus oder durch ein [illegible]
[illegible] welche [illegible]
ein [illegible] Magnetismus [illegible]
[illegible]. Die [illegible] möglich
bei richtiger Construction [illegible]
machen. Die Sache ist [illegible]
[illegible] und kann eine neue [illegible]
der [illegible]
In [illegible] wird ein Apparat
[illegible]. Mache [illegible]
[illegible] Wilde, der
die Sache [illegible] ist, und nicht
zu [illegible] kommt. — [illegible]
wird [illegible] billig [illegible]
[illegible] Galvanoplastik etc. [illegible]
[illegible]. Maschinen die ihre Kraft von
[illegible] erhalten, möglich und nützlich werden!

303] An Wilhelm in London.

Berlin, den 15. Januar 1867.

...... Eine Beschreibung des neuen elektrodynamischen Induktors wirst Du für die Royal society morgen erhalten, d. i. sie soll morgen fort. Am Donnerstag wird Magnus sie in der Akademie vortragen. Er macht sich über Erwartung günstig, auch in kleinen Dimensionen. Die Sprengfrage ist durch ihn schon praktisch gelöst[1]). Er wird ein wichtiges Ding werden. Einen ganz kleinen Induktor (kleine Zeigergröße) kann man kaum mit Gewalt drehen, wenn er ohne Widerstand geschlossen ist.

Ich werde jetzt mit V. Meyer die Leuchtturmfrage in die Hand nehmen. Jetzt sind die Mittel dazu vorhanden! ......

304] An Wilhelm in London.

Berlin, den 17. Januar 1867.

Beiliegend die Preßkopie der heute in der Akademie verlesenen Notiz. Das Ding wird wirklich sehr wichtig werden. Der kleine Apparat von der Größe eines kleinen Stromgebers für Zeiger setzt sich bei einer Umdrehung der Kurbel allein durch den schwachen rückbleibenden Magnetismus, wenn die Windungen kurz geschlossen sind, in so starke Tätigkeit, daß man die Kurbel nur mit Mühe weiterdrehen kann. Unterbricht man nach einer Umdrehung den kurzen Schluß mechanisch, so erhält man in einem größeren Widerstandskreise so starke Ströme, daß man sicher 6 englische Patronen zünden kann. Die Zündungsfrage ist dadurch vollständig erledigt.

Ich habe heute die Kälte zu einem Versuche benutzt, den ich lange vorhatte, nämlich die permanenten Gase, also atmosphärische Luft, flüssig zu machen —, der prächtig gelungen ist, und zwar auf sehr einfache Weise. ...... Ich mache genauere Versuche und berichte dann zu einem zweiten Vortrage für Dich!

305] An Wilhelm in London.

Berlin, den 26. Januar 1867.

Heute ist die persische Konzession, wie Walter sie eingereicht hat, mit Briefen Walters eingegangen. Da die Konzession so „mit un-

---

[1]) Erste praktische Anwendung des Dynamoprinzipes, s. W. A. II S. 237

wesentlichen Abänderungen“ genehmigt ist, so können wir sie mit einem entsprechenden Vermerk drucken. Die Konzession ist noch viel günstiger als wir glaubten. Sie lautet auf 25 Betriebsjahre ohne jede Abgabe, mit Verpflichtung, ihren Draht mitaufzuhängen und zu remontieren. 1872 erhalten wir entweder die ganze englische Linie geschenkt und müssen nur 2 Francs pro Depesche abgeben, oder wir erhalten $^1/_3$ der Einnahme dieser Linie von Teheran—Buschir, wenn die Engländer Verlängerung ihrer Konzession verlangen. Dadurch sind unsere Chancen beträchtlich gestiegen! — Mit Hamburg allein macht es sich doch nicht. Ich suche morgen den Seehandlungspräsidenten Camphausen oder den Bankpräsidenten Hansemann für uns zu gewinnen. Mit Meier, Bremen, sind Verhandlungen im Gange. Dazu Goßler in Hamburg, jeder mit ca. 20 mille £. St. Beteiligung, das wird vorläufig alles sein, was jetzt hier zu tun ist. · · · · · ·

306] An Wilhelm in London.

Berlin, den 2. Februar 1867.

Die Dir neulich mitgeteilte Änderung des großen Induktors hat wenig verändert. Obgleich jetzt nicht die geringste Reibung vorhanden, gehört doch eine bedeutende Kraft zur Drehung des Induktors, und der Magnetanker wird schnell warm, und zwar das Eisen, nicht die Drähte[1]). So stark, daß diese warm würden, wird der Strom gar nicht, da die Maschine bei kurzem Schluß entweder fast still gehalten wird oder der Riemen rutscht. Der Anker dreht sich dann nur drei- bis viermal pro Sekunde. Er gibt dabei aber doch einen Strom, welcher einen 18 Zoll langen und 1 mm dicken Eisendraht hellglühend macht. Ich lasse den Anker nochmals abwickeln, um mich einmal zu überzeugen, daß nicht in der Nähe des Kernes eine Nebenschließung vorhanden ist und ferner den nur $^3/_8$ Zoll dicken Anker um $^2/_8$ dicker zu machen. Ich vermute nämlich, daß ein Anker, wenn er zum Maximum magnetisiert wird, vorzugsweise erwärmt wird. Es stimmt das übrigens mit meinen früheren Versuchen, wonach die Glaswand der Leydener Flasche durch häufige Ladung und Entladung erwärmt wird. · · · · · ·

---

[1]) Die Anker waren massiv.

307] An Karl in St. Petersburg

Berlin, den 2. Febraur 1867.

...... Ich bin noch bis über beide Ohren in Ausstellungsarbeiten. Setz- und Entsetzapparate scheinen gut zu werden. Doch die verdammten Kleinigkeiten! Der große Induktor ist ein wütender Kerl, der sich noch sehr ungeschlacht benimmt. Wenn man ohne ansehnlichen Widerstand schließt, hält er ohne weiteres die Dampfmaschine fest, und zwar ohne Reibung, nur durch magnetische Kraft! Dabei wird der Anker des rotierenden Magnetes (Eisen, nicht der Draht) heiß. Zur vollen Wirkung ist er noch nicht zu bringen gewesen, da die Maschine ihn bei kurzem Schluß nicht über drei- bis fünfmal in der Sekunde umdrehen kann anstatt 20mal! Doch macht er 1 mm starken $1^1/_2$ Fuß langen Eisendraht gut hellglühend dabei. Es wäre schade. wenn man ihn nicht präsentabel für pie Ausstellung rechtzeitig fertigbekäme! ......

308] An Wilhelm in London.

Berlin, den 3. Februar 1867.

Eben erhalte ich Deine Depesche von Karl, nach welcher der Telegraphendirektor das letzte Projekt, welches Du in Abschrift erhalten hast (Erteilung einer Konzession für eine Linie durch Rußland und das Schwarze Meer auf 25 Jahre gegen $^1/_2$ Rubel Abgabe an die Regierung pro beförderte Depesche) im Prinzip angenommen hat und es der Regierung zur Genehmigung vorlegen will. Eine befürwortende Note der preußischen Regierung wird in diesen Tagen an die russische abgehen. Ich halte die Sache daher jetzt für ziemlich sicher. Fraglich ist nur, ob es nicht zweckmäßig wäre, sogleich eine Konzession in Hamburg nachzusuchen, damit uns dort niemand zuvorkommt. Überlege Dir das. Erfahren die Leute in England den Stand der Sache in Rußland, so könnten sie uns leicht alle Löcher verstopfen, und namentlich würde die submarine Kompanie ihre faule Konzession viel höher im Werte halten. Wie Chauvin sagt, ist jetzt auch das Tönninger—Helgoländer Kabel ganz unbrauchbar geworden. Die Konzession betrachtet Preußen der Gesellschaft gegenüber als erloschen, sie will uns aber als ferner gültig ansehen. Das darfst Du aber der Electric Telegraph Co. nicht verraten, da es eine

Umgehung des Kontraktes mit derselben ist, zu der sich Preußen dummerweise hat beschwatzen lassen. — Rußland will einen Maximaltarif kontraktlich für die einzelnen Linienstücke festsetzen. Gib Deine Ansicht darüber. · · · · · ·

309] An Wilhelm in London.

Berlin, den 9. Februar 1867.

· · · · · · Unser schönstes mechanisches Stück ist eigentlich der Euch vorgestern übersandte submarine Schreiber. Wird Dir gefallen! Ich habe das Preisrichteramt[1]) angenommen. Es verhindert weder dortige Prämiierung, noch hiesige in anderen Klassen als 64. Auch für diese kann durch die große Jury ausnahmsweise eine Prämiierung bewirkt werden, was wohl geschehen wird. — Ich dachte, den großen Induktor mit einer kleinen Reaktionsmaschine von Fritz gehen zu lassen, welche fabelhaft kraftvoll ist. Das Ding ist aber zu unsolide durch seinen Privatmechaniker gemacht, wird daher schwerlich fertig werden. Es ist ein Reaktionsrad, bei welchem die Expansion des Dampfes wirksam auftritt und die Dampfreibung an den Wänden größtenteils unschädlich gemacht ist. Ich glaube, die Dinger werden gut gehen und würden dann eine hübsche Arbeit für unsere Kleinmechanik sein! · · · · · ·

310] An Wilhelm in England.

Berlin, den 23. Februar 1867.

· · · · · · Der große neue Induktor macht mir doch viel zu schaffen. Die Kraft, mit welcher er die Maschine bremst, ist kolossal, wenn er im Gang ist. Dabei ist der erzielte Strom nicht so bedeutend, wie er der konsumierten Arbeit entspricht. Der innere (rotierende) Magnet wird nach wenig Umdrehungen schon warm. Das ließe alles auf eine Nebenschließung der Windungen schließen, doch zeigt die Strommessung die nicht an. Ich denke, die Sache wird sich schon aufklären. Die kolossale Bremskraft scheint mir das Ding zu Eisenbahnbremsen und zu Kabel- usw. Bremsen sehr geeignet zu machen. Gib mir doch eine Skizze von Deinem und Wheatstones

---

[1]) Pariser Weltausstellung 1867.

Apparat. Hast Du nicht gesagt, daß ich schon vor 2 Monaten das Ding hier gezeigt und der Akademie mitgeteilt hätte? ······

311] An Karl in St. Petersburg.

Berlin, den 4. März 1867.

······ Kontrollapparat und Niveauindikator sind bereits fort, und mit dem neuen Stromgeber werde ich am Donnerstag, wo große Vorstellung vor der Akademie stattfinden wird, auch zum Abschluß kommen. Dieser Apparat wird den Grundstein einer großen technischen Umwälzung bilden, welche die Elektrizität auf eine höhere Rangstufe der Elementarkräfte erheben wird! Es sind zwar noch viele Schwierigkeiten zu überwinden, doch die Grundlage ist da und praktisch erprobt! Der Ausbau darf nicht vernachlässigt werden, um so weniger, als Wheatstone als Konkurrent aufgetreten ist. Diese Apparate und Kontrollapparate werden uns in den nächsten Jahren übermäßig beschäftigen. Wir sind daher auch zum Neubau des Flügels an der Stelle der Schuppen entschlossen und bereiten alles dazu vor. ······

312] An Karl in St. Petersburg.

Berlin, den 8. März 1867.

······ Mit den Ausstellungssachen sind doch noch allerlei kleine Haken! Setz- und Ablegemaschinen stocken noch bisweilen, und der große Induktor ist für seine Wildheit nicht stark genug konstruiert. Die Stahlachse biegt sich wie eine Reitgerte! Es wird jetzt ein großer Apparat für elektrisches Licht usw. konstruiert, und kann derselbe vielleicht später mit dem jetzigen in Paris ausgewechselt werden. ······

313] An Wilhelm in London.

Berlin, den 9. März 1867.

······ Plädiere nur möglichst für eine einheitlich organisierte Linie bis Indien. Das würde viel helfen. Man ist geneigt, der Linie einen internationalen Charakter mit Unabhängigkeit von den Lokalregierungen zu geben. Chauvin wollte absolut W. Wilson von der Electric Telegraph Co. mitauffordern, und im Brief des Ministers war der Name auch genannt. Ich habe das vorläufig verhindert. Doch wäre es gut, wenn Du mit der Elektric Telegraph Co. vorher eine Vereinigung träfest. Zugesagt hat mir Chauvin für den Fall der Nichtvereinigung eine Konzession nach Kuxhaven, die zu geben er frei ist. Doch wünscht man Vereinigung. Bedingung ist besondere Doppellinien nach London, besondere Stationen daselbst, besondere submarine Drähte und gemeinsame Verwaltung der ganzen Linie.

Will die Electric Telegraph Co. sich an der ganzen Unternehmung beteiligen, d. h. mit uns Kompanieschaft auf gleichem Gewinn und Verlust exkl. Bau und Remonte in Rußland, wenn wir sie bekommen, so könnten wir das annehmen. · · · · · ·

314] An Karl in St. Petersburg.

Berlin, den 5. April 1867.

· · · · · · Gestern hatten wir eine lange Konferenz mit Chauvin. Die Sache scheint jetzt so gut wie in Ordnung zu sein. Itzenplitz[1]) hat die Konzession einer Privatlinie genehmigt und sie den Russen (Tolstoi[2])) vorgeschlagen. Die Bedingungen sind zwar teilweise unannehmbar, doch wird man mit sich handeln lassen! Aus beiliegender Kopie wirst Du den Vorschlag zu einem Staatsvertrage ersehen, den ich Chauvin übergeben habe. Suche dafür bei General Lüders Propaganda zu machen. · · · · · ·

· · · · · · Sollen wir mehr als $^1/_3$ des Satzes oder höchstens 3 Francs pro Depesche in Rußland bezahlen, so wird die Rechnung sich nicht so stellen, daß man leicht das Geld bekommt. Eine zweite Frage ist die der Beamten. In Preußen will man die Unteroffiziere absolut anbringen. Könnte Lüders uns da herumhelfen, so würde er sich einen Gotteslohn um die Sache verdienen. Wenn die stipulierte Kontrollbehörde — Chauvin, Lüders und, wie ich denke, ich als Repräsentant der Gesellschaft — oder jeder Telegraphendirektor für sein Land die Genehmigung der Anstellung eines Telegraphisten hat, so müßte das doch ausreichen. Andernfalls werden Kapitalisten keine Sicherheit finden, daß der Dienst auch wirklich ernst geführt

---

1) Preußischer Handelsminister.

2) Russischer Post- und Telegraphenminister.

wird, da die Leute in fremdem Dienst stehen. Chauvin meint, daß er Rußlands wegen so autokratisch verfahren muß. Hoffentlich stellt Rußland sich auf einen erhabeneren Standpunkt, sowohl hinsichtlich des Geldpunktes wie der Beamtenfrage. — Chauvin betrachtet die Sache schon so weit gediehen, daß er meint, wir könnten ruhig unsere Vorbereitungen treffen, die Sache wäre gemacht! Er wird wohl in 8, höchstens 14 Tagen nach Petersburg kommen. Es wäre wichtig, bald vorgehen zu können, da die Red sea line unter Bright & Co. auf dem Punkt steht, loszubrechen. Kommen wir eher heraus, so verhindern wir dadurch diese gefährliche Konkurrenzlinie. Andernfalls wird uns die Kapitalbeschaffung sehr erschwert.

Wir wollen nun erst versuchen, ohne Aktiengesellschaft zum Ziel zu kommen. Wir wollen es mal mit Rothschilds versuchen. Vielleicht machen sie ein a meta-Geschäft mit uns, wobei wir $^1/_4$, sie $^3/_4$ des Kapitals (2 Millionen) geben, und wir die ganze Sache in der Hand behalten. Gleichzeitig wollen wir dasselbe durch den Kölner Klüngel (Bank von Schaaffhausen und Mevissen) versuchen. Gelingt beides nicht, so müssen wir zur Aktiengesellschaft schreiten. Für die Regierungen wäre es jedenfalls auch am besten, wenn wir die Sache allein ausführten und in der Hand behielten. Sie müssen uns daher gute Bedingungen geben!

Itzenplitz hat im Parlament schon mit der indischen Linie renommiert.

Nun mußt Du aber gleich dabeigehen und einen Bau- und Remonteanschlag für die Linie durch Rußland machen, damit wir einen Prospekt aufstellen können. · · · · · ·

315] An Wilhelm in London.

Paris, den 10. April 1867.

· · · · · · Trotz Dreck und Wirren soll doch der Jury-Report am 20. abgegeben sein. „L'empereur le veut," ist hier vielmehr wie in Rußland die einzige ratio! — Wheatstone und ich exerzieren jetzt in Freundschaft und Liebe nach. Ich brauche nur einige Male am Tage zu sagen: „C'est à la Wheatstone," so ist er immer in bester Laune. Der neue Induktor schien ihn aber zu ärgern, obgleich ich von „notre invention“ sprach. Die Jury besteht aus Vougby[1]), Wheatstone (Vorsitzender und Stellvertreter), Becquerel (rapporteur) und mir. Schöne Komposition! — In Angelegenheit der Linie konnte ich noch nichts machen. Kannst Du mir nicht den juror rapport der Londoner beiden Ausstellungen über Telegraphie schicken? Dann aber bald.

316] An Wilhelm in London.

Paris, den 15. April 1867.

······ Es ist nichts Vernünftiges da, aber schrecklich viel Ansprüche. Aus England ist außer uns eigentlich niemand erschienen. Varley kommt nicht; vielleicht weil er mich und Wheatstone nicht zu Richtern haben will! Mit Wheatstone stehe ich ganz gut. Becquerel und ich machen die Sache, und Wheatstone sagt bisweilen: „C'est presque comme un appareil que j'ai construit, il y a vingt ans.“ Sonst schweigt er gewöhnlich. Übermorgen kommt der Kaiser zu uns. Werde ihn für Stromerzeuger und Kontrollapparat warm machen! ······

317] An Wilhelm in London.

Paris, den 23. April 1867.

Es ist doch recht schade, daß Du nicht mit hier sein kannst! Es ist doch so manches da, was ich gerne mit Dir besprochen hätte! Heute habe ich z. B. einem armen Innsbrucker Mechaniker eine höchst eigentümliche elektromagnetische Kraftmaschine[2]) für 400 Francs ababgekauft. Vielleicht nehme ich sie noch in das neue hiesige Patent mit auf. Auch eine sehr eigentümliche Rotationspumpe hat der Mann, welche eine Leere pumpt, durch welche der elektrische Strom nicht mehr geht; kurz, manches, welches für unsere Fabrikation sehr nützlich sein kann, wenn man gleich anfangs die Sache in die Hand nimmt. In Amerika ist eine kalorische Kraftmaschine mit innerer Heizung aufgestellt, welche ausgezeichnet arbeitet. Sie hat 20 Pferdekräfte. Eine ähnliche sollte vor 20 Jahren in Thüringen gehen; doch

---

[1]) Französischer Telegraphendirektor.

[2]) Elektromotor von Kravogl, der s. Z. wegen seiner eigentümlichen mechanischen Anordnung Beachtung fand, aber ohne Bedeutung blieb.

habe ich seitdem nichts davon gehört! Doch die Reihe würde zu lang, wollte ich sie aufzählen. Komm nur lieber her.

...... Daß der Krieg unvermeidlich ist, die Meinung findet hier wie in Deutschland immer mehr Boden. Nur durch Annullierung der Verträge mit Süddeutschland würde sich der Friede erkaufen lassen, und das wird hoffentlich nicht geschehen, so schrecklich auch ein Krieg mit Frankreich sein wird. Mache auch Du nur „mobil“, d. i. halte Mittel in Reserve und so, daß sie nicht verloren gehen können, und vermeide weitgehende Unternehmungen, welche das Geld auf lange festlegen. Die Kurse werden schrecklich fallen, wenn der erste Kanonenschuß fällt, und aller Kredit wird gleich Null sein. Mit der Nordbahn (Matthias) habe ich abgemacht, daß Siemens Bros im Falle des Krieges die Ausführung der Läutewerkanlage übernehmen, für welche wir kontrahiert haben. Die Lieferung wird wohl vorher vollendet sein, doch die Hälfte der Zahlung bleibt bis nach der Aufstellung und Ingangsetzung.

Mr. Ladd (?) wird in den nächsten Tagen auch einen regenerativen (?) magnetelektrischen Apparat aufstellen. Er soll behaupten, er habe das Patent in England. Kann es sein, daß er Priorität hat? Leider will der neue, große nicht in Sicht kommen. Mehlis hat ihn vor 14 Tagen abgeliefert; ich habe aber noch keine Nachricht über Fertigmachung der elektromagnetischen Arbeit. ......

318] An Wilhelm in London.

Paris, den 5. Mai 1867.

...... Wie mir gestern von Wheatstone mitgeteilt wurde, hast Du seitens der Gruppenjury den großen Preis für Regenerativöfen nach lebhafter Debatte bekommen!

Eben geht mir beifolgender Brief aus Berlin zu, aus dem eine günstige Wendung der Konzessionsfrage sich ergibt! Ich hatte Karl diese Lösung als zu erstreben angegeben. Er hat seine Sache gut gemacht! Mit der russischen Konzession können wir zufrieden sein. Mit Preußen werden wir schon fertig! Sobald die Bestätigung der russischen Konzession da ist, wird es nötig sein, mit der Bildung der Gesellschaft vorzugehen! Es bleibt doch nur die Aktiengesellschaft! Die Kriegsgefahr macht andere Kombinationen unmöglich! Ich glaubte kaum, daß die Russen auf $^1/_3$ des Tarifs eingehen würden! Kannst Du dem von Karl für Tiflis engagierten (russisch-deutschen) Ingenieur Hartmann, der seit einigen Monaten bei Fritz arbeitet und von ihm als sehr intelligent gerühmt wird, nicht Gelegenheit geben, sich im praktischen Ofenbau, womöglich Kupferröhren, zu üben? Du tätest uns damit einen großen Dienst. Es handelt sich um Raffinieröfen, d. i. also Rohkupfer, welches durch den Hochofenprozeß gewonnen wird, in hammergares Kupfer umzuwandeln. Gewöhnliche Flammöfen kosten uns zuviel Brennmaterial. Vielleicht hast Du schon einen gebaut? In diesem Falle könntest Du ja gleich die Eisenteile usw. zu dem Ofen anfertigen lassen und hinschicken. Ich werde wohl noch bis Ende der Woche bleiben müssen. · · · · · ·

319] An Wilhelm in England.

Paris, den 12. Mai 1867.

Als ich gestern im Begriff war abzureisen, erhielt ich eine Einladung von dem Generaldirektor der Steuern, Herrn Barbier, ihn am Montag zu besuchen, — mußte daher wieder auspacken! Gelingt es, mit ihm eine Vereinbarung über Anwendung der Kontrollapparate in Frankreich zu treffen, so ist das allerdings ein paar Tage wert! — · · · · · · Jetzt, wo der Friede vorläufig gesichert und in Petersburg eine Einigung erfolgt ist, wird es nötig, die Teheran-Linie[1]) wieder eifrig in die Hand zu nehmen. Ich denke, die Sache wird sich so machen, wenn die Russen die Konzession für Rußland so geben, wie sie Karl vorgeschlagen hat. Ohne Aktiengesellschaft wird es aber nicht gehen. Ich habe hier Bekanntschaft mit einem sehr intelligenten jungen Bankier — Benari, früher Dirigent der großen Kreditgesellschaft in Wien, jetzt die rechte Hand Rothschilds — gemacht und mit ihm die Geldsache besprochen. Er hält die Sache nicht für schwierig, will heute auch mit Rothschild sprechen. Doch sind die hiesigen Geldmänner zu sehr an „große Coupons" gewöhnt! Der Gang ist hier bei solchen Sachen gewöhnlich der, daß man das Kapital $^1/_4$ größer macht und daß die Geldmänner dann dies Viertel

---

[1]) L. S. 197, 199.

für die Unterbringung erhalten! Er schlug nun vor, $^1/_3$ sollten wir selbst unterbringen, $^1/_3$ in London und $^1/_3$ in Paris auflegen. Das Pariser Dritteil wolle er dann übernehmen. In der Schwierigkeit, daß wir Bau und Remonte übernehmen müßten, fand er kein Hindernis, im Gegenteil würde das die Sache sichern und vereinfachen. Es müßte gleich das fertige Projekt aufgestellt werden mit den als Grundlage angenommenen Bau- und Remontekontrakten mit unserer Firma. — Vorläufig will es mir noch am besten scheinen, daß wir direkt, ohne Bankiervermittlung, Zeichnungen auflegen, nachdem ein gutes Projekt festgestellt ist und die Gesellschaft sich auf Grund dessen konstituiert. Wenn ich nach Berlin zurückkomme, werde ich mit Delbrück[1]) ein solches Projekt aufstellen. Wir müssen dann irgendwo (Paris?) zusammenkommen, um die Sache definitiv festzustellen und in Szene zu setzen. Ich denke, mit der Konzession wird es jetzt schnell gehen. · · · · · ·

320] An Wilhelm in England.

Charlottenburg, den 24. Mai 1867.

· · · · · · Ich bin seit einigen Tagen mit dem Probieren des großen dynamoelektrischen Induktors[2]) beschäftigt. Ich mußte dafür ein besonderes Fundament vor dem Fenster bauen lassen, da er sich im Maschinensaal nicht fest genug aufstellen ließ. Es waren noch einige kleine Fehler zu redressieren. Er scheint seine Schuldigkeit tun zu wollen, doch unsere Maschine ist für seine volle Wirkung zu schwach. Schade, daß er für den Besuch der Potentaten zu spät nach Paris[3]) kommen wird. Ich hoffe, ihn in 8 Tagen absenden zu können und rechne dann auf Deine Hilfe bei der Aufstellung daselbst. Man will mir in der preußischen Abteilung eine besondere Lokomobile im Park dafür zur Disposition stellen. Merkwürdig bleibt die große Kraft, welche der elektrische Strom zur Erzeugung braucht! · · · · · ·

---

1) Chef der Berliner Bankfirma Delbrück, Leo & Co.

2) Wohl ein ähnlicher Apparat wie W. A. II S. 242.

3) Zur Weltausstellung 1867.

321] An Wilhelm in London.

Berlin, den 28. Mai 1867.

...... Mit dem großen Dynamoinduktor bin ich in letzter Zeit viel beschäftigt gewesen. Es stellten sich manche Schwierigkeiten heraus und manche Übelstände waren zu beseitigen. Morgen werden die letzten Nacharbeiten vollendet sein. Leider ist ein Übelstand wahrscheinlich nicht zu beseitigen, nämlich die Erwärmung des Eisens der Anker durch die Magnetisierungswechsel. Ich fand diese wissenschaftlich *ganz neue* Erwärmung zwar schon bei der früheren Maschine, doch glaubte ich, durch dickere Anker dieselbe hindern zu können. Dem scheint aber nicht so zu sein. Die dicken Leitungsdrähte bleiben ganz kalt, aber die rotierenden Magnete werden schnell warm! Jetzt mache ich die experimentellen Versuche, um die Gesetze dieser Erwärmung festzustellen. Wäre freilich früher besser gewesen! ......

322] An Wilhelm in London.

Berlin, den 3. Juni 1867.

...... Der große Induktor gibt prachtvolle Resultate. Mit 350 Umgängen (anstatt 1200) gibt er schon ein sehr schönes elektrisches Licht, etwa 60 Groves entsprechend. Leider werden die Anker aber warm, während die Drähte ganz kalt bleiben. Schon nach einer Viertelstunde verbrennt man sich die Finger, wenn man das Eisen anrührt. Ohne Arbeit im zweiten Zylinder (wenn seine Windungen nicht geschlossen sind) ist die Erhitzung *größer*, — als zu erwarten war. Es ist Erwärmung durch die Bewegung der Moleküle des Eisens! Ich wage nicht, ihn so nach Paris zu schicken, obschon man dort nur sporadisch zu arbeiten braucht. Soll ich ihn schicken? Dann muß ein Fundament in der preußischen Abteilung gebaut werden. ......

323] An Karl in St. Petersburg.

Berlin, den 11. Juni 1867.

...... Die Naphtha-Pachtgeschichte kommt mir doch etwas zu früh. Gasanlage und städtische Naphthaquellen, die ja allein vielleicht viel mehr geben, als wir brauchen können, sollten uns vorläufig genug beschäftigen! Wir müssen mal einen Abschnitt machen und nichts Neues anfangen, bis wir beim Alten nicht Platz genug mehr für Arbeit und Kapital finden! Will Otto sich speziell und ganz dem Naphtha- und Gasgeschäft widmen, so scheint mir am besten, die Pacht zwar zu nehmen, dann aber eine Kompanie für Gas und Naphtha zu bilden, deren Direktor ja Otto werden kann. Man muß nicht alles selbst verdienen wollen, und das kolossal angelegte Bergwerksunternehmen ist für unsere Kräfte schon reichlich groß. Dazu kommt, daß die indische Linie, der wir uns nicht mehr entziehen können, auch Geld und Kraft in Masse verbrauchen wird! Vorteile können wir uns ja von der zu bildenden Gesellschaft ausbitten. Vielleicht könnte man mit dieser kleinen Kompanie hier in Berlin debütieren. Fertig bringen wir sie hier. Otto muß dann einen guten Prospektus machen. · · · · · ·

324] An Karl in St. Petersburg.

Berlin, den 24. Juni 1867.

· · · · · · Die neue Maschine (dynamoelektrisch) macht mir viel Kopfzerbrechen, da sich die unerwartete Erscheinung zeigt, daß das Eisen des Ankers durch den Wechsel des Magnetismus erwärmt (wird), was bisher unbekannt war. Sonst ist die Wirkung prachtvoll. Eine neue Konstruktion wird der Sache hoffentlich abhelfen. · · · · · ·

325] An Karl in St. Petersburg.

Berlin, den 16. Juli 1867.

· · · · · · Es kommt mir jetzt bisweilen der Gedanke, unser ganzes Gesamtgeschäft, wie es steht und liegt, an eine Kommandit- oder Aktiengesellschaft zu verkaufen. Natürlich müßten wir als Leiter engagiert bleiben. Der Kaukasus verschlingt zu viel Geld und es ist am Ende auch gefährlich, sein ganzes Heil auf die eine Karte zu setzen! Ein einziger für Rußland ungünstiger orientalischer Krieg könnte einen dicken Strich durch die ganze Rechnung machen! Doch das sind noch Träume! · · · · · ·

326] An Professor Zetzsche.

Berlin, den 27. Juli 1867.

· · · · · Die dynamoelektrische Maschine anlangend, so würde ich Ihnen raten, noch etwas mit der Beschaffung zu warten. Vollständig praktisch durchgeführt sind dieselben als kleine Zündungsmaschinen.

Eine solche kleine Maschine gibt bei einer Umdrehung der Kurbel einen Funken von ca. $1/2$ mm Schlagweite und zündet mit Sicherheit gleichzeitig eine ganze Reihe von Minen. Für große Stromstärken konstruierte Maschinen leiden noch an zwei Übelständen. Einmal ist die nötige Bewegungskraft noch unverhältnismäßig groß, und zweitens erwärmt sich das Eisen des oder der rotierenden Anker sehr schnell, so daß man sie nicht dauernd ohne Gefahr für die Drahtisolierung arbeiten lassen kann. So erwärmt sich der (unbewickelte, ganz freigelassene) Anker einer zweizylindrischen dynamoelektrischen Maschine, welche ich eigentlich zur Ausstellung anfertigen ließ und welche ca. 10 ccm Knallgas in der Sekunde liefert, ca. in 10 Minuten so stark, daß das Wasser daran zischt! Es war dies der Grund, warum ich diese Maschine nicht zur Ausstellung geschickt habe, obschon Ladd, welcher dieselbe Konstruktion in kleineren Dimensionen imitiert hat, damit viel Aufsehen macht und Schwindel treibt. Leider ergaben die angestellten Versuche, daß wirklich das Eisen selbst durch den schnellen und starken Polwechsel sich erwärmte, daß also nicht sogenannte Foucaultsche Ströme die Ursache sind. Es ist also eine natürliche Barriere gegen die nützliche Verwendung d i e s e r Maschinen gebildet, welche nicht zu überschreiten ist. Ich bin daher zu einer ganz anderen Konstruktion übergegangen, bei welcher kein magnetischer Polwechsel stattfindet, habe aber die Versuche noch nicht abgeschlossen. Die erwähnte Erwärmung bildet wahrscheinlich den Grund des übermäßigen Kraftaufwandes zur Erzeugung elektrischer Ströme. Obige Maschine verbraucht zu der beschriebenen Leistung 5 bis 6 Pferdekräfte. Die Licht- und Glühwirkung ist verhältnismäßig viel größer als die chemische, da die Ströme diskontinuierlich sind. Das elektrische Licht der beschriebenen Maschine ist so brillant, wie ich es nie mit galvanischen Batterien erzeugt gesehen habe.

Die Entstehungsgeschichte der dynamoelektrischen Maschine ist kurz folgende: Der Mechaniker Wilde bezog von unserer englischen Fabrik Magnetinduktoren meiner Konstruktion (rotierender Zylinder). Um die Wirkung zu vermehren, benutzte er eine solche Maschine, um den

Elektromagneten einer größeren, ebenso konstruierten Maschine, welcher die Stahlmagnete ersetzte, durch den Strom der kleineren zu magnetisieren und hierdurch Stahl zu sparen. Das gelang über Erwartung gut. Wahrscheinlich leidet seine Doppelmaschine aber auch an Erhitzung der rotierenden Zylinderanker. Es hätte eigentlich für Wilde nahegelegen, den kleinen Induktor durch den Strom des großen zu magnetisieren und so auf meine dynamoelektrische Maschine ohne Stahlmagnete zu kommen. Doch man kommt zu den einfachen Sachen gewöhnlich erst auf Umwegen! Die Betrachtungen, welche mich zu derselben führten, habe in der Publikation in der Akademie der Wissenschaften auseinandergesetzt. Schon im Dezember v. J. experimentierte ich mit einer einzylindrigen Maschine dieser Art vor den hiesigen Physikern und begann den Bau der großen 2zylindrigen, von der ich oben sprach. Die erstere ist in Paris als interessantestes Novum ausgestellt. Da eine Publikation durch die hiesige Akademie ein ziemlich wirksames Verheimlichungsverfahren ist, so bat ich meinen Bruder William in London, der Royal society ca. 2 Monate später eine Mitteilung von der Sache zu machen. Nachdem derselbe seinen Vortrag angemeldet hatte (14 Tage vor der Sitzung), meldete auch Professor Wheatstone einen Vortrag ähnlichen Inhaltes an. Wheatstone kam also in derselben Sitzung dicht hinter meinem Bruder, aber ca. 2 Monate, nachdem die Sache in der hiesigen Akademie publiziert war. Später (14 Tage) publizierte Ladd, welcher Wildesche Apparate mit 2 rotierenden Zylindern (mit Stahlmagneten) baute, daß er nach meinem Prinzip die Stahlmagnete beseitigt habe. Er hat in Paris die Unverschämtheit gehabt, seinem kleinen Apparat, welcher erst Mitte Mai dort aufgestellt wurde, die Überschrift „new principle of conservation etc. from Mr. Ladd" zu geben, obgleich er nicht das geringste zur Entwicklung der Sache beigetragen hat. Es ist das echt englisch, beinahe französisch zu nennen!

Die Grundlage der ganzen bisherigen Sachlage ist also meine rotierende Zylindermaschine. Wilde hat zuerst zwei rotierende Zylinder benutzt und den Stahlmagneten des einen durch einen Elektromagneten ersetzt, welcher durch den ersteren magnetisiert wurde. Dann habe ich im Dezember v. J. die erste dynamoelektrische Maschine gezeigt und Anfang Januar die Sache publiziert. Im Februar haben mein Bruder und Wheatstone gleichzeitig über die Sache Vorträge gehalten und Modelle vorgestellt. Ladd hat die erste zweizylindrige dynamoelektrische Maschine fertigbekommen, Wheatstone hat das Novum beigetragen, daß man kräftige Glüherscheinungen erhält, wenn man dem feststehenden Magnete größeren Widerstand gibt als dem beweglichen (rotierenden) und dann eine Nebenschließung zwischen festem und rotierendem Magnet anbringt, in welcher man die Glüherscheinung stattfinden läßt. Das ist natürlich nicht zweckmäßig, wenn man die Widerstände der Windungen beider Magnete gleich macht, wie ich es tue.

Zeichnungen unserer Maschine zum Zünden, Auslösung von Läutewerken usw. sowie der großen zweizylindrigen werde ich Ihnen anfertigen lassen.

Vielleicht kann ich Ihnen auch bald Mitteilung über den neuen Apparat (ohne Polwechsel) machen. · · · · · ·

327] An Himly in Kiel.

Berlin, den 30. Juli 1867.

Deinen letzten Brief, das Geschäft anlangend, so scheint mir, als wenn umgekehrt das manganreiche Wolframerz das bessere sein könne, da Mangan für Stahlfabrikation als sogenannte „Medizin" notwendig ist. Ich will Wilhelm eine Quantität Wolframerz schicken, damit er in seiner Stahlfabrik Wolframstahl für Stahlmagnete macht. Unser bisheriger Lieferant hat bankerott gemacht. Du würdest mich sehr verpflichten, wenn Du die Kommission ausführen und Wilhelm etwa 1/4 Zentner Erz — vielleicht von beiden Sorten — zuschicken lassen wolltest. Zahlung kannst Du uns anweisen. Wilhelm könnte auch am besten Deine anderen Stahlversuche machen lassen, da das doch nur geht, wenn man die Fabrikation betreibt. · · · · · ·

328] An Wilhelm in London.

Berlin, den 12. August 1867.

· · · · · · Kommen mußt Du. Ich würde gerne zum dritten Male nach London kommen und Karl mitbringen, um Dir die Reise zu sparen, wenn es sich so machen ließe. Kannst Du in der laufenden Woche nicht kommen, so komme in der nächsten, obgleich Karl das Feuer unter den Sohlen brennt. Er muß dann warten. Solchen Lebensfragen unseres ganzen geschäftlichen Daseins gegenüber verschwinden Deine Lichtblitz- und Stahlmachungsgründe.

Ich rechne sicher auf Dein Kommen. Du würdest mich andererseits zu verzweifelten Entschlüssen treiben, die uns allen nachher vielleicht leid täten. Ich kann in dem jetzigen unklaren Wirrwarr von Interessen nicht länger existieren. Es muß Ordnung und bestimmte Klarheit eintreten, bevor Karl zurückreist! ······

329] An Wilhelm in London.

Berlin, den 2. Oktober 1867.

······ Das Schwarze Meer-Kabel liegt mir jetzt sehr in den Gliedern. Es wird immerhin ein sehr riskantes Unternehmen werden, und ich bin der Ansicht, daß wir das Risiko nicht selbst übernehmen dürfen, weder das der Anlage, noch der Unterhaltung. Wir wollen zufrieden sein, wenn wir die Arbeit bekommen und daran verdienen und wenn wir mit unserem Aktienanteil dann am Risiko teilnehmen. Ich rate, daraufhin den Prospektus einzurichten. Die Landlinie wird uns schon genug Kopfschmerzen machen. So ist zwischen Redut und Suchum Kalé auch nur ein sehr schwieriger Saumpfad, auf dem das Material transportiert werden muß. Auf felsigen Meeresgrund kann man im östlichen Teil des Schwarzen Meeres sicher rechnen.

Ich rate nochmals, die Rückkehr Reuters abzuwarten. Er ist in derartigen Sachen bewandert, und ich glaube, wir tun gut, ihn persönlich eng ins Interesse zu ziehen. Besprochen über sein Kabel oder seine Beteiligung habe ich *gar nichts* mit ihm.

Da Karl in einigen Tagen in Tiflis ist, so halte ich es für besser, daß Walter seine Ankunft abwartet, bevor er nach Teheran reist. Er wird dann auch Champains Brief noch erhalten, der ihm zugeschickt ist.

······ Ein alter Bekannter, jetzt Ingenieurgeneral und Chef des Vermessungswesens, fragte mich, ob es nicht möglich wäre, einen elektrischen Distanzmesser[1]) zu machen, da alle anderen Vor-

---

[1]) W. A. II S. 301.

schläge versagt hätten. Erst schien mir das paradox, doch habe ich bei weiterem Nachdenken einen höchst einfachen und praktischen Entfernungsmesser konstruiert, der alles Bekannte weit hinter sich lassen wird. Es ist dazu ein dreidrahtiges Kabel von 100 Meter (evtl. Schritte) nötig, welches die Basis bildet. Die Entfernungen liest der Beobachter, welcher durch ein Fernrohr das Ziel betrachtet, gleichzeitig und in jedem Augenblick direkt ab, und zwar mit großer Genauigkeit. Die Sache wird auch für die Marine wichtig werden. Wenn am Vorder- und Hinterteil des Schiffes zwei durch ein dreidrähtiges Kabel verbundene Fernrohre auf einen Gegenstand — Schiff oder Küste — fortwährend einvisiert werden, so liest man jederzeit die Entfernung ab, und zwar im Beobachtungsfernrohr. Natürlich kann das Schiff dabei jeden Kurs segeln, wenn die beiden Fernrohre den Gegenstand nur gleichzeitig sehen können. Das erste Instrument ist schon in Arbeit. Ich bitte Dich, nun doch ein sehr leichtes und bewegliches 3drähtiges Kabel zu konstruieren und davon etwa 1000 Fuß herzuschicken. Fällt die Sache so aus, wie ich sicher annehme, so wird sofort jede norddeutsche Batterie, jede Seebatterie und jedes Schiff mit einem solchen Distanzmesser versehen werden. Es wird also ziemlich viel Kabel gebraucht werden. Es brauchen auch nur zwei Leiter und eine äußere Leitung (unisoliert) zu sein. Ich glaube, ein dünnes mit Eisendrähten (dünnen) umwundenes zweidrähtiges Kabel wird am besten sein. Auf sichere Isolierung kommt es nicht an, da das Kabel immer trocken bleibt. Es dient gleichzeitig als Maß der Basis. Deswegen möchte ich kein Hanf und Kupfer, welche nicht konstante Länge behalten. Zeichnung werde ich schicken, sobald definitive Zeichnungen fertig sind. Ich glaube aber, wir müssen dem deutschen Militär, welches die Sache auch angeregt hat, wenigstens $^1/_2$ Jahr Vorsprung lassen für den nächstjährigen Krieg mit Frankreich, der ja doch für unvermeidlich gilt. ······

330] An Karl in Tiflis.

Berlin, den 2. Oktober 1867.

······ Ich habe in den letzten Tagen auf Veranlassung des Kriegsministeriums einen elektrischen Distanzmesser konstruiert, der militärisch und für unsere Werkstatt von großer Wichtigkeit zu werden verspricht! Man kann mit Hilfe desselben in jedem Momente zu Lande und zu Wasser die Entfernung eines Objektes genau direkt ablesen. Bis zum nächsten französischen Kriege wird die Sache wohl geheim bleiben müssen, damit wir besser treffen!

331] An Karl in Tiflis.

Berlin, den 19. Oktober 1867.

...... Über die Gasbereitung aus Petroleum habe ich eine sehr schöne Abhandlung von Dr. Drenkmann bekommen, die derselbe auf meinen Wunsch gemacht hat. Die Sache stellt sich danach recht günstig. Leider sind aus Tiflis die Petroleumproben nicht hergeschickt, was recht zu bedauern ist, da erst dadurch die ganze Sache eine sichere Basis bekommen wird. Schicke doch baldigst Petroleum von den verschiedenen Gewinnungssorten, damit Drenkmann den zweiten Teil seiner Arbeit, der eigentlich der erste hätte sein sollen, „Verarbeitung und nützlichste Verwendung des kaukasischen Petroleums mit gleichzeitiger Leuchtgasfabrikation", vollenden kann. Ob Petroleum abgeschickt und nicht angekommen oder zurückbehalten ist, weiß ich gar nicht. Dazu ist die Korrespondenz der Herren frères zu lückenhaft! Ich freue mich ordentlich auf Deine, hoffentlich bald beginnenden Briefe. Warum sollen denn jetzt wieder Fässer genommen werden anstatt der Schläuche? Der sibirische Ingenieur meinte, daß Schläuche sich ausgezeichnet qualifizierten und unvergleichlich viel billiger wären. Sucht doch mal zu ermitteln, ob das Kirlager eigentlich bauwürdig ist oder nicht. Ottos Mitteilungen geben darüber gar keinen Anhalt. Vielleicht eignet sich das zum Export. Es müßte dann schon eine Probegewinnung gemacht werden, um den Preis sicher festzustellen. Ob das geschickte Kir von einer Lagerstelle oder von verschiedenen ist, war nicht zu erkennen. Weder eine Bezeichnung der Stücke noch brieflichen Anhalt habe ich darüber gefunden.

Erze usw. Die von Otto geschickte Erzprobe (mit dem Kir), in welchem er Wismut vermutete, enthält gar kein Metall irgendwelcher Art.

...... Wenn Ihr mit der Kupferproduktion in wirklich gutem Gange seid, so wäre es wohl Zeit, an eine kleine Hammer- und Walzeinrichtung zu denken, um das Kupfer besser verwertbar dort zu machen. Ich glaube doch, es ist am besten, die Anlagen im Schamchor-Tale zu machen, wo Kraft und Holz billig ist. Sie wird nicht teuer, wenn ohne Luxus gebaut. · · · · · ·

332] An Wilhelm in London.

Berlin, den 29. Oktober 1867.

· · · · · · Die Schnellschreiberei wird jetzt auch in ein ganz neues Stadium kommen. Ein sehr einfacher, schnell und leicht arbeitender Durchstoßapparat ist in Arbeit. Die Punkte liegen, ganz wie bei unserem alten in London exhibierten Schnellschreiber. Ich wende auch zwar eine Reihe Führungslöcher an, doch nur in halber Zahl und nur, um Rutschen des Streifens zu verhindern. Derselbe Papierstreifen läßt sich doppelt (auf jeder Seite der Löcher) benutzen. Der Streifen wird über eine Walze mit Stiften, die in die Mittellöcher greifen, fortgeführt. An dieser Walze sitzen soviel Federn wie möglicherweise Löcher gestanzt sein könnten (alle 3 mm eine). Die auf diesen Federn sitzenden Stifte treten durch die Löcher und kommen dadurch in Kontakt mit der Platinascheibe, die über den Papierstreifen läuft. Diese Scheibe ist das Leitungsende. Führt man nun der Walze mit den Federn Wechselströme zu, die entweder von einem gewöhnlichen Zeigerinduktor oder vermittels des Laufwerks selbst durch eine galvanische Batterie erzeugt werden, so erhält man auf die allersicherste Weise Morseschrift. Von Wheatstone haben wir dabei gar nichts angenommen. Seine Mittellöcher haben einen ganz anderen Zweck. Übrigens sind sie hier gar nicht einmal absolut notwendig. Besonders gut ist, daß die Apparate sehr klein und bequem werden, und daß man nach Belieben mit demselben Papierstreifen magnetelektrische und Batteriewechselströme verwenden kann. Das werden die rechten indischen Apparate! Sobald Spezialzeichnungen fertig sind und die Sache sich praktisch bewährt hat, werde ich Zeichnung und Beschreibung schicken. Wir müssen darauf notwendig Patente nehmen. Wir sind jetzt in voller Tätigkeit mit Legung der pneumatischen Röhren, haben überhaupt noch immer viel Arbeit. Auch Wassermesserei geht sehr gut. · · · · · ·

333] An Wilhelm in England.

Berlin, den 9. November 1867.

...... Überlege Dir doch ja recht gründlich und ohne Dich durch liebgewonnene Ideen und durch interessierte Ansichten irreführen zu lassen, meinen letzten Vorschlag hinsichtlich der Kabelfabrikation! Ich glaube, daß dieselbe auch im glücklichsten Falle uns sehr viel Sorge und Unruhe machen und doch immer nur unsicheren Gewinn bringen wird. Wir haben darin vor anderen nichts voraus, wie in anderen Fabrikationszweigen. Du meinst zwar, wir könnten von der Fabrikation vorläufig ganz absehen; ich fürchte aber, wir bekommen das Geld unter den proponierten Bedingungen nicht zusammen, da die Leute, ehe sie „Geld" geben, sicher sein wollen, daß die Sache damit auch zu machen ist. Dann würden wir offenbar bei Übernahme der vollen Garantie der Durchführung und Erhaltung auch bessere Bedingungen bekommen können, d. i. mehr bei Anlage und Remonte verdienen usw. usw. — Große Kabelunternehmer werden wir nie werden. Weder Du, noch ich, noch Karl sind dazu die rechten Leute, die Kabel zu legen, und Fremden kann man so sein Hab und Gut nicht anvertrauen. Andere wagen mehr und mit größerer Lust, weil sie keine anderen Felder, sich auszuzeichnen und was zu erreichen, haben. Uns fehlt es dagegen an Kraft, das ordentlich durchzuführen, was wir unternommen haben oder planen! usw. usw. Zu tun habt Ihr im nächsten Jahre für die indische Linie genug. Für künftig wird auch in Hülle und Fülle da sein, wenn wir uns auf Mechanik konzentrieren. ......

334] An Friedrich in Dresden.

Berlin, den 12. November 1867.

...... Nimm Dich nur recht in acht, lieber Fritz, daß Du nicht zu sehr ins Experimentieren auf eigene Kosten verfällst. Das ist eine verdammt teure Sache und kann einem leicht den Hals brechen. Darin hatte Hans also doch recht, daß sein Material größere Hitze und schnelleres Schmelzen im Ofen nicht vertrüge! Geh' lieber auch bei dem neuen Ofen nicht zu weit. Erst sichere Leistung, dann nach und nach Verbesserungen. Willst Du sofort alles normal machen, so kommst Du sicher mit der geordneten und einträglichen Fabrikation gar nicht zustande. · · · · · ·

335] An Wilhelm in England.

Berlin, den 18. November 1867.

· · · · · · Jetzt müssen wir aber schnell vorwärts, damit wir die günstige Zeit benutzen und das Geld für die Kaution in die Hand bekommen. Im Prospekt muß notwendig mehr Wert auf die Konzession gelegt werden. Es repräsentiert ein großes Kapital, daß Rußland und Preußen zu unseren Gunsten auf 25 Jahre auf das Recht verzichten, selbst Depeschen von und nach Indien zu befördern! Ferner muß über angenommene Depeschenzahl mehr gesagt werden. Es ist allgemeine Erfahrung, daß die Depeschenzahl bedeutend schneller wächst als die Preiserniedrigung, daß sie im rapiden Verhältnis mit der Schnelligkeit und Sicherheit der Beförderung zunimmt und daß die durchschnittliche regelmäßige Steigerung der Depeschenzahl 33% beträgt. Schon nach 2 Jahren berechnet sich daraus nach den bisherigen Depeschen ein die Annahme übersteigender Satz. Bei den kolossalen Dimensionen des europäisch-indischen Handels ist gar kein Grund anzunehmen, warum diese Steigerung nicht fortdauern soll. Man müßte also die Rentabilität nach 10 oder wenigstens doch 5 Jahren der Rechnung zugrunde legen. Da kommt man zu ganz anderen Zahlen! Eine derartige Auseinandersetzung muß notwendig noch gemacht werden. Bei $^1/_3$ Steigerung werden aus 200 Depeschen nach 5 Jahren schon 800 Depeschen. · · · · · · Du hast mir nicht über die dinierende Konferenz geschrieben? Meiner Ansicht nach mußt Du Dich jetzt direkt an größere englische Häuser — wenn nicht Baring br., dann das von Gosler empfohlene — wenden. Reuter will noch etwas zu sehr schneiden. Wie denkst Du denn, daß die 5% für ihn berechnet werden sollen? — Zu meinem großen Schrecken habe ich gesehen, daß der Brief Itzenplitz an Bismarck mitgedruckt ist! Ich schrieb Dir, das ganz geheim zu halten. Chauvin hat mich besonders darum gebeten. Schließe die Abdrucke gleich ins geheime Fach ein! Könnte sehr unangenehme Folgen haben. Wir müssen jetzt schnell und entscheidend vorgehen, da die Zeit günstig ist! · · · · · ·

336] An Wilhelm in London.

Berlin, den 17. Dezember 1867.

Es ist jetzt höchste Zeit, die Arrangements für den bevorstehenden Jahres- und Geschäftswechsel vorzubereiten. Ich lasse durch unseren Juristen die Aktenstücke aufsetzen und werde sie in einigen Tagen Dir und Karl zusenden. Ende Januar müssen die Publikationen im Handelsregister erfolgt sein. Gleichzeitig mit dem Wechsel der Inhaber müssen die Prokuren erneuert werden. — Da fragt es sich nun, wie wir es mit Meyer halten. Er befindet sich zwar jetzt ganz gut und hofft baldige, ganz vollständige Herstellung, doch wird er nie wieder vollständige Arbeitskraft geben. Doch möchte ich meinem alten Freunde einmal den Schmerz ersparen, von uns unbrauchbar für immer erklärt zu werden, und zweitens halte ich es auch für im Geschäftsinteresse liegend, seine Erfahrungen und sein Organisationstalent sowie seine alte erprobte Zuverlässigkeit dem Geschäfte zu erhalten. Ich schlage daher vor, Meyer sein bisheriges Gehalt zu belassen nebst freier Wohnung usw. Mit der eigentlichen Geschäftsführung würde Meyer also künftig nichts zu tun haben. Er würde technische Arbeiten, Berichte usw. zu machen haben und mich vertreten, wenn ich verreist oder krank bin. Ich will dann suchen, ohne eigentlichen technischen Gehilfen in den nächsten Jahren durchzukommen. Mit Haase allein geht das nicht, da er gar keine technischen Kenntnisse hat. Du würdest das selbst sehen, wenn Du mal einige Zeit das hiesige Geschäft führtest. Ihr habt durchschnittlich wenig große Geschäfte abzuwickeln, während wir hier eine große Masse kleiner neben den großen haben, mit hundert verschiedenen Verwaltungen und eigensinnigen Ingenieuren verkehren und sehr viel neue Sachen durchzuarbeiten haben. Das übersteigt meine Kräfte, oder da man nur für einen arbeiten kann, so fehlt es. Im wirklichen Geschäftsinteresse läge eigentlich, ich könnte mich, wenn nicht ausschließlich, doch wenigstens vorherrschend mit Verbesserungen und wissenschaftlichen Studien und Versuchen beschäftigen, damit wir immer an der Spitze bleiben. Ein paar tausend Taler Gehalt spielen dagegen ganz und gar keine Rolle. Hoffentlich stimmst Du meinem Vorschlage bei. Jedenfalls mußt Du sogleich Deine Meinung sagen usw. — Internal affairs — wages usw. usw. Warum legt

Ihr Euch nicht auf dynamoelektrische Apparate, wenn Ihr wenig zu tun habt? Ich glaube, wir könnten hier fast beliebig viel machen, wenn wir die Sache mehr poussierten. Wir haben aber vollauf zu tun und namentlich ich selbst. Distanzmesser und Schnellschreiberei neben den vielen kleinen laufenden Bestellungskonstruktionen beschäftigen mich vollauf. Ich verspreche mir von ersteren beiden Sachen sehr viel. — Obgleich der Kandel-Durchstößer sehr gut und ganz sicher und leicht arbeitet und auch das gebende Laufwerk bis auf eine Kleinigkeit, die noch geändert wird, so will ich doch mit dem Auftreten damit warten, bis das neue Tastenwerk fertig ist. Mit dem werden die Buchstaben (in Löcherform) durch kurzen Niederdruck der betreffenden Klaviaturtasten (pro Buchstabe ein Druck einer Taste) in fabelhafter Geschwindigkeit ausgestempelt. Wenigstens 2 pro Sekunde. Die Konstruktion ist überraschend einfach ausgefallen und bietet gar keine unerprobten Mechanismen oder Kombinationen. — Der Distanzmesser wird in wenigen Tagen fertig sein und verspricht auch recht gute Resultate. · · · · · ·

337] An Morse.

Berlin, den 30. Dezember 1867.

Verehrter Herr Morse!

Beifolgend übersende ich Ihnen die Übersetzung meiner Mitteilung an die Akademie der Wissenschaften in Berlin. Ich habe sie in London anfertigen lassen, da wir hier nur sehr schwach im Englischen sind!

Wie Sie aus dem Datum der Mitteilung ersehen, ist die Publikation ca. $1^1/_2$ Monate früher als der Vortrag meines Bruders und der gleichzeitige des Herrn Wheatstone in London erfolgt. Schon im November vorigen Jahres war meine erste Maschine im Gange und den hiesigen Naturforschern mitgeteilt. Etwas Neues hat Wheatstone nicht hinzugefügt. Ladd hat das Verdienst, in Paris eine größere Maschine der Art im Gange gezeigt zu haben. Es fehlte mir in der preußischen Abteilung die Maschinenkraft. Eine ganz große Maschine — mit 2 Zylindern, wie die Laddsche —, habe ich aus diesem Grunde gar nicht nach Paris gebracht. Sollten Sie Ihre Rückreise über Berlin wählen, worum ich recht sehr bitte, so kann ich Ihnen diese große Maschine, welche ein brillantes elektrisches Licht gibt und 10 ccm Knallgas per Sekunde entwickelt, jeden Augenblick vorführen. Ich könnte Ihnen dann auch noch andere interessante elektrische Apparate zeigen, einen neuen mechanisch arbeitenden Schnellschreiber für Morseschrift und einen elektrischen Distanzmesser. Dieser wird namentlich wichtig für Schiffe werden, da man mit ihm auch vom bewegten Schiffe aus die Entfernung anderer Schiffe, der Küstenpunkte und Leuchttürme genau messen kann. — Es würde mir sehr großes Vergnügen machen, Sie hier begrüßen zu können!

338] An Wilhelm in London.

Berlin, den 2. Januar 1868.

...... Damit, lieber Wilhelm, bin ich ja ganz einverstanden, daß an der Börse erst vorzugehen ist, hier wie dort, wenn das Direktorium gebildet ist; um dies zu machen, sind aber unsere formulierten Vorschläge nötig. Deinen Vorschlag des Gesellschaftsstatuts muß ich haben. Ohnedem kann ich mich bei niemand sehen lassen, um ihn zu fragen, ob er teilnehmen will. Es soll eine englische Gesellschaft werden; der Entwurf muß also dort gemacht, resp. vereinbart werden. Verlangt man dann hier Änderungen, so wird man sie später schon anregen, erst muß aber feststehen, was wir wollen. Handelte es sich um eine hiesige Gesellschaft, so würde ich das gern gleich alles machen, aber von englischen Zuständen verstehe ich nichts. Auf Prospekt und Rentabilitätsrechnung gibt man hier wenig. Gesellschaftsorganisation ist die große Beteiligungsfrage. Ehe ein akzeptabler oder wenigstens im großen ganzen annehmbarer Organisationsplan vorliegt, geht niemand auf die Sache ein, es sind also auch keine Direktionskandidaten aufzutreiben, die sich auf die Debattierung einlassen. — Ich lasse jetzt ein deutsches Memoire drucken (mit möglichster Berücksichtigung Deiner Monita). Das werde ich dann befreundeten Zeitungsredaktionen und anderen Personen zusenden. Daraus werden Besprechungen in Zeitungen hervorgehen, die überwacht und geleitet werden müssen. Womöglich gleichzeitig muß dann mit Prospekt und Statut der zu bildenden Gesellschaft bei einzelnen Propaganda gemacht werden, und fängt man dann die nötigen Direktoren ein. Dann Beratung derselben und Auflage. So muß man es hier machen, mache es dort, wie Du es für am besten hältst. Nur schicke mir bald Deine definitiven Vorschläge für die Gesellschaftsbildung.

······ Von Preußen (Bismarck) ist die offizielle Anfrage an Rußland ergangen, ob es ihnen genehm wäre, wenn Preußen uns einen Kriegsdampfer zu Sondierungen im Schwarzen Meere zur Disposition stellte! Wird gut wirken. ······

339] An Wilhelm in London.

Berlin, den 6. Januar 1868.

······ Beifolgend eine Schriftprobe des neuen Schnellschreibers, den Chauvin heute besichtigt hat. Geht wie erwartet. Bei meinem schlechten Englisch ist das Studium der Spezifikation eine sehr zeitraubende Sache. Es ist einfacher, ich schicke Dir Zeichnungen und Beschreibungen, und Ihr seht dann selbst zu, ob es sich lohnt, dort ein Patent zu nehmen. Etwas Krakeel mit Wheatstone könnte nicht schaden. ······ Übrigens wüßte ich nicht, worin eine Erfindung von ihm benutzt wäre. Auch Distanzmesser macht sich gut, ist aber noch nicht im Freien probiert. An de la Rive habe ich geschrieben, daß ich seinem Protegé gern unsere Werkstätten öffnen, ihm mit gutem Rat bei seiner Ausbildung zur Hand gehen und ihm auch eine Anstellung mit anfangs bescheidenem Gehalte geben wolle, wenn er vorgebildet ist. Auf Annahme von Lehrlingen wären wir hier aber nicht eingerichtet, und könnte ich ihm nur abraten, einen hier exzeptionellen Weg für seine Ausbildung zu wählen. ······

340] An Karl in Tiflis.

Berlin, den 7. Januar 1868.

······ Doch genug von dieser Misere. Sorgen machen mich fleißig, das Geschäft leidet also nicht darunter. Es geht im Gegenteil sehr gut. Bestellungen vollauf, und die zahlreichen neuen Konstruktionen machen sich sehr gut. Ich reformiere jetzt eigentlich die ganze Telegraphie. Mechanische Spekulationen sind mein Opium!

Die neue Geschäftsregulierung ist nun schon Wirklichkeit geworden. Letzten Sonntag habe ich Halske, Vetter Georg, Du Bois und sämtliche Beamte und Meister zum Diner eingeladen und ihnen die eingetretenen Veränderungen — Austritt Halskes und Eintritt Wilhelms — mitgeteilt.

Halske versprach nochmals unvermindertes Interesse und Tätigkeit im Geschäft und wird es auch halten. Meine Verantwortlichkeit und Arbeit ist aber doch natürlich sehr vermehrt. Doch das tut nichts.

Wenn wir nur wüßten, wie es in Teheran aussieht! Diese Ungewißheit ist lähmend. Bevor wir wissen, daß die Sache dort vorwärts geht, müssen wir doch mit der Auflage und Zahlung der Kaution in Petersburg warten. Möglicherweise bist Du in gleich peinlicher Lage. Behalte nur im Auge, daß wir die Sache jetzt durchführen müssen! Wir sind sonst tödlich blamiert. Die Sache ist auch von so großem Gewicht für die drei beteiligten Staaten, daß sie uns im Notfalle helfen würden und müßten; doch habe ich die beste Hoffnung, daß wir das Geld reichlich zusammenbekommen. Die englischen Formalitäten sind nur so schwerfällig und die Unvollkommenheit der Konzession (Persien) und die von Persien möglicherweise noch aufzuerlegenden Lasten so störend, daß wir wohl nicht vor Entscheid von dort und nicht vor Ende Januar zur Zeichnung gelangen werden! In Persien muß also was zustande kommen, so gut wie möglich, im ungünstigen Falle aber, was zu erreichen ist. Das mag Dir als allgemeiner Anhalt dienen.

An die Leitung am Südfuße des Kaukasus glaube ich trotz aller Deiner Autoritäten für jetzt nicht. Sieh nur die jetzige Kalamität wieder an. 4 Wochen Unterbrechung im Jahre würden uns unschätzbaren Nachteil bringen. Graf Vargas, der mich kürzlich besuchte, stimmte mir ganz bei, und der kennt das Terrain. Es fehlen Wege, Kommunikationsmittel und zivilisierte Menschen. Dagegen gibt es wilde Räuber, mit denen wir nicht kämpfen können. Erst muß die Regierung einen Weg anlegen und Menschen ansiedeln, dann können wir aus dem Wasser aufs Land gehen!

...... Es ist hier eine gewaltige Krapp-Konjunktur, und ich bin aufgefordert, gute Ware von dort, so viel wie möglich, kommen zu lassen. Von dort und aus Südrußland (Europa) kommt der beste Krapp. Er ist in einigen Wochen um mehr als das Doppelte gestiegen. Schicke mir telegraphisch Preise und Quantität. Ich will dann hier auf Lieferung verkaufen und dann bestellen. Proben per Post. Nach unserem Kupfer ist jetzt von vielen Seiten Nachfrage. · · · · · ·

341] An Karl in Tiflis.

Petersburg, den 28. Januar 1868.

Da sitze ich nun im Hotel Klee in nicht allzu gemütlicher Lage und Stimmung und denke stündlich, es wäre doch besser, Du wärst hier. Ich will schon jetzt, am zweiten Abend meines Hierseins, an Dich zu schreiben anfangen, um mir selbst dabei manches klarer zu machen, da der hiesige Wirrwarr einen immer von einem zum andern führt. Doch erst Privata: — Lüders hat mich sehr freundlich aufgenommen, stellte mich gleich gestern dem Minister vor, der namentlich für die indische Linie sehr interessiert war, und eben komme ich vom Diner bei ihm. Auf den können wir trauen — zu meiner persönlichen Freude und Genugtuung. Bei Dr. Levis war ich gestern abend mehrere Stunden. Er hängt sehr an Euch und ist der einzige, dem ich jetzt hier persönlich näher stehe. Weiter ist Erfreuliches von hier nicht zu melden, aber sehr viel Gegenteiliges! · · · · · ·

342] An Wilhelm in London.

Berlin, den 24. Februar 1868.

· · · · · · Ich bin fest überzeugt, daß unsere jetzigen magnetelektrischen (und elektromagnetischen) Schnellschreiber sich allgemeine Bahn brechen werden. Jeder erkennt an, daß ein großer Fortschritt damit gemacht ist. Preußen und Rußland werden sie bestimmt einführen. Auch der Tastenlocher (Perforator) wirkt in seinen wesentlichen Teilen (so weit er fertig) sehr gut, und es ist kein Zweifel, daß er gut gehen wird. Es wäre jetzt Zeit, Patente zu nehmen, da es sonst zu spät wird. Wenn Sabine nicht der rechte Mann für Amerika, wer dann? Der alte Morse, welcher die neuen Apparate hier (in meiner Abwesenheit) hat funktionieren gesehen, ist ganz entzückt gewesen. Zeichnungen und Beschreibung hast Du doch erhalten?

Wann kommt Georg wieder, und wie hat er sich gemacht? Ich glaube, er kann sehr brauchbar werden. · · · · · ·

343] An Wilhelm in London.

Berlin, den 8. März 1868.

...... Egells[1]) interessiert sich für Deine Stahlschmelzerei. Er erbietet sich, hier ein Patent zu besorgen und die Sache in Oberschlesien zu betreiben. Die französische Spezifikation paßt nicht recht. Es müssen neue Details der Ofenkonstruktion, kein Prinzip, hier dem Patentgesuch zugrunde gelegt werden. Da Gregor[2]) nach dem Fest hinkommt, so kannst Du ja durch ihn die Eingabe anfertigen lassen. Auch das russische Patent muß bald genommen werden. Das alte erlischt diesen Sommer. Fordere doch Fritz auf, nach dort zu kommen, um Deine Stahlöfen zu sehen und das Weitere für den Kontinent mit Dir und Gregor zu besprechen. Es muß volle Harmonie nach allen Seiten erzielt werden.

344] An Wilhelm in London.

Berlin, den 14. März 1868.

Deinen Brief erhalten. Daß Du zu viel und nicht zu wenig arbeitest, ist eine Tatsache, die ich sicher nicht angezweifelt habe! Ich glaube, wir haben uns beide zu sehr mit Arbeiten beladen und müssen in erster Linie daran denken, uns durch Substituierung von guten Hilfskräften zu entlasten. Glaub' übrigens nicht, daß ich mehr Ruhe habe als Du. Wenn Du bedenkst, daß ich jetzt im hiesigen Geschäfte der einzige Techniker bin, daß das hiesige und Petersburger umfangreiche Geschäft mit allen seinen Verzweigungen, daß namentlich das große Personal und alle Entwürfe und Konstruk-

[1]) Bedeutende Berliner Maschinenfabrik und Eisengießerei. Begründet von F. A. J. Egells, geb. 25. Aug. 1788 zu Rheine in Westfalen, gest. 30. Juli 1854 auf Egellshütte bei Reinerz. Nach mehreren Reisen ins Ausland errichtete er 1821 mit Unterstützung der Regierung eine Eisengießerei in Berlin, das erste private Unternehmen dieser Art, aus dem sich eine große Maschinenfabrik entwickelte.

[2]) Georg Gregor, Zivilingenieur in Bonn, geb. 5. Jan. 1831 in Königsberg i. Pr., gest. 2. März 1899 in Bonn. Studierte in Berlin Maschinenbau. 1856 rief ihn Wilhelm Siemens nach London, um ihn mit der Einrichtung seiner Öfen zur Eisen- und Stahlerzeugung bekanntzumachen, deren Vertrieb Gregor in Deutschland übernehmen sollte. 1858 ließ Gregor sich in Siegen nieder und befaßte sich in der Hauptsache mit dem Berg- und Hüttenwesen. 1872 siedelte er nach Bonn über.

tionen durch meine Hand gehen — ganz abgesehen von indischer Linie und Tiflis —, so wirst Du selbst sehen, daß ich nicht auf dem Faulbette liegen kann! Früher arbeiteten Karl und Elster in Petersburg und Halske und Meyer hier mit, jetzt muß ich diese alle 4 mitvertreten. Zum Vorteil der Sache und des technischen Fortschrittes, auf dem unsere hiesige Fabrikation ausschließlich basiert ist, dient dies gerade nicht! Es wäre besser gewesen, wir hätten Frischen früher engagiert. Jetzt ist die Zeit vorüber, und ich muß schon suchen, so durchzukommen. Ich werde Fromholz jetzt die technische Korrespondenz mit London übertragen. Wenn mich das auch vorläufig nicht sehr erleichtern wird, so ist es doch besser, und ich brauche mich nicht persönlich mit Deinen etwas taktlosen Korrespondenten herumzuzanken. Eine Privatkorrespondenz ist aber nicht zu vermeiden, denn wir beide als dirigierende Chefs beider Geschäfte müssen uns in streitigen Fällen über dieselben schlüssig machen, um sie zu entscheiden. Außerdem müssen wir die personellen Fragen durch Privatkorrespondenz regeln. Die werden eine Hauptlast unserer Geschäftsführung bilden — wie früher bei der russischen Remonte. Hierauf werde ich von jetzt ab meine Privatkorrespondenz möglichst beschränken, der mußt Du Dich aber auch unterziehen. Du kannst mir weder zumuten, mich al pari mit Herrn Löffler und seinem nicht allzu intelligenten kaufmännischen Gehilfen über Gesamtgeschäftsfragen und Personalia zu beraten, noch mute ich Dir das mit Herrn Haase zu! Bei Dir herrscht noch die Eigentümlichkeit, daß die technische Korrespondenz durch den Kaufmann geführt wird, was weder nützlich, noch angenehm, wenn auch vielleicht augenblicklich nicht zu vermeiden ist. ······

345] An Karl in Tiflis.

Berlin, den 5. Mai 1868.

Deine Nr. 21 heute erhalten. Entschuldige, daß ich so schlecht korrespondiere, aber ich weiß jetzt wirklich oft nicht, wo ich die Zeit hernehmen soll! Außer der jetzt ganz auf mir lastenden technischen und personellen Geschäftsführung von Berlin und Petersburg absorbieren mich die neuen Konstruktionen und die indische Linie mit ihren ewigen Korrespondenzen usw. Ich bin jetzt ein reines Arbeitspferd und verlerne alles andere. Dazu war ich nicht recht frisch, was sich aber seit einigen Tagen wieder gebessert hat. Die Charlottenburger Motion tut mir gut, wenn sie auch beschwerlich und anstrengend ist. Weiter habe ich auch nichts von meinem Landsitz, da ich selten zu anderen Zeiten dort bin wie von 8 Uhr abends bis 7 Uhr früh.

Heute abend muß ich auf einige Tage nach London reisen, um zu besserem Einverständnis mit Wilhelm über die indische Linie zu kommen. Durch eine große Verkehrtheit ist die Zeichnung in England zu früh geschlossen, und unsere Gegner hatten gerade in den letzten Tagen falsche ungünstige Nachrichten durch alle englischen Zeitungen verbreitet. Von der für England reservierten Hälfte des Kapitals blieben daher 25000 £ St. ganz ungedeckt, und über 400 Aktien schwebten noch Verhandlungen. Hier war alles schnell gezeichnet, auch in Bremen und Petersburg. Hamburg hat nur die Hälfte gedeckt, doch ist das durch Berlin und Bremen übernommen. Es haben: Berlin rund 70, Bremen 60, Hamburg 32, Petersburg 20 tausend £ St. Deine 2000 £ St. sind sehr nützlich und die noch restierenden ca. 400 £ St., welche ich habe vorläufig zeichnen lassen. Jetzt handelt es sich nur noch um Genehmigung der Konzession, Übertragung an die Gesellschaft seitens der Regierungen. Bevor diese eingegangen, halten die Engländer die Gesellschaft nicht für rechtlich konstituiert, und eher erhalten wir kein Geld, müssen aber für unsere ca. 90 000 £ St. die erste Einzahlung selbst machen! Hoffentlich gelingt es durch Lüders, die Perser zur telegraphischen Genehmigung zu bewegen. Jedenfalls muß Walter die Genehmigung der Statuten auf telegraphischem Wege gleich beantragen, und telegraphiere ich heute in diesem Sinne, da die Statuten jetzt in Euren Händen sein müssen. · · · · · ·

346] An Karl in Rußland.

Berlin, den 25. Mai 1868.

· · · · · · Das Berliner Geschäft hat im vorigen Jahre hauptsächlich Läutewerke u. dgl. schlechter rentierende Arbeiten gemacht. Dies Jahr sind wir mit guten Arbeiten überhäuft. Ich sehe in dieser Beziehung sogar mit Angst der Zukunft entgegen, denn die Arbeit häuft sich und die Kräfte mindern sich! Jetzt fehlen mir namentlich Meyer und Elster sehr, doch auch der alte tüchtige Weiß. Ich komme mir oft ganz verwaist vor. Haase hilft zwar treu und tüchtig, ist aber kein Techniker. · · · · · ·

347] An Wilhelm in London.

Berlin, den 13. Juni 1868.

· · · · · · Du wirst von Alexander Siemens[1]) die Anfrage bekommen haben, ob Du damit einverstanden bist, daß er mit nach Persien geht. Ich glaube, er wäre ein guter Begleiter E. Hölzers, und seine Lebendigkeit würde auf die schon etwas orientalische Ruhe desselben gut zurückwirken. Außerdem würde Alexanders Name dort nützlich sein — sowie auch seine selbstverständliche Zuverlässigkeit. Für ihn selbst würde die Schule ausgezeichnet sein und würde ihn befähigen, Dich künftig im englischen Geschäft vertreten zu helfen. Sein Vater wünschte mehr, daß er noch hier bleibt und den Doktor macht. Ich glaube aber, es ist nützlicher, er geht erst nach Persien. · · · · · ·

348] An Karl in Rußland.

Berlin, den 16. Juni 1868.

· · · · · · Mir würde das verdiente Geld wie glühendes Eisen in der Hand brennen, wenn ich treuen Gehilfen nicht den erwarteten Anteil gäbe. Es wäre auch nicht klug von uns, sie leer ausgehen zu lassen im Augenblicke großer neuer Unternehmungen. Du siehst die Sache zu sehr als Autokrat und Geldmann an. Wir haben uns eine humane Weltanschauung konserviert. Doch ich erwarte Brief. Sei doch nicht so jugendlich schnell in Deinen Urteilen. Warum soll denn die bewährte englische und Regierungspraxis mit einem Male die Transportmittel verscheuchen? Es ist nur eine in Persien gebräuchliche Sicherung gegen Intrigen von Leuten, die wie Hahnhards viel reisen wollen! Doch wir haben ja glücklicherweise viel Zeit für Persien. Einem eben umgekippten Hause

---

[1]) Alexander Siemens, geb. 22. Jan. 1847, Sohn von Dr. jur. Oberamtsrichter Gustav Siemens. Alexander Siemens besuchte die Schule in Hannover und die Universität Berlin.

wie dem Hahnhardschen mögen wir uns auf keinen Fall mit gebundenen Händen übergeben. Willst Du oder Walter nach Persien gehen und selbst Transporte und Bau leiten, so tut, was Ihr wollt. Anderenfalls halte ich es für verkehrt, denen ins Werk zu pfuschen, denen man die Sache anvertrauen muß. Dadurch verdirbt man nur und nimmt den Leuten Lust und Liebe zur Sache.

349] An Wilhelm in England.

Berlin, den 24. Juni 1868.

Wie ein Schlag aus heiterem Himmel traf mich heute die beiliegende Trauerbotschaft! Der arme Walter! So in der Blüte seiner Jahre und in der glücklichsten Wendung seines Geschickes mußte er fallen[1])! Ich weiß mich noch gar nicht hineinzufinden und zu fassen. Die Gesunden gehen, und die Krüppel bleiben. Wie es in Tiflis werden soll, weiß ich auch nicht. Otto scheint doch noch immer sehr schwächlich zu sein. Ich verschiebe natürlich meine Reise nach Wien. Entscheidende Nachrichten gebe ich telegraphisch. Ich habe leider keine Hoffnung, daß sie günstig lauten können! — Zu Zukunftsplänen bin ich nicht disponiert. Natürlich werde ich jede Gelegenheit benutzen, mit Dir zusammen zu treffen. · · · · · ·

350] An Otto in Tiflis.

Berlin, den 27. Juni 1868.

Das waren traurige Depeschen, die Du mir in den letzten Tagen geschickt hast! Sie haben mich ganz krank gemacht. Der arme Walter! Auf so gemeine Weise zugrunde zu gehen, gerade als sein Geschick sich günstig gewendet hatte!

Es freut mich, daß Karl dabei gewesen ist, wie man ihn zur Ruhe brachte. Bitte, schreib' mir doch alle Spezialitäten, wenn Du es noch nicht getan hast. Hoffentlich hat die Aufregung Deiner noch immer nicht ganz taktfesten Gesundheit nichts geschadet. Nimm sie nur in acht. Wenn auch die Gesündesten zuerst gehen, wie die Erfahrung lehrt, so ist man doch nur mit Gesundheit was wert fürs Leben. Schreib' mir, wie es eigentlich wirklich mit Dir steht. Fühlst

---

[1]) Walter Siemens starb am 11. Juni 1868 in Tiflis durch einen unglücklichen Sturz mit dem Pferde, s. L. S. 219.

Du Kraft und Energie in Dir, in Tiflis gut Regiment zu führen, wenn Karl wieder fort will? Laß überhaupt mal Deine Ansicht über die dortigen Verhältnisse verlauten. Nimm nicht übel, wenn ich in der Regel Deine Briefe mit in Karls Briefen beantwortet habe. Ich habe jetzt mehr um die Ohren als mir gut ist. Jetzt gehe ich auf einige Wochen fort, da ich Erholung nötig habe. · · · · · ·

351] An Wilhelm in London.

Berlin, den 10. Juli 1868.

· · · · · · Euer Geschäftsresultat ist ja unerwartet günstig. Bin neugierig, wo der Verdienst steckt, wenn Stangen und Isolatoren so wenig dazu beigetragen haben! Brasilianische und österreichische Kabel haben wohl das meiste gemacht? Wenn das Schwarze-Meer-Kupferkabel gut gelingt, so kann die Kabelfabrikation bedeutend einschlagen! Heute abend machen wir wieder Beleuchtungsversuche mit der dynamoelektrischen Maschine auf dem Artillerie-Schießplatz. Bei den letzten Versuchen beleuchtete der Apparat auf 2500 Schritt eine Scheibe so hell, daß man mit Gewehren danach schießen konnte und von 10 Schuß 9 Treffer hatte. Heute wird mit Kanonen auch elektrisch beleuchtetem Ziele geschossen. Auch den elektrischen Distanzmesser werden wir heute probieren. Geht gut.

Das Tifliser Geschäft taxierst Du zu gering. Ohne das würde ich die Indo-Europäische Linie nicht zu unternehmen gewagt haben. · · · · · ·

352] An Karl in Rußland.

Ragaz, den 17. Juli 1868.

· · · · · · Schade, daß ich mich nicht mal zu Dir hin oder Dich hertelegraphieren kann! Bei der 2monatlichen Briefwechselperiode ist nicht leicht ins reine zu kommen. Schon mit Wilhelm hat das bei 8tägigem Wechsel seine Schwierigkeit. Und doch ist jetzt ein energisches und einheitliches Zusammenwirken überall so notwendig! Was ich besonders fürchte, ist, daß die beiden Hölzers in Tiflis nicht die notwendige lebendige Unterstützung finden, deren sie absolut bedürfen! Dein Brief und der kurz vorher erhaltene von Walter zeigen, daß Ihr die Sachlage sehr unrichtig auffaßt. Vielleicht hat Dich mein letzter Brief etwas bekehrt. Dem Hölzer II tust Du übrigens sehr unrecht, wenn Du ihn großmäulig nennst und meinst, er hätte uns beschwatzt, ihm so große Machtvollkommenheit zu geben. Du hattest alle Gelegenheit, die Bauangelegenheit in Deinem Sinne zu organisieren. Ich schickte zu dem Ende den Hölzer I nach Tiflis und bat Dich, den Bauplan mit ihm festzusetzen. Was er aber mitbrachte und was Du schriebst, war keine Organisation des Baues, — wir mußten daher die Sache selbst in die Hand nehmen. So wild darauf los wie unsere russischen und letzten kaukasischen Bauten konnten wir die Sache doch unmöglich machen. Dazu ist der Gegenstand und das Risiko zu groß. Genaue vorherige Organisation, persönliche Verantwortlichkeit und strengste Kontrolle mußten absolut zur Anwendung kommen. Hölzer I ist ein ganz ausgezeichneter Mensch, zuverlässig und treu wie Gold. Er hat auch richtigen Takt in der Behandlung der Leute, wie er am Kap und in Brasilien bewiesen hat. Auch Lüders ist ganz entzückt von ihm und erklärt ihn für den besten unserer Leute. Er will aber, wie alle tüchtigen Leute, etwas rücksichtsvoll behandelt sein. Er hat immer nur das Interesse der Sache vor Augen, und die russische äußerlich submisse Form ist ihm nicht geläufig. Mir ist sie auch in der Seele zuwider, aber Ihr seid daran gewöhnt, und ich fürchte, dieser Punkt wird seine Stellung erschweren.

...... Ich persönlich stehe zwischen Wilhelm und Dir in einer doppelt unangenehmen Lage, da jeder mir in die Schuhe schiebt, was ihm nicht gefällt. Zwischen Dir und Wilhelm ist der ganze Unterschied zwischen russischen und englischen geschäftlichen Gewohnheiten und Ansichten, die schwer zu vermitteln sind! Darauf nimm immer Rücksicht, wenn Du über die Berliner Anordnungen räsonierst! Sie beruhen häufig nur auf einem schwer erzielten Kompromiß. Ich will nur planmäßige Ordnung und Gliederung haben, kein Blinddrauflosarbeiten, bei welchem immer erst überlegt wird, wenn es zu spät ist. Ferner soll jeder wissen, was er zu tun hat und wofür er verantwortlich ist. — Keine Hofkriegsratswirtschaft, die die besten Generale vom grünen Tisch her matt macht!

...... Ich habe noch immer gefunden, daß es die größte Verschwendung ist, diejenigen, die an der Leitung von Geschäften beteiligt sind, nicht am Resultat zu beteiligen. Eine einzige Dummheit weniger kann das schon wieder einbringen! Bei großen und namentlich verzweigten Geschäften, die man nicht selbst übersehen und speziell dirigieren kann, muß man einen wesentlichen Teil des Gewinns seinen Stellvertretern zuwenden. Das ist eine Grundregel für guten Betrieb großer Geschäfte! Seit in Berlin alle Meister sogar eine jährliche, vom Werkstattsgewinn abhängige Prämie erhalten, ist ein ganz anderer Geist eingezogen. Wir arbeiten mehr, billiger und besser und wissen dabei nicht, die Arbeit zu bewältigen!

······ Gut organisieren ist besser als doppelter Gewinnanteil! Bitte, habe immer nur in erster Linie die fernere Zukunft vor Augen, darauf kommt es in erster Linie an. Die Geschäfte lassen sich in unserer jetzigen Lage in jedem beliebigen Maße vergrößern, die Grenze besteht nur in der guten Leitung. Wo die zu verbessern ist, müssen alle anderen Rücksichten schweigen. Wir werden auch älter, das Schicksal hat uns in den letzten Jahren gezeigt, wie vergänglich wir sind. Wir müssen daher alles so einrichten, daß wir im Notfall entbehrt werden können! Sonst stürzt bei unserem Abgang der ganze Bau zusammen, und wir haben schlecht für unsere Nachkommen gesorgt. ······

353] An Wilhelm in London.

Ragaz, den 22. Juli 1868.

······ Es scheint das Schicksal es auf uns und unsere Unternehmungen abgesehen zu haben! Diese beiden kaukasischen Donnerschläge werfen unser ganzes Gebäude um. Karl hält Otto für zu kränklich und auch sonst außerstande, unser dortiges Geschäft zu leiten. Ich muß also jetzt notwendig hin. Es steht dort zu viel auf dem Spiele. Doch muß ich Karl vorher sprechen. Sonst nutzt es nichts. Ich werde daher noch abwarten, ob er wirklich zur See geht und ihn dann in Konstantinopel oder Triest zu treffen suchen. Du wirst Dich in den nächsten 5 bis 6 Monaten — denn solange wird meine Reise wohl dauern müssen — auch des Berliner Geschäfts annehmen müssen. — Wann kommst Du nach Harzburg? Auch Dich muß ich vorher sprechen. Am besten wäre es in Berlin, da wir viel Geschäftliches zu regeln haben, was nur dort gut möglich ist. Annehmlichkeiten müssen jetzt zurückstehen. Es stehen nicht nur unsere außertelegraphischen Unternehmungen im Kaukasus auf dem Spiele, sondern auch die indische Linie, welche ohne unser kaukasisches Geschäft undurchführbar ist. Daher müssen auch alle meine Gründe gegen meine Reise dahin — die keiner besser kennt als ich selbst — schweigen. Ich habe mich glücklicherweise hier geistig und körperlich erholt, wenn auch mein Handleiden nicht wesentlich gebessert ist. Ich werde daher auch noch ruhig 8 Tage hier aushalten, so schwer es mir jetzt auch wird, um mit frischen Kräften Anfang August (4. oder 5.) in Berlin einzutreffen. Dann hoffe ich, auch Dich bald dort zu sehen. Ein halber Tag bringt Dich ja von Harzburg her. —

Mit Deinem Arrangement mit der Gesellschaft bin ich einverstanden. In dieser Beziehung wären wir also gesichert. Weniger gut lautet Hölzers Mitteilung: Sondierungen bisher ungünstig! — Was tun, wenn Felsen und Untiefen mit großen Tiefen abwechseln und die Kabellegung verbieten? Ich habe diesem Teile des Schwarzen Meeres nie recht getraut. Doch vielleicht macht es sich noch besser. Unser Flug war etwas zu hoch gerichtet, und das Wachs unserer Flügel beginnt zu schmelzen! Doch bangemachen gilt nicht, sagt der Berliner! Wir wollen wenigstens ehrlich kämpfen, solange die Kräfte aushalten!

354] An Wilhelm in London.

Wien, den 2. August 1868.

Durch Gregor wirst Du Bericht über die hiesige Ofensachlage erhalten haben. — Kohn ist ein sehr gewandter, schlauer Mann, der sehr viel schaden kann und der durch seine genaue Kenntnis aller Verhältnisse, gesetzlichen Bestimmungen und Personen jedenfalls imstande ist, zu verhindern, daß Du mit Deinen neuen Stahlpatenten hier irgend etwas fertig bringst! Wir halten es alle für besser, ihn nicht zum entschiedenen Gegner zu machen. Er selbst ist — und wie er sagt, auch Martin[1]) — vollständig geneigt, sich billig mit Dir

[1]) Peter Emile Martin in Sireuil, geb. 1825 in Fourchambault, dort gest. 24. Mai 1915, erwarb von Wilhelm Siemens eine Lizenz, den Regenerativofen zum Schmelzen von Stahl in Tiegeln oder auf offenem Herd anzuwenden. Hieraus entstand das Siemens-Martinverfahren zur Herstellung von Flußeisen auf dem Herd eines Flammenofens. Erzeugte 1864 den ersten Siemens-Martinstahl.

und uns zu vergleichen und erkennt offen an, daß wir auch ihm unmöglich machen konnten, hier gute Geschäfte zu machen. Er geht zuvorkommend auf alle irgend billig erscheinenden Forderungen ein. Vor allen Dingen:

1. Verlangte ich, daß der Kontrakt mit Seybel dahin geändert werden müsse, daß das ausschließliche Recht Martins auf Anwendung der Regenerativöfen zum Stahlschmelzen auf offenem Herd auf das durch das Martinsche Patent geschützte Verfahren Martins beschränkt werden müßte. Er hat diese Abänderung zugegeben. Du kannst also beliebig aus Erz Stahl machen, und es könnten Dritten Lizenzen gegeben werden auf Stahlöfen, die Martin nicht rechtlich verbieten kann.

2. Verlangte ich, daß es von Deinem Belieben abhängen sollte, ob Martin die kontrahierte Abgabe pro Ofen auf die Dauer des Martinschen Patentes oder für die Dauer unseres Patentes 5% pro ton fabrizierten Stahls bezahlte. Sehr gern zugegeben! Wir raten aber, es bei den kontraktlichen Stipulationen pro Ofen zu belassen, da unser Patent nicht lange mehr läuft und das Inkasso der pro-ton-Zahlung sehr schwierig ist. Schon jetzt wird Martin mit Maier darüber in Konflikt kommen, und hat uns derselbe permanent betrogen. Es gibt hier weder Recht noch Ehre bei diesen Fabrikanten. Aber wie Du willst. Du brauchst nur Seybel Deinen Willen zu schreiben. Dann habe ich Seybel erklärt, daß ich das hiesige Patent an Dich abtreten würde. Natürlich müssen Seybels Rechte und Einnahmen gewahrt bleiben. Ich rate, Dich nicht mit ihm zu überwerfen.

······ Gregor wird Dir den Vorschlag gemacht haben, Dich mit Martin auch für die übrigen Länder, wo keine Patente sind, zu vereinigen. Martin hat in Sachsen und wohl auch in anderen deutschen Staaten Patente genommen, hat sehr intelligente Agenten, und das Wannenstahlschmelzen heißt in Deutschland überall das „Martinsche“ Verfahren. Dagegen ist nicht anzukämpfen, höchstens gegenseitig das Geschäft zu verderben. Kohn meint, Martin würde sich sehr gern mit Dir vereinigen, würde auch einverstanden sein, das Verfahren des Stahlschmelzens aus Eisen im Wannenofen das „Siemens-Martinsche“ zu nennen und eine Vereinbarung über

gemeinschaftliche Exploitation zu treffen. Ich rate, es zu tun, sonst habt Ihr alle nichts! Du hast die Zeit verpaßt. Auch Dein erstes hiesiges Patent hat gar keinen Wert mehr, da es nicht binnen Jahresfrist ausgeführt ist, wie Du wohl weißt. Ich rate, Gregor zu instruieren, mehr auf Anlage einiger ganz großer Anstalten in Norddeutschland hinzuwirken, vielleicht Krupp und eine große alte oder neue Aktien-Stahlfabrik in Schlesien in Szene zu setzen. · · · · · ·
Hier ist die Konferenz sehr von meinen neuen Apparaten erbaut. Die Indo-Europa-Linie hat viele Angriffe erlitten. · · · · · ·

355] An Wilhelm in London.

Berlin, den 4. August 1868.

· · · · · · Es wäre jetzt leicht, dreimal so viel Aufträge zu bekommen, wie wir unter Beihilfe vieler kleiner Werkstätten nur schaffen können! Wenn der Baumkern faul wird, grünt er am stolzesten. · · · · · ·

356] An Karl in Wien.

Berlin, den 4. August 1868.

· · · · · · Der Donnerschlag Deiner Mitteilung, daß Marie so schwer krank und du mit ihr zurückkehrtest, ließ mir natürlich keine Ruh' im Bade. In der Tat stellt sie ja auch meine ganze Existenz in Frage, und das macht Hypochondrie und selbst Krankheit, namentlich die Krankheit des herannahenden Alters, vergessen! Daß ich jetzt nach Tiflis muß — vielleicht auf lange Zeit —, ist natürlich, und wird auch von Dir so empfunden werden. Sonst wäre ich wohl auch nach Petersburg gereist, wo auch alles drunter und drüber geht. Gern käme ich gleich selbst nach Wien, um Euch zu sehen und zu trösten, so gut es ginge. Aber ich muß jetzt jede Stunde zu Rate halten, da jetzt viel auf meinen Schultern liegt. Natürlich muß ich Dich sprechen, bevor ich nach Tiflis reise. Doch auch Wilhelm muß ich vorher sprechen, und zwar mit Dir zusammen womöglich.

· · · · · · Sein Möglichstes tun, um den Feind zu bekämpfen, seine Pflichten treu und gewissenhaft erfüllen, solange die Kraft aushält — und das Weitere Gott befohlen —, das ist die richtigste und beruhigendste Philosophie — an der haltet fest, wie meine unvergeßliche Mathilde es tat und ich mit ihr! · · · · · ·

357] An Karl in Dresden-Loschwitz.

Tiflis, den 5. Oktober 1868.

Seit fünf Tagen bin ich endlich in Tiflis! Du bist, wie ich annehme, schon wieder aus Petersburg zurück und wirst meine dahin gerichtete Depesche wohl erst über oder in Berlin erhalten haben. ······ Die Sache geht, wie es scheint, auch in Persien ganz gut. Wenn nur Georg, der in einigen Tagen von hier abreist, in Teheran gut abschließen wird! Ich warte noch schmerzlich auf Wilhelms angekündigten zweiten Brief, der Georgs Verhalten definitiv regeln wird.

Es war eine recht beschwerliche Reise von einem vollen Monat! Daß ich in Odessa den Minister Reuter besuchte, sehr freundlich aufgenommen wurde, und daß er Grote hereinrief, als ich auf den Kontrollapparat kam, weißt Du aus meinen Briefen an das Geschäft. Grote war etwas konsterniert, als ich seine Behauptung, unsere Apparate wären praktisch probiert, entschieden dementierte. Der Minister sagte, er wolle sich selbst der Sache annehmen, und wir sollten nur gute Apparate in Petersburg disponibel halten. Ich habe dies von Odessa aus in Berlin angeordnet, habe aber noch keine Antwort von dort.

In Kertsch habe ich mit Hemp alles besprochen. Die Stangenbeschaffung für Odessa—Ssimferopol scheint sehr bedenklich zu stehen. Preise und Zeit bedenklich. Hemp hat Auftrag, keine definitiven Kontrakte abzuschließen, sondern zu berichten. Sind die Preise an Ort und Stelle über 4 Rubel, so wird es besser sein, dort Eisenstangen zu stellen und dafür Holz auf der Linie Zenc—Kale Djuba und auf der Strecke diesseits des Goktschai-Sees zu nehmen. Die Einleitungen dazu sind getroffen.

In Persien scheint es trotz Hölzers günstiger Berichte nicht gut auszusehen. Der Vertrag mit Hahnhards ist prinzipiell schlecht — abgesehen von schlechten Kontraktbestimmungen.

······ Falls die Linie nicht im nächsten Jahre fertig würde, würde er doch den persischen Draht fertigstellen, und das würde vorläufig genügen!

······ Gleich am ersten Tage beritten wir die Zementküste. Ich muß sagen, daß ich sehr enttäuscht war. Das Zement führende

Tonlager kommt nur an wenigen Stellen, ganz niedrig über dem Meeresspiegel, zutage. ······ Die aufzulesen und wegzuschaffen mag recht zweckmäßig sein, bietet aber keine Basis für ein dauerndes größeres Geschäft. Ob Erdarbeiten in dem Tonlager lohnen, erscheint mir sehr fraglich und Dannenberg erst recht.

······ Otto und Bayer meinten, im Frühjahr hätte eine sehr viel größere Zahl von Septarien im Sande gelegen und sie müßten überdeckt sein mit Ufersand. Möglich, doch kann ich nur glauben, was ich sehe.

Noch kläglicher fiel die Exkursion nach der Cibelda aus, wo das beste Erzlager liegen sollte. Gesehen hatte es niemand außer den Griechen und Moritz, welcher wirklich im Winter dort geblieben ist! Es war eine fürchterlich strapaziöse Tour von 4 Tagen. Von Weg am zweiten Tage keine Rede, nur ein oft nicht erkennbarer Pfad durch den Urwald. Mühsam kletterten die Pferde die steilen Abhänge hinauf und hinab — oft rutschend und am Schwanz gehalten — oder bahnten sich den Weg durch Moräste mit mannshohen Farren. Von der Üppigkeit dieser Vegetation habe ich doch noch keine Vorstellung gehabt! Große Buchsbäume, Kirschlorbeerbäume und mächtige Eichen und Buchen bildeten das Hochholz, während unten Azalien, Rhododendren in mächtigen baumartigen Büschen und alle möglichen Schlingpflanzen den Weg versperrten! Echte Kastanien und Nußbäume waren an den Stellen überwiegend. So ging es mehrmals 2 bis 3000 Fuß hinauf und wieder hinunter, bis wir endlich spät abends in der „Fabrike" — einem verlassenen Cibeldaer Dorfe auf einem kleinen Plateau in himmlischer Umgebung — ankamen. Da ward in einer verlassenen Bude Quartier gemacht und die müden Glieder ausgestreckt! Am andern Morgen früh ging es steil auf einem Bärenwege — wie die häufigen Lorbeerkirschkernhaufen bewiesen — einige hundert Fuß hinab in ein enges Felsental. Am Ufer sah man einen schmalen Bleiglanz mit Spuren von Kupfer. Wäre dies Gold, wäre die Gewinnung der Transportschwierigkeit wegen bedenklich. Auch der kleine alte Stollen auf der anderen Seite des Berges zeigte ungefähr dieselbe schmale Ader. Übrigens sah man Spuren alter Verhüttung. Wahrscheinlich haben die Cibeldaer sich Kugeln aus dem Blei gegossen. ······

Wir hatten jetzt genug von Erzexkursionen. Das andere und vorgeschlagene Lager bei Gum ist zwar nur halb so entfernt wie die Cibelda, der Reitweg geht auch ganz hin, doch die Proben, welche uns vorgezeigt wurden, zeigten, daß es wesentlich Bleierz war mit wenig Kupfer, wahrscheinlich ein ganz ähnliches Vorkommen. Nutzen konnte das nichts, wir gingen daher gar nicht hin, hatten auch mit Erholung und Chininschlucken vollauf zu tun. — In Suchum habe ich ein schönes am Ufer gelegenes großes Grundstück für 3000 Rubel von einem abchasischen Fürsten gekauft. Es war nötig, das ganze zu kaufen, da Heymann es sehr lebhaft wünschte, um den Fürsten aus Suchum los zu werden usw. Das Geschäft ist gut.

Ch. Hölzer ist sehr tüchtig, und er wird die kaukasische Strecke gewiß zur Zufriedenheit herstellen. Wenn nur unsere Leute nicht zu viel vom Fieber zu leiden haben! Heinrich lag daran in Orpiri fest. Jetzt ist die schlimmste Zeit.

······ Die Hauptfrage ist allerdings die über Ottos Stellung. Soviel ist unzweifelhaft, daß einer hier regieren muß und das kann nur Otto sein. Leider hustet er noch viel, doch hat er die gewaltigen Strapazen in der Cibelda glücklich überwunden, es muß also doch ein kräftiger, gesunder Kern in ihm sein. Seit ich ihm gesagt habe, wir wollten ihn zum sichtbaren Oberhaupte unseres Geschäftes in Tiflis machen und er müsse jetzt ein mehr repräsentatives Benehmen sich aneignen, hat er wirklich merkwürdige Fortschritte in diesem Sinne gemacht. ······

358] An Karl in Berlin.

Tiflis, den 24. November 1868.

······ Ich bin sehr zufrieden, daß ich Georg Siemens Generalvollmacht für Persien gegeben habe. Er hat in Täbris bereits sehr nützlich gewirkt. Er ist klug und taktvoll! Seinen Brief aus Täbris wirst Du erhalten haben. Ich erwarte täglich die Nachricht, daß er in Teheran eingetroffen. Vielleicht geht die Linie schon nicht mehr, da die 500 Tomans[1]), welche Walter für die Remonte gezahlt hat, verbraucht sind! Für den Bau allerdings sehr

[1]) Persische Goldmünze = 7,15 M.

störend, aber für die Unterhandlungen zweckmäßig. Er hat eine schwere Aufgabe in Teheran!

In Persien scheint es ja jetzt mit dem Bau passabel gut zu gehen, besser als hier, wo durch Konkurrenz des Eisenbahnbaues und infolge der schlechten Jahreszeit die Transportpreise sehr hoch geworden sind! Die in Persien ersparten Stangen habe ich dort in den Häfen gelassen. 85 Werst Tschibukly-Holzstangen waren schon abgeschlossen zu $2^1/_2$ Rubel — also viel billiger wie Transport dahin. Holz ist neben der Straße, also auch künftig billig. Das persische Material ist in Rußland nicht vollständig anwendbar, und wir wissen doch kaum wohin mit dem Eisen! Es ist schon schlimm, daß wir im Suram und auf der Jekaterinodar-Linie nicht auch Holz nehmen können, da Eichen dort auch gut und sehr billig. Daran ist Deine frühere Depesche schuld, daß im Kaukasus Eiche teuer und schlecht haltbar sei.

Wir hätten gerade alle entfernten Strecken möglichst mit Holz besetzen müssen. Die persischen Ersparnisse können sicher in Persien angebracht werden, und evtl. dienen sie als Reserve für die Holzstangen im Kaukasus (der Gesellschaft gegenüber). Transport von hier zur persischen Grenze wird sehr billig werden. Jetzt gehen Tausende von Kamelen leer nach Persien zurück. Leider haben wir nichts zu transportieren. Im Mai und Juni ist wieder billige Transportzeit, auch von Poti nach hier. Ich habe Hölzer I aufgefordert, in nächster Woche von Gori hierherzukommen, um Modifikationen des Bauplanes zu besprechen infolge der Transportverhältnisse. Er ist schrecklich hartköpfig. · · · · · ·

359] An Wilhelm in London.

Berlin, den 5. Januar 1869.

· · · · · · Über Persien ziemlich im Dunkeln. Die persische Leitung ist selten in Ordnung (wie erwünscht und notwendig!) und Briefe gehen Monate. Seit Georg in Teheran ist, mit absoluter Vollmacht, auch Ernst Hölzer gegenüber, bin ich aber beruhigt. Ich habe ihm noch von Poti aus telegraphiert und (per Estafette von Täbris aus) geschrieben, um ihn zu warnen, sich zu sehr den Russen in die Hände zu geben und die Engländer zurückzustoßen. Er telegraphierte mir, daß der englische Antrag auf Herabsetzung des Tributmaximums (30000 Tomans) von Persien kategorisch abgewiesen sei, daß sich England aber dabei nicht beruhige. Nützlich ist das insoweit, als die Perser durch Engländer und Russen mürbe gemacht werden müssen, um dem Abkaufsantrage günstig zu werden. Durch Annahme unseres Antrages können sie dann den englischen Antrag los werden, indem sie die Engländer an uns weisen. In diesem Falle darf dann der Tribut nicht herabgesetzt werden. Anders liegt die Sache, wenn die Perser auf den Antrag nicht eingehen und uns nur die 5 Francs Djulfa—Teheran bewilligen. Dann liegt Herabsetzung des Tributs natürlich in unserem Interesse. — Du hast übrigens ganz recht, daß wir mehr englische als russische Politik in Persien treiben dürfen, — bis auf die Geldfrage, bei der die Gemütlichkeit aufhört —. Wir müssen aber in Persien mit wesentlich russischem Einfluß arbeiten, dürfen es daher die Russen nicht merken lassen, daß England unser zuverlässigster Freund und Helfer ist! Das weiß Georg auch, ich fürchtete aber die Macht des täglichen Verkehrs mit den Russen und die Hitze des diplomatischen Kampfes.

360] An Wilhelm in London.

Berlin, den 12. Januar 1869.

...... Das ist ein unhaltbarer Zustand. Wenn Ihr in England unsere niedrigen Preise, an denen wir noch sehr angemessen verdienen, allgemein annehmen würdet, so könntet Ihr wahrscheinlich dort große Geschäfte damit machen und die Franzosen vom Markte ganz verdrängen. Wir müssen suchen, jetzt mehr Arbeit für unsere ansehnlich vergrößerte Werkstatt zu erhalten, da nur großer Umsatz unsere ansehnlichen Generalkosten äquilibriert. Ich glaube, die englische Werkstatt muß nur größere Sachen anfertigen, wie z. B. dynamoelektrische große Maschinen, für die sich ein großer Markt wird finden lassen, und außerdem Zusammensetzerei für hier und in Paris bestellte Teile und Reparaturen. Mit Verkauf hier bestellter Apparate würde das dortige Geschäft noch guten Gewinn haben. Die Frage ist namentlich jetzt bei der Neuorganisation der dortigen Telegraphie von Bedeutung. Zu hohe Preise werden uns herausdrängen, während wir bei hiesigen Preisen wahrscheinlich das Monopol der Anfertigung erhalten würden.

Die dynamoelektrische Maschine anlangend, so funktioniert bekanntlich die erste große seit ca. 4 Monaten in München bei Nachtbauten. Die Wasserkühlung hat die Erhitzungsschwierigkeit gelöst. Die neue große wird bald fertig werden und hoffentlich noch bessere Resultate geben. Ich glaube, es muß jedes Festungswerk, jede Seebatterie und jedes Kriegsschiff einen solchen Apparat zur Beleuchtung des Feindes erhalten! Der im Bau befindliche (vom hiesigen Militär bestellte) neue Apparat ist mit einer Lokomobile kombiniert. Auch Distanzmesser hat sich prächtig bewährt und wird für alle Seebatterien künftig unentbehrlich werden. · · · · · ·

361] An Wilhelm in London.

Berlin, den 18. Januar 1869.

· · · · · · Ich habe nicht Wechselströme im allgemeinen als meine Erfindung beansprucht, sondern die Anwendung derselben zur Erzeugung der Morseschrift, also lange und kurze Striche nicht durch die Länge der Ströme, sondern durch die Länge des stromlosen Intervalles zwischen Wechselströmen zu erzeugen. Das wird mir Mr. Wheatstone nicht absprechen können, oder er mag den Gegenbeweis führen. Wechselströme haben Gauß und Steinheil schon angewendet, deren Anwendung konnte also weder Wheatstone noch ich beanspruchen. Zur Anwendung der Wechselströme für Morseschrift gehörte das polarisierte Relais mit zwei Ruhelagen, was Wheatstone zwar auch wird erfunden haben, was er aber dann immer im Verborgenen gehalten hat! Dies ist von mir benutzt zu unseren Induktionsschreibern, und namentlich ein Jahr später wurde es eingeführt auf der Sardinien—Malta—Korfu-Linie. Das war sicher vor Wheatstone und Varley. Es wäre gut, wenn Du das Herrn Wheatstone mal öffentlich unter die Nase riebest, damit es klar wird, daß sein Schnellschreiber auf unserem Fundamente ruht!

Es ist sehr fatal, daß der englische Gesandte Georg in Teheran gar nicht unterstützt. Ohne Rußland und England ist in Persien nichts zu machen. Nur dem einstimmigen Drucke beider geben sie nach. Es ist schon schlimm, daß der Franzose uns feindlich ist. Setze doch alles daran, daß der englische Gesandte instruiert wird, Georg zu unterstützen. Kannst Du nicht mal persönlich zu dem neuen Minister der Auswärtigen Angelegenheiten gehen? Da England (im Schreiben des Ministers Northcote) seine rechtliche Überzeugung ausgesprochen hat, daß uns die 5 Francs für Djulfa—Teheran zuständen, so ist England eigentlich gebunden, uns in diesem Sinne zu unterstützen. Es hat auch die Macht in Händen, uns und nicht den Persern das Geld auszuzahlen, da in England und Indien allein Geld eingenommen wird. Ohne diese Beihilfe Englands wird Georg nicht reussieren, und dann ist die Position der Gesellschaft sehr schlecht!

Wird überhaupt das neue Ministerium uns im Sinne des alten günstig sein?

Wie Du wohl erfahren hast, hat Preußen beim Norddeutschen Bundesrat jetzt den Antrag gestellt, die Erfindungspatente ganz zu beseitigen. Man scheint darauf zu rechnen, daß Mr. Bright als Minister dort jetzt in demselben Sinne vorgehen wird. Es ist jetzt eine Agitation gegen Aufhebung und für ein ordentliches Patentgesetz im Gange. Der Ingenieurverein hat sich im Sinne meines früheren Gutachtens ausgesprochen, die Chemische Gesellschaft (unter Hofmann) legt dasselbe ihren gegenwärtigen Beratungen zugrunde. Ich will eine Petition der norddeutschen großen Industriellen in diesem Sinne an das Parlament ins Leben rufen. Schicke doch hierfür Material aus England und kommt uns von dort zu Hilfe. Der Bundesrat hat bereits zugestimmt, und wenn das Parlament nicht nein sagt und statt dessen einen guten Gesetzentwurf annimmt, so ist ein gefährliches Präzedenz für die ganze Welt gegeben! Die Sache ist sehr wichtig und eilig. ······

362] An Wilhelm in London.

Berlin, den 6. Februar 1869.

······ Ich sehe jetzt die Sache ziemlich schwarz und unsere einzige Hoffnung ist die, daß England und Rußland uns und die Linie brauchen und den Persern die Sache mit der Zeit langweilig werden wird. Georg muß zäh sein wie ein Orientale, und alle müssen sehen, daß wir lieber die ganze Sache zugrunde gehen lassen als nachgeben in dem, was wir für recht halten! Das Glück der englischen Forderungen für uns vermag ich wirklich nicht einzusehen. Die Perser sorgen leider schon selbst dafür, daß ihnen nicht Unrecht geschieht. Auf orientalische Weise tun sie nichts, wenn sie nicht glauben, daß es ihr Vorteil ist, wenn sie etwas tun. Macht man ihnen keine Propositionen, durch die sie Geld oder Engländer und Russen vom Halse bekommen, so überlassen sie es letzteren, sich zu zanken und tun gar nichts. Das kannst Du als absolut sicher annehmen. Es wird sehr schwer sein, Rußland und Persien zur Verlängerung der englischen Konvention zu bewegen! Die russisch-persische hört mit diesem Jahre auf, und ich glaube, es läge vielmehr im englischen Interesse, mindestens ebenso loyal wie Rußland zu sein, sonst wird das ganze Onus des Fremdendrucks, den die Orientalen so schwer empfinden, auf England fallen und Persien ganz in Rußlands Arme getrieben! Das scheint mir auch gar nicht im Geiste der Politik des jetzigen Ministeriums zu liegen. ······

363] An Wilhelm in London.

Berlin, den 13. Februar 1869.

······ Übrigens ist der englische Wunsch, die Russen aus dem Lande zu jagen, reichlich so lebendig wie der umgekehrte russische, und allzu nobel ist es auch nicht, die Perser in Schulden zu verstricken, um ihren Hals dadurch der Schlinge zu erhalten! Die Russen gehen faktisch im nächsten Jahre aus dem Lande infolge der Bildung unserer Gesellschaft. Die Abberufungsorder an die russischen Telegraphisten ist schon erteilt. Die Russen erwarten nun bestimmt, daß die Engländer in 2 Jahren, bei Ablauf der Konzession, es ebenso machen. Natürlich wird der russische Gesandte, der bisher unsere einzige Stütze in Persien gewesen ist, der jetzt verlangten Verlängerung der englischen Konvention sehr entgegenarbeiten! Ob der englische Einfluß uns so warm unterstützen wird und so kräftig ist, daß wir Rußlands Hilfe und Wohlwollen in Persien entbehren können, ist doch sehr fraglich!

364] An Wilhelm in London.

Berlin, den 3. März 1869.

······ Es ist durchaus nötig, daß Georg Aufklärung und Weisungen erhält. Glaube mir und Karl, die den Orient etwas kennen, es geht nicht mit Deiner englischen Politik in Teheran und Rußland! Der persische Gesandte in London ist in Persien = 0 und wird nie das mindeste durchsetzen. Zum Nichtstun kann man die Perser von London aus bringen, aber nichts erzielen ohne tätiges Eingreifen und persönliche Mitwirkung. Ohne einen guten Vertreter in Teheran würden wir über keine der 1000 kleinen Schwierigkeiten fortkommen, die raubsüchtige Unterbeamte überall entgegensetzen. Was läßt sich dagegen von London aus tun? Unsere Unternehmung ist eine russisch-persische, keine englische, wenn auch England das halbe Kapital gezeichnet hat und uns finanzielle Beihilfe leistet, die hoch zu veranschlagen ist. Russischer Einfluß ausschließlich hat die Perser zur Konzessionserteilung bewogen, und Rußlands Einfluß ist augenblicklich der überwiegend mächtige in Teheran. Mit Pochen auf Recht wird man in Persien offen, in Rußland nur schwach verschleiert — ausgelacht! ······

365] An die Kgl. bayrische Genie-Beratungs-Kommission in München.

Berlin, den 17. März 1869.

Wir empfingen s. Z. das Schreiben der geehrten Kommission vom 1. d. M. und bitten um Entschuldigung, daß wir infolge der früher an uns gerichteten Aufforderung noch nicht weiter berichtet haben. Da der vor einem Jahre von uns angefertigte größere dynamoelektrische Apparat, nachdem er zu vorläufigen Versuchen gedient hatte, nach München gebracht wurde, wo er seit vorigem Herbste zur nächtlichen Beleuchtung von Brückenbauten gedient hat, so glaubten wir die geehrte Kommission in der Lage, sich an Ort und Stelle von der Leistungsfähigkeit des Apparates überzeugen zu können.

Mit der Bitte um vertrauliche Benutzung legen wir jedoch ein Schreiben des mit der Leitung der hiesigen Versuche betrauten Hauptmanns Billerbeck bei, aus welchem sich die hier erzielten militärischen Versuche ergeben. Das hiesige Ingenieurdepartement hat in Veranlassung dieser Versuche einen ähnlichen Apparat bestellt, der gleich mit einer Lokomobile kombiniert ist. Dieser Apparat wird in einigen Wochen zur Ablieferung fertig sein, und werden wir die damit erzielten Resultate seinerzeit mitteilen.

Die mit dem früheren, jetzt in München befindlichen Apparate gemachten Versuche der Bewegung durch Soldaten haben sich nicht so gut bewährt wie wir erwarteten. 50 Arbeiter drehten ihn zwar sehr erfolgreich und ohne große Anstrengung, aber die angestellten Pioniere konnten während der wirklichen, in finsterer Nacht angestellten Versuche nicht immer im richtigen Takte bleiben. Der Beleuchtungseffekt war zwar ein sehr guter, aber die Sache schien den Herren Militärs doch nicht praktisch für den Feldgebrauch und sie zogen die Verwendung einer Lokomobile anstatt der Soldaten zum Drehen der Maschine vor.

Der Preis einer dynamoelektrischen Maschine zur Lichterzeugung ist je nach der Größe 800 bis 1500 Taler, der einer dazu passenden Lokomobile, mit welcher der Apparat direkt kombiniert wird, 1000 bis 1800 Taler.

366] An Ingenieur Wenckebach im Haag.

Berlin, den 7. April 1869.

...... Die dynamoelektrische Maschine betreffend, welche auf eine preußische Meile Entfernung Draht glühend machen soll zu Zündungen, so müßte das eine doppelte Maschine sein, von denen die eine den magnetisierenden Strom für die zweite erzeugt. Sie würden den Zweck billiger und mit weniger Arbeitskraft erreichen, wenn Sie entweder Abelsche Zünder und gewöhnliche elektrodynamische Maschinen für Sprengwirkung, wie sie unter anderem seitens des preußischen Militärs benutzt werden oder, wenn Sie beim Drahtglühen stehenbleiben, magnetelektrische Maschinen anwenden. Die größte Sorte der dynamoelektrischen Zündmaschinen für Abelsche Patronen kostet 140 Taler und erfüllt den Zweck bei guter Leitung mit Sicherheit. Eine Maschine zum Drahtglühen müßte erst veranschlagt werden.

Es ist gegenwärtig eine große dynamoelektrische Maschine fertig geworden, welche mit einer Lokomobile von 8 Pferdekräften kombiniert ist. Sie ist zu militärischen Beleuchtungszwecken bestimmt und gibt ein so brillantes elektrisches Licht, wie wohl kaum bisher erzielt ist!

Man wird wohl künftig alle Festungen, Hafenbatterien und Kriegsdampfer mit solchen Apparaten versehen, um in der Nacht den Feind beleuchten und beschießen zu können! · · · · · ·

367] An Karl in London.

Berlin, den 9. April 1869.

· · · · · · Heute wieder große Beleuchtungsversuche mit der neuen dynamoelektrischen Maschine mit Lokomobilen! Bin daher etwas beschränkt mit der Zeit! Doch heute ist ja Freitag! Morgen mehr!

10. April. Die Versuche sind gestern recht gut ausgefallen. Das Licht war stetig und regelmäßig und gab nach S. Elsters Messungen 2495 Normalkerzenstärke. Die erste große Maschine gab nur 1300, Arbeitskraft freilich gegen 8 Pferde. Durch 4 Pferde mehr würde sich die Lichtstärke noch fast verdoppelt haben nach der beobachteten Steigerung mit der Umdrehungszahl (6 bis 700). Wir werden jetzt gleich mehrere Bestellungen erhalten auf kleinere (einfach dynamoelektrische) Maschinen zur Galvanoplastik, Wasserzersetzung, zur Ozonfabrikation (Bleicherei) und kleinere Leuchtmaschinen. Ein solcher kleiner Apparat, der einen 1,2 mm dicken, 5 bis 6 Fuß langen Eisendraht schmilzt und in einfacher Zelle etwa 4 ccm Knallgas per Sekunde entwickelt, wird etwa 800 Rt. kosten und 4 Pferdekraft brauchen. Das wäre was für das dortige Geschäft! · · · · · ·

368] An Karl in London.

Berlin, den 23. April 1869.

· · · · · · Daß der russische Einfluß in Persien weit größer ist als der englische, das erkennt ja auch Georg an und die Ablehnung der englischen Propositionen ist der beste Beweis. Gegen Rußland erreichen wir nichts in Persien. England aber brauchen wir notwendig, um uns Depeschen und Einnahmen zuzuführen. In Rußland rechnet man vielleicht zuviel auf das englische Handelsinteresse, welches das politische überwiegen würde. Wir müssen suchen, zwischen Scilla und Charybdis durchzukommen und müssen schließlich beide in ihren politischen Erwartungen — ich will nicht sagen täuschen, aber sie unerfüllt lassen.

Rußland hat die Macht, England Geld und Depeschen. Wir müßten uns beide dienstbar machen. Doch die Frage ist, was nun tun? · · · · · ·

369] An Karl auf der Reise nach dem Kaukasus.

Berlin, den 14. Mai 1869.

· · · · · · Es ist absolut unmöglich, bureaukratisch einen Anschlag zu machen oder eine Offerte, die der Gesellschaft zum Akzept vorgelegt wird. Wir müssen in gewissen Grenzen freie Hand behalten, die Lokale bestmöglichst zu beschaffen. Vor allen Dingen muß doch alles vernünftig gemacht werden! Es wird Dir jetzt klar, warum englische Gesellschaften außer England anfänglich immer so vielen Unsinn machen und gewöhnlich daran zugrunde gehen! Sie nehmen die Welt nicht so, wie sie ist, sondern wollen sie in englischen Parlamentsstiefeln marschieren lassen! Nun, Wilhelm mag sehen, wie weit er damit kommt. Die technische Einrichtung der Stationen und der Remonte habe ich mir vorbehalten. Die gut durchzuführen, verlangt unser Geschäftsinteresse, und darin lasse ich mir seitens der Gesellschaft keine Vorschriften machen. Im übrigen kann ich nur handeln, wenn ich Vollmacht dazu habe, werde es also Wilhelm überlassen.

370] An Karl in London.

Charlottenburg, den 7. Dezember 1869.

· · · · · · Was Du über die Stimmung zwischen dem Berliner und Londoner Geschäft sagst, hat manches für sich. Meyer und Halske urteilten früher nach den erzielten Resultaten und sahen zu wenig in die Zukunft. Du warst damals dem Londoner Geschäft und seinen Unternehmungen auch gerade nicht grün. Meine Stellung war daher sehr schwierig, um so mehr, als auch Wilhelm oft Miene machte, das Telegraphengeschäft ganz fallen zu lassen. Ich habe es damals gehalten, es freut mich also auch natürlich um so mehr, daß das Londoner Geschäft jetzt den Beweis führt, daß ich darin nicht nur brüderlich, sondern auch geschäftlich vernünftig handelte. Beseitigung des unfreundlichen, oft gehässigen Tones zwischen den beiden Geschäften ist meine stete Aufgabe gewesen. Um sie durchzuführen, mußte ich natürlich hier ganz londonerisch und in London ganz berlinisch reden. Das ist mir auch ganz natürlich auf beiden Seiten verdacht worden.

...... Der Londoner Standpunkt des eigenen Interesses läßt sich mal nicht aufrecht erhalten. Wir sind dazu beiderseitig zu groß und in der ganzen Welt bekannt. Entweder müssen unsere Geschäfte sich ganz eins fühlen, wie Mann und Frau, oder sie müssen sich frei bekämpfen können! Du kennst die hiesigen Verhältnisse ferner genug, um zu wissen, daß hier kein trade mit Isolatoren, Drähten usw. möglich ist. Jeder Inspektor oder Direktor hat den Tisch voll direkter Anerbietungen der Fabrikanten, die ihm außerdem durch ihre Agenten gute Provision gewähren! Das Geschäft liegt hier mal anders wie in England. Hier kann sich auch kein Zivilingenieur halten, weil die Maschinenfabriken das Geschäft derselben selbst machen. Hier regieren die Submissionen alle Lieferungsgeschäfte, welche Zwischenhändler absolut ausschließen. Wir hätten zwar vielfach Lieferungen nach anderen Ländern, wie Aegypten, Plata-Staaten usw., übernehmen können, haben es aber absichtlich nicht getan, weil diese Länder naturgemäß in die Londoner Machtsphäre fallen. Nicht einmal nach Indien haben wir, trotz der bestimmtesten Aufforderungen, Offerten gemacht, um London das Geschäft nicht zu verderben. Wo wir es gar nicht ändern konnten, hatten wir mit Löffler stets Zwist über die abzugebenden Preise. Wir können keine verschiedenen Preise halten, das würde unseren Kredit hier ruinieren. In England ist es gewöhnlich. Ich denke auch, es soll so bleiben, daß wir den überseeischen Markt London nicht verderben und Lieferung billiger Apparate unterstützen. Soviel ich weiß, hat London aber in England bisher auch nur wenig oder nichts geliefert. London ist eben der Markt der überseeischen Welt, — die wir ihm überlassen haben. ......

371] An Karl in London.

Charlottenburg, den 26. Dezember 1869.

Ihr Kleinmütigen und Ungläubigen hättet mir durch Deinen heute erhaltenen Brief den Rest meiner guten Laune nehmen können, wenn ich nicht kurz vorher die erquickenden Versuche mit Shitomir, Odessa und Kertsch gemacht hätte!

Wie könnt Ihr Euer Urteil nur so gänzlich von nur praktisch gebildeten Leuten, die natürlich alles Neue, was sie nicht verstehen, tadeln, beeinflussen lassen! Für die indische Linie bestand nur die Alternative Hughes oder Automat oder doch wenigstens Apparate mit Wechselströmen. Das erweist sich gerade jetzt recht schlagend. Es herrscht auf der ganzen Linie von hier bis Kertsch dicker Nebel, so daß die Staatslinien fast überall gestört sind. Auch ist überall erst ein Draht in Ordnung, wenn auch mit starker Nebenschließung. Wenn wir auf einer Leitung nach Shitomir direkt oder mit zweiter Leitung mit Warschau sprechen, so arbeitet der andere Apparat in deutlich lesbarer Schrift mit. Trotzdem sprechen wir per Hand und Automat sicher und gleichzeitig auf beiden Leitungen! Geschwindigkeit fast unbegrenzt, so schnell der Geber läuft, also 3 Depeschen per Minute. Von Shitomir bis Kertsch konnte bisher nicht direkt gesprochen werden, sondern nur durch Translation in Odessa. Wir haben aber den ganzen Vormittag prachtvoll per Hand und Automat mit Translation in Shitomir und Odessa korrespondiert! Das ist weit mehr, als ich hoffte. Es ist jetzt unzweifelhaft, daß wir bei besserem Wetter und wenn die Linien erst ganz in Ordnung sind, direkt von Berlin nach Teheran mit Translation in Kertsch werden telegraphieren können. Ich hoffe sogar auch von London nach Teheran.

...... Die indischen Depeschen müssen auf allen disponiblen Leitungen nach Berlin geschafft werden. Der Zeitverlust rechnet nur nach Stunden. Ist Berlin—Teheran in guter Ordnung, so ist unsere Aufgabe gelöst. Übrigens zweifle ich keinen Augenblick, daß wir auch zwischen hier und London sehr gut automatisch in Ordnung kommen. Wir sind da jetzt der Translation sicher, und damit ist die Frage gelöst. Das fehlte bisher bei Wechselströmen und Direktschreibern. Für Translationseinrichtung in Emden werde ich sorgen, doch wollen wir erst noch direkt versuchen. Hier ist man stets bereit; arrangiert die Sache nur mit Electric oder Reuter.

...... Sobald Tiflis erscheint, können wir also eröffnen, und zwar ohne sichere Blamage, wie Du fürchtest! Ihr werdet bald ebenso auf das indische Apparatsystem schwören, wie jetzt Thomas, Hemp, Hattendorf und Ernst Hölzer, die noch vor einigen Tagen ganz in Euer Horn stießen! Worin liegt denn die Komplikation, wenn man Automat und Selbstauslösung, die ja nicht benutzt zu werden brauchen, ausschließt? Einiges könntet Ihr in dieser Beziehung wohl Frischen und mir zutrauen. ······

372] An Karl in London.

Berlin, den 30. Dezember 1869.

······ Eine sehr wichtige Frage ist die des Magnetstahls. Darauf beruht jetzt unsere halbe Fabrikation. Wilhelm übernahm vor einigen Jahren die Anfertigung des Wolframstahls und lieferte sehr guten, so daß wir alle hiesigen Verbindungen fallen ließen. Jetzt hat er aber greuliches Zeug geliefert, ganz ungleich, wie es scheint, fast ganz ohne Wolfram. Die Magnete verlieren in kurzer Zeit den Magnetismus. Von allen Seiten kommen unsere Magnetanzeiger und namentlich die Stromgeber zurück. Außerdem warten wir schon lange auf eine Bestellung, und es scheint noch keine Aussicht auf Lieferung. Bitte nimm diese Sache doch ernstlich in die Hand. Es hängt sehr viel davon ab!

Nur kurz noch eine wichtige Frage. Wollen wir eine Drahtzieherei in Petersburg oder Gorodok[1]) anlegen? Der Zoll auf Draht ist 1½ Rubel per Pud, auf Eisen wenig. Es hat sich nun Hegenscheid in Warschau etabliert, importiert Eisen und zieht Draht — mit brillantem Erfolge! Ich bin sehr dafür. Ohne dies reduziert sich unser russisches Geschäft auf ein einfaches Apparatgeschäft. Auch Stützen müssen wir machen. Den rechten Mann haben wir in Krimping. Der könnte dann Generaldirektor in Gorodok für Porzellan und Eisen werden!

[1]) Ort bei dem Gut Chmelewo, Glasfabrik.

GPSR Compliance

The European Union's (EU) General Product Safety Regulation (GPSR) is a set of rules that requires consumer products to be safe and our obligations to ensure this.

If you have any concerns about our products, you can contact us on ProductSafety@springernature.com

In case Publisher is established outside the EU, the EU authorized representative is:

Springer Nature Customer Service Center GmbH
Europaplatz 3
69115 Heidelberg, Germany

Batch number: 10844669

Printed by Printforce, the Netherlands